U0747383

T-34

张一鸣×殷石隐　著

**全方位记录
T-34坦克的
百科全书**

江苏凤凰文艺出版社
JIANGSU PHOENIX LITERATURE AND
ART PUBLISHING, LTD

图书在版编目（CIP）数据

T-34：全方位记录 T-34 坦克的百科全书 / 张一鸣，
殷石隐著 . -- 南京：江苏凤凰文艺出版社，2019.12
ISBN 978-7-5594-4255-0

Ⅰ.① T… Ⅱ.①张… ②殷… Ⅲ.①坦克 – 世界 – 普
及读物 Ⅳ.① E923.1-49

中国版本图书馆 CIP 数据核字 (2019) 第 265399 号

T-34：全方位记录 T-34 坦克的百科全书

张一鸣　殷石隐　　著

责任编辑　王青

特约编辑　王菁

装帧设计　杨静思

出版发行　江苏凤凰文艺出版社

　　　　　南京市中央路 165 号，邮编：210009

网　　址　http://www.jswenyi.com

印　　刷　重庆市国丰印务有限责任公司

开　　本　787mm×1092 mm 1/16

印　　张　33.5

字　　数　500 千字

版　　次　2019 年 12 月第 1 版　2019 年 12 月第 1 次印刷

书　　号　ISBN 978-7-5594-4255-0

定　　价　199.80 元

江苏凤凰文艺版图书凡印刷、装订错误可随时向承印厂调换

CONTENTS 目录

前言

翻阅第二次世界大战历史的书籍，无论它们内容是详是略，作者是否专业，其字里行间都会对T-34不吝赞美。不仅如此，这种观点还被广为采纳，甚至容不得一丝争辩的空间——与之相关的赞誉是如此铺天盖地，导致T-34俨然成了完美无瑕的存在。对这个20世纪的战争奇迹，人们既不想换一种角度去审视它，也不愿去寻找找它的缺点。相反，大部分作者都会坦然地称其为"二战中最好的坦克"，并认为这种情况是一种客观存在。

然而，现实却与这种迷人的画面相差甚远。因为武器系统的优劣不仅取决于纸面性能，还取决于质量和操作表现。但后两者却是T-34的追捧者们所极力回避的，而这种情况并非毫无原因：毕竟，这将涉及复杂的技术和后勤问题，相较之下，描绘它们在战场上风驰电掣的形象无疑更为容易。

不可否认，T-34是一种优秀的坦克，但它也存在严重的问题：它在糟糕的环境下使用劣质材料制成，非常容易受到机械故障的影响，而且战术部署思路也存在一定的误区。至于我们印象中品质优秀的T-34，它们完全是战后产物。这些T-34生产于二战之后，不仅在苏联阵营中服役多年，还在银幕上扮演着重要角色。俄罗斯电影《T-34》和波兰电视连续剧《四个坦克兵和一条狗》（Four Tankers and a Dog）就是典型的例子，尽管其中不乏宣传元素，但直到现在都颇受欢迎。这些战后生产的T-34坦克不仅是二战型号的"完美版"，它们的形象还被反过来投射到战时产品身上，并缔造了一种"完美坦克"的错觉。

本书编写的目的，就是介绍这类战场神话的源头，及其背后的原因何在。笔者将以战时环境为背景，介绍T-34的优点和缺陷，进而从另一种角度，对这种武器进行展现。

作为产量庞大的坦克之一，T-34无疑是一个极为宏大的主题。为了能将其内容在一本书中铺展开来，本书只能对一些内容进行取舍。总的来说，它是一部技术史而非战史，此侧重点是在战争的大背景下描绘T-34，并剖析它在战场上创造的神话，阐述决定其命运的各种元素。因此，对各个车型的服役历程，我们只做了简要介绍，至于以T-34底盘开发的衍生车型（如SU-85和SU-100自行火炮），其占用的篇幅更是可以忽略。不过，如果情况允许，本书还是尽可能详细地介绍了T-34基本设计的演变。

本书的第二部分主要介绍了波兰生产和服役的T-34。其中还附带了1943—1951年间波兰军队使用的每辆T-34的编号。尽管它们可以让我们从侧面一窥T-34部队的编制和部署，但即便如此，无可否认的是，从内容角度，遗憾仍是存在的。

除此之外，本书还包含了许多技术图纸。它们展示了许多种类的车体（比如1942年后的T-34-76和1944年后的T-34-85）和炮塔（涵盖了从1940年年底到1945年年初的变化）。因为这些材料的存在，有需要的读者可以对战时T-34坦克的几乎每项变化一览无余。

但说到技术图纸，本人想简单指出的是：目前，关于各个批次生产的T-34，真正"正确"的图纸还不存在，目前市面上的大量绘图都存在着出入，这种情况源自以讹传讹，还有图纸和产品之间的差异。

在检查过现存车辆后，人们经常能确信无疑地发现，每个批次的坦克实际是彼此不同的。目前可以确定的是，除了一些对坦克运转至关重要的部分（如左右驱动轮轴末端的间距）之外，其余车辆部件的误差都很大。其中装甲板和铸造件的长宽误差通常能达到2—3厘米，有时甚至有5厘米。而且可以知道的是，有的炮塔甚至没有安装在车体的中央，甚至偏离中心几厘米。另外，车体正面的钢板宽度也彼此不同，只有在轴端位置，为了保证能与传动装置的轴承相互结合，它们才和标准尺寸完全一致。另外，驱动轮和其他负重轮也基本处在了一条直线上——否则，履带就会一直脱落。

至于本书中包含的图纸，来自对坦克纪念碑和博物馆藏品进行测量的可靠国外资料。虽然我们竭尽全力，但需要指出的是，误差依旧无法避免。毕竟有些现存坦克实际是由不同批次的坦克部件拼合而成的，并不是某些批次T-34的真实反映，另外，本书还提供了1000张照片，这些照片都配有专门的注解，希望它们能够帮助读者独立地对T-34进行分析。

本书的第十六章至十九章、第二十一章至二十八章、第三十章系本人所著，其余章节则由张一鸣先生编写。对于其中出现的错误和瑕疵，我们愿负全部责任。

殷石隐

2019年6月6日

第一章
被神话的武器

神话源自人类的需要。在战争时期，这种需求更如同火箭般攀升。尽管二战期间的神话无法与古典神话相提并论，但在世界范围内，它们依旧深深影响了公众的观念。

苏联战后的历史学研究缔造了一个传奇——在苏联境内，雕塑艺术表现的主题已经超出了牺牲的英雄和胜利的战役，还包括了他们使用的武器。我们可以在苏联国土上发现很多以ZIS-3加农炮、"喀秋莎"火箭炮或伊尔-2强击机为主题的纪念碑，而任何这样的纪念物，其本质都是神话的延续。诚然，ZIS-3曾被誉为二战中最优秀的加农炮，"喀秋莎"据称是世界上第一种战术火箭炮，伊尔-2也被称作无与伦比的攻击机，但这些都是宣传标签，和现实几乎毫无关系。它是一种鼓动手段，一种激励民众的手段。在这个过程中，神话也得到了强化与完善，最终渗透到历史著作的字里行间。

不过，这种创造"真相"、突出苏联军人和装备优越性的宣传，又并非完全出自苏联政府之手。很

▲ 1942年，在训练时发起冲锋的T-34。炮塔上的名字"拉佐"（Lazo）取自一位革命英雄，其前方是一个外围为菱形的战术标志，"045"上方的数字"2"表明该车隶属于坦克第116旅。从炮塔后部的细节判断，该车是1941年年底之后才出厂的。

早之前，许多西方名将与学者便开始自发地传播这些观点。在18世纪下半叶"苏联宣传"还不存在的年代，普鲁士国王弗里德里希二世（Friedrich II）[①]曾说过一段话："俄国士兵是最优秀的。要想打败他，你只能杀死他。在那之后，你还要用刺刀捅、子弹射——才能彻底将他弄死。"虽然我们根本不能拿这位国王的俏皮话来评判现实（更不用提这句话本身的逻辑问题），但数百年来，它已经被西方史学家铭记在心，并被反复用来赞美俄国（苏联）军队与普通士兵。几乎没有人能够仔细思考它背后的含义，或是认识到这位普鲁士王国的缔造者只是被俄国农奴淳朴驯服的本性所震惊。

经过长年累月的加工，这些谣传逐渐成了真假难辨的神话。按照神话的描述，由俄国或者苏联设计制造的武器都是完美无缺的。虽然这些武器的简单实用引来了人们的欣赏，但是很少有人知道，这种简单已经达到了粗陋的地步。它们的制造材料通常质量较差，产品质量也不理想，无论性能参数、实战表现，都无法与西方国家的产品媲美。可是时至今日，仍有很多专家将这种"简单"视为一种优点。

这些被神话的武器中就包括T-34坦克——它是"苏联人民的骄傲""二战中最出色的坦克""超越时代的坦克""与众不同的坦克""无与伦比的坦克"……而这些只是拥护者给它的众多头衔中的一小部分（然后被它们在西方的吹捧者原封不动地引用）。在喜爱T-34的专家看来，T-34经历过千锤百炼，拥有优雅的外形，在宣传影片中的表现也非常出众（由于很难通过观察实物获得第一手的体验，宣传影片也是西方研究T-34的少数资料来源之一）。不过，狂热往往令人丧失理智，以至于分不清理想与现实差距。那些吹捧者始终没能（或者说是不愿意）领悟到自己深信的"真相"只是苏联方面的宣传。另外，很多战败的纳粹将领也在其间起着推波助澜的作用。这些人之所以散布这类战场神话，主要还是为了给失败寻找托词。

◀ 1941年夏天，被一支党卫军部队摧毁的、装有L-11型火炮的早期型T-34。从图中可以看到该车的许多细节，但真正值得注意的是，该车的铸造版炮塔已经脱离了座圈。通常情况下，座圈会和炮塔一起被掀飞，但显然，照片上的坦克这两个部件接合得并不十分牢靠。

① 弗里德里希二世（1712—1786），1740—1786年间的普鲁士国王。他带领国家力挽狂澜，打赢了"七年战争"。在其治下，普鲁士的政治、经济和文化也得到了巨大的发展。

　　结果，呈现在我们面前的是两种截然不同的T-34坦克：一种是我们通过各类著作、电影和其他媒介所了解到的，另外一种则是现实世界中的客观存在。书中的T-34坦克是强大的苏联红军的标准装备，可以将对手轻易碾碎，而现实世界中的T-34却远不是一种完美的坦克，它有很多设计缺陷，由不合格的工人制造，产品质量也很成问题。现实世界中的T-34坦克并不是什么足以傲视德国或美国坦克的革命性设计，更不是我们平时熟知的那种T-34——一个由少量确凿事实、大量真假参半或以偏概全的描述，与形形色色的谎言、误解，臆造在一起的结合物。

第二章

德国国防军的战败托词

在正式开始阐述T–34坦克的发展历程及其技术性能前，我们有必要探寻T–34神话的源头，以便从客观角度重新审视这种武器。这将有助于解释为何当年的误解会如此之多，以及它们的影响为何会如此深远。要想厘清这个问题，我们必须认真回顾它们出场的时刻。

这部分历史并非始于1937年（即T–34坦克技术史开始的年份），而是在1941年6月底或7月初——这种武器首次被写进德军战报的时候。至于这一切的源头，则是在1939年8月。当时，握手言欢的苏、德双方已经私下做出了开战的决定，准备工作也随之开始。然而出乎很多人意料的是，我们的故事并非始于哈尔科夫或者莫斯科，而是在德国。这个舞台上的主演就是处于柏林权力中枢的将军们，也正

▲ 这辆被击毁于苏联村庄内、装有L-11型主炮的T-34成了德军的指路标。它的炮塔上涂有德军第12装甲师的战术标志，表明这一战绩属于该师官兵。坦克后方的附加油箱上有一个大洞，尽管在拍摄照片时坦克本身没有起火的迹象，周围也没有橡胶燃烧的灰烬，但这辆坦克显然被烧毁不久。

是他们，将德国战争机器中的各个要素——比如各个坦克工厂和陆军最高司令部（Oberkommando des Heeres）——串联了起来。

毫无疑问，在1942年之前，德国装甲兵是举世公认的最出色的地面部队，以至于德国陆军的其他兵种——如炮兵、步兵和残存的骑兵——在它面前都已黯然失色。其他兵种并不怎么敬畏装甲兵的技术进步，但却对其作战能力赞叹不已。从技术角度，装甲兵与德军的其他军兵种处于同一水平——它们的武器水平参差不齐，也没有什么革命性的装备，在战术手段方面的进步也相当有限。另外，德国装甲兵的最早一批坦克也很难称得上是一种战争机器，其后续型号也是按照同样的思路于同期开发的——这也可以解释从二号坦克到四号坦克，德国坦克的外观为何会如此接近。

经过大约两年的设计和测试，被作为德国装甲兵标准型装备的三号和四号坦克于1937年正式投产。20世纪30年代初期的作战理念决定了它们的参数与武器配置。具体来说，当时的德国人相信，更明智的选择是保证坦克产量，以充实存在于纸面上的装甲师，而不是纠结它们是否经得起未来战争的考验。

在原始型号上，三号和四号坦克的装甲厚度只有15毫米，只能勉强保护车组乘员免遭小口径穿甲子弹和炮弹破片的伤害。即使在装备之初，这样的装甲厚度也难以满足实战需要。为此，在1938年年初，德军将装甲厚度提升到了30毫米（即之前的两倍），但这仍然是一种应急措施：因为早在1937年，德方高层便做出了研发一种全新重型坦克的决定，它的基本性能、火力和装甲防护都应足以在500米外对抗同级别的对手。另外，为接替20吨级的四号坦克，德军还需要在蓝图绘制之前，将新车的吨位确定为30吨[1]。新型坦克将安装一门与四号坦克相同的75毫米短身管火炮，但是装甲厚度应达到50毫米，至于悬挂系统则要效仿当时德国陆军中最好的越野机动车辆——半履带牵引车。后来，这些基本指标经历了种种变化，整个项目也随之不断演变，其间引入了不少新的技术创意，还计划安装新设备和新武器，但仍有一些基本特征被保存了下来——比如安装特定悬挂系统的箱形车体。

尽管有数辆原型车建造完成，但它们最终没有成为军方的制式装备：事实上，当时的德国并不急于获得新型坦克，自身的资金也相对有限；也正因此，在长达4年的研发过程中，新型坦克的研发基本上都是在正常生产的间隙进行的。另外，一些重大技术难题也让研发进度不断被拖后。

这种状态一直持续到1941年春。直到这时，新坦克的研发工程才有了实质性进展。尽管此时，1937年启动的30吨级坦克的构想已经寿终正寝，可是经过纳粹军政高层的大力推动，在短短几个月之后，它便脱胎换骨，以一种截然不同的面目呈现在世人面前。在1941年的这六七个月间到底发生了些什么？是什么促使他们急不可耐地推翻了一切？为了回答这些问题，我们必须回溯数月之前发生的事件。

1939年夏天签订的《苏德互不侵犯条约》——即所谓的《里宾特洛甫-莫洛托夫条约》，对苏、德双方的互惠合作起到了很大的促进作用。1939年10月下旬到11月上旬，一个由苏联军工业界人士、红军军官和情报专家组成的代表团访问了第三帝国。这些客人对德国军工企业及其最新研发成果进行了史无前例的全面考察。由于当时苏联的技术相对落后，这确实是一份从天而降的绝佳礼物。

---

① 这种坦克被先后命名为"护卫战车"（强化型）［Begleitwagen (verstaerkt)］、"步兵战车"（Infanteriewagen）和"突破战车"（Durchbruchswagen）。在1939年，德军的装甲试验车辆采用VK系列编号后，它们又被改称为"VK 30.01 alte Konstrucktion"（即'旧设计'之意）。德军曾建造过若干部该型坦克的车体和炮塔，其中一些炮塔后来被安装到"大西洋壁垒"上。

◀　一枚落在附近的炸弹将这辆早期型T-34从路上掀翻到了沟中。虽然车身上没有着火的迹象，但负重轮上的胶圈都已被烧尽。

　　当然，在总数达60人的苏联代表团中也包括若干坦克方面的专家[1]。在他们中间有B.M.科罗布科夫（B.M. Korobkov）[2]、N.I.格鲁兹杰夫教授（N.I. Gruzdiev，工农红军机械化与摩托化学院坦克工程系主任）[3]和A.S.扎维亚洛夫［A.S. Zavyalov，伊佐拉工厂（Izhorsky Industrial Works）的首席装甲冶金专家］[4]。他们不仅获准参观了德国最新的坦克及其生产线，同时还查阅了德国顶级钢铁厂采用的装甲板生产工艺的全套技术文档！不仅如此，他们还订购了2辆三号坦克最新改进型（E型）样车。[5]苏联代表团明确要求德方无条件开放最新的军工项目以供参观，这种坚持给"慷慨"的东道主施加了不小的压力。在对德国境内最机密的军工企业、设计局和试验场的访问期间，苏联代表团的固执让德方陪同人员（包括设计师、工业界人士、军方代表，以及反间谍军官）怨声载道：其中有很多都指控苏联的商业间谍行径，有人甚至将这个苏联代表团和以吹毛求疵著称的"协约国裁军委员会"相提并论，而且认为前者更糟！

---

　　[1] H.古德里安（H. Guderian）的《一个军人的回忆》（Memoirs of a Soldier）宣称此事发生在1941年春天，但此处显然有误。它指的明显是之前的某次访问，很可能是在1940年春天苏德双方的合同最终敲定时。

　　[2] 鲍里斯·科罗布科夫（1900—1971），时任红军坦克和机动车辆管理总局副局长，后来战争期间担任装甲和机械化兵第一副司令员，并于1944年获得装甲兵上将军衔。

　　[3] 尼古拉·格鲁兹杰夫（1907—1950），于1932年参加苏联红军，在卫国战争期间曾多次派往前线单位调研，1943年获得少将军衔，1950年11月在第8机械化集团军技术副司令员任上自杀。

　　[4] 安德烈·扎维亚洛夫（1905—1985），T-34和KV-1坦克上采用的装甲钢都来自他的手笔。后来，他还研究过安装在航空器上的装甲材料和用全焊接技术制造巡洋舰船体的工艺。有趣的是，在这次访问中，德国的装甲钢并没有给扎维亚洛夫本人留下特别深刻的印象，他后来这样写道："到德国的商务旅行表明，苏联特种钢的冶炼技术并不逊色于西欧，苏联冶金工人生产的装甲钢质量优于德国钢铁。"

　　[5] 根据1940年2月11日签订的一份合同，德国将用技术换取苏联的原材料，但苏联的需求非常庞杂。令德国人惊讶的是，需求中的重头居然是军事装备，而不是之前（即1939年夏秋之际）商定的工业设施。虽然起初德方非常不情愿，但他们还是从1940年春天起履行了这份合同。

▲ 1941 年夏天，这辆装有 F-34 主炮的 T-34 被从战场拖到了缴获装备堆放场，其外表有 1941 年版早期型坦克的典型特征。注意前方伸出的挡泥板。

苏联代表团中的坦克专家也有点强人所难——但他们这么做是有理由的。希特勒本人承诺为苏方展示德国坦克技术的最新成果，可呈现在苏联代表团面前的却只有三号和四号坦克，这些显然不是一个觊觎世界霸权的帝国该拥有的最重型的坦克！自然，这个令人反感的苏联代表团也引起了德国人的焦虑——苏联拥有的坦克肯定比德国装甲部队拥有的更大更重。[①]这种猜测是正确的，尽管德方声称已经公开了全部的军工项目，但是他们还是如苏方怀疑的那样隐藏了一些机密，至少30吨级中型坦克的方案就是如此。在当时，苏联人肯定有其他的情报渠道，并从此处探查到了该方案的蛛丝马迹。

德国人对苏联新型坦克的猜疑也在悄然增长。到1941年早期，他们开始察觉到苏联真实的研发情况。至于为何德军上下直到此时才猛然醒悟，其真相我们只能猜测，但另一方面，他们的得到的信息本身又绝对不是捕风捉影。情况可能是这样的：1940年11月，做出入侵苏联决定的德国开始与苏联扩张政策的最新牺牲品——芬兰——进行军事合作。尽管芬兰国内没有多少资源可用于购买德国军火，但是芬

---

① 在莫洛佐夫（Morozov）的传记［参见V.D.李斯特罗沃伊（V.D.Listrovoy）和K.M.斯罗博丁（K.M.Slobodin）合著的《工程师莫洛佐夫》（Konstruktor Morozov）一书，该书由政治读物出版社（Politizat）于1983年出版，相关内容在第12页］中曾引用过这个故事："在检查过三号坦克之后，专家们得出的结论是，它不是最新的型号，纳粹分子正在掩盖实情，并让我们丧失警惕。"随后，作者得出的结论是，纳粹分子试图掩盖的型号是四号坦克。但这种说法实际毫无凭据：诚然，在1940年之前，德国并未高调宣传四号坦克的存在，但它在当时并不是个秘密。在伊布拉基莫夫（Ibragimov）的著作《对抗》（Protivoborstvo）［由全苏支援陆海空军志愿协会（DOSAAF）于1989年出版，第115页］中提到，德国人所做的只不过是掩饰四号坦克的存在，而且根本没有向代表团展示过这种武器。但另一方面，德国人却声称自己确实展示了四号坦克，其他装备也一样，唯一的例外只有原型车——而四号坦克显然不属于原型车的范畴。根据伊布拉基莫夫的说法（出处同上），一位德国人向他们解释说之所以没有四号坦克，是因为它们还在绘图板上——这种说法显然不是真的。另外，如果我们选择相信苏联人的说法，苏联人根本就不会直截了当地询问是否有"四号坦克"，因为这会向德国人暴露自己的情报来源；在当时，苏联人的要求可能是参观"最先进的坦克"，但它并不是四号。出现误解的原因可能是苏联人单纯地搞错了型号（毕竟，对很多人来说，三号和四号坦克看起来非常接近），或者是翻译中出现了问题（在当时，四号坦克D型的量产将在10月开始，因此，德国确实无法展示这种坦克的最先进版本，而9月开始生产的三号坦克F型则代表了当时德国最先进的坦克）。后来，戈林驳斥了德国向苏联隐藏新武器的抱怨，他表示目前没有展示的只有样车，四号坦克显然不能归入样车。

◄ 1941—1942 年冬天，在缴获装备堆放场，这辆安装 L-11 型主炮的 T-34 已经被"游客"们洗劫一空。

▼ 这辆早期型 T-34 在入口舱盖顶部安装了全向观测潜望镜（Panoramniy Observationniy Pribor，简写为"POP"），之前很可能遭遇了德军的埋伏。

▲ 一辆生产于1941年3月之前的首批量产型T-34。这张照片中几乎展现了这种坦克（通常被称为"1940型"）的所有识别特征：比如履带、驾驶员舱门、L-11型主炮和炮塔舱盖上的全向观测潜望镜。注意炮塔正面的"面颊"部分较112厂的产品更为圆滑。

兰人拥有比资源更重要的东西——他们在不久之前亲身见证过苏军的作战能力，并且获得了与苏联最新武器装备对抗的实战经验与教训。在这些情报中，就包括了在"冬季战争"期间，苏军试图在卡累利阿地峡的曼纳海姆防线达成突破时使用过的重型坦克。当时苏军派出了2辆SMK/T-100型坦克（芬兰人甚至设法拍摄到了它们的照片）和3辆KV-1原型车。芬兰人不仅在报告中描述了它们的庞大身形，而且还提到了它们厚重的装甲和强大的火力。关于新型苏联坦克的传言不仅得到了证实，而且看上去要比预想更糟。现在他们开始明白苏联代表团为什么会如此不满，同时德国专家也开始惴惴不安起来。综上所述，德国人在1941年春开始意识到威胁的存在，这点在古德里安将军的回忆录中也曾提及——尽管古德里安对这种威胁的性质做出了错误的判断。

　　早在1940—1941年冬，德国方面的很多有识之士就已确信，遭遇苏军的新型坦克是"迫在眉睫且不可避免的"。弗朗茨·哈尔德（Franz Halder）[1]将军曾在战时日记中记录了一次情况报告会，这次会议召开于1941年3月2日，内容与装甲部队的发展有关。在提及苏联坦克时，哈尔德将军这样写道："它们中的大多数可能质量低劣，但是也不排除有意外情况出现。"[2]现在的问题是：所谓的"意外情况"到底是指什么？经过随后的一番短暂调查，真相很快浮出水面——苏联方面确实拥有现代化的重型坦克。

---

① 弗朗茨·哈尔德（1884—1972），他曾在1938年至1942年9月期间担任德国陆军总参谋长，也正是在此期间，德国陆军收获了一系列令人眼花缭乱的军事胜利。后来，哈尔德因与希特勒频繁爆发冲突而被解职。
② 参见《哈尔德战时日记》（1974年出版）第3卷。

◀ 1941 年 6 月或 7 月，一辆被遗弃在利沃夫（Lvov）街头的极初期型 T-34。注意放置在发动机盖上的备用变速箱和离合器。

在1941年3月30日于柏林总理府举行的一次司令部会议中，希特勒向将军们提到了这个令人不寒而栗的发现。①元首在讲话中谈到苏联装甲力量将不容小觑，而且他本人还补充了一些细节。根据他得到的消息，苏联的新式重型坦克重量在42—45吨之间，装有一门100毫米长身管火炮。

若果真如此，的确值得警惕。这就意味着苏联45吨坦克的倾斜前装甲的厚度极有可能达到120毫米，更何况它还有100毫米的长身管主炮！要对付这样一个钢铁怪物，德军取胜的机会将微乎其微。虽然德国装甲部队的官兵做好了与敌中型坦克交锋的准备——但从没有想象过迎战这种级别的对手。在法国战役中，他们曾经遭遇过法军的B1 Bis坦克（Char B1 Bis）和英国的"玛蒂尔达"II型坦克（Matilda II），二者的前装甲已经达到60—80毫米，是当时欧洲战场最强的装甲车辆。可是德国人对此不太担心，因为他们已经拥有了一种极其有效的"坦克杀手"——著名的88毫米18/36型高炮。早在1937年，这种火炮的战术角色就从纯粹的高射炮变成了一种高射、平射两用炮，炮手们也接受了反坦克训练。接下来，德国军方更是为这种火炮专门研发、生产并配备了一种高性能穿甲弹。由于当时37毫米反坦克炮击穿德国坦克的装甲已绰绰有余，德国炮兵的这一尝试确实堪称富有远见——这样，他们就能信心满满地投入到占领法国的作战中。88毫米炮的穿甲弹可以在1000米外击穿100毫米厚的装甲板，作为装甲突击部队的忠实护卫，英、法等国的重型坦克已经变得不足为惧。至于假想中的、装甲厚度在55—90毫米

---

① 出席会议的有所有集团军群和集团军的司令，以及大量来自陆军和国防军最高司令部（OKW）的参谋军官。因此，我们可以明确地得出推论，整个德国国防军的最高指挥层都意识到了问题的存在。

（或者说厚度为40—45毫米，呈45—60度倾角的倾斜装甲）的25吨级坦克也会成为"无敌88"的良好猎物。然而，重型坦克却是另一个完全不同的问题——无论是设计研发，还是作战应用，它都给德国人带来了真正的挑战。此前，在设计研发重型坦克的过程中，德国人已经积累了很多经验，这些经验让他们意识到一个事实：他们的对手已经成功研制出了这种车辆，还在战斗中取得了成功，这一点带来的影响实在是不可小觑，更不用说它对反坦克防御将意味着什么了。

考虑到这些，聚集在希特勒周围的来自各军、各兵种的将军们似乎很有理由会为接下来将公布的事情——他们要向拥有如此强大的坦克的对手发起进攻——大惊失色。但真实情况并非如此！根据《哈尔德战时日记》中的记载，我们可以判断这一消息并没有在与会者中引起任何反应。出席此次会议的费多尔·冯·博克（Fedor von Bock）①将军甚至根本没有在会议记录中提及此事！大多数在场的德军将领仿佛都打起了瞌睡，或者完全忽视了元首的提示。对他们而言，确保作战计划不受干扰才是最重要的事。

因此，我们可以确定，在"巴巴罗萨"行动开始3个月之前，德国人就已知晓——而不仅仅是"怀疑"——他们必然会在战场上遭遇一种无可匹敌的强大坦克。那么，为什么在前线，他们会对一些已板上钉钉的事情感到如此惊讶？而且对本书来说更重要的是，为什么德国人对重型坦克的担心，最终会演变成所谓的"T-34恐惧症"？看起来，德军高层的态度是一个重要原因——是他们，为T-34的设计师和生产厂商提供了一种非常有效且完全免费的公关宣传方式。古德里安将军在1951年出版的回忆录也是一个推波助澜的关键因素——他将德军的失败归咎于T-34和希特勒本人。毫不夸张地说，在当时的二战史领域，古德里安将军的一句话往往能顶得上其他人的一本书。对德国民众而言，海因茨·古德里安是毋庸置疑的坦克专家。德国上下普遍认为，作为一位学识渊博、影响力巨大的装甲英雄，及第一线的坦克指挥官，古德里安本人就是真理的化身。

为了对苏联坦克专家访问德国（正是这次访问，让德国人首次意识到东面的邻居正在酝酿怎样一种可怕的武器）这一章节进行总结，古德里安这样写道："至于那是一种什么样的现代化坦克，我们要到1941年7月首次遭遇T-34时才真正知晓。"②好吧，其实它未必真的就是T-34！如果我们阅读古德里安本人在后期更为谨慎的陈述，或者其他德国参谋人员的记录（例如《哈尔德战时日志》），就很容易发现其中的矛盾之处。哈尔德和其他纳粹将军接到的大部分情报其实都是关于苏联重型坦克的，这些坦克庞大且难以摧毁。正是这些战争机器将"红色铁流"的恐惧植入了德国将军的内心，特别是KV-2，这种坦克深受其潜在对手的敬畏，不仅仅由于其巨大的外形，更因为它威力极强的152毫米主炮。

在苏德战争初期阶段的《哈尔德战时日志》中，曾详细描述了与苏联新型坦克的遭遇，其中提到的仍然只有重型坦克。很多历史学家据此推断，在"巴巴罗萨"行动的初期，苏联方面只有少量可用的T-34坦克，而且它们还被分散到广阔的战线上，但他们错了——KV坦克更抢眼的原因不只于此。首先，KV是一种在欧洲前所未见的坦克，单纯因为好奇也会令它在目击者脑海中留下深刻的印象。第二，苏军反击往往是由KV型坦克引导，而T-34则会利用其较快的速度实施侧翼包抄，可是后者却经常

---

① 费多尔·冯·博克（1880—1945）是当时德军中最有声望的高级军官。他在1939年波兰战役中指挥北方集团军群，1940年西线攻势中指挥B集团军群。1941年时，他成为中央集团军群司令，指挥德军的主力部队参与入侵苏联的作战。由于与希特勒发生了冲突，冯·博克在1942年时被勒令赋闲，1945年战争结束前，他因遭遇飞机扫射而负重伤，不治去世。

② 参见古德里安《一个军人的回忆》，第116页。

▲ 一辆陷入窘境的T-34。由此带来的连锁后果也可以从这辆"伏罗西洛夫战士"型（Voroshilovets）牵引车的车头部分略见一斑。这辆坦克似乎先是"骑上"了牵引车，随后又被击中和焚毁。

因为技术原因而被乘员遗弃。显然，尽管T-34也是一种不为人知的现代化坦克，但在这种环境下，比起那些必须在战壕中直面才能将其解决的钢铁怪物，它似乎远远没有那么引人好奇。

　　尽管哈尔德早在1941年3月就对苏联重型坦克有所了解，但在战场上真正见到它们时，他似乎还是感到非常吃惊。在6月24日的战时日记中，他草草写下这样一句话："敌军新式重型坦克！"[1]最有意思的部分就是这句话加上了感叹号，而在当天写就的记录中，哈尔德做了更多记载："发现苏军新式重型坦克，它们可能装有口径达80毫米的主炮，或者像北方集团军群的战报中提到的那样——装有150毫米主炮，这真是不可思议。"[2]在6月25日，哈尔德记录了德军士兵遭遇敌新型坦克的更多情况，德军方面当时并未对其进行命名，而是用"装有150毫米火炮的52吨坦克"来称呼它——这显然就是KV-2坦克。"装有3挺机枪的75毫米主炮坦克"同样引起了我们的注意，它当然不是T-34而是KV-1，因为前者只有2挺车载机枪。

　　看起来，在"巴巴罗萨"行动初期那些混乱的日子里，哈尔德将军对苏联坦克的匆匆记录中根本没有提到过T-34，似乎只有KV家族的钢铁巨兽引起了德国军方的兴趣。然而，据保留下来的影像资料显示，被抛弃在"巴巴罗萨"行动战场上的T-34数量显然要更多一些。

①　参见哈尔德《战时日记》，第34页。
②　参见哈尔德《战时日记》，第35页。下划线系本书编著者所加。

古德里安曾在他的著述中写道："1941年7月，德军官兵对遭遇的苏联坦克大吃一惊"，他所指的"苏联坦克"肯定是KV系列——即使当时他还不知道该型坦克的真实名称。而当他在20世纪40年代末编写自己的著作时，关于KV系列坦克的记忆实际上已经模糊不清。以至于在1941年登场的坦克中，唯一打满全场的只剩下了T-34。古德里安虽然是一位优秀的坦克战指挥官，但是他对技术术语的掌握程度，或许还比不上很多参谋人员。他无须知晓苏联坦克的各种细节，因为他的战争是在军用地图上进行的，武器则是红蓝铅笔和图钉。这可能就是他将控诉的目标指向T-34（而非KV系列）——或者至少是将T-34和KV并列为德军装甲兵主要对手——的原因。自1951年古德里安所著的《闪击英雄》（又名《一名军人的回忆》）第一版上市直到今天，所有他的拥护者都认为是T-34保卫了苏联。

▲ 海因茨·古德里安将军，第2装甲集群（即后来的第2装甲集团军）司令。他的回忆录后来成了T-34神话的重要支柱。

在本书中，我们将用更多的篇幅列出所有被古德里安回忆录误导的人物名单。作为他影响的一个范例，我们不妨看一看两位在历史学界享有盛名的学者，他们的作品恰好也与本书研究的范畴重合。

汉斯·雅各布森（Hans Jacobsen）[1]教授是其中一位极具影响力的德国历史学家。20世纪60年代初，他负责编辑《哈尔德战时日记》时，曾在提到"意外情况"的地方作了一个脚注。在这个脚注中他写道："它们指的就是T-34坦克"——在第2卷与第3卷中，他又分别重复了这种说法——此举也对那些背景知识不那么殷实的读者造成了误导。毫无疑问，脚注描述的主体都该是KV重型坦克。在哈尔德的记录中，所有的线索都指向这一点，但雅各布森和很多老兵一样，极其固执地将所有的坦克都贴上了"T-34"的标签。

同样的状况也发生在R.斯托尔菲（R. Stolfi）[2]教授那里，他在最近的一本书[3]中竭力证明这样一个观点：假如德国军队不惜一切代价直扑莫斯科（而非转换主攻方向到基辅），那么德国将有能力在1941年赢得对苏战争，T-34是支撑其理论的支柱之一。他先是对这种坦克的真正价值进行了相当公正的评估；随后他又指出，在10月初之前，该型坦克的可用数量都相当有限，但它们后来却成了"台风"行动（Operation Taifun）中德军兵败莫斯科城下的决定性因素。如果德国方面在8月份就发动对莫斯科的总攻，那么他们很可能抢在T-34坦克大量出现前占领苏联首都。

对我们来说最重要的事情是，斯托尔菲认为姆岑斯克（Mcensk）之战是整个对苏战争的转折点，而

---

① 汉斯-阿道夫·雅各布森（1925—2016），他曾先后担任过联邦德国国防军学院讲师、德国外交政策学会波恩研究所所长和德国和平与冲突研究协会（Deutsche Gesellschaft für Friedens- und Konfliktforschung）主席等职务，并在美国、日本等数个国家的大学担任客座教授。他毕业参与编纂过不下30本战史研究著作，其中就包括了很多有全球影响力的作品，比如《哈尔德战时日记》和《第二次世界大战的决定性战役》（后者有中文版）。

② 拉塞尔·斯托尔菲（1932—2012），此人曾担任美国海军研究生学校（US Naval Postgraduate School）教授，著有《希特勒传》（Hitler）、《希特勒装甲东进：重新解读第二次世界大战》（Hitler's Panzers East: World War II Reinterpreted）和《攻势中的德军装甲部队：苏联前线和北非，1941—1942》（German Panzers on the Offensive: Russian Front North Africa 1941—1942）等书，由于作品鲜少被翻译，他在国内的知名度明显不及雅各布森。

③ 参见R.斯托尔菲《希特勒装甲东进》（Hitler's Panzers East），艾伦·苏顿出版社（Alan Suton），1992年出版，第164—165页。

关于这场战事的叙述又几乎逐字逐句地照搬了古德里安回忆录的相关资料。现在，我们将回顾这位对二战史影响深远的德国将军的回忆录，他笔下的姆岑斯克之战直到今天都有着持久的生命力——无论在西方，还是在苏联，历史学家几乎都会引用他的文字。接下来就让我们看看，在1941年10月——卫国战争最关键的日子里——到底发生了些什么吧。

第三章

问题的关键：姆岑斯克之战

姆岑斯克是一个几乎没有战略价值的小镇，这个祖沙河（Zusha）上的渡口坐落于奥廖尔（Orel）东北方向，有奥廖尔至图拉（Tula）的高速公路从中穿过。这座小镇将见证一段历史，并成为卫国战争中一场关键之战的舞台。由于种种巧合以及海因茨·古德里安的叙述，姆岑斯克的名字成了不朽的传奇，并将帮助我们澄清与"T-34神话"、德军"T-34恐惧症"有关的所有争论。如果没有这场战役的相关记载，仅靠苏联最高统帅部（Stavka）公报中提到的数百名德军阵亡的事实，以及那些长存在人们记忆中的"苏联英雄"的事迹，历史学家绝不可能受到如此深远的影响。因为在这四年漫长的战争中，类似的公报每天可谓数以百计。

1941年9月30日，古德里安的第2装甲集群提前两天展开了"台风行动"，开始进攻苏军第13集团军的防线。同往常一样，德军轻松击溃了苏联守军，突破行动大体上按照原定计划继续进行，倒是9月28日夜里开始的、持续了两天的小雨比苏军更具威胁。9月30日第24装甲军开始推进时，依旧细雨蒙蒙。厚重的低云降低了能见度，使原本糟糕的路况变得愈发恶劣。

古德里安集群的矛头是第4装甲师[①]，该师的师长是陆军少将威利巴尔德·冯·朗格曼-埃伦坎普男爵（Willibald Karl Moritz Robert Rudolf Freiherr von Langermann und Erlencamp）[②]。师主力为埃伯巴赫（Eberbach）[③]中校指挥的第5装甲旅，其下属的2个装甲团中共有3个营：分别是第6装甲团第2营（原隶属第3装甲师）和第35装甲团［该团由霍赫鲍姆（Hochbaum）[④]中校指挥］第1、第2营。其中，第1营营长为冯·劳赫特（von Lauchert）[⑤]少校，第2营营长为陆军少校冯·容根费尔德男爵（Baron von Jungenfeld）[⑥]；2个营共有110辆坦克。不过，它们大多都已不堪使用，而且9月从国内运来的补充车辆也寥寥无几。相较之下，第3装甲师下属装甲团的情况要好得多，在该团的135辆坦克中有18辆四号坦

---

① 本书大部分关于第4装甲师的材料出自D.冯·邵肯（D. von Saucken）的《第4装甲师》（4.Panzer-Division）［1985年出版于波恩（Bonn）］和J.诺伊曼（J.Neumann）的《第4装甲师》（Die 4.Panzer-Division）（1989年出版于波恩）。其他材料来自《第3柏林-勃兰登堡装甲师师史，1935—1945》（Geschichte der 3. Panzer-Division Berlin-Brandenburg 1935-1945）［G.里希特出版社（G.Richterr Verlag），1967年出版］。

② 威利巴尔德·冯·朗格曼-埃伦坎普（1890—1942），骑兵部队出身。在二战爆发后，他晋升为少将，并成为第29摩托化步兵师的指挥官。在"巴巴罗萨"行动中，他担任第4装甲师师长。1942年晋升为第24装甲军军长，后来在10月的一次视察途中因座车遭遇炮火袭击而丧生。

③ 海因里希·埃伯巴赫（1895—1992），曾在一战中两次被俘，战争结束后转入警察部队。1935年重新入伍，后来相继担任过第35装甲团、第5装甲旅、第4装甲师和第48装甲军的指挥官。1944年8月，在战斗中被英军俘虏。1992年，病逝于诺青恩（Notzingen）。

④ 威利·霍赫鲍姆（1898—1971），同样是骑兵部队出身，之前担任过第35装甲团第2营营长。1942年11月，在第9装甲师第33装甲团担任团长期间，他在热勒夫（Rzhev）前线被达姆弹击伤面部，随后退出现役。

⑤ 迈因拉德·冯·劳赫特（1905—1987），二战爆发时，他在第35装甲团担任连长；后来在该团第1营长期担任营长，直到1942年冬天。在库尔斯克战役中，他指挥一个由"黑豹"坦克组成的装甲团。1944年年末，他作为第2装甲师师长参加了阿登战役。1945年3月被美军俘虏，1987年去世于斯图加特（Stuttgart）。

⑥ 威廉-恩斯特·冯·容根费尔德（1893—1966），从第2营营长岗位卸任后，他先是指挥过一个装甲歼击营，后来又在库尔斯克战役中成为装备"费迪南德"坦克歼击车的第656重装甲歼击团团长。1944年被派往保加利亚担任军事顾问，在维斯瓦集团军群麾下迎来了战争结束。战后，他移居墨西哥，并在当地去世。

▲ D.D. 列柳申科中将将军，近卫步兵第 1 军军长，他曾指挥部队在姆岑斯克迎战第 4 装甲师。尽管历史学家为他戴上了"重创"古德里安的桂冠，但他的指挥实际上乏善可陈，由他指挥的部队也损失惨重。

▲ M. Y. 卡图科夫上校（站立于右侧者）和该旅一辆 KV-1 坦克的车组。虽然这张照片标注的拍摄日期是 1941 年 12 月，但偏薄的积雪和士兵们身上不甚臃肿的衣物显示，它可能拍摄于早些时候——甚至可能是 10 月，即姆岑斯克地区迎来第一场降雪之时。也许正是因为没有积雪，苏军才采用了这种特殊的冬季涂装（上部涂成白色、车体下半部分保留原涂装）。另外，这辆坦克的涂装样式也与第 4 坦克旅在此战中采用的战术相互适应。

克。10月1日，当全新的补充坦克从国内通过铁路运抵前线时，该团的坦克数量已增加到170辆。然而，这些坦克对姆岑斯克战局的影响却非常有限。

第4装甲师针对苏军抵抗的扫荡行动，沿着高速公路向奥廖尔推进。由于德军士兵的果敢——当然更大程度上是因为苏军指挥官的迟钝——埃伯巴赫的部队总是能在苏军爆破前将一连串的桥梁夺取。借助这三天短暂的晴好天气，他们稳步向前推进。在9月30日6时35分到10月3日15时，该师以极小的代价推进了240公里，这是一个非凡的纪录。10月3日下午，德军接近奥廖尔。在这里，他们将第一次真正需要奋力打破苏军的防线。

该师的矛头是所谓的"霍赫鲍姆先遣分队"（Vorausabteilung Hochbaum），这是一个高度机动化的单位，下属部队包括第35装甲团和第34摩托车营，另外还有摩托化炮兵提供支援。这支部队沿一条小路向奥廖尔前进，并越过了机场附近的一座桥梁。这座机场也恰恰是科瓦廖夫（S.M. Kovalev）[1]中校指挥的"S.M.基洛夫"空降兵第201旅（201st Wozdushno-Diesantnaya Brigada im. S. M. Kirova）第2营的着陆区。该旅隶属空降兵第5军，由最高统帅部紧急派往当地作战。与当地部队相比，伞兵拥有更好的组织纪律，他们士气高昂、训练有素，抵抗也更顽强——在被投入这座人间炼狱后，他们别无选择，只能立刻依靠少量弹药（每人2个基数）以及配属的重型武器展开生死搏杀。

此时，奥廖尔脆弱的守军还没有四下逃窜。在他们的支援下，伞兵们开始破坏通往城市主干道上的桥梁（由于炸药不足，未能完全摧毁）。这一行动虽然切断了推进稍慢的德军左路进攻部队，但"霍赫

① 谢苗·科瓦廖夫（1900—1942?），此人的早年经历不详，他在奥廖尔的战斗中生还，后来晋升为空降兵第201旅旅长和近卫步兵第39师师长，1942年8月在战斗中失踪。

鲍姆先遣分队"麾下仍然有一些行动迅速的坦克和若干摩托车强行冲入城市，与狂热的苏军伞兵部队展开了血战。德军运用少量火炮摧毁苏联守军，夺下机场，并缴获数架运输机。德军损失并不严重：伤亡58人，其中有16人阵亡。

在奥廖尔外围打了几乎一小时后，德军最终击败苏军，推进至市区。第35装甲团第6连连长沃施莱格尔（Wollschläger）[1]中尉的两辆坦克率先突破防御，开进市内。装甲旅旅部连的坦克随即利用这个缺口，其他几辆坦克紧随其后。这些坦克沿市中心的大街扑向火车站和主要桥梁。像往常一样乘坐电车回家的市民惊愕地看着这些坦克从街道驶过，一些市民甚至挥手欢呼，以为他们是苏军部队！德军彻底地实现了出其不意。

由于城内的防御缺乏组织，加上进攻部队速度飞快，德军不费吹灰之力便夺取了奥廖尔。当天19时，第34摩托车营的摩托车手和第33摩托化步兵团第1营就追上了坦克部队。零星的战斗持续了一整晚。德军兵力稀少，无法控制整座城市，只能在诸如火车站这样的战术要点驻守。尽管如此，在进入奥廖尔后，他们还是向城东2公里处派出了数辆坦克，并在17时进入了奥廖尔的东部郊区。

第4装甲师的更多单位于当晚陆续进入奥廖尔市，但直到10月4日下午，他们才占领了该市的大部分地区。由于其他部队（如第3装甲师和第10摩托化步兵师）都被堵在高速公路上，该师成了第24军唯一一个在10月4日和5日如期完成任务的师。第24军麾下的每个单位都有自己的任务：第10摩托化步兵师

▲ 卡图科夫于20世纪60年代的肖像照，此时他已成为苏军元帅。

▲ 作为第5装甲旅旅长，埃伯巴赫中校（右）曾在姆岑斯克战斗中受伤，他的三号指挥坦克曾被T-34坦克的炮弹命中。这张照片拍摄于1944年春天，此时他正在视察自己在姆岑斯克效力过的老单位——第4装甲师。

---

[1] 阿图尔·沃施莱格尔（1916—1987），由于奥廖尔之战及其随后的表现，于1942年1月获颁骑士十字勋章。从1942年11月开始担任陆军第502重装甲营营长，1943年2月负伤后调离。在战争末期，曾短暂担任"克劳塞维茨"装甲团团长，1987年逝于班堡（Bamburg）。

▲ 10月10日突入姆岑斯克后，被德军俘获的BM-13（"喀秋莎"）火箭炮。该车辆隶属于近卫步兵第1军麾下的近卫迫击炮第9团，但这种新式武器只在战斗中发挥了很小的作用。

▲ 1940年10月，一辆在姆岑斯克地区起火燃烧的T-50坦克。一些资料宣称，这辆坦克隶属于坦克第11旅。该型车只生产了五十来辆。

应先掩护第24军左翼，并伺机封闭布良斯克口袋（Bryansk Pocket）；位于右翼的第3装甲师则需要利用第4装甲师创造的战机脱离公路，越野向东推进。但这份计划根本行不通：按照设想，第4装甲师将首先沿高速公路前进，其车辆将凭借火力杀出一条道路，不必在雨水浸透的地面上摸索前行。但另一方面，莫德尔（Model）[①]将军的第3装甲师却被迫离开所谓的"高速公路"（更确切地说是高出周围烂泥地的一条路），并在途中遭遇了无数的问题。比如10月1日，该师接连收到坦克和卡车纵队陷入泥泞的报告。有鉴于此，他们只得折回高速公路，跟随第4装甲师推进。

在商量了一晚如何在白天行军的问题之后，10月4日一早，该师开始继续向东推进，但是因为交通阻塞，行军纵队再次停了下来。当天稍微放晴之后，苏联空军旋即出现，轰炸和扫射拥堵的高速公路。10月3日，德军不得不再次越野前进，并派出战斗群摸索不同的行军路线——其中多数都朝东北方向推进，只有一支继续跟随第4装甲师向奥廖尔前进。

当接近未来的战场——姆岑斯克时，德军已被这些问题弄得焦头烂额。自第4装甲师师部大胆突入奥廖尔市区行动后的第三四天，不断有德军涌入奥廖尔，令该师的"口粮领取人数"（feeding status）暴涨到了35000人[②]，但是该师的额定兵员数只有10000人不到，其中一线作战人员（即步兵、反坦克炮单位、侦察单位和工兵单位）只有6000人。[③]

装甲部队的情况也不甚理想。在第4装甲师麾下，他们在战斗之初的坦克保有量是204辆，其中169辆属于第35装甲团。除此之外，该师还有35辆装甲汽车、43辆装甲运兵车、183辆半履带拖车，约3000

---

① 瓦尔特·莫德尔（1891—1945），他在二战初期担任参谋军官。"巴巴罗萨"行动期间，他亲自带领第3装甲师封闭了基辅包围圈，因而声名鹊起。1941年年末之后，莫德尔先后晋升为军长和集团军司令，多次在东线力挽狂澜，成了战场上名副其实的"救火队员"。在战争的最后几年，他继续率部在东、西两线抵抗盟军推进。1945年4月，在鲁尔地区兵败自杀。

② 按照德国的军事管理体系，所有从大部队领取口粮的人员都会被计入"口粮领取人数"，其中包括师部的平民辅助人员、战俘和志愿辅助人员（Hiwis，即德军从当地招募的辅助人员，其中大部分是前苏军战俘），还有后勤纵队、被堵在后方道路上的士兵，因战术需要临时配属给第4装甲师的军直属单位和第3装甲师的单位等等。

③ 至于第3装甲师9月28日的"口粮领取人数"也多达15000人，但其中包括了负责重修道路的帝国劳工阵线营（RAD battalion）等等。

▲ 1941年10月被第4装甲师击毁于姆岑斯克的一辆T-34。看上去，车组成员当时正试图倒车逃离战场，因被德国炮兵击中履带而瘫痪。其中一条履带断裂，车组曾进行修理，但未能成功。如果这辆坦克确实隶属于坦克第4旅，那么它也将证明1941年秋季之前斯大林格勒拖拉机厂生产的坦克在特征上与183厂的产品几乎一致：因为坦克第4旅接收的是斯大林格勒拖拉机厂在8月份出产的产品。事实上，到秋天之后，该厂的坦克上才开始出现有别于其他厂家的特征。

辆汽车、卡车及超过1500辆摩托车。但到10月份时，其中大部分已经损失，以后勤运输单位的车辆为甚，大大影响了该师的快速机动能力。1941年10月4日在奥廖尔，该师仅有59辆坦克可以投入战斗。9月30日报告的其他部分还指出，该师在推进途中损失了110辆坦克，其中35辆被击损，6辆被彻底摧毁。

　　而就在这几天，局势可谓雪上加霜。10月4日中午之后，天气再次变差，雨不仅没有停，反而越下越大。第4装甲师左翼的第3装甲师正努力追赶目标，但他们再次被泥泞困住。补给纵队6个小时才前进了7公里！因为在城市的硬面道路上行进，第4装甲师主力稍好一点，但是他们的补给单位却落在后方，困在高速路上无法动弹。

　　10月4日整整一天，德军都未能发起攻势。除不利的环境因素外（比如缺乏兵力和补给），一份中央集团军群的训令还要求所有部队停留在奥卡河（Oka）的左岸，由于陆军最高司令部仍未拍板，进攻图拉（Tula）更未被列入考虑。

　　于是，德军仅仅派遣了侦察队，并巩固了在奥廖尔东部的防御阵地。这些措施很快便有了回应，德国时间14时，8辆苏军坦克从东面进入城市。鉴于早些时候，侦察兵报告图拉方向的道路没有苏军防御[1]，因此可以断定，苏军的攻击仅仅是一次试探。这样的事情在当时经常发生，比如10月1日在谢

---

[1] 10月4日，哈尔德根据他收到的报告记载道："古德里安越过奥廖尔向姆岑斯克前进，并插进了一个不折不扣的缺口中。"（参见哈尔德《战时日记》第333页），但实际情况并非如此。

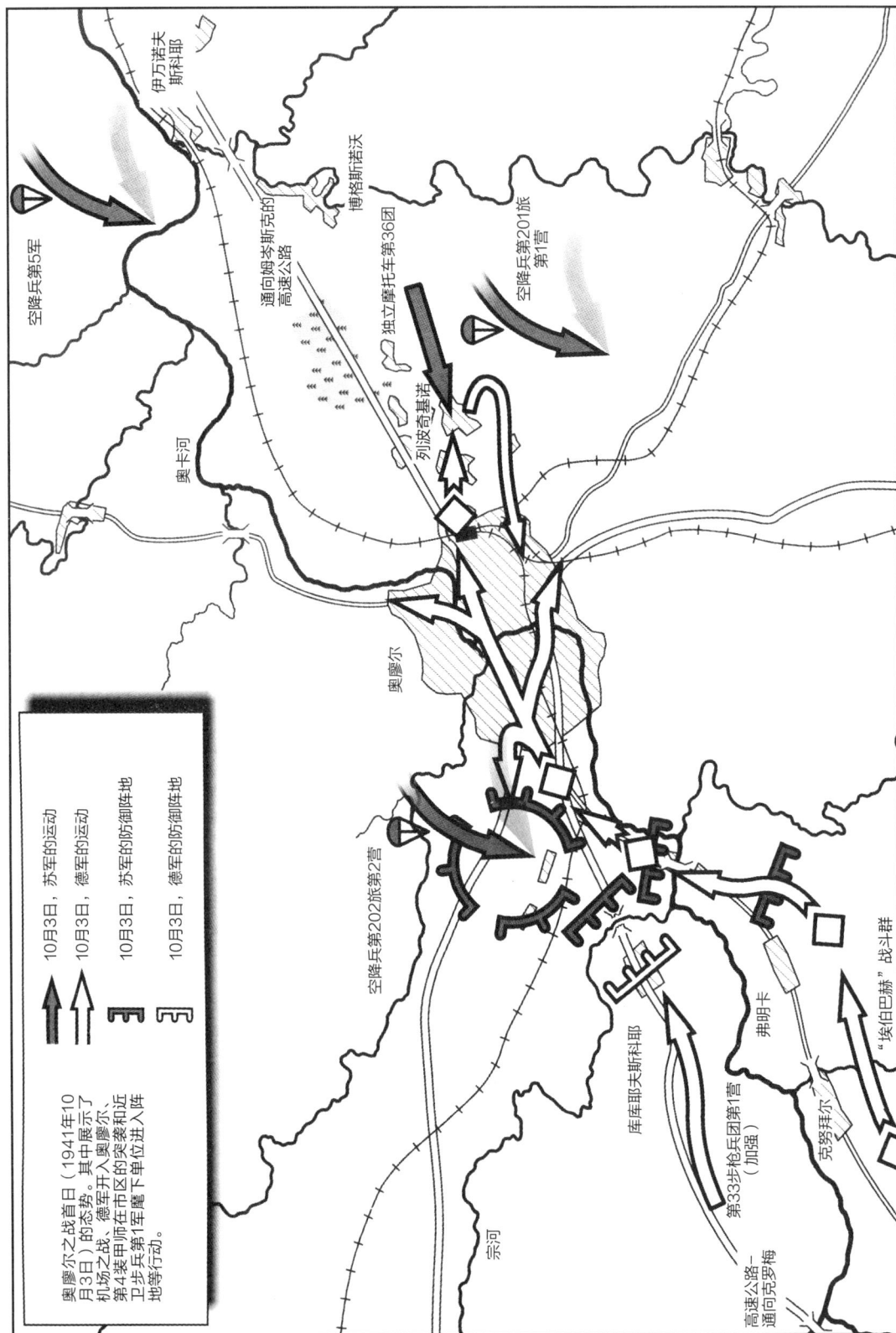

▲ 奥廖尔之战首日（1941 年 10 月 3 日）态势。

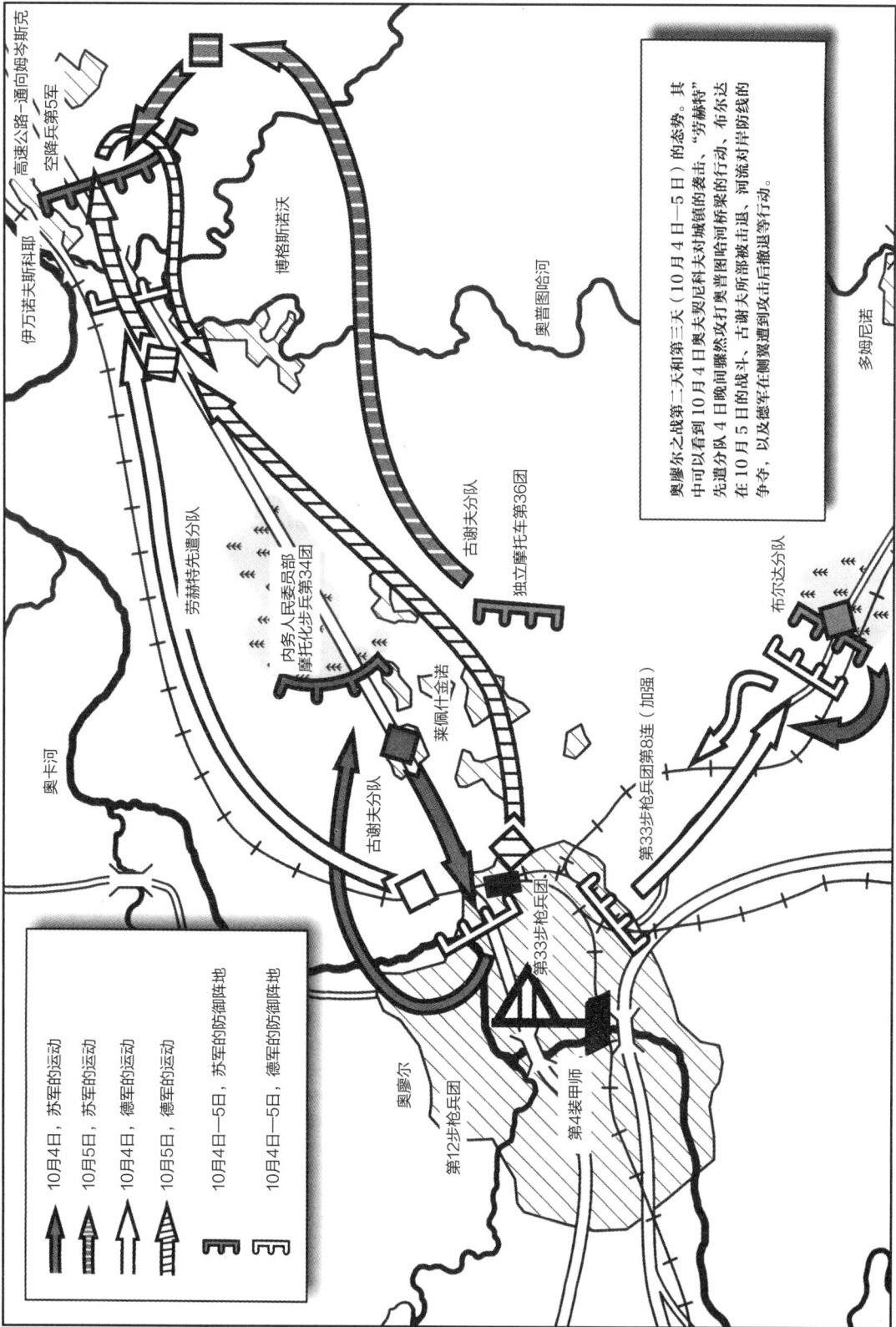

▲ 奥廖尔之战第二天和第三天（10月4日—5日）态势。

夫斯克（Sevsk），德军便击退过两次由3—6辆苏军坦克（包括重型坦克）发起的攻击，并让其中1辆重型坦克瘫痪。

轻敌大意很快就让德军付出了沉重的代价。这些攻势并不是局部反击——9月30日，苏联最高统帅部已决定把更多部队调往此处。德军遭遇的，正是这些苏军的先头单位。

9月底德军发起攻势时，苏联最高统帅部根本不知道敌人的意图。在遭受攻击的区域，部队层层上交的报告总是报喜不报忧，并且完全脱离现实——接着，前线与后方的联系便骤然中断。利用当地友邻部队的报告确定基本情况后，克里姆林宫重新评估了形势，并决定将预备队投入缺口。这些预备队在战线后方匆匆集结，然后被编入近卫步兵第1军，D.D.列柳申科（D.D. Lelushenko）[1]被任命为军长。他麾下的部队包括：2个步兵师、1个骑兵师、2个坦克旅、1个下辖2个空降旅的空降军军部及4个独立团。

姆岑斯克之战中，苏军主要部队及其指挥员一览	
单位	指挥员
近卫步兵第5师	R.V.米罗诺夫（R.V. Mironov）上校
近卫步兵第6师	K.I.彼得罗夫（K.I. Petrov）上校
骑兵第41师	彼得·达维多夫（Petr Davydov）上校
坦克第4旅	M.J.卡图科夫（M.J. Katukov）上校
坦克第11旅	V.A.邦达列夫（V.A. Bondarev）上校
空降兵第5军	S.S.古列夫（S.S. Gurev）上校
独立摩托车第36团	T.塔纳什希辛（T. Tanashchishin）大尉
内务人民委员部摩托化步兵第34团[2]	皮亚舍夫（Piyashev）上校[3]
近卫迫击炮第9团（"喀秋莎"）	沙姆辛（Shamshin）少校

被一并编入该军的还有一些较小的单位，其中包括V.普罗尼亚耶夫（V. Pronyaev）少校指挥的图拉军官学校（Tula Officers' School）学员营。除了离姆岑斯克侧翼颇远的近卫步兵第5师及骑兵第41师之外，其余的苏军部队都做好了围攻德军第4装甲师的准备。苏军方面拥有无可置疑的人数优势：每个步兵师都有10000人，两个坦克旅的步兵营也有近1000人，空降军有5000多人，合计20000人[4]，其中超过15000人在一线单位。

苏军的强势不仅体现在人员数量。近卫步兵第1军还拥有超过100辆坦克，其中有50辆是新型号。他们还有18辆车载"喀秋莎"火箭炮，以及边防部队、反坦克枪。此外，部队中还有一种新武器——步兵装备的F-22型76.2毫米长管师属加农炮，这是一种非常有效的反坦克武器。在全军开拔后，一个装备了

---

[1] 迪米特里·列柳申科（1901—1987），内战期间作为游击队员参加红军，后从骑兵部队转入坦克部队。苏德战争爆发后，从行政岗位调往近卫步兵第1军赶赴姆岑斯克，并在随后的莫斯科战役中有突出表现。1942年后，列柳申科率部参加了在斯大林格勒和乌克兰的许多重要战役。从1944年开始担任坦克第4集团军司令，这支部队在获得了"近卫"称号的同时，也在桑多梅日、西里西亚和布拉格战役中取得了巨大成功。战后，列柳申科曾任贝加尔军区司令、乌拉尔军区司令等职，1987年去世。

[2] 一些资料将其称为"边防军第132团"（132nd Border Troops Regiment），但根据近年来披露的苏联战时文件，"内务人民委员部摩托化步兵第34团"才是正确的番号，下文以"内务人民委员部第34团"简称之。

[3] 一说其军衔为中校，也有说法为少校。

[4] 算上一些"当地的单位"，苏军的兵力可能要超过这个数字。

85毫米M1939型火炮的反坦克炮兵团[1]也被编入坦克第4旅。这个决定将在后来的战斗中影响深远。

很多苏军单位装备的武器不仅是当时最先进的型号，还是刚出厂的产品。坦克第4旅的T-34就是1941年8月才驶下斯大林格勒拖拉机厂生产线的，被德方缴获的苏联卡车的行驶里程数也很少——换句话说，这些卡车还很新。近卫步兵第1军拥有自己的空军部队，包括4个航空团，共有80架飞机。[2]虽然苏联空军在执行精确轰炸任务这方面力有不逮，但攻击拥挤在奥廖尔—姆岑斯克高速公路上的德军纵队还是绰绰有余。随着10月3日后天气的好转，执行任务的条件更是完全具备。

两个苏军坦克旅全部是满编的。按照组织装备编制表，每个坦克旅需装备46辆坦克，但这些编制表制订于9月，坦克第4旅实际上是按之前的一份编制表组建的，坦克数量更多。苏联方面的一些资料显示，由于坦克旅中还有一个坦克团团部，坦克旅的坦克总数实际是49辆，而非46辆[3]。该团由叶列明（Yeremin）[4]少校指挥，下属两个坦克营，至于每个坦克营的兵力将根据旅部需求进行分配。按照8月份制定的方案：第1营为中型营，装备中型坦克；第2营为轻型营。9月份修订后方案又称这两个营为混合营，其具体编成将由旅部决定。第1营由古谢夫（Gusev）[5]大尉指挥，该营是全旅的"拳头"，下辖单位装备的全部是新式坦克——包括1个KV重型坦克连，1个T-34中型坦克连和1个T-60轻型坦克连。另一个营由A.A.拉夫托普罗（A.A. Raftopullo）[6]少校指挥，肩负着在"拳头"突破敌军防线后扩大战果的任务，BT坦克是该营的主力装备。该旅的旅部和团部共装备了4辆KV和T-34，各营的坦克数量则有所不同：第1营分为3个连，装备有25辆坦克（7辆KV-1、10辆T-34、7辆T-60，另外1辆属于营部）；第2营分为2个连，装备有20辆坦克。此外，连部也拥有1辆指挥坦克。每个营有两三个连，每连有两三个排。

坦克第11旅的编制也与之类似，但是除KV坦克和T-34坦克外，还有轻型的T-50坦克[7]。到底有多少辆T-50？它们是单独编成一组，还是与旧式坦克（最有可能是BT-7）混编？这些都不得而知。无论如何，这一数据足以显示苏联军队在姆岑斯克拥有大约95辆坦克（其中包括至少40辆最新型号）。它们中间不光包括T-34（正是它们，使西方史学界能够众口一词地重复古德里安的说法），还有经常被遗忘的KV-1重型坦克——对于这一点，我们需要牢牢记住。

总而言之，第4装甲师的实力明显弱于近卫步兵第1军。双方兵员数量的差距，足以产生质的变化。苏军的一线作战兵力比德军多9000余人，拥有2∶1的优势比。坦克方面的情况类似：姆岑斯克之战的第

---

① 这支部队很可能是最高统帅部预备队反坦克炮兵第702团（混装有85毫米和37毫米高射炮），装备同型火炮的反坦克炮兵第753团也在当地有战斗记录。另外，由于苏军反坦克炮兵团的规模与一个营大体相当，在很多资料中，它也被错误地称为"高炮营"。但遗憾的是，我们暂时还无法查明编入坦克第4旅的究竟是哪个团，或是另有其他单位。

② 即预备航空兵第6集群（6th Reserve Aviation Group），拥有2个战斗机团（装备米格-3和雅克-1战斗机）、1个强击机团（装备伊尔-2）和1个轰炸机团（装备佩-2轰炸机）。

③ 按照M.卡图科夫在《装甲先锋》（Pancerny grot）第36页中的说法，该旅有49辆坦克。但在两页之后的第38页，这一数字便变成了46辆。I.莫斯科伊斯基（I. Moschanskiy）编写的《坦克战术：1941》（Taktika tankovoy voiny: 1941）["PKV"出版有限公司（OOOPKV），2001年出版]第24页却始终表示该旅的坦克数量是49辆。俄罗斯作者马克西姆·克洛缅茨（Максим Коломиец）的《苏联重型坦克KV-1》（Советский тяжелый танк КВ-1）一书则给出了另一种说法：7辆KV-1、22辆T-34，以及26辆BT-5、BT-7（值得注意的是，其中没有提到后文中出现的T-60）。当然，不管实际情况如何，该旅都是齐装满员的。

④ 阿列克谢·叶列明（1902—1943），后来曾担任坦克第6旅和近卫机械化第5旅旅长。1943年8月阵亡，最终军衔为上校。

⑤ 瓦西里·古谢夫（1910—1944），因莫斯科周边的战斗在1942年1月获得了红星勋章。1944年1月阵亡，时其军衔为中校，职务为近卫坦克第56旅旅长。

⑥ 据部分资料显示，拉夫托普罗在姆岑斯克战役中的军衔应为大尉。阿纳托利·拉夫托普罗（1907—1985），早年出身骑兵，后转入坦克部队。姆岑斯克战役中的出色表现令其荣获"苏联英雄"称号。1942年2月，他在热勒夫前线的一场战斗中受伤，痊愈后被调往后方的训练岗位。战后以上校军衔退役，1985年去世。他本人也是一位坦克王牌，在1941—1942年的战斗中共击毁了20辆德军坦克。

⑦ 据马克西姆·克洛缅茨《苏联重型坦克KV-1》记载：在投入姆岑斯克战场时，第11旅只有6辆KV-1、20辆T-34和19辆T-26。但有照片显示，有1辆T-50确实被遗弃在当地森林边缘。不排除这种可能——这辆T-50属于在当地作战的其他苏军单位。

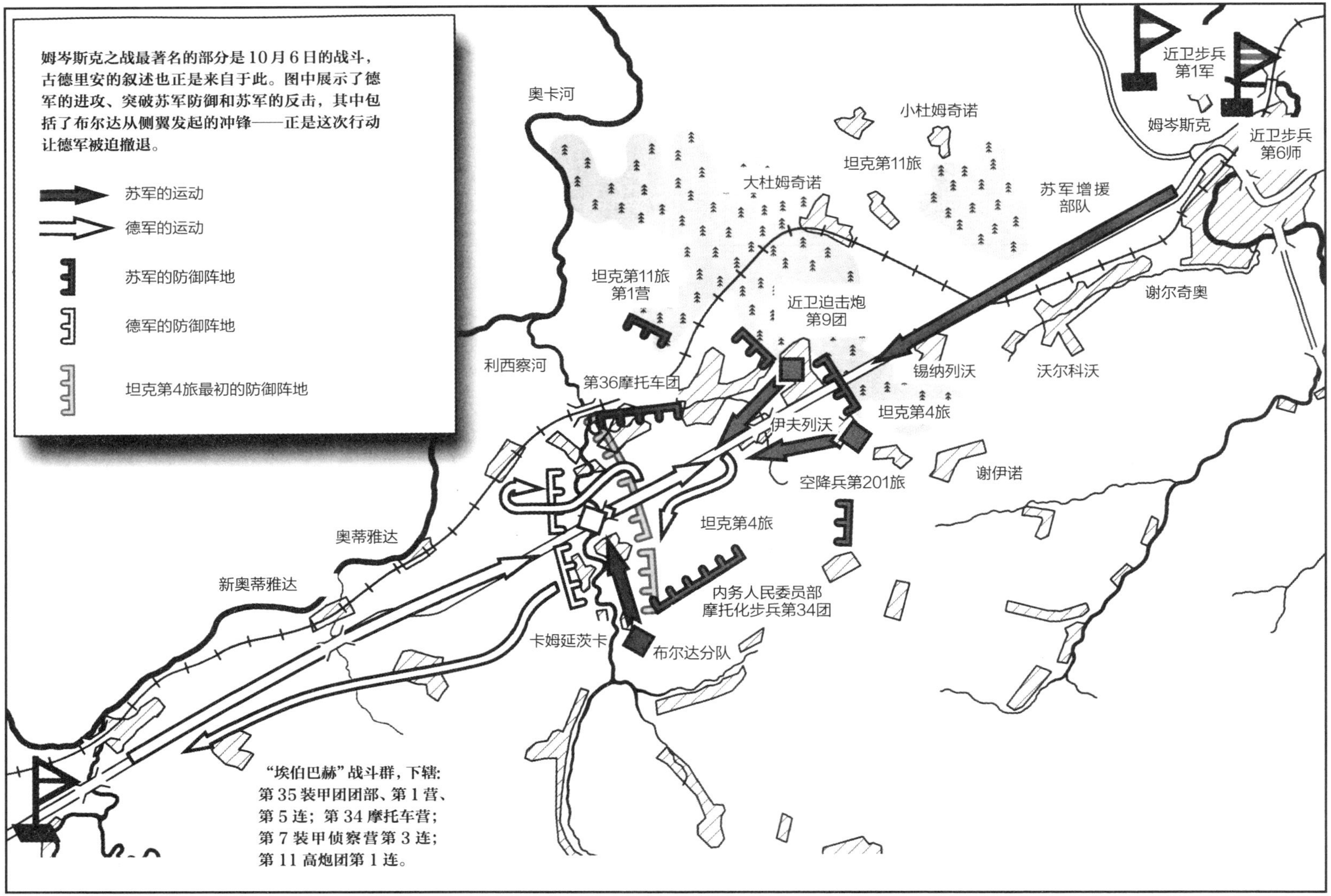

近卫步兵
第6师

近卫步兵
第1军

姆岑斯克

近卫步兵
第1军

谢尔奇奥

苏军增援部队

沃尔科沃

小杜姆奇诺

谢伊诺

坦克第11旅

锡纳列沃

坦克第4旅

大杜姆奇诺

近卫迫击炮
第9团

空降兵第201旅

谢伊列沃

坦克第4旅

坦克第11旅
第1营

内务人民委员部
摩托化步兵第34团

第36摩托车团

布尔达分队

奥卡河

卡姆延次卡

利西察河

奥蒂雅达

"埃伯巴赫"战斗群，下辖：
第35装甲团团部，第1营、
第5连；第34摩托车营；
第7装甲侦察营第3连；
第11高炮团第1连。

新奥蒂雅达

姆岑斯克之战最著名的部分是10月6日的战斗，
古德里安著名的叙述也正是来自于此。图中展示了德
军的进攻，突破苏军防御和苏军的反击，其中包
括了布尔达从侧翼发起的冲锋——正是这次行动
让德军被迫撤退。

苏军的运动

德军的运动

苏军的防御阵地

德军的防御阵地

坦克第4旅最初的防御阵地

▲ 姆岑斯克之战 1941 年 10 月 6 日态势。

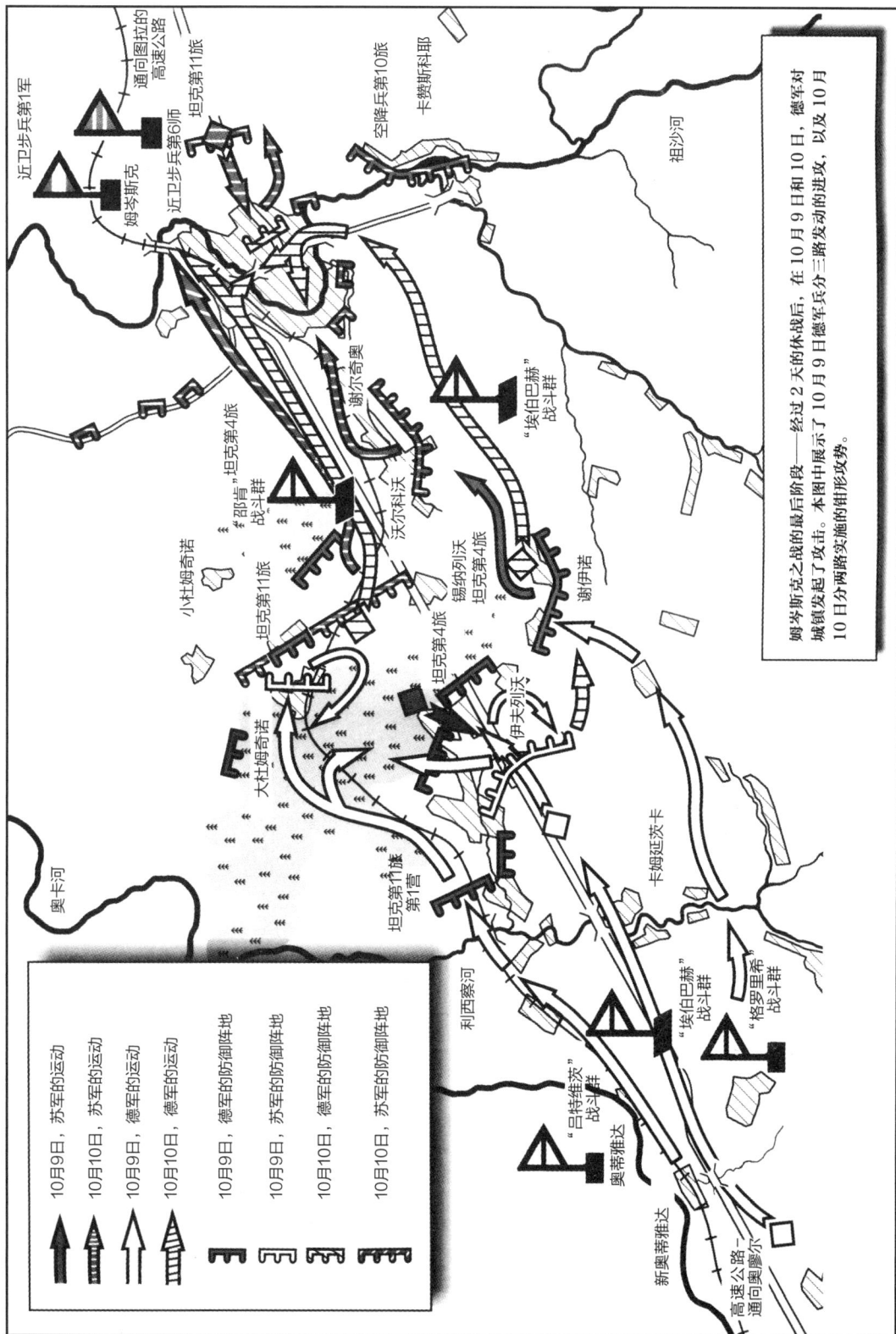

▲ 姆岑斯克之战 1941 年 10 月 9 日—10 日态势。

一天，苏军在坦克数量上拥有1.6∶1的优势。

　　不仅数量占优，苏军还装备了德军未能研发成功的重型坦克，而且所有的苏军坦克，甚至是那些服役时间较长的轻型坦克，均有可观的反坦克能力。德军装备的10辆四号坦克，很难与KV坦克匹敌，指挥坦克及二号坦克又只能承担侦察任务。此时，苏、德双方都拥有火箭炮。德军的火炮数量虽然占优，但苏军近卫步兵第1军编有航空兵部队。不仅如此，苏联人的补给基地也在图拉和姆岑斯克周边，距离战场很近——这也是影响姆岑斯克之战结果的关键因素之一：德军之所以止步不前，正是因为补给难以为继。

　　在"台风"行动中，德军的运输部队每天都备受煎熬，整个第24装甲军的补给运输都要通过一条又堵又窄且经常遭到轰炸的公路，这些问题意味着德军的攻击力正在随时间的流逝而减弱。在德军占领区内，沥青公路只有奥廖尔至克洛梅（Kromy）以及奥廖尔向东至姆岑斯克两段。为了给使用这条高速公路的全军提供补给，德军必须占领和控制这些区域，他们的卡车才能顺畅通行。但实际情况却与德军所希望的完全相反，它远不是任务中最轻松的部分。如果说10月1日之前，第4装甲师只有部分主力受到了影响，10月3日之后的局面则是一场彻头彻尾的灾难。

　　甚至在抵达奥廖尔之前，第4装甲师坦克部队的汽油便已经捉襟见肘，师部对此几乎毫不知情。事实上，在10月3日至5日间，该师的汽油库存便只能勉强避免灾难上演。直到晚些时候，情况才稍有改观——当时，德军被迫停止攻势，令燃油存量终于可以再支撑2—3天。除此之外，德军还需要面对坦克缺少弹药、天气恶劣等问题。在一年中的这个时节，白天相当暖和，入夜后气温迅速下降（日照时间为德国时间6时至16时30分）。10月4日，天气开始变糟。雨下个不停，还时常伴随着强烈的阵风。密集的雨点打在士兵们脸上，让他们苦不堪言。

　　首批和德军接触的是苏联伞兵——其中不仅有先前在机场被击溃的伞兵营残部，还有空运到奥廖尔以东以及奥卡河对岸、奥普图哈河（Optukha River）河畔伊万诺夫斯科耶（Ivanovskaya）着陆区的

▲ 在一座苏联小镇的街道上，被德军击中起火的T-34（装有F-34主炮）仍在焖烧。两名车组乘员在跳车期间阵亡，他们所穿的靴子已经被当地人剥掉。

▲ 一辆瘫痪的T-34（装有L-11型主炮）被车组抛弃在了卢扎尼（Rozhany）附近的战场上。这场战斗发生在战争开始的两周之后，苏军投入了机械化第6军。从照片中可以看到，有至少3名苏军士兵试图在坦克车底寻找掩护——后来证实都已战亡，近景处还可以看到1门苏军的45毫米反坦克炮。

◀ 由于超速行驶或刹车过猛，这辆T-34开下了桥梁，一头栽在河岸上。在1941年这个炎热的夏天，许多苏军的现代化坦克都是这样损失的。和上一页图片中的坦克不同，这辆T-34只剩下1个外部油箱，其他3个遗失的油箱可能已被乘员带走——最初，苏联方面为每辆T-34安装了4个外部油箱，但后来这一数量上升到8个。

生力军。这些部队很快得到独立摩托车第36团的加强，这支部队拥有150辆摩托车和1辆T-34坦克[①]，坦克车长是诺维奇科夫（Novichkov）少尉。图拉军官学校学员组成的步兵营也搭乘公共汽车几乎于同时赶到姆岑斯克。

向第4装甲师开第一枪的是苏军摩托车手。按照苏联方面的说法，时间是在10月3日正午左右。德方资料给出的时间略有不同，但是二者之间差异甚微，这并不是个问题[②]。

在那辆孤单的T-34的伴随下，第3侦察群（3rd Reconnaissance Group）抵达了奥廖尔东北8—10公里处，在那里遭遇并攻击了德军。经过短暂的接触后，诺维奇科夫宣称摧毁了德军2辆坦克、1辆装甲运兵车及3辆摩托车。按照苏方资料，受损的坦克被对方拖回城里。第4装甲师的战史也证实，他们确实有部队被派往城市以东2公里处[③]，并且的确在当天损失了2辆坦克，只不过是在与伞兵的交战中。不过，这可能是一个误会，因为伞兵或许没有能够摧毁这些坦克的重武器[④]。换言之，诺维奇科夫也许的确有资格认领这两辆坦克的战绩。

当天晚间（即10月3—4日夜），坦克第4旅的首批作战车辆抵达姆岑斯克火车站。他们在前一天晚上从库宾卡（Kubinka）出发，其中包括旅部、第1坦克营的主力（共计16辆新式坦克）和1个连的摩托化步兵。早些时候，内务人民委员部第34团也已抵达，他们立即被部署到面向奥廖尔市郊的方向。随后，该团在高速公路两侧展开，并在奥廖尔市东北方向的森林里构筑了阵地。

---

① 这辆坦克不属于任何坦克旅，可能来自某个之前被歼灭的单位。

② 德军使用的是柏林夏令时，苏军使用的是莫斯科时间。

③ 虽然苏军资料显示为8—10公里，德军资料为2公里，两者存在很大的出入，但他说的可能是同一片地区。因为双方对"奥廖尔市"的定义不同——何况其城东的区域很小，可以被算作市郊或是一些卫星村庄。

④ 该军的装备总共只有10门45毫米反坦克炮、15门82毫米迫击炮及一些12.7毫米重机枪。

第4旅的两个坦克排[1]被派到更远的地方——他们的任务是分别侦察奥廖尔东部和东南部。这两个排均来自V.拉科夫（V. Rakov）[2]上尉的中型坦克连，另有3辆坦克留在姆岑斯克。该营营长古谢夫大尉是此次侦察行动的总指挥，他将亲自带领9辆坦克前往奥廖尔。与此同时，A.布尔达（A. Burda）[3]上尉也将率领4辆坦克对城市东南地区展开侦察。参与侦察行动的每辆坦克都搭载了一些步兵，其中一些来自坦克第4旅，还有一些是图拉军官学校的学员，共计100—150人。按照列柳申科的说法，参与侦察行动的人员和车辆在黎明前就出发了，这与卡图科夫（Katukov）[4]的说法有些出入，卡图科夫在回忆录中提到他们是在10时30分离开的。

接近奥廖尔之后，苏军发现一切非常顺利。古谢夫大尉命令奥夫契尼科夫（Ovchynnikov）[5]中尉的坦克排[6]进入市区，在奥廖尔上空巡逻的一架德国战斗机发现了古谢夫的坦克部队。那名飞行员数次驾机向苏军坦克俯冲，提醒第4装甲师的士兵们有危险正在接近。多亏他的提示，守军们得到了及时的预警，争取到更多做迎敌准备的时间。

奥夫契尼科夫的坦克排遭遇近距离射击，坦克因外挂燃料箱被炮弹击中而不得不撤退。这些危险物品并没有在进攻前被拆下，一辆KV-1因此轻微受损，被迫朝古谢夫所率主力部队的方向撤退。不久后，奥夫契尼科夫又开始继续前进，并得到了拉科夫坦克排的支援。很快古谢夫又将另外2辆KV坦克派入市区，只留2辆（包括1辆受损的KV坦克）在城市外围待命。按照卡图科夫的说法，总共有7辆[7]苏军坦克投入了市区的战斗，而且足足打了3个小时。

由于各单位之间无线电联络通畅，德军及时地组织了防御，并在随后发起反击。因此，苏军的成功即使存在，意义也非常有限。同时，他们还宣称摧毁了19辆坦克、8

▲ 这张照片摄于1941年夏天，和前一张照片展示的是同一辆坦克，拍摄时间可能略早一些。两张照片上所有特征（如早期型的驾驶员舱门、两部车头灯、左侧挡泥板附近的两个工具箱和后方的一个小工具箱）都显示它是一辆1941年春天下线的量产型车。

① 关于卡图科夫何时来到姆岑斯克，现有资料说法不一。按照他本人的描述，他是在10月3～4日晚间抵达姆岑斯克的，并亲自布置了侦察奥廖尔的任务。列柳申科却说是自己最早到达车站迎接了第一批运输列车，并命令布尔达（Burda）和古谢夫投入作战，卡图科夫是在10月4日间第二批乘火车抵达的。笔者认为列柳申科的说法更为可信，因为卡图科夫在10月2日—10月4日间经常弄混日期。卡图科夫接着还写道，在离开姆岑斯克后，他还与准备进城的奥廖尔驻军司令有过会面——这是绝对不可能的，因为A.久林（A.Tyurin）〔即奥廖尔驻军司令，他的全名是亚历山大·久林（1896—1976），因为逃离奥廖尔而被判处7年徒刑，后来戴罪立功，最终以中将军衔退役〕将军在10月3日晚间之前就被迫逃离了奥廖尔。

② 瓦西里·拉科夫（1911—1941？），他当时在第1营第2连担任连长。在10月4日的侦察行动中下落不明。

③ 亚历山大·布尔达（1911—1944），早年曾在T-35和T-28坦克上服役。在加入坦克第4旅成为第1营第3连连长之前，他便取得了击毁8辆坦克的战绩。作为车长，布尔达击毁了至少30辆德军坦克。1944年1月，已成为近卫坦克第64旅旅长的他在科尔松—舍甫琴科战役中阵亡，后来被追授"苏联英雄"称号。

④ 米哈伊尔·卡图科夫（1900—1976），生于莫斯科的一个犹太人家庭，1919年参加苏军。苏德战争爆发前夕，担任坦克第20师师长。在1941年秋调往坦克第4旅，因在姆岑斯克防御作战中表现优异，获得了表彰，第4旅也获得了"近卫坦克第1旅"的番号。1942年后，卡图科夫又作为军长和集团军司令参与了卫国战争的大部分重要战役，最终军衔为坦克兵元帅，1976年去世。

⑤ 格奥尔基·奥夫契尼科夫（1917—1941），也在10月4日的侦察行动中失踪。

⑥ 卡图科夫在回忆录中提到：这个排是一个装备有T-34的中型坦克排，但实际上该排装备的坦克是KV-1。因为报告显示，这些坦克上都有托带轮（KV-1有托带轮，T-34没有）。

⑦ 德军方面的记录是8辆坦克，以重型坦克为主，多出的那辆拖带轮损坏的KV坦克最终得以撤退。值得一提的是，德军并没有将奥夫契尼科夫麾下中弹起火的那些坦克炮入战绩。

门加农炮、100辆卡车，还有"许多德军士兵命丧履带之下"[1]。但事实上，仅有第35装甲团4连的1辆连长指挥车在反击时被击毁，包括连长在内的整个车组葬身起火的车中。被摧毁的小汽车和卡车具体数量不明，但是保守估计应该比苏军宣称的数字少4—5倍。

4辆苏军坦克被丢弃在奥廖尔城东的街道上，它们是被第35装甲团第4连的50毫米反坦克炮以及2门88毫米高平两用炮击毁的。德军方面的资料显示：有2辆"52吨坦克"被击中。

▲ 1941年初夏，另一辆在类似情况下被遗弃的T-34。照片摄于苏联南部，它的驾驶员当时未能避开一个巨大的弹坑。这辆T-34和前2章照片中的略有不同，这辆坦克安装了一种在1941年下半年才列装的新型铸造炮塔，炮塔后方用于拆卸主炮的舱门只用4枚螺栓固定，发动机舱散热口也敞开着。

这可能是一个错误，因为KV-2坦克最初定型时的全重才有52吨，KV-1坦克实际上是44吨。这种错误在第4装甲师的文件中非常常见——所有的苏联重型坦克都被认为是"52吨"。对比苏、德双方的资料后可以发现，苏军方面损失了2辆KV-1坦克和2辆T-34坦克。由此可见，T-34并未给德军留下多么深刻的印象，德军似乎对它们的存在极为漠然——以至于战报中都没有提到这一型号或者吨位！

其实在苏军坦克冲进城内前，德军就开始向10—15公里外派出侦察兵。这些侦察小队顺利归来，报告没有发现敌军。这至少可以推测出德军的侦察工作做得并不彻底，他们应该只侦察了姆岑斯克高速公路附近，并没有越过奥普图哈河，甚至还小心地避开了苏军内务人民委员部部队出没的树林。

按照苏军的资料，古谢夫的坦克兵们遭遇并消灭了这些侦察兵中的其中一队，并在3分钟之内摧毁了3辆装甲运兵车[2]，同时俘虏了第4辆装甲运兵车的乘员（1名军官、8位列兵）。算上布尔达分队稍后俘虏的德军，以及边防部队在夜间抓获的"舌头"，第4装甲师应当有至少20名士兵在那天失踪。这些数字和德军的人员损失报告形成了鲜明的对比。姆岑斯克战役持续了大约1周，德军报告中的失踪士兵仅有1人，并且没有给出原因！这不免让人联想到这些战俘们是否遭遇了屠杀，或是有人篡改了报告及当事人的笔录（这种事情很常见），或者两种情况都有出现。

总体来看，苏军方面自相矛盾的资料却可以证明德军"1名士兵失踪"的记录。根据记载，苏军获得的情报（如第4装甲师的位置和作战意图）均来自1名德军人员（报告是俘获了1名携带1个地图包的军官）。列柳申科也部分证实了这一点，在引用沙波什尼科夫（Shaposhnikov）[3]元帅的致谢词时，他提到元帅说的是"1名俘虏"（单数）以及"1份地图"，而非"战俘们"（复数）。

至于坦克的损失情况也与之类似。除了在奥廖尔击毁的坦克外，古谢夫还宣称在10月4—5日晚攻击

---

[1] 参见《坦克的踪迹》（Pancerym szlakiem），D.列柳申科著，1983年版，第60页。
[2] 事实上，这些车辆最多是半履带牵引车——苏军则常将它们当成装甲车。在第4装甲师的战史中，明确指出没有一支侦察队遭遇敌军。德军方面的损失记录也只包括了坦克和人员，并没有提到运输车辆。看上去，如果苏军的伏击真的有受害者的话，他们也肯定来自某个后勤纵队，或是与之类似的单位。
[3] 鲍里斯·沙波什尼科夫（1882—1945），当时的苏联红军总参谋长。

了一支由10辆坦克组成的纵队，并击毁了其中的4辆。这次胜利仍然无法从德方资料中得到证实。几乎可以肯定的是，这次交火与德军10月4日的一次行动有所关联，苏军的记载很有可能是搞错了日期。

　　侦察队返回奥廖尔之后，低估了苏军兵力的德军决定组织一次突击，试图占领伊万诺夫斯科耶附近横跨奥普图哈河的桥梁。该桥是第4装甲师前往图拉的必经之路。15时，"劳赫特"先遣分队奉命夺取这个目标。这支队伍装备有第35装甲团第1营的坦克，并得到第12步枪兵团第7连、第103炮兵团第5连的加强。"劳赫特"先遣分队趁着夜色，从各个方向包围了古谢夫坦克部队据守的上卢申卡（Verkhnaya Lushchenka）。其间，苏军向"劳赫特"先遣分队发射的火力非常微弱，以至于被德方的报告完全忽略。尽管他们在河对岸不断地集结兵力，但先遣分队依然没有遇到什么像样的抵抗，便在19时夺取了桥梁。在早些时候，苏军摩托车第36团、内务人民委员部第34团以及部分空降兵单位还利用该桥多次往返河流两岸，空降兵第201旅第3营甚至还在河对岸挖掘过工事！

　　在古谢夫的部队与敌激战之时，布尔达仍在等待，他的耐心很快获得了回报。10月5日，德军师部下令发起若干次战斗侦察。其中一次针对的就是奥廖尔东南12公里处的多姆尼诺村（Domnino）。

　　10月5日晨，第33步枪兵团第8连和2门隶属第49装甲歼击营第1连的反坦克炮从奥廖尔出发。整个行军纵队装备有约10辆机动车，没有坦克。布尔达报告这支部队有整整1个团，强大的步兵部队由2辆装甲运兵车引导，后面还跟着3辆重型坦克！按照苏军报告的说法，这个战斗群有15辆坦克及大量的装甲输送车、卡车。

　　车队在奥廖尔以南5公里处进入了布尔达的伏击圈。苏军似乎没能沉住气，不但惊动了对方，还给了他们重整部队的时间。最终，德军开始与埋伏的苏军部队交战。事实证明，德军在这种战斗中往往表现得更好，他们能充分利用地形掩护，甚至尝试迂回包抄埋伏的苏军。然而，德军遭遇了莫尔恰诺夫（Molchanov）[1]的2辆坦克，不得不放弃了包抄的想法。随后，库卡林（Kukarin）[2]少尉带领他的排发

◀ 1941 年夏天，这辆安装铸造炮塔的 T-34 被击毁在乌克兰一座城镇的街道上。注意其橡胶轮圈依旧残留在左侧的诱导轮上。

---

① 彼得·莫尔恰诺夫（1917—1941），在1941年击毁了11辆德军坦克，12月底在战斗中阵亡。
② 亚历山大·库卡林（1915—1942），在姆岑斯克之战中创造了至少9个坦克击杀记录，后来被调往列宁格勒方面军，1942年阵亡。

◀ 1941 年夏天，被遗弃在临时修理厂内的两辆 T-34，铸造炮塔的细节清晰可见。该型炮塔的样式和 183 厂的标准型炮塔存在很大区别。"面颊"部分略"薄"，和焊接炮塔相似。进入炮塔的舱门上有一个安装全向观测潜望镜的基座，但安装潜望镜的开口已经被封上了。其车体正面的倾斜装甲上有旧式的驾驶员舱门、一根铆接的连接梁和 2 部车头灯。注意侧面挡泥板上的大型工具箱——它也是 1940—1941 年间生产的 T-34 坦克的典型特征。以上这些细节，都表明这些 T-34 生产于当年早春。同样值得注意的是，其炮塔上还有醒目的不对称特征。

◀ 这辆在 1941 年夏天被德军击毁的 T-34 和上图的车辆属同一批次。负重轮上被烧坏的挂胶让负重轮看上去像是蜷缩了起来。

起了攻击。德军见状只能撤退，这场漫长的战斗以此结束。苏军很快冲出了伏击阵地，向德军追击过去。这次进攻决定了交战的最终结果。由于害怕被全歼，德军只能边重整队伍，边向奥廖尔后撤。

不久后，9 架"斯图卡"（Stuka）轰炸了布尔达分队原先所在的树林，但树林里早已空无一人。布尔达在德军逃跑后，也撤出了战斗。经过一路辗转，布尔达于当晚回到了自己的旅部[1]。报告声称此次战斗击毁了 10 辆敌军坦克、5 辆卡车、2 门反坦克炮及配属的半履带牵引车，击毙了大约 90 名德军。而事实上，德军损失甚微——仅有 2 门反坦克炮以及卡车的损失可以确认，并没有任何人员伤亡。

与此同时，在奥廖尔东北方向，第 4 装甲师仍执行着军部的命令。根据计划，他们应当在天黑前占领行动目标——姆岑斯克。然而，德国方面投入作战的兵力却很少。如果将这次突袭看作一次战术侦察（而非一次作战行动），倒是很容易理解这种做法。德军并不清楚苏军在公路沿线防御的纵深，所以他们打算进行侦察，尽可能地在主攻发起前调整好己方的部署。同样，军部也没有意图发起重大行动，

---

[1] T-34 和 KV-1 在停车时的无线电通信距离能达到 25 公里。布尔达投入行动的地点距司令部约 20 公里，距古谢夫所部有 4—7 公里，却还是未能与上级建立联系。苏军资料显示，他处于沉默状态的原因无他，正是因为处在无线电通信距离之外。

◀ ▲ 本页的三张照片展示的是同一个场景：1941年7月下半月，苏军在立陶宛境内的某次尝试渡过德维纳河（Dvina）的行动。左侧那辆T-34的炮塔后方和顶部都涂有白色色条，目前尚不清楚这些色条是谁涂上的，具体意图如何。在第一张照片左上部分的河道弯曲处，还能看到陷在泥泞沙滩上的第四辆T-34。考虑到苏军撤退时的状况，照片中这几辆T-34落入敌手时，或许都是能够行动的，不知德军当时是否考虑过这些车辆如何再利用的问题。

无外乎出于以下两个原因：首先，第4装甲师并没有受到严重的威胁；其次，发起行动将与中央集团军群以及陆军最高司令部的命令相悖。按照后两者的命令，第4装甲师必须守住当前防线并支援第3装甲师向北推进，以求封闭布良斯克口袋——这也是当前最为重要的任务，因为眼下第24军的推进速度已经远超其他单位，如果再继续向东推进，就无法保证补给线路和后续支援了，这无疑是自找麻烦。此时，第4装甲师只能私下发起一些局部攻击。这就是为什么仅有"劳赫特"战斗群在10月5日推进到奥普图哈河的原因。

在2门88毫米炮及1个摩托车营（第34摩托车营）加入战斗群后，劳赫特留下了第33步枪兵团第7连用于防守桥梁。此时，为了牵制黎明时分出现在莱赫基诺村（Lechkino，位于奥廖尔附近）的古谢夫所部和苏军伞兵，劳赫特又把第35装甲团第2营部署到了当地。他们的目标是与敌人交战，并保护先遣分队的右翼。这些部队将得到奥廖尔郊外所有炮兵的火力支援。

从这些举动可以看出，德军方面仍然感到非常安全。他们低估了敌人的实力，对苏军的意图可能也毫不知情。德军的地面和空中侦察是完全失败的，苏军整晚都在奥普图哈河伪装阵地。德军侦察兵不仅无法确定高速公路沿线苏军的兵力或编制，甚至不知道该从何处做起。同样，由于天气原因，德国空军的侦察也没有任何新发现。鉴于天气恶劣，第4装甲师本应当在行动开始前谨慎考虑，但是他们显然没有这样做。到10月4日下达命令时，他们压根未对这一因素多加留意。当天出发时，尽管地面愈发泥泞，但依旧还算坚实；傍晚时分，开始下起了阵雨。10月5日清晨，小雨依然没有停，还刮起了冷风，德军士兵哆嗦着裹紧了他们的夏季制服，没有铺面的道路已经无法供摩托车通行。狭窄、泥泞又坑坑洼洼的德米特里耶夫—克洛梅—奥廖尔（Dmitriev–Kromy–Orel）公路已不能像以往那样正常使用，补给纵队举步维艰。这段道路的路肩已经被长期繁忙的交通破坏，部队无法通过，更无法机动。最终，整条道路被完全堵死，补给物资也都困在此处停滞不前。

10月5日8时30分[①]，"斯图卡"战机轰炸了列波奇基诺村（Lepochkino），第35装甲团第2营缓缓驶过泥泞不堪的土地，直到11时30分才抵达伊万诺夫斯科耶。这种情况仅仅是由于泥泞，还是因为苏军拖延了行军，我们不得而知。此外，苏军方面的资料显示，早在当天午夜时分，古谢夫便命令部下返回这座村庄——鉴于此时该村已经落入德军手中，资料的真实性值得怀疑。按照德方资料的说法，10月5日上午，古谢夫的坦克部队仍然在奥廖尔附近缓慢撤退，还不时向前进的德军坦克开炮射击。

在短暂的炮火准备后，"劳赫特"先遣分队与第35装甲团第2营同时进军。最初的2公里推进得非常顺利，随后苏军的抵抗突然变得猛烈起来。有多达3000名苏联步兵向他们所谓的"40辆德国坦克"开火，苏联坦克（德国方面的说法是10—15辆）和伊尔-2强击机也陆续出现。"劳赫特"先遣分队的攻势受阻，他们逐渐停顿下来，与苏军前沿阵地展开了对峙交火。下午晚些时候，更多的苏军坦克从右翼方向出现（很可能是古谢夫撤退中的部队）。劳赫特决定暂停进攻，并命令部下后撤至出发阵地。与此同时，德军的坦克和火箭炮也撤回了奥廖尔。

10月5日这天的交火固然是漫长的，但双方都没取得什么战果。两军依旧坚守着自己的阵地，伤亡

---

① 按照苏军方面的资料，10时天气放晴，这意味着进攻开始于10时30分，恰好与德军的报告相符。

也相当有限，唯有空降兵第201旅第3营受到了重创。按照卡图科夫的说法，劳赫特损失了18辆坦克、8门反坦克炮以及数百人，这与实际情况相差甚远。

　　在这次交战之后，德军终于意识到：如果他们试图继续东进，就必须肃清通往姆岑斯克公路沿线的敌军，但此时行动已经太晚了。10月5—6日夜间，先是下起了雨夹雪，雪又迅速融化，之后又是倾盆大雨，一直持续到次日早晨。道路变成了泥潭，大地变成了泥泞的海洋。双方在前线的行动及后勤运输被迫全部停止，只有坦克和马力最强的牵引车才在部分路段勉强行驶。在试图从小路绕行至奥廖尔东北方的奥廖尔—卡拉切夫（Orel–Karachev）公路期间，第3装甲师的第6装甲团更是停顿了长达4个小时。

　　在获悉苏军动向后，第24军司令部调遣第3装甲师的几个单位前去支援第4装甲师。10月5日，第6装甲团第2营脱离原单位，于翌日划归第4装甲师指挥。10月6日，第394摩托化步枪兵团也集体出动。实际情况却是增援部队并没能派上用场。第394摩托化步枪兵团用了一整天的时间与齐腰深的泥泞搏斗，无

◀ 照片中令人瞠目的场面或许是一辆仓皇撤退的T-34造成的。翻倒的T-34和其左后方的坦克炮塔都指向了后方。

▼ 这张照片和上张照片类似，展示的都是1941年夏天在战场上相撞的T-34。右面的坦克此前可能就已被德军打瘫，又被上面的坦克撞上。左面坦克后部履带附近的挖掘迹象表明苏军曾试图让该车脱困，但最终它还是被困在当地未能移动。
由于驾驶员观察窗的设计不佳，这批T-34坦克大都视野很差。可能也正是这个原因导致了照片中的碰撞。在充斥着硝烟、爆炸、尘埃的战场环境里，更是雪上加霜。

法动弹，甚至无法向士兵提供补给。不得不动用坦克拖拽每一辆尚能动弹的卡车，将它们拉出泥潭。

　　所有抵达城市的部队都被困在了奥廖尔，尤其是第3装甲师（在尝试从小路往北推进的企图失败后，该部只得向城市集中）。不仅如此，该师只携带了最关键的补给物资，超过2000辆机动车组成的后勤部队被远远地抛在后面。结果，奥廖尔发生了补给危机。第3装甲师没有燃料，第4装甲师缺乏弹药。干燥的帐篷、洁净的制服等等都在补给纵队里，后勤单位（面包房、屠宰设备、洗衣设备，甚至野战厨房）以及机械化部队最急需的维修车间也被抛在了后面。补给危机令两个装甲师数天不得动弹，攻势也因此无法实施。无论苏军采取什么行动，第24军都会在这几天面临灭顶之灾：选择抵抗，弹药储备会迅速耗尽；选择离开阵地，燃料将很快用完。最糟糕的是，唯有第2装甲集群的补给纵队才能缓解这些问题，但如果想让这些补给运到，德军就必须夺取并守住布良斯克至奥廖尔的公路。

　　尽管局势令人绝望，第4装甲师司令部还是于10月5日晚间决定再试一次。这项任务被指派给了"埃伯巴赫"战斗群。"埃伯巴赫"战斗群以第5装甲旅为核心组建，兵力却与"劳赫特"战斗群相差无几，麾下包括第5装甲旅旅部（5辆坦克），第35装甲团第1营、第5连（最多有35辆坦克）、第34摩托车营、第7装甲侦察营第3连（只有少量装甲汽车），以及第11高炮团第1连（4门88毫米高平两用炮），还有该地区全部可用的火炮提供火力支援。尽管该战斗群的实力还能进一步增强，但一切只有等第3装甲师主力接管奥廖尔市之后才能实现。在此之前，德军没有富余的部队，还要承担向城市的南部和北部扩展桥头堡的使命。这也是该战斗群没有任何步兵，也没有坦克来自第6装甲团第2营的原因。

　　10月6日6时左右，"埃伯巴赫"战斗群在大雨中离开奥廖尔，向战场进发。它们先要和"劳赫特"战斗群的余部会合，然后再一起向姆岑斯克推进。埃伯巴赫用了两个多小时才前进了不到十公里。直到

▲ 一支整装待发的坦克部队。在坦克炮塔（系由轧制钢板焊接而成）的侧前方是部队的战术标志，侧后方则涂有标语——"Za Rodinu"（为了祖国）。

9时，他才开始进行炮火准备，并展开原定的行动。与前一天一样，起初一切非常顺利。他们在新奥蒂雅达（Nowaya Otryada）强行通过了一座被爆破的桥梁，然后兵不血刃地渡过了利西察河（Lisitsa）。在此期间，他们一直暴露在苏军炮兵的射程之内。苏军虽然有足够的时间埋设地雷并进行爆破，但他们还是让德军从容地穿过了重要的桥梁，并坐视其展开攻击队形，进攻他们的前沿阵地。

在奥普图哈河背后，地势逐渐抬升至一片森林，旁边有一个叫"第一战士农庄"（Perviy Voin）的村庄，沿途两侧有微微隆起的小山。苏军的阵地就设在村内，小村庄的前后左右被小屋、干草垛、小树林围绕着。此处地势居高临下，苏军能俯瞰德军的部署。苏联指挥官们虽然对当地的情况一览无余，但在超过1个小时的时间里，他们只是看着敌军机动、展开进攻队形、前进，击溃桥对面的苏军摩托化步兵。换言之，除了袖手旁观，他们什么也没做！这些苏军步兵来自坦克第4旅下属的机械化步兵营，指挥官是D.科切特科夫（D. Kochetkov）大尉。他们坚守在桥梁对岸地势较高的公路两侧，有7辆轻型坦克和若干反坦克炮提供支援。德军稍后的报告指出，此处的苏军有4辆轻型坦克和7门反坦克炮——他们所谓的"反坦克炮"很可能是掘壕据守的BT-7。

在最后一道步兵战壕后大约2公里的地方，苏军还部署了一个混编有中型坦克和重型坦克的坦克连，其阵地就在林线附近。此外，这片树林里还部署着坦克第4旅下属高射炮团的85毫米炮，这些火炮正埋伏着等待机会降临。充当预备队的坦克排部署在卡兹努谢沃（Kaznusyevo）以南的另一片小树林里，还有一些坦克搭载着步兵部署在侧翼提供掩护。坦克第4旅的侧翼是前些天经过血战的内务人民委员部部队以及摩托车团。此外，还有近卫迫击炮第9团（装备了"喀秋莎"火箭炮），它们在沙姆辛少校[1]的指挥下刚刚抵达姆岑斯克，被部署在坦克第4旅的后方。在后方纵深部署的预备队有坦克第11旅，还有刚刚经铁路抵达姆岑斯克的近卫步兵第6师一部。在这种情况下，防守方兵力可谓非常强大，防御工事也很有纵深，几乎称得上坚不可摧。

◀ 1941年9月，斯摩棱斯克附近，一名苏联坦克手正在查看很可能是他亲手创造的战果——一辆被撞毁的德军二号坦克。战后，苏军试图将该车拖走（注意车后挂钩上的牵引钢缆），但最终没能成功。

▼ 拍摄于同一地点的照片。照片中的二号坦克隶属于德军第20装甲师。

---

① 伊万·沙姆辛（1904—1989），苏军火箭炮部队最早的一批指挥官之一。尽管他要为姆岑斯克战役中许多装备的丢失负责，但这一"污点"并没有影响他的飞速晋升——到1944年时，他已获得了中将军衔，在苏军中极为罕见。在战争末期，沙姆辛还参与过柏林战役炮击计划的制定，在军队中备受尊敬。

◀▼ 这三张照片展示了波尔塔瓦（Poltava）市内主干道上一辆被德军山地部队摧毁的T-34，这辆T-34曾横冲直撞地穿过了半个城市，在碾碎1门反坦克炮后，因车速过快，径直撞进一栋建筑物的拐角。山地步兵们正是在这里击毁了这辆坦克，并拍下了这些纪念照片。站在发动机舱盖顶上那位是这支部队的指挥官。

　　通过桥梁后，德军坦克开始向摩托化步兵营的防线推进，第34摩托车营紧随其后。尽管桥梁周围部署有强大的火力，但科切特科夫的步兵营却开始仓皇逃窜。直到德军坦克突破防线并开始向苏军装甲兵埋伏的树林前进时，炮声才开始响起。随后发生了造就T-34神话的重要事件——突然，领头的德军坦克被1000米外林线附近苏军伏兵射出的一发炮弹打瘫。后来，几乎所有作者都认定这发炮弹来自T-34。但在当时，出现这种情况的可能性不大——事实上，这几乎就不可能是真的！没有一条线索，甚至是一种暗示，表明这份荣誉属于苏联坦克，但所有人都想当然地认为是1辆率先冲出的T-34斩获了这一战绩。

　　问题是，T-34坦克的炮弹在1000米外只能击穿61—63毫米厚的垂直（匀质）装甲板——这也只是理论数值，实战中不太可能做到。我们需要知道的是，三号坦克和四号坦克的前装甲是50—60毫米厚的表面硬化装甲板[1]，而非T-34射击试验时所使用的装甲板。因此，在1000米完成首发摧毁是根本不可能

---

① 四号坦克E型的前装甲为60毫米（30毫米的前装甲+30毫米的附加装甲），F型的前装甲为50毫米。三号坦克前装甲的厚度与之大体相当，不过考虑到射击角度的原因，T-34在1000米外击穿的可能性依然较低。

的。然后就是精度问题——在这个距离上，T-34坦克的主炮很难击中一个静止的目标。而命中移动目标的难度远远大于静止目标，想要击中越过坑坑洼洼的草地、冲向树林的德国坦克则更加困难。即便是最有经验的炮手，也无法在这种距离上用F-34加农炮和质量低下的苏制光学瞄具打中任何东西。T-34坦克主炮的有效射程约为800米，奇迹般的一击必杀只有当射程在200米以内才有可能实现。

谜团的关键在于85毫米M1939高射炮，它们和T-34以及KV-1一同部署在树林里，这点经常被人们忽略——没有留下该团的行动记录，甚至没有人提到它的存在。这也是几乎所有人都把10月6日的胜利归功于T-34的原因（没归功于KV-1也挺神奇的）。只有卡图科夫承认炮兵单位确实存在，但是他也没有给出更多细节。在回忆录[①]里他提到"一个拥有16门炮的'高炮营'"，但是后来在一份汇编材料[②]中，他又提到了它们是85毫米炮。这种火炮完全具备在1000米外摧毁三号或四号坦克的能力[③]。

关于M1939高射炮在战斗中的情况，列柳申科也曾间接地提到过。在叙述德军过桥之后的进攻行动时，他回忆道："我军两个炮兵连[④]开始朝着先头的坦克齐射。"根据其他来源的数据，其中一个连肯定是卡图科夫的高射炮连。

在部署于卡兹努西耶沃（Kaznusyevo）以南树林中的炮兵的掩护之下，T-34坦克和KV-1坦克开始从小屋、灌木和干草垛后面冒了出来。它们采取短停射击的方式，不断地改变位置。不久，伊尔-2强击

◀ 一辆装有铸造炮塔的T-34坦克残骸，由德军拍摄于1941年晚秋。在炮塔下半部分的结合处可以清楚地看到一些凸筋。这张照片也是最早展现"扁平炮塔"版T-34的影像资料，这种坦克在当时可谓相当罕见。不幸的是，目前我们还无法确认这种炮塔的生产厂商。

[①] 参见M.卡图科夫《装甲先锋》一书的第33页。

[②] 这部汇编作品是《莫斯科之战》（Bitva za Moskvu）［莫斯科工人出版社（Moskovskiy Rabochiy），1985年出版］，里面有卡图科夫撰写的"近卫坦克第1旅"（1-ya gvardeyskaya tankovaya brigada）一文。在第192页，卡图科夫指出这些火炮是85毫米炮。

[③] 卡图科夫在回忆录中提到，苏军采用了一种"埋伏一反击"战术，要求将敌人放到200—300米以内。几乎可以确定，这种说法的基础是他自己之前撰写的一本小册子。这本册子记叙的主要对象正是姆岑斯克战役，于1942年出版（参见卡图科夫《装甲先锋》的第26页和第28页）。一个T-34车组确实有机会在较远距离上摧毁德国坦克，但前提是德国坦克的装甲不能太厚（例如炮塔装甲的厚度只有30毫米）。在1000米距离上，击中敌方坦克炮塔的可能性微乎其微。另外，后文中对这次遭遇战的描述，以及卡图科夫撰写的坦克战术指导方针都清晰地表明，T-34率先离开隐蔽阵地是为了缩小射程距离，并为开火创造有利条件。因此，击中德军坦克的只可能是85毫米高射炮。

[④] 它们几乎可以确定是卡图科夫的85毫米高射炮连。没有证据显示近卫步兵第1军有独立炮兵——甚至可以说，其麾下根本没有远程重炮存在。

机也出现在天空中。

德军陷入混乱之中。10分钟内，他们就损失了5—6辆坦克，都是被苏军突如其来的反击打瘫的。战场局势危在旦夕。为了遏制苏军进攻，88毫米炮一边向高速公路推进，一边开始向冲锋的苏联坦克射击。不过，德军很快就为这一鲁莽的行动付出了代价。在一门88毫米炮被一辆快速机动的坦克击中后，部署在树林里的苏军炮兵连也随即开火，很快又有两门火炮被击毁。

德军见状将预备炮兵部队（即来自第103炮兵团第6连的火炮及第35火箭炮团第1营的火箭炮）派遣到桥梁另一侧，用弹幕掩护第35装甲团第1营撤退。不仅如此，他们还毫不犹豫地调来了最重型装备——第69炮兵团第4连的K18型100毫米加农炮。这些重炮被拖曳到几乎位于火线的地方，很快就击毁了数辆苏军坦克，但这一任务也相当艰巨——大型火炮的射速很慢，而且瞄准手很难在准星中锁定在崎岖地形上快速机动的T-34和KV-1坦克。然而，早在K18火炮展开攻势前，德军密集的炮火就已阻碍了冲锋中的苏军，有1—2辆坦克在冲锋时不幸被落下的榴弹炮和重型迫击炮弹打瘫。

随着更多的苏军炮火从姆岑斯克地区喷射而出，一场势均力敌的持久战开始了。苏军的师属反坦克炮兵第180连前来增援，A.纳巴托夫（A.Nabatov）少校指挥的近卫步兵第401团第1营、近卫步兵第6师侦察连和师属76.2毫米加农炮连也陆续赶到战场。对德军部队来说，糟糕的情况还不止于此。由于一次来自南面（位于德军右翼）的装甲反攻，所有在利西察河东岸的部队都面临着被切断后路的威胁。面对这一情况，埃伯巴赫命令炮兵以及第34摩托车营从桥上撤往西岸，在河东岸仅留2门第103炮兵团第6连的leFH 18型105毫米炮及其炮组阻挡苏军坦克。他们的火力非常精确，迫使冲过来的坦克排停车甚至撤退。14时左右，之前的场景再次上演，苏军决定以4辆KV-1坦克在另外4辆坦克的掩护下发起进攻。按照德军方面的资料记载，这次100毫米炮挫败了苏军的行动。

尽管形势不利，第35装甲团第1营的坦克仍然留在苏军摩托化步兵遗弃的各条战壕之间，与来自坦克第4旅的超过10辆T-34和KV-1坦克展开殊死对决。苏军在太阳落山前达成了突破。在一轮炮火掩护之后，15辆坦克[1]（德军方面说法）率先发起反击，他们很快就得到了右翼另外10辆坦克的支援。前来支援的是布尔达上尉的坦克，他们的加入决定了战斗的结局。德军终于因兵力不支而退却，但是对布尔达来说，这只不过是一次"皮洛士式的胜利"，他们为胜利付出了惨重的代价。当他突破到大桥附近时，德国人正据守在那里。

德军坦克和T-34厮杀在一起，这场近距离交战很快就分出了胜负。苏军方面对精确的战损数字保持缄默，得到河对岸友军支援的2个德军榴弹炮炮组和1个100毫米炮炮组宣称自己击毁了3辆苏联坦克（并在后来得到确认）。此外，还有3辆苏军坦克被德国坦克击毁，1辆苏军坦克被坚守阵地的摩托车部队击损。这样一来，德军总计击毁了10辆苏军坦克中的7辆，付出的代价仅仅是损失了1门榴弹炮。布尔达连这场鲁莽的冒险使他们几乎全军覆没。

几乎在布尔达部撤退的同时，第35装甲团第1营也遭遇了新一轮的坦克突击。双方展开了一场混战，迫使德军停止向对岸撤退。经过漫长的对决，第103炮兵团第6连仅存的一门105毫米榴弹炮最终又

---

① 德国方面的资料显示，苏联轻型坦克也投入了反击，而且还有步兵参与的迹象。

击毁了1辆苏联坦克，并迫使其他坦克溃逃。此后，撤退行动才得以继续。

在其中一次受限的反击中，苏军首次派出了近卫迫击炮第9团的BM-13"喀秋莎"火箭炮。按照苏方说法，火箭炮的齐射重创了德军部队和他们的士气。然而，甚至没有一份德军报告提到过这次震撼的事件！撤退以有序的方式进行着。到16时，全部德军都已撤到对岸并在新奥蒂雅达村周围集结，准备在这里过夜。

太阳下山后，双方都在对战斗进行分析。苏军为他们有限的成功付出了沉重的代价。根据德国方面对敌军尸体的统计，有160名苏联士兵阵亡，166人被俘。再算上伤者的话，科切特科夫大尉的营可谓全军覆没。有11门敌军反坦克炮和17辆坦克被击毁，其中包括8辆重型坦克。德军的战损数字远低于此：共有10辆坦克（其中6辆报废）和4门火炮被击毁，10人阵亡，33人受伤。有趣的是，伤亡中仅有10名步兵（精确地说是摩托车兵），其余的都是炮兵或者装甲兵。

苏军在汇总德方损失时，显得颇为乐观。按照苏军的说法，他们干掉了43辆德军坦克（这几乎是德军的全部参战兵力）、16门反坦克炮、6辆卡车，击毙了将近500名德军官兵。有14辆坦克被认定为炮兵弹幕射击的结果，另外7辆的"损失"原因被认定为触雷（当天德军没有报告说有遭遇到反坦克地雷）。当天的英雄是库卡林少尉，据说他囊获了摧毁9辆德军坦克的战果，其中有4次命中是用他那辆已经不能移动的KV-1坦克完成的。

卡图科夫估计苏军的损失包括6辆坦克（其中2辆报废），而他的摩托化营则"蒙受了严重伤亡"。列柳申科更为诚实。在他的回忆录中，他说苏军此战损失了12辆坦克和多达2个营的步兵。根据将军最后总结的数字，这"2个营的步兵"应当包括了卡图科夫的摩托化营和一些友邻单位（即在卡图科夫阵地侧翼战斗的内务人民委员部和伞兵部队），12辆坦克也几乎可以肯定已经报废——但这个数字是否只计算了冲出树林的T-34和KV-1，有无包含在摩托化步兵阵地上固守的BT？这一点仍然有待澄清。保守估计，这个数字里面包含了所有布尔达的坦克（即7辆）、4辆BT坦克及1—2辆来自进攻排的坦克。这样一来，总数就达到了12到13辆，与列柳申科的数字基本吻合。如若果真如此，苏军与德军的坦克交换比就达到了2：1。同样，在人员方面，苏军也未占到便宜。

毫无疑问，10月6日的厮杀非常激烈。战斗持续了超过7小时，加上当天的天气情况，战士们都在潮湿且泥泞的环境中摸爬滚打，肯定已经筋疲力尽。德军的损失虽然不是非常高，但对于多数士兵来说，一天之内损失10辆坦克已是一次惊心动魄的经历。从战役开始以来，他们还从未蒙受过如此巨大的单日损失。尽管如此，德军依旧组织良好，面对一个接一个的危急时刻都没有陷入崩溃，更没有出现苏军报告中提到的恐慌或是大规模溃逃的情况。

我们很难用一句简单的话来评估苏军当天的作战情况。一方面，在当时的情况下，装甲反击是恰当的策略。另一方面，布尔达的冲击虽然取得了有限的成功，但付出的代价太高昂，而且毫无意义。苏军没能组织起对桥梁的有效防御，白白耗费了步兵兵力，随后也没能发起足够强力的反击。总之，苏军并没有通过本次战役重创较弱的对手，只是给他们造成了一定的麻烦而已。

枪炮声虽然已经平息，但德军士兵的悲惨遭遇并没有结束，他们不得不徒步返回出发阵地。德军卡车无法在泥潭般的野地中使用，只能勉强在一些公路上行驶。在德军部队后方，是不断落下的苏军袭扰炮火。即便他们离开了敌人的射程，但沿途的休息点依然很少，而且彼此之间相距很远。他们没有干

▲　一辆183厂生产的T-34，它来自1941年9月在克里米亚地区作战的坦克第5团［司令员为巴拉诺夫（Baranov）上校］。注意前方连接梁上的铆钉（1941年年底之后生产的车辆就不再有这种设计了）和新样式的牵引钩。炮塔上的出入舱门是哈尔科夫工厂产品的标志性特点，但上面已没有全向观测潜望镜。另外，这辆T-34的炮塔上装有两具PT-7型潜望镜，其他车辆通常只有一具，这使该车显得非常特别。

燥的换洗衣物，食物都是凉的。连绵数日的降雨让柴火发潮，甚至没有干燥的地方生火。士兵们的食谱中，只剩下了压缩饼干和罐头。身处一片泽国之中，食品卫生也是个大问题，肠胃疾病四下蔓延，加剧了步兵的痛苦。10月6—7日夜间，气温降到冰点，苏联战役开始后的第一场暴风雪吹袭而至。10月7日早晨，除了呼啸的寒风和伴随而来的雨夹雪之外，天气状况仍然没有好转。

苏军的情况稍好一点。他们和德军一样疲惫不堪，但他们的工事修建在一条隐蔽的、树木茂密的山脊上，他们可以躲在里面生火，可以取暖、做饭以及烘干衣物。

10时左右，重整之后的德军发起了一波未尽全力的进攻[1]，很快在苏军的防御面前停滞下来。在德军当面从左至右部署着多支苏军部队，分别来自坦克第4旅、空降兵第201旅一部、内务人民委员部第34团残部以及坦克第11旅。如同此前的战斗一样，苏军步兵先是在德军的进攻下逐退，随后就发生了短促而激烈的战斗。苏军宣称获得了胜利，击毁39辆德军坦克，并击毙大量德军——在反坦克炮兵第180连（2门45毫米反坦克炮）的支援下，仅1个伞兵连就击毁了15辆德军坦克！当天德军的报告并未提到有坦克损失（哪怕只是被击损），伤亡也屈指可数。如果不是天气过于恶劣，近距离激战无法展开，双方的损失可能将更为惨重。除天气原因外，德军兵力不足、决心不明，也注定他们不愿投入更多资源。在这一战中，德军并不想一路突向姆岑斯克，仅打算牵制住敌军，阻止他们攻击其他防守薄弱的地区。德军

———————————

[1]　据苏方资料显示，这次进攻发生在2小时以后的中午时分，此时天气已经放晴。苏军报告表明，此时的德军并没有被完全压制，并在天气转变后同步发起了进攻。

◀ 一张由德军后勤人员在外出时拍摄的纪念照片，时间是 1941—1942 年冬天。这辆 T-34 安装了一座带两具 PT-7 型潜望镜的铸造炮塔。旧式的驾驶员舱门、牵引钩和铆接的车体前连接梁都表明该车是 183 厂的产品。

高层仍在为继续东进，还是原地过冬争执不下。直到10月7日早晨，冯·博克（即中央集团军群司令）的指挥部才第一次讨论向图拉进攻的方案。进攻将根据原定计划在2—3天内实施——这一计划之所以能够实施，是因为封闭布良斯克包围圈的行动取得了积极成果。包围圈中的苏军投降之后，被牵制在此的德军便可以重新追击撤往莫斯科的敌人。而在此之前，第4装甲师仍需继续为第3装甲师担任"保镖"，掩护他们在奥廖尔周围重新部署的行动——其间，第4装甲师唯一能对战局做出的贡献，就是向各个方向派出那些敷衍了事的侦察分队。

在接下来的几天里，第4装甲师始终对高层酝酿中的作战计划一无所知，他们并没有接到任何明确的命令。随着时间的推移，补给危机越来越严重。燃料和弹药储备都降到危险水平之下，补给纵队却依旧步履蹒跚。部队濒临瘫痪，唯一的解决办法就是将所有部队撤往奥廖尔进行休整。届时，该师防线前锋最东端将被调整到新奥蒂雅达一线。

10月7日和8日这两天，第4装甲师努力集结分散的部队，但远没有达到预期效果，全师部队事实上已进入"停工"状态。除了10月7日正午发生的一次短暂的遭遇战外，德军甚至没有采取积极防御的举措，更遑论任何进攻行动了。第3装甲师师部接手了第4装甲师防区的北部地区：其中包括奥卡河的对岸——在这里，一个叫博尔霍夫（Bolkhov）的村庄成了战斗的焦点。莫德尔部署了以其装甲团各装甲营为核心的3个小型机动战斗群，但他们的活动受到了地形和补给情况的限制。由于缺乏燃料，滞留在奥廖尔的物资无法运来。奥廖尔周边整个第3装甲师的部队只能依靠师属装甲团补给车队来运送给养，而这支补给车队的卡车也只有二三十辆而已！第10摩托化步兵师情况更糟，毫不夸张地说，在完成布良斯克口袋的作战任务后，他们就陷在德米特洛夫斯克（Dmitrovsk）附近的泥潭里打滚。

10月8日，雨下了一整天，泥浆变得更加稀薄。在军部与古德里安举行了会议之后，德军确定了继续向东突击的命令。作战开始于10月9日拂晓，德方动用了所有可用的燃料和弹药储备，并且运用了一切能想到的战术手段。

根据命令，第4装甲师师部发布了一条作战指示，确保部队能够有序前进。所有出动的单位被编入3个战斗群，即步兵（构成左翼）、坦克（在中路）、其余的步兵（构成右翼）。两翼的步兵率先开始推进，在取得初步成功后，第35装甲团的坦克将沿着公路开始进攻。该计划显示，德军的意图是包抄苏军防线，随后展开全线进攻。除了担任预备队的第12步枪兵团第2营之外，各战斗群的编成均在本页的表格中列出。

10 月 9 日，德军在姆岑斯克之战中的进攻兵力	
战斗群	**编制**
"吕特维茨"（Luettwitz）[①]战斗群（北翼）	第12步枪兵团、第35装甲团第6连、第49装甲歼击营第2连、2门88毫米高炮
"埃伯巴赫"战斗群（中路）	第35装甲团、第6装甲团第2营、第33步枪兵团第2营、第103炮兵团第2营、第79工兵营第3连、第11高炮团第1连、4门第49装甲歼击营的50毫米反坦克炮
"格罗里希"（Grolig）战斗群（南翼）	第33步枪兵团、第35装甲团第3连、第49装甲歼击营第1连、1个火箭炮连、装甲车部队、1门88毫米炮、1门100毫米炮

像往常一样，苏军在夜间离开了原有阵地，并且沿伊尔科沃（Ilkovo）—戈洛夫莱沃（Golovlevo）—谢伊诺（Sheino）一线构筑了新的防线。中央地区由坦克第4旅、图拉军校生步兵营和内务人民委员部单位把守。其中，内务人民委员部第34团第1连的阵地位于中央，在戈洛夫莱沃村和伊夫莱沃村（Ivlevo）之间，并且横跨公路主干道，其左翼部署的是掘壕据守的图拉军官学校学员。空降兵第201旅在谢伊诺占据防御阵地，并且得到了来自卡图科夫坦克旅的1个坦克连和下属第1营营部的支援。近卫步兵第401团和空降兵第10旅的部署位置我们无法确定，但似乎是在图拉军校营和空降兵第201旅之间。坦克第11旅在坦克第4旅北面，但仅仅只是一部（可以确定第1营在那里）。防线中央的兵力无疑是最强的，但对德军实施的侦察行动表明，他们企图迂回近卫步兵第1军的左翼。为遏制德军，苏军又将空降兵第201旅派往谢伊诺固守。这样一来，苏军的右翼就变得非常薄弱，使德军有机会在此实施深远突破。

10月8—9日夜，一直持续雨夹雪，能见度较低。在离开奥廖尔、前往进攻出发点时，德军不得不在一片泥泽中艰难跋涉。9日7时左右，两翼的部队才开始徒步向前推进，就连四轮驱动车辆也无法在泥泞的野地里行驶。尽管天气糟糕，"斯图卡"编队还是在8时左右轰炸了已经被苏军放弃的阵地——它们也充当了进攻部队行动的信号。起初一切顺利，德军慢慢穿过一些之前的战场，没有遇到什么抵抗。当德军坦克进入第一战士农庄守军的射程之后，情况急转直下：苏军在据守的山脊上，指引重炮有效地轰击德军，令中路集群在10时就停止了推进。天空稍微放晴后，苏联空军又轰炸了德军后方的补给纵队。

作为"吕特维茨"战斗群的先头部队，第35装甲团第6连突破了苏军防线：占领铁路桥后，他们最远攻击到第一战士农庄北部的森林地带。经过短暂停顿后，德军重新发起攻势。到正午时分，他们一路穿过森林，来到位于苏军阵地后方的小杜姆奇诺（Maloye Dumchino）。在那里，德军遭到坦克第11旅的伏击，但没能消灭伏击者——第49装甲歼击营的1门反坦克炮在推入发射阵地时，被苏军观察哨发

---

① 该战斗群的指挥官全名是斯密洛·冯·吕特维茨（1895—1975）。姆岑斯克战役期间，任第12步枪兵团团长。1942年3月，晋升为第1步枪兵旅旅长。在战争最后几年中，他晋升很快，在1944年9月成为装甲兵上将。战后，他加入联邦德国国防军，最终以中将军衔退休。

现，旋即将其击毁。尽管如此，第4装甲师的部队还是趁机渗入防线，然后向东南推进，分隔了第一战士农庄的苏军部队，与"埃伯巴赫"战斗群会合。13时左右，他们在距姆岑斯克5公里处的一个铁路与公路交汇点止步。苏军在此地占据了绝佳的防御位置，坦克第4旅客卡林少尉指挥的一个坦克排阻拦了德军所有的突破企图。据信，他在最初几轮射击中就击毁了2辆坦克和数辆装甲运兵车。用88毫米炮消灭苏军的企图也归于失败——此处地形过于暴露，每次转移都会招来苏军重炮轰击；两门88毫米炮还没开火，就都被击毁。

日落前不久，第6装甲团第2营从战线中段赶来增援，但德军从交叉口攻入纵深的另一次尝试依旧未能成功——其间，他们遭遇了另外6辆T-34（几乎可以肯定来自坦克第11旅）的阻击。稍后，德军试图从林间小路渗入苏军防线与埃伯巴赫会合，但随着夜幕降临，他们被迫停止了行动。

但防线中段区域的德军却在下午取得了一些进展。按照德军的说法，成功的关键是密集的炮兵火力。投入进攻的德军坦克冲入硝烟之中，拿下了他们称为"战士农庄"（Voin）的小村东北侧的山脊制高点。但实际上，这个村子应该是伊夫列沃。随后，他们穿过一个叫"苏哈列沃"（Sukharevo）的村庄，朝高地继续推进，却在此处遭遇密集反坦克火力的正面迎击。德军呼叫"斯图卡"前来支援，但它们都因在执行其他任务而无法抽身。同时，第33步枪兵团第2营也奉命出动，前往戈洛夫莱沃以北，与北路集群建立联系。该营一部设法包围了苏军坦克据守的村庄，并在占领第一战士农庄以北的森林后进入戈洛夫莱沃，但因苏军抵抗不断加强，战斗陷入胶着状态。备受压力的卡图科夫决定动用坦克进行反击。苏军方面称，在一次迅猛的突袭中，第1营的3辆坦克将11辆德军坦克打得起火燃烧。实际上，他们的战果只有2辆坦克，而且并未造成德军人员损失。损毁的坦克也没能得到回收，因为牵引车早已和拖带的88毫米炮、100毫米炮一起陷入泥泞。

发现先头部队后方传来苏军坦克的轰鸣后，埃伯巴赫只能命令部队退回到第一战士农庄东面的山脊。在撤退过程中，又有一辆坦克毁于苏军的炮火，但苏军随后发起的反击均被击退。只有第1连留在山脊上牵制苏军，其余部队撤回第一战士农庄暂避。

往南面，德军步兵在第35装甲团第3连的引导下最远推进到了谢伊诺，在当地同苏军防线持续交火。一开始，德军不动声色地将反坦克炮部署到一处位置上。在那里，他们成功伏击了A.伊萨琴科（A. Isachenko）的T-34座车——后者正在等待德国坦克上门。不过，这辆受损的T-34很快就被苏军修复。里恩科夫（Lyenkov）中尉的排立即发起反击，将德军向南击退到谢伊诺——那里由BT-7坦克连一部、第1营营部及伞兵防守。德军缓慢推进，逐渐突破了苏军的抵抗。经过4个小时的战斗，苏军于16时被德军包抄，随后被迫撤离，谢伊诺落入德军手中。

日落时分，战斗逐渐平息——来势汹汹的大雪阻止了作战行动。17时30分，第4装甲师指挥部决定停止作战，命令部队停止前进。入夜后，近卫步兵第1军司令部也决定于22时撤离，并命令部队返回姆岑斯克。

当天的战斗很难说谁胜谁负。德军攻占了一些地盘，但损失了4辆坦克以及至少3门反坦克炮；苏军有2辆T-34坦克被第49装甲歼击营的PAK 38反坦克炮击中，不过它们都被成功回收并修复，因而不能算作"击毁"，有1辆连德军也未将其列入"击伤"。德军的人员伤亡非常小，但这并没能影响苏军吹嘘自身战绩——他们宣称击毁了33辆坦克，歼灭了多达2个营的步兵。

▲ 这张照片摄于 1941 年 11 月。这辆 T-34 残骸的炮塔已不翼而飞，断裂的炮塔座圈斜倚在车体后部的装甲板上。车上的其他细节清晰可见，甚至可以看到驾驶员的仪表板。

▼ 1941 年 12 月初，这辆 1941 年秋季下线的 T-34 压破冰层，被卡在原地。注意车上的新式驾驶员舱门（上面有 2 具潜望镜）。另外，这辆坦克的炮塔顶盖上还有一具 PT-7 型潜望镜，另一具的开口则被封死。炮塔进出舱盖上也没有全向观测潜望镜，但依旧保留了一个隆起的基座。另外值得注意的是，该车还安装了旧式的、两片式的前挡泥板。

　　战场环境仍然苦不堪言。10月9—10日夜，大雪降临，天气非常寒冷，刺骨的寒风折磨着浑身湿透的部队。第4装甲师指挥部依旧寻找着被困在奥廖尔以西的、因大规模交通阻塞而失去联系的补给车队。当天只有一个维修连和一个野战屠宰连抵达了城市。面包房直到10月17日才被找到，其余的维修连也差不多是在这个时间（即战役结束之后）才联系上。装载全师行李的辎重车队则再也没有抵达奥廖尔的可能了——他们被一群从布良斯克口袋突围的掉队苏军士兵袭击并摧毁了，在师后方约200公里处。

弹药匮乏的情况此时更为严重了。所有的备用弹药都已被分配给部队，甚至连步兵都开始节约使用每一枚子弹或者手榴弹。更严重的是，自10月6日起，热食供应就一直处在断绝状态中。为解燃眉之急，第24装甲军军部命令第3装甲师将麾下的全部储备（共63吨）调给第4装甲师；但问题在于，每份弹药都要穿过泥潭才能从奥廖尔运抵利西察河，还需要再用人力运到最前线。只有天气情况允许时，Ju–52才会把燃料罐、面包袋空投给前线阵地。

尽管情况如此，第4装甲师依旧奉命向前推进并占领姆岑斯克。利用在谢伊诺附近出现的战机，该师决定抓住机会，在当地展开全力一击。午夜，"埃伯巴赫"战斗群接到行动命令，并于次日（10月10日）破晓5时左右从南翼出发。该战斗群的先头部队在泥泞中挣扎了5公里后，于7时抵达谢伊诺。途中只有坦克、大功率牵引车、步兵可以勉强行动，其他一切都被淹没在泥浆中。之后，该部又花了3个多小时等待掉队的士兵。10时30分后，"埃伯巴赫"战斗群才得以展开进攻。

与此同时，侦察部队的报告称，苏军在沃尔科沃（Volkovo）—谢尔奇奥（Selzio）地区集结。从谢尔奇奥出发，只有一条道路能通往当地——坐落在谢尔奇奥的姆岑斯克公路大桥，但据德军估算，他们暂时还无力抵达那里。于是，德军决定从较远区域绕过苏军的防御，借助步坦协同从南面进攻姆岑斯克。另外，德军的空中侦察显示，在姆岑斯克南郊有一座浮桥横跨在祖沙河上，足够供德军坦克通行。

30辆德国坦克离开谢伊诺，还搭载着1个连的步兵和1队突击工兵。因为这里的路况还不算特别泥泞，所以88毫米炮和100毫米炮也能够随同先遣队行动，其余步兵沿着坦克的车辙徒步朝目标前进。

糟糕的天气及苏军的疏忽成就了德军。正午，大雪纷飞，能见度下降到只有200米。在这种情况下，失去战术侦察、警戒哨和无线电的苏军变成了瞎子、聋子和哑巴。

在泥地中艰苦跋涉近1小时之后，第35装甲团第6连前行10公里接近浮桥。此时，步兵已神不知鬼不觉地夺取了目标，工兵们立即排除了地雷。中午时分，第1辆坦克冲到了河对岸。德军的行动达成了完全的突然性，坦克未遇抵抗就开进镇去，直到抵达镇中央的集市广场，与才与首批苏军士兵发生了交火。大雪依然下着，德军在混乱中不分青红皂白地攻击一切活动目标——不论平民，还是士兵。恐慌迅速蔓延开来，一支包括火炮、坦克、牵引车和几门BM–13"喀秋莎"火箭炮在内的车队被苏军遗弃在街道上，遭德军缴获。据列柳申科所述，在接收这几辆"喀秋莎"之前，他曾被勒令立下军令状保护好它们。但耐人寻味的是，他并没有像当时的很多苏联军官一样，因为这处错误而遭到高层的清算。[①]德军坦克继续向西行进，试图攻占祖沙河公路桥。当他们抵达大桥时，几乎与从东面开来的T–34（来自坦克第11旅）迎面相遇。苏军猝然开火，其中一发炮弹敲掉了打头的三号指挥坦克。这辆坦克隶属于第5装甲旅旅部，由埃伯巴赫本人乘坐，这位旅长当场受伤。德军迅速回击，不一会就有2辆T–34被击瘫，另有1辆起火。不过，仍有6辆苏军坦克撤出战斗，消失在镇中。

交战双方都在镇中的各个区域巩固阵地，并且开始评估当前局势。第35装甲团似乎被困在了姆岑斯克的市镇中心。南面的桥梁已经受损，西面的桥梁附近聚集着大量苏军——这是后撤下来的卡图科夫部

---

① 10月11日，苏军便完全获悉了"喀秋莎"被缴获的事实。按照苏方的记述，在11日的大反击中，坦克第11旅的"苏联英雄"（1940年获颁）尼古拉·弗拉森科（Nikolai Vlasenko）带领4辆T–34冲入姆岑斯克，试图摧毁这些火箭炮。其间，弗拉森科还要求炮兵向自己的位置开火。最终，他们击毁了大部分"喀秋莎"，但弗拉森科也在战斗中丧生。

队。近卫步兵第6师依旧守卫着镇中大部分地区。即使撤退已经势在必行，埃伯巴赫的30辆坦克也注定很难逃走。

好在德军火炮很快抵达小镇。其中威力最大的是部署在西面桥梁附近的100毫米K18加农炮，以及部署在镇中要隘的88毫米炮。它们接到命令，必须挫败苏军迫在眉睫的装甲反攻（远处能听到苏军坦克的发动机声）①。

得知德军"炮兵"封锁西部桥梁的消息后②，卡图科夫将包括3辆KV-1在内的

▲ 一辆装有钢制负重轮、侧面装有 5 个附加油箱的 T-34。这些特征表明这辆 T-34 的生产日期是 1941 年年底。值得注意的是，该车在附加油箱的底部也涂抹了雪地迷彩伪装。

最后一批预备队投入了反击。当预备队接近桥梁时，I.A.拉科米（I.A. Lakomy）指挥的先头坦克炮塔连中2弹，很快腾起大火。据说拉科米坚持留在炮塔中，与"德军炮兵连"战斗到了最后③。至于另外2辆坦克则抓住机会通过了桥梁，然后用履带将"敌军炮兵连"碾碎。但事实并非如此，那里没有什么炮兵连！根据德军的说法，他们辨认出另一辆"T-34"触雷受损。这显然表明它冲过了大桥，从而在一定程度上证实了卡图科夫的说法，而第3辆坦克则可以确定达成了突破。

约13时30分，德军第33步枪兵团第1营的步兵和第49装甲歼击营第1连的反坦克炮由南面开进小镇。没过多久，德军炮兵也于15时之前赶到了姆岑斯克。炮兵连迅速对公路桥西侧的入口和通往图拉的公路实施了火力覆盖——这两处也是苏军最有可能发起反攻的地点。

最后，等待已久的苏军反击终于打响。苏军由6辆坦克开道从东部开往镇中心，步兵紧随其后。这次反攻早在德军意料之中，他们凭借88毫米大炮，在几分钟之内就击中了3辆苏军坦克。不一会，第4辆坦克也被反坦克炮击中。在损失了6辆坦克中的4辆后，苏军的第一次反击戛然而止。

17时左右，第34摩托车营与第49装甲歼击营第3连一同赶到。由于地面泥泞，他们只能下车徒步进镇。这两支部队刚一抵达，就与苏军陷入混战。但最后，他们还是设法巩固了德军在姆岑斯克东北部的阵地，还占领了公路桥。现在，镇中岌岌可危的不再是德军第4装甲师的部队，反而是东部的苏军坦克第4旅及其下属部队。在"邵肯"战斗群（Kampfgruppe Saucken）④的压迫下，苏军已无法保全自己。现在轮到卡图科夫撤离了，姆岑斯克北部的铁路桥成了他唯一的逃生路径。

当日5时左右，"邵肯"战斗群的先锋——第33步枪兵团第2营从戈洛夫莱沃出发，于9时30分抵达铁路。随后，部队行至铁路公路交会处。此地于中午就已被德军第12步枪兵团占领。不久后，天气转晴。守卫着大杜姆奇诺（Bolshoye Dumchino）的苏军坦克第11旅和步兵挡住了德军的去路。

---

① 与之形成对比的是，在德军坦克进入姆岑斯克中心前，苏军都没有听到它们的发动机声。在第一炮打响之后，他们才意识到形势有多么危急。

② 卡图科夫声称，当时这座桥梁遭遇了数个炮兵连（显然指的是部署在姆岑斯克南部的炮兵）的炮火袭击。其实这种说法有误，第4装甲师的炮兵是在天黑前2小时才开始炮击的。

③ 这辆坦克是如何在炮塔连中2枚100毫米炮弹之后继续战斗的，也许将成为老兵当中永远的秘密。

④ 该战斗群的指挥官就是著名的迪特里希·冯·邵肯（1892—1980）。姆岑斯克战役期间，他在第4装甲师内担任第4步枪兵旅的旅长，但那之后不久，他就接过了师长的职务。在战争中后期，冯·邵肯先后担任过装甲军军长和集团军司令，并获得了骑士十字勋章的钻石饰。

▲ 一辆安装有老式炮塔舱盖（带全向观测潜望镜基座，但基座上没有开口）和老式驾驶员舱门的过渡型T-34，但其负重轮、履带（550毫米宽）和牵引挂钩的样式却是全新的。这张照片摄于1941年12月中旬，地点是通向莫斯科的某条公路附近。

　　与此同时，占领了小杜姆奇诺的德军第6装甲团第2营却因燃料短缺而被困在原地，给卡图科夫留下了至少3个小时组织撤退的时间。在后勤纵队跟上之前，夜幕已经降临。尽管补给短缺，师部依然下令继续前进。"邵肯"战斗群于17时再度出发。其中，第35装甲团第1连负责支援第12步枪兵团，并利用炮火掩护继续前进。德军推进缓慢但却坚定，几乎没有遇到什么抵抗。卡图科夫的主力部队已经撤离，仅留下两支兵力不多的后卫分队。19时左右，"邵肯"战斗群在姆岑斯克城外围与第6装甲团第2营会合——在燃料运抵小杜姆奇诺后，后者便一路沿着"邵肯"战斗群的行军路线追赶而来。不过，这些坦克还是来得太迟，已经无法有效地干预局势。

　　20时，苏军开始穿过铁路桥，撤离姆岑斯克。为了方便车辆和步兵通行，工程兵们将厚木板铺在桥上，但因准备仓促，被冰雪覆盖的木板变得很滑，反而难以通行——车轮纷纷楔入缝隙间，马腿被割破，桥面很快便拥堵不堪。最终，德军发现了苏军撤离的企图，并开始对桥梁开炮，令原本混乱的情况雪上加霜。邵肯赶到后，德军的火力愈发猛烈。尽管苏军工程兵在约22时30分时炸掉了镇中心主干道上的铁路高架桥，但德军部队却并未因此受阻。1小时后，第12步枪兵团第1营已经与撤退的苏军旅断后部队交火，并一步步地向铁路桥靠拢。

　　此时，遭遇炮击的铁路桥已经乱作一团。部队拥堵在桥上，木板很滑，马匹受惊乱跑，有些摔断了腿，只能枪杀后扔到桥下。德军越靠越近，机关枪与大炮的火力一起落在桥上，令苏军伤亡人数急剧增加。撤退的路上尸横遍野，有些还活着的伤员甚至来不及被拉到路边或运送上车。在那个恐怖的夜晚，气温降至零下7度，一幕幕毛骨悚然的惨剧接连上演，这座桥也因此被后人称为"魔鬼之桥"。

7辆T-34排在错杂的苏军部队之后，最后过桥。它们排成交错队形，阻击德军第12步枪兵团直到1时30分。这些坦克手由布尔达指挥，并得到了伞兵和1个炮兵连的支援。如果布尔达的报告值得采信，他们的战斗进行得非常顺利，仅迪米特里·拉夫里年科（D. Lavrinenko）[①]中尉的座车就击毁了6辆德军坦克。在稍后对据守火车站的德军发起的最后反击中，苏军坦克手还宣称击毁了10辆坦克、6门反坦克炮，歼灭多达1个营的德军步兵！在最后一批坦克过桥后，苏军没有遇到太大的阻拦，便自行炸毁了铁路桥。

午夜时分，"邵肯"战斗群和"埃伯巴赫"战斗群在姆岑斯克镇中心的北公路桥会合。会师后不久，就传来了铁路桥爆炸的声响。凌晨5时，天还没亮，近卫步兵第1军发起了一次大规模反击，意图夺回姆岑斯克。不过，德军早已有所准备。为防止霜冻，所有的发动机都必须每隔一小时预热一次，持续一整夜，坦克乘员们甚至都没有得到打盹的机会。

黎明时分，尽管遭遇了"斯图卡"和火炮的轰击，苏军还是攻入了姆岑斯克镇中心。这主要归功于坦克第11旅，他们装备的重型坦克成了近卫步兵第1军实现突破的有力矛头。在决胜的这天，双方的争夺相当激烈——德军虽然在姆岑斯克街上摧毁了11辆苏军坦克，但依旧节节后退，苏军的个别坦克甚至突破到了西部桥梁一带。恶战一直持续到黄昏。最终，苏军还是被逐出了镇中心。

剩下的工作是扫清城镇西部的村庄和东部区域。随着德国援军的纷纷抵达，这项任务也按部就班地进行完毕。其中，大部分扫荡残敌的工作都结束于次日。因此，可以这样总结——姆岑斯克战役实际结束于10月11日。

第4装甲师虽然攻下了该镇，但他们实际上已经很难承受苏军的进一步反击。原因不在于德军遭受了多少损失，而是在环境条件和补给问题——德军已快弹尽粮绝。10月11日晚，第35装甲团仍有40辆坦克可用，却没有足够的燃料来发动。直到深夜，第2装甲集群的第一批补给车队才载着燃料从布良斯克赶到。10月13日，19.8吨珍贵的弹药也最终运来。从10月11日起，德军士兵的口粮配给就开始减少，面包尤其匮乏，只有罐装食品或许还够，但战士们无疑更想念战地面包房。对德军而言，从战役开始到结束，局面就像经历了一个轮回。

———————————

① 迪米特里·拉夫里年科（1914—1941），卫国战争初期在坦克第15师服役，后来被调入坦克第4旅。作为二战苏军最出色的坦克王牌，拉夫里年科在两个半月的前线服役经历中共参与了28次战斗，击毁了52辆坦克。1941年12月18日，他在离开座车向友军汇报敌情时，被迫击炮弹片命中身亡，去世时年仅27岁。

第四章

战役总结和伤亡分析

从10月1日至10日，第4装甲师付出了阵亡86人、受伤257人、失踪1人的代价。总体上，从9月30日至10月11日战役结束，该师损失士兵超过350人，其中有至少190名士兵是在10月4日至10日的姆岑斯克战役中损失的。9月30日至10月4日期间，该师在向奥廖尔推进；10月5日至10日期间，该师在奥廖尔至姆岑斯克之间作战。在这两段时间内，该师的损失几乎相同（比率为40∶50），因此很难看出近卫步兵第1军的"顽强抵抗"有任何过人之处。

从10月4日至12日，第4装甲师损失了至少17辆坦克，其中有11辆被击毁。其他装备的损失显然更多，但具体数字尚无法确认[①]。据估算，该师可能有至少50辆各种车辆被击毁，差不多同等数量的车辆损坏严重，此外还损失了10门火炮。当然苏联方面的看法完全不同，他们的资料显示，坦克第4旅摧毁坦克133辆、火炮49门、牵引车15辆，消灭的敌军数量更是不可胜计。

苏军的损失数字不详。按照一些作者的估算，苏军在当地有至少500人阵亡、1100人被俘。另外2个坦克旅有超过30辆坦克被击毁，其中大多数都是KV-1坦克和T-34坦克。另外，德军还缴获或摧毁了至少21门火炮、1辆装甲汽车、7台BM-13火箭炮以及33辆汽车。[②]

就损失而言，无论从任何角度上看，苏军都是此次战斗的失败者，各类武器的损失至少3倍于德军。

更重要的是，苏军士兵没能守住阵地。他们不仅放弃了全部防线，还将姆岑斯克丢给了敌军。包括军、旅一级在内的苏军指挥员，在此战中犯下的错误数不胜数，他们最大的共同点在于迟钝和马虎。苏军是得益于道路泥泞和德军补给短缺，才没有陷入更大的灾难。甚至可以这样说——在第4装甲师推进受阻的过程中，受道路泥泞和高层指挥失误的影响更大。德军虽然未能完成上级下达的任务，但对全师乃至全军的战术态势并无显著影响。他们未能抵达姆岑斯克，首先应归责于师部接到的命令、当时的形势（即第24装甲军自己的后勤已经崩溃）、泥泞的道路，其次才是遭遇苏军抵抗。要特别指出的是，苏军虽然占据了优势，但他们却未表现出任何进攻的意图。诚然，第4装甲师也有3天（即10月4日、7日和8日）没有发动进攻，但大部分原因都应归于战斗环境恶劣，尤其是前面提到的种种不利因素，而非苏军抵抗激烈。

显然，苏联人基于姆岑斯克之战"胜利"推出的种种T-34的"优势"都是不存在的。决定战斗胜负的因素非常复杂，除非某种坦克具有压倒性的性能，否则它们注定不可能主宰战场。何况在姆岑斯克之

---

① 关于德军的坦克损失，一个研究姆岑斯克之战的网站（http://mzensk1941.narod.ru/）给出了更高的数字：有35—40辆坦克被击毁或损伤严重。

② 俄罗斯作者马克西姆·克洛缅茨在《苏联重型坦克KV-1》中宣称：10月4日至11日的战斗中，坦克第4旅共损失了31辆坦克，其中有19辆被遗弃在战场上，其余则被回收；在10日和11日的战斗中，坦克第11旅共损失了10辆坦克。苏军的人员损失没有完整记录，唯一可以确定的是，内务人民委员部第34团共有30人阵亡、91人受伤、331人失踪（部分失踪者后来归队或加入其他单位）；坦克第4旅有28人阵亡，其他数据不详；坦克第11旅有16人阵亡、65人受伤、84人失踪。

▲ 这辆斯大林格勒工厂生产的T-34是典型的、1941年年底/1942年年初生产的产品。这一时期该厂出产的T-34取消了所有外部配件,安装了钢制负重轮,还采用了咬合焊接式的车体。此外,车上还装有PT-7型潜望镜、装弹手观察窗和简化版的火炮防盾。

▶ 一辆车体被撕裂的T-34,摄于1942年年初。不翼而飞的车体侧壁让我们有机会观察到该车的内部结构。有趣的是,尽管内部发生了猛烈爆炸,但该车的炮塔仍在原位——不难推测其车体的焊接质量有多精糕。

战中,T-34既没有表现出这种压倒性的优势,也不是苏军当时使用的唯一一种新型坦克。

如果要进一步分析T-34等苏军新型坦克的影响力,我们应多关注其战术运用,而非技术特征。此战中,T-34的成功源于良好的隐蔽、成功的伏击和出其不意的打击,其大口径火炮和倾斜装甲产生的影响相对有限。其中,针对德军侧翼发起的三次打击对战局产生的影响最为显著。正是这些出其不意的行动,使德国人放弃了10月5日、6日和9日的行动,并撤退了事。

但这些证据依然不够充分。姆岑斯克之战中,苏军拥有数量优势、新式装备和空中支援,他们依旧多次错失良机,没能消灭第4装甲师的战斗部队。

古德里安在回忆录中指明了坦克战术运用的重要性。在此书中,他特意以第4装甲师在姆岑斯克的失利来强调这一点。他这样写道:"盖尔(第24装甲军军长)[1]的报告曾提到,苏军坦克的行动非常有效,这对我方来说并不是什么令人愉快的好消息——尤其是他们已经改进了自己的战术。"随后,他进一步写道:"苏军……集中运用坦克攻击我军侧翼,这说明他们已经学到了一些经验。"[2]显然,德军在此前便已掌握了KV坦克和T-34坦克的相关情报,成功的战术运用才是姆岑斯克之战中的新发现。除此以外,便别无其他了。甚至连"集中运用"也是如此——这一点也在10月6日布尔达的坦克冲击中体现了出来。

如果T-34坦克没有在姆岑斯克之战中发挥比之前更重要的作用,那德国人的"T-34恐惧症"?看上去,病因似乎非常简单。

众所周知,最大的恐惧来源于未知。此时,苏军的新式26吨、44吨、52吨坦克已经被当成了未知的

---

① 利欧-盖尔·冯·施韦彭堡(1886—1974),后来成了诺曼底战役中的西部装甲集群司令。战争结束前,曾短暂担任德军装甲兵总监一职。
② 参见古德里安《一个军人的回忆》,第187页。

幽灵。由于获得的情报有限，虽然这是三种截然不同的坦克，但在外行人眼中，它们却非常相似，德军士兵经常难以分辨。另外，德国人只知道苏联人常用"T"来为坦克命名，除此之外的"特殊"型号他们就辨认不清了：这就是为何他们会称BT系列的坦克为"克里斯蒂"，又很少能将KV坦克辨认正确。也正是这个原因，他们经常将重型坦克误称为T-34。随着时间流逝，这种谬误便流传得更广了。这些在1941年被暂称为"重型苏联坦克"或"新式苏联坦克"的家伙们，从此获得了"T-34"这个统称。这才是"T-34恐惧症"的真正起因，而古德里安的回忆录更是为其推波助澜。

此时，我们就需要再次将目光转向这部回忆录。说到苏军新型坦克的技术优势，古德里安写道："第4装甲师在姆岑斯克以南遭到苏军坦克袭击，情况一度危急。苏联的T-34坦克第一次全面展现了性能优势，给第4装甲师造成了重大损失，并迫使我军暂时放弃迅速夺占图拉的企图。"[1]不过这段描述却与事实存在几个重大差异：首先，第4装甲师并未遭遇大规模的苏军坦克部队，只遭遇了一些有限的反击；其次，这些对抗发生在姆岑斯克西南而非南面；最后，这并非德军首次见识苏军新式坦克的技术优势——早在1941年6月底、7月初，德军就已经与苏军新型坦克有过多次交锋，其技术特征也已经为德军高层所知晓。古德里安关于"第4装甲师蒙受重大损失"的陈述纯属信口胡说，他提出的"迫使德军无法快速夺占图拉"更是无稽之谈。正如我们所知，德军之所以未能得手，是由于上级的命令、恶劣的天气和补给的缺乏，与苏军坦克的行动并无太大关联。与本书引用陈述自相矛盾的是，在其回忆录中的稍后部分，古德里安也承认该师停止行动是天气恶劣、补给匮乏所致——即便如此，他依旧对战役层面的问题避而不谈。

深入审视《闪击英雄》一书，我们能读到关于T-34对第4装甲师进行"大屠杀"的描述："四号坦克的短身管75毫米炮只能击穿其（T-34）薄弱的后部装甲，摧毁发动机……战场上散布着俄德双方损毁的坦克，苏军的损失要远小于我军。"古德里安继续写道："（在姆岑斯克）苏军投入了大批T-34，给我军装甲战斗车辆造成了重大损失，此前我们一直占据着装备优势，但此时，它已落入苏军手里。"[2]古德里安的这些描述同样与事实相去甚远。据目前掌握的资料显示，10月11日德军在姆岑斯克的损失相对有限，并宣称打瘫了11辆苏军新型坦克。就算10月6日古德里安亲自检视战场时，战斗情况也一样没达到"重大损失"的地步——德军有10辆坦克被击损，苏军却有12辆坦克被击毁。由此可见，"苏军的损失要远小于德军"的说法完全有待商榷。

在技术层面，古德里安的说法也存在疑问，他认为"无论在苏德战争前，还是姆岑斯克之战时，德国人都没有坦克优势"，而事实恰恰相反——1941年春天，三号或四号坦克在个别方面有优于其他欧洲坦克的设计（而且这一点还存在争议）。此时，德国人虽然已经猜到苏联具备更强大的坦克，但这一推测直到1941年6月底T-34和KV坦克出现在德军士兵视野中时，才最终得到证实。这一点古德里安本人也是认可的，这样一来，其著作中就又多了一处自相矛盾的地方。

不过在古德里安的上述陈述中，最应值得我们关注的是四号坦克对抗T-34的可行性。古德里安明确指出了T-34的一个弱点——后部，这里也恰好充当了问题的关键。当时T-34的车体侧面和后部装甲厚度

---

① 参见古德里安《一个军人的回忆》第188页。
② 参见古德里安《一个军人的回忆》第188页和第190页。

◄ 两辆由 112 工厂生产的 T-34。它们的车体钢板为咬合焊接式（只存在于正面），车头灯在首上装甲板上，并采用了"两片式"的驻退机护罩、单片式的炮塔后舱门和新式履带。这一切都显示它是一辆在 1941 年年底或 1942 年年初下线的产品。位于后方的坦克安装的是钢制负重轮，炮塔上的编号"265"可以确定是由红漆涂成的。

► 1942 年年初，在卡尔科夫以南的伊久姆（Izyum）地区作战的一辆 T-34，隶属于第 6 集团军麾下 4 个坦克旅的其中一个。从炮塔舱盖样式和首上、首下装甲板的接合工艺可以推断，这辆坦克是 183 厂的产品，而且是一辆过渡型。这辆坦克依旧装着旧式的驾驶员舱门，但已经改用新式车体。履带也是过渡型，为钢制负重轮的配套设计。整辆坦克采用白色涂装，炮塔顶部有一条对空识别带。炮塔上有标语，右侧写着"为了祖国"，火炮驻退机护罩上写着"前进！"（Vpyeryod！）。

◄ 这张照片和本页中间那张照片展示的是同一批坦克，但拍摄自不同的角度。显然，这两辆坦克都安装了带内置橡胶缓冲件的负重轮。被毁坏的挡泥板表明它们可能是被德国步兵在近距离摧毁的（其车身没有反坦克炮弹留下的弹孔。转动的炮塔显示，它们可能遭到了来自右侧的袭击）。

▲ 1941 年 12 月莫斯科郊外，一辆 T-34 带着发动机喷出的滚滚浓烟，从镜头前一闪而过。由于这张照片出自德国战地摄影师之手，因而尤其珍贵。在其发动机舱盖上，还可以看到车组的个人物品（也有可能是步兵的尸体）。

▲ 这张照片和上页中间那张照片展示的是同一辆坦克。这辆坦克炮塔左侧写着"法西斯分子去死"（Smert' Fashistam）。这一标语和炮塔顶部的对空识别带一样，可能用了黑漆或红漆（用了后一种的可能性更高）。

均为40毫米，侧上装甲倾斜角为40度，后上装甲倾斜角为48度。从等效值来说，后部装甲比侧装甲还略高了6毫米，只有两侧底部的45毫米装甲板是垂直布置的。

　　那么古德里安到底是什么意思呢？很显然，这位德国将军描述的技术特点并不属于T-34，而是属于KV重型坦克。KV重型坦克的正面和侧面装甲厚度为110—75毫米，后上方装甲厚度为60毫米，倾斜角也不大。换言之，其弱点正好在后部。正如我们所知，卡图科夫的坦克第4旅装备有T-34和KV坦克。根据当时的战术，通常由重型坦克来打头阵，以吸引德军的火力。如果古德里安在战场上看到了"新式"苏联坦克，那它肯定是T-34和KV-1[1]，而且KV-1吸引他注意力的可能性更高——这不仅仅是因为KV-1看起来与众不同，貌似更为强大（当然，需要指出的是，KV-1和T-34的正面装甲都一样优秀），更重要的是，KV-1的侧面装甲比T-34更厚，德军从两翼发起的攻击通常难以奏效，就连短身管75毫米炮在任何距离上发射的Gr. 38 HL/B破甲弹都难以将其击穿。相比之下，T-34侧装甲的等效厚度仅为45—53毫米，在命中角度合适时，是有可能被Gr. 38 HL/B破甲弹穿透的。至于KV-1更为厚重的侧装甲，只有破甲威力增加了25毫米的HL/C破甲弹才能有效对付。

　　古德里安造访姆岑斯克战场的同时，还如雪崩般地发生了一连串事件。它们在短时间内汇聚到一起，共同催生了"T-34神话"。关于这些事件，古德里安描述如下："一份提交给集团军群指挥机关的报告提到了我们遭遇的新情况。针对这一情况，我解释了T-34对我军四号坦克的优势，并指出了这些情况对我方坦克未来发展产生的影响。在报告结尾，我请求上级向我部所在的前线派遣一个包括陆军、军备部、坦克设计师和坦克生产相关厂商代表在内的委员会……我还要求立即投产足以击穿T-34装甲的重型反坦克炮。该委员会于11月20日抵达前线。"[2]古德里安提到的报告后来并未被找到。假设这份报告存在，我们也几乎可以肯定，其内容更像是对第4装甲师师长朗格曼将军相关报告的总结或复述。按照

①　需要指出的是，早在10月4日之前，第4装甲师便已经迎战和击毁过T-34和KV-1坦克。
②　参见古德里安《一个军人的回忆》第187页。

▲ 1941 年 1 月，一辆安装有附加油箱（最前方的步兵正坐在上面）的 T-34 正在缓缓爬坡。其正面、车体上半部分、炮塔和火炮上都涂有冬季迷彩。

▲ 这张照片拍摄于 1942 年年初，图中的坦克可能是在公路行军时遭到了伏击，车体侧面可能都曾中弹——T-34 这一位置的装甲只有 40 毫米厚。这两辆 T-34 也清晰地向我们展示了这种只在 1941—1942 年间使用的冬季迷彩。之前，人们普遍认为这种迷彩是坦克第 4 旅的专属特征，但实际上，这种迷彩的涂装在工厂里便已经完成，而且它们也在很多单位出现过。请注意车体侧面前部，其天线基座的开口已经被一块焊死的钢板覆盖。

◀ 一辆采用同种迷彩伪装的 T-34。该车已经换装了单块装甲构成的炮塔尾板和新式的驾驶员舱门，车体正面还有附加装甲。和前一张照片中的坦克一样，该车同样有着旧式履带、挂胶负重轮，以及只有在 183 厂产品上才会出现的冬季迷彩。这张照片摄于 1942 年 3 月的伊尔门湖（Lake Ilmen）以南。

公文流转的一般流程，朗格曼这样的师级指挥官是不可能直接向集团军群参谋部提交报告的，他的报告得先让他的直属领导——第24装甲军军长盖尔将军——知悉，在获得军长批准后，才能递交到古德里安手里。朗格曼师长于10月22日提交了报告，之后又经由古德里安呈报给上级。报告中提到的委员会最早于11月18日抵达前线[1]，以便收集前线将领们的意见——按正常的流程看，这个速度可算非常之快了。

委员会的专家们到达战场后，古德里安立刻向他们灌输了自己的那一套理论。如同其回忆录中所述，这位坦克名将向专家们直言德国坦克已丧失优势，他还不忘向客人们倾吐德国坦克"在泥泞的道路和战场上"是如何的"举步维艰"，并据此要求"（未来的新型坦克）必须在任何季节都具备良好的道路通行和越野机动能力"[2]。

---

① 根据其他资料，该委员会早在10月20日便抵达了前线。不过这一差别无关紧要，他们难免要遍访前线的多个地点。委员会的人员包括：陆军武器局第6处（Wa Pruef 6，即陆军最高司令部旗下负责装甲车辆发展的部门）的特派员——如费希特纳（Fichtner）上校、科尼坎普（Kniekamp）、鲁登（Ruden）少校（装甲材料专家），以及波尔舍博士（Dr. Porsche）和各家军火企业（如MAN、莱茵金属、戴姆勒-奔驰和克虏伯）的代表。

② 出自T.詹茨（T. Jentz）的《德国的"黑豹"坦克》（Germany's Panther Tank），希弗出版社（Schiffer），1995年出版，第14—15页。

▲ 1942年早春，一辆瘫痪在德军堑壕中的T-34。这辆坦克的后部车体已经采用了新的组装工艺（两块装甲板呈角度状直接接合在一起，中间没有弧形的过渡），但其履带依旧是旧式的。注意炮塔上的附加装甲，它的出现表明车体正面很可能也安装了这种装甲。车尾的两个宽幅铰链、盖住下装甲板边缘的后上装甲板，以及非咬合焊接式的后部车体连接工艺，都表明该车是112工厂的产品。

▲ 1942年春天，一辆正面安装有附加装甲的、被完全烧毁的T-34。这些附加装甲在设计时考虑到了新式拖曳钩的存在。此外，还需注意前方挡泥板上的弹孔，它们是炮弹穿出后留下的。穿甲弹从后方射入，在车体侧面发生了弹跳。同样值得注意的是，这辆坦克装有1941年晚期型履带。

在说明苏军新型坦克的优势时，古德里安强调："苏军44吨和52吨重型坦克[1]在炮塔前部装有一门76.2毫米火炮和一挺7.62毫米并列机枪，炮塔后部也装有一挺7.62毫米机枪……车体装甲厚80毫米，炮塔装甲厚100毫米[2]。其倾斜装甲能令88毫米高炮的炮弹跳飞[3]"，"这些坦克的速度比我军三号和四号坦克更快[4]"[5]。这位德国名将显然把T-34和KV搞混了，而他自己还不明白这个事实。

第4装甲师师长冯·朗格曼也用类似的态度对待过这些问题。就像古德里安一样，他从下属（埃伯巴赫和劳赫特）那里获得了相关信息。虽然埃伯巴赫和劳赫特这两名基层指挥员的本意是向上级提供一些对付苏军新型坦克的建议，但师长报告的出发点显然与他们所想的不同——朗格曼（及他的上司）试图用苏军新式坦克的"优势"来撇清自己。下面就让我们看看这份报告中最值得注意的关键，为了指出这份报告中与事实相悖的部分，笔者将要点以下划线标注，并在一些内容后添加了评论：

第4装甲师在战斗中曾几次与苏军重型坦克遭遇。最初这些坦克只是零星出没，可被迂回绕过或炮火驱离。只有在特别有利的情况下，我军的直瞄炮火才偶尔能击毁敌方重型坦克。

---

[1] 这是指KV。
[2] 也是指KV。
[3] 这有可能是T-34。
[4] 这也是T-34。
[5] 出自T.磨茨的《德国的"黑豹"坦克》，括号中的内容系笔者所加。KV-1的速度是不及德国坦克的。至于跳弹能力，不知道此处古德里安指的究竟是KV-1的炮塔（他曾多次提到这一点），还是T-34的车体。

◀ 这张照片拍摄于1942年秋季列宁格勒方面军的一次演习期间，也是关于装有附加装甲的T-34最有名的一张照片。这些切割样式不一的装甲板均由维修站（而非坦克工厂）制造。此外，这张照片还提供了一个重要信息：一些坦克的首下装甲也安装了附加装甲。请留意背景处坦克运载的圆木，它们能帮助坦克在淤陷时脱困，或是帮助坦克穿越恶劣的地形。

攻占奥廖尔后，苏军首次集中投入了其<u>重型</u>坦克[1]，由于苏军坦克不再能被炮火轻易驱散[2]，在一些战斗中曾发生激烈的坦克战。

这是东线战役中，我们<u>首次</u>体验到苏军26吨坦克和52吨坦克对我军三号和四号坦克的绝对优势[3]。

苏军坦克……以其76.2毫米炮从1000米处向我军坦克开火，该火炮有着<u>不同寻常</u>的精度和穿透力[4]……

除了武器更为精良、装甲防护更强外，26吨"克里斯蒂"坦克[5]还更快、更灵活……[6]

凭借其宽幅履带，T-34的接地压强<u>略好于</u>我军坦克，从而能够通过我军坦克无法穿行的渡口……[7]

调用88毫米高炮或100毫米加农炮对付苏联坦克并非长久之计。与快速坦克相比，这些牵引式重炮机动困难，在占领发射阵地期间一旦被敌军发现，就很容易遭敌摧毁。在奥廖尔和姆岑斯克区域，仅在一次坦克战中，我军就损失了2门88毫米高炮和1门100毫米加农炮，而这些火炮是我军在战斗中投入的全部重型武器。它们都被击中并被敌军坦克碾碎……[8]

考虑到所有被击毁的"克里斯蒂"坦克都是较新的型号，可以认为苏军已经发现了这些坦克的优

---

① 笔者评论：可以肯定，这就是古德里安产生"苏军在姆岑斯克集中使用重型坦克"这一错误印象的根源。

② 笔者评论：朗格曼此处的叙述失实。

③ 笔者评论：这种观点也被古德里安回忆录借用。

④ 笔者评论：毫无疑问，此处案例是指10月6日被从1000米外击毁的德军坦克，不过这是85毫米高炮所为，但德军并不知晓。

⑤ "克里斯蒂"坦克是德军对T-34的称呼，当时德军对T-34的细节，甚至是型号名称都并不了解。这一点后面的章节有所提及。

⑥ 笔者评论：德军并没有机会对T-34进行测试，那朗格曼的结论是如何得出的呢？有一种可能是朗格曼出于战术角度得出的推论——由于战术上的差异，苏军坦克习惯径直冲向敌军，德军坦克却几乎不会这样做。虽然三号坦克的最大速度与苏联坦克相差无几，但至少在姆岑斯克之战，严格遵守协同战术的德军坦克没有做出类似举动。此外，考虑到T-34经常与KV坦克协同行动，前者常常会迁就速度缓慢的后者，朗格曼的此番结论也有可能他是臆造出来的。

⑦ 笔者评论：接地压强的小幅优势，并不能显著改善车辆通过泥地和渡口的能力。如果地面难以通行，即便某种坦克的越野机动性能略微占优，也会如其他坦克一般陷入泥地。姆岑斯克的实战经验表明，战场上的水务和复杂地形给T-34和德国坦克带来了相同的麻烦，T-34坦克兵的处境也只比德国同行好过一点而已。

⑧ 笔者评论：这里可以看到一种典型的文过饰非。叙述中的战例发生在10月6日，德军损失2门88毫米高炮的原因在于部署太过草率，2门高炮还未投入战斗就遭受了损失。另外，德军在此战中使用了至少7门重炮，而不是区区3门。被碾碎的火炮也不是88毫米高炮或100毫米加农炮，而是1门105毫米榴弹炮

▲ 这辆安装附加装甲的 T-34 于 1942 年 5 月被德军击毁在了哈尔科夫。这张照片之所以独一无二，是因为它展示了炮塔的后部特征。从中可以推断，苏联人不仅在车体正面和炮塔侧面安装了附加装甲，连炮塔后方也不例外。这辆坦克由 112 工厂生产。

势，并开始大批量生产这些重型坦克……①②

　　在报告的后半部分，冯·朗格曼建议投产T-34的仿制品和100毫米突击炮，将F-34和ZIS-5型火炮装上四号坦克并研制配套的新型弹药。③其中一些建议在古德里安的思路中得到了体现，之后甚至还得以实现（如所谓的"仿制T-34"）。但是，对于1941年11月中旬的德军来说，这些建议来得太晚，已经于事无补。

　　那么德国人都做了些什么呢？在1941年8月，德国人开始利用30吨级坦克原型车底盘改装了2辆128毫米口径突击炮。④同时，德国人手头已经拥有了一定的Pz.Gr. 40高速穿甲弹库存，军工厂也开始投产PAK 40型75毫米口径长身管反坦克炮。⑤早在姆岑斯克之战前一年，德国人就已决定在突击炮上安装类似PAK 40的火炮，相关测试于1941年3月开始，希特勒命令研制工作要在1941年9月中旬完成。另外，早在姆岑斯克之战前很久，德国人便研究了将长身管75毫米炮作为30吨级坦克标准武器的可行性，这种火炮最终被定型为KwK 40型坦克炮，并于1942年年初投产。

　　但是到1941年秋季时，相比德国人加紧开发的新式坦克炮，即便是威力不错的KwK 40也已黯然失

---

　　① 笔者评论：这个推测实际毫无根据，但与斯托尔菲教授的观点有某种关联性。斯托尔菲教授认为，此时T-34坦克的产量事实上正在下降。在1941年7—9月，183厂平均月产量为234辆，斯大林格勒拖拉机厂的平均月产量为137辆——两者的平均月总产量为371辆。但在10月，两厂只生产了185辆坦克，而在11月，苏联国内（斯大林格勒拖拉机厂和第112坦克厂）下线的该坦克才终于回升到了大约260辆。值得注意的是"重型"一词的适用范围：在前文中，它指的仅仅是KV；现在，连T-34也被包含了进去。

　　② 此处引用段落出自T.詹茨的《德国装甲部队》（Panzertruppen），希弗出版社，1996年出版，第1卷第205页及第208页。

　　③ 值得一提的是，朗格曼全文都对KV-1的编号只字未提。同时，他还把所有的苏军坦克统称为"重型坦克"，尽管他对这些坦克吨位的界定都非常正确。

　　④ 这种突击炮就是"强壮的埃米尔"（Sturer Emil），其使用的是VK 30.01（H）坦克的底盘，后来在1942年夏季被派往东线南部作战。但需要指出的是，该设计最初并不是用于迎战苏联重型坦克，而是用于摧毁"马其诺防线"的坚固要塞。由于KV-1的出现，这一项目在1941年下半年起死回生，但改造工作直到1942年3月才进行完毕。

　　⑤ 和很多人的猜测不同，这种火炮不是针对T-34和KV-1坦克研发的，其研制工作始于1939年秋天。

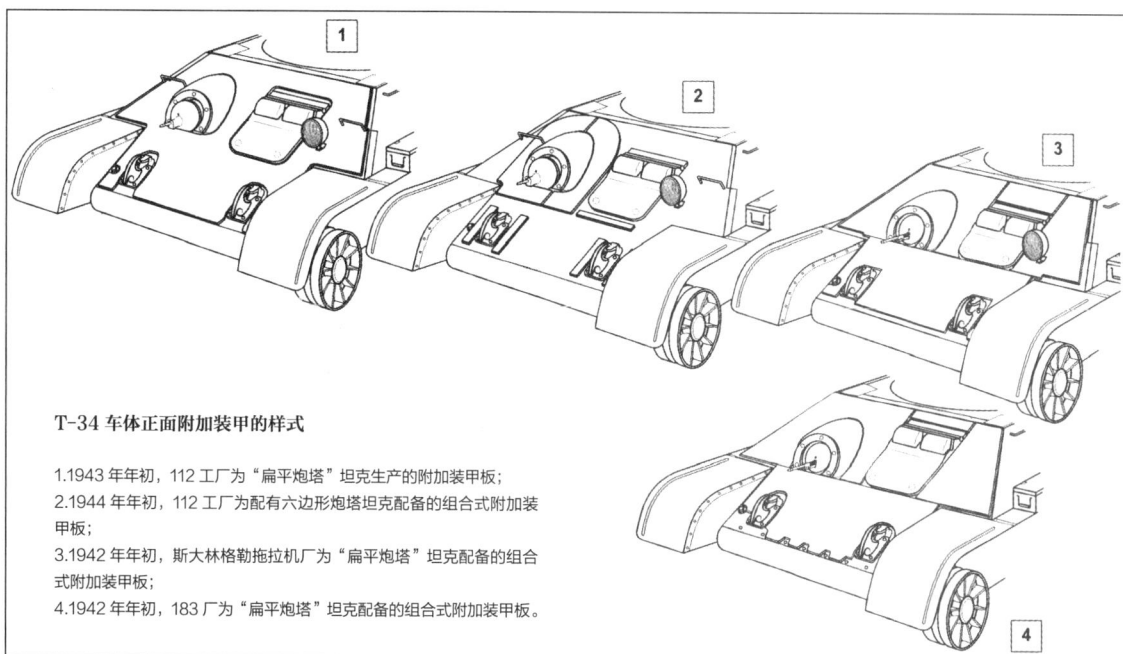

T-34 车体正面附加装甲的样式

1. 1943 年年初，112 工厂为"扁平炮塔"坦克生产的附加装甲板；
2. 1944 年年初，112 工厂为配有六边形炮塔坦克配备的组合式附加装甲板；
3. 1942 年年初，斯大林格勒拖拉机厂为"扁平炮塔"坦克配备的组合式附加装甲板；
4. 1942 年年初，183 厂为"扁平炮塔"坦克配备的组合式附加装甲板。

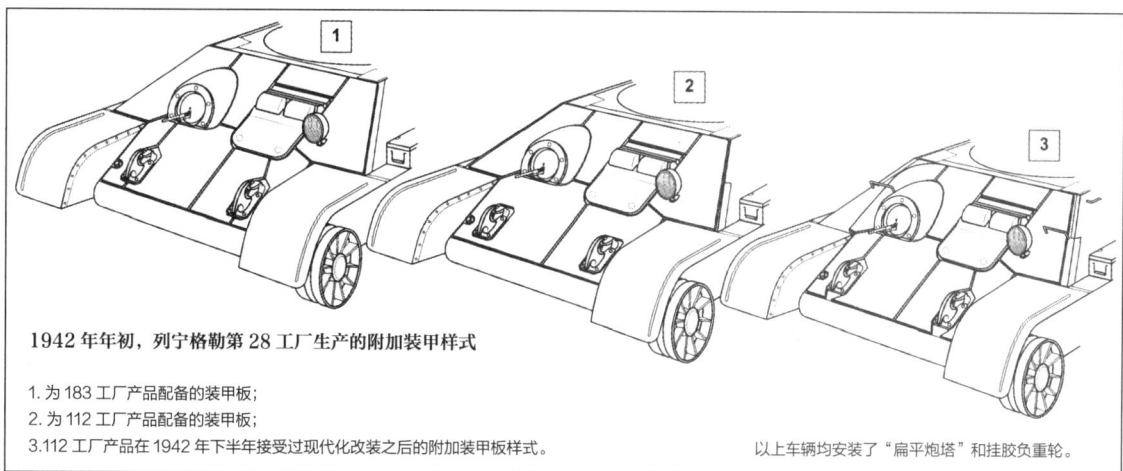

1942 年年初，列宁格勒第 28 工厂生产的附加装甲样式

1. 为 183 工厂产品配备的装甲板；
2. 为 112 工厂产品配备的装甲板；
3. 112 工厂产品在 1942 年下半年接受过现代化改装之后的附加装甲板样式。

以上车辆均安装了"扁平炮塔"和挂胶负重轮。

色。这种全新的75倍径（最初为75.5倍径）75毫米坦克炮最终安装到了"黑豹"坦克上，从而赋予德军坦克相对KwK 40、F-34和M3等1939—1940年间研制的坦克炮的绝对火力优势。[1]1940年年底到1941年年初，德国人还在试图将基于Flak 36型高射炮研制的88毫米坦克炮装到一种全新设计的炮塔上，这种炮塔将搭载到30吨级坦克发展而来的一种新底盘上，最终催生了"虎"式重型坦克。

姆岑斯克之战的一个直接后果是，当年11月底，德国人重新启动了旨在替代四号坦克的"30吨级"

---

[1] 在詹茨关于"黑豹"坦克的著作出现前，外界普遍认为KwK 40和KwK 42型坦克炮的研制始于1941年11月。这种说法并不准确，KwK 40型坦克炮的开发实际很早就开始了。

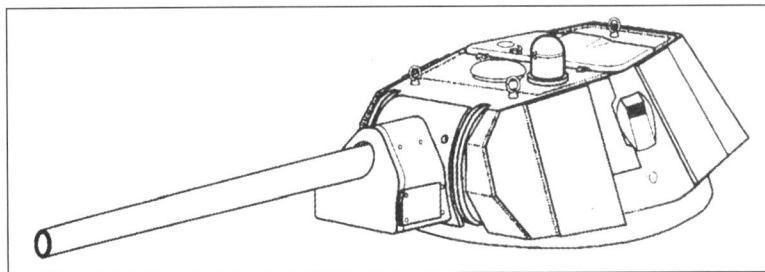

▲ 这辆 T-34（序列号为 210384）由 183 厂生产于 1942 年 10 月，其附加装甲的样式尤其特殊——无疑是某个前线修理站的杰作。

◀ 列宁格勒第 28 工厂为坦克炮塔配备的附加装甲示意图。可以推测其后部也有附加装甲——正如我们在之前一张图片中看到的那样，另外，在本书第 28 章也有一张相关的绘图。

中型坦克计划。[①]1937至1941年间，德军已经在这种坦克身上展开了大量研制工作，该计划在姆岑斯克之战前的几个月被放弃，有部分图纸和原型车后来被用于"虎"式坦克的开发。"虎"式坦克的设计在"巴巴罗萨"行动开始前约一个月——即1941年5月28日启动。研制45吨级坦克的决定则于两天前在贝希特斯加登（Bertechsgaden）与希特勒的一次非正式会议上敲定，此次会晤中还决定所有改进和新设计的坦克都必须安装长身管火炮，以便能在远距离上有效对付敌军新式坦克。

---

① 德军的新式中型坦克有两个发展方向。正如我们所知，在1937年时，德军已经开始研究替代四号坦克的新型号（即30吨级坦克）。另外，从1939年中期开始，他们还试图对其进行现代化改进（产品是一种20吨级的坦克，即VK 20.01系列试验车计划）。由此诞生了一种存在时间短暂、但影响深远的产品，它可以被看作四号（三号）的改进版，很多特征后来都被设计部门沿用。其改进点包括：改良的后部车体设计、新式悬挂系统、宽幅履带和50毫米60倍径主炮。事实上，除了火炮之外，这些设计都被移植到了30吨的设计上。这些后续设计的总体特点是相似的，这也是为何"虎"式和"黑豹"坦克的最原始方案非常接近，在外观上几乎没有显著区别。

◀ 被遗弃在路边的 T-34——1942 年冬季 和春季，苏、德两军曾 在这里爆发过战斗。这 辆坦克装有全套的钢制 负重轮，同时安装了新 型履带。

　　毫无疑问，这些事件背后的决定性因素有两个：其一是1941年年初收到的、关于苏联新式重型坦克的情报；其二是30吨级坦克开发过程中的技术演变。正是这些，让德国人认定他们有必要研发一种前所未有的重型坦克，而且这种坦克应当享有优先权，至于德军已经拥有的中型坦克则不然。无可否认，此时四号坦克确实已显老态，但仍然是可靠堪用的武器，因此德国人认为没必要立即投注大量资金去建造替代品。然而，东线战场的整体局势却让德国人意识到，他们必须研发一种能接替四号坦克的全新中型坦克。就这样，在一个全新的项目框架下，"黑豹"坦克诞生了。不过需要特别强调的是，虽然军方一度强烈要求仿制T-34，但"黑豹"绝不是某些人口中所谓的"T-34复制版"。它仅仅是一种采用了倾斜装甲的德国坦克，只不过这种设计之前未曾被德国人考虑过罢了（确实很难以置信）。[1]虽然在1941年6月底以来，他们经常在战斗中遭遇有倾斜装甲的T-34，但10月后出现的恐慌情绪，才最终让德国人改弦更张，并为坦克安装了40—55度的倾斜装甲板。作为结果，在10月底之后，德国坦克开始采用新设计的正面和侧面车体，它首先反映在了"黑豹"坦克的图纸上，不久（1942年2月）又出现在"虎王"坦克的设计中。最终，德军装甲部队的其他坦克也都纷纷采用了这种设计。

　　笔者想要指出的是，古德里安和朗格曼的错误其实情有可原。因为类似的情况在率部迎战苏军坦克的德国军官中很常见。例如，德军第203装甲团于1942年5月提交的一份报告就宣称，四号坦克只能从800米内击穿T-34的侧面，而且应袭击的区域不是有倾角的部分或是上层结构，而是车体侧面。这一点很耐人寻味，因为我们知道，T-34的车体和上层结构装甲厚度在45—53毫米不等，并不能抵御可以在30度倾角下击穿75—100毫米装甲的破甲弹。换言之，显而易见的是，T-34的整个侧面都可以被德军击穿，甚至在更远的距离上都是如此，因为不论多远，破甲弹的穿深都不会改变。

　　但就和古德里安的叙述一样，如果我们对第203装甲团的报告做更进一步的观察，就能发现一些关

---

　　[1] 事实上，该车的火炮、炮塔、悬挂系统、发动机和后部车身都是德国自主开发的，其设计很早就已经开始。

键性的细节：该报告指出，要使T-34丧失机动性最好的办法就是射击"第5和第6负重轮之间的车体侧面"，但是人们都知道T-34只有5对负重轮，既然如此，报告又怎能让人去攻击一块根本不存在的区域？很显然，这份报告描述的"T-34"实际上是KV，部分KV在车体侧面安装了附加装甲，令其装甲厚度达到了95到100毫米，让德军坦克和反坦克炮只能抵近射击。但其附加装甲的覆盖面并不完整，"第5和第6负重轮之间的车体侧面"恰好没有安装附加装甲，因而能被德国坦克手利用。在这个案例中我们能够看到，即便是到了开战将近一年后的1942年5月，德军也还是会把T-34和KV弄混。

在德国陆军最高司令部分管快速部队的部门中，T-34被神话了的戏剧性形象也很流行，他们同期（1942年5月）发布的一份文件称，KwK 40 L/43型75毫米坦克炮不如苏制F-34坦克炮。不过稍后的一份文件又对这种观点加以修正，指出"7.5厘米KwK 40坦克炮可在1000米射程上击毁T-34，破甲弹也能击毁T-34"[1]。事实上，即便火力贫弱的KWK 37相比苏联坦克炮仍有可取之处，更别提后续威力更大的德国火炮，但这依然不能阻止德国人被自己创造出来的T-34无敌神话弄得神经兮兮。

战争中，双方都会被信息不足的问题困扰。1941年9月，苏联方面进行了一次测试，他们发现，自己的76.2毫米炮在50米的极近距离上都没能击穿T-34的正面装甲。但是很不幸，三个月后，他们便接到了德军用新式武器击穿T-34车体正面的报告，这令苏联人倍感恐慌。这很可能是50毫米炮的Pz.Gr. 40型穿甲弹所为，这种穿甲弹可以在100米距离上击穿130毫米厚的装甲，但它远距离的穿透力和精度都很差，只适合用于近距离作战，德军对其评价不高。有意思的是，根据1942年年初德军坦克手的报告，50毫米穿甲弹只能在100米外从侧面击毁"T-34"，但苏联人的测试却显示，50毫米炮弹理论上能在2000米外击穿T-34的侧面！很显然，在这个案例中德国坦克手又把T-34和KV弄混了。而对于苏联人，由于Pz.Gr. 40型穿甲弹的最大射程也不过1500米，他们实在是有大惊小怪之嫌。

从上文援引的各种信息来看，德国军官团显然不了解装备的真实情况。之前，他们可能都没有参与到革新装甲部队装备的工作中，更糟糕的是，这些军官先生也未能亲自检查和辨别缴获的装备。相比之下，希特勒本人对坦克的研制工作倒是热心得多，毕竟，他是士兵出身，不仅非常喜爱坦克，而且对这种武器有相当的了解，这使得他在坦克发展领域要比很多下属有更准确的见解。

对士兵们来说，哪怕情况江河日下，他们也得一如既往地默默忍受。朗格曼在其报告中称，由于坦克优势的丧失，而且"尤其是苏军已经能主动利用他们的坦克技术优势"，德军坦克兵的斗志也备受打击[2]。不过，就10至11月的战况来看，德军的士气并未崩溃，他们不仅在1941年到1942年的严冬中坚持了下来，还挺过了1942年春夏之交的困难时期。反倒是开着"性能优良"的T-34的苏军坦克兵们，在战争初期往往因为一些技术故障就轻易放弃了他们的坦克。

如同此前的情况一样，真正起决定性因素的作用是坦克、空军、步兵和炮兵的密切配合——德军装甲师成功的秘诀，正是对这些要素的正确运用。只要这种协同能够保持，德军就能够将战斗力充分发挥出来。

当然，不可否认的是，即使包括第4装甲师官兵在内的德军依然能维持高昂的士气（这一点也在

---

① 出自T.詹茨的《德国装甲部队》第1卷，希弗出版社，1996年出版，第231页。
② 出自T.詹茨的《德国装甲部队》第1卷，希弗出版社，1996年出版，第208页。

▲ ▶ 在这张有趣的照片中，一辆T-34与一辆三号突击炮相撞。注意其单片式的炮塔后装甲板。围绕这一事件留下了至少五张历史照片，但照片注释却彼此各异，其拍摄日期据称是在1941年11月5日—25日之间。按照近年出现的资料，这张照片的拍摄日期实际更早，大约是在1941年10月18日前后，照片中的三号突击炮来自第660突击炮兵连，T-34则来自坦克第21旅，车长是迪米特里·卢岑科（Dmitry Lutsenko）中尉，当时他所在的部队曾突袭了加里宁（Kalinin）地区的德军，其他照片显示卢岑科被德军俘获，但后续记录不详，很可能不久即死在了德军的战俘营中。有趣的是，从车辆本身看，照片中的T-34拥有一些以往被认为直到1942年3月才出现的特征。另外，该车装备的履带（见小图）原本是在1941年春天为T-34M设计的，其生产始于夏天，并在1941年秋季至1942年年初列装，后来被改进版本取代。最后值得注意的是，这辆坦克在车体侧面有一个用白漆（或黄漆？）涂成的数字4。

姆岑斯克之战中得到了体现），也无法改变他们的恶劣处境。古德里安称，他在10月8日视察奥廖尔期间，发现第5装甲旅旅长埃伯巴赫中校精神崩溃，整个人已不堪重负。不过这并不是因为T-34给他的部队造成的冲击，而是因为这些前线指挥官们在天气恶劣、补给不足的糟糕情况下率部连续作战，他们承担的压力已经达到了人体所能接受的极限。

从6月22日入侵苏联的那一刻，从将领到普通士兵，每个德军成员心中都只有一个目标，这就是占领莫斯科并摧毁苏联政权——而且每个人都很明白，必须在冬季来临前达成这一目标，否则拿破仑就是他们的前车之鉴。但另一方面，苏联本身又幅员辽阔，无疑给这一目标的实现带来了不小的困难。但即便如此，面对苏联军队，德国人仍然心中存有一种优越感，并因此士气高昂、跃跃欲试。总的来说，他们相信自己可以完成拿破仑未能实现的伟业，至于苏联军队则不足为惧。夏季几场大战役的胜利更坚定了德军官兵的信心。经过了200至250公里的战役机动后，9月30日德军开始向莫斯科作最后的进军，从两个方向收拢巨大的战役口袋。虽然历经长途跋涉，此时的德军依然相信再有两周时间他们就能顺利攻占莫斯科。不过很不幸，到了10月4日，他们就因道路泥泞和补给断绝而被困在路上，两天后（对德国人来说差不多是秋季刚开始的时候）天降大雪，气温骤降至冰点。突然间，他们宏伟的愿景开始分崩离析，莫斯科也不再是他们的囊中之物。于是，原先清晰、明确的作战目标便如同雾气一般迅速消失了，取而代之的是迷茫——换言之，这根本不仅仅是冬衣不足的问题，而是现在他们缺少了一个明确的目标。下一步怎么办？德军上下没有一名军官能够回答。现在，他们的眼前只有一个事实：自己已经输掉了与时间的赛跑。也许正是这一事实，压垮了包括埃伯巴赫中校在内的、每个德国人的神经。

当古德里安来到第4装甲师师部的时候，他所面对的情况已经糟得不能再糟了。满身烂泥、饥肠辘辘的士兵们在寒风中瑟瑟发抖：这些人抱怨着粮弹缺乏，抱怨着运输不济——总之，抱怨着一切可以抱怨的东西。前线根本没有暖和的贴身衣物、靴袜、手套等个人装具，更没有能把这些东西烘干的装备。更糟糕的是，这种糟糕的局面几乎不可能改善。部队中产生了一种无助的情绪。在这种情况下，部队的状态已经发生了剧变。一言以蔽之，在姆岑斯克，德军看似牢不可破的乐观情绪并没有被T-34的履带碾碎，而是被泥泞淹没——也正是这无尽的泥泞，成了T-34神话赖以生长的沃土。

第五章

设计理念的提出

T-34的故事堪称苏联坦克工业①发展史上最长的一个篇章。尽管20世纪20年代末到20世纪30年代初，急切谋求坦克装备现代化的苏联高层，曾不止一次以闪电般的速度做出购买国外先进设计并投产的决定，但真正具有革命性的全新坦克设计却耗时长达3年之久。即使设计这种新车的相关决策始于和平时期，并未受到战争紧迫形势的冲击，但最初甚至没人能够完整勾勒出这种新型坦克的轮廓，甚至连它们的角色定位也不甚明了。

当这种特殊的新型坦克的基本定位逐渐浮出水面后，其真正成型依然有赖于大批工程技术人员的辛勤努力。直接催生T-34的相关人员达数十人之众，为了应用独到的技术观点，为了让车辆的设计更为简洁，为了让坦克能顺应需求、成为标准化产品，他们倾注了大量的心血。

事实上，同时期其他著名的装甲战斗车辆都未经历过类似T-34的频繁调整。德国三号和四号坦克的研发耗时与T-34大致相当，但具体而言，其设计者和生产商的斗争对象却是稀少的预算和第三帝国有限的工业资源。T-34的创造者们没有这个问题，苏联的武器研发工作似乎从来都不缺资金。先进美制工业和电力设施的引进，更令苏联的制造能力如虎添翼。但和其他坦克的遭遇不同的是，T-34最大的敌人不是资源上的局限，而是决策者们对这种坦克的定位举棋不定：对此，设计师、党政官员和军方人士莫衷一是，还进行了长达2年的明争暗斗。在其中，各派观点既有前瞻性，又有局限性，最终导致了T-34这一优秀的设计无可避免地存在一些缺陷。

诞生了T-34的苏联坦克工业，远非苏联战时宣扬的那样高度现代化。毫不奇怪，苏军创建现代装甲部队的道路并不是一条坦途：十月革命后爆发的苏俄内战，给这个国家带来了惊人的人口损失和社会动荡，从战争与饥荒中挣扎着恢复的苏联社会，根本无力培养出足够的人才来经营这个庞大国家的方方面面。大革命后的社会混乱，使得新生的苏联高层呈现出一番诡异的格局：缺乏实际行政管理经验的职业革命者与并无多少革命激情的专业人士共同执掌着这个国家，前者对创建苏维埃国家满怀希望，但建设这样一个国家的知识却掌握在后者手里，而双方的理念又很难达成一致。中央不得不依靠一帮忠诚的党员来监管工业专家们建立起来的工业系统，外行领导内行的做法给工业的发展带来了无尽的麻烦。苦不堪言的专业人士们向中央反复陈情，这有时确实能引起高层的注意，但即便中央实施直接干预的措施本身毫无差错，直接空降下来的政令往往会在基层工厂、集体农庄和村镇的管理层中引发种种不合。

---

① 在苏联，坦克的生产工作最初由中型机械工业人民委员部（Narkomat Mashinostroyeniya）负责，但在1941年9月11日，坦克工业人民委员部从中分离出来，成了一个独立的部委。

▲ 1939—1940年冬天，一辆在库宾卡的装甲部队研究与开发机构进行测试的A-34原型车。注意炮管上醒目的目标搜索探照灯——它也是当时苏联坦克的标准装备。由于实战经验表明该探照灯极易受损，因此它从未在量产型的T-34上列装。

▲ 这张照片和下页第一张照片展示了装甲板的生产流程。这张照片展示的是离开模具的粗铸件。

需要指出的是，克里姆林宫里出台的政策并非总是基于意识形态，其中有些随机应变的政策确有可操作性。但越往基层走，官僚们的思维便愈发僵硬，为保住自己的颜面，他们只能在意识形态的指导下，囫囵吞枣地执行这些政策。很大程度上是出于这一原因，在20世纪30年代初，苏联在寻找可靠的管理和生产干部时遭遇了巨大困难。这种情况对专业要求极高的各设计局影响最大，毕竟在设计研究领域，革命激情无法替代知识和经验。由于缺乏受过良好教育的设计师、机械工程师、化学工程师和电气专家，苏联的设计局只能依赖一帮热情的业余人士、政治理想主义者甚至是机会主义者，他们将在这片开创"工人阶级光明前景"的战场上惨淡经营。

这些问题盘根错节，使得苏联红军（RKKA，Robochye-Krestyanskaya Krasnaya Armya）在创建现代装甲部队的道路上磕磕绊绊。直到卫国战争爆发前，苏联人总算才理清了思路，逐一解决了相当一部分问题，不过，红军摩托化和机械化部（ABTV，Avto-Bronetankovye Voyska）[1]的总体情况又远不能令人满意。软件方面，苏联人缺乏明智的指挥层、高效的战术体系、合理的组织构架和有力的后勤保障；硬件方面，不可胜计的设计缺陷、工艺缺陷和质量问题都大大妨碍了苏联坦克部队的运转。直到20世纪30年代中期，其钢铁工业仍无法稳定供应足量的高品质军用钢材。作为本书的主角之一，哈尔科夫共产国际蒸汽机车厂（KhPZ，Kharkovsky Parovozniy Zavod im. Kominterna）坦克设计局早在1928年就着手研制坦克，但早期努力全都以失败告终。该厂推出的第一个设计——T-24坦克样车根本没法正常开动，更丢脸的是，厂方人员一度不知道如何加以纠正。最终，直到取消了第六挡变速齿轮，T-24才算服从驾驭。

---

[1] 这一机构在1934年改为红军装甲车辆管理局，1940年又改为红军坦克和机动车辆管理总局，是苏军装甲兵的管理机构。

面对国内出现的种种问题，为了支持坦克部队，苏联高层果断决定从国外采购先进设计。得益于这一大胆的决定，哈尔科夫机车厂开始制造美国"克里斯蒂"坦克的苏联版——BT-2型轮履两用快速坦克。"克里斯蒂"坦克是一种不错的设计，但由于糟糕的材料和工艺水平，1931年秋天下线的BT-2频频趴窝，它们在修理厂的时间要比在演习场上更多。迟至1933年，经过改进的BT-5型坦克依然深受零部件寿命太短等问题的困扰。由于克拉马托尔斯克冶金机械厂（Kramatorsk Metalurgical Works）供应的钢材质量低劣，坦克变速箱和底盘部分成了故障的重灾区，另外，马里乌波尔钢铁厂（Mariupol Steel Mill）生产的履带和装甲板也存在质量问题。

在未获得许可授权的情况下，苏联还根据"自由"式12缸V型发动机仿制了M5型坦克发动机。它的故障和零件寿命问题同样存在，不过，我们对此暂时按下不表——因为它涉及的是另一个领域。总而言之，哈尔科夫机车厂长期受到质量问题的困扰，无力维持较高的质量工艺水平。1933年上半年，该厂交付苏军装甲部队的坦克中有6%因质量问题被退回，而到了当年第三季度期间（8—10月），废品率攀升到10%，11月和12月交付的坦克有三分之一刚出厂门就被退回翻修。这就是生产计划罔顾客观事实的必然代价。尽管存在种种问题，该型坦克的生产仍在继续，新的改进型不断推出。其间，车辆的质量开始逐步提升，工厂也汲取了必要的专业知识和经验。

20世纪30年代，BT快速坦克成了苏军装甲部队的两大标准装备之一。该型坦克的基本优点在于快速，并且安装了大直径的负重轮。由于后者的存在，拆下履带后，该车能像重型轮式装甲车一样直接用负重轮行驶，在硬实路面上的最大速度可以达

▲ 一块粗制成型、经过卷轧的钢板。经过硬化处理之后，它将被制造成车体的侧装甲板。

▲ 1943年，位于乌拉尔山区、乌拉尔重型机械制造厂内的一座炮塔组装车间。前方可以看到一些F-34主炮，更确切地说，它们型号实际是F-34M；在1942年，其设计出现了简化，许多部件也开始用质量更低劣的材料建造。背景处还可以看到成排的铸造（软边型）和冲压炮塔，其中一些的火炮已安装完毕，另一些则在等待安装。

▲ 正在接受电弧焊接的车体部件。

▶ T-34 坦克的总装车间，在这里，完工的部件将被上好螺栓、组装起来。旁边还可以看到前来接收坦克整车的军方人员。

到60公里/小时。这一点让BT坦克成了一种高效的战争武器（至少在理论上是如此），对当时的苏军可谓极富吸引力。他们勾勒着成群的BT沿着道路快速突击战线后方敌国城市的美妙前景，全然忘却了补给和坦克的维修问题。事实上，离开了后勤补给和技术保障，深入敌后的坦克部队就会因为弹尽油绝和机械故障成为一次性的废铁，用不着敌军去消灭他们。就算不考虑这些问题，预想中BT坦克群赖以机动的道路（特别是通行能力强的主干道）历来都是兵家必争之地——既然如此，在实战中，脆弱的BT集群又将如何突破沿着道路层层部署、防御纵深达到10—20公里的敌军？

苏军对轮履两用快速坦克的钟爱并非毫无道理。20世纪30年代初期之前，欧洲唯一成气候的装甲部队只有英军一家[1]，在20世纪30年代的大部分时间里，苏联都在唯英军马首是瞻，并将后者的技术思路与苏军骑兵部队的运用理念糅合起来。当苏联从20世纪30年代中期之后开始考虑BT快速坦克的继任者时，这种杂糅的军事理论，对很多人产生了重大影响。

根据"大纵深"理论，苏军勾勒了未来战争的图景，并据此组建部队，它强调对敌军战线后方放手实施大规模的快速突击。为了践行这种理论，他们又必须为军队配备能跟上骑兵部队的合适装备。此时，苏军的骑兵部队仍在依赖畜力和马鞍，他们走到一个地方，便就地搜集给养和物资——虽然这种

_____

① 尽管法国坦克部队是当时世界上规模最大的，但由于种种原因，它并不能算作一支强大的战斗力量。尽管法国坦克的产量巨大，而且部分设计别具特色，但在装甲部队的作战领域留下的影响很小。在英国，情况截然不同，从各个层面，他们都为未来的机械化战争奠定了理论基石。

▲ 为创造 T-34 做出最突出贡献的个人，M.l. 科什金——哈尔科夫 183 工厂设计团队的领导人、T-34 的缔造者。

▲ A.A. 莫洛佐夫，在科什金身故之后，他接过使命，主导了 T-34 的完善和改装。

▲ 苏军炮兵的"拿破仑"——V.G. 格拉宾，他旗下的设计局推出了 F-34 火炮。后来，他又对 S-53 型火炮稍作修改，并将其装在了 T-34-85 上。

▲ 一辆"1941 型"的 T-34。该车是 183 工厂在春季下线的量产型，但安装了后来生产的、550 毫米宽的履带。该车拥有 2 部 PT-7 型潜望镜、1 部电台和 4 个外部附加油箱，车体为铆接，有牵引钩、2 部车头灯、大型工具箱和旧式的驾驶员舱门，铸造炮塔内装有 F-34 型主炮。

▲ T-34M 坦克——T-34 的后继型，尽管该项目堪称进展神速，但仍未能在战争爆发前投入生产。该型坦克明显优于 T-34，但和 T-34 几乎没有共同点。

▲ 与 T-34 并排停靠的 T-43 原型车（右侧），两者的差异在这里一目了然。T-43 实际是 T-34 的装甲强化版，拥有直径 1600 毫米的炮塔座圈。尽管操纵性能良好、设计也极为成功，但由于苏联当局在其他方面有更紧要的考虑，该车最终没能列装部队。

◀ 在这张照片中，我们可以从 T-43 的侧影上清楚地看到其长度较 T-34 的变化（其负重轮的间距相对更窄）。另外注意该车采用了新式的负重轮——这种负重轮后来也安装在了 T-34 的量产型上。

▼ 照片中的 T-34 生产于 1941 年秋天，依旧安装着旧式的驾驶员舱门，炮塔舱盖上也保留着醒目的全向观测潜望镜基座，不过开口已经不复存在。至于履带则是 1942 年的典型款式。注意火炮驻退机根部的焊缝——照片中的较深凸起显示，其焊缝并不是平滑的。其炮塔正下方则稍显浑圆，和原版的"索尔莫沃"炮塔存在区别。

▼ 一辆 1942 年 5 月在哈尔科夫附近被击毁的 T-34，该车成了德军士兵争相参观的对象，对于这场观摩敌军装备的实地教学课，这些德军似乎感到非常高兴。这是一辆 183 工厂在 1941 年夏秋之交生产的老车，采用了铆接车体、老式驾驶员舱门，安装有 2 具 PT-7 潜望镜。注意车体侧面非标准型的附加油箱托架。在炮塔侧面还可以看到"恰巴耶夫"（Chapaev，取自俄国内战时期一位著名的革命英雄）字样。

▲ 在 1942 年的一次反攻之后，被苏军遗弃在森林中的 T-34 残骸（后方还可看到 1 辆 KV-1）。其中前景处的坦克是 112 工厂的产品，生产时间不早于 1942 年春天，这一点可以从炮塔后方缺少火炮拆卸舱门这一特征上得到印证。另外，我们还可以看到新型履带，这种履带很快就变成了标准配置。

▲ 一辆安装铸造炮塔的 T-34，该车可能由 112 工厂或斯大林格勒工厂制造（其倾斜装甲上采用了咬合焊接结构，并安装了车头灯，这些特点为两者的产品所共有，但由于车上没有装填手潜望镜，它更有可能是 112 工厂的产品），炮塔后面也许没有火炮拆卸舱门。由于车体侧面不存在其他设备，因此，它很可能是 1942 年春末夏初出厂的产品。按照德国方面的记录，该照片拍摄于 1942 年 6 月 20 日。

▲ 在 1942 年 5 月哈尔科夫周边的战斗中，这两辆 112 厂生产的 T-34 陷在了软土层中。显然，两者的车组都试图脱困，但在与来自右侧的德军交火后，他们还是放弃了车辆。在第 1 辆坦克炮塔的侧面可以看到其所属部队的战术标志——带数字"8"的三角形。

▲ 1942 年夏天东线中部，这辆 T-34 成了德军火炮的牺牲品。这张照片拍摄于一辆德军的装甲运兵车上（注意近景处标志性的 MG 34 机枪护盾）。注意其车体侧面固定的圆木，它们可以用来帮助陷入淤泥的坦克脱困。另外，其炮塔侧面可以看到一个明显的弹孔。

做法与一个世纪前的先辈们并无本质区别，但也令骑兵获得了极强的机动性，在战场情况有利时，集中运用这种骑兵可以取得显著效果。1920 年的苏波战争证明，只要运用得当，传统骑兵部队在广泛使用机枪的时代也一样能有所作为。

根据 20 世纪 30 年代的苏联军事学说，在战场上，骑兵与机械化部队将混合编组成骑兵机械化集群，这种集群包括一个骑兵军，由一个或多个机械化团（实际是以 BT 快速坦克为主要装备的单一兵种坦克团）提供支援。尽管这种部队的后勤保障体系只能满足传统畜力骑兵的需求，远达不到保障机械化合成部队的水平，不过苏军似乎对此并不上心。按照苏军的理论，骑兵机械化集群的任务是穿过敌军防线上的缺口，以最快速度突向纵深，在敌后制造尽可能大的混乱。至于后勤纵队和坦克保障分队，则被视为这种作战行动的累赘。只要还有能动的坦克和能跑的马匹，骑兵机械化集群就得继续挺进，其他一切都是无关紧要的，因为苏军赋予其的作战任务不是攻城略地，而是在敌后制造尽可能大的混乱，为此牺牲整个集群也在所不惜。哪怕一个集群覆灭了，后续的也会源源跟进，直到目标实现为止。

这种军事学说显然与西方的理论大相径庭。经典西方军事理论偏重于通过精心制定计划和组织行动，实现合围歼灭敌军的目标，各部队依据周密的计划互相配合开展行动，并注意

▲ 在南方面军1942年4月的坦克部队演习中，一位T-34车长正在向上级汇报。这辆坦克在炮塔侧面涂抹有"32-32"的数字，表明该车是坦克第84旅麾下的第32号车，它们后来曾在1942年5月在哈尔科夫附近作战。

控制伤亡损失。而苏军骑兵机械化集群的用兵思路与蒙古骑兵和哥萨克骑兵相似，意在通过在敌后制造混乱来打乱敌军。至于西方对装甲师或机械化师的用兵思路更类似于中世纪的骑士，即用密集队形冲击来歼灭敌军。

这种用兵思路上的分歧，直接导致了苏联和西方国家装备发展上的差异。由于战马在数公里的短距离冲刺中能达到近50公里/小时的速度，与苏军骑兵协同行动的坦克必须具备较好的高速性能。同时，骑兵部队还拥有良好的机动性，能在恶劣地形上行动，为此，伴随它们的坦克也必须具备卓越的机动能力。相比之下，由于步兵部队对这种机动性能没有太多要求，因此，伴随其行动的T-26坦克的速度只有BT坦克的一半，最大公路行程也只有130公里（BT为220公里）。

当时的苏联骑兵部队认为，BT坦克之所以能有令他们满意的表现，轮履两用系统功不可没。它赋予了坦克更强的生存能力，对后勤保障的要求也更低——相较于履带式坦克尤其如此。于是，为了呼应"大纵深作战"理论，他们坚持新开发的坦克也要具备类似的能力。就这样，BT坦克的后继型也被顺理成章地确定成了轮履两用设计，这种坦克在理念上与英国的"巡洋坦克"和苏联的"骑兵坦克"相同，目的就是为了施展那一套在演习场上操练了多年的作战模式。[1]

此时苏联正在着手实施多炮塔坦克的研制计划，而这些计划也是装甲兵现代化建设构想的一部分。但按照军方的看法，新型的骑兵坦克没必要再弄成"陆地战舰"的模式。这也清晰地表明了BT坦克（及其后继型）在装甲部队中的定位。不过，包括设计师在内，一些技术专家却持有不同观点，他们对于装甲装备的发展有另一番思路。

经过对欧洲坦克的密切观察，苏联设计师们发现，到20世纪30年代中期，以往出现的小型和大型坦克已经完全过时。这些坦克专门为对付步兵设计，装甲防护过于薄弱，只能抵御步兵携带的小口径反坦克武器。与之相比，未来的坦克必须加强防护。不仅如此，它们还必须配备口径更大的火炮，以便有效

---

[1] 按照军事历史界流行的说法，包括BT坦克在内的各种轮履两用坦克都是一种"侵略"工具，它们之所以只被苏联一个国家大量建造，是因为后者意图入侵硬面公路网发达的西欧地区。这种理论首先由V.B.列尊［V. B. Riezun，笔名维克托·苏沃洛夫（Victor Suvorov）］在《破冰者》（Ice Breaker）一书中首先提出，后来又时常得到一些其他著作的赞同。但这种假说非常荒谬，完全不值一驳——因为它根本不符合任何逻辑。虽然我们可以把这种坦克当成一种进攻性（或者说"侵略性"）武器，但轮履两用设计不过是坦克发展中的一个阶段，不能把它看成是一个国家军事理论的反映。事实上，如果我们接受列尊的说法，就会发现很多奇怪的问题。比如说，波兰曾以BT和"克里斯蒂"坦克为蓝本开发过10TP轮履两用坦克，但这是否就意味着，波兰成了一个富有侵略性的国家：它不仅打算入侵东普鲁士（当地只有几条公路穿过难以通行的森林地带），还打算入侵捷克斯洛伐克和第三帝国全境？我们还知道，苏联曾试图改进BT坦克，并赋予其轮式状态下的越野能力，并最终获得了成功（即BT-IS坦克），那么，这种做法背后又有什么政治含义？另外，到1941年，苏联一共生产了超过10000辆T-26坦克和超过8000辆BT坦克。这是否意味着，苏联奉行的对外政策既想维持和平、又试图对外侵略，但由于T-26的数量略多，其总体上更倾向于和平？不过，抛开这些问题不论，从苏联中型机械工业人民委员部部长V.A.马雷舍夫（V.A. Malyshev）的讲话中我们又确实可以发现有趣的一点。在1941年5月22日，他曾在183厂表示："对于战争，仅仅保卫自己是不够的。如果有必要，我们将进攻。这也是为什么我们需要为苏军提供更多的进攻性作战车辆……"［摘自《T-34：通向胜利之路》（T-34: Put k pobyede），集体创作，乌克兰政治读物出版社（Politizdat Ukrainy），1989年出版，第7页］。

▲ ▶ 1942 年春天或夏天，在乌克兰被摧毁的一辆 T-34。其炮塔后部（从 1941 年起，此处安装了一块附加装甲）的结构清晰可见，另外也请注意炮塔上的弹痕。右侧的放大照片可以看到早期型的负重轮轮轴，后来出现的产品与它存在细微的差异。

摧毁敌军坦克和坚固工事——至少原先的机枪和小型火炮不能再列入考虑。

围绕新型坦克的类型与任务划分等问题，苏联各方展开了持续争论。随着骑兵这一兵种的式微，骑兵坦克的概念也和多炮塔巡洋坦克和步兵坦克一道渐渐走向终结。未来的坦克将被划分为轻型、中型和重型坦克三大类型，各自担负不同的作战任务，但将被编入同一部队协同行动。经历了各派装甲装备发展理念的大交锋后，T-34 这一全新概念的中型坦克终于迎来了诞生的曙光。

第六章
研制背景与初步设计

有关建造新型坦克的构想同时在莫斯科与哈尔科夫诞生，它们源自苏联工农红军装甲车辆管理局（ABTV）和工农红军机械化与摩托化学院（VAMM，Voennaya Akademiya Mekhanizatsyi i Motorizatsyi）。在哈尔科夫机车厂，随着拖拉机生产的逐步停止，厂方把精力完全转移到了坦克制造上[①]。在当时，哈尔科夫厂有2个设计局（KB，Konstruktorskoye Bvuro），其中KB-190设计局主要负责BT系列坦克，KB-35设计局则负责T-35重型坦克项目，并且因为在这种坦克的改装方面做出的大量尝试而闻名。

在1937年年初确定BT坦克后继车型的前夜，哈尔科夫已经成了除列宁格勒之外苏联坦克工业的另一个中心。工厂管理层积累了丰富经验，其总体表现也有所提高，这主要应归功于驾轻就熟的人事管理。然而，这并不意味着工厂拥有独立性，或者党政当局对他们充分信任并允许其独立进行研发生产活动。事实恰恰相反，因为军政要员并不信任该工厂的设计师和工程师，苏联政府严格禁止对原设计蓝图做任何变动。在当时，当局想当然地认为，他们有必要介入该厂的生产活动，于是，在1937年中期，有大批来自莫斯科的技术专家被调入了这座工厂。

与此同时，在1937年早期，上级提出了关于后继型BT坦克的首个指导方针。至此，从理论上来

▲ 在这张拍摄于 1942 年夏天的照片中，我们可以看到一辆带旧式驾驶员舱门、旧式履带，右侧 PT-7 潜望镜基座被封死的 T-34。炮塔的侧后方涂有数字"412"，在炮塔座圈上可以看到很多凸筋。

---

① 与表面上的厂名不同的是，自1917年俄国国内发生革命以来，哈尔科夫机车厂就未曾生产过哪怕一辆蒸汽机车，随着军工项目势头日盛，它最终被更名为"哈尔科夫第183坦克厂"。

说，关于设计工作的所有准备均已就绪，只等最高当局一声令下就能开工。如今，人们普遍认为，这个指导方针的依据源自西班牙内战——在那场大规模的冲突中，苏联坦克曾暴露出不少重大缺陷。然而，尽管这种论点拥有很多可信度较高的历史假说作为论据，但遗憾的是，这种观点并不正确。如前所述，这个方针提出的时间是1937年中期，它很可能是参与此项目的各方经过长达数月的争论之后才定型的。然而，西班牙内战虽然开始于1936年秋，但直到1937年夏，苏联的战机和坦克都没有遇到任何劲敌。

关于西班牙内战的经验在新一代坦克研发中只起了次要作用的论点，有两个方面的证据支持：

其一，在制订新型坦克技术指标之时，对于装甲性能的要求是能够抵御12.7毫米穿甲弹。但是在西班牙战场，苏联坦克部队面对的其实是德制37毫米PAK35/36型反坦克炮和88毫米Flak 18型高炮，还有瑞典生产的博福斯40毫米高平两用炮——它们也是佛朗哥方面装备的主力反坦克武器。

其二，计划中的坦克是一种"轮履合一"式的作战车辆，这种设计在普遍缺乏良好道路的西班牙并没有表现出什么优势。另外，即使是采取纯履带设计的T-26型坦克，在当地也遇到了不少考验。

▼ ▶ 这两辆同病相怜的 T-34 都是 1942 年夏天被拍摄到的，而且都属于 112 工厂的产品。其中上图中的车辆生产于 1942 年年初，下方的车辆则组装于这一年的夏季或秋季。两辆坦克都拥有同样的铸造炮塔，并安装了全套的挂胶负重轮，但车体的外观略有区别。其中前一辆坦克拥有外部油箱挂架，而后者则拥有扶手和一个储物箱。

　　更有可能的一种情况是，苏联决策者之所以颁布这些指导方针，为的是让新型"快速"坦克沿着两个方向平行发展。对于理论派来说，考虑到苏军坦克部队的具体情况，他们打算对现有坦克进行改装，而实用主义者考虑到西班牙内战的经验，更希望设计一种全新的坦克。于是，开发新型BT坦克的呼声也随之而来，随着时间的不断推移，以及西班牙战场的实战经验与教训的不断积累，苏联方面最终开发出了一种拥有更厚装甲的新式坦克。

　　我们可以想象得出，最高当局首先会听取苏联工农红军中高级军官们的意见，而只有到了某个后续阶段，前线老兵的声音才可能抵达决策层。当第二批指导方针颁发之后，人们普遍认为是西班牙内战的经验教训导致了T-34坦克的诞生——这种观点仍然是不正确的。我们必须考虑到，新型坦克所取代的不仅仅是BT系列，同时还包括在苏军坦克部队装备清单中的所有型号。同时，在1937年春夏时节，替代T-26的T-46型坦克也奉命进入设计阶段，而计划中的T-29坦克（系"轮履两用"坦克，原定用于替代多炮塔的T-28中型坦克）的研发计划则被废止。然而，在1939年，这两种坦克又被全新的设计所取代，它们分别对应的是T-46-5和A20。前者是一种装甲防护能力较强的中型坦克（但又不是像T-26那样的步兵坦克），后者则是一种标准的中型坦克，而非类似BT系列的骑兵坦克。此后不久，当多炮塔陆地巡洋舰的设计理念被抛弃之后，上述二者经过进一步的演变，最终成了KV重型坦克和T-34中型坦克。BT系列坦克留下的空白则被全新的T-50轻型坦克填补，至于T-50本身，从理论上说又实际是T-38轻型两栖坦克的直系后裔。

　　而且需要指出，新型坦克的诞生并不是研发历程突然转向的产物，而是长期演化的必然结果。1936年，BT坦克已经成了一种过时设计，无法满足现代战争的需求。要知道，BT-7的设计基本可以

▲ 1942 年夏末时分（这张照片的拍摄时间大约是 8 月 20 日），一辆由 112 工厂生产的 T-34。车体上可以清楚地看到该厂典型的扶手和储物箱。其炮塔舱盖中央有一块纵向凸起，这也是 112 工厂刚开始生产 T-34 时产品的典型特征。

追溯到1931年，而实际的构思阶段还要更早。更重要的是，BT坦克的性能非常不可靠，更新改造的潜力也极为有限。

自然而然地，一种新型、更好的、更现代化的坦克被提上了开发日程。事实上，这种设计是在1936年下半年提出的，当时没有人会料到，西班牙国内的武装叛乱会引发一场全面战争——它就是由斯大林和齐加诺夫（Tsiganov）[①]倡导的BT-IS型坦克。因为齐加诺夫对BT坦克的研究涉及了一场对T-34诞生影响重大的冲突，所以，为了便于理解这些基本事实，我们很有必要了解他的一些基本情况。事实上，如果没有这场冲突，那么，T-34很可能不会以今天的样子出现在世人面前。

我们提到的这场冲突最初围绕着一个人展开，他就是齐加诺夫同志。N.F.齐加诺夫是苏联众多自学成才的技术专家中特别耀眼的一位。这位天才设计师并非科班出身，但其出众的技术创造力将令很多专家汗

▲ 这三辆 T-34 均在 1942 年夏天被击毁在斯大林格勒城外的大草原上，德国士兵们正在查看其中是否还有生还者。其中最前方的车辆是112 厂的产品。

▲ 这三辆 T-34 是斯大林格勒工厂的产品，均于 1942 年 7 月被击毁在一条从沃罗涅日（Voronezh）通向城外的街道上。在随后的照片中，还可以看到同一部队的另外 6 辆 T-34 和 3 辆 T-60。

---

① 尼古拉·齐加诺夫（1908—1945），他早年在苏军坦克第4团担任排长，不久转入技术岗位。他是一名自学成才的设计师，还在设计中发现倾斜装甲能极大提高车辆的抗弹性——这一成果对T-34原型车的设计影响很大。1937年后，由于支持其工作的上级亚基尔被捕，齐加诺夫的团队被迫解散。在卫国战争期间，齐加诺夫被派往前线担任技术顾问，1945年1月24日在白俄罗斯第1方面军的岗位上因伤重不治去世。

◀ ▼ 这一系列照片都展示了
1942 年 7 月初在沃罗涅日街
头对一个坦克旅的大屠杀。所
有的 T-34 都是斯大林格勒工
厂的产品，而且刚从当地组装
下线。上述坦克安装了 2 种类
型的炮塔：即铸造型和焊接型。
其中前一种炮塔的后部没有主
炮拆卸舱门，后者则采用了单
片式的炮塔背板。

▲ 这两张照片中的坦克都属于同一支 7 月初在沃罗涅日惨遭打击的坦克部队。左边这张照片展示了在同一条街道上被击毁的车辆，其中包括
了两辆 T-34，前方还有一辆 T-60。右边这张照片展示了由于无法移动，被德国人炸毁的最后一辆坦克。工兵们的爆破作业进行得如此彻底，
甚至殃及了周围的几栋建筑。

▲ ▲ 在照片中，所有 T-34 车体后部的钢板接合处都是呈圆弧形过渡的，这也是斯大林格勒工厂产品的一个标准特征（但需要指出，这一新设计早在半年前便已被 183 和 112 厂采用）。在下页的照片中，位于左侧的 T-34 上有一个为尾灯预留的开口，而右侧的车辆则没有，这可能是 1942 年春天、工厂为节约成本而采取的措施。在后面的照片上，还可以看到左侧的 T-34 上有一个三角形的战术识别标记。

颜。在其他的工业国家，他的发明可能不会具备如此重大的意义。然而，在当时的苏联，由于大多数技术骨干的知识水平也只是比业余爱好者略高，因此，齐加诺夫得以对设计局的专家们发出真正的挑战。

实际上，直到1934年5月，齐加诺夫这个名字才出现在装甲车辆管理局的官方记载中，当时乌克兰军区总司令I.E.亚基尔［I.E. Yakir，他也是国防人民委员克利缅特·伏罗希洛夫（Kliment Y. Voroshilov）的密友］①将军根据斯大林本人下达的指导意见，开始改进BT-2坦克的悬挂系统。在当年"五一"国际劳动节的阅兵式上，得知BT-2的悬挂系统出现问题的斯大林本人不仅下达了改进命令，还为方案制定了若干基本指标。由于对厂方设计师的能力缺乏信心，伏罗希洛夫建议将改进工作放到哈尔科夫驻军那里进行。

---

① 约纳·亚基尔（1896—1937），内战时期红军的重要指挥官。20世纪30年代，在乌克兰/基辅军区司令任上，他不仅参与了BT系列坦克的改进工作，还在夏季演习中通过引入伞兵和机械化部队，检验了大纵深战略的可行性。尽管对斯大林极端忠诚，但他还是在1937年因"叛国罪"被处决——对转型中的苏联军队，他的死是一个巨大打击。

▲ 几天后拍摄的同一个场景，其中 T-60 坦克已被拖走。仔细观察左面的坦克，它的铸造炮塔外形似乎有些特殊，其正面和标准型略微存在一些区别（同样的细节也体现在了上一页的照片中）。

亚基尔迅速接受了这个挑战并组建了一个所谓的"坦克设计"团队。而这个临时拼凑的单位的负责人就是时任坦克第4团某部排长的齐加诺夫，此人曾提出过几项关于BT坦克的改装更新草案，并因此赢得了总司令的信任，于是，他就顺理成章地成了项目的负责人。

到这个"设计团体"成型之时，齐加诺夫一共聚集了12名手下——他们都具备相关的技术教育背景，或者拥有BT坦克设计与维修方面的实践经验。这个团队在哈尔科夫第48坦克修理厂（No.48 Tank Repair Facility）的一个小屋里建立了自己的设计室，经过4个月的努力，这个项目初具雏形。他们针对轮式与履带式两种悬挂系统完成了一系列的设计草图和模型。新型轮式底盘配有3对驱动轮（原来只有1对）。如此一来，车辆转弯半径就从5.5米降低到2.5—3米，如果把第一对轮子去掉，那么转弯半径甚至可进一步降至1.5—2米！据称这种轮式坦克可以越过松软的地面，还可以爬上25度的斜坡，这是前所未闻的成就，对于批量生产的BT坦克来说是不可能做到的。另外，如果使用齐加诺夫所设计的履带板，据称坦克的最大时速可以达到105公里！

获悉这些成果之后，伏罗希洛夫在1935年4月下令为上述2种设计方案各生产3辆样车。实际上最终建成的只有1辆。这就是所谓的BT-IS坦克，其最后两个字母是"约瑟夫·斯大林"俄文首字母的缩写。这辆坦克在1935年6月即已准备就位，测试工作一直进行到当年11月，设计者宣称的大多数性能指标都得到了证实，它的公路行驶性能也全面压倒了BT-2坦克。于是，伏罗希洛夫和重工业人民委员G.K.奥尔忠尼启则（G.K. Ordzhonikidze）[1]指示哈尔科夫机车厂与齐加诺夫的设计团队合作，并且将BT-IS引入BT总装车间的装配线中。然而，哈尔科夫厂的管理层却没有服从这一指令。

同时，齐加诺夫也没有放弃努力，在同一年中，基于坦克悬挂系统的另一种改型，他又提出了一个

[1] 格里戈里·奥尔忠尼启则（1886—1937）是斯大林早年的密友和亲信。苏俄内战期间，他活跃于南部前线，从1932年开始担任重工业人民委员一职。1936年后受斯大林猜忌，并在1937年2月自杀。

▲ 在 1942 年 7 月初，这辆斯大林格勒工厂生产的 T-34 被遗弃在了该市郊外的一个弹坑中。从中可以勉强看到，其装甲板在车体后部采用了咬合式的连接工艺，但炮塔附近的装甲板则不存在这种情况。另外，其车体侧面也没有任何其他多余部件，也没有为车灯预留的开口——这一切都表明它是在 1942 年春天或夏天生产的。注意其炮塔舱门的内侧被涂成了白色（这种情况在当时可谓少见），但炮闩却没有采用白色涂装。

更为先进的方案。在方案中，他设计了一种巧妙的传动齿轮减速系统，可以实现轮式与履带式行走系统的动作同步。这样，如果坦克的单侧履带断开或者滑脱，那么它仍可以采取一侧使用车轮行驶、另外一侧仍然使用履带行驶的模式，而3对驱动轮所提供的充沛动力可以保证在某几个车轮损坏的情况下，坦克仍然能够继续行驶。在这些改进的基础上，BT坦克可以成为真正实用的一流装备。

新型BT-IS坦克项目的工作开始于1936年年初，并在当年中期顺利完成。接下来，厂方完成了试验批次的10辆坦克的生产计划，其中有若干辆进行了全面测试。该型坦克进一步的改装工作开始于5月，并且恰好在1937年7月初完成。之后，军方代表也在工厂里露面，打算在项目进行期间施加自己的影响，以此消除测试阶段中暴露出的很多明显缺陷，并方便坦克转入量产。在这些"入侵者"中间，最有影响力的大人物之一就是A.季克（A. Dik）[1]，他在齐加诺夫针对BT坦克的现代化改装以及后来T-34坦克的定型工作中扮演了决定性的角色。

在测试过程中，BT-IS就展现出了它的价值，于是军方开始要求正式投产这种改进型坦克。可是，

---

[1] 阿道夫·季克（1903—1979），早年以优异成绩从军事技术学校毕业，并在齐加诺夫团队中参与了BT-IS系列坦克的研发工作，为T-34的诞生奠定了基础。在1937年齐加诺夫团队解散后不久，季克受到牵连，被迫接受10年劳改，期满后又因为德国血统而被"永久流放"至西伯利亚。1964年返回莫斯科，晚年投身于计算机的设计和研究中。

在1937年春，问题开始不断涌现。183工厂断然拒绝生产这种产品，而且不管如何做工作，都无法让工厂领导改变主意。对于厂方和军方达成一致到底有多么艰难，我们可以通过如下事实略见一斑：即使在1937年，对BT-IS坦克进行的各项测试取得了真正意义上的显著成功之后，军方还是不得不反复要求哈尔科夫工厂派出工程师前往他们的试验场，以便让后者获得坦克设计和制造的"正确经验"。

然而，所有努力看来都于事无补。季克的努力毫无收获，因为一切都被科什金（Koshkin，后来他还升任设计局的负责人）[1]与他的设计师们破坏殆尽，很可能工厂管理层也涉及在内。最后，季克只获准生产10辆齐加诺夫设计的样车。可即使如此，后续工作仍然困难重重，结果只有到1937年晚期，拥有倾斜装甲的现代化BT-IS坦克才开始生产。

在齐加诺夫工作的第48坦克维

▲ 1942年早晨，斯大林格勒工厂的T-34正准备运往前线。照片前景坦克的后装甲板上使用的是带锥形头的螺钉，后面一辆的连接处则使用了咬合焊接的工艺。注意，这些坦克安装的是183工厂的炮塔，它们会以成品的形式运到斯大林格勒工厂进行总装。

修厂，这位发明家也成了一个不受欢迎的人。军方开始尝试在那里设立坦克生产车间，同时，为了克服183工厂的顽固抵制，他们发起了一些竞争。然而，与183工厂关系密切的维修单位领导却反对这些计划。由于亚基尔已经在莫斯科失宠，他也无法再为齐加诺夫提供保护。齐加诺夫的工作眼看就要完全中断了，只有他向斯大林本人求助后，这个苏联的最高统治者才允许他继续研发工作，然而，正如历史呈现给我们的那样，他所做的工作此时已没有多大的价值。

1937年秋，齐加诺夫给斯大林写了一封直言不讳的控诉信，这几乎算得上是一次危险的指责。结果莫斯科终于伸出援手，齐加诺夫和他的设计小组被调到位于哈尔科夫的第12坦克和机动车维修所（No.

---

① 米哈伊尔·科什金（1898—1940），1918年参加红军，1929年进入列宁格勒工业学院学习。1934年毕业后，在列宁格勒基洛夫工厂任设计师，并参加了坦克的研制工作。1937年，任工厂坦克设计室总设计师，与助手亚历山大·莫罗佐夫、厂长库切连科一起主持了T-34坦克的研制工作。后来，这种坦克成了二战坦克中最成功的武器之一。不幸的是，科什金因在冰天雪地中驾驶样车而患上了肺炎。1940年9月26日，因肺炎并发症去世。

◀ 在1941年春天或夏天，这辆斯大林格勒工厂生产的T-34被遗弃在了一条壕沟中。由于车上的标记和生产细节，该车在当时可谓相当罕见。其车体正面有附加装甲——这在斯大林格勒工厂的产品上极少出现（至少图片证据极少）。同时，其车体侧面和战斗室顶板之间还采用了咬合式的连接工艺（在炮塔座圈附近）。该车的炮塔左开口上有PT-7型潜望镜，至于斯大林格勒工厂专门设计的装弹手潜望镜则位于右侧。

12 Tank and Automotive Repair Unit），在那里，他仅仅花了很短时间就完成了2辆以倾斜装甲为显著特征的新型坦克的装配工作。由此BT-SV型坦克诞生了，它在1937—1938年冬季进行了测试。可是这种坦克的外形导致车体结构过于复杂，采用螺栓将装甲板固定于内骨架的车体结构也被证明已经过时。于是BT-SV变成了一种不切实际的产品，对于这位天才的业余设计师来说，丧钟似乎已经敲响。尽管经过现代化改装的BT-IS坦克（同样安装有倾斜装甲）仍然还有些希望，然而，这种希望却在1937年秋逐渐破灭了，因为183工厂已经完成了他们自己的作品。

▲ 这辆开往斯大林格勒的列车上装满了残损的T-34车体，但它并没有抵达目的地，而是在8月时被德军截获。

　　事情的来龙去脉是这样的：面对哈尔科夫工厂的抗命行为，军队开始向莫斯科告状，他们抱怨说需要装备一种新型坦克（当时他们所指的是齐加诺夫的BT-IS）。然而尴尬的是，这个举动却是一个严重错误，因为军方并未提及他们寻求的是哪种特定型号。于是，主动权完全落到了生产方的手中：军方想要一种新型坦克？好吧，190设计局正在着手制造一种新型坦克，但它不是齐加诺夫的改版方案。随后哈尔科夫工厂接到了莫斯科的指令，要为军方提供一种全新的坦克——就这样，183厂顺理成章地把他们想要研发生产的型号推上了前台。

▲ 这些斯大林格勒工厂生产的 T-34 在 1942 年夏季或秋季被击毁在了该市周围。上面的照片中，可以看到在这辆坦克炮塔侧后方，有一块被焊在弹孔上的补丁。另外，这两张照片都为我们展现了驻退机防盾的细节，它只由一块钢板构成，而且也没有经受过弯折和焊接处理。另外，这些坦克还都安装了斯大林格勒工厂特有的装弹手潜望镜。

▲ 这些在1942年7月底或8月初被遗弃在了顿河弯曲部卡拉奇（Kalach）附近的 T-34 均由斯大林格勒工厂生产。在当时，苏军曾在斯大林格勒周边发动了一轮大规模反击，但最终却以惨败收场。这些坦克的车体侧面没有任何托架或固定装置，表明它们都是在1942年夏天生产的。

▲ 一辆斯大林格勒工厂生产的 T-34 坦克的近距离特写，该车在1942年夏天被遗弃在了热勒夫（Rzhev）附近的一处森林中。在照片拍摄期间，苏军动用大批坦克试图在森林地带达成突破，但最终被德国空军歼灭。在炮塔上我们可以看到一部分战术编号——它是一个带圆角的三角形，内部有数字"14"。同样的战术编号也被涂抹在了（前方坦克）炮塔的侧后部。

在183工厂中，精英只有寥寥数人。毫无疑问，其中的佼佼者要数前面提到的米哈伊尔·科什金，在1937年前，他一直在列宁格勒的基洛夫坦克工厂担任设计师。在那里，他设计了一种装甲很厚的步兵坦克，即T-46-5。这项设计让他获得红旗勋章，并被晋升为哈尔科夫第190设计局的总设计师。根据他同事的回忆，我们可以了解到，科什金是一位不错的组织者，他会用一种灵活的方式与下属共同工作。更重要的是他不但很有勇气，而且处事果断。这些性格特征可从他在列宁格勒工作期间的一则轶事略见一斑：

▲ 1942 年秋天，德军正在检查一辆被炮火打瘫的 T-34。该车的型号较旧，车体是 1941 年年底或 1942 年年初生产的。

1936年5月，内务人民委员部（NKVD）逮捕了一位名叫S.A.金茨堡（S.A. Ginzburg）①的人，他受到的指控是在T-46-5坦克的原型车（这项工程后来失败）设计阶段存在"反苏破坏行为"。科什金获悉后挺身而出，并且在调查人员面前宣称，需要为此负责的是他本人，而不是金茨堡。此后不久，金茨堡就被释放并重返工作岗位。

这并非科什金卷入的唯一冲突。在1939年年初，当A-34工程濒临被否决的边缘之时，科什金被再次指控存在破坏行为；这一次指控是由军方提出的，因为后者对他的固执已经无法忍受。在军人们看来，这种态度几近傲慢无礼。不过"清洗"科什金的努力看起来非常困难，因为此人不但性格坚毅，而且从早在1919年就已经是一位活跃的布尔什维克了，因此，科什金最后幸运地逃脱了所有内容和政治风波。

1937年1月，米哈伊尔·科什金前去新的工作单位报到，到岗后他就立即开始熟悉工厂事务和整个管理架构。当时183厂的厂长是邦达连科（Bondarenko）②，厂党委书记是S.A.斯卡乔夫（S.A. Skachov）。

1937年8月初，工农红军装甲车辆管理局总部提出了为快速部队提供一种新型快速坦克的要求。经过1937年8月15日会议的相关问题讨论，第94号决议应运而生。这项决议要求开始新型坦克的设计，并规定了该型坦克的装甲应该在20—25毫米之间，装备一门45—76毫米口径的火炮，由一部400马力（295千瓦）的柴油发动机驱动。它的某些细节（尤其是行走装置）明显类似于齐加诺夫的设计：这是一种和改进后的BT-IS几乎相同的"轮履合一"式悬挂系统。另外，包括炮塔和传动箱的整体铸造工艺在内，该型坦克上还有很多其他元素也是从BT坦克借鉴来的。到1938年，新型坦克的原型车已经准备就绪，批量生产计划则定于第二年年初开始。

在1937年8月，设计制造新型坦克的命令就放在厂长邦达连科的办公桌上。也就是在同一个月，在

① 塞米扬·金茨堡（1900—1943），曾参与过T-26、T-28、T-35和T-50等坦克的设计。在战争期间，他负责SU-76（并非后来的改进型SU-76M）自行火炮的开发，由于产品的表现极为恶劣，他被调往前线的坦克第32旅担任技术军官，1943年8月在东线南部阵亡。
② 伊万·邦达连科（1894—1938），如前所述，他才是此时183厂的厂长。邦达连科于1916年成为布尔什维克，后来在哈尔科夫逐渐从高级技术员逐步晋升，在1931—1933年间担任该厂的总工程师，后来又接替弗拉基米罗夫成为厂长，1938年，他遭遇迫害并死于政治清洗中。

183厂生产的车体
（第一部分）

1940年秋的第一批量产型车体

1941年春夏，取消无线电天线

从1941年夏季起，
经常取消前灯

增大的驾驶员舱盖

工具箱

早期型车体：1940年年末—1941年夏 　加长的挡泥板

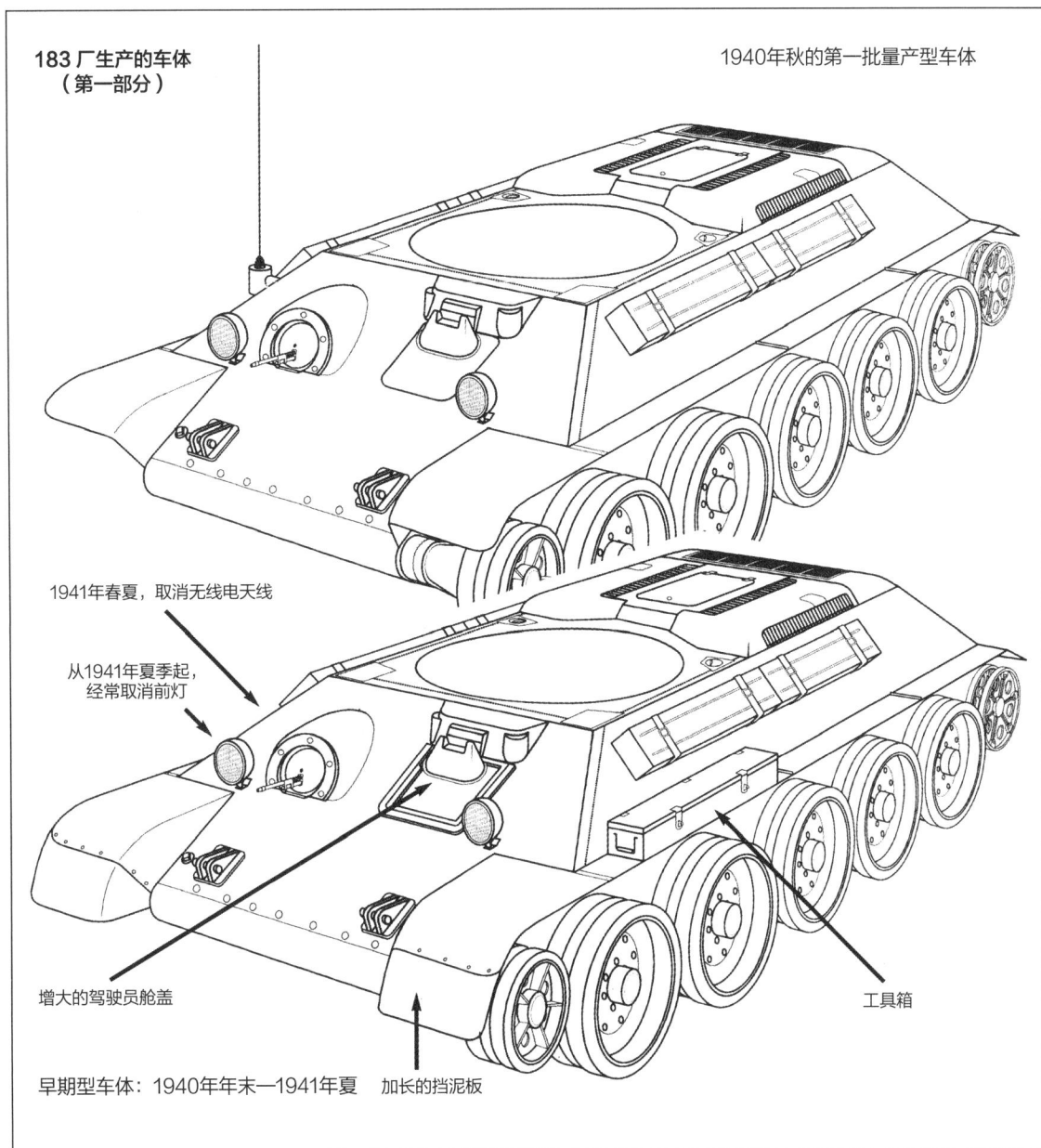

同一张办公桌上，还躺着一份更加可怕的文件。联共（布）中央委员会（也就是斯大林本人）决定对哈尔科夫工厂的设计骨干进行彻底重组，但第二份文件将被证明是未来T–34发展史上的一个里程碑，并且启动了直接促成该项目上马的一系列活动。

由于对183工厂心怀芥蒂，工农红军装甲车辆管理局的领导层决定将整个工程的监管权抓到自己手中。党为他们助了一臂之力。联共（布）中央委员会决定任命季克为183厂设计局的副主任（co-director），他代表的是装甲车辆管理局的利益，并专门负责新型坦克的设计工作。工厂随后组建了实

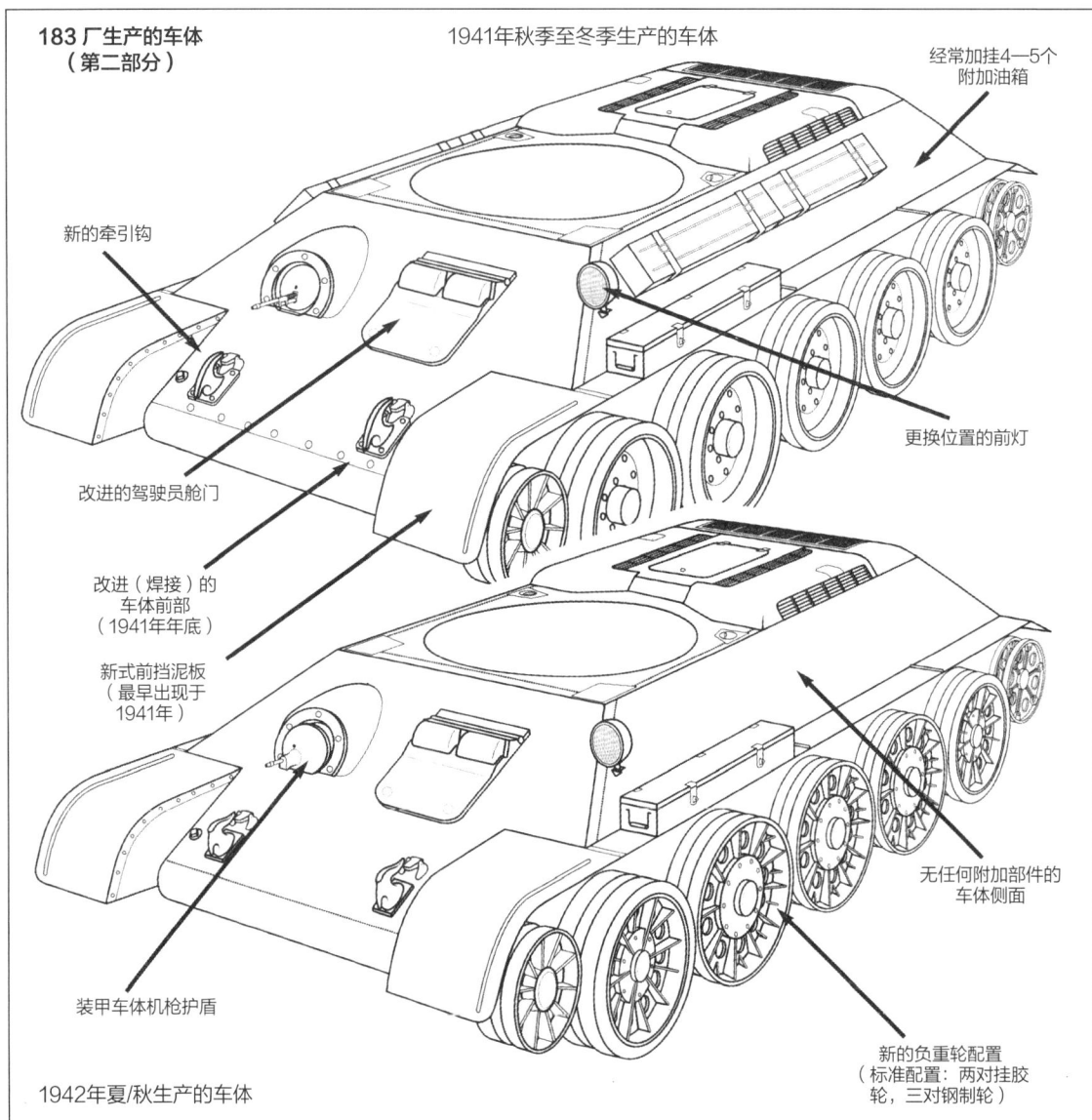

183 厂生产的车体
（第二部分）

1941年秋季至冬季生产的车体

经常加挂4—5个
附加油箱

新的牵引钩

改进的驾驶员舱门

改进（焊接）的
车体前部
（1941年年底）

新式前挡泥板
（最早出现于
1941年）

装甲车体机枪护盾

1942年夏/秋生产的车体

更换位置的前灯

无任何附加部件的
车体侧面

新的负重轮配置
（标准配置：两对挂胶
轮，三对钢制轮）

验设计局（OKB，即后来的KB-24设计局）[①]，按照计划，这套新班子将在10月份结束前开始运转，至于人力则由从工农红军机械化与摩托化学院抽调的毕业生（即"来自莫斯科的入侵者"）补全。8位183厂最优秀的设计师也要加入他们的行列之中。从莫斯科"空降"过来的Y.A.库尔奇斯基（Y.A. Kulchytskiy）[②]被任命为这个实验设计局中代表坦克部队的总顾问。他的任务就是监督工人，确保军方的指导方针能够不折不扣地得到执行。设计中的方方面面都要由季克斟酌，然后由整个研发团队实现，

---

① 不幸的是，我们还不清楚其缩写中的"O"在1937年的183厂有着怎样的含义。它可能指的是"实验"（Opytnoye）设计局，也可能指的是"独立"（Otdyelnye）设计局。

② 叶甫根尼·库尔奇斯基（1901—1973），后来曾担任一所坦克试验场的副场长，最终军衔为近卫军上校。

再由库尔奇斯基批准。最终，46个"莫斯科人"和21个哈尔科夫厂的设计师组成了KB-24设计局的主力军。从一开始，行政管理方面的负担就比较重。

最终，科什金成了KB-24设计局的总设计师。他任命A.A.莫洛佐夫（A.A. Morozov）[①]为自己的副手，此人还是KB-190设计局传动系统部门的负责人，在接到任命之时，他最主要的成就是改良了BT-7传动系统。KB-24局其他部门的负责人包括：车体构造部分的M.N.塔尔希诺夫（M.N. Tarshinov）[②]，负责炮塔的A.A.马洛什塔诺夫（A.A. Maloshtanov）[③]，负责传动系的Y.I.巴兰（Y.I. Baran）[④]，负责转向机构的P.P.瓦西里耶夫（P.P. Vasilyev），负责悬挂系统的V.G.马秋欣（V.G. Matyukhin）[⑤]，以及负责武器系统的N.A.纳尔尤托夫斯基（N.A. Nalyutovskiy）[⑥]。他们都是这个工厂最好的专家，而且是由科什金亲自挑选的。到T-34初始设计工作的最后阶段，当各方着手准备新型坦克的批量生产时，哈尔科夫工厂的产品技术团队——尤其是帕蒂诺夫（Patinov）、米耶尔尼科夫（Myelnikov）、奇诺夫（Chinov）、索科良斯基（Sokolyanskiy）和波米耶兰采夫（Pomyerantsev）等人——也在其中扮演了重要角色。另外，他们还得到了1937年夏从莫斯科调来的一个专家小组的大力支持。

技术人员所对T-34生产所做的贡献主要体现在简化装配流程方面，这些举措大大缩短了生产周期、提升了坦克产量。他们对T-34的干预被证明是至关重要的，因为这种坦克将采用堪称尖端的技术来制造。正如我们所知，之前坦克的车体装甲板往往是采用铆接方式整合在车体构架之上的，但T-34厚重的倾斜装甲板必须采用精确的电弧焊接方式安装。

对于这项工程参与者的知识与技能水平，我们很难做出具体的评价。我们只知道该产品的开发工作困难重重，设计师、管理方、各主管部门和军方之间的合作也是举步维艰，另外研发组织工作也是问题丛生，各方冲突此起彼伏。亚历山大·莫洛佐夫曾经充满深情地回忆到哈尔科夫共产国际工厂的同事们以及这个"集体决策"的团队，按照他的说法，T-34坦克的诞生依靠的是激情、奋斗和理想主义精神。事实上，T-34坦克并不是"超凡天才的壮举"，而只是一部不太精密的战争机器，它是183工厂广大干部职工辛劳与智慧的结晶。[⑦]至于莫洛佐夫的说法也必定不是真相的全部，因为T-34坦克的炮塔设计就很难作为一种有力的例证。虽然作为炮塔部分负责人的马洛什塔诺夫是一位技术精湛、知识渊博的设计师，他在设计制造BT系列坦克炮塔方面拥有经年累月的丰富经验，而且他还曾说过：在T-34炮塔的设计工作中他已经尽其所能，作为监督者的科什金本人也非常满意。但炮塔本身却是与整体设计格格不入的，到底这种情况是由于设计者的疏忽还是自大，一切尚不得而知。唯一的可以确定的是，设计者的主观意愿和现实中的战场需求存在着严重脱节。

---

① 亚历山大·莫洛佐夫（1904—1979）于1931年开始设计生涯，参与了T-26和BT系列坦克的开发，在T-34的设计过程中负责支持科什金，并在其去世后主导了T-34系列的改进。战后，他致力于新型主战坦克的设计。作为两次"苏联英雄"称号的获得者，莫洛佐夫在苏联时期获得了极高的荣誉，1979年其去世后，一个设计局以他命名。

② 米哈伊尔·塔尔希诺夫（1905—？），T-34构造部分的负责人，他也曾经参加了BT系列坦克的开发工作，战争期间担任乌拉尔工厂的副总设计师，战后曾任第520设计局副总设计师等职务，1956—1957年曾被派往中国担任技术顾问。

③ 阿列克谢·马洛什塔诺夫（1908—？），1908年出生，T-34炮塔的设计者，他因这一成就获得了列宁勋章，晚年定居在哈尔科夫。

④ 雅科夫·巴兰（1916—1990），他17岁便成为工程师，是团队中最年轻的技术骨干，在战争期间，他又设计了T-34-85的五挡变速箱，最后从哈尔科夫马雷舍夫工厂的副总设计师职务上退休。

⑤ 瓦西里·马秋欣（1909—？），因为对T-34悬挂系统设计的贡献，他获得了红旗勋章、列宁勋章和国家奖金，晚年定居于哈尔科夫。

⑥ 尼古拉·纳尔尤托夫斯基（1912—？），关于他的生平现有记录不多，只知道他因为设计T-34坦克中的杰出表现而获得了"荣誉"勋章。

⑦ 摘自《T-34：通向胜利之路》第14页。

**183厂生产的车体
（第三部分）**

1942年年底和1943年年初的量产型

1942年秋季的
扶手样式

外部附加油箱
（样式各异）

侧面附加油箱
成为标准配置

重新安装了
无线电天线

最后一批（1943年夏秋）

喇叭

使用挂胶轮胎及带有
减重孔的新式负重轮

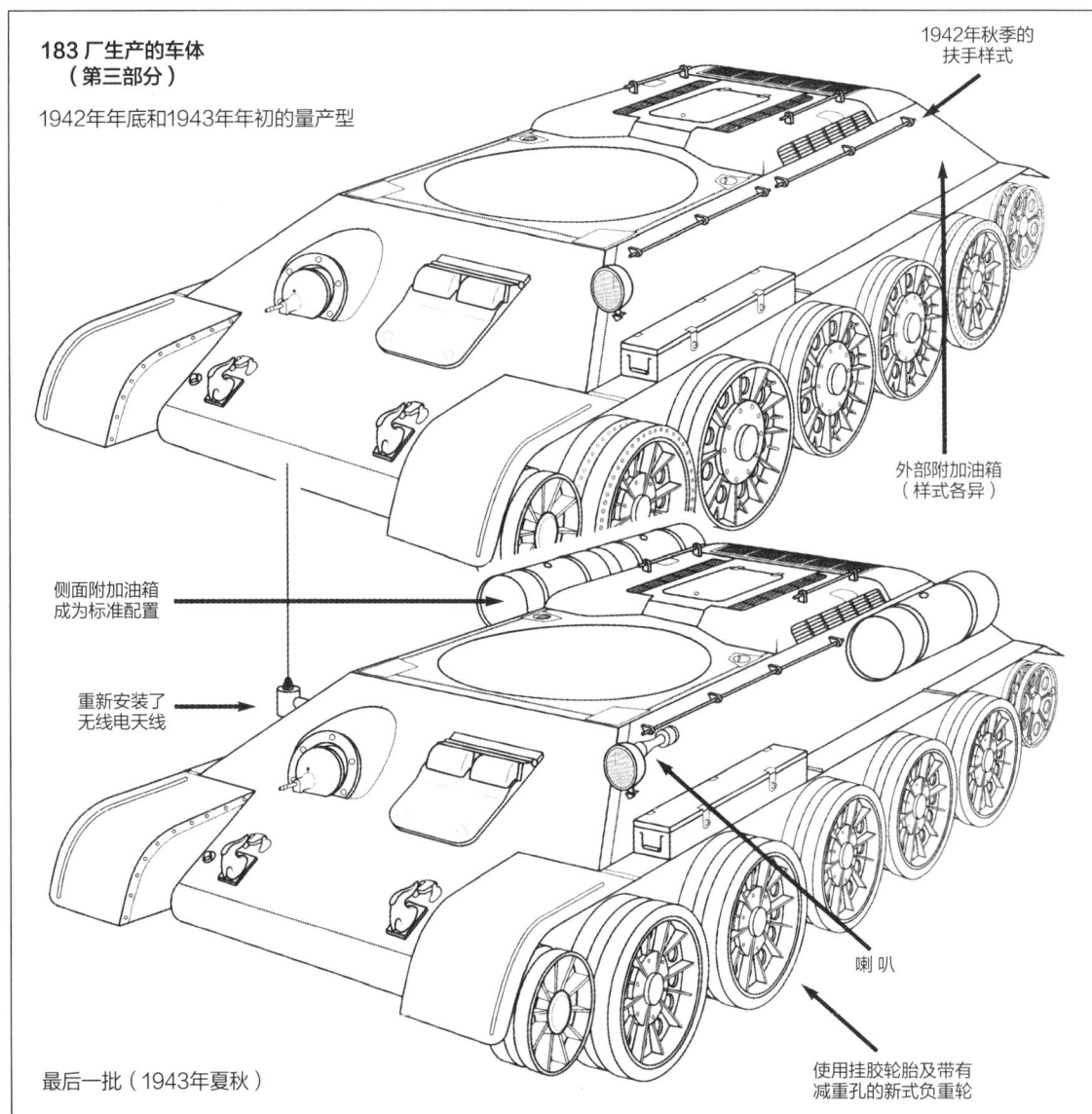

　　在KB-24设计局缓慢启动该项目的同时，1937年10月，工农红军装甲车辆管理局又签发了一份关于新型坦克需求的最终声明。10月中旬，一份战术与技术需求文件抵达了183工厂，其签署者是装甲车辆管理总局第2处（供给处）处长Y.L.斯克维尔斯基（Y.L. Skvirskiy）。它是决定性的官方文件，意味着未来坦克的奠基石。

　　这个由当局强加到KB-24设计局头上的"10月战术技术需求"基本上重申了在当年8月中旬下发给设计师们的相关细节，仅有的附加条款就是倾斜装甲的应用——毫无疑问，这是因为齐加诺夫设计的BT-IS坦克的倾斜装甲在1937年7月的场地试验中有着优异的表现。在试验中采用的是第一种形制的倾斜装甲（这是较优的方案），另外一种则是借助"10月战术技术需求"产生的、类似BT-SV坦克的、更为激进的倾斜装甲方案。尽管后者并没有得到通过，但人们还是普遍认为，正是BT-SV坦克的倾斜装甲设

斯大林格勒工厂生产的车体
（第一部分）
1941年年底/1942年年初的量产型

外部油箱
安装基座

咬合焊接式
的后部车体

左侧车灯仍位于
原位置

咬合焊接式的车
体正面和侧面

改进的驾驶员舱门

1942年夏季的量产型

无任何附加设备的
车体侧面

简化的炮塔
下方焊缝

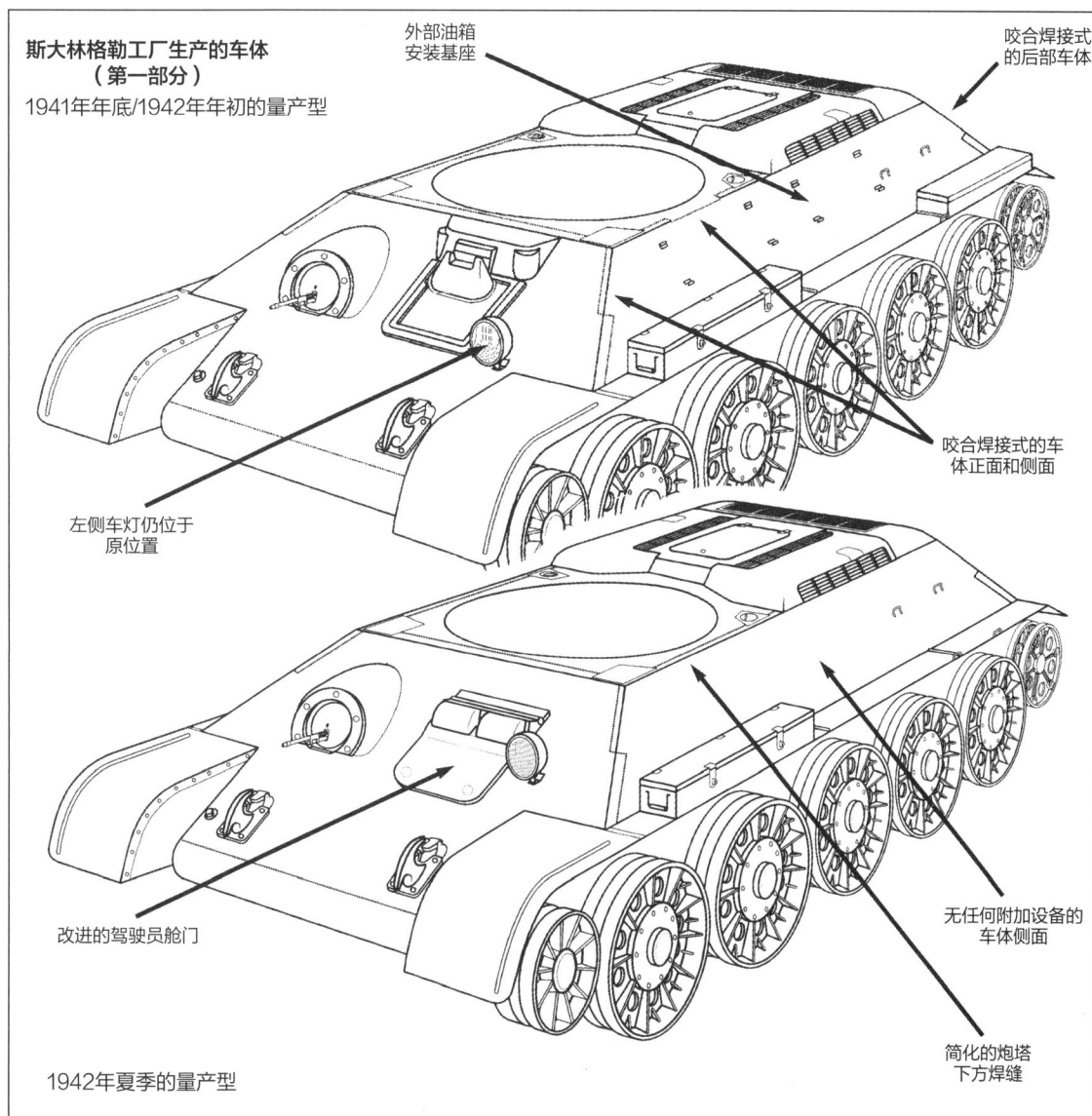

计激发了T-34坦克设计师们的灵感。

　　设计工作的启动并不代表对于坦克最终外形争论的结束。在一系列针锋相对的会议中，军队、设计局、有关当局甚至党务部门都卷入了冲突。毫无疑问，最尖锐的交锋发生在军方与生产方之间。前者以装甲车辆管理局和国防人民委员部为代表，有时甚至国防人民委员伏罗希洛夫本人和装甲车辆管理局的负责人I.A.哈列耶普斯基（I.A. Khalyepskiy）[①]也会出面，其中后者代表了设计师和厂方负责人。除去个人恩怨和野心的因素之外，很多误解都是源自缺乏沟通，甚至是某些参与方的无知。毕竟，一位老布尔

---

① 因诺肯季·哈列耶普斯基（1893—1938），他早年出身于电报员，后来相继在苏军内部掌管过通讯、装甲车辆和武器研发等工作，1938年因为涉嫌"法西斯阴谋"而遭到批捕，次年被处决。当然，此处的说法可能有瑕疵，因为一些资料显示，他在1937年11月便已被逮捕。

◀ 一辆"有故事"的T-34：该车安装了一座旧式炮塔（最晚生产于1941年年底或1942年年初）上面有在1942年夏季或秋季加装的扶手（样式和112厂的扶手非常相似），车体则由斯大林格勒工厂生产于1941年秋季或1942年夏季（后方装甲板连接区域呈圆弧形，以咬合式焊接工艺与侧装甲连接在一起）。同时，该车全部采用了钢制负重轮——这一特征在斯大林格勒工厂的产品上尤其常见。

什维克对于设计坦克又能有什么贡献，一位参谋部的将军对于全履带式车辆的优势又能有多少了解呢？

真正的问题在于，军方只是想要一种新型"快速"坦克，而设计方则希望开发一种足以应对未来威胁的新型坦克。为了让这种转化成为可能，坦克必须采用单一的履带式行走系统，装甲防护水平必须能够抵御37毫米反坦克炮的打击。显然，这与军方的期望相抵触。事实上，这并不是一场专业团队关于设计方案优劣的论战，而是军方和厂方因关注点不同而产生的纷争，其间设计师们则一直想方设法将自己摆在中立的位置上协调这一切。

很多参与者的回忆录都证实了冲突的频繁与激烈。尤其神奇的是，自认为正确的他们最后逐渐统一了立场，并建立了统一战线。例如，在莫洛佐夫的回忆中，设计局曾一起为争取加厚装甲、安装履带式行走装置和柴油发动机的设计方案而努力，由A.A.叶皮谢夫（A.A. Yepishev）领导的厂党委甚至同军方在T-34坦克上使用柴油动力一事上展开了极为艰苦的斗争。这种说法非常有趣，因为柴油发动机和更强大的装甲防护在1937年8月的口头决议和10月份书面的"战术技术需求"规格书中都曾出现！

尽管其中有不少私人层面的冲突，但显而易见，军方与设计局之间争论的焦点还是集中在坦克的悬挂系统上。季克再次站在设计师一边，开发了一种带5对负重轮的底盘，从而改善了接地压力分布。于是，关于悬挂系统的纷争尘埃落定，接着要解决的就是坦克防护的问题了。军方希望采用更薄一点的装甲，因为他们还是想保留轮式推进系统，但是设计师从一开始就预见到了尽可能采用厚装甲的必要性。

同样爆发争执的还有发动机的选择。按理说，与新型坦克一同诞生的V-2柴油发动机不应该成为冲突的导火线，如果叶皮谢夫与军方的交锋是真的，我们似乎可以推断，这种争论围绕的一定是细节层面的原因——换言之，这一争议围绕的并不是汽油机和柴油机的选择，而是发动机该采用何种具体型号。虽然从事后看，我们可能很难意识到这种情况，但当时V-2柴油机当时还没有完全研发成功，安装不可靠的设备将便意味着极大的风险。事实上，在BT-7坦克上使用V-2发动机的最初尝试就失败了。

最后，这些争执最终以一种血腥的方式走向了完结。看起来，作为1938年秋冬时节那场冲突进一步扩大化的后果，叶皮谢夫以及联共（布）中央委员会的干涉确实产生了影响。在这个关键时刻，183厂的设计骨干得到了来自斯大林本人的直接支持。几乎可以肯定的是，这次干涉导致了一些工厂干部的替

▲ 这张照片摄于 1943 年春天，再次向我们展示了在森林中部署坦克是有多么得不偿失。照片中我们看到的坦克来自 183 工厂，这一点可以从它的扶手、有波状轮廓的排气管基座（这种排气管基座是 183 厂旗下一家分包厂自行修改设计的产物）、车体后装甲板上的螺钉数量（少 1 颗），以及侧离合器盖板处棱角分明的连接方式（并不是弧形过渡）等特征看出。在扁平炮塔（生产始于 1942 年夏季之后）的后方可以看到数字"77"。

▲ 这两辆 T-34 均由 112 工厂生产，曾试图攻击德军步兵阵地，但最终被遗弃在了一片林间空地中。尽管这种战术毫无意义，但苏军却对其颇为偏爱，并经常因此损失惨重。尽管这张照片拍摄于 1942—1943 年冬天，但图中的坦克依旧安装的是 1941 年型的履带。

换：差不多在这个时候，联共（布）中央委员会（斯大林本人也是委员之一）决定对工厂领导层进行人事变更。原先的厂长邦达连科卸任，他的继任者是当时仍在列宁格勒坦克工厂担任技工的 Y.Y. 马克萨廖夫（Y.Y. Maksaryov）[1]，总工程师则变成了 S.N. 马霍宁（S.N. Machonin）[2]，后者将负责 T-34 项目的管理工作，而邦达连科最后被处决了——围绕着 T-34 的技术之争，一些当事人甚至付出了生命。

可能是由于当时纷争不断的大环境，新型坦克的开发工作起初并不顺利。米哈伊尔·科什金的团队无法按时完成初始设计方案，几经波折之后，被称为 BT-20 的设计草图与模型才在 1938 年 3 月中旬最终得以展示，并在 3 月 25 日被装甲车辆管理局决策层批准。它是一种妥协的产物，是军方和哈尔科夫设计局观点的融合，而且可以确定，在将部分解决方案整合到设计中的时候，后者肯定是非常不情愿的。问题主要集中在悬挂系统（在最初季克的设计中有 5 对负重轮，BT-20 则只有 4 对），以及按照 KB-24 设计局的标准而言相对薄弱的装甲上。同时，双方在 4 个方面——即倾斜装甲、柴油发动机（设计已经逐渐成形）、炮塔设计以及武器系统上——达成了一致意见。

这一切让莫斯科的大人物大开眼界，他们为这种坦克许诺了一个光明的前景。有人甚至提出了更加

---

① 尤里·马克萨廖夫（1903—1982），他出生于中国旅顺，父亲是一名沙俄军人。他早年先后在列宁格勒基洛夫工厂担任车间主任和部门主管等职务，"大清洗"中被调往哈尔科夫，并参与领导了 T-34 的开发。1942 年工厂迁往下塔吉尔期间，由于未能按期恢复生产，马克萨廖夫一度被斯大林免职。后来，马克萨廖夫又被重新起用，担任过苏联运输工程部长、苏联部长会议国家科学和技术委员会主席等职务。

② 谢尔盖·马霍宁（1900—1980），他从 1929 年毕业后便一直在 183 工厂工作，并全程参与了苏联早期坦克的研发，1941 年调往车里雅宾斯克的基洛夫工厂，在卫国战争期间主管 KV、IS 系列重型坦克和重型自行火炮的生产，战后以中将军衔退役。

▲ 1943年年初，一队开赴前线的T-34。其中打头的坦克是112工厂的产品，但配置相当罕见，其侧面安装了一具圆筒形的外挂油箱，至于后方的外挂油箱则是高尔基工厂的典型配置。另外注意远方的坦克已经安装了新式炮塔。

▲ 这张照片拍摄于1943年早春，这辆被烧成残壳的T-34由112工厂生产。值得注意的是，尽管时间较晚，但该车仍然保留着全套的挂胶负重轮。在当时，几乎只有红色索尔莫沃工厂生产过这种车辆，和采用钢制负重轮的、斯大林格勒工厂的产品形成了鲜明对比。另外请注意车上残留的雪地迷彩和战术识别符号（三角形，内部有数字）。

极端的方案，即只为全军装备一种坦克——BT-20，而不是让2-3种坦克的生产齐头并举。至于BT-20本身则计划生产2种变形车，即"轮履合一"式与纯履带式。

　　国防委员会于1938年5月4日在克里姆林宫召开的会议决定了下一步的工作。这次由V.I.莫洛托夫（V.I. Molotov）主持的会议将评估包括BT-20在内的、苏军新型坦克的发展状况。然而，在审核初始设计期间，与会各方又爆发了一场尖锐的讨论，因为部分与会者试图主导会议进程。在这些人中，包括了国防人民委员伏罗希洛夫（一个完全不学无术的人），工农红军装甲车辆管理局的新任局长D.G.巴甫洛夫（D.G. Pavlov，他的知识完全来源于个人经验）[1]，参加过西班牙内战的老兵们，一个来自183厂的、

▲ 这两辆T-34坦克均由112工厂生产，于1943年7月在库尔斯克突出部的战斗中被击毁。在右图中，这辆T-34的炮塔上有一些文字和战术识别符号，但不幸的是，两者都已无法辨认，另外值得注意的是，该车没有外挂油箱，变速箱检查口上也没有标准的固定螺栓，至于下图中的坦克虽然特征相似，但后部却有外挂油箱。

---

　　[1] 德米特里·巴甫洛夫（1897—1941），1936—1937年之间，他以苏联军事顾问的身份指挥1个坦克旅参与了西班牙内战，因此获得了"苏联英雄"称号。回到苏联后，他因为作战经验被任命为工农红军装甲车辆管理局局长，对新型坦克的开发施加了毁誉参半的影响，1941年晋升大将，在苏德战争初期，由于指挥的西方面军遭受重创，巴甫洛夫遂以"渎职"的罪名被斯大林处决。

▲ 这张照片是 1943 年 8 月中旬在别尔哥罗德（Belgorod）拍摄的，其中展示了两辆遭焚毁的 T-34，它们是 112 工厂的产品，炮塔侧面有战术识别标志。其中右侧坦克的识别标志涂抹在了一个暗色的长方形上，中央是一道分割线，上面是数字"15"或"16"，下方是数字"22"，其最不寻常的特征是炮塔侧面的观察缝，该特点在其他 T-34 上极为罕见。这些坦克和其他在库尔斯克地区拍摄到的坦克一样，都拥有全套挂胶的旧款负重轮——它也是当时红色索尔莫沃工厂产品的标配。

以科什金和莫洛佐夫（毫无疑问两人都是专家）为首的代表团，当然还有斯大林本人——这位狂热的坦克爱好者对专业知识有着极强的自信。

　　各方激烈讨论的主题仍然是悬挂系统。与会者开始争论"轮履合一"式系统是否还有前途，如果没有的话，那么应该如何处理这块"烫手山芋"。尽管在这次会议期间没有达成一致意见，但是为了解决这一问题，各方都做出了一些重大的让步。很快，莫斯科就下达了生产2辆BT-20原型车（而非2种版本的原型车）的命令。1938年5月13日，在装甲车辆管理局下发到183厂的一份修订版"技术与战术需求"文件中，一面重申了先前的一部分要求，同时又对其他部分进行了更新。

　　根据最新的技术与战术需求文件，坦克车首的倾斜装甲将增加到20—30毫米，倾斜角在30—53度之间。其中，装甲车辆管理局还接受了将坦克全重增至16.5吨的改进（这样它就变成了一种"中型坦克"，当时全重在16—35吨的坦克都被认为是"中型"），同时要求最大时速达到50—63公里。KB-24设计局的设计师们接受了这些可能的性能指标需求。然而，为了变相"报复"这些变更，他们也对现有BT-20方案做了少许修改，而且这些修改没有局限在既定需求的条条框框之内。结果，新生的A-20坦克全重"意外"地增至18吨，进而导致整车尺寸的进一步增加。以这辆样车为基础，后续工作于1938年5月开始，根据计划，他们要同时研发2种版本的坦克，其中之一是在BT-20基础上进行了轻微改动的A-20，另外一种则是A-20G［"G"是俄语"Gusyenichnyi"（履带）的缩写］，后者是由KB-24设计局首创的试验产品，在5月份的会议中，它在设计局大力推动下而获得批准。当A-20G最终完工时，KB-24设计局已经把所有他们认为必要的改进都运用到了这台样车上，由于其各项参数已经与计划中的A-20G相去甚远，所以它又被命名为A-32。这一切可能发生在1939年2月初，甚至有可能在当年1月份便已经完成。

　　关于A-20的全套设计图纸与模型在1938年9月初宣告完成。到那时，斯克维尔斯基也看到了所需的

▲ 这辆112工厂生产的T-34跌入了一个满是积水的弹坑。这张照片摄于1943年夏季的库尔斯克突出部，在当时的战斗中，苏军曾数次向德军发起冲锋。

◀ 这辆燃烧的残骸属于一辆由红色索尔莫沃工厂生产的T-34，其照片给人留下了深刻印象。也许是为了刻意突出拍摄效果，摄影师将残骸再度点燃，从而拍下了这幅颇具震撼力的照片。透过驾驶员舱口看去，我们可以发现其内部已被拆卸一空，原先发动机所在的位置上还有火苗。另外注意炮塔前方、焊在车体上的钢条，它们是用来抵御跳弹和小口径子弹的。这种特征最早出现于1942年年初，也是112厂产品的典型特征。

▲ 1943 年 8 月时，一辆支离破碎的 T-34 坦克残骸，这辆坦克安装的是铸造炮塔，战术编号"2-3"依旧在炮塔侧面模糊可见。

改进结果。尽管军方对A-20G心存抵触（他们对设计方有天然的不信任，更偏爱"轮履合一"式的坦克），但是这种坦克的开发工作仍在进行。到当年10月份，A-20工程两种变形车的图纸和模型都被呈送给当局。国防委员会在1938年9月9日和10日对这些问题进行了认真的研究与讨论，最终做出了一个关键决定：允许KB-24设计局开发这两种原型车，其中A-20比A-20G有着更高的优先级。这也是为什么到1939年1月中旬，设计局首先完成了A-20车体和45毫米炮炮塔的暂定图纸，之后，他们才开始设计配备76.2毫米火炮的A-20G炮塔。[①]

为了简化工作环节，183工厂开始了另外一场变革。根据管理层的要求，所有现存的设计局和生产车间都进行了整合，结果就诞生了所谓的"520部门"（Department 520），其中包含了原来的KB-190，KB-35和KB-24设计局，而且也只有这项举措，工厂管理层才得以聚拢起数百名专业能手完成2种原型车的全套生产图纸。520部门的总设计师科什金主管所有工作，他的主要下属包括：A.A.莫洛佐夫（担任520部门的行政经理和副总设计师），N.A.库切连科（N.A. Kucherenko，副总设计师助理）[②]，

[①] 就像后来苏军在把F-34定为标准坦克炮的同时，准备再列装一种"特别型号"的长身管火炮一样，当时的苏军也考虑过为A-20搭载一种特殊火炮。根据现有的资料，安装45毫米炮的A-20坦克将负责对抗敌军坦克，而安装76.2毫米炮的A-20G则负责支援A-20坦克和步兵。由于装甲更厚，而且安装了足以摧毁野战工事的76.2毫米炮（45毫米炮完全无法胜任这一任务），A-20G可以更轻松地完成这一双重使命。

[②] 尼古拉·库切连科（1907—1976），早年曾参与过T-24、BT-2、BT-5、BT-7等坦克的开发，从1938年开始成为科什金的重要助手。战争期间随厂迁往下塔吉尔，1949年出任下塔吉尔工厂的总工程师。

▲ 1943 年 9 月，隶属于布良斯克方面军的坦克车长们正在讨论未来的作战行动，后方就是他们的座驾——全部是 112 工厂的产品。

A.V.科里耶斯尼科夫（A.V. Kolyesnikov）[1]和V.M.多罗什延科（V.M. Doroshyenko，他和科里耶斯尼科夫共同担任指定项目的助理）。其中，科什金作为工程方面的主要代表，一直在为寻求各方的支持而奋战，与此同时，莫洛佐夫几乎独自一人主管着后续的设计。

在1939年2月27日召开的国防委员会会议上，各方对A–20和A–32的设计图纸和模型进行了评审。大多数与会者都倾向于A–20，其中也包括到会的副国防人民委员库利克（Kulik）[2]将军，而他所代表的就是伏罗希洛夫本人的立场。这种原型车的尺寸也深受军方喜爱。M.I.科什金在会上做了决定性的发言，他呼吁决策层做出决定，完成这两个工程项目并建造两种样车。然而，斯大林（他通常都比他的将军们更有远见）却看到了A–32的巨大潜在价值并且对科什金表示支持。由于斯大林明确反对军方观点，如此一来，生产A–32原型车并且在1940年投产T–34坦克才成为可能。

得益于斯大林的态度，当天国防委员会就下达了第45号决议，批准根据当前的图纸和模型建造2种原型车。在183厂的干部们看来，斯大林同志的决定意味着这个项目肯定会成功。同时管理层也对A–32坦克的优越性充满自信。当然，项目是否能够顺利启动，最终还是要看它在试验场上的表现；如果没有展示出明显的优势，那么斯大林也只能批准军方热衷的另一种方案。

1939年5月26日，没有安装武器的A–20原型车已经准备就绪，6月初，它被送往厂方下属的装备试验场中进行测试。根据7月15日得出的测试结果，A–20原型车又被送去进行国家级测试。实验证明A–20是一种成功的设计，它在采用轮式行走系统时曾数次达到85公里/小时的高速。紧接着，A–32原型车也制造完成，它的出厂时间仅仅比其对手晚了10天。A–32的厂方测试阶段始于6月中旬，然后就是7月17日启动的国家测试。当后一测试阶段于1939年8月23日结束以后，采用单一履带式行驶系统的A–32原型

---

① 阿纳托利·科里耶斯尼科夫（1899—1976），出身于兵工厂工人，苏俄内战后退役并接受了工程师培训，他参与过的坦克项目包括了BT系列、T–35、T–34和T–44，1939年后成为520部门的总设计师，战后，他对T–54和T–55系列的设计生产出力很大，1958年因健康原因退休。

② 格里戈里·库利克（1890—1950），出身于沙皇军队。俄国内战期间，他在察里津保卫战中结识了斯大林，因而飞黄腾达。二战开始前，他长期主管军械工作，曾顽固地反对军事革新。1940年与铁木辛哥、沙波什尼科夫一起，被授予苏联元帅军衔。但由于其在战争中的拙劣表现，库利克很快失宠，于1950年被当作间谍处死。

▲ 1944 年 6 月，M. 列夫舒科夫（M. Lyevshukov）中尉所在的部队（可能是坦克第 24 团）正准备参加对芬兰的作战，当时，他正在为座车（一辆 112 厂生产的旧式 T-34）装弹。

▲ 铸造版的"索尔莫沃"炮塔，配有"街垒"（Barrikady）工厂制造的驻退机护罩。

▲ 铸造版的"索尔莫沃"炮塔。

▲ 183 工厂生产的焊接炮塔。该厂和 112 厂几乎采用了一样的模具，只有成型接合线上有一些细微的出入。另外，这两种炮塔和座圈接合的方式也存在一定的不同。

车达到的最高速度仅仅比轮式行驶状态下的 A-20 原型车稍慢一点！尽管 A-32 更重，但是在试验期间，它曾不止一次达到 70 公里/小时的高速——这一点也向观察员们表明，它同样是一种极为强劲的车型。由于高速行驶能力是不必要的，因此，备受鼓舞的设计方决定对其进行一部分牺牲，并将装甲厚度增加 10 毫米——经过改进之后，该车的全重增加到了 19.6 吨。借助这个决定，在 7 月底，KB-24 设计局的骨干们更进一步将安装 45 毫米主炮的 A-32 原型车的重量增至 24 吨。这样的配置是为了模拟一种安装 76.2 毫米主炮和 45 毫米前装甲的坦克[①]，这辆坦克立即被送

① 厂方之所以如此，一方面是清楚 A-32 不是他们的最终目标，一方面又希望循序渐进，不愿为过度激进的创新承担风险，所以他们此时没有直接建造一辆原型车。

◀ 183厂1941年生产的焊接炮塔。[1]

◀ 112厂在1942年年底或1943年年初生产的铸造炮塔。注意炮塔座圈上的凸筋，它是模具的结合处留下的。该炮塔上有着823的序列号。[2]

◀ 112厂生产的配有"街垒"工厂驻退机护罩的铸造版炮塔，这种炮塔经常被用在斯大林格勒工厂的产品上。该炮塔的序列号（5818）位于另一面。和上面几种炮塔相比，它们在合模线上存在一些细微的差异。[3]

去进行各种评测。最终，所有试验工作于8月下旬结束，此时，A-20和A-32的首辆原型车试验也接近尾声。9月5日，经过一场彻底的检修之后，这些原型车被送往库宾卡（Kubinka）的装甲部队研究与开发机构（NIIBT，Nauchno-Isslyedovatelskiy Institut Bronyetekhniki）进行耐久性测试。

关于这几种原型车的后续历史我们知之甚少。我们只知道，在1941年10月7日莫斯科方向战事紧张时，A-20原型车曾被编入由库宾卡实验车组成的"谢苗诺夫"（Semyonov）坦克连，11月底，该连又被

① 对应上一页3号图。
② 对应上一页2号图。
③ 对应上一页1号图。

编入了第5集团军麾下的坦克第22旅。在当月29日于热夫列沃（Zhevnevo）附近的战斗中，A-20在炮击敌军坦克时因主炮炸膛引发弹药殉爆，高高飞起的炮塔砸毁了己方的一辆T-34，还划伤了1辆T-50。12月3日，该车被送往第25移动坦克修理厂（PTRB-25），同月5日宣告修复并重新转入第5集团军麾下调遣，但后续情况不明。至于2辆A-32则在完成测试后接受了大修，并于1940—1941年间在183工厂用于训练T-34坦克乘员。它们后来并没有出现在疏散往下塔吉尔（Nizhny Tagil）的车辆清单中，有人猜测，它们很可能和工厂的其他样车一道被编入了一个混成坦克营，并在1941年时参加了保卫哈尔科夫的战役。

与此同时，当8月份的测试结束时，还发生了一个小插曲。出于某种难以解释的原因，原型车测试委员会的主席V.N.切尔尼亚耶夫（V.N. Chernyayev）竟然签署了文件，其大意是两种坦克（A-20和A-32）表现"同样优秀"。这导致上级无法对两种原型车的命运做出决定。于是，183厂的代表们决定借助原型车复审之机，在库宾卡为军方高层进行了一次印象深刻的展示。A-32在这次表演中展现出了无可置疑的显著优势，并证明了单一履带式坦克拥有与"轮履合一"式相近的公路行驶性能，而越野行驶性能甚至要更好。这就为183厂厂长马克萨廖夫开启了一扇大门，让他可以更为理直气壮的要求生产较重的A-32原型车。经过进一步讨论之后，国防部最终接受了这个意见，9月15日，国防部向最高当局建议在1940年12月1日之前生产10辆前装甲为45毫米的A-32验证车。然而政府并不同意他们的提案，根据办事原则，他们命令厂方准备文件并将其用于在1939年12月进行的评定。尽管遭遇了这个挫折，但是它为将A-32重新设计成一种更为强大的坦克而铺平了道路，于是，一个叫A-34的设计应运而生。

在183工厂，为了完成新型坦克的工程设计图纸，技术人员投入到狂热的工作中去。另外，生产图纸也必须完成，按照推测，工厂技术人员可能早在1939年年初就开始进行此项工作了。他们的任务是指

▲ 一座112厂生产的铸造炮塔。

▲ 183厂的焊接炮塔。和112厂的铸造炮塔相比，两者的差异不仅体现在炮塔本体上（铸造炮塔取消了火炮拆卸舱门，两者舱盖和潜望镜外罩的样式也存在区别），风扇的位置也彼此不同，另外，其后部还增加了用于起吊炮塔的方形挂环。

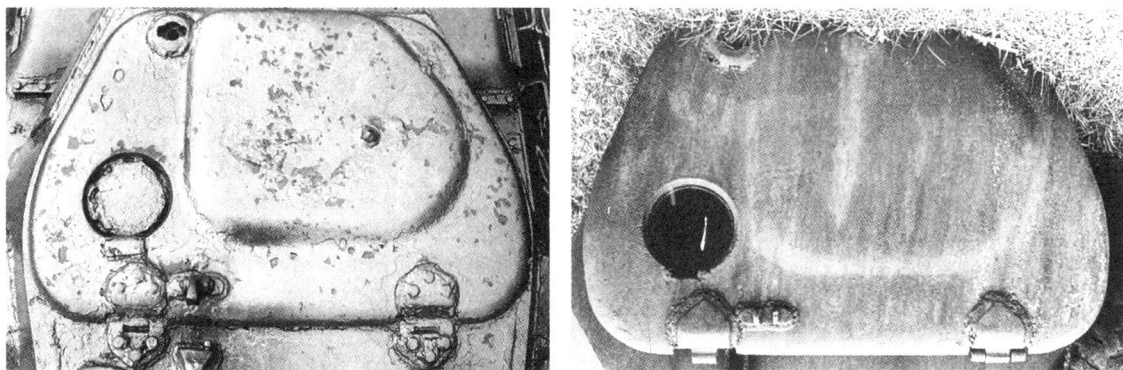

▲ 这两张照片展示了183厂"扁平炮塔"上两种不同样式的舱盖。左边这张照片展示的是早期版，用来开合舱盖的合页被铆接在了炮塔上，舱盖凸起区域的顶部有一个凸起。右边这张照片展示的是后期版，舱盖上采用了焊接的合页，舱盖上面没有开孔。

出哪些设计细节必须加以修改，从而便于坦克的生产。在这项工作中，首先要绘制的是初期设计蓝图，然后这些图纸会根据技术人员的意见进行修订，由于工作量很大，面面俱到注定是不可能的。在整个1940年期间，设计和生产图纸的修订工作仿佛永不停歇。事实上，这一流程只有到年底才宣告结束，当时第一批T-34坦克已经开始投产。直到1941年年初，一系列完整的新计划才最终出炉。以G.Y.科布赞（G.Y. Kobzan）为首的一个专职委员会将负责对现有的改动情况进行监督。

经过对A-34图纸的审核，国防委员会最终在1939年12月19日的443号决议中下达了生产2辆原型车的指示——现在，它们的名称已经变成了T-34（即"第34型坦克"之意）——另外，决议也大体同意为未来的苏联红军列装该型坦克。基于这份文件，183厂可以开始着手准备批量生产了，将设计图纸实物化的工作也已经启动。正是由于他们的积极努力，第1辆原型车早在1940年1月16日便已完成，第2辆（在驾驶员舱门处有少许改动）则在2月初出厂。2辆坦克都可谓是呕心沥血之作。所有开口和细部都用机械加工到了毫米级的精度，有一部分表面甚至进行了抛光处理。该型坦克集成了很多进口的高质设备，因为当时苏联的工业水平还达不到坦克完全国产化的水平。

这两辆坦克均配有76.2毫米主炮，速度可以达到54公里/小时，全重达25.6吨。它们很快就被送去进行测试。在哈尔科夫进行的工厂级和国家初级测试于1940年3月3日完成。在测试阶段2辆坦克暴露出了不少问题：它的内部空间狭窄，视野范围有限，而且发动机也比较容易出现故障。首辆原型车的V-2发动机根本未能达标，它在工作了短短25个摩托小时之后就必须更换。另一方面，这种坦克的操控性能非常优秀，它能够在BT系列坦克完全无法通过的地形中行驶自如。

在最初阶段的测试工作完成后，这些坦克进行了彻底的检修，然后，它们在3月5—6日夜间离开工厂，按照哈尔科夫厂的传统，作为国家级测试的一部分，它需要完成从哈尔科夫到莫斯科的、超过1000公里的长途行军。

旅途是非常艰难的。1940年的冬天格外寒冷，两辆坦克只能在被数米积雪覆盖的道路上吃力地前行。其间，车组被迫依靠车载罗盘和道路两旁露出积雪的电线杆导航。为了保密，它们被禁止开上主干道，从冰封的河面上过河也要尽可能在夜间进行。

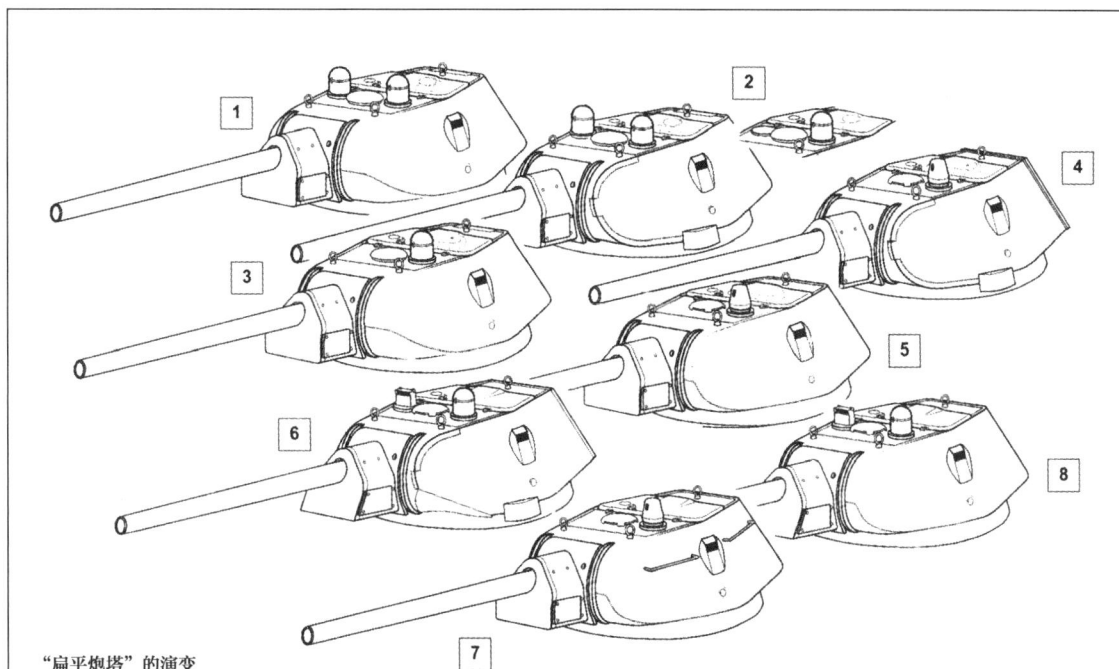

"扁平炮塔"的演变

1.1940—1941 年，183 厂生产的铸造炮塔；

2.1940—1941 年，183 厂生产的焊接炮塔，旁边的小图展现了 1941 年夏天时生产的炮塔顶盖；

3.1941 年年底，183 厂生产的铸造炮塔；

4.1941 年年底之后，183 厂生产的焊接炮塔，安装有可拆卸的炮塔背板；

5.1942 年，112 厂生产的铸造炮塔，没有主炮拆卸舱门；

6.1942 年，斯大林格勒工厂生产的焊接炮塔；

7.1942—1943 年，112 厂生产的铸造炮塔；

8.1942 年，斯大林格勒工厂生产的铸造炮塔。

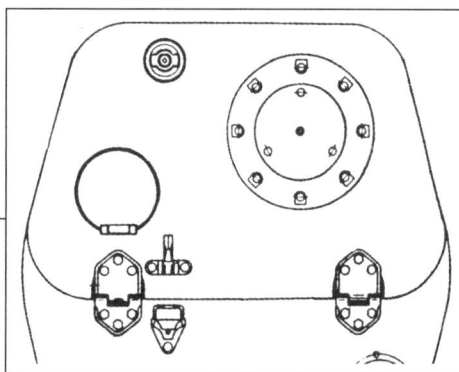

▶ 183 厂生产的 "1940 年型" T-34 坦克上的炮塔舱盖。舱盖为扁平式，全向观测潜望镜用 8 个螺栓固定，后来出现的产品上则取消了固定螺栓，并采用了隆起式的全向观测潜望镜基座。

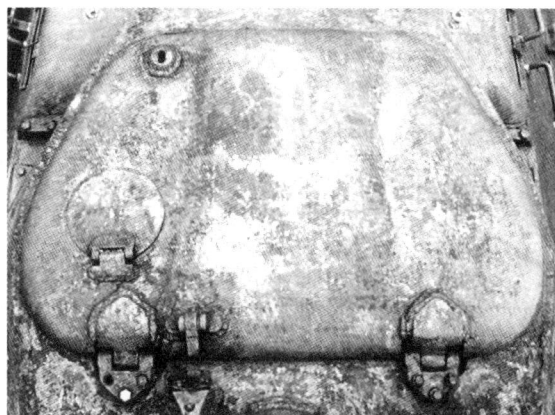

▲ 两种 112 厂稍后生产的炮塔舱盖，它们很可能也被斯大林格勒工厂的产品采用。其中右侧舱盖的隆起处中间部分略窄，形状相对比较特殊。

两辆坦克的驾乘人员都是从183工厂中挑选出来最优秀的干部，其中大多数人来自设计局。在米哈伊尔·科什金搭乘的一辆坦克中，驾驶员是伊扎克·比坚斯基（Izaak Bityenskiy）和尼古拉·诺西克（Nicolai Nosik，后者是一位金属装配工、机械师与试车驾驶员），工程师伊利亚·戈洛洛博夫（Ilya Gololobov）则担任监察员。在另外一辆坦克中有一位来自坦克部队的代表，他在驾驶坦克的时候弄坏了主离合器。于是，这辆坦克在开阔地趴窝，不得不等待维修小组的到来（除了两辆坦克之外，行军纵队还包括两辆牵引车，其中一辆装载备件，另外一辆则作为移动宿舍使用）。现在，只有一辆坦克能够继续行进。在谢尔普霍沃（Syerpukhovo），这辆坦克和它的车组成员受到了中型机械工业人民委员部的副人民委员戈里哥里亚德（Gorigelyad）的欢迎，戈里哥里亚德利用这一机会加入到行军队伍中来。

在10天的时间里，2辆坦克均抵达了莫斯科，并在莫斯科第37厂的维修车间内进行了彻底检修。来自各个研究机构的官员在好奇心的驱使下来到这里，检视这种他们曾多次耳闻的武器。[1]终于，在3月16—17日夜，坦克驶出工厂车间朝克里姆林宫驶去，在那里它们将接受斯大林的检阅。经过内务人民委员部的数轮检查之后，坦克终于获准驶入，内务人民委员部还派出军人坐在两位驾驶员——诺西克与久加诺夫（Dyukanov）——的身边。

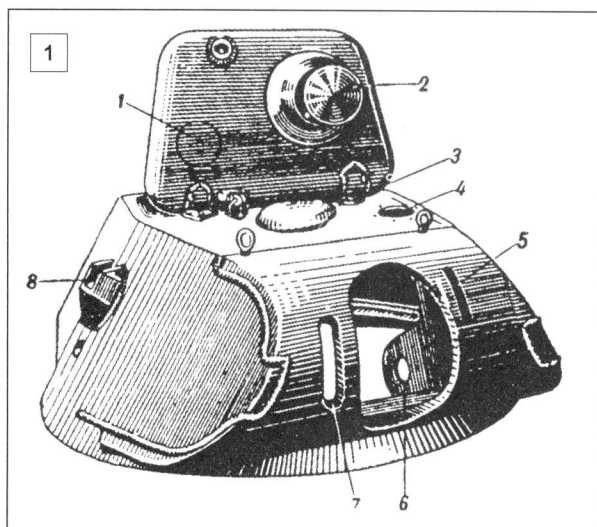

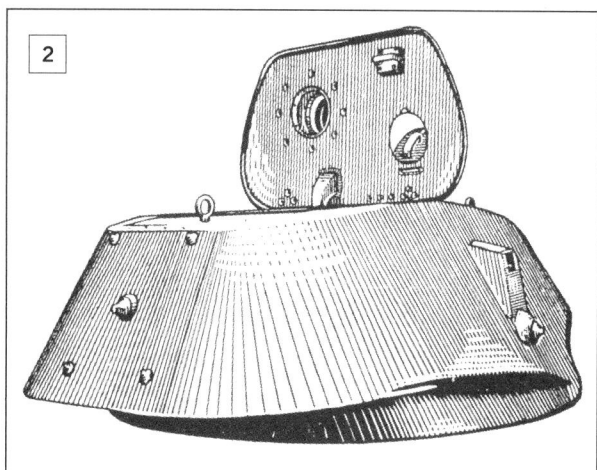

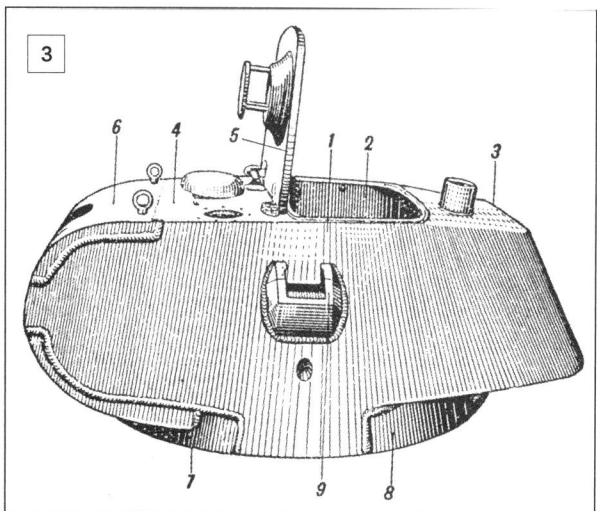

▲ T-34 操纵手册中展示的极初期型的焊接炮塔，该炮塔安装了 L-11 型火炮的炮架，但已经采用了改进版的全向观测潜望镜基座（没有外部螺栓）。注意 3 号图炮塔后上方的天线基座，这种特征只在 "1940 型" T-34 的最早期型号上出现过。

---

[1] 值得指出的是，当时的苏联处在一种对外封闭的状态。尽管在1941年夏天之前，已经有数以百计的苏联人知道了T-34，但在莫斯科，各国使馆的外交人员却统统被蒙在鼓里。考虑到这种坦克曾在莫斯科招摇过市，这一点尤其显得耐人寻味。

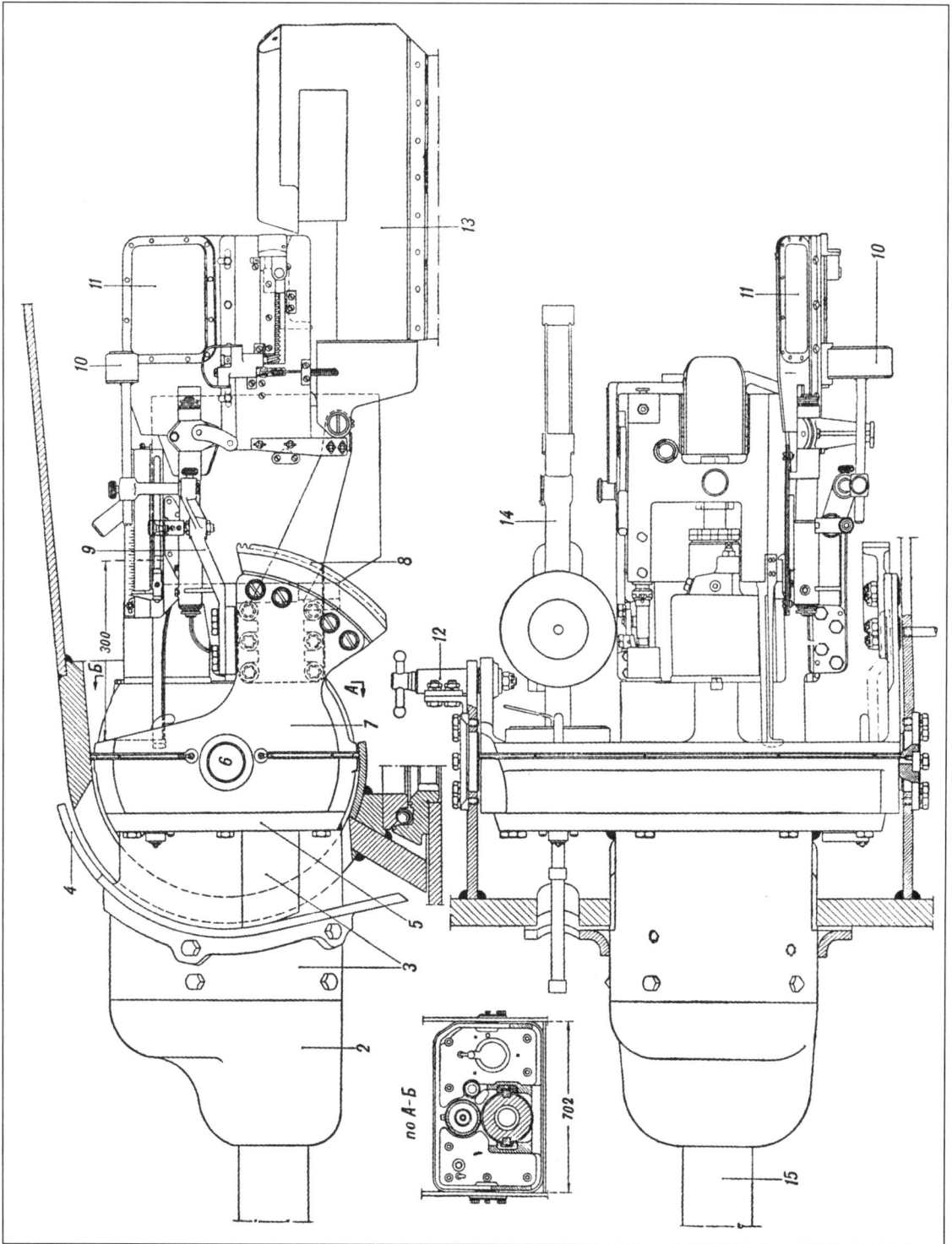

▲ L-11 型火炮的炮鞍、炮架和炮盾的剖视图和俯视图，它们曾被安装在了极初期的 T-34 坦克上。

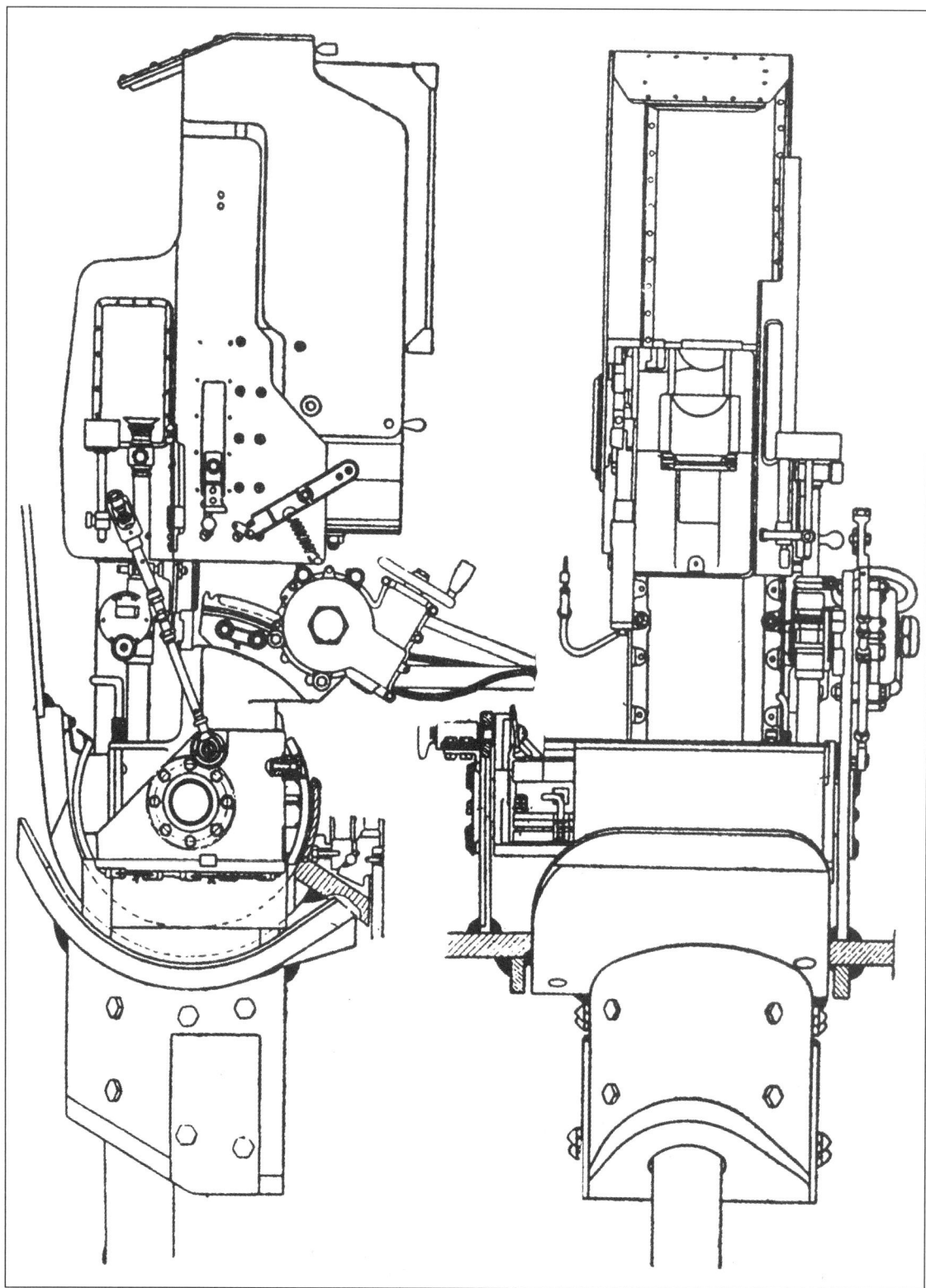

▲ F-34型火炮的炮鞍、炮架和炮盾的剖视图和俯视图。

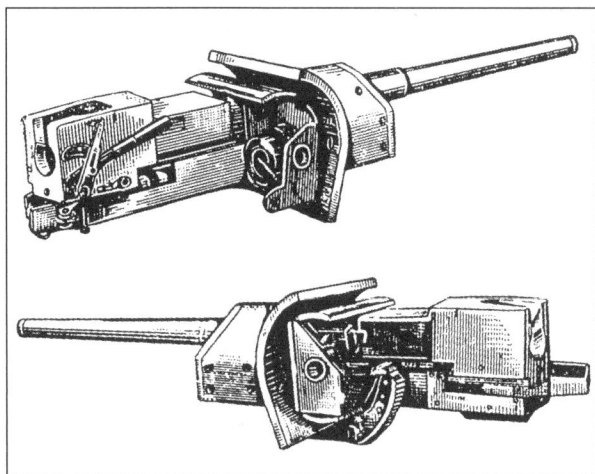

▲ 这张简略版的左右两视图展示了 1942 年改进后的 F-34M 型火炮。

▶ V-2 发动机的舱口盖板。其中上图是简化版本，主要安装在 1942 年及之后生产的车辆上。下图则是 1940 年的原始版本。箭头所指之处是两者的主要区别点。

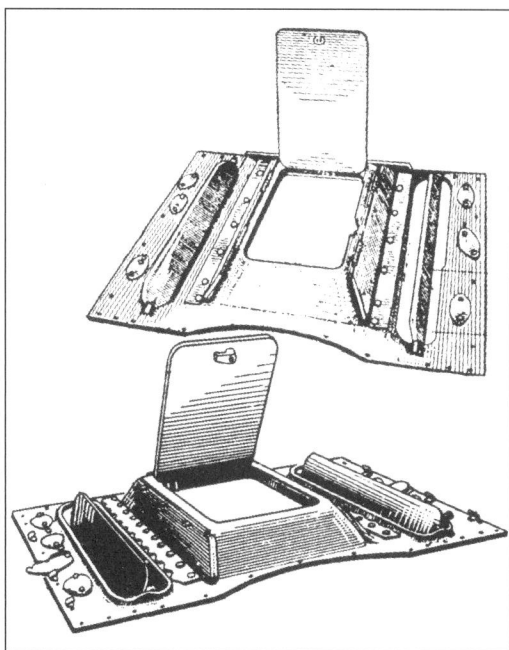

斯大林在政治局委员的陪同下视察了这两辆坦克，经过简短但令人印象深刻的展示后，斯大林在1940年3月17日签发的官方文件中表达了自己的满意意见。之后，这辆坦克马上被送往位于库宾卡的装甲车辆研究与开发机构所属的试验场，并在当地经受了军方高强度的测试。这些测试包括检查发动机舱的防火情况以及炮塔和车体的防弹能力。当时，被选中的是第二辆T-34原型车，它在100米的距离上抗住了4发英制37毫米反坦克炮和苏制45毫米反坦克炮的炮弹——没有一发炮弹能够击穿装甲并导致严重破坏。只有一发45毫米炮弹卡在坦克的炮塔座圈处，并造成炮塔内部分设备轻微受损。

后来，在1940年6月，这辆坦克被送到卡累利阿地峡，在那里，诺西克进行了若干令人印象深刻的示范表演。其中一项就是驾驶T-34越过了一条底部全是钢桩的反坦克壕：

"其中一个（障碍物）是宽8米，深2米的壕沟，底部还埋有钢桩。当我在察看障碍物和行驶路线的时候，我注意到那些钢桩是棋盘状布置的。我驾驶坦克逐渐加速然后碾过这些桩子的顶部，接着坦克就跃到了壕沟的另一边。我们坦克的宽履带可以让我们完成其他参与类似试验的轻型与重型坦克无法重现的机动动作。"然而表演并未就此结束，"作为'餐后甜点'，负责测试的国家代表提议穿越一种'坦克无法逾越'的障碍，即林地中树木砍伐完毕后留下的大片木桩地带……没有人愿意迎接挑战，于是我挺身而出。我驾驶坦克逐渐加速，然后全力冲向那些树桩，挡在我面前的'树桩'有的甚至高达1.5米。凭借着巨大的动量，坦克将树桩连根拔起，然后推着它们冲向壕沟。这些木头都落到了坦克前面的壕沟中，于是我驱车全速轧过所有这些东西。坦克开到壕沟的另外一边然后爬了出来……'三十四型'的出色表现让在场的所有人为之震撼。"[1]

---

[1] 摘自《T-34：通向胜利之路》第31—32页。

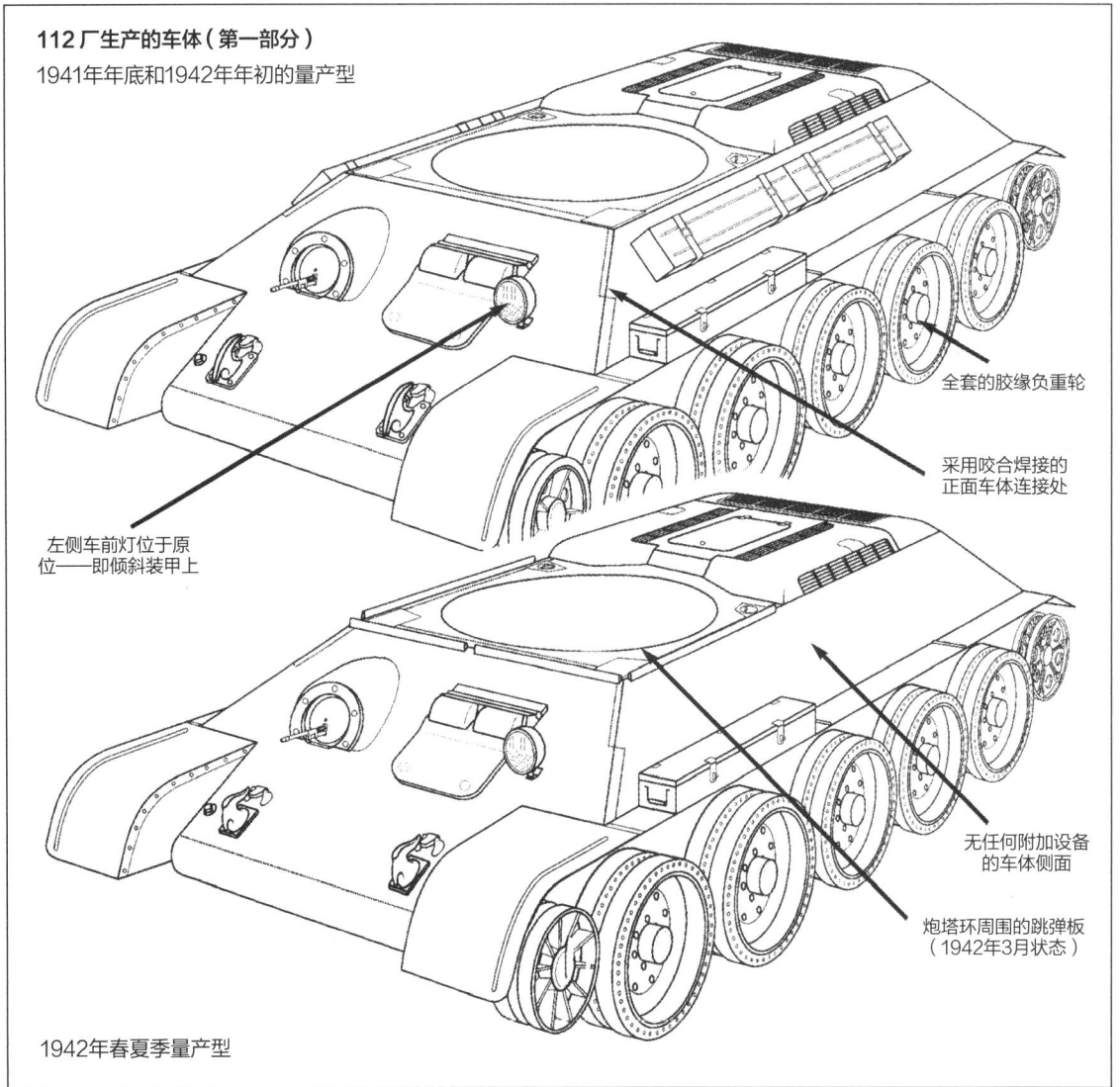

112 厂生产的车体（第一部分）
1941年年底和1942年年初的量产型

全套的胶缘负重轮

采用咬合焊接的
正面车体连接处

左侧车前灯位于原
位——即倾斜装甲上

无任何附加设备
的车体侧面

炮塔环周围的跳弹板
（1942年3月状态）

1942年春夏季量产型

　　这两辆原型车3月份在莫斯科的停留，导致决策层的中层人员做出了从3月31日开始大规模生产T-34的初步决定。或许这个为时尚早的决定是受到了伏罗希洛夫元帅讲话的鼓舞。当时，在1939年11月3日的联共（布）中央委员会会议上，元帅强调说有一种全世界无可匹敌的坦克已经诞生。然而事实上，当下达T-34的生产指令时，这种产品依旧很不成熟。毫不委婉地说，苏联人自己对于T-34坦克的感情是相当复杂的，对于军方代表更是如此。

　　显然，当时这种坦克还有不少缺陷：比如传动系统（离合器和齿轮箱等等）中有各种脆弱和无法正常工作的部件①，以及糟糕的L-11型主炮和炮塔。毫无疑问，这种坦克需要立即进行改装，当时仍是

① 当时，原型车的发动机和离合器安装了不少进口部件——这导致原型车的表现非常优良，但第一批量产车在出厂之后不久便纷纷发生故障。

112厂生产的车体（第二部分）
1941年年底和1942年年初的量产型

扶手
（夏季装填）

后方外部油箱
（初秋状态）

更换位置的前灯

装甲机枪护盾

无线电天线的
外观有变化

侧面有2—3个附加油
箱，其中左侧油箱的
位置较右侧稍微靠前

跳弹板成为标配

车体建造工艺统一

1943年秋冬季的量产型

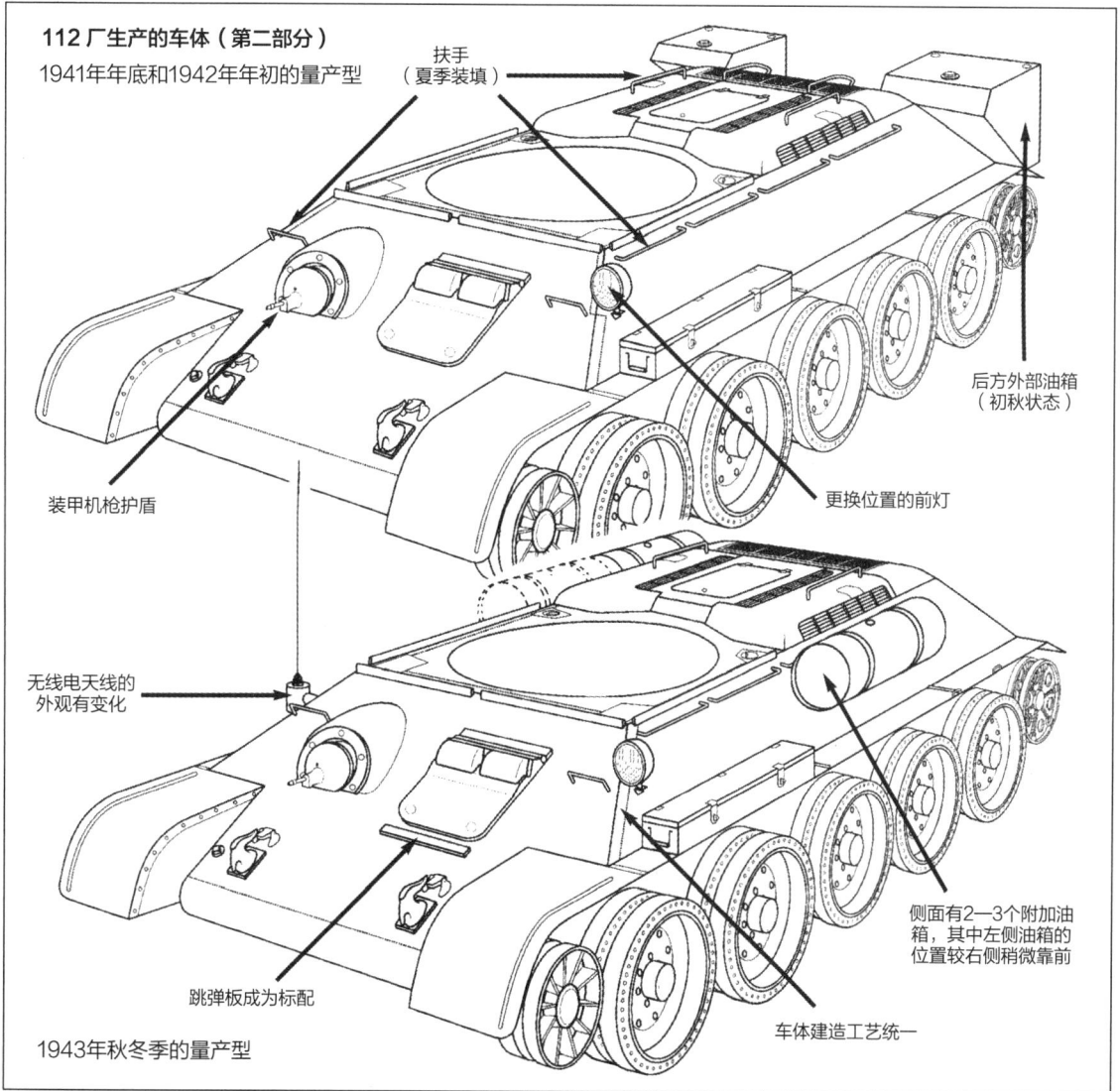

红军坦克和机动车辆管理总局局长的巴甫洛夫（之后他很快被提升为西部军区的司令员，原来的职位则由费多伦科接替）便持有这种观点：巴甫洛夫担心，列装这样一种"滑稽"的坦克可能会给苏军的坦克部队带来灾难。

关于T–34未来命运的大讨论持续了2个月的时间。最终，在1940年6月7日，苏维埃人民委员会（SNK，Soviet Narodnikh Commissarov，或者说苏联政府）下达了第976–368号令，授权183工厂进行T–34的批量生产。在这一决策背后，真正起到决定性作用的因素是：苏联红军正急于更新坦克部队的装备。同时，在量产工作开始后，他们还打算集中精力对T–34进行进一步升级。总而言之，这是一个明智之举，也是一个理智和符合逻辑的决定。与什么都不做相比，在坦克生产期间积累经验自然是非常有益的。

与此同时，在6月5日，苏联政府下令在75工厂进行V–2发动机的生产。当时，这是一个非常冒险的举动。但是，就像T–34面临的情况一样，柴油发动机的研发项目进行到现在，已经没有回头路可走了，

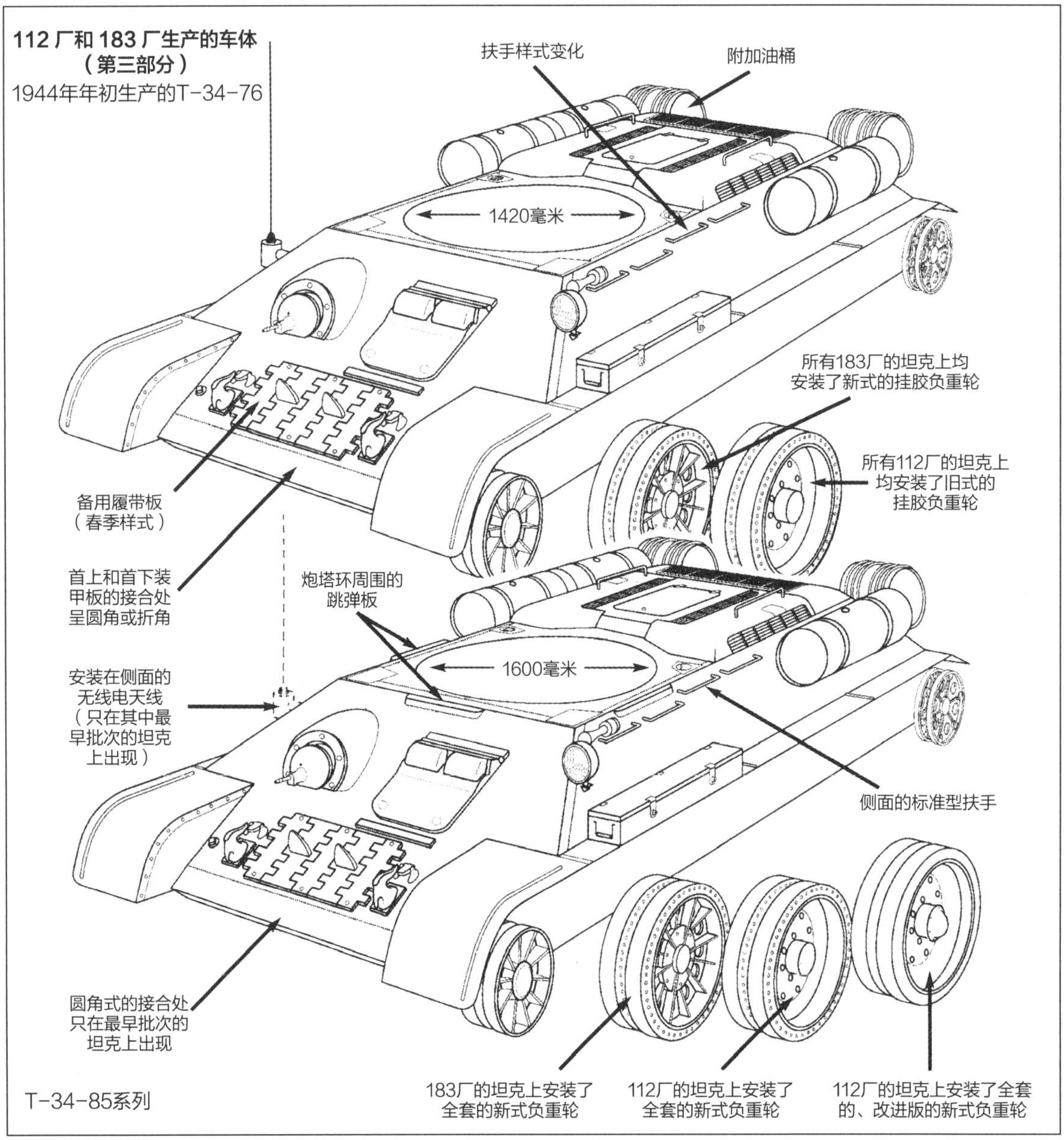

112厂和183厂生产的车体
（第三部分）
1944年年初生产的T-34-76
扶手样式变化
附加油桶
1420毫米
所有183厂的坦克上均安装了新式的挂胶负重轮
所有112厂的坦克上均安装了旧式的挂胶负重轮
备用履带板（春季样式）
首上和首下装甲板的接合处呈圆角或折角
炮塔环周围的跳弹板
1600毫米
安装在侧面的无线电天线（只在其中最早批次的坦克上出现）
侧面的标准型扶手
圆角式的接合处只在最早批次的坦克上出现
T-34-85系列
183厂的坦克上安装了全套的新式负重轮
112厂的坦克上安装了全套的新式负重轮
112厂的坦克上安装了全套的、改进版的新式负重轮

特别是当时苏联根本没有其他备选发动机可供采用。

坦克发动机的研发工作在哈尔科夫柴油机厂（KhDZ，Kharkovskiy Dizelniy Zavod）进行，1931—1939年间，在这种发动机的生产领域，该厂拥有苏联境内最为丰富的经验（他们取得了德国相关产品的生产许可权）。①而完成该厂草创工作的，又是一群刚从大学毕业不久的、年轻工程师组成的团队。

他们的目标并不是改装现有的民用发动机，而是设计一种尺寸更为紧凑的全新型号。这个团队

① 目前还很难断定后来的V-2发动机有多少苏联人的原创设计。比如说，该发动机上采用的燃料泵实际就是由博世公司（Bosch）设计的，不过，由于德国在1934年停止了与苏联的经贸合作，因此，他们也停止了这种零件的供应。随后，苏联人复制了该型燃料泵的设计，并开始生产他们自己的产品。

的负责人是K.F.切尔潘（K.F. Chelpan）[1]。他的副手是Y.Y.维希曼（Y.Y. Vikhman）[2]和I.S.别尔（I.S. Byer），另外，在团队中还有一位名叫I.Y.特拉舒京（I.Y. Trashutin）[3]的杰出工程师。其中维希曼制定完成了主柴油发动机设计的指导方案，而特拉舒京则在20世纪30年代晚期升任哈尔科夫柴油机厂（也就是后来的75厂）设计局的局长。这项工程得到了重工业人民委员奥尔忠尼启则的支持。后来他开始直接介入具体工作的管理，鞭策整个团队尽快取得成果。

在长期研究了现有发动机及其各种改进方案之后，到1932年年初，这个团队已经对于如何设计发动机了如指掌。1933年5月，BD-2［"BD"即俄文"Bystrokhodniy Dizel"（高速柴油）的首字母缩写］发动机的装配工作开始，并且完成了测试前的准备。尽管它算不上是一种成功的产品，但也为未来留下了几分希望。其中一部原型机于1933年10月安装在一辆BT-5坦克上，实际测试工作在11月完成。另有几辆BT系列坦克也安装了BD-2发动机并在1934年秋做好了测试准备。但到1937年夏，每部发动机的工作寿命只有70—80小时。总体说来，关于这个阶段的研发工作，用"以失败而告终"来概括可谓相当贴切。

因为生产部门的准备并不充分，工厂干部也无力应付与生产相关的调度与组织，这种结果并非出于偶然。在照明不足的车间里面，生产环境脏乱不堪，这样生产出来的发动机根本不可能以正常工况长时间运转。另外，随着新问题和解决问题的需求不断涌现，专门工具和机器设备的缺乏也变得愈发突出，其中一些不得不从国外购买。

1937年4月，随着上级领导做出了在新型坦克上采用新型发动机的决定，新一波"来自莫斯科的入侵者"被空降到哈尔科夫柴油机厂。其中有像T.P.丘帕钦（T.P. Chupakhin）[4]和米哈伊尔·波杜布内（Mikhail Poddubniy）这样鼎鼎大名的专家。他们的任务就是确保工作取得圆满成功。这些"入侵者"必须从最基础的东西着手，介入到所有的工作环节中去。这些环节包括检验制造曲轴箱的金属材料，很多细节的重新设计，以及整个流程的合理化重构。后来，从中还诞生了使用轻质合金制造曲轴箱的构想。虽然这会缩短发动机的使用寿命，但同时也降低了产品的成本和重量。

作为来自"莫斯科入侵者"介入发动机研发工作的后果之一，在1938年夏季之前的一系列的试验中，使用工况良好的BD-2发动机的BT坦克表现超过了采用汽油发动机的同类坦克，这激发了测试委员会的兴趣。经过重新设计，消除了某些重大缺陷之后，这种发动机被重新命名为"V-2"，并开始了量产前的最后准备工作。在1939年春，首批出厂的6台样机送往试验场进行国家级测试。总体来说，每台发动机都能正常工作250小时以上，测试取得了真正意义上的成功。然而，首批量产的V-2发动机却并未

---

① 康斯坦丁·切尔潘（1899—1938），出生于乌克兰的马里乌波尔地区，父母是早年定居至此的希腊裔农民，由于表现优异，他很快在20世纪20年代被提升为厂内的总设计师，并在1928—1929年得到了去往德国、瑞士和英国留学深造的机会。20世纪30年代，切尔潘开发了BD-2型柴油机，该发动机是T-34使用的、V-2发动机的原型。由于V-2最初表现不佳，切尔潘遭到了上级的怀疑，并在1938年3月被取决于哈尔科夫监狱。

② 雅科夫·维希曼（1896—1976），于1916年进入哈尔科夫技术学院就读，但由于战乱直到1924年才完成学业。毕业后他进入哈尔科夫工厂，担任高级设计师，战争期间，他随工厂迁往车里雅宾斯克，最终成为75厂的副总设计师，晚年任教于车里雅宾斯克工程学院。

③ 伊万·特拉舒京（1906—1986），出身于技术工人，后来因表现优异被提升为工程师，1931年进入麻省理工学院接受培训，回国后出任哈尔科夫柴油机厂的高级设计师，战争期间，他随75厂迁往车里雅宾斯克，并在1941年10月被任命为该厂的总设计师，这份工作为他赢得了2枚金星勋章，同时也为苏联军事工业赢得了经久不衰的声誉。

④ 季莫费伊·丘帕钦（1896—1966），毕业于法国一所技校，苏俄内战前回国，1932年从莫斯科航空学院毕业，毕业后在莫斯科的中央航空发动机研究所工作，1937年被派往哈尔科夫柴油机厂以增强其人才力量，1937年底切尔潘被捕后成为该厂柴油发动机的总设计师，1941年调往斯维尔德洛夫斯克的第76工厂，并致力于新型发动机的研究。1966年去世。

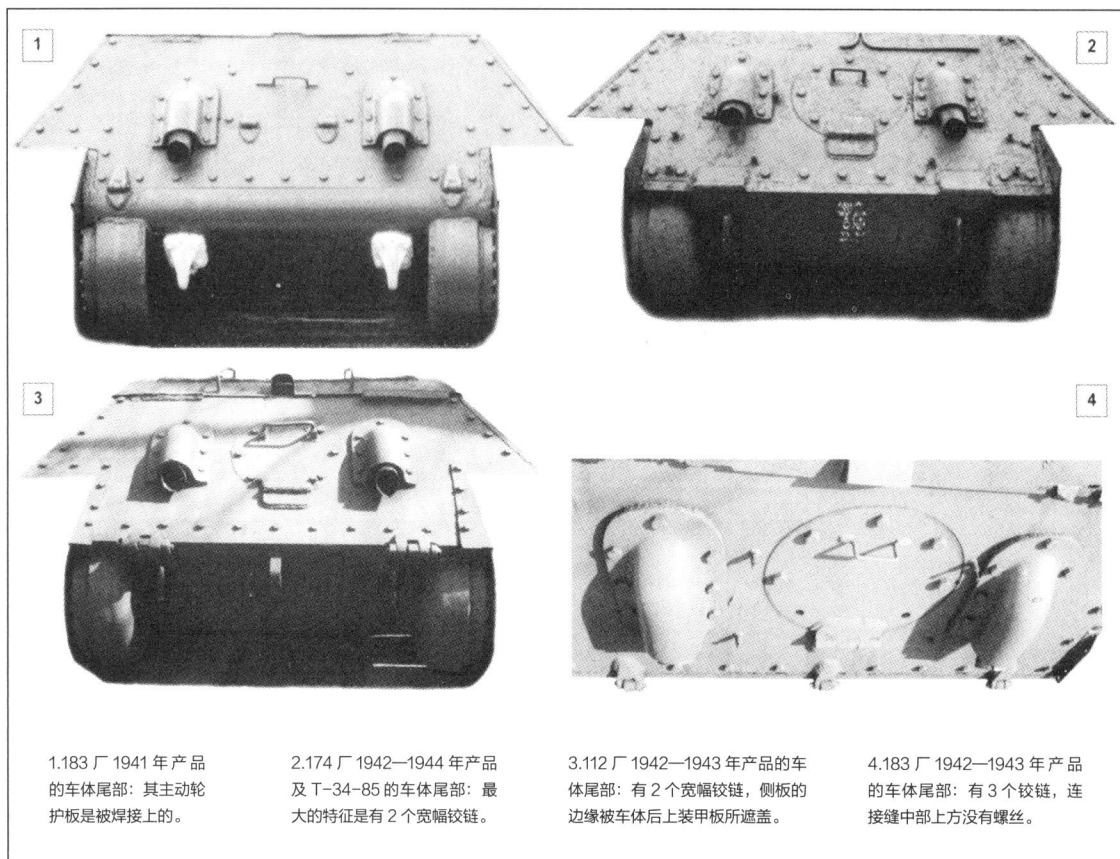

1.183 厂 1941 年产品
的车体尾部：其主动轮
护板是被焊接上的。

2.174 厂 1942—1944 年产品
及 T-34-85 的车体尾部：最
大的特征是有 2 个宽幅铰链。

3.112 厂 1942—1943 年产品的车
体尾部：有 2 个宽幅铰链，侧板的
边缘被车体后上装甲板所遮盖。

4.183 厂 1942—1943 年产品
的车体尾部：有 3 个铰链，连
接缝中部上方没有螺丝。

拥有如此卓越的性能，对于它们来说，使用寿命能够达到100小时就算合格；直到1941年春，工厂方面才宣称达到了150小时的使用寿命，但情况是否真的有这么乐观一直是个谜——或许在和平时期生产的最初若干批次的产品能够达到这个性能指标。直到1943年以后，原有的100小时使用寿命才得到进一步的提升，至于可靠运转150小时的目标也许直到战后才真正达成。

伴随着T-34的成功，显而易见，V-2型柴油发动机已经成为新一代苏联坦克的标准动力来源。接着，哈尔科夫柴油机厂从183厂独立出来并成为一个独立运转的生产实体，这就是第75哈尔科夫柴油发动机工厂的由来。之前，该柴油机厂由A.Y.布鲁斯金（Bruskin）[1]领导，后来则换上了D.Y.科切特科夫（D.Y. Kochetkov）。这个单位的总工程师是Y.I.涅维亚日斯基（Y.I. Neviyazhskiy），季莫费伊·丘帕钦为总设计师，后者的副手则是米哈伊尔·波杜布内，伊万·特拉舒京被任命为设计局局长。然而，在这个最初的设计团队中并没有多少人留了下来：有些人在"大清洗"中死去，还有人因为无能而被开除。

---

[1] 亚历山大·布鲁斯金（1897—1939），他1922年毕业于哈尔科夫技术学院，后来成为哈尔科夫柴油机工厂的厂长，1934—1936年被派往车里雅宾斯克拖拉机厂担任厂长。1938年，在机器制造人民委员任上，布鲁斯金因遭人诬陷而被捕，并于次年被判处死刑。

◀ ▼ 左图和下图展示了六边形炮塔的2种变体。左图展示了从1942年秋季开始生产的硬边型铸造炮塔（其铸模包括9个部件，其中仅炮塔座圈部分的部件就有7个），值得注意的是炮塔侧面的那道痕迹并未出现在另一面。下图展示了1943年年初生产的软边型铸造炮塔（其模具只有2个部件），请注意炮塔座圈中部的凸筋。

▼ 装有车长指挥塔的软边型炮塔，其炮座下方前半部分的样式和其他软边型炮塔不同。该炮塔的模具由5个部件组成，其中4个组成了炮塔座圈。侧面的观察缝表明该车是1943年生产的。

▲ 硬边型炮塔。注意炮塔上的凸筋、锐利的接合部，以及铸件连接处出现的明显瑕疵。

◀ 软边型炮塔。注意火炮护盾下方的2根凸筋，这一特征在该型炮塔上极为罕见。

软边型六边形炮塔的演变

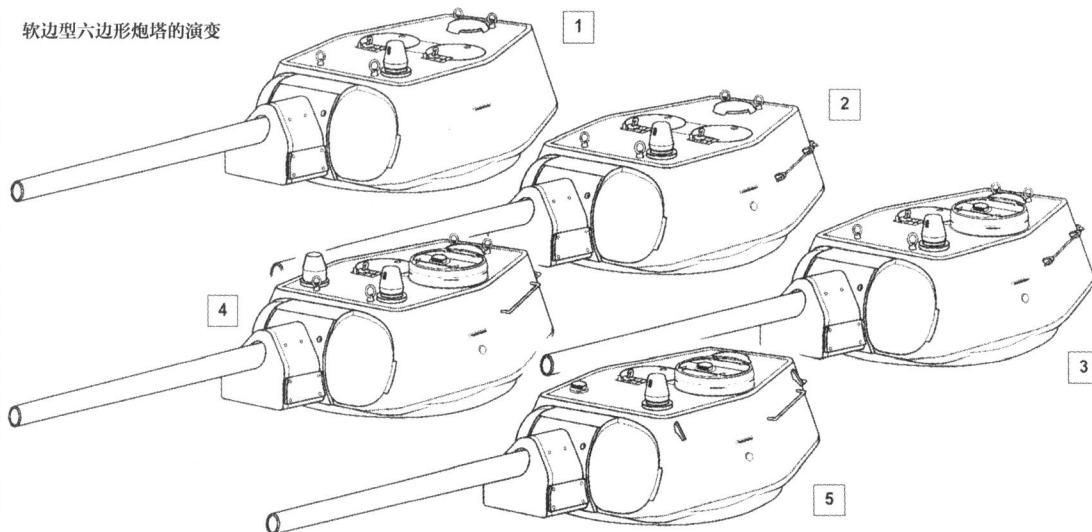

1. 1942 年的首批产品；
2. 1942/43 年的产品（带扶手和手枪射击孔）；
3. 1943 年夏季的产品（带车长指挥塔）；
4. 1943 年晚期的产品（安装了 PT-4-7 和 PT-K 型潜望镜）；
5. 1944 年早期的产品（安装了 MK-4、PT-K 型潜望镜和吊耳）。

六边形炮塔的主要版本

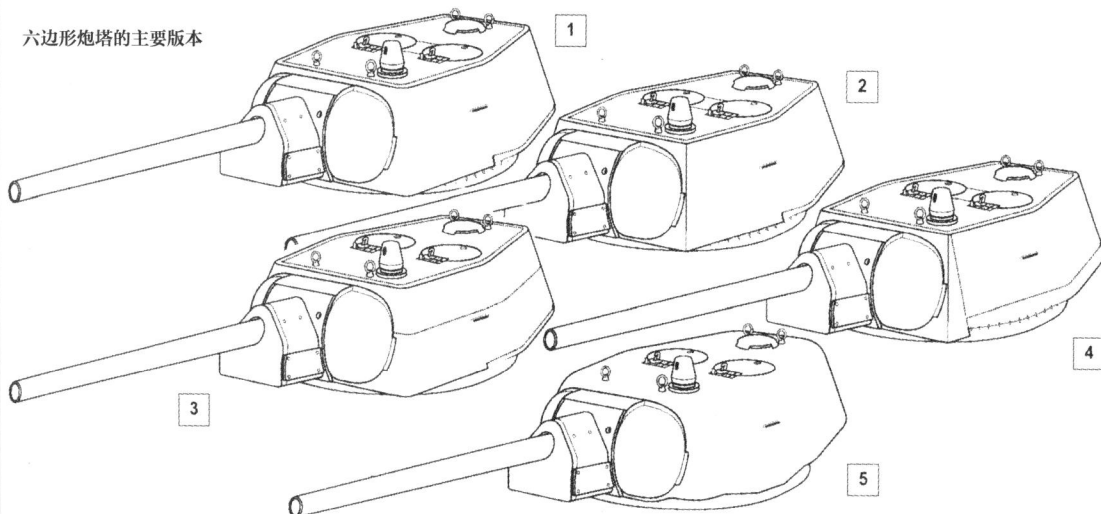

1. 硬边型炮塔；
2. 结合处呈折角的硬边型炮塔；
3. 包括炮塔上部、炮塔下部和尾仓底板三个部件的"三件式"炮塔；
4. 包括炮塔前部、炮塔后部和尾仓底板三个部件的"三件式"炮塔；
5. 冲压炮塔。

▲ 这张摄于 1942 年夏天的照片展示了一辆早期版的"1942 型"T-34，车上安装的是六边形炮塔。该炮塔为"三件式"（注意它们的连接缝），且安装在了一台早先生产的车体上，后者可以从 1941 年式的履带上得到印证。在车体前方可以看到 183 厂安装的附加装甲。炮塔侧面可以看到一个典型的战术识别标记（标记为菱形，分割线上下分别是数字"2"和"11"）。在战术标记的旁边还可以看到炮塔的序列号——428。对舱盖打开后的样子，德国人曾给它起过一个生动的诨名——"米老鼠"。

▲ 1943 年秋季，一辆硬边型炮塔被炸飞的 T-34。在炮塔的侧面可以清楚地看到合模线，它将整个炮塔分成了三个部分（前、后和炮塔座圈）。另外，我们还可以看到光滑且间隔均匀的凸筋。至于这辆坦克的负重轮则包括了多种样式，其从前往后依次为：两组挂胶的旧式无孔负重轮、两组钢制负重轮和一组新型的挂胶有孔负重轮。

◀ 这辆安装了新式炮塔的T-34于1942年7/8月间被击毁在了沃罗涅日（Voronezh），当时苏军在这一地点发动了一次坚决的反攻。该车的炮塔和车体前方有很多数字，但具体意义尚不清楚。在车体机枪上方的数字是"Y49"，驻退机护罩下方的数字是"4./-"，炮塔侧面的战术识别标记已难以辨认，但上方的数字似乎可以确定是"2"。

◀ 按照德国人的说法，这张照片拍摄于1942年7月4日，最早展示了安装六边形炮塔的T-34。该车是183工厂的产品，最晚生产时间在1942年六七月间，其近景处的两组负重轮是新型号，上面有开孔、外围挂胶，远处的三组系钢制负重轮。该车炮塔侧面有醒目的数字"206"。履带附近可以看到几名乘员的尸体，他们似乎是在弃车时死于非命。

第七章

设计缺陷

根据1941年2月发布的"1940年型T-34坦克（1940年夏秋季生产型）[①]"操作手册，这种坦克的"V-2型柴油机安装于车体后部的发动机舱内，该发动机重750千克，在转速为1800转/分钟时，额定功率为500马力"。实际上，这是过载状态下的表现数据，在正常情况下几乎无法达到这一水平。理论上，该发动机还能在短时间内，以2050转/分钟的应急状态工作，但实际上，很容易导致发动机过热。V-2发动机的正常转速为1700至1750转/分钟（在这种转速下，坦克在行军和战斗中都有较好的表现），此时输出功率为400至450马力。根据发动机在正常转速范围内测定的性能表现，T-34的最大速度可达到47—48公里/小时。

最初，T-34的动力-传动系统问题频发，因为缺少相关的详细资料，很难确定这些问题的确切原因。但有一点是毋庸置疑的，即T-34的发动机和散热系统在同类设备中远算不上优秀，这些缺陷导致T-34比德国的四号坦克和美国的M4"谢尔曼"坦克更容易发生故障。这些问题在T-34的制造和使用过程中被逐步解决，到1943年，整车的技术状态大体达到了令人满意的水平。

T-34的载油量为460升，在土路上的理论行程达230公里，在铺筑的硬实路面上则可达300公里，平均耗油率为每一百公里200升。[②]这些数据本身非常出色，但对坦克机动性能的评价则必须在一个更为全面合理的前提下进行。在实战中，130至150公里的越野行程已经足够，在敌占区做更为深远的推进对于坦克部队将非常危险：200公里的长途奔袭不仅会令驾驶员精疲力竭，也会超出后勤网络的供应范围。[③]就第二次世界大战的整体技战术水平而言，坦克实际上不需要如此大的行程。在调动和作战中，为避免白白消耗履带式战斗车辆宝贵的摩托小时，坦克部队通常会以铁路运输的方式来完成长距离行军——这种做法既方便快速，又能保持乘员的体力。举例而言，假如不考虑辅助车辆等其他单位，在硬质路面上，一支不太长的坦克纵队能在15小时内以履带行军开赴300公里外的集结地域，纵队平均速度可达20

---

① 在官方称呼中，所谓T-34"1940型""1941型"和"1942型"的说法实际并不存在。这些车辆的设计虽然互有差异，但只体现在外表上，它们的本质仍是同一种车辆，至于上述分类可能直到战后才真正出现。

② 目前资料上关于T-34的行驶里程数据都不可靠。这种情况很可能是对行驶条件的错误翻译所致。在T-34操作手册上给出的里程数据是：1.硬面公路（即有沥青路面的主干道）300千米；2.乡间道路（无硬质路面）230千米。在西方文献中，这两种状况分别会被翻译为"高速公路"和"越野"，但实际上，在越野状态下，由于地面更松软和崎岖，坦克的油耗要比在乡间道路行驶时更大。不仅如此，上述假说还可以得到德军方面资料（如对T-34-85的野外测试）的证实。既然上述数据可能有误，我们可以以此为基础推断，T-34的越野行程可能在190-200千米之间。

③ 需要指出的是，根据近代的作战指导手册，一个步兵师最大的防区宽度应为10千米，从作战角度看，纵深达到30—50千米的突破口是最有效的——因为步兵军集结区的纵深大约在20千米，而集团军预备队则通常会部署在离前线不超过30千米处。根据东线战场的作战经验，苏军认为突破深度的上限应当定在50—80千米之间——在离前线的这个距离上，他们将会与敌人的集团军群级预备队发生战斗。至于当时西方坦克无线电通信的最大距离则在7—15千米。

◀ 为了躲避敌军火力，这辆 T-34 躲在了房屋后面，但显然没能得逞。该照片摄于 1942 年初秋苏联西方面军的战线上。注意车上安装的、后期型的 1941 式履带。

◀ 这辆 T-34 是 183 厂 1942 年夏季生产的产品，这一点可以从侧离合器盖板附近棱角分明的接合处、后装甲板两侧缺失的中部螺丝、波状轮廓的排气管基座和 3 个后装甲板铰链等细节推断出来。后装甲板上的白色横条和炮塔顶部的白色三角尤其有趣，它们可以方便苏联空军或其他友军单位进行战场识别。

至25公里/小时。[①]但实际上，在行军途中坦克之间必须保持合理间距并维持队形，还要保持必要的战备警戒，根本无法达到理论行军速度。最重要的是，每隔几个小时部队都必须停下来稍事休息和进餐，并对坦克做必要的技术检查和调整。[②]这样一来，坦克纵队300公里履带行军的实际耗时将达到36至48小时之多，考虑到车辆摩托小时的损耗，这样做很不划算。

　　进一步而言，在危险混乱的前线及其接近地域，是很难组织起这样四平八稳的坦克纵队长距离履带

---

　　① 由于东线战场的作战环境使然，德国装甲师经常在离前线100—150千米的地方卸车，但有时，根据实际情况，它会抵达近至50千米左右的区域。但另一方面，苏联人却经常让坦克军开展500—600千米的长途行军！根据他们的要求，甚至连300公里的行军都算是少的。

　　② 和其他通风不良的坦克一样，T-34在夏季时内部都会变得异常闷热，在冬季，其舱内空气又会变得浑浊寒冷，让驾驶员只能在战位上坚持2—3小时，更何况驾驶坦克本身又是一项耗费力气的工作，甚至标准的100克伏特加配给都于事无补。（参见《T-34：通向胜利之路》第39页）

▲ 1942 年秋天，这两辆 T-34 在奥廖尔附近的战场上相撞。在被掀飞的炮塔上有"米哈伊尔·库图佐夫"（Mikhail Kutuzov）字样，这一名字来自拿破仑战争时期的一位俄国将军。另外，在没有炮塔的车体上我们还能看到一些特殊的支架，它们也许是用来安放圆木的。

行军的。相比之下，铁路运输的平均速度可达到40—60公里/小时，在战区间跨区调动坦克部队效率更高。当坦克部队的规模较大（如达到装甲师级别）时，利用铁路机动的优势就更加明显。不过在这一方面，苏联红军的认识有别于西方国家，他们特别关注坦克依靠自身能力获得的最大行程。

T-34最初装备的L-11型76.2毫米口径主炮是一个失败的设计，后来不得不被紧急替换掉。该炮身管长度仅为26倍口径，炮口初速只有555米/秒[1]。这在1935至1938年间还勉强算合格，但按照1940年以后的标准则明显过时。实际使用中，该炮暴露出大量问题，经常卡壳，射击精度也不高，无法正常使用。坦克炮塔由MB-20电动马达伺服系统驱动，可在10秒钟旋转360度。

坦克每侧履带有74块履带板，宽550毫米，履带接地长3840毫米，车辆接地压强仅为0.62千克/平方厘米。

T-34的总体技术指标非常出色（不过没有好到革命性的地步），其战术性能较其他坦克相对更为优秀。在实战中，T-34坦克的中等厚度大倾斜角装甲赋予了其一定的作战优势，但由于战争初期，苏联坦克手经验不足，这一点往往被德军的高性能反坦克弹药和出色的战术所抵消。相比之下，早期德国坦克的侧后装甲更为薄弱，钢材质量也较差，但德军通过合理的战术配合，尽可能地做到了扬长避短。但T-34情况不同，战地照片都显示，大量T-34在混战中被从侧后方击毁。这种战术上的失败又源自于坦克本身的技术设计缺陷，使得很多理论上的优势在战场上无从施展。T-34最致命的缺陷就在于乘员的战场态势感知能力很差，车辆上的光学观察设备配置不合理，质量低劣。车载无线电普及率不高，性能也

---

① 需要指出，德军的KwK 37型24倍径75毫米炮的炮口初速也达到了大约440米/秒。

不好。T-34早期装备71-TK-3型电台，行进间通信距离为18公里，但直到1943年下半年才在连指挥车上普及（每连共10辆坦克），一些情况较好的部队可普及到排指挥车（每排3辆坦克）。光学设备的情况也类似，坦克上安装的TOD-6、TOD-7、PT-6和PT-7型潜望镜①质量远逊色于德国同类装备。②此外，发动机巨大的噪声也干扰了乘员的对外警戒和内部沟通。

这些细节问题看上去并不重要，但德军逐步重视并学会了利用这些缺陷来对付苏联坦克，后来，连苏联人自己也发现了这些问题。

光有这些还不算。战争期间，特别是1941年年底到1944年秋这段时间，苏联坦克

▲ 这张照片与前一页的照片拍摄于同一时期，场景也颇为相近，在起火T-34的车体后板上也有类似的支架。这两张照片似乎都是在战斗期间拍摄的，但实际上，摄影师是在友军控制了战场之后才抵达，接着，步兵引爆了一些手榴弹、坦克炮弹和1罐汽油才制造出了我们看到的场景。

的质量跌落到了灾难性的水平。装甲、炮弹和机械部件成了问题的重灾区，令车辆的可靠性雪上加霜。苏联人没有降低生产率以提高产品质量，也没有设法提高乘员的训练水平，而是一味地追求着生产数字。对数量的狂热，让苏联人在1943年一系列大规模进攻的前夕放弃了更先进的车型和对质量的追求：为了发动进攻，他们需要的是更多的坦克，即使其性能处于劣势。

凡此种种缺陷共同作用的结果是，苏军只能在战斗开始的最初阶段有效运用T-34。进入战斗后的最初2公里范围内，坦克部队还能按计划行动。此时，各辆坦克还能维持它们在阵型中应有的位置，指挥员也能与各车保持接触。但很快，随着战斗的进行，噪声、爆炸、硝烟——战场上的一切都在干扰着坦克手们的观察，他们难辨方向，既找不着队友、也看不清忽隐忽现的德军坦克，很快就陷入各自为战的境地，根本无暇考虑战术任务。由于缺乏无线电，坦克队形一旦被打散，各车的协同配合就不复存在。德军很快就发现了这些弱点，并在实战中加以利用，当1942年德军再度发动进攻时，对付T-34已经不再是什么困难课题了。

总而言之，T-34的技术优势并没有全部转化成战术优势——它们在很大程度上被不合理的设计思路、战术思路甚至战略思路所抵消了。

---

① 其中，编号带"6"的潜望镜与L-11型坦克炮配套，而带"7"的潜望镜则与F-34型坦克炮配套。
② 问题主要是观察窗的防弹玻璃有气泡，容易发黄发脆，潜望镜密封性能差，易进水起雾，目镜视野范围仅中间部分较为清晰，周围容易发生光学畸变，实际上相当于缩小了观察视野。

▲ 1942 年 9 月，在后方接受训练的 T-34，隶属于阿尔希波夫（Arkhipov）中校指挥的坦克第 109 旅。这两辆 T-34 均是 183 工厂的产品，但前方一辆的炮塔尤其特殊。该炮塔是最早期的铸造型号，由 3 个部分（即上部、下部和尾仓底板）组合而成，可以被归入软边型炮塔的范畴。其炮塔侧面涂着坦克的昵称——"莫托洛夫"（当时苏联的外交部部长），下方有数字"169"。该数字可以作如下解读：其隶属于第 1 营（当时 1 个坦克旅共下辖 2 个营）、第 6 排（1 个营 9 个排），是坦克连中的第 9 号坦克（1 连 10 辆车，其中连长座车对应的编号为 0）。注意炮口上的帆布罩。

▲ 1942 年夏秋季节，一支在步兵紧密跟随下前进的苏军装甲部队。其近处的坦克是 183 工厂的产品，还涂有一种特殊的战术编号。在六角形内部有数字"2"，下方是数字"7"，而在"7"的旁边还有一个数字"1"。其中前两个数字可能代表了部队的番号，最后一个数字也许指的是坦克自身的编号。由于另一辆坦克没有这一数字，我们似乎可以推断，"1"的意义也许不如其他两个数字重要。

第八章

改进

　　T-34的设计成功，使得苏联拥有了梦寐以求的"全能坦克"，但为了将这种全新的设计投入量产，苏联还必须对自身的工业系统进行现代化改造，甚至要为此对相关工业部门进行重建。由于苏联缺乏制造T-34复杂部件必需的专用设备，因此其生产准备工作任务很重，在此仅以车体前装甲板的生产为例来加以说明。

　　根据最初设计，T-34的车体前部由整块装甲钢板制成，要经历锻压、切割、热处理和矫正等多道工序，并在万吨水压机上折弯120度，再实施硬化，工艺非常复杂。这样制成的车体前装甲板构件，必须与车体侧装甲板精确吻合。考虑到3片装甲板的倾斜角度和互相之间的关联，要做到严丝合缝并不容易。整个过程难度较大又很费时，不仅如此，它还提升了生产成本，并限制了量产规模。

▲ 这张照片摄于1942年秋季，该T-34残骸上的识别标志可谓相当独特，上面包括了两个几何图形，其中一个是内部有分割线的三角形，其上方是数字"41"，下方是"6"。右侧还有一个内部有字母"A"的正方形。这两个标记都被涂在了炮塔后方，表示它们是在进攻中供其他人员识别所用的。注意铸造炮塔表面粗糙的纹理和炮塔座圈上的凸筋（靠近德国军官的脸部），这些凸筋连接着座圈的底部和炮塔的边缘，尺寸大得不同寻常。另外，其炮塔的边缘并不是圆滑的，而是有着鲜明的棱角。

◀ ▼ 这两张照片是 1942 年 7 月摄影师造访沃罗涅日战场时拍摄的。这辆坦克安装了六边形炮塔，不久前才从 183 工厂下线。其所属坦克旅的战术标志是一个被外伸的分割线分开的菱形，上半部分是数字"2"，下半部分是"16"或"18"。在炮塔顶盖上有油漆漆成的线条，以方便友军进行空中识别。另外值得注意的是，该炮塔属于六边形炮塔最早期的版本，其有些特征被沿用到了后来出现的硬边型和软边型炮塔上面。

　　1940年年底，首批量产型T-34在部队测试中表现糟糕，情况立刻变得严峻起来。在完成相关调查后，国防人民委员部和中型机械制造人民委员部分别下达了第428号决议和第268号命令，要求必须拿出一种更实用的设计来替代T-34。在1940年11月的某一周内，相关方面火速制定了改进方案，其指导方针在1940年12月29日的一次会议上最终敲定。根据难易程度，T-34的改进工作将分三个阶段实施。

　　第一阶段——短期改进，即不对车辆总体设计进行重大调整。改进要点在于设计一款新型履带，以替代不能适应T-34较大重量的BT坦克履带。此外上级还要求增大坦克的携弹量和行程（原文如此！）。坦克的内部设计也需要进行一些调整，火炮和炮塔也将被替换。由此产生的新型T-34很快获得了A-41的工厂代号。A-41的很多关键设计可与T-34实现互换，这样就能直接在生产线上得到应用。不

▲ 这张照片摄于1942年9月，其中一辆183厂生产的T-34正在斯大林格勒附近接受"胜利者"的检查。该工厂产品的典型特征——如带波状轮廓的排气管基座——在照片中清晰可见。注意其安装的是"华夫饼"（Wafer）型的履带，这种履带列装于1941年年末，但在"标准型"履带在1942年登场之后逐渐退出了历史舞台。

▲ 这辆T-34在1942年秋天被遗弃在了东线战场中部的某处，上面所有的外部配件都已被拆掉或打飞。由于表面空无一物，因此，我们已很难确定其所属的部队或是来源。另外，我们还可以在炮塔侧面看到许多小口径火炮留下的弹痕。

◀ 这辆 T-34 摄于 1942—1943 年冬天。其最有趣的特点在于炮塔上的标识——为了方便空军等友军部队识别，其侧面和车顶分别涂绘了深色（可能是红色）和白色的色带。其中炮塔罩前位置的暗色色带被积雪遮挡了。

▼ 因内部爆炸而四分五裂的 T-34 坦克，该车参加了在 1942—1943 年冬天斯大林格勒地区的进攻战。

过A-41最终未能获得定型。

第二阶段——全面改进，以提升车辆的实用性和人机功效。该设计被定名为A-43。

第三阶段——研制T-34的发展型号，即T-44和T-34T。前者是基于A-43研制的一种全新型号坦克，后者则是改进了车内设备（主要为"行星"转向机）的A-43。

第一阶段最重要的任务之一是设计一种全新的坦克炮。这项任务被交给了瓦西里·格拉宾（Vasiliy Grabin）[1]及其位于第92兵工厂的设计局。该设计局在1939年曾为KV-1重型坦克设计了F-32型坦克炮（与T-34最初的L-11坦克炮相当）。规划中的新型坦克炮与L-11毫无关联，它是在步兵支援火炮的基础上全新设计的。

---

① 瓦西里·格拉宾（1899—1980）1920年参加红军炮兵部队，内战结束后进入技术部门深造，由于表现优异，1930年起，他开始逐步负责关键型号加农炮和坦克炮的开发工作，其代表作包括76.2毫米F-22野战炮及其衍生型F-34坦克炮、76.2毫米ZIS-3加农炮和57毫米ZIS-2反坦克炮等，对苏军炮兵的壮大起到了重要作用，1945年，他因杰出的军事贡献被提升为上将。

▲ 这辆安装"米老鼠"舱盖的坦克是在1943年2—3月间在哈尔科夫附近被德国第4装甲师击毁的。该车没有球形装甲机枪座，可能是乌拉尔或车里雅宾斯克工厂在1942年年底的产品。其中可以清楚地看到550毫米宽的"标准型"履带，该履带在1942年年底列装，并为这年秋天至次年春天的泥泞做了专门设计。至于炮塔座圈上的凸筋只是隐约可见。这些凸筋经常在硬边型的炮塔上出现，在软边型炮塔上则凤毛麟角——但本车无疑是个例外。

　　1940年6月2日，中型机械制造人民委员部下令生产这种新型火炮，设计工作在同月展开。设计工作的一个特点是双轨决策机制。一方面，设计师们在工厂里确定其技术参数；另一方面，决策层在克里姆林宫里确定其设计特征（6月13日的一次党中央政治局会议上对此进行了讨论）。铁木辛哥（Timoshenko）①元帅审阅为T-34研制新型主炮的相关文件后，决定让F-22型76.2毫米师属加农炮充当蓝本。6月14日，高层决定新型火炮要在当年9月1日前准备完毕，格拉宾的设计局按时完成了任务，新型F-34坦克炮于9月15日开始接受测试。之后，样炮被装到一辆BT-7上，从10月1日开始继续进行射击测试，直到样炮发生几起故障（零件开裂）后，试验才于10月20日结束。一周后，样炮被交付接受国家测试，其间被安装到A-34的第2号样车上进行了试验。国家测试于12月17日结束，与此同时，国防人民委员部的一次会议决定从1941年1月1日起批量生产F-34型坦克炮。但F-34直到1941年6月才被苏军

---

① 谢苗·铁木辛哥（1895—1970），时任苏联国防人民委员。

"正式列装"。量产之初生产线上遭遇了一些小问题，2月份的产量仅有82门，直到3月份才达到了月产300门的指标。

F–34是设计新颖的优良火炮。为了获得优良性能，该炮的结构与西欧同类火炮略有不同。作为结果，F–34比后来出现的美国M4"谢尔曼"坦克上安装的M2型75毫米炮，及后来德国四号坦克上安装的KwK 40型75毫米炮都更重，但性能却略有不足。而当时苏联穿甲弹的糟糕品质更拉大了这种性能上的差距。在500—1000米的距离上，F–34的射击测试结果仅与身管更短、膛压更低的75毫米口径的美制火炮和德制的KwK 37型75毫米火炮相当。有趣的是，在500米的射程上，F–34的实测威力略好于KwK 37。虽然这两种火炮的设计理念完全不同，但性能表现却很相似。一方面，这是由两国的弹药以及靶板的质量导致的，另一方面，它也与武器的设计和制造精度的差别有关。

苏联人意识到，T–34的火炮性能并不能令人满意。这就是为什么，在决定生产装备F–34型76.2毫米火炮的T–34的同时，苏联人开始试图往T–34的炮塔里"塞进"一门能更有效对付德国坦克的火炮，一如在A–20/A–20G方案中所做的那样。

研制一种安装"专用火炮"的T–34——这种想法始于1941年6月，几乎与用F–34火炮替换L–11火炮的工作同步展开。当年6月13日，铁木辛哥在中央政治局会议上再度提出了这个问题——而正是这次会议决定投产F–34型火炮。在会议上，所有参与者决定对此展开后续调研，当6月27日中央政治局再度召集会议时，相关调研已经完成。

在政治局会议的讨论中，有一个问题变得毫无商讨余地，即标准的45毫米坦克炮和反坦克炮已经过时[1]，研制其替代品的任务只能由第92兵工厂设计局的格拉宾来完成。由此诞生了ZIS–2型长身管57毫米反坦克炮，该炮的炮口初速能达到1000米/秒，在1000米的射程上能击穿70毫米厚的装甲板。这种火炮的性能是如此优秀，以至于苏方决定将其安装到T–34上。不过1940年下半年，第92兵工厂正忙于为F–34火炮的大规模生产做准备，因此，换装ZIS–2的工作遭遇了许多障碍。

尽管困难重重，在攻克了最初的难题后，ZIS–2的第一门样炮仍在9月份开始组装，11月样炮准备完毕后就立即被投入工厂测试，测试中，该炮的表现远算不上完美。1941年3月结束工厂测试后，还来不及修正暴露出的基本缺陷，

▲ 1942年冬天，来自哈巴罗夫斯克的共青团代表向一支苏军部队的指挥员移交了一辆T–34，其相关费用则来自团员们的捐献。这辆坦克的炮塔上有一条感谢捐赠人的标语，其颜色可能是红色。注意其炮塔舱盖的内侧被漆成了白色。

[1] 而且苏军很快就将发现，大批战前生产的弹药都存在问题，完全无法满足前线的需要。

ZIS-2就被匆匆装上了一辆T-34，前往位于索夫林诺（Sofrino）的火炮试验场接受国家测试。很快，军方指出了火炮的两大基本缺陷：第一，身管质量差，射击后过热导致身管寿命短[①]；第二，射击精度差，散布大。于是，这门火炮被送回格拉宾设计局接受了一系列改进，并在1941年7月再次送交以接受进一步测试。

当年7月6日至18日的测试获得成功，之后，军方建议该炮立即投入批量生产。此时苏联战况危急，没人会反对投产该炮的决定：毕竟，该炮表现良好，而且军方深信现有的F-34型坦克炮和M1934型45毫米炮不足以对付德国坦克。不过，虽说当时军方的意见有一定的合理性，但ZIS-2造价高昂（主要是因为其长身管加工困难），不仅如此，这种全新的火炮及其配套的弹药将给苏军的后勤保障体系带来巨大压力。

◀ 1943 年年初，一辆正等待乘员接收的 T-34。炮塔上的标语显示这辆坦克是蒙古人民革命党捐献的，上方的文字意为"乔巴山"（Choibalsan，即蒙古人民革命党的领导人），下方的文字意为"革命的蒙古"（Revoiutsyonnaya Mongolia）。在两者之间是该旅的战术标志：即一个带分割线的菱形，下面是数字"9"。

▶ 隶属于同一单位的 T-34，但该车安装了车长指挥塔。1945 年 5 月在奥地利的一次群众集会上，该车充当了政委的临时讲台。值得注意的是，该车炮塔前下方并未涂有雪地迷彩。

① 该火炮的炮管在发射100—150次之后就会磨损报废，相较之下，德国火炮炮管发射600—1000次穿甲弹才会达到使用寿命。

▲ 一辆四分五裂的T-34，内部爆炸撕裂了车体侧面和整个悬挂系统，并把炮塔掀到了至少10米外。这座硬边型炮塔的顶盖已经不翼而飞——由于殉爆的威力使然，这种情况经常出现。

▲ 这张照片和本页上图中的T-34情况几乎完全相同：爆炸不仅掀飞了炮塔，还有V-2发动机。其中发动机左侧的圆形部件是主风扇，平时安装在发动机、变速箱和传动设备之间，而发动机右侧弯曲的部件则是排气管。

▲ 在上面照片中，我们可以在近处清楚地看到一辆 T-34 的后部油箱和托架。远景处的坦克炮塔上则有一个大洞。这种情况可谓罕见，因为德国炮弹弹孔的尺寸总是与其直径接近的。

▲ 在这张照片中出现了更多的 T-34 残骸。其中最近处的一辆已经在殉爆后四分五裂。值得注意的是，受爆炸影响，其战斗室顶盖已被彻底掀掉，让车辆内部和炮塔座圈都暴露在外。另外，我们还可以看到一部分炮塔转向机和固定炮塔座圈的螺栓。

所谓计划永远跟不上变化。当年8—9月间战况持续恶化，当8月份ZIS-4（ZIS-2的车载型/坦克炮改型）的组装线开始运转后不久，其生产计划就被叫停，进而在11月1日被彻底取消。[1]截至此时，只有133门炮组装下线，绝大部分都装上了T-34。首批21门炮于9月中旬被送往哈尔科夫的183工厂，此时工厂即将开始疏散。下一批20门炮则被送往位于斯大林格勒的斯大林格勒拖拉机厂。

首批T-34-57坦克被交付给1941年9—10月组建的坦克部队，并被投入莫斯科战役。理论上，这些坦克应被当作坦克歼击车，为装备F-34型火炮的（普通T-34）坦克提供支援，但实际上，它们最终还是被当作普通坦克投入前线使用，直到在战斗中损耗殆尽或因缺乏弹药而换装了F-34型火炮。

无论ZIS-4还是F-34，这两种新炮在设计中都考虑了与新型炮塔的兼容性，而这种新炮塔也构成了A-41区别于T-34的显著特点之一。几乎可以确信，A-41的炮塔与A-43的炮塔系出同源，至少在改进过程中有诸多共同点。该炮塔的改进也可分为3个阶段：

第一阶段：对现有炮塔的小规模改进；

第二阶段：对炮塔的大规模改进，包括修改炮塔构型（即所谓的"六边形"炮塔的由来）；

第三阶段：使用座圈直径加大200毫米的全新炮塔。

---

① 叫停的一个重要原因是苏联开始将西部的工业设施向东大规模疏散。

由于对A-41计划的钟情，及短期内难以采用更深入的改进措施，苏联方面决定对现有的T-34炮塔进行小规模改造，以便"塞进"F-34火炮（即第一阶段改进项目）。随着"巴巴罗萨"行动的开始，研制新炮塔的所有尝试（即第二阶段的改进项目）都被放弃或搁置。

同时，工程师们还采用了一个类似的临时措施用于提升坦克的最大行程。虽然A-41要求增大行程，但其设计较T-34的调整很小，于是，这种改进措施也被直接反过来应用到T-34上。就这样，T-34上开始出现了长条形的附加油箱。每个油箱容量为33升，这些油箱被安装在T-34车体后部两侧，最初安装了2个、其后数量增加到了4个。这个办法使坦克能多携带130—265升燃油，把坦克的载油量增加了30—60%。

T-34坦克最先进的改进型是T-34M，工厂代号A-43。这实际上并非T-34的改进型，而是一种全新的设计：除传动系统和首上倾斜装甲外，T-34M与T-34毫无共同之处。即便如此，T-34M仍被广泛认为是T-34坦克家族的一员，这也许是因为该车作为T-34替代者的特殊身份。T-34M被认为属于第二阶段改进项目。

T-34M之所以出现，是因为军方对量产型号颇为不满，以及对购自德国的三号坦克的测试经验。早在1940年3月，为T-34研制一种更实用、更有价值的替代者的构想就已出现，最初的研制工作在当年4月就已展开，但不堪重负的工厂直到1941年1月才能腾出机床生产新车的部件。任务的要求如此之紧，涉及的变动如此之多，以至于为保证项目进度，厂方不得不直接沿用许多现有的改进措施，未完成的部件则用模型代替。其中一个例子就是用F-34火炮的模型来替代实炮，作为研制全新型炮塔的参照。1941年1月，全套的技术指标文书、工程图纸和一台全尺寸木质模型被展示给了国防委员会。委员会下令启动制造工作，并要求到3月份完成最初2辆样车。由此推断，样车完成后批量生产也会很快展开。

T-34耗时3年才研制成功，相比之下T-34M的研制进度堪称神速。整个过程仅仅用了半年功夫，而且上级很快便对它的性能深信不疑了。为什么会有如此大的不同？所有的证据都指向两个原因：首先，苏联详尽地分析了购自德国的三号E/F型坦克；其次，1940年3—7月间T-34的实际量产状况证实了此前军方所有的担心，他们注意到，设计上的缺陷（特别是炮塔），以及在量产中使用的劣质进口部件，都让T-34的可靠性大打折扣。

根据近年来出版的有关回忆录，1940年夏天对德国三号坦克的测试绝对给苏军将领们留下了深刻印象。其优良的操纵品质更是与T-34形成了强烈反差。一辆三号坦克被送往库宾卡接受全面的军方测试，另一辆则被

▲ 这辆旧式的T-34车体生产于1941年，并安装了扁平型铸造炮塔。1943年春天，这辆坦克可能因为履带断裂而被抛弃。

送往183厂进行全面的分解检测，以了解其技术特性。苏联人很快就发现，除装甲防护和武器威力外，三号坦克几乎在其他各个方面都优于T-34。按照苏联标准，三号坦克的乘员工作条件堪称奢侈：柔软舒适的乘员座椅、性能良好的无线电设备、比T-34略大的炮塔座圈直径和5名乘员充足的作业空间……这一定也给苏联设计师们留下了深刻印象。同时，坦克优秀的悬挂系统、发动机和通风设备也没有逃脱苏联人的眼球。

差不多半年后，量产型T-34的质量开始在实际使用中表露出来。11月份，军方接收了1940年9月5日组装下线的首批3辆T-34。10月25日下令进行的测试在库宾卡试验场展开，但结果并不乐观，测试报告中一长串的缺陷宣告该车不适合装备一线部队，只是火炮的精确射击能力得到了肯定。军方再度提议放弃该车型并全面终止其量产。在极度失望中，军方甚至考虑用T-50轻型坦克取代T-34，甚至重开BT-7的生产线！此外，军方还要求给T-34装备45毫米炮，以解决当前L-11火炮威力低下、能有效击毁敌坦克的新式火炮又严重不足的急迫问题。

有鉴于此，A-43作为T-34的替代者被寄予厚望，其研制工作开始快马加鞭。这就是为什么A-43上很多的改进设计可被视为三号坦克和KV相关部件的拷贝。仔细研究KB-24设计局制作的模型照片，就不难发现它的发动机罩和悬挂系统与上述2种坦克高度相近：悬挂系统的布局几乎肯定源自于KV（以缩短设计耗时）——这可以从T-34M与KV相同的负重轮设计上得到确认。

◀ ▼ 这张照片中的T-34与上一页图片中的主角可谓同病相怜。这辆T-34的车组试图倒车脱困，但由于诱导轮已被打飞，最终未能成功。在附带的放大照片中，还可以在驻退机护罩上看到原车组绘制的战术编号。

▲ 1943 年 7 月，在奥廖尔和库尔斯克之间的草原地带，一支 T-34 部队正在开展进攻演练。这些坦克隶属于 V. V. 雅布罗科夫（V. V. Yablokov）指挥的一个近卫坦克旅，该旅隶属于罗科索夫斯基将军的中央方面军。

　　虽然在很大程度上仿效了T-34的车体前部，但T-34M也并非原封不动的沿袭。其首上装甲板的倾角从60度变为52度，首下由2部分组成，倾角分别为57度和37度。另一个创新则取自T-34上的最新设计：电台被从炮塔移到车体内，为此在车体侧面安装了无线电天线基座。

　　发动机舱更是全新的设计。主任设计师别尔用功率更大（600马力）的V-5发动机取代了V-2发动机。发动机轴线与车体中轴成90度角，被横置在动力舱内，从而缩短了车体长度并扩大战斗室容积。新发动机与一种新式的T-34变速箱相配套，拥有8个前进挡和2个倒挡（另一项借鉴三号坦克的设计）。这样一来，新式坦克的操纵变得更灵活，完全可以与西方坦克媲美，较操纵僵硬的T-34更是远远过之。

　　在马里乌波尔，V.S.尼基琴科（V.S. Nikichenko）设计了一种全新的炮塔。它融合了T-34和三号坦克的炮塔的一些特征。如炮塔顶装甲前部略微向前下方倾斜，炮塔后部安装了车长指挥塔。该炮塔的侧后与德国坦克有些相似，但在这里，德国炮塔的侧舱门被观察窗所取代。炮塔前部做了修改以安装F-34型火炮的铸造防盾。

　　新炮塔的最大优点之一就是座圈直径被扩大到1600毫米，这是通过加宽A-43的车体实现的。但是，更宽的车体和更大的座圈也意味着从A-20上沿袭下来的整体大倾角车体侧装甲设计不得不被放弃（侧面的大倾角甲板限制了车体顶板的宽度，从而难以布置更大的座圈）。新的车体设计符合人体工学，布置更合理，不会给悬挂系统带来过重的负担。

　　这样设计的坦克将能轻易满足军方的指标，进而成为战场上真正的"全能坦克"。经过一番繁文缛节，立即量产该型坦克的命令被下达了。最初2辆样车要在8月10日完成。由于183厂及其部件供应商早已开展该车的相关制造工作，这个期限倒也不算过分。2台样车的全套部件要在7月份交付183厂。由于

▲ 另一张在战场上摆拍的照片。注意该车的战术标志：两个带内部分割线的同心方块。该车安装了三组带减重孔的挂胶负重轮和两组钢制负重轮。

苏联领导层命令在必要的测试结果出来前就大批量生产该车，很显然，必须加紧调整准备新车的总装生产线。4月17日，183厂已准备好了3台车体，5月初，马里乌波尔准备好了五个炮塔。马里乌波尔工厂开足马力为批量生产做准备，据说到秋天就已生产了50个炮塔。

但当6月22日德国入侵苏联之后，日益蔓延的混乱使研制新型坦克的工作大受影响。仍在设计之中的发动机，更使T-34M的生产成了空中楼阁。最终，苏共中央1941年5月做出的、生产2800辆T-34坦克（其中500辆T-34M）的宏伟计划彻底落空。实际上，从1941年5月开始，新型的T-34M拥有了A-43和A-43B两个子型号，证明苏联人不仅要研制一种优秀的新型坦克，更要求其战斗性能全面优于T-34，足见其雄心勃勃。这导致了设计人员在5月奉命在基本型的基础上设计了一种重量增加3.5吨、速度降低5公里/小时的改型，其中，他们将把车体和炮塔侧装甲增强到了60毫米。这种变化反映了当时苏军坦克注重装甲防护的大趋势，这一点在1941年年初就已在装甲钢材制造业上反映出来。

A-43的型号派生并未就此止步。早在1941年4月，苏军坦克和机动车辆管理总局下达了一项关于新型坦克的战术技术要求（该车几乎可以肯定是基于A-43），要求其顶部装甲厚度从16—20毫米增加到30毫米。而在更早之前，1941年2月，另一项下达给183厂的战术技术要求，就前瞻性地要求采用A-43上的"行星"转向机，这种车型被命名为T-34T。该战术技术要求源自1940年年底的一项发明，即工农红军机械化和摩托化学院在A.I.布拉贡拉沃夫（A.I. Blagonravov）[1]指导下于1940年年底研制成功的"行星"

---

① 亚历山大·布拉贡拉沃夫（1906—1962），1932年毕业于技术学院。除了参与T-34的改进工作之外，他还在二战期间对IS-2重型坦克的设计有所贡献。1959—1962年间，他还曾担任过苏联国防部坦克装甲车辆管理总局的局长一职。

这两张照片摄于1943年夏天的库尔斯克，战术标志显示该车属于A.G.克拉夫琴科（A.G. Kravchenko，见下图照片）指挥的近卫坦克第5军。注意将军本人站在右侧舱门中，而左侧才是传统的车长位置。从中可以推断，这位军长将站位让给了装弹手，让后者负责装填和射击，从而让自己能抽出身来指挥下属的各个部队。这一点可以从炮塔上的设备得知：上面只有1具瞄准镜，只有通过它，车组才能够操控和发射火炮。该车的战术编号同样涂在了炮塔的后上方，除了照片中出现的"-01"和"-02"之外，其他照片中还出现过"-06"。

转向机——这在当时是一项先进的成果。

　　以上是第二阶段改进项目和第三阶段改进项目间的联系，最终，苏军发展出了一种与T-34完全不同的坦克——T-44，因此在正文中不予赘述。[1]

---

　　[1] 这里提到的T-44与后文中出现的、苏联在1943年开始研发的T-44并非同一种型号。这种T-44的真正名称实际是A-44，1941年由KB-24设计局提出，其特点是后置式的炮塔与颇为前卫的车体布局设计。其中，工程人员提供了三种不同的武器配置方案（ZIS-5型76.2毫米炮、ZIS-4型57毫米炮或ZIS-6型107毫米炮）和三种防护配置方案（方案1：正面装甲120毫米，侧面100毫米，全重50吨，最大速度53公里/时；方案2：正面装甲90毫米，侧面装甲75毫米，全重40吨，最大速度59公里/时；方案3：正面装甲75毫米，侧面装甲60毫米，全重36吨，最大速度65公里/时），并有两种不同的动力系统（600马力的V-5柴油机和850马力的V-6柴油机）供选择。最大乘员数为5人，同时还安装了多达8挺机枪作为自卫武器。

▼ 本页的照片拍摄于 1943 年夏季的库尔斯克突出部，此时苏军正在展开防御演习。从这张照片可以看到一辆带圆筒形附加油箱支架的 T-34，该特征为车里雅宾斯克工厂的产品所特有。

▼ 在摄影师的镜头下，一个搭载伴随步兵 T-34 坦克排高速向"敌军"冲去。注意这些坦克在夏季时的外观：其后部已经布满了尘土，但前部原有的涂装依旧清晰可见。更有趣的是，第 2 辆坦克的编号和其他 2 辆截然迥异，上面的数字似乎是"300-1"。

第九章
危机

根据1940年5月中央政治局会议的设想，183厂在1940年下半年要向苏军交付500辆按照1939年/1940年设计标准制造的T-34坦克。虽然不知道这是谁的主意，但这种设想显然是过于乐观了——因为领导层居然希望在6月份就交付首批10较量产型车！根据对生产资料的研究，很显然，有人就新坦克的生产进度向中央撒了谎，使后者产生了工作进展神速的印象，这一点最终导致了难以弥补的损失。

为准备坦克的大批量生产，斯大林格勒拖拉机厂派出一个工程师代表团赴哈尔科夫学习经验。面对上级规定的生产要求，代表团的成员们急得直挠头，因为他们发现哈尔科夫厂的干部们甚至没办法解决堆积如山的生产问题——原来，现有的生产条件根本不能满足T-34坦克的量产要求！为了生产全新结构的T-34坦克（比如其非框架结构车体），厂方必须在生产线上采用新的工艺手段，在这一点上，KB-24设计局可帮不上什么忙。[1]

为了理解工艺技术人员在T-34坦克转入量产的过程中发挥的巨大作用，我们可以先了解当时工厂的

◀ 这辆T-34来自坦克第6军旗下的坦克第22旅（注意坦克炮盾上的斜条纹）。战术编号表明，该车是第2连（"2"）的连长座车（"0"）。另外，在该照片和下一张照片中，我们还可以清楚地看到这些战术编号的底色和涂装实际存在差异。

---

[1] 以往的老式坦克是先用钢材制成车体框架，再把薄装甲板铆接到框架上形成完整的车体；T-34的车体结构是直接用中等厚度装甲板拼焊而成，不需要先搭框架，但工艺要求也更高。

实际情况。所有事情都证明183厂的设计干部们是不负责的，甚至是无能的，于是其他人不得不去纠正他们工作中的失误。T-34是设计师们天马行空般想象力的产物，但在生产环节却很难把控。因为大批量生产与组装一台样车完全是两码事。为此，工厂不得不一个接一个地制定生产方案、替换不适合量产的部件，以改进原始设计上过于复杂或华而不实的部分。

结果，除样车和最初几辆生产型车外，183厂下线的坦克没有一辆沿用了整体式的车体前装甲板结构，即便如此，生产工艺难度仍然很大，只是由于马里乌波尔冶金厂的贡献，T-34的生产速度才得以提高。通过改进工艺，最终T-34的车体前部变成了3个部分：首上装甲板和首下装甲板通过一根连接梁焊接或铆接在一起。不久之后，车体后部也采用了类似的设计，原先的圆弧过渡结构被取消，代之以2块装甲板直接拼合的结构。

马里乌波尔冶金厂和哈尔科夫机车厂合作的另一个产物，是由VZ-2装甲钢铸造的、前部厚度达60毫米的炮塔。哈尔科夫最初设计的焊接炮塔工艺过于复杂：为形成防弹外形良好的弧形，其前装甲板必须被弯曲100度以上，各装甲板间要采用咬合焊接结构，工艺水平不高的工厂很难生产。因此，1940年下半年，有关方面就开始设计焊接炮塔的替代品，第一批铸造炮塔在1940年年底被生产出来，以便提供给安装L-11火炮的T-34坦克。与其后出现的"索尔莫沃"（Sormovo）炮塔不同，这款马里乌波尔冶金和哈尔科夫联合设计的铸造炮塔前部更为突出。

由于一系列的技术问题，铸造炮塔最初的产量不高。但随着生产工艺被完全掌握，马里乌波尔方面很快便开始大批量为112厂和斯大林格勒拖拉机厂供应炮塔。为进一步简化工艺，从1942年3月开始，设计者取消了炮塔尾部用于更换火炮的舱门。[①]实际上，早在3个月前，用单片结构替代焊接炮塔尾部的三片结构时，这种设计就已经被采用。

同样在1940年，有关方面继续设法简化坦克的生产工艺。由于设计师们搞出来的糟糕的乘员布局，车长曾被指挥、联络和操炮任务折磨得不堪重负，原先炮塔里（由车长操作的）无线电台不得不被移到车体右侧，改由机电员操作——这种设计也被A-41和T-34M采用。其后，炮塔上的全向旋转潜望镜也被取消，其基座开口被封死，随后干脆连整个安装基座都取消了。在生产了450辆坦克后，1941年3月，哈尔科夫厂转产搭载新型F-34火炮的车型，并在德国入侵前生产了550辆。

1941年6月之前还出现了一些不太引人注意的细微改进。但在6月22日战争爆发后，改进措施被大量引入生产线。如果说战前采用的改进是为了改善坦克本身的性能，那么战争爆发后采用的改进措施就只是为了简化工艺。所有影响生产速度的结构都被加以改进：这也意味着，从外表看，10月份生产的车辆与6月份生产的非常相似，但内部变化极大。

不仅如此，生产工艺的改进还从未间断。仅到1941年年底就引入了约5650项改进，随后几年，每年平均要采用超过3500项改进。仅183厂一家就采用了多达16000项改进。但这都是些什么样的改进？从莫洛佐夫给下属的一项任务中也许可见一斑："经过较长的摩托小时后，油料开始在油泵处变稠，并渗漏到车体地板上，有些倒霉的驾驶员脚上穿的毡靴都被燃油浸透，脚趾都被冻住。请认真考虑并解决

---

① 这是一块活动装甲板，该装甲板通过螺栓安装到炮塔尾部，拆掉这块装甲板就能把火炮总成从炮塔尾部拆出或装入。

▲ 另一辆来自坦克第 6 军旗下坦克第 22 旅的坦克，在照片拍摄的 1943 年夏秋季节，该车正在对敌军目标发起攻击。这辆坦克同样拥有两个战术识别标记，其外形呈菱形，"22"代表了坦克旅的番号，而"14"则是该车的序号和战术编号，它们也出现在炮塔的背面，但数字更小，并被可能两条平行线（其代表了"第 2 排"）分开。战术编号表明，该车是了第 1 连的 4 号车。

上述问题。"[1]实际上，这是因为驾驶员舱门的水密性不佳，以致每次下雨或驶过水坑后，驾驶员的双脚都会被浸湿。

1941年年底，另一项不容忽视的改进措施出现了。挂胶负重轮被内置橡胶缓冲件的钢缘负重轮所取代。这种负重轮由斯大林格勒拖拉机厂在10月份设计，随着战局恶化，苏联工业系统日益缺乏橡胶，因此它们开始被推广到所有坦克生产厂。同时，一种生产工艺更简单、并能抑制钢轮缘负重轮行走噪声的新式履带也被投入生产。这种履带（即所谓"过渡型"）与之前的型号一样宽550毫米，但接地面光滑，导致履带抓地力不足。与之前9个啮合齿的履带不同，这种新型履带板只有5个啮合齿，每条履带的履带板数量从74块减少到72块，履带销更是从148根大幅度减少到72根。为了适应新型履带，主动轮的结构做了一些调整，同时诱导轮上的橡胶圈也被取消。

第一批安装钢轮缘负重轮的坦克于1941年11月份交付部队，直到1943年夏天这种负重轮才被逐步淘汰。钢轮缘负重轮的出现并不意味着挂胶负重轮被完全替代。照片证实，在1942年春季全部装备挂胶负重轮的坦克被再度交付给部队。其间，各坦克厂交付部队的坦克通常混装钢轮和挂胶轮，通常只有第1对负重轮是挂胶的。

---

① 参见李斯特罗沃伊和索罗博丁合著的《工程师莫洛佐夫》（政治读物出版社，1983年出版）第74页。

▲ 在被炸开之后，这辆 T-34 的炮塔（已无顶盖）落在了车体之上，摄于 1943 年 8 月中旬的别尔哥罗德。在炮塔后方的舱盖内壁上还可以看到许多机枪弹鼓。

但183厂生产的几乎每辆坦克都有两对挂胶负重轮：第一对和最后一对。这是因为首末两对负重轮承担了大部分重量，需要最好的减震效果。第一对负重轮要承担越野行驶的冲击力，最后一对负重轮则要承担主动轮拖带履带的冲击力。

钢缘和挂胶负重轮在行走装置中所占的比重取决于各坦克厂的橡胶供应状况。根据照片判断，112厂的橡胶供应最为充足，能组装大批全部装备挂胶负重轮的坦克。而最缺橡胶的莫过于斯大林格勒拖拉机厂，其生产的坦克基本只装钢轮缘负重轮[①]。在183厂则常见混装两种负重轮的坦克。但不管怎样，从1942年六七月份开始，老款的挂胶负重轮开始被带减重孔的新式负重轮所取代。混装负重轮的情况在174厂、乌拉尔重型机械制造厂和车里雅宾斯克基洛夫工厂也很常见，但这些厂家基本只用老款的挂胶负重轮。

稍早一点，在1941年秋季，斯大林格勒拖拉机厂开始采用新式的车体。在这种结构简化的车体上，车体前上部和后上部装甲板都与侧装甲板咬合焊接在一起。112厂（即高尔基市的红色索尔莫沃工厂）也采用了工艺，不过只有首上装甲板与侧装甲板采用了咬合焊接结构。这种区别源自于183厂的一项技术改进，在其中，原先车体尾部上下装甲板的圆弧过渡结合方式被折角型连接结构取代，连带导致了车

[①] 有趣的是，该厂似乎从未为产品安装过混合式的负重轮。如果使用挂胶负重轮（这种情况非常罕见），他们通常会给10个负重轮全部配上。

▲ 在1943年8月中旬的库尔斯克突出部，一辆安装六边形炮塔的T-34正在熊熊燃烧。值得注意的是，该车的侧面加装了许多德军的汽油罐，履带的宽度也不尽相同。我们不难发现，在照片中德军的右膝盖附近，有500毫米宽的履带和550毫米宽的履带被混接在了一起。

体尾部装甲板上的变速箱检查口从方形变为圆形。

　　由于装甲板独特的咬合焊接方式，斯大林格勒拖拉机厂和112厂生产的坦克非常容易辨认。在斯大林格勒拖拉机厂，为了最大限度简化生产，工作人员还对炮塔和火炮防盾等部件的设计做了调整。炮塔前部下缘直接切割成型，未做任何圆角处理；火炮驻退机护罩前部安装了一块整体倾斜的装甲板，而不是像常见的那样有所弯曲。与哈尔科夫和高尔基的红色索尔莫沃工厂生产的车型不同，斯大林格勒拖拉机厂在1942年生产的炮塔，顶部装有2具潜望镜，分别供装填手和车长使用。

▲ 1943 年，伴随步兵进攻的 T-34。这张照片很可能是在真实战场上拍摄的。

红色索尔莫沃工厂与哈尔科夫工厂生产的T-34也有所不同。1942年2月，前一个工厂在产品的车体上缘焊接了6片钢条，从而有效遮挡了炮塔与车体间的接缝，使其不会被轻武器子弹、破片和跳弹等卡死。在部分坦克上，只有车体前部加装了这种钢条（分成两段式的结构，以免影响炮塔旋转）；而在其他坦克上，只有车体侧面加装了这种钢条，它们同样分成两段式结构，在负重轮悬挂系统检查口位置结合。

这些外部的改进措施和其他许多内在改进一样，只有在刚出厂不久时才比较明显。随着混用不同来源的部件、持续简化生产工艺和旧车返厂大修，这些特征也渐渐因此消失。

由于苏联人一面在哈尔科夫工厂增加产量，一面又尽一切可能挖掘其他工厂的产能，到1941年年底，已有3家不同的工厂在组装生产T-34坦克。战前，仅以BT坦克为例，一家工厂的产能就足以满足苏军的需求，但在战争日益临近的情况下，对T-34坦克的需求也与日俱增，一条生产线此时显得远远不够。也正是因此，苏联当局在1940年就决定要在斯大林格勒拖拉机厂也投产T-34。经过这番努力，2家工厂到1941年7月1日为止共生产了1225辆T-34，其中哈尔科夫的183厂就生产了931辆（其中115辆系1940年生产）[1]。

战争爆发后，高尔基市的红色索尔莫沃工厂也转产T-34坦克。1941年7月1日，国防人民委员会下令在该厂投产T-34，但一切都得从头开始，组建生产线的工作进展相当缓慢。该厂生产的首批铸造炮塔都是残次品，直到10月份，他们才在马里乌波尔冶金厂技术专家的协助下向苏军交付了首批20辆T-34坦克。由于哈尔科夫发动机厂向东疏散，V-2发动机供应不足，红色索尔莫沃工厂不得不在产品上安装

---

[1] 1941年6月时，苏联红军共拥有892辆T-34，其中832辆被分配给了西部的各个军区。

▲ 这张照片摄于斯拉维扬斯克(Slavyansk)和伊久姆之间,这辆陷入松软地面的T-34是183工厂的产品,按照德军的报告,仅在一场战斗中,他们就摧毁了23辆这种坦克。正如我们在照片中所见,其所属苏军部队采用的白色识别带几乎环绕了炮塔一圈(目前可以确定,该识别带并未延伸至炮塔正面),履带下方还有一根圆木,如果周围没有车辆协助,它们可以用来帮助坦克脱困。

M-17F型汽油发动机,同样的情况也发生在斯大林格勒拖拉机厂。截至1941年年底,红色索尔莫沃工厂和斯大林格勒拖拉机厂共生产了365辆这种T-34。从1942年年初到当年5月,又有904辆装汽油机的T-34坦克被生产出来。

由于生产线组建缓慢和缺乏相关经验,红色索尔莫沃工厂的T-34产量增长很慢。截至1941年年底,该厂只生产了161辆T-34,其中156辆装备汽油机。所有这些坦克都采用了简化工艺的新型车体,以便提高生产速度、降低加工精度要求(与斯大林格勒拖拉机厂的情况类似)。到1941年12月,车体组件的生产工时已从200小时降低到36小时,车体装配耗时也从9天减少到2天。

至1941年年底,斯大林格勒拖拉机厂已成为T-34坦克最大的生产商,共向部队交付1250辆坦克,其中战前生产了250辆(到1941年6月底则为294辆)。该厂之所以取得这样不凡的业绩,主要是因为苏联领导层设法将T-34的相关部件生产厂集中到了斯大林格勒——其中,斯大林格勒拖拉机厂只负责车辆的总装,工厂旁边日后大名鼎鼎的红色十月(Krasniy Oktyabr)钢铁厂负责供应装甲板。加工好的装甲板被送到斯大林格勒拖拉机厂或264工厂(斯大林格勒造船厂),在此组装成车体后集中到斯大林格勒拖拉机厂等待总装。许多零部件也在斯大林格勒生产,当地无法生产的零部件则由苏联腹地的其他供应商提供。由于斯大林格勒是草原上拔地而起的工业重镇,产品供应只能依靠铁路和效率不高的内河水运,正是为了避免配套零部件运输不畅影响生产,苏联高层才下决心要把T-34坦克生产的相关设施都集中到这座城市。

▼ 利英军的做法一样，苏联人有时也会让失去炮塔的坦克搭桥，方便其他坦克越过坦克坟堆。在这张照片中，尽管苏军已经在壕墙上炸出了一个缺口，但整个胸墙的坦克越过壕沟的胸墙正在壕沟中。在被德军武器正面击中后，越过壕沟的坦克立刻停在了另一道胸墙的前方。注意炮塔后面残存的垂直识别带。在做最终功败垂成。

▲ 在战场上，盲目的冲锋总会以这种方式结束。这两辆 T-34 上都装载了额外的弹药和燃料，这表明它们准备进行一次长途奔袭，或是刚从遥远的后方开来。

▲ 这辆身首异处的 T-34 是 112 工厂的产品（注意炮塔座圈附近的跳弹板），拍摄时间是 1943 年秋季。注意其车体正面独特的附加装甲样式。不幸的是，该车炮塔上的战术标志已经难以辨别。

▲ 1943 年夏天，这辆 T-34 沦为了德军的前线掩体。它由 183 厂生产，经历过一次大修或改装，并因此在两侧加装了车里雅宾斯克工厂生产的圆筒形油箱挂架。其软边型炮塔侧面的观察口下方没有手枪射击孔，这一特征也意味着，该车是在 1942 年秋天之前生产出来的。

▲ 在 1943 年夏季的一次进攻中，照片中的 T-34 在一栋房屋附近陷入了堑壕。其炮塔侧面可以清楚地看到战术标志——一个三角形，上下分别是数字"7"和"35"，其中"35"代表的是第 3 连的第 5 号车。

1941年下半年，T-34坦克的产量明细如下所示：

厂名	112厂	183厂	斯大林格勒拖拉机厂	总产量
6月	0	170	86	256
7月	0	209	93	302
8月	0	266	155	421
9月	0	228	165	393
10月	20	41	124	185
11月	58	0	200	220
12月	83	25	219	327
总计	161	939	1042	2104[1]

当斯大林格勒的坦克产量达到顶峰时，哈尔科夫的183厂正准备疏散。9月13日，苏联国防委员会（GKO，Gosudarstvenniy Komitet Oborony）下达了要求哈尔科夫的工业设施立即疏散的第667号命令，但这个命令还是来得太迟了。183厂从9月17日开始撤退，10月19日，最后一列（第43列）运送该厂撤退物资的列车出发开往下塔吉尔。除部分机器设备外，该厂只能撤退10%的工人、20%的工程技术骨干及一小部分T-34零部件。工厂仅存的力量被集中到乌拉尔铁路车辆厂（Ural Railway Stock Factory），与同样从乌克兰撤退来的马里乌波尔冶金厂（Mariupol Metallurgy Works）组成了密切协作的共同体。

在下塔吉尔，重组工厂投入武器生产的工作立即展开。由于大批专用设备被遗留在哈尔科夫，重组工作困难重重。工厂一片混乱、工人士气低落。气温很快跌到零下40摄氏度，匆忙扩建的厂房很多甚至没有顶棚。医疗护理奇缺，饥饿和疾病造成了不少伤亡。主要由妇女、儿童和老人组成的工人队伍只能在寒冷的板房和棚屋中栖身，简陋的房舍里往往要挤进15—20人，即便如此，工人们还是觉得在生产线上更暖和一些。工厂采取12小时两班倒工作制，所有人都得遵守"不劳动者不得食"的严酷命令，为了获得口粮，14—16岁的少年不得不超时工作。不难想象，在如此的环境下，很多人都没能挺过来。直到1941年年底状况才有所好转，12月，第1条生产线组建完毕，当月底，用哈尔科夫带来的零部件组装的首批25辆T-34交付苏军。

为控制住混乱局面，斯大林于1942年1月底任命I.M.萨尔茨曼（I.M. Zaltsman）[2]上校为该厂厂长，命令他彻底解决问题。斯大林嘱咐道："我知道你喜欢重型坦克，但当前请集中力量生产T-34中型坦克。方面军司令员们在电话里一再请求我，要多生产这种在雪地和恶劣道路上表现出色的灵活坦克。很快就是2月份了，疏散到下塔吉尔的183厂生产的坦克还是太少。你明早就飞往下塔吉尔，查明情况、接管工厂，尽一切可能在短期内显著增加坦克产量，定期向中央委员会汇报工作进展。就这样，其他的等

---

① 由于资料来源不同，本表的各组数据无法做到100%契合，比如3家工厂各自的产量之和与总产量之间就存在不一致。与之形成对比的是，在同一段时间，纳粹德国一共生产了1158辆三号和330辆四号坦克。

② 伊萨克·萨尔茨曼（1905—1988）出生于乌克兰地区的一个犹太人家庭，1933年从技术学院毕业，之后被分配往列宁格勒的基洛夫工厂。由于上级连续在"大清洗"中被捕，萨尔茨曼迅速从车间主任晋升为工厂经理。作为一位严厉而高效的管理者，在战争爆发后，他曾在3个月内让KV坦克的产量超过了前半年，1942年，他又带领下塔吉尔工厂在33天内恢复了正常生产。由于众多功绩，他先后被任命为苏联坦克制造工业人民委员和基洛夫工厂厂长，1945年晋升为少将。1949年，萨尔茨曼被突然解职，理由是陷害同僚和虐待工人。他在1955年恢复名誉，1988年在列宁格勒病逝。

这三幅图中的 T-34 都是在 1943 年夏天被击毁的。正如我们所见,殉爆产生了几乎同样的结果:车体侧面被撕开,炮塔也被掀飞到了数米外的地方。

下次见面再说。"①

　　这项任务可不简单。此时苏联的社会组织及政令制定正陷于混乱当中。战争的紧张局势加剧了很多下级机构间的冲突。由于F-34火炮部件供应不足，两个内务人民委员部的人找上门来向萨尔茨曼兴师问罪。他们亮出负责火炮生产的、拉夫连季·贝利亚②签署的命令，扬言要跟萨尔茨曼算账。令他们意想不到的是，萨尔茨曼竟然直接给斯大林同志通了电话，随后，斯大林亲自开导了这两个倒霉蛋，让他们明白了自己的行为完全是不知天高地厚。

　　之后，斯大林又多次向这位亲信施以援手。3月份，萨尔茨曼必须得找列火车来给工厂运送重油（这种产品当时也充当生活用燃料油），没了重油工厂可能被迫停产，而之前运送重油的火车事实上是在半路被截停了（可能已被同样急需重油的某些部门擅自征用），甚至连石油和燃料工业人民委员（the supplies Narkom）卡冈诺维奇（Kaganovich）以及人民委员会主席莫洛托夫亲自介入都没能找到列车。

　　混乱局面得到控制后，萨尔茨曼把工厂交给了叶夫根尼·帕顿院士（Yevgeny Paton）③，但他本人仍担任厂长直到1942年7月。帕顿还同时担任苏联坦克制造工业人民委员，以便即时发现和解决种种问题。马克萨廖夫担任总工程师，亚历山大·莫洛佐夫任总设计师，负责坦克的改进和研发。

　　由于他们的努力，到1942年，183厂成了T-34最大的生产商，通过大批量生产，该厂T-34的平均单车成本也是最低的。当然，在当时，货币成本的意义相对有限，因为在战争期间，苏联卢布并非通常意义上的硬通货，今天的人们似乎很难理解这一点。即便如此，我们还是有必要在当时的苏联工业体系之下，对T-34的成本做一个比较。

　　183厂在1939年组装的第一批T-34样车，单车造价略微超过59.5万卢布。1940年组装的首批100辆T-34，单车造价降至43万卢布。考虑到1939年量产的BT-7型坦克单车造价仅10.1万卢布，这组数据无疑反映了T-34复杂的生产流程。而1941年生产的1500辆T-34，单价高达25万卢布。

　　1941年后，由于大批量生产和坦克设计的日益简化，单车成本被降到了最低。对于那些从零开始新生产T-34的厂家来说，由于建立生产线等基础性工作耗资巨大，单车成本仍然无法得到有效控制。不同厂家间单车成本的变化可见下表。

1942—1945 年，T-34 的单车成本变化（单位：卢布）			
	1942 年	**1943 年**	**1944 年**	**1945 年**
183厂	165810	141822	140996	136380
112厂	209700	179300	174900	173000
174厂	312700	210705	177800	171000
乌拉尔工厂	273800	190800	179400	

①　参见《T-34：通向胜利之路》第108页。
②　战争期间，每个苏共中央政治局委员都会负责一个军工部门，其中，贝利亚监管炮兵工业，马林科夫（Malenkov）监管航空制造业，莫洛托夫监管坦克工业。
③　叶夫根尼·帕顿（1870—1953）生于法国尼斯，父亲是驻外使馆武官，1894年从德国的德累斯顿工业大学毕业，之后回国，首先在圣彼得堡接受了工程学的深造，并在沙俄军队中短暂服役，自1904年开始在基辅理工大学担任教授。20世纪20年代到20世纪30年代，帕顿参加过基辅第聂伯河大桥的建造，并致力于新焊接技术的研究。尽管出身不良，而且"不赞成十月革命"，但由于赫鲁晓夫的保护，帕顿并未受到政治运动的波及，战争中，其成果被运用到坦克制造领域，使得大量非熟练工人也能迅速完成对特种钢材的焊接工作，从而保证了T-34的产量。由于上述贡献和对183厂的领导，帕顿在1943年荣获"社会主义劳动英雄"称号。1953年，帕顿病逝于基辅。

作为比较，需要注意的是，1942年，KV–1S重型坦克单价达30万卢布，几乎是同期183厂生产的T–34单价的两倍。即便不考虑备件的采购价格，仅在1942年，183厂就向国家交付了价值达9500亿卢布的坦克，1943年更是超过了1万亿卢布！

第十章

停滞

工厂的仓促撤退与重建，原材料产地的沦陷，都显著影响了T-34坦克的质量。如果说1941年中期车辆的故障率还在合理范围内的话，那么它后来的故障率就达到了灾难性的地步。虽然精确数据暂时不得而知，但很显然，这段时期T-34坦克深受动力-传动系统的故障困扰，诸如火炮等其他部件的问题更是不在话下。值得一提的是，在1942年下半年这段时间里，很多德军士兵的报告都反映了T-34坦克被乘员遗弃的情况——它也能在很大程度上证明了车辆糟糕的机械可靠性[1]。

为确保在大规模进攻战役中，坦克的发动机能可靠运行75—100摩托小时。从1944年下半年起，苏军坦克部队终于开始在行动前全面替换运行超过30摩托小时的坦克发动机。1941年上半年苏德开战前出厂的发动机，在理想条件下的故障间隔为150小时。由于前线的条件更为恶劣，可以推断，在战场上，这些发动机不到100小时就会出现异常[2]。1942—1943年，苏联的工业生产在技术上跌至谷底。比如，1942年年初，几乎每辆坦克的侧减速器都有问题。坦克的整车使用寿命也急剧减少。经野战维修厂修复后交付部队的坦克故障频发，虽然详细资料还无从获得，但可以确定的是，在1942年春到1944年夏这段时期，T-34坦克的战斗力曾因此大打折扣。例如近卫坦克第5集团军向普罗霍洛夫卡（Prokhorovka）开进途中就因故障损失了15%的坦克，这还不算那些被及时修复的车辆，就绝对数量而言，其总数达到了110辆之巨——几乎相当于1943年8月一个满员的德军装甲师的坦克。坦克第1集团军的主要装备是从库尔斯克战场上回收修复的战损车辆，结果该部战斗力很快就下降了50%。

▲ 这辆 T-34 的俄文战术编号为"C-01"（英文为 S-01），照片拍摄于 1943 年秋季。

值得注意的是，在库尔斯克突出部2个月的战斗期间，苏军部署的6500辆坦克损失达6000辆（损失率90%），而德军坦克损失率仅45%，可见工艺水平和质量都更高的德国坦克能经受住多次修复而继续使用。

诚然，T-34的质量确实在逐步好转，但很

---

[1] 这一点也能够得到《未知的T-34》（Neizvyestniy T-34）一书第52页相关内容的证实。

[2] 西方的情况不相同。如果工厂标称某种发动机的寿命为150小时，那么，在通常情况下，它往往可以持续运转175小时——如若不然，厂方不仅将面临罚款，部件也会返厂翻修。但由于苏联国内的大环境使然，150小时的名义寿命通常意味着其工作时间只能达到100—120个小时。

▲ 1943 年秋天在通往第聂伯河的公路上，一名德军摩托车手驶过燃烧的T-34坦克。这辆坦克的炮塔侧面可以看到战术编号"44"，车尾装甲板上有附加油箱挂架。

▲ 1943 年秋天，一支装甲部队在新罗西斯克（Novorossiysk）附近训练。这辆坦克的炮塔上有三角形的战术识别标记，但内容已无法辨认。

可能到战争结束前，苏联人都没有令坦克质量达到令人满意的水平。[①]不过决策者们却并不关心质量问题，对他们来说，最重要的事情是保证数量。在1942年年初T-34坦克的产量仍然不足的情况下，数量就显得尤为关键，特别是从1942年夏天开始，斯大林格勒拖拉机厂的生产日益受到步步紧逼的德军的威胁。意识到这种危险之后，国防人民委员会决定逐步将T-34的生产转到另外三家工厂：斯维尔德洛夫斯克（Sverdlovsk）的乌拉尔重型机械制造厂（UTZM，Uralskiy Zavod Tvazhelogo Mashinostroyenya im. Ordzhonikidze）、车里雅宾斯克（Czelyabinsk）的车里雅宾斯克拖拉机工厂（Czelyabinskiy Traktorniy Zavod）和鄂木斯克（Omsk）的174厂［又名"伏罗希洛夫工厂"（Voroshilov Plant）］。上述三厂生产的坦克具备很多早期型的特征，很多部件也与183厂的坦克通用。由于这些工厂生产的部件被广泛供应给各总装厂，到1942年年底，它们生产的坦克在外部特征上已很难区分，在很多情况下，甚至根本无法辨别。哈尔科夫的183厂生产的坦克，其车体尾部装甲板有3个铰链，新投入生产的厂家生产的型号只有2个铰链。乌拉尔厂和车里雅宾斯克厂生产的车辆铰链比撤退到下塔吉尔后的183厂产品的铰链更窄。而174厂生产的车辆与112厂生产的车辆很相似，有2个较宽的铰链——两者的区别在于，174厂生产的车辆尾部装甲板的接缝暴露在外，而112厂生产的车辆，装甲板的接缝被尾部上装甲板下缘遮盖住。

新转产T-34坦克的工厂的生产组织情况，从乌拉尔重型机械制造厂可见一斑。选择乌拉尔重型机械制造厂生产T-34的决定并非凭空做出。早在1941年秋季，该厂就已经在生产T-34的车体，不久之后又开始生产铸造炮塔。到1942年4月，该厂开始为183厂供应完整的车体和炮塔总成，1942年7月28日时，当地又根据国防人民委员会的命令开始生产T-34整车。乌拉尔重型机械制造厂生产的第一辆T-34坦克比计划时间提前一个月下线，当年9月就生产了首批15辆坦克。1943年秋，该厂生产的最后一辆T-34坦克下线，随即转产T-34底盘的突击炮。斯大林格勒和哈尔科夫被完全收复后，在上述两地恢复T-34生产的筹备工作随即展开，但直到战争结束也没能完成。

车里雅宾斯克的工厂的情况也很类似。1942年7月，苏联领导层确信斯大林格勒拖拉机厂的产能在

---

① 这一点也可以得到《未知的T-34》一书的证实。在1942年时，只有7%的坦克在出厂时没有任何问题，到1943年，这一比例上升到了14%，1944年时则达到了30%。

▲ 于1943年秋冬之交被击毁在基辅附近的T-34，该车安装了"米老鼠"式的舱盖，炮塔上还有战术标识——"KK-1"。其所属部队来自近卫坦克第3集团军。

▲ 这辆坦克和左图中的车辆来自同一支部队，其炮塔后下方被一枚穿甲弹击穿。注意扶手下方依稀可见的"K"字，以及驾驶员舱门周围的跳弹板——后者可以保证驾驶员潜望镜免遭小口径武器的破坏。

德军的攻势下即将不保，于是命令在车里雅宾斯克生产T-34坦克。根据1941年6月25日的决策，列宁格勒的基洛夫（重型）坦克厂被搬迁到了这座城市，于是该厂一度被叫作"车里雅宾斯克基洛夫工厂"。随着列宁格勒、哈尔科夫的坦克厂以及坦克柴油机厂等众多工厂陆续搬迁至此，一个坦克生产企业联合体被组建起来，这就是著名的"坦克格勒"（坦克城）。1942年夏季，坦克格勒负责弥补斯大林格勒拖拉机厂损失的T-34产能。

　　1941年年底到1942年年初，车里雅宾斯克基洛夫工厂就已经为T-34坦克生产了多种零部件。这使得该厂能在接到转产命令后短短32天后就于8月22日完成了首批坦克。8月份，在这个新建的工厂里，由75%的妇女和16岁以下少年组成的劳动大军生产了首批30辆T-34坦克。至1944年3月，该厂与乌拉尔重型机械制造厂一样开始转产以T-34为底盘的突击炮。

　　随着112厂和斯大林格勒拖拉机厂各自的平均月产量下降至200多辆，在乌拉尔重型机械制造厂和车里雅宾斯克基洛夫工厂转产T-34已经势在必行。虽然这两家工厂在转产的首月只交付了50辆坦克（仅相当于局势危如累卵的斯大林格勒拖拉机厂的25%），但这只是开始。与此同时，搬迁完毕的183厂已经能日产25辆坦克，月产量达750辆。

　　整个1942年上半年，6家工厂生产的T-34坦克都没有什么变化。直到当年6月5日，根据国防人民委员会的命令，相关改进工作才开始开展。183厂立即开始行动，其他厂也随即跟进。

　　改进工作分为两个阶段：

　　第一阶段——对量产型T-34的改进；

▲ 在这张照片中，隶属于同一单位的坦克正在穿过基辅街头。其中一辆坦克在炮塔侧上方涂有"481"的战术编号，另外，还有人自作主张地把战术标识从"KK-1"改成了"BB-1"。

◀ ▲ 这两张照片中搭载步兵的 T-34 来自独立坦克第144 营。尽管周围已是冰天雪地，但它们并没有使用任何冬季伪装。

▶ 1942—1943 年冬天，苏军的战前政治动员会议。前方的坦克依旧安装着旧式的"过渡型"履带，驾驶员舱盖下方的舱门处也没有安装跳弹板。

第二阶段——尝试开始生产T-34的深度改进型号，即T-34S［作为KV-1S的竞争对手，该车代号中的"S"明显代表"Skorostniy"（快速）］和T-43。

1942年6月，T-34M方案的研制工作在下塔吉尔展开。该车的设计如实反映了当时苏联坦克制造业的实际能力。该方案并不是一种全新的坦克，而是T-34的一种大幅改进版。[①]

与此同时，1942年6月，T-34S也在183厂设计成功，7月份就交付测试，测试一直持续到当年12月。该车采用了多项改进，其中最令军方和领导层感兴趣的是带有车长指挥塔的新型炮塔和五挡变速箱。

▲ 1943年初冬时分，这辆被德军炮弹击毁的T-34火焰仍未熄灭。该车上依旧残留着白色涂装，战术编号"37"可能是用红漆涂成的。

▼ 这辆T-34于1944年被遗弃在了波兰的某地。其车尾装甲板上安装了183厂生产的、带波状轮廓的排气管基座，但固定侧装甲板的5个螺栓和下方的2个宽幅铰链却符合112工厂产品的典型特征。这种情况表明该车要么接受过大修，要么其他工厂也接收过这种样式的排气管基座。

① 此处的T-34M和第8章提到的T-34M（A-43，1941年设计）并非同一种型号，两者没有任何关系。

▲ 由于一枚炮弹穿透了前方负重轮，还可能打进了下方车体，这辆 T-34 已注定无法继续前进。注意该车诱导轮的位置要比负重轮还低：平时，T-34 的车组可以通过改变诱导轮的高度来调节履带的松紧，这项工作可以通过转动前装甲板上靠近挡泥板的一个螺栓完成。在远方可以看到死去的马匹和四散的弹药。

　　虽然变速箱的设计很成功，但新式炮塔却是个失败的作品。这种炮塔的设计脱胎于所谓的"扁平炮塔"，但指挥塔和侧壁装甲板的设计甚至影响了乘员的操作：因为尺寸太小，指挥塔只能用于观察，无法供乘员出入，为了让乘员进出坦克，老式的舱盖依然被保留。

　　1942年下半年研制的T-43坦克，及1942年至1943年冬季该车所进行的测试，标志着T-34发展历程中取得的一个实质性进步。然而很不幸，因为苏联领导层另有其他的优先考量，T-43项目最终没能取得成功。苏军装甲兵也因此失去了在1943年获得一种与德军一样优秀的坦克的机会。

　　T-43的改进措施集中在了两个重大方面：一是调整装甲布局、增强防护能力，二是调整相关结构、应用新型炮塔。新设计将大体沿用现成的T-34行走系统和下部车体，其中只在细节上有所调整：首先是车体侧装甲板的倾角被减小，从而扩大了战斗室的宽度；其次是动力舱的侧装甲板被改为垂直结构，车尾装甲板的构型也因此发生改变；同时，发动机舱盖的高度被降低，以免与尾舱尺寸更大的炮塔发生冲突，这样也避免了加高炮塔；最后，车体首上装甲板厚度增加到60毫米，倾角52—55度，驾驶员舱门被移到右侧，车体前机枪被取消。值得指出的是，取消前机枪这项改进，反映了当时苏联坦克设计上通过牺牲辅助武器来简化结构、增强防护的大趋势。另外，T-43较T-34的车体长度也被缩短，不过具体数据不明，这样一来，第1、2、3对负重轮之间的间距也被压缩到最小。

　　最初，T-43的炮塔座圈直径为1420毫米，但到1943年春又被扩大到1600毫米。炮塔长度有所增加、正面投影面积有所缩减，以便在不影响内部容积的情况下尽量降低正面中弹概率。这种炮塔可被视为

▲ 1944 年年初，一辆带"米老鼠"舱盖的 T-34 从刚解放的城市街头驶过。注意该车的战术识别标志是一个圆圈内的菱形。

◀ 1944 年 6 月，一辆生产于 1942/1943 年冬天的 T-34 正穿过刚刚攻克的芬兰城市维伊普里［Viipuri，俄国人将其称为"维堡"（Vyborg）］。该车来自近卫坦克第 30 旅。

后来装85毫米炮的炮塔（特别是所谓的"第2型"85毫米炮塔）的原型。炮塔内安装的F-34火炮操作方便，车长指挥塔也加装了舱门，便于乘员出入。

由于采用了更厚的装甲和新式炮塔，T-43重达32.2吨，后来又增加到33.5吨。安装D-5T型85毫米炮后，其重量更是上升至35.3吨，这导致了悬挂系统磨损加剧等小问题。如果车重能够控制在33吨左右，该车在战场上的机动性表现将会非常良好，拥有类似T-34-85的操纵品质。由于其装甲比T-34-85更厚，又可以搭载85毫米炮，该车如果投入量产，显然将优于T-34-85，唯一的不足只是操纵品质可能稍差一些。

首辆T-43样车于1942年12月组装完毕，随即被交付接受紧张的测试。测试一直持续到1943年4月，其间该车累计行驶里程达3000公里。当年4月，根据测试结果，又制造了另外3台样车，这些样车的炮塔座圈被扩大到1600毫米。此外，根据测试结果，追加生产的3台样车也做了很多改进，与首台样车有较大区别。驾驶员舱门的尺寸略有不同，车体宽度和车底距地高也都有所增加，车重也因此增加到34.1

◀ 1945 年 5 月，德国妇女们注视着一队 T-34-85 在一辆 T-34-76 的带领下从柏林街头驶过。

▲ 在这张照片中，一枚炮弹击穿了这座软边型炮塔塔身和护盾的连接处——其乘员很可能因此当场丧生，至于舱盖则很有可能是德军为查看炮弹的威力而打开的。"米老鼠耳朵"前方的 2 具全景式潜望镜表明该车可能是 1943 年秋季的产品。

▲ 这辆装备车长指挥塔的 T-34 是被"大德意志"师的士兵们击毁的。其中一发炮弹击穿了挡泥板，但没有破坏履带。另外，我们还可以从炮塔正面的铸造样式判断出其炮塔属于"硬边型"。①

▲ 这枚击穿火炮基座的炮弹同样击伤了护盾。另外，该照片还展示了硬边型炮塔的一些细节，如炮塔座圈上的凸筋。

① 本页中的图片为我们提供了1944年夏秋季节一些T-34中弹部位的特写。

▲ 1943 年夏天，另一辆被击毁的安装有车长指挥塔的 T-34。注意该车弯曲的炮管。

▲ 1943 年秋天被遗弃在路旁的一辆 T-34。从圆筒形油箱的挂架判断，该车是车里雅宾斯克工厂的产品。在指挥塔后方、该车还安装了另一部观测设备——MK-4 型潜望镜。在当时，这种全向式潜望镜和 PT-4 或 PT-4-7（至于更老式的 PT-7 型此时已极为罕见）型一样都被用于战场搜索，而瞄准工作则完全由 TMFD-7 型潜望镜承担。随着时间的推移，苏军又为装填手安装了另一具 PT-4-7 潜望镜（有的甚至安装了 MK-4），至于车长则可以使用 PT-K 潜望镜。

▲ 这辆 T-34 的炮塔曾被两枚炮弹命中，导致炮管驻退机护罩完全脱落。另外在软边型炮塔的侧面、靠近弹孔的地方，还可以看到"西伯利亚人"（Siberian）标语，该标语可能是用黄漆写成的。同样的文字还涂在了车体侧面、车头灯背后的区域，只不过在照片中已经难以辨识了。

▲ 这张高质量的照片拍摄于 1944 年年初，展示了一个将 T-34 残骸当成观察掩体的德军巡逻队。注意坦克炮塔顶盖上的 2 具全景式潜望镜，其中右侧的 PT-K 型属于车长，左侧的 PT-4-7 型则由装弹手使用。

▲ 这辆安装软边型炮塔的 T-34 于 1944 年 3 月被击毁在了苏联境内某地。其炮塔侧面有战术标志，车辆编号为"100"或"102"，炮塔背面还有一个红色的数字"9"。

吨。所有样车的车体前装甲厚度都达到了75毫米，车体侧装甲厚45毫米，炮塔正面厚达90毫米，车体顶部和底部分别厚20毫米和30毫米。

由于1943年年末出现的、采用五人车组的T-34-85上才开始引入无线电设备，从这一点似乎可以推断，采用四人乘员组的T-43样车最初可能没有配备无线电。

无疑，在1943年T-43是一种很有吸引力的设计，而且有很大的投产机会。但是很不幸，该车的设计涉及的变化太多，而最高统帅部又决定最大限度扩大T-34的产量，导致T-43最终被放弃。计划中的T-44坦克，和为苏军坦克配备85毫米炮的紧迫需求，给T-43的棺材敲上了最后两颗钉子。

T-34S和T-43最终都没能量产。不过，通过这些样车的研制和测试，大量的技术问题得到了解决：尤其是T-34S变速箱的改进，更是为改良量产型T-34的变速箱铺平了道路。凡此种种改进措施，最终催生了1943年型T-34。但文献中所谓的1943年型车并非一开始就具备了所有的改良特征，就像1941年等型另一样，改进措施也是逐步地、缓慢地被引入生产线的。从1942年年底到1943年年中，差不多用了9个月的时间，所有改进措施才被逐一应用到量产车上。具备全部改进措施的1943年后期型车从1943年春天开始下线，并持续生产到当年夏天。

与之前的型别相比，1943年型T-34有不少算是很有意义的创新。该型车首次应用了旋风式发动机空气滤清器，在1年半后又被一种真正可靠（情况也许如此）的新型号取代。除此之外，其车内也引入了

◀ 身着伪装服的苏军步兵正在登上一辆 T-34，该车在炮塔上有一处特殊的心形标记——其内部有水滴状图案、下方隐约可见2道横杠。搭乘这辆坦克的步兵分队由 13—14 人组成，意味着800 公斤的额外负重。连同满载的油桶和额外的弹药在内，这辆坦克的总重将达到 31.5 吨——远远超过了 30 吨的标准重量。

一些改进，比如油箱容积被扩大到了600升（158.5加仑）。此外，还有一些措施体现在了车体外部：

1.新式履带；

2.附加油箱——车尾安装的箱型油箱（1943年9月列装）和车侧安装的圆筒形油箱（最早至少列装于1943年10月，根据标准化的要求，圆筒形油箱开始逐渐取代之前所有款式的附加油箱）[1]；

3.车体前机枪增加装甲防盾，车体和炮塔增加扶手，便于搭载步兵或携带装备；

4.驾驶员舱门下方和两侧加装1-3片跳弹板，避免舱门被轻武器子弹的跳弹卡死；

5.新式六边形炮塔。

新型六边形炮塔和圆筒形附加油箱是1943年型T-34最显著的外部特征。箱型附加油箱容积为40升，通常加装2个，可多携带80升燃料。圆筒形附加油箱容量50升，通常加装3个，理论上可多携带150升燃料。不过实际使用中，其中一个圆筒形附加油箱通常被用来携带额外的润滑油，所以圆筒形油箱一般只是将车辆载油量增加了100升。

当183厂从哈尔科夫撤退至乌拉尔后不久，M.A.纳布托夫斯基（M.A. Nabutovsky）[2]就设计出了六边形炮塔。设计新炮塔的初衷是为了简化生产，而非改善乘员工作环境。由于1941年到1942年冬季期间，决策与管理的混乱和新建工厂产能不足，新式炮塔一时无法投产。相关文献显示，装备六边形炮塔的坦克最早在1942年8—9月间才出现在前线，不过德军拍摄的苏联坦克残骸照片则显示，当年7月上旬前线就已有这种坦克。考虑到6月国防委员会曾下令从7月1日开始生产该型炮塔，这似乎也印证了德方的照片资料。

---

① 外界经常通过T-34后方的箱型附加油箱（共有两种，容量相同，其中一个更偏袒更宽，另一个更高但更窄）来判断某辆坦克的生产厂。但需要指出的是，这两种油箱在183厂生产的坦克上都有，其中还偶尔可以见到一些圆筒形油箱。

② 马克·纳布托夫斯基（1912-？），他是哈尔科夫183工厂的早期成员，除了六边形炮塔之外，还参与了85毫米炮塔的设计，并因此获得了"荣誉"勋章，他后来成为一个设计局的领导人，晚年定居于哈尔科夫。

◀ ▲ 这两张照片展示了两辆同病相怜的 T-34。它们的外观也向我们展示了新旧车型的区别。新车型（上一页中的图片）的炮塔顶盖上安装了两部全景式潜望镜（即位于左侧、由装填手操作的 PT-4/PT-4-7 型潜望镜，以及右侧车长的 PT-K 型潜望镜），车体正面的装甲板连接梁呈折角式。旧车型（本页中的图片）的坦克拍摄时间是 1944 年 1 月，地点在别尔季切夫（Berdychev）附近，其车体正面的连接梁为圆弧形，炮塔上也只有一具潜望镜。另外，这两辆坦克都安装了硬边型的炮塔和车长指挥塔，炮塔座圈上还有几根难以辨认的凸筋。

▲ 本图和下图均拍摄于 1944 年 3 月的乌克兰，其中的 T-34 也来自同一个单位。在它们炮塔正面有一个不完整的战术识别标记——即圆圈内的菱形，菱形内有分割线，上方是数字"100"，下方则为空白。在上图中，近处可见一辆瘫痪的 T-34，远方还有一辆被烧毁的同型车。

▲ 这辆坦克属于刚下线不久的产品，在车体后方安装了一个用来容纳燃料或 BSh 型发烟装置的圆筒。

▲ 这辆 1943 年后期出厂的 T-34 在炮塔顶盖上安装了两具全景式潜望镜，被毁时间则是 1944 年春天。其软边型炮塔的座圈附近有着相对光滑的凸筋。在炮塔后部的扶手附近可以看到编号"733"，该数字或许由黑漆涂成，

▲ 这张摆拍的照片摄于 1944 年 7 月夺取利沃夫（Lwow）的战斗期间，其中，一支装甲部队正在突击敌军阵地。在该车的炮塔上可以看到两具潜望镜，还有 1 个油桶被固定在车体侧面的扶手附近（其容量几乎抵得上三个圆筒形的附加油箱）。在炮塔侧面还有备用履带，炮塔的侧前方是战术编号"18"。

纳布托夫斯基设计的六边形炮塔，按制造厂家的工艺和技术的差别，主要分成3种类型：1种是冲压式，2种是铸造式。细部区别包括所谓"硬边型"和"软边型"，以及至少其他5种工艺上的区别。有的厂家生产的"硬边"六边形炮塔由多达10个部件构成，其中炮塔座圈部分就包含7个部件。其他厂家生产的"软边"炮塔只有2个部件——即炮塔本体和炮塔座圈。在上述两种情况中，炮塔顶装甲板都是焊接在炮塔侧壁顶部的独立构件。

部件最多的六边形炮塔可能最初出现在183厂。由于缺乏设备，乌拉尔重型机械制造厂生产六边形炮塔的工作从一开始就碰到了问题，P.P.马利亚罗夫（P.P. Malyarov）被迫设计出一套更为复杂的工艺流程，把炮塔分成几个部件分别制造再组合成型。"硬边式"炮塔具体分为2种，其本体均由3个部件构成。其中一种包括炮塔上部、炮塔下部和尾舱底板3个部件；另一种则包括了炮塔前部、炮塔后部和尾舱底板。随着工艺难题得到突破，采用分件组合结构的"硬边式"炮塔最终被整体铸造炮塔完全取代。上下组合结构的炮塔持续生产时间稍长一些，而前后组合结构的炮塔则很快被淘汰。不过有时由于铸造合模线在炮塔内侧，从外部无法判断炮塔的具体生产工艺，所以也不能武断地认为外表没有合模线的炮塔都是整体铸造的。

需要牢记的是，由于生产工艺尚未达到较高的一致性和延续性，每一批次的炮塔都与前一批次稍有不同。这一点在"硬边型"炮塔基座部分的一圈纵向凸筋上表现得很明显。这些凸筋的长度和间距都不相同，有的边缘平直，有的则凹陷，有的会非常平滑，甚至在照片上难以辨别。[1]"软边型"炮塔只在尾舱下部的炮塔基座部分明显可见这种纵向凸筋，而"硬边型"炮塔上则普遍明显可见。

为了解决铸造结构六边形炮塔生产中的工艺难题，乌拉尔重型机械制造厂发明了一种冲压结构的六边形炮塔，与铸造炮塔同步生产。这种炮塔的上半部分以45毫米厚的装甲板制成，用瓦柳谢夫（Varyushev）和阿尔谢尼耶夫（Arsenyev）设计的5000吨水压机整体压制成型，然后与铸造的炮塔基座部分拼焊成炮塔本体构件。

冲压炮塔比其他结构的炮塔略长，也略宽，产量是3种六边形炮塔中最大的。另外2种铸造炮塔在细部尺寸上也略有差别，根据生产厂家和生产批次的不同，炮塔基座与座圈结合部的宽度平均偏差约有3至5厘米。

1942年10月，乌拉尔重型机械制造厂开始为自身和车里雅宾斯克基洛夫工厂的总装线生产冲压型炮塔，其后包括112和183厂在内的其他生产厂家也获得了这种炮塔，截至1944年3月，共生产了2670个冲压炮塔。

由于减小了炮塔侧壁的倾斜角，并加大了火炮基座尺寸，六边形炮塔比之前型号的炮塔略高，前部也更宽。炮塔顶部装有两扇圆形舱门，换气扇装甲护罩的防弹外形更为良好。由于采用了便于拆卸火炮的螺栓连接炮座，炮塔后部用于拆装火炮的舱门被取消。这种新式的火炮基座可以从炮塔前部整体拆卸火炮和防盾。

正如前文所述，由于不同生产厂家采用改进措施的进度各不相同，直至1943年秋季，"标准型"T-

---

① 这些凸筋最早于1941年秋天便在老式扁平型炮塔上出现，并"传承"到了最后一批战时生产的T-34上，并涵盖了所有的炮塔型号，甚至连T-34-85的炮塔都不例外。这些凸筋本身是处理工艺的产物——在有棱纹的铸造模具中，铸造出的装甲钢要比内表面平滑的模具铸出的产品材质更为均匀。

◀ 1944 年夏天，苏军正在里加（Riga）附近推进。照片中领头的坦克由 112 厂生产，车体属于早期型（由于机枪没有球形机枪座，因此其车体甚至可能是 1942 年下线的产品），炮塔座圈周围有跳弹板，顶盖上有两具全景式潜望镜——其中右侧的是 PT-K 型，左侧的可能是 PT-4-7 型。其中前方的坦克编号为"433"，后方的编号为"435"。

34坦克都不存在，各厂生产的坦克互相之间或多或少都有所区别。比如，车里雅宾斯克的基洛夫工厂在1942年10月就在车体侧面安装了圆筒形附加油箱，而112和174厂直到1943年4月还在使用车体尾部安装的箱型附加油箱。112厂的情况最为混乱，直到1943年春季该厂还在生产安装老式炮塔、前机枪没有装甲防盾的车型。甚至直到旋风式空气滤清器和新式的五挡变速箱在厂内推广使用后，该厂仍有上述老式车型生产下线。1943年1月中旬，车里雅宾斯克的基洛夫工厂最早采用旋风式空气滤清器。1942年夏末秋初，183厂开始为车首机枪采用球形基座，与此同时，112厂开始为车辆加装扶手，以便坦克搭载兵攀附。

这些扶手虽然不太显眼，却充当了1942年型T–34中期量产型车的显著特征。此前安装老式炮塔和六边形炮塔的车辆，其车体侧面都没有这些附件。虽然国防委员会下令为车辆加装扶手，不过具体怎么操作都由各厂因地制宜自行决定，这导致扶手的样式千奇百怪。112厂的车辆两侧各有4个相同尺寸的扶手，首上装甲板上有1—2个，甚至2—3个，有时则是2个不同长度的扶手，不过首上装甲上加装的扶手一般都比车体侧面的更短一些。183厂和车里雅宾斯克基洛夫工厂生产的车辆则与之不同，其车体两侧各有2个长扶手。

炮塔上加装扶手的情况与此类似，通常在炮塔两侧后部各加装一个扶手，有时在炮塔尾部也会加装。虽然这些扶手是为了供坦克搭载兵攀附所用，但它们很快便成了坦克手们加挂随车工具和个人装具的地方。

甚至圆筒形附加油箱的布局也能作为判别生产厂商的依据：其区别主要集中在油箱支架上。183厂的油箱支架最简单，乌拉尔重型机械制造厂的油箱支架最复杂——后者生产的车辆右侧有4个弧形油箱支架，每个支架上都附带有切口，以便安装扶手。

理论上，1942年新式的R9电台开始替代老式的车载无线电，不过这一年里交付前线的坦克大多没有装无线电设备。从更早些时候（1942年春、夏季）开始，尺寸统一过的履带板（即"标准型"履带）逐

◀ ▼ 这三张照片展示的 T-34-76 都是在 1944 年下线的。其生产者可能是 183 厂或车里雅宾斯克工厂（其产品样式和 183 厂接近，但在车体尾板上有两个窄幅铰链）。这些 T-34 安装有两具不同型号的全景式潜望镜，扶手的安装样式和 T-34-85 相似，并拥有折角式的车体前部连接梁、喇叭和后部附加油箱。

▲ 这两张照片摄于 1944—1945 年冬天，其中的老式 T-34 依然奋战在前线，并参与了夺取德国—波兰境城镇的战斗。除了车首连接梁不同（下图中为折角式、上图中为圆弧式）之外，照片中的两辆坦克特征几乎完全相同。上图中的坦克在炮塔侧面涂有"241"的战术编号。

步开始在各生产厂推广。另外，在1942年年底到1943年年初，苏军又用"冬季"履带替换了当时已磨损的履带板，其中前者改善了坦克的越野特性。"标准型"履带的接地面有网格状凸棱，但宽度更窄，仅有500毫米，而非之前型号的550毫米。"冬季"履带在样式上与"标准型"履带类似，但材料为27SGT钢，宽度则为550毫米。

除此以外，1943年生产的坦克基本上就没有更多的改进了。需要指出的是，在1943年春天之前，厂方仅在量产车上采用了1942年设计和通过测试的种种改良措施。另外，根据在T-34S和T-43项目上安装车长指挥塔的经验，从1943年夏天开始，指挥塔很快在量产车型上得到了应用。1943年6月中旬，加装指挥塔的炮塔开始出现，截至1944年3月中旬，共有5740辆坦克加装了指挥塔。

1943年年初，炮塔侧面观察窗下方的轻武器射孔再度被采用，不过要到春季才普及开来。1943年秋，不知出于何种原因，许多车辆都没有安装扶手（也许是为了尽可能简化生产、提高产量，以弥补前线的损失）。1943年年底，部分车辆开始在后方安装附加（润滑）油箱，这样一来，其车体侧面的2个（或全部3个）附加油箱就可以用来全部装载燃料。

其后，车体前部的圆弧形连接梁被折角型连接梁取代。战斗室内部布局也做了一些调整，取消了部分燃油箱以便携带更多弹药。除弹架上携带的部分即用弹外，主炮的大部分备用弹药都被存放在木质弹药箱里，被安置在战斗室底板上。取消部分燃油箱腾出的空间使主炮弹药基数从77发增加到97—100发，至于车内载油量则从640升减少到了530—550升（具体数据根据生产厂家和生产批次的不同而略有区别）。

在诸多的细部改进中，履带的持续改良尤其值得一提。这项工作的最终目标是实现履带结构的标准化，同时尽可能改善履带的抓地力。这些目标最终在1943年得以实现，从此时开始，500毫米宽的履带成了T-34的标准配备，它们被一直沿用到战争结束。

最新型的9RM型无线电台也被安装到了坦克上，车内通话设备则被TPU-3R或TPU-3bis-F型取代。从1943年秋季开始，量产型车都安装了2具PT-7型潜望镜，或1具PT-7（也可能是老式的PT-4）和1具PT-K潜望镜，加装了车长指挥塔的车辆则额外增加了一具MK-4型潜望镜。

◀ 这辆 T-34 于 1943 年 3 月初被击毁于哈尔科夫以西地区。该炮塔是乌拉尔重型机械制造厂的冲压版炮塔，侧面可见一个小的、红色的数字"3"。

▼ 这张照片拍摄于 1943 年年底，其中的 T-34 由 183 厂生产，在炮塔侧面的方框内涂有战术编号"283"。该车后部至少两次中弹（注意后部排气管护罩附近的弹孔），这表明它曾试图从战场上撤退。其乘员被烧死在了车内，这一点可以通过舱门周围烧焦的油漆上留下的一圈黑色痕迹证明。至于"米老鼠"的耳朵是在战后才被好奇的德国人打开的。

　　1942年至1943年期间T-34坦克上应用的这些改进措施，使得车辆的战斗全重超过了30吨。其后还有一些改进措施，但对改善坦克的质量作用有限。1944年生产的最后批次车辆拥有标准化的车体后部油箱和外置圆筒形附加油箱（与T-34-85相同）。车体前部的圆弧形连接梁被更换为折角型连接梁，炮塔顶部的起吊钩被移到炮塔侧面，首上装甲板上加装了备用履带板，此前112厂特有的车体前装甲板咬合焊接结构被彻底放弃，各生产厂都采用了标准型的直线焊接结构。这些变化是安装76毫米炮的T-34

坦克上采用的最后一批改进措施，如果你愿意，完全可以把具备这些特征的车辆称为"1944年型"的T–34–76。

与此同时，提升坦克防护水平的工作也紧锣密鼓地展开。早在1941年春下达的、生产首上装甲厚度增加到60毫米的T–34M型的决定，便可被视为提升装甲防护的最初尝试。但随后，工作重点被转移到提升现有量产车型的装甲防护上来：于是，T–34与KV–1一样开始接受防护升级改造，不过要直到当年6月份战争爆发后，一切才在铁木辛哥和朱可夫（Zhukov）的催促下得以实施。7月份，2辆安装附加装甲的T–34样车被生产出来，但受战争影响，在8月份量产这种车型的计划没能实现。当年年底，随着德国新式反坦克武器击穿T–34首上装甲的报告接踵而至，提升装甲防护的计划再度得到了苏联方面的重视。12月，高层下令立即提升T–34的装甲防护，然而受技术问题困扰，在183厂生产60毫米厚的首上装甲板的尝试没能成功。作为变通手段，工厂开始在45毫米厚的首上装甲板上加焊15毫米厚的附加装甲组件。在各修理厂接受大修的坦克也加装了这种附加装甲，其中一个例子发生在列宁格勒：在当地，甚至连首下装甲板上也加焊了附加装甲。

1942年年初，T–34的三大主要生产厂家都开始批量生产加装了附加装甲的车型（斯大林格勒拖拉机厂从1月开始，112厂从2月开始，183厂从3月开始），不过各厂的附加装甲组件都有所不同。很多改进型车辆在侧面甚至后方都加装了附加装甲。在112厂生产了前部厚度为75毫米的铸造炮塔。总共约有500辆附加装甲型T–34被生产出来，其中约有半数在车体和炮塔前部都有附加装甲。也有人指出，其后各工

▲ ▶ 1943 年 8 月底，这辆安装有乌拉尔重型机械制造厂冲压炮塔的 T–34 被苏军遗弃在了米乌斯河（Mius River）前线。该车最有趣的特点是履带，这种履带刚被乌拉尔重型机械制造厂列装，其中每个履带板都是两片式的。

▲ 这辆 T-34 在冲压炮塔背后堆满了额外的弹药，还携带了一桶燃料。它是于 1944 年 4 月克里米亚的战斗中被拍摄到的。其乘员在炮塔的侧上方、靠近扶手的位置涂写了数字"12"，而在侧前方则是战术编号"1109"。在 1944 年时，苏军在坦克旅内引入了 4 位数的编号系统。从左向右读，这一编号表明该 T-34 要么是旅属第 1 营第 1 连的第 9 号车（即第 3 排的最后一辆车），要么来自其坦克军的军部。由于车上只有 1 部全景式潜望镜且没有电台，该车很可能是 1942 年（或 1943 年）的产品，不过，其炮塔侧面却出现了 1 个手枪射击孔。

厂又额外生产了一些带附加装甲的坦克。直到1944年到1945年，一些修理厂仍在为坦克加装附加装甲。

1942年8月，在A.F.约费（A.F. Joffe）的指导下，中央物理研究所（Institute of Physics）再度对附加装甲的课题展开深入研究。与此同时，112厂的V.V.克雷洛夫（V.V. Krylov）也研制出一套新型的屏蔽式附加装甲，这套16—20毫米厚的附加装甲通过特殊的支架安装到车体侧面和炮塔四周，其中车体侧面的附加装甲上缘高于车体上部，从而对炮塔基座构成屏护。全套附加装甲组件重约3.26吨，理论上可使坦克抵挡德军三号、四号坦克短身管火炮发射的钨芯高速穿甲弹。

虽然克雷洛夫的屏蔽装甲理论上是个不错的设计，但在1943年8月的实战中德军仍能有效击毁安装了附加装甲的T–34坦克，这种设计惨遭失败。随后苏联发现德军不再使用高速穿甲弹，屏蔽装甲也被彻底放弃。战争后期，屏蔽装甲的理念再度得到重视，坦克手们为坦克加装钢丝网以抵挡德军的"铁拳"反坦克火箭筒，不过这种做法并不十分广泛。

在提升装甲防护的同时，苏联人也开始尝试提升T-34的火力。1943年春，在对缴获的德国"虎"式坦克进行火力打击测试后，苏联决定立即采用威力更大的火炮替代过时的F-34火炮。由于"虎"式坦克数量稀少，升级火炮的想法一开始不太受重视。直到库尔斯克战役，苏军才发现，德军除了"虎"式坦克之外，还投入了新型的"黑豹"坦克，以及大量增强了火力和装甲防护的四号坦克、三号突击炮。

从1942年下半年开始，德军就为其自行反坦克炮（坦克歼击车）加装德制和缴获的苏制长身管火炮，这些火炮的倍径为45—51倍，从而在与T-34的对射中占据了精度和威力的优势。苏联人意识到，必

▼ ▶ 这两张照片拍摄于 1944 年 8 月，展示了一辆瘫痪在沟渠中的 T-34。其中上方的照片让我们可以一睹乌拉尔重型机械制造厂冲压炮塔的正面细节。

须立即为坦克换装射击效率更高的远程长身管火炮。为此，他们一方面开始考虑再度为坦克安装57毫米长身管火炮；另一方面，他们还决定改进F-34火炮，使其拥有与同口径高射炮相当的弹道性能。

虽然战争初期匆匆登场的T-34-57很快就宣告停产，数量也十分有限，但1943年春苏联高层下达的重开ZIS-2型57毫米反坦克炮的决定，却为T-34-57的复活提供了条件。根据之前的经验，183厂于1943年7月制造了4辆安装ZIS-4型57毫米炮的样车，这些车辆在随后的测试中表现良好。但此时85毫米坦克

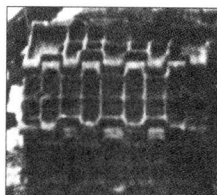

1944 年 2 月，这些状况凄惨的 T-34 残骸（前方可以看到车组支离破碎的尸体）被丢弃在了德军撤退的一条必经之路附近。其背景处可以看到另一辆坦克的残骸，而在本残骸的炮塔侧面前方可以看到一个战术标识——它也曾在前面的照片中出现，是一个圆圈内的菱形。编号 K-3 表明这辆坦克可能来自同一坦克集团军麾下的另一个旅。附带的小图展现的是"华夫饼"型 500 毫米履带。这种型号（后来也被称作"通用型"）不久便取代了其他履带，成了苏军的标配，并一直使用到战后。

炮的研发进度已经遥遥领先，况且到了战争后期，57毫米炮虽然较45毫米炮优秀很多，但对于德国新式坦克厚重的正面装甲依旧难免力不从心。

为T-34换装改进型F-34火炮的工作，也受到85毫米炮的严重冲击。这种所谓的改进型F-34就是S-54火炮，身管长达60倍口径，其后被缩短到55倍口径[①]。该炮采用了高射炮的大药室结构，理论炮口初速可高达1100米/秒，在1000米的距离上可击穿30度倾角的、厚度为140—156毫米的装甲。但实际火力测试中，该炮的炮口初速只达到840米/秒，直射距离为1000米。虽然没能达到预期的指标，但为T-34换装该型火炮并不需要对车辆设计做太大的调整，也不会导致乘员工作环境恶化。另外，虽然该炮的新型穿甲弹成本高昂，但因为可以最大限度沿用现有设备，这种改进反而有利于控制火炮的生产成本。

修正了在初步测试中暴露出的缺陷后，ZIS-4和S-54型火炮于1943年10月接受了全面检验。结果，ZIS-4型57毫米炮被放弃，而S-54型76.2毫米炮则得以继续研制。1943年年底，高层决定投产S-54型火炮，但在制造了区区62门炮后，该炮最终也被放弃。在军方看来，S-54型火炮是一种专用的反坦克炮，用途太过局限，还不如为坦克换装85毫米炮来得实用。[②]

有必要指出的是，1943年，当美军考虑用长身管76毫米炮取代短身管75毫米炮时，也碰上了与苏联人考虑换装S-54火炮时类似的问题。因为长身管76毫米炮的高爆榴弹威力相对较差，美国人没有及时为

[①] 亚历山大·希洛克拉德（Alexander Shirokorad）在《苏联天才火炮工程师：格拉宾的光荣和不幸》（Гений советской артиллерии. Триумф и трагедия В. Грабина）一书中宣称S-54火炮为58倍口径。由于该火炮产量极少，其实际数据目前已难以考证。

[②] S-54火炮高膛压、高初速的特性一方面加大了其加工难度、减少了其身管寿命；另一方面，高膛压火炮的高爆榴弹为了防止膛炸，必须降低装填系数，即减少弹丸里面的炸药、增大弹丸外壁厚度——这也意味着，跟大口径、低膛压的85毫米炮相比，S-54发射高爆榴弹对付步兵和阵地目标的能力更差，这对战争后期不断进攻的苏军来说是不合适的。

▲ 1945 年 5 月胜利阅兵式上的 T-34-85 坦克，该车由 112 厂生产。注意其炮塔前部的新式炮塔换气扇外罩，另一部则被安装到了车长指挥塔背后。

坦克换装这种火炮，随后就在进攻法国的战斗中吃到了苦头。至于苏联人也没有得到多少好处，虽然他们利用现有的生产线为各坦克旅迅速装备了大量T-34-85，并将其投入到了1944年6月中旬开始的大反攻，但在与德军坦克的交战中，85毫米炮的表现却并没有达到苏军的预期。

第十一章
T-34-85

　　如前所述，当苏军对德军"虎"式坦克有了较为深入的了解后，随即从1943年春天开始研制威力更大的坦克炮。当年4月中旬，苏联对缴获的"虎"式坦克进行了最终测试，并投入了当时坦克兵使用的各种火炮，最终将作为靶子的"虎"式坦克打得稀烂。库尔斯克战役后，上至苏联国家领导层、下至部队的各级指挥员都开始希望新型坦克炮能加快研发。尽管1943年8月中旬苏联高层召开了专题会议，旨在分析库尔斯克战役的技术影响，但直到当年年底，新型火炮的研发才最终走上了快车道。

　　很不幸，由于资料有限，笔者无法完全解释当时各方的活动和决策。但从掌握的部分信息来看，1943年下半年，苏军的坦克研发存在一定的混乱。这种情况之所以出现，是因为最初的命令要求换装85毫米炮不能大改坦克的设计——显然，当时苏联人仍坚信六边形炮塔的潜力。

　　与此同时，M1939型85毫米高炮被确定为研制新型坦克炮的母型，该炮威力与德国88毫米高炮相当。苏方决定将该型高炮改进为反坦克炮（与早先的试验不同，这种反坦克炮采用了类似德国反坦克炮的结构），以及可供重型坦克与自行火炮搭载的坦克炮：其中坦克炮的研制难度更大，最终只取得了部分成功。早在1943年4月中旬，苏联国防委员会就下令研制安装85毫米炮的自行火炮，到当年7月中旬，

◀ 这辆 T-34 的新式炮塔内安装了 D-5 型火炮，并拥有直径 1600 毫米的炮塔座圈，似乎属于 T-34-85 的最早一批原型车。这一点也可以通过两个特征：即 1943 年夏季版的车体和 T-43 坦克的炮塔得到证实。其炮塔侧面的合模线清晰可见，样式和后来的量产型炮塔上存在区别。

▲ 一辆112厂生产的、T-34-85的后视图（其后上装甲板盖住了后下装甲板的边缘，同时还安装了2个宽幅铰链），该车安装的是"变体版"（即8部件版）炮塔。

◀ 183厂生产的T-34-85后视图，该车安装的是1944年年底/1945年年初生产的标准型炮塔。

该车已开始接受工厂测试。在8月初结束的国家测试中，自行火炮搭载的S-31、S-18和D-5火炮都没能达标，但工农红军还是决定列装搭载D-5火炮的车型，因为该炮的问题相对最少，改装也更快捷。

几乎与此同时，183厂设计局也在当年6月底奉命开始研制安装85毫米炮的炮塔。为了避免影响坦克的批量生产，改进工序经历了最大限度地压缩。在研究比对了所有可能的技术途径后，设计人员于8月底得出结论：为了搭载85毫米炮，炮塔座圈直径必须扩大到1600毫米，但这样做需要对坦克的战斗室结构进行调整，与高层越快越好、越简单越好的思路相左。不过这些问题最终得到了解决，到1943年10月，工厂制成了第一台样车。

改进坦克实际上非常简单。其中，战斗室结构只做了最低限度的调整，搭载85毫米炮的炮塔从T-43炮塔的现成设计上改进而来。火炮则采用了第9厂F.F.彼得罗夫（F.F. Petrov）设计的D-5型。1943年8月，在坦克工业人民委员马雷舍夫（Malyshev）[①]的主导下，183厂和中央军械设计局开展了一次技术合作。为此，下塔吉尔方面立刻派出纳布托夫斯基领导的6人小组赶赴中央军械设计局，与格拉宾一道研究85毫米炮的车载化课题，不过坦克厂的技术小组同时也与第9厂建立了联系。

在合作当中，下塔吉尔方面的技术组发现D-5型火炮已被选定为SU-85自行火炮的武器，而格拉宾设计的火炮没能中选。于是，格拉宾与纳布托夫斯基的合作无果而终。

◀ ▼ T-34-85 的炮塔：这张照片和下面这张照片展示的是一辆 183 厂生产于 1944 年年底 /1945 年年初的 T-34-85，其炮塔属于同类的第二种版本，其左面没有手枪射击孔，但侧面有一个容纳改进版转向机构的鼓包。

---

① 维亚切斯拉夫·马雷舍夫（1902—1957），早年在法院担任书记员，后来转职成为工程师。在1934—1939年期间，马雷舍夫从一名普通的设计师晋升为工厂厂长，并在1941—1942年期间以及1943—1945年期间担任坦克工业人民委员。在斯大林统治晚期，马雷舍夫逐渐失宠，1957年去世，据称死因是1953年因过早进入核试验现场而罹患的放射病后遗症。

◀ ▼ T-34-85 的 炮 塔：
1944 年 5 月，112 厂生产的
第二种版本的炮塔。

▲ 112 厂生产的变体版炮塔，系从拥有 8 个部件的模具上铸造而来。在这里我们只展示了一侧的特写，至于另一侧的特征则与这张照片大致相同。显然，这一"变体版"的炮塔的护盾要显得更为凸出。另外，所有 112 厂的炮塔安装的都是 S-53 型火炮，而 112 厂的炮塔则已经安装了 ZIS-S-53 型火炮。

这种情况，令T-34-85的发展历程遭遇了一定的波折。如前所述，由于格拉宾提出的方案被否决，D-5型火炮成了当时唯一能装车的现成设计。但即使如此，在整整3个月的时间里，没有一个人试图解决这种问题。同时，尽管搭载D-5火炮的SU-85已经从8月底开始生产，但上级依然没有批准投产搭载该火炮的T-34。造成这种停滞的原因在于D-5火炮的结构：安装在T-43上时，其上部的结构几乎要触碰到炮塔顶部，严重影响了弹药装填。

不过这些问题都无法否定一个事实：1943年秋季，从硬件角度，苏联早已做好了投产新型坦克的准备。然而，这项工作之所以无法展开，似乎仅仅是因为他们不想修改现有炮塔的设计。于是，他们在几个月里什么都没有做。直到当年10月底，当装备D-5型火炮的T-34-85准备接受国家测试时，高层才下令研制T-34坦克专用的85毫米炮。为防止发生意外，这次苏联人做了两手准备，一面设计一种可安装在座圈直径1600毫米大型炮塔内的火炮，同时又设计一种可以安装在六边形炮塔内的火炮——其间，他们并没有设法对D-5型火炮或是炮塔进行任何修改。

三家设计局参与了新式火炮选型的竞争，每家设计局都拿出了一个方案，分别是：

◀ 174 工厂生产的炮塔，其侧面合模线与 183 厂产品的样式一致。另外，该炮塔为 S-53 型火炮设计的护盾也根据 183 厂的产品样式进行了修改。

◀ 112 厂生产的"大型版"炮塔（其所属坦克的序列号为 4120559，表明该车是 1944 年 12 月的产品）。该炮塔非常宽，内部最宽处达到了 1.9 米，较 183 厂的标准型炮塔宽了几乎 20 厘米。

◀ ▲ 这一系列的照片让读者可以对各种炮塔的形状有一个形象的认识。总体来说，所有的炮塔尺寸都相同，但它们的形状（尤其是侧面和正面）仍然存在一些差异。第一排照片从左至右依次为：112厂炮塔，第2种版本；112厂炮塔，"变体版"（8部件版）；174厂炮塔。第二排照片，从左至右：112厂炮塔，"大型版"；183厂炮塔，"标准版"，1944年年底—1945年产品。

1.92厂的KB设计局——LB-1型火炮[①]，适配座圈直径1600毫米的炮塔；

2.格拉宾领导的中央军械设计局——S-53型火炮，适配座圈直径1420毫米的炮塔；

3.88厂的CAKB设计局——S-50，适配座圈直径1600毫米的炮塔。

92厂研发新式火炮的工作进展最迅速，很可能比中央军械设计局提早动手1—2周。当年10月，该厂就开始在1辆183厂生产的、安装T-43炮塔的坦克上试验新式火炮，并曾尝试为其安装炮口制退器。与此同时，另一辆结构完全相同、但搭载了D-5型火炮的T-34-85也开始接受国家测试。测试证明，2台样车

---

① 很多文献也将这种火炮称为LB-85，以便和后来生产的100毫米LB-1型火地区分开来。但这两种火炮最初的编号实际都是LB-1。

▲ 183厂的"标准型"炮塔。

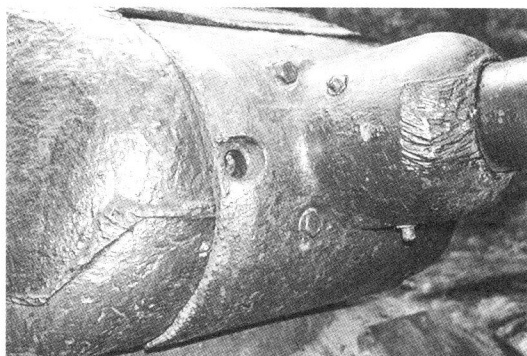

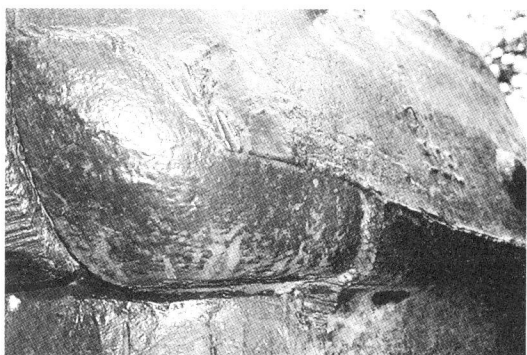

▲ 112厂的第2版炮塔。

◀ 112厂的"变体版"炮塔，该炮塔防盾上的火炮套管略短，炮管和炮盾的间隙较大。与本页的前两种炮塔相比，其炮盾本身还略向前伸。

▲ 112厂的"大型版"炮塔。

◀ 174厂的炮塔。

的火炮都有待改进。

即便有种种不顺，有关负责人仍然在1943年12月初建议把搭载D-5型火炮的183厂车型投入量产，该建议得到高层认可。12月15日，根据国防人民委员的第4776号命令，该型车将被列装苏军，正式量产从次年1月份开始，但生产厂却是112厂。为什么不是183厂？这一点其实与生产效率无关（183厂的产能几乎是112厂的3倍），问题出在炮塔上。112厂在短短几天内就对其炮塔设计进行了改进，以便容纳D-5型火炮，而183厂的炮塔却没有做相应的改进——实际上，183厂甚至都没打算去改进他们的炮塔。如此这般，112厂得以抢先一步按计划开始了新坦克的量产。经112厂改进过的炮塔，与T-43炮塔相似度并不高，该厂的炮塔在其后的生产中又经历了6-7次改进。

1943年12月，首批D-5型火炮交付工厂（只有10门而不是计划的50门），随后又陆续交付了一部分，使工厂能在次年1月底前生产25辆T-34-85。根据计划，工厂在1944年2月和3月又分别生产了75辆和150辆T-34-85。最终，苏军在1944年1月终于得到了新坦克——颇为讽刺的是，就在上一年秋天，高层还对生产新坦克的提议颇为犹豫。

与此同时，中央军械设计局也没有轻易放弃，他们开始改进自己的火炮设计。在一次会议上，该局决定设计两种火炮以适应两种不同的炮塔。

当格拉宾明确传达了来自武器装备人民委员部和炮兵部设计局会议上的有关要求后，会场一度陷

▲ 战时生产的T-34-85炮塔上还存在许多微小的差异，它们已无法被一一记录。这些照片便展示了这种情况。1号图为112厂的第2版炮塔；2号图为183厂安装ZIS-S-53火炮的炮塔；3号图为112厂的"变体版"炮塔；4号图为174厂安装S-53火炮的炮塔。

入沉默。直到格拉宾向负责火炮改进具体工作的三人小组之一的G.M.谢尔盖耶夫（G.M. Siergiejev）发问，沉默才被打破。谢尔盖耶夫表示，在六边形炮塔内安装新型火炮没什么问题，这令格拉宾大为欣喜。但P.F.穆拉维约夫（P.F. Muraview）却持反对意见，他指出，这样做会给实际操作带来一些问题。

如前所述，中央军械设计局做了两手准备：命G.J.沙巴罗夫（G.J. Shabarov）和I.伊万诺夫（I. Ivanov）带领一组人马，以座圈直径为1420毫米的炮塔展开火炮设计。命V.米耶夏宁（V. Mieshchanin）、A.鲍格列夫斯基（A. Boglevskij）和W.久林（W. Tjurin）带领另一组人马，以座圈直径为1600毫米的炮塔研制S-50火炮。

两组人马都以闪电般的速度完成了各自的工作。当然，火炮本身的细节设计问题和在炮塔内的安装问题没能得到完全解决，但考虑到其设计工作总共耗时不到1个月，这些瑕疵还是可以理解的。

1943年12月，3种火炮都被派去接受测试。以S-50为例，该炮于12月15日至25日期间接受初步测试，随后立即与另2种火炮一道送交国家测试。但12月31日，国家测试在全面失败中收场，3种火炮全都没能达到要求。S-53型火炮被认为最具发展潜力，获准于1944年1月1日列装，但在此之前该炮必须接受必要的改进。

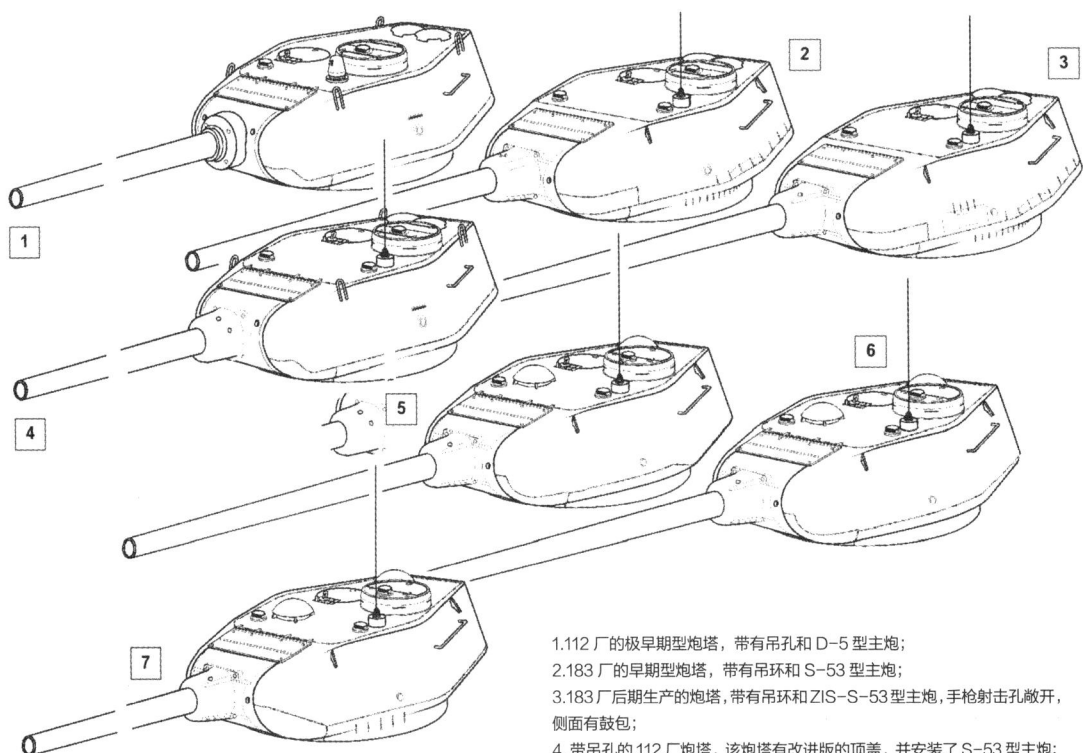

112厂和183厂T-34-85炮塔的演化

1. 112厂的极早期型炮塔，带有吊孔和D-5型主炮；
2. 183厂的早期型炮塔，带有吊环和S-53型主炮；
3. 183厂后期生产的炮塔，带有吊环和ZIS-S-53型主炮，手枪射击孔敞开，侧面有鼓包；
4. 带吊孔的112厂炮塔，该炮塔有改版的顶盖，并安装了S-53型主炮；
5. "蘑菇形"炮塔及其2种不同的炮盾样式；
6. "蘑菇形"炮塔的变体；
7. 可能是战后生产的炮塔。

◀ ▲ 183厂炮塔的顶盖，旁边的小图展示了一座安装单片式舱盖的车长指挥塔——这种指挥塔列装于1945年1月。

▲ 这些照片展示了 T-34-85 的火炮护盾。图 1 的护盾来自 112 厂的"变体版"炮塔。图 2 的护盾来自 183 厂安装的 ZIS-S-53 型主炮晚期型炮塔。图 3 的护盾来自 112 厂早期型的第二种样式炮塔，安装有 S-53 型主炮。图 4 的护盾来自 174 厂安装的 S-53 型主炮晚期型炮塔。

　　S-53的改进工作分2个阶段实施，在重压之下进展极快。92厂设计局接手了第二阶段的改进工作。其后，S-53型火炮被重新命名为ZIS-S-53，从1944年10月底开始批量生产，并最终到1945年完全取代了早期型号的火炮。

　　有意思的是，早在S-53火炮准备投产前，格拉宾就已经设法让军工系统接受这种装备。他对112厂

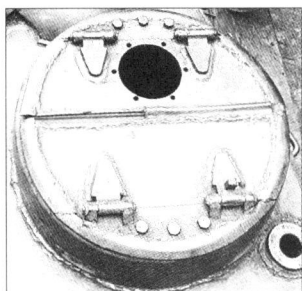

▲ ▶ 112厂炮塔的顶盖，旁边的小图展示了2片式的车长指挥塔舱盖。需要指出，112厂的炮塔顶盖要比183厂的产品略长，一直延伸到了炮盾根部。

▲ 这张照片拍摄于1944年2月的一场服役仪式上，整个一排的T-34-85都是112工厂的产品。这些坦克来自坦克第38团，并且都被命名为"迪米特里·顿斯科伊"（Dimitri Donskoy）——这是为了纪念一位俄罗斯军事领导人，他在库里科沃原野（Kulikovo Pole）击败了蒙古军队。这些坦克是各地的教堂为响应俄国东正教牧首、莫斯科都主教谢尔吉乌斯（Sergius）的号召而在1943年12月5日集体捐献的，也被该团的官兵们戏称为"圣器"（the Sacred）。它们属于极初期型，炮塔上安装了吊孔和D-5型主炮，车长指挥塔位于炮塔顶盖中央，前方有一具PT-4-7型全景式潜望镜，车体右侧有无线电天线。其中一些坦克还在倾斜装甲上安装了托架。

的领导施加影响，促使其提前着手准备生产搭载S-53火炮的车型。[1]同时，他还开展了上层攻势，游说武器装备人民委员和工厂领导同意投产这种新车型。这样一来，到1944年2月当官方开始检查火炮改进工作时，厂方已经着手为生产搭载S-53型火炮的车型做准备了！

根据官方资料，S-53型火炮在六边形炮塔和座圈直径为1600毫米新炮塔上都通过了测试。但持反对意见者大有人在，厂方的纳布托夫斯基认真分析了格拉宾的设计理念，发现该炮在六边形炮塔内占据了过多空间，会严重影响乘员的操作。更要命的是，该炮与炮座匹配不良，当坦克被敌方炮弹击中时，巨大的冲击力会导致火炮从炮座上脱落。

有鉴于此，183厂的技术人员立即带着改进方案赶来支援，他们在短短几天内就改良了

---

[1] 几乎可以肯定当时与之配套的是六边形炮塔，因为给D-5火炮量身定制的新炮塔根本不可能装进一门S-53火炮。在解读纳布托夫斯基的回忆录时，我们无疑应当考虑到这一点，而且不该忘记的是，他对故事的叙述实际相当片面［相关内容可见《T-34：通向胜利之路》中的"'虎'式克星"（Ukototitiel Tigrov）一章］。在此必须强调的是，根据现有的资料，在苏联各地为改进T-34工作的专家们实际并不了解其他领域的技术发展。

▲ 在1945年8月苏联对日军的攻势期间，这辆112厂生产的T-34-85正在横渡远东地区的一条小溪。该车下线于1944年冬或1945年春，车体右侧有无线电天线，车体前部连接梁似乎为圆弧形，炮塔为112厂生产的"大型版"炮塔，并且安装了ZIS-S-53型主炮。

▲ 一辆112厂生产的早期型T-34-85，其下线时间可能是1944年春天，可以清楚地看到安装D-5型火炮的炮盾、倾斜装甲上的窄扶手（此处加挂了一片备用履带）、112厂的附加油箱托架和圆弧形的车体前部连接梁。尽管无法看到天线，但几乎可以确定该装备安装在了车体侧面。

112厂炮塔的设计，使其适应了S-53型火炮。当年2月，首批新车提前从112厂下线。3月中旬，183厂开始生产搭载S-53火炮的坦克；6月中旬，174厂也加入进来，当月生产了13辆，次月则提升到93辆。

S-53型火炮总体的性能和表现确实优于它的前辈——D-5。彼得罗夫的D-5重达1500千克（S-53为1150千克），身管长度也只有51.6倍径（S-53为54.6倍径）。

虽说搭载85毫米炮的炮塔只有一种型号，但各厂生产的炮塔还是有所区别。一般来说，这种炮塔可以分为2个大类：即183厂型和112厂型。其中，183厂的炮塔基本上只有一种款式，而112厂生产的炮塔根据细部区别则至少有六七种款式（其中还不包括各种变体）。总体而言，183厂生产的炮塔顶装甲板更长，两厂的炮塔侧面中部区域也有所不同。此外，112厂生产的首批炮塔因搭载D-5型火炮而拥有外形

◀ 1944年5月，这些112厂生产的T-34-85坦克正在摩尔达维亚地区（Moldavia）对敌军的防御工事发起突击——该车隶属于P. S. 朱可夫（P. S. Zhukov）上校指挥的近卫坦克第36旅。根据附加油箱的位置（右后方）和炮塔上的无线电天线线判断，这些车辆在当时应该是全新的。但另一方面，它们的炮塔上依旧保留了吊孔。

▶ 1944 年春季，在罗马尼亚被击毁的一辆由 112 厂生产的 T-34-85。请注意车体下部和炮塔座圈内部的细节。

特殊的炮座，炮塔起吊环也是独有的U型环（后来取消），车长指挥塔则位于炮塔左侧中部，之后被移动到稍偏后的位置。

最重要的是，两厂的炮塔在外形上稍有区别。就如同1941年生产的扁平式炮塔一样，183厂炮塔前部更圆滑。此外，183厂炮塔的中后部有若干纵向小凸筋。随着在1944年夏季，新型炮塔方向机被采用，183厂炮塔左前侧出现了一小块凸起部分。此外，与112厂炮塔相比，183厂炮塔的棱线多少更明显一些。

183厂炮塔有一种变体，与标准型号相比，这种炮塔有更大、更明显的凸筋，炮塔前部的铸造合模线则更为弯曲。[1]

至于112厂在生产T-34-85的过程中，炮塔款式出现的变化则多得多，其中有2款非常独特。一种可被称为"大型版"（Large）炮塔，其下部棱线向外凸出更多，甚至大大超出了战斗室顶装甲板的侧边缘。另一种可被称为"变体版"（Alternative）炮塔，其铸模由8部分构成，导致铸造合模线在炮塔表面纵横交错，不过这种炮塔下部的基座部分还是一体铸造的。

虽然与六边形炮塔完全不同，但这种"变体版"炮塔实际上沿用了早前分件组合式六边形炮塔的技术解决方案。"变体版"一直生产到1944年年底，才被所谓的"蘑菇形"（Mushroom）炮塔取代。"蘑菇形"炮塔从1945年春开始出现在战地照片上，其铸造结构大体上与112厂的其他款式炮塔相同，但炮塔侧面后半部的铸造合模线更偏下，似乎是减薄了炮塔尾舱底部区域的厚度——这种设计可以减轻重量。需要强调的是，这种所谓"蘑菇形"炮塔也有两种不同款式，其区别仅在于铸造合模线位置的高低。

所有款式的85毫米炮塔都用双换气扇取代了此前的单换气扇。1945年年初，112厂生产的"蘑菇形"炮塔上采用了前后分置的换气扇，其中一台换气扇仍在炮塔尾舱上方，另一台则被移动到炮尾上方以改善排烟效果。这种分置式换气扇的装甲外罩顶部更为突起，与炮塔的连接方式也与并列式换气扇外

---

① 各种文献经常将这些车辆当成受损修复车辆，并认为它们会在大修期间在战斗室顶板上切出一个更大的、直径1600毫米的炮塔座圈。但这种说法并不正确。侧面有无线电天线基座的车体属于第一批出厂的车辆，而不是T-34的"拼接版"——事实上，只有当一辆坦克的车体侧面有无线电基座，同时炮塔上有无线电天线时，这种车辆才能被列入大修后诞生的、"拼接版"的行列。考虑到为旧坦克更换战斗室顶板或是切出一个更大炮塔座圈的工程量，这种情况是不可能的，因为T-34本身是一种消耗品，而这种做法要远比新生产一辆坦克更为费力；其主要难点在于要把焊上的顶板从周围的3块45毫米装甲板上拆下（或用焊枪割下）。这种说法很可能源自雅诺什·马格努斯基（Janusz Magnusk）的表述，在战争结束后不久、波兰版T-34-85开始生产前，该国国内可能确实进行过这种大修。

▲ 另一张 1944 年夏天的 T-34-85 坦克，该车是 112 厂生产的早期型，安装了 D-5 型火炮。其炮塔上有无线电天线，战术编号为 "24"，炮塔侧面涂有捐赠方的名字——"乌法市"（Ufa）。

罩有所不同。112厂生产的最新批次炮塔上装备有PTK 或PT-4-7型潜望镜，随后它们被标准的MK-4型潜望镜取代。从1945年1月开始，车长指挥塔上的双扇舱门被单扇舱门取代。

　　除炮塔本身以及火炮和TSh-15瞄准镜等部件外，T-34-85与T-34-76并没有很大的区别，车体及其部件的变化实际上是坦克持续改进的正常产物。

　　T-34-85车体部分基本没有大的变化，其早期批次的车辆还沿用了与T-34-76相同的车体右侧天线基座和圆弧形车体前装甲板连接梁。另外，同最新批次的T-34-76一样，其车体前部也加装了喇叭（位于左侧）和备用履带板（最早在1944年3月出现，不过不是所有工厂都同时采用了这一设计）。随着质量更高的9RS电台取代了9R型电台，其通讯距离也从22公里提升到了27公里。改进型的发动机和高效的"多级旋风式"空气滤清器也从量产之初就被引入T-34-85上。183厂生产的车辆用新式的折角型挡泥板取代了圆弧形挡泥板，不过采用的具体时间不明。最后一项重大改进于1945年春在112厂开始应用，这是一种早在1940年就设计出来的新式负重轮。

　　和此前T-34-76的情况一样，112厂和183厂生产的T-34-85在车体尾部细节上也有所区别：112厂产品的车尾装有2个宽幅铰链，车尾上装甲板位于侧装甲板上方；183厂的产品车尾有2个窄幅铰链（而不是1942—1943年生产车型上的3个铰链），尾部上装甲板与下装甲板边缘齐平。另外，174厂的产品车尾装有2个宽幅铰链，尾部上装甲板与下装甲板边缘齐平。

　　T-34-85上一个有趣的创新是灭火系统，不过没能被广泛应用，只有112厂生产了30辆安装新式灭火系统的坦克。

◀ ▶ 这两张照片中的 T-34-85 均由 183 厂生产，拍摄时间为 1944 年。它们的战术编号非常有趣，后一张照片的坦克上还涂有双色迷彩，但最值得注意的是其炮管驻退机不同寻常的样式，它们可能充当了一种改善火炮平衡状况的配重手段。另外注意炮塔顶部覆盖炮盾的钢板，通常情况下，这些钢板都是用普通材料制造的，并用螺丝固定在了炮塔上。

▲ 在这张于 1944 年 6 月摆拍的照片中，苏军步兵正从坦克上纵身跃下，准备向敌军阵地发动进攻。这辆坦克是 183 厂工人和技术人员的心血结晶，其炮塔侧面可见战术编号——"448"。

▲ 这些照片展示了1944年夏天112厂生产的T-34-85在华沙附近的瓦尔卡（Warka）—马格努谢夫（Magnuszew）桥头堡训练时的景象。在当地，波兰第1坦克旅和苏联坦克第16军麾下的坦克第164旅共同参与了行动。其中第164旅的车辆战术编号以"T-"开头，后面跟有两位数字。其中第一位数字（比如图中所示的"3"）或许代表所属的连队，第二位数字则代表坦克在连队中的编号。另外，这些战术编号也出现在了炮塔背面。注意"T-31"号车的炮塔侧面有一个红星徽记，但T-36号则没有。

　　大体来说，T-34-85有4种不同的生产车型，即搭载D-5型火炮和搭载S-53型火炮的坦克，以及它们各自的指挥车型。搭载D-5型火炮的坦克及其装备RSB-F电台的指挥型均由112厂生产，分别制造了250辆和5辆。搭载S-53型火炮的坦克从1944年2月开始大量生产，并最终成为最主要的量产车型。其指挥型同样装备RSB-F电台，可能只在112厂生产。同时，1944年各型T-34的生产情况如表格所示。

1944 年 T-34 坦克的产量一览			
	112厂	183厂	174厂	总计
T-34-76	795	1883	1163	3796
T-34-85	2953	6583	1000	10536
总计	3748	8421	2163	14332

▲ 1944 年夏天，在白俄罗斯和乌克兰境内参战的 T-34-85，该车由 183 工厂生产。其中近处的坦克在手枪射击孔上安装了保护塞，合模线上没有凸筋，表明它是一辆早期生产的型号。

◀ 坦克第 143 旅的军官们在 1944—1945 年冬天拍摄的纪念照，从背景中可以看到，他们装备的是 112 工厂生产的 T-34-85 坦克。该车安装了罕见的"变体版"炮塔，但主炮却是 ZIS-S-53 型（注意炮盾上方的盖板）。注意贯穿整个炮塔侧面上下前后的合模线，它们俨然在炮塔上形成了一个十字（结合处在数字"2"的右侧）。

▲ 这两张照片中的 T-34-85 坦克皆隶属于坦克第 2 集团军，它们在 1944 年 8 月 /9 月被德军击毁于华沙周边。两辆坦克均由 183 厂生产，这一点可以从炮塔（安装的是 S-53 型主炮）和车体后方装甲板上得到证明。其中炮塔侧面的手枪射击孔上安装了保护塞，但没有为容纳改进型方向机而增加的隆起。这类炮塔直到约 1944 年年底才停产。

　　据信，在开始量产T-34-85的同时，183厂也展开了改进型T-34-85M的研发工作。T-34-85M计划有2种设计，一种改进了装甲布局，另一种则进一步改进了车尾结构。

　　第一种设计将车体前装甲增厚到75毫米，驾驶员舱门和前机枪座增厚到90—100毫米，相应削弱了车体后部、顶部和底部的装甲以控制重量。此外还改进了变速箱以改善操纵品质。第二种设计沿用了前述改进，并进一步改进车尾结构，将载油量增加到380升，为此调整了传动系统和排气系统的布局，至于车体也略有加长，战斗全重则增加到32.3吨。[1]

虽然这种改进达到了预想的目标，各方证据也表明该车具备一定价值，但最终未能列装部队。

战争结束后，T-34-85继续保持生产。战后生产和继续使用的车辆，在车体左侧的支架上携带了一卷钢缆，这项改进最早出现于1945年年底至1946年年初期间。随后，坦克生产的理念也发生了彻底的变化，工厂不再坚持战时的"数量至上"，转而致力于改善工艺水平，由此提高了坦克的质量。最显著的例证就是炮塔铸造质量的提升，战时那种表面粗糙的铸造炮塔不复出现。

虽然现在很多人以为T-34在1946年便停产了，但这一点并不正确。问题的焦点在于，战后生产的车辆都接受了真正意义上的现代化改良。其中取消了车体前装甲板的连接梁——现在，车体首上和首下装甲板被直接连接起来。20世纪50年代波兰生产的坦克便具有这种外观。与此同时，在苏联，这类车辆并没有出现在历史照片或纪念碑上，它意味着这些变动的出现时间更晚，很可能出现于苏联向其他国家转让生产许可期间。反过来，这也表明在苏联境内，T-34的生产很可能仍在继续，而且至少持续到了20世纪40年代末。总之，显而易见的是，苏联人不可能早在1946年便停产了T-34，然后只在纸面上对其进行了深度的改造。据一些最近披露的苏联资料显示，苏联的最后一批T-34实际生产于1948年。

值得我们注意的是，1945年1月至6月（其中174厂的T-34在1945年5月停产），苏联一共组装了6002辆T-34。战争结束时，苏联还有至少有10000辆较新或者车况较好的该型坦克在服役。在欧洲战事结束后，苏联军事工业仍在1945年下半年制造了6549辆坦克，这是一个相当可观的数字。因此，到1945年年底时，苏军保有的T-34总数已经达到了17000辆左右。也正是这个原因，在1946年年初，虽然新式的T-54坦克已经下线，但其生产依然非常缓慢。

此时，继续生产T-34无疑是一种显而易见的决定。当一种新的坦克生产时，它的前身往往依旧会继

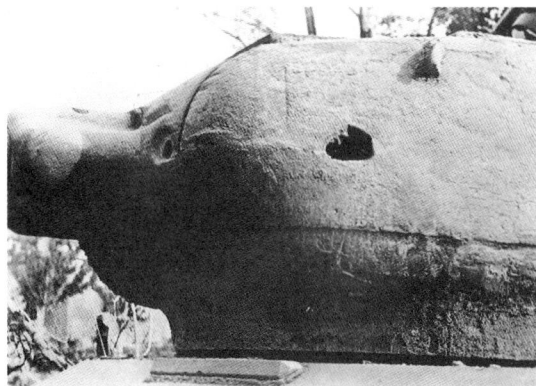

▲ 一座安装 S-53 型主炮的、183 厂炮塔的特写。注意炮塔车前方两个弹孔之间稍微弯曲的部分，以及炮塔座圈和车体之间的缝隙。这条缝隙的宽度达到了 1—1.5 厘米，是 T-34-85 的最大弱点。

▲ 这张照片中的坦克与前几张照片中的坦克属于同一批次。这一点可以从炮管基座（这一点也正是区分 S-53 和 ZIS-S-53 型主炮的依据）和 183 厂其他安装 1944 年型炮塔车辆的典型特征中得到确认。

----

[1] 具体而言，T-34-85M的底部和顶部装甲从原先的20毫米削减到了15毫米，车体后下方装甲则从45毫米削减到了30毫米。另外，第二种方案还将油箱被布置到了尾部，工程师们为此调整了传动系统和排气系统的布局。经过这番调整，其总载油量依旧为530—540升左右，但战斗室起火的风险得以大大降低。同时，由于战斗室的油箱被撤销，第二种改进的T-34-85M方案还拥有了更大的载弹量——主炮炮弹增加至60枚，机枪子弹增加到2079发，不过公路最大行驶速度下降到52.6千米/小时。

▲ 1944 年下半年，一个车组正在为 T-34-85 装弹，该车的涂装拥有近卫坦克第 2 军的典型特征。其箭头上方是西里尔字母"L"（意味着该车来自近卫坦克第 4 旅），箭头下方的数字"181"是该车的战术编号，字母"a"代表该车来自坦克旅麾下的第 1 营。其对空识别标志是一道涂在车体正面和炮塔上的宽幅白色色条。另外，在其炮塔右侧、战术识别标志的后方还有一个有趣的装置，但用途目前尚不清楚。

▶ 这两张照片展示了另外一辆在 1944 年 10—11 月间被击毁于东普鲁士的 T-34-85，它是 112 工厂的产品，战术编号为"244"。该车来自近卫坦克第 25 旅（代号是箭头上方的西里尔字母"B"）第 1 营（代号为西里尔字母"a"），但没有为容纳改进型转向机而增加的隆起。这类炮塔直到约 1944 年年底才停产。

▲ 这辆在东普鲁士被遗弃的 T-34-85（可能由 112 工厂生产）来自近卫坦克第 2 军。其炮塔侧后方的战术编号表明，该车来自近卫坦克第 26 旅（代号是西里尔字母"I"）的第 2 营（代号是西里尔字母"b"）。

▲ 这张照片和后面的两张照片拍摄于 1944 年 10 月的东普鲁士，展示了一辆从断桥上跌落的 T-34-85。这辆坦克来自近卫坦克第 2 军麾下的近卫坦克第 25 旅，战术编号为"235"，并涂有字母"a"，表明它是第 1 营第 2 连的第 5 号车（隶属于第 3 排）。

续生产一段时间。拿苏联来说，在战争期间及军工业全力运转时，其装备的更新换代都花了大约3年时间；在和平年代，这样的换代时间至少会比战时多1倍。另外，由于在1944—1945年间，苏联生产的坦克数量极为惊人，与其直接拆毁现有车辆，还不如榨干它们的潜力。也正是因此，苏联在战后才持续生产了大量的T-34备件，并且不时对工厂的技术设备做出改进。

到20世纪50年代末期，苏军开始对其仍在装备的T-34-85进行大规模改造，经过改进的车辆就是所谓的1960年型T-34-85。它们的特点主要包括加装FG-100主动红外驾驶夜视仪（车灯组也随之移动到车体前部右侧），换装新型观瞄设备，用10-RT-26E电台替换9R电台。动力舱内换装了两具VTI-3空气滤清器，增大了发电机功率，增装了便于冬季启动车辆的发动机加温设备。

最重要的是，这种改进车型换装了V-34-M2型发动机，这表明，直到战争结束十多年后，T-34的发动机也在继续保持着大批量生产。由此可见，在战争结束后的第一个十年，T-34-85至少在数量上依然是苏军装甲部队的主力。

20世纪60年代末期，出现了另一种T-34-85的改进型，即所谓1969年型T-34-85。这批改进型全面加装了红外夜视仪和新型的R-123电台，并具有潜渡水障碍的能力。负重轮也被更换为T-54的型号，为此可能对悬挂系统做了一些调整。

除战后生产的车型接受了上述两个阶段的现代化改造外，部分战时生产的车辆也经历了改造。例如，20世纪80年代的一张照片显示，一辆被击毁的伊拉克T-34-85坦克实际上就是112厂在1944—1945年间的生产车型。

◀ 1945 年年初，摄影师们拍下了一支装备 T-34-85 的部队发动冲锋时的景象。近处的坦克涂有红星标记，下方是战术编号"320"，前方是某种部队徽章，似乎是近卫军标志。

▶ 这些摄于 1945 年初期的 T-34-85 坦克都是 183 工厂的产品。上面的昵称"莱姆比图"（Lembitu）表明它们是爱沙尼亚的工人捐赠的。照片中的坦克来自在 1945 年年初参加柯尼斯堡（Koenigsberg）战役的某个坦克军。在战术标志中，"B"代表了其所属的部队，"23"是车辆编号。

第十二章

生产

在二战期间，总共有6家工厂参加了T-34坦克的生产，它们是：

1.位于斯维尔德洛夫斯克的乌拉尔重型机械制造厂（UZTM），该厂1941年秋开始生产车体，随后开始生产铸造炮塔，1942年4月开始为其他总装厂提供组装好的车体或炮塔，1942年7月28日生产整车，1943年秋转产基于T-34底盘的坦克歼击车。

2.位于车里雅宾斯克的基洛夫工厂，即"坦克城"（Tankograd，CzKZ），该厂由原来位于列宁格勒的基洛夫工厂（100厂）联合了本地的拖拉机厂（178厂）以及一同搬迁的发动机生产厂家合并而成。当地于1941年年末1942年年初开始生产一些T-34部件，1942年8月生产整车，1944年3月停止生产T-34。

3.位于鄂木斯克的174工厂。由列宁格勒搬迁，从1942年3月开始生产该型坦克直到战争结束。

4.斯大林格勒拖拉机厂（STZ）。从1941年年初开始生产T-34，但在1942年秋，生产因为斯大林格勒战役的破坏中断。

5.高尔基的"红色索尔莫沃"工厂（112厂），从1941年年底到战争结束。

6.哈尔科夫的183工厂，从1940年年底开始，到1941年秋，随后生产因德军占领而结束。

7.下塔吉尔的183工厂，从1941年年底到战争结束。

▲ 这两张照片中的T-34-85坦克生产于1945年年初，炮塔有183厂产品的典型特征，它们隶属于某个在波德边境作战的苏联坦克军。其战术标志为菱形，但分割线略从两边凸出，数字"44"和"38"分别位于上下两侧。另外，在炮塔正面还涂有一些横条，它们也许代表了这辆坦克所属的营或连。

▲ 1945 年 2 月中旬的波兰某地，这辆隶属于坦克第 7 军的 T-34-85 正从一辆美国援助的 M16 型防空半履带装甲车（隶属于防空炮兵第 287 团）旁驶过。这辆坦克有典型的 183 厂炮塔，战术标志为菱形，上下方的数字分别为"16"和"32"，另外在炮塔的侧后方还可以看到一个更大的数字"32"。

1940 年至 1945 年第二季度，T-34 坦克的生产情况								
年份	哈尔科夫	下塔吉尔	斯大林格勒	高尔基	鄂木斯克	车里雅宾斯克	斯维尔德洛夫斯克	总计
1940	115							115
1941	1560	25	1250	161				2996
1942		5684	2520	2718	417	1055	267	12661
1943		7466		2851	1347	3594	452	15710
1944		8421		3619	2163	445		14648
1945		7356		3255	1940			12551
1945（Ⅰ）		3592		1545	865			6002
1945（Ⅱ）		3764		1710	1075			6549
总计	1675	28952	3770	12604	5867	5094	719	58681

　　需要注意的是，上表中并没有包含海量的大修和战损翻修车辆。以183厂为例，上表显示该厂（先后在哈尔科夫和下塔吉尔）生产了约30500辆T-34，但1945年5月26日，该厂举行了庆祝向苏军交付第35000辆T-34的仪式。由此可见，在生产了30000余辆新车的同时，该厂还翻修了约4500辆从战场回收的严重损坏车辆。以此推算，苏军在战时接收了约6500辆翻修的T-34。总体而言，在1940年至1945年间，苏联共生产了65000辆T-34坦克，其中欧洲战事结束前生产了约58500辆，而T-34的总损失数则高达45000辆。

▼ ▶ 1945 年年初，照片中的这队 T-34-85 正停在波德边境某处。其中前一张照片中的先头坦克由 183 厂生产，上面有一个三角形的战术识别标志、编号为"343"，紧随其后的是一辆 112 厂的产品（战术编号为 342）——而这辆坦克也正处于第二张照片的最前方。在战术编号之前还可以看到部队的标志——一个内部可能是三个小点的三角形。目前可以知道坦克第 9 军采用过类似的识别标记。

▲ 1945年春天，几辆112厂生产的T-34-85从格但斯克街头穿过。照片中可以清楚地看到炮塔顶部的细节，它们属于"大型版"，有着112厂产品的典型特征。

◀ 1945 年春天，摄于格但斯克。这辆 T-34-85 可能是 183 工厂的产品，来自近卫坦克第 8 军。该军曾于 1944 年在华沙城下遭到德军的沉重打击。其战术编号"849"上方是一条白色识别带，周围是该军的识别徽记。这一组数字表示这辆坦克是所属坦克旅（代号为"8"，除此之外，该军还有以"3"和"9"为代号的另外 2 个坦克旅）第 4 连的第 9 号车。

▲ 1945 年 4 月，M. 阿尼卡诺夫（M. Anikanov）上尉的车组在奥地利某地的合影，背景处就是他们的 T-34-85。其战术识别标记是字母"K"和一个圆圈内的数字"3"，战术编号是"3193"。

▲ 1945 年 4 月，一辆 183 厂战时最后一批生产的 T-34-85 正从柏林附近的一座德国城镇驶过。

▲ 一辆 1945 年生产的 T-34-85 正在夜间开火。尤其需要注意的是这辆坦克的炮管，上面有 2 个特征尤其不同寻常：首先是火炮套筒上的不明物体，其次是炮管中间的两个套环——它们可能是某种配重设备。

▶ 1945年夏天，在满目疮痍的柏林街头，有人拍摄到了一辆112厂生产的T-34-85，该车已被击毁，但炮塔侧面仍可以看到战术编号"232"和一条白色识别带。

▲ 这些关于 T-34-85 的照片拍摄于 1945 年 5 月柏林战役的收尾阶段。两张照片中的坦克都接受了战地改装，并将金属格栅安装在了弱点部位，以抵御"铁拳"火箭筒的攻击。尽管所属单位不同，但两辆坦克的炮塔都涂上了识别带。

▲ 1945 年 5 月初，在布拉格市中心，一辆所属单位不明的 T-34-85。

◀ 这些坦克正准备参加在战后德国举办的一次阅兵式。这些坦克都安装了单片式的指挥塔舱盖和 MK-4 型潜望镜（顶部有护罩），驾驶员舱门内侧都被涂上了白漆，并拥有 3 位数的战术编号：154、153、152 和 150——这些编号的最后一位也被绘在了前挡泥板上，附近还有一颗小的五角星。

▲ 1945年8月初，一支坦克部队的车组们正在为穿过中国东北的原野做准备。远东的战斗有两个有趣之处：首先，参与行动的部队中有两个坦克师；其次，这些坦克师装备了不少老式坦克，比如1941年生产的T-34，甚至是BT和T-26。但另一方面，其余大部分部队装备的都是最新的T-34-85，这一点也可以从这张照片得到证实：这些坦克都是112厂的产品，并且安装了"蘑菇形"炮塔。照片中央的坦克编号为"25"，旁边还有一颗带白色描边的五角星。

▲ 在中国东北作战的183厂生产的T-34-85。炮塔后方的识别标志似乎是用胶水贴在上面的。

◀ 为纪念 1944 年 5 月红军在塞瓦斯托波尔的胜利，这辆"V4"号 T-34 坦克涂上了一则标语："夺取克里米亚！"（Dayesh Krim）。由于"V4"还在其他坦克的照片上出现过，似乎可以推断它并不是坦克的编号，而是某个部队的识别标志。

▼ 1944 年 7 月，跨过布格河之后，一辆满载着人员和物资的 T-34 正在向波兰的腹地推进。注意焊接在车体后下方两个铰链之间的拖曳钩。这一特征早在 1943 年春天便出现在了 112 厂生产的坦克上。

▶ 这辆 T-34 可能被摧毁于 1943 年 8 月米乌斯河前线的战斗中，其四位数的战术编号"5325"尤其特殊。在这组数字后方是一个被分成三块的正方形，其中每一块都有若干字母或数字，其中上方是西里尔字母"Р"，它对应的是拉丁文字母中的"R"。

▲ 这辆焚毁于1943年秋天的残骸属于一辆安装了乌拉尔重型机械制造厂炮塔的T-34，其上方还安装了车长指挥塔。在照片中可以清楚地看到该型炮塔后方的细节。另外，从外部油箱的托架可以判断，其车体是车里雅宾斯克工厂生产的。

▲ T-34最有名的照片之一。这张照片向我们展示了1944年7月苏军坦克搭载兵在白俄罗斯展开进攻时的景象。这些坦克来自机械化第46旅［旅长为N. 满祖林（N. Manzhurin）上校］下属的坦克第24团。其编号和五角星一道都是用红漆涂成的，但后者周围有一道白色或黄色的轮廓。

第十三章

特种型号

为T-34配备火焰喷射器的设想始于1939年，即该型坦克还在测试、有关方面正在商讨A-32（后来演变为A-34）的武器配置期间。1940年11月，苏联国防委员会发布了为T-34研制射程达90米的喷火器的竞争招标。1941年5月，经过国家测试，表现最佳的174厂的设计被苏军正式列装，定型为ATO-41坦克喷火器。1942至1943年间，技术人员又对该型喷火器进行了改进，令其射程提升到了130米。这种改进版就是所谓的"ATO-42坦克喷火器"，拥有更大的燃料容器和更多的高压空气瓶，相关附件也做了若干调整。1943年春，183厂研制成功了更新式的ATO-43坦克喷火器，该型喷火器利用坦克发动机的废气喷射燃烧油料，从而大大减少了压缩空气瓶的数量。

OT-34喷火坦克的样车于1941年6—7月间完成，并通过了测试，但因战局紧迫而没有投产。直到1942年中期，苏联军工生产从混乱中恢复过来后，这种型号才正式下线。该车由"红色索尔莫沃"工厂生产，各种型别和安装各种炮塔的T-34都被安装上ATO喷火器成为喷火坦克。当T-34-85投产后，基于该车的OT-34-85也开始生产。

▲ 这辆T-34-85由183厂生产，炮塔上的扶手可谓异常的长。其前装甲板上的标语是"我们胜利了！"，炮塔上则写着"Al. 涅夫斯基"（Al. Nevski）。另外请注意装填手舱门上的彩色五角星和前装甲边缘特别绘制出的轮廓。

▲ 这辆 T-34-76 喷火坦克的车体是 183 厂在 1941 年 2 月生产的，炮塔为"扁平型"，并且安装了两具潜望镜，车体后方有两座大型油箱。其菱形的部队标志在炮塔侧面清晰可见，上方是数字"1"，下方是"045"。

▲ 1942 年春天，在哈尔科夫附近投入战斗的 T-34 喷火坦克。可以看到其发动机盖上铺了一面对空识别旗，车体后方还拖着用途不明的粗大链条。

ATO-41喷火器的燃料容器容积为105升,可实施10次喷射,不同型别的喷火器全重在130—150千克之间不等,喷火器安装在机电员位置上,因此主炮弹药基数未受影响。1943年后,苏军逐步开始为坦克普及无线电设备,由于机电员战位被喷火器占据,OT-34-76的电台不得不被安装到炮塔内,由车长操作,为此,生产厂还将车体右侧的无线电天线基座转移到了炮塔后部。

与此同时,在1942年出现了另一种T-34喷火坦克。在这种车型上,喷火器被固定安装在车体两侧后部的钢制箱体中,结构与榴弹发射器类似。坦克的每侧有5具火焰发射管,可从车内用电击发,从而实现单管发射或齐射。该型喷火器射程达60—90米,威力与普通喷火器接近,但只能覆盖坦克侧后的区域,也无法实现精确瞄准射击,这一切,都让它成了一种防御性武器,并失去了得到推广应用的机会。

战时,苏联共生产了1170辆OT-34喷火坦克,新型的OT-34-85喷火坦克产量在400辆以上,其中210辆在1945年上半年生产。

另一种较为重要的T-34变形车是加装了扫雷滚的坦克,该车在1943年首次投入实战。在这种车辆上,有2组钢制扫雷滚轮安装在大型钢制支架前端,支架则通过坦克首下装甲上的特制基座与坦克相连,支架上部还有固定钢缆与坦克首上装甲板上的牵引基座相连。

这种扫雷设备被定型为PT-3型,全重5.3吨,由图拉生产,而其前身PT-1和PT-2则未能投入量产。PT-3于1943年4月投产,并于当年8月装备了沃罗涅日方面军的一个工程坦克团,投入库尔斯克区域的作战行动。T-34-76和T-34-85都能加装这种扫雷滚。

相比之下,指挥坦克的数量就要少得多。指挥坦克装备了RSB-F等远程无线电设备,供集团军和军级指挥员使用。根据掌握的资料,指挥坦克仅在1944年年初到1945年年中小批量生产了200辆,全部利用T-34-85坦克改造。也有部分指挥坦克在炮塔顶部增设了天线基座,这种外貌表明车内增设了额外

▲ 这辆喷火坦克被摧毁于1943年,安装了最后一种版本的"扁平型"炮塔和斯大林格勒工厂生产的车体。

◀ ▲ 在这两张于1944年
年初拍摄的照片中，一种
T-34喷火坦克正在接受国
家级测试。该车由112工厂
组装，但炮塔则由乌拉尔重
型机械制造厂提供。注意第
二张照片中位于炮塔后部舱
壁上的无线电天线。

的无线电设备，这些设备一般由车长和机电员操作。其中一台该型指挥坦克样品被保存在装甲兵学院，如果该车是战时交付的，从车辆生产序列号来看，它可能属于1944年春季前生产的车辆。这一点可以从1944—1947年装甲兵学院获得的车辆编号范围中得到验证。有时这种车型也被称为T-34K，但无法确定是制式编号还是临时称谓。

"装甲宣传车"是另一种特殊的变形车，由于这种车型的批量生产记录无从考据，我们似乎可以推断它有可能是战地维修厂改装的产品。这种车辆在炮塔两侧各安装了一具大型扩音器，其侧面由车体两侧安装的装甲板保护，前部则安装了水平百叶窗形状的装甲板。除此以外，宣传车与标准型坦克并无区别，安装扩音设备并没有影响车辆的战斗力。根据掌握的资料来看，1944年夏季曾有一辆宣传坦克被投入实战，该车由被俘后加入"自由德国委员会"的前德军坦克兵操纵，在战斗中向德军防线播音以鼓动德军士兵放弃抵抗。

另一种罕见的变形车是TM-34坦克架桥车，仅由列宁格勒的27厂生产了少量。该车在很大程度上参考了苏联战前设计的T-28坦克架桥车，但最终没有被苏军列为制式装备广泛采用。当地工厂利用无炮塔的翻修战损车辆和有炮塔的新车改造了一批TM-34坦克架桥车，于1942年11月交付部队，随后参加了列宁格勒方面军在1943—1944年的作战行动。

从1943年开始，苏联逐步利用战损车辆改装了大批T-34T坦克抢救车（其中T是俄语"Tyagach"，

▲ 这辆喷火坦克安装了软边型的六边形炮塔，被德军击毁于1944年春天。从炮塔侧面的射击孔、右侧的喇叭和折角形的连接梁等特征可以判断，该车最早的生产时间可能是1944年年初。

◀ 这张摄于1944年初的照片为我们展示了一辆喷火坦克的背影。该车的车体由174工厂生产，炮塔上可以看到战术编号"50K"，后舱壁上有为无线电天线预留的开口。注意启动杆插口旁特殊的合页和后装甲板上的铰链——它们都是174厂产品的典型特征。

▲ 这两张照片展示了在1944年下半年时一辆被德军摧毁的喷火坦克。这辆坦克为1944年春夏生产的极晚期型，这一点可以从该炮塔上的吊钩和MK-4型潜望镜上判别出来。该车的前连接梁是折角型的，炮塔上有俄文战术编号"C-6"（英文应为S-6）。

即"牵引"或"拖拉"的缩写）。该车的工作是为装甲战斗车辆提供技术保障支援，并牵引回收战损或淤陷车辆。T-34T基本上是利用已无战斗价值的战损车辆改造而成的，特别是那些在战斗中被打飞了炮塔的坦克。由于中弹和爆炸的巨大冲击力，它们的车体出现了变形扭曲，已无法安装炮塔座圈，即便勉强装上，座圈也会诱发包括炮塔卡死等故障。

T-34T主要由集团军和方面军所属的后方维修车间改造，并装备了特殊设备和各种外设装置，如起重机等。炮塔座圈的开口最初用防水帆布遮盖，其后逐渐加装了木材或装甲盖板。其中加装装甲盖板的车型较为常见，盖板上还安装了坦克炮塔舱盖，便于乘员出入。此外，战时生产的坦克抢救车还可能计划加装标准的坦克车长指挥塔——不过这种情况的可能性很低。战后，苏联又利用这些车辆改装出了SPK-5型履带式起重机。

有趣的是，由N.G.祖巴列夫（N.G. Zubariew）领导的设计组早在1940年4月就研制成功了T-34坦克抢修车，该型车的研制计划被称为"42号机械"。1942年9月，183厂以"42号工程"的代号生产了2辆样车。但由于战事急迫、战斗车辆生产压力很大，"42号工程"最终没能量产，苏联转而利用战损车辆底盘来改造坦克抢修车。

▲ 两张安装PT-3型扫雷滚轮的T-34-76的照片。左边的照片摄于1943年的库尔斯克战役期间，右边照片中的坦克正在接受试验场测试。

▲ 1945年8月，在中国东北，一辆安装了扫雷滚轮支架的T-34-85（炮塔为183工厂生产）正在行驶。

　　此外，苏联在战时还研制了其他类型的试验车，如具备潜渡能力的坦克，这种试验车最初的样车没有编号，其后研制的第二种样车被命名为SG-34，第三种样车则称为PTH-34-85。为获得潜渡能力，这三种样车都进行了进气系统和车身水密性的改造。此外，军方还试验了其他多种改造潜水坦克的手段。

　　1944年下半年研制的T-34-100是提升有炮塔型T-34坦克火力的终极尝试，但该车最终只停留在样车阶段。当苏联开始利用100毫米炮改进SU-85坦克歼击车时，为T-34-85安装同口径的火炮的想法也应运而生，这种大幅度提升火力的坦克预计取代T-34-85。但当1945年下半年T-34-100的样车准备就绪时，更先进的T-54坦克正计划投产，于是该计划被彻底放弃。T-34-100只有2辆样车，其中一辆利用112厂生产的"蘑菇形"炮塔T-34-85改装而来，换装了LB-1型火炮（与前文提到的LB-1型85毫米炮并非同一种武器，只是编号碰巧相同）。另一辆则对车体和炮塔结构做了较大改进，车体上部被加宽形成类似T-54车体侧面的突出部，以便容纳直径加大到1.7米的炮塔座圈，至于炮塔则变得更大、更扁平。两辆样车于1945年2—3月间制成，并于当年4月通过国家测试。

　　基于T-34底盘的另一种变形车是自行高炮，苏军野战维修车间可能在战时改装过这种车辆。1945年春，曾有德国飞行员报告称遭遇了一种名为"'克里斯蒂'底盘的家具搬运车"的自行高炮。由于高射机枪尺寸较小，德国飞行员看到的车辆极有可能安装了37毫米高炮，战斗室四周有装甲板保护，与德军以4号坦克为底盘的"家具搬运车"自行高炮非常相似。

第十四章
停产时间

根据现有资料，在战争结束后，T-34仍在继续生产，而且势头依旧。但另一方面，鉴于T-34的存量极大，立刻将其停产、转产T-54的做法也被提上了议事日程。停产—转产工作至少在1947年年初便已经开始。

不过，一些资料给出了不同的看法。当年12月，波兰和苏联两国的坦克专家商讨T-34生产的转让事项期间，苏军的装甲坦克和机械化兵司令（Chief of the Armored Forces）曾表示："由于现役和预备役部队中T-34的数量已经饱和，苏联早就停止了T-34的生产……而生产T-34的工厂也转入了和平时期的运转模式。由于经济五年计划的要求，恢复T-34的生产是不可能的。"后来，他又重申了这种说法，只不过是换了一种表述方式："由于在战时和战后，我们生产了很多这样的装备（即T-34），继续生产这种坦克已经不必要了。"除此以外，与会的苏联专家还"建议波兰生产T-34的备件，因为苏军自己的备件已经用完"。[1]

更有甚者，按照一些作者的表述，到1947年12月时，甚至连T-34备件的生产都已停止。然而，这些描述不仅不准确，而且还错漏百出。举个例子，众所周知，在1946年秋天时，苏联仍在按照战后的标准生产T-34。对于1947年年底的人们来说，该型坦克就算已经停产，其时间也没有过去太久。至于T-34没有备件的说法更是难以置信。在同一次会议上，苏联人还表示，向波兰转让SU-85或SU-100的部件和生产技术都毫无问题——事实上，除了没有炮塔之外，这两种自行火炮和T-34

▲ 这辆T-34-76被当成了宣传广播工具，由于车体侧面安装了高音喇叭（方形格栅物体），无线电天线便被挪到了其他位置。

---

[1] 所有引文均来自波兰军事档案馆的馆藏文献，原文的措辞也在转引时得到了保留。

▲ 1945 年年初，一辆从波兰索波特（Sopot）一条街道驶过的 T-34 抢修车。注意其非标准型的舱盖（即车体左上方的黑色正方形），它是由前线部队的战地修理厂制造的。

的部件都是通用的。

关于这一问题，最有力的反驳是：至少在1949年时，苏联境内还依然有新的T-34-85下线，这些车辆都有着全新的序列号。它意味着什么？虽然有人怀疑，所谓"新车"很可能是大修过的车辆，但即便如此，它也无疑表明了其翻新程度一定很大，已经和新造一辆T-34别无两样——否则在1940年年底和1950年年初时，厂方就不会把新的序列号印在车上。另外可以指出，除此之外，"停产T-34的假说"便没有其他证据。1951年波兰向苏联进口的T-34-85就是最好的证明：除了大批新车之外，其中还有一部分带二战序列号的车辆——为适应出口需要，这些在1944/1945年下线的车辆曾在1951年前接受过全面改装，在这段时间保留了原始的序列号。这一点也反过来间接表明，带新序列号的T-34都是战后生产的。另外，考虑到苏联的出口车辆都抽调自现役装备，这些T-34是"外贸版"的说法也站不住脚。

▲ 这辆 T-34 抢修车是在 1945 年 5 月的布拉格街头被人拍摄到的。该车基于 T-34-85 改装，战斗室已被临时固定的装甲板覆盖。

第十五章
实战报告

"我击毁了5辆埋在战壕里的坦克。它们什么也做不了，因为它们都是三号和四号坦克，而我开的是T–34，它的前装甲不是它们的炮弹能打穿的。"这是T–34车长亚历山大·瓦西里耶维奇·博德纳里对自己座车的评论，在二战中，做出同样发言的坦克手可不多。苏联的T–34之所以能成为传奇，一个重要原因是那些坐在车里摆弄操纵杆和通过瞄准镜的人们对它有一种义无反顾的信任。在坦克手们的回忆中，可以体会到著名的苏联军事理论家亚历山大·安德烈耶维奇·斯韦钦[①]所表述的理念："虽然在战争中物质的重要性不容忽视，但对物质的信心也能起到巨大的作用。"斯韦钦曾经在1914—1918年的世界大战中作为军官参战，目睹了重炮、飞机和装甲车辆在战场上的首次亮相，因此对自己谈论的问题有非常深刻的认识。如果军人对托付给自己的装备抱有信心，就会更加英勇坚定地去争取胜利。另一方面，如果一种装备确实不够强力或者给人留下类似印象，那么人们对它就会缺乏信任，并随时准备抛弃它，失败也将接踵而至。就算T–34的美名中有基于宣传或盲目的因素，但它绝不是无中生有。坦克手的信心来自那些使T–34与同时代其他战斗车辆相比显得极不寻常的设计特色，换言之就是它的倾斜装甲和V–2柴油发动机。

对任何在学校学过几何学的人来说，通过倾斜布置装甲板来增强坦克防护的原理都是不言自明的。"T–34的装甲比'豹'式或'虎'式坦克薄"，坦克车长布尔采夫回忆说，"它的厚度是45毫米左右。但因为它是倾斜的，所以它的水平等效厚度达到90毫米左右，增强了它的防护能力。"在坦克手们看来，通过应用几何原理，而不是粗暴地增加装甲厚度，使这种坦克具备了其对手无法比拟的优势。"德国坦克上的装甲布置设计得很糟糕，因为它们基本上都是垂直的"，营长布留霍夫回忆说，"这肯定是个缺点。我们的坦克就采用了倾斜装甲。"

虽然50毫米以下的德国反坦克炮和坦克炮确实可以击穿T–34的装甲（拥有60倍口径身管的PAK–38式50毫米反坦克炮和三号坦克的50毫米主炮在发射钨芯弹时，更不在话下），但倾斜装甲的存在，确实降低了坦克被击穿的概率，以此保证坦克和乘员的安全。NII–48（48号科研所）在1942年9—10月对当时在莫斯科1号和2号修理所接受维修的T–34坦克的战伤做了统计，发现这些坦克的首上装甲共中弹109次，其中89%没有任何效果，所有破坏性穿透都是75毫米或更大口径的火炮造成的。当然，此时德国75

[①] 亚历山大·安德烈耶维奇·斯韦钦（1878—1938），苏联军事历史学家。1903年毕业于总参学院，1918年参加苏军，参加过日俄战争和第一次世界大战。1916年晋升为少将，1917年任集团军参谋长，后任方面军参谋长。1918年3月任斯摩棱斯克地域军事领导人，8月任全俄总司令部参谋长。1918年11月任工农红军总参学院教授。

毫米反坦克炮和坦克炮的出现使问题复杂了许多。他们的75毫米炮弹并不会在装甲板上跳飞，而是从1200米外就能击穿T–34的前装甲。高射炮的88毫米炮弹和空心装药破甲弹也不太在乎装甲是否倾斜。不过直到1943年7月的库尔斯克战役时，50毫米炮在德国国防军中仍然占据很大比例，对T–34的倾斜装甲产生的信任在很大程度上还是合理的。

在苏联坦克兵看来，只有英国坦克在装甲方面有明显优于T–34的地方。如果炮弹打穿英国坦克的炮塔，车长和炮手仍有可能存活，因为这种情况下基本上没有碎片。而据布留霍夫观察："在T–34里面，装甲会蹦出许多碎片，乘员没多少机会活下来。"这是因为英国的"玛蒂尔达"式和"瓦伦丁"式坦克采用了中硬度装甲，它的镍含量非常高（3.0%—3.5%），而苏联的45毫米高硬度装甲只含1.0%—1.5%的镍，因而其韧性要低得多。

另一方面，T–34的乘员很少采取附加措施来加强T–34的防护。阿纳托利·什维比格中校曾是近卫坦克第12军的技术副旅长，据他回忆，他们只有在柏林战役前才在一些坦克上焊接了用"床垫网"制作的屏障，来防范"铁拳"火箭。在所有已知案例中，这样的防护措施都是维修所和生产厂的创新结果。同样的情况也发生在T–34坦克的涂装上。投入使用的坦克，基本上都保持着从生产厂交付时的状态，内外都涂成纯绿色，只不过在冬季，各部队的技术副长会布置把坦克涂成白色的任务（在1944—1945年冬战火烧进德国本土时，却一反常态地没有这样做）。在受访老兵中，没有人见过T–34被涂上迷彩色。

柴油发动机是T–34的构造中另一个引人注目而且令人信心倍增的要素。大多数被训练为坦克驾驶员、机电员乃至车长的人在战前都摆弄过燃料，至少接触过汽油。根据自己的经验，他们非常清楚汽油有挥发性而且极易燃烧，一旦烧起来火势非常凶猛。很显然，设计T–34的工程师们曾用汽油做过试验。"与人争得不可开交时，设计师尼古拉·库切连科往往用一个不是特别科学但非常生动的例子来证明新型燃料的优点。他会把一个火把伸向放在工厂后院的一桶汽油——油桶会立即喷出火焰。然后他把同一个火把浸到一桶柴油里——火焰会像浸到水里一样熄灭……"

这个试验演示了坦克中弹时的后果，在这种情况下，燃油乃至坦克内部的燃油挥发气体都可能被点燃。因此，T–34的成员多少有点看不起敌人的坦克。"它们装的是汽油发动机，不是吗？那也是一个很大的缺点"，基里琴科上士回忆说。他们也用类似的眼光看待盟国通过租借法案提供的坦克（"许多人因为坦克被炮弹击中就丢了性命；发动机是烧汽油的，装甲等于没有"，这是车长Y.M.波利亚诺夫斯基的证言）和配备化油器发动机的苏制坦克及自行火炮（"有一次一些SU-76自行火炮被分到我们营。它们配备的是汽油发动机——真是不折不扣的打火机……它们在头几次战斗中就烧毁了"，布留霍夫回忆）。柴油发动机使乘员们坚信自己死在烈焰中的机会比对手小得多，因为后者的坦克里装着几百升易于挥发和燃烧的汽油。

不过，在现实中并没有多少证据证明库切连科用油桶得出的试验结果可以直接应用于坦克本身，因为统计显示，柴油动力的坦克其实在火灾风险方面并不比装着化油器发动机的坦克安全。1942年10月收集的数据证明，使用柴油动力的T–34甚至比使用航空汽油发动机的T–70更容易着火（起火率为23%∶19%）。

1943年，位于莫斯科附近库宾卡的NIIBT（装甲车辆科研所）的工程师们就燃油起火概率得出了与习惯性观点截然相反的结论。"德国人之所以在1942年生产的新型坦克上使用汽油发动机，可能[……]是因为柴油机坦克的起火比例很高，而且相比汽油发动机的坦克并无任何显著优势，尤其是在后者设计得当而且配备可靠的自动灭火器的情况下。"

当工程师库切连科将火把伸向装满汽油的油桶时，其实他点燃的是汽油的挥发烟雾。在装着柴油的油桶上方没有易燃的烟雾，但这并不意味着使用强力得多的点火手段——炮弹轰击——也无法点燃柴油。正因如此，把油箱布置在战斗室里的T-34，在防火安全性上一点不比它的对手强——汽油动力坦克都把油箱布置在车体后部，中弹概率要小得多。上述结论也得到了布留霍夫的证实："坦克会在什么时候着火？在油箱中弹的时候。但是油箱只有在装着不少油的时候，才可能着火。在战斗接近尾声时，油箱几乎是空的，这时也少有坦克着火。"

按照坦克手们的看法，相对于德国坦克，T-34发动机的另一个劣势在于噪音太大。"从容易着火的角度看，汽油发动机是很危险的，但如果换一个角度看——至少它很安静！T-34不但发动机很吵，它的履带也会叮当乱响"，坦克车长A.K.罗德金说。T-34的排气管最初没有配备消音器。这导致坦克的排气部分没有任何吸音措施，12缸发动机排出废气的声音震耳欲聋。罗德金还回忆说，因为排气管是朝下的，所以T-34行驶时会掀起漫天尘土。

T-34的柴油发动机和倾斜装甲使它显著区别于第二次世界大战中其他所有战斗车辆。这些特点也给其乘员提供了充足的信心。这些走上战场的人们对托付给他们的装备充满了自豪。这一点比倾斜装甲板的真正效果或柴油发动机的实际火灾危险重要得多。

坦克是为了保护其乘员免受敌军机枪和火炮火力杀伤而发明出来的。坦克抵御火力的能力和反坦克炮的性能总是处于不稳定的平衡状态：随着火炮的不断进步，即使最新式的坦克，在战场上也没有绝对的安全感。威力巨大的高射炮和军属火炮被用于反坦克，更使得这种平衡状态岌岌可危。因此，迟早会有一发炮弹成功穿透坦克装甲，把这个"铁盒子"变成人间地狱。

设计出色的坦克即使被击中一次或多次，仍能通过给乘员提供逃生手段来证明自己的价值。位于T-34车体首上部位的驾驶员舱盖（这个设计在其他国家的坦克上并不多见）就是紧急情况下的救生通道。"舱盖的边缘是圆滑的，开关很顺畅，爬进爬出一点也不困难"，驾驶员S.L.阿利亚回忆说，"而且，如果你从座位上站起来，基本上可以把腰部以上的身子都探出去。"T-34驾驶员舱盖的另一个价值在于，它可以固定在多个中间位置，而不是只能全开或全闭。这是一个非常简单的设计。钢铸的沉重舱盖（60毫米厚）是由锯齿状的铰链支撑的，将卡销卡在各个锯齿凹口内，就能把舱盖牢牢固定住，因此即使在崎岖不平的路面或战场上，它也没有松脱的危险。驾驶员们都喜欢把舱盖稍微打开一点。例如，连长阿尔卡季·瓦西里耶维奇·马尔耶夫斯基就回忆说："驾驶员总是把他的舱盖打开一掌宽：因为这样就能观察到一切，也因为在车长舱盖也打开的情况下，就能让空气流通，给战斗室通风。"

一般说来，坦克手们认为驾驶员的位置是最好的。按照排长博德纳里的说法："驾驶员活下来的机会最大。他坐的位置很低，而且面前有倾斜装甲。"基里琴科指出："通常车体的下半部分总会被凹凸不平的地形遮挡，因此很难中弹。但是上半部分高高在上，中弹次数也就最多。所以坐在炮塔里的人比坐在下面的人更容易死。"根据统计显示，在战争初期，坦克车体的中弹次数其实最多。根据前文提到的NII-48报告，81%的弹着在车体上，19%在炮塔上。但是，这些弹着有过半未造成损害（未击穿或者未完全击穿）：首上部分89%的弹着、首下部分66%的弹着以及车体侧面大约40%的弹着都没有穿透。最后，在发动机舱和变速器舱上也有42%的弹着没有伤及成员。与此形成对比的是，炮塔比较容易被击穿，它的铸造装甲较软，即使面对高射炮连发的37毫米炮弹防护效果也欠佳。更糟的是，T–34的炮塔经常受到88毫米高射炮之类的重炮和德国坦克的长身管75毫米及50毫米火炮的打击。基里琴科提到的地面起伏在欧洲战场上一般是一米左右。由于坦克车底离地高就有半米，所以只剩半米能够遮挡——相当于T–34车体高度的三分之一。车体正面的大部分是得不到地形保护的。

虽然所有受访老兵都认为驾驶员舱盖很方便，但他们众口一词地抱怨了T–34早期型号的炮塔舱盖。这种舱盖因其外形特点，而被他们起了"皮洛卓克"（意为"馅饼"）的绰号。布留霍夫把它说得很糟糕："它很笨重，很难开启。如果它卡住了，那就完了——没人能逃出来。"车长尼古拉·叶夫多季莫维奇·格卢霍夫也有同感："舱盖很大——非常不方便，非常笨重。"把并排坐着的两名乘员（炮手和装填手）的两个出入舱盖合为一个，这在当时的坦克设计中很少见。这种设计出现在T–34上，不是出于战术考虑，而是出于技术考虑，也就是说和这种坦克重型主炮的安装有关。哈尔科夫坦克厂生产的T–34的前辈——BT–7坦克，其炮塔上就配备了两个舱盖，也就是炮塔里的两名乘员每人一个。因为其独特的外观，德国人给它起了"米老鼠"的绰号。T–34继承了BT的许多设计，但用76毫米炮取代了BT的45毫米炮，而且把油箱放到了战斗室里。由于在修理油箱和炮架时，需要拆下主炮，设计师便决定把两个舱盖合为一个。炮管本身是通过炮塔后部用螺栓固定的一个盖子抽出的，炮架则可以通过炮塔舱盖移出。固定在上支履带上方倾斜车体内的油箱也可以通过这个舱盖取出。

所有这些麻烦都是向炮塔护盾倾斜的炮塔侧壁造成的。德国人拆卸坦克炮时，是把它连同护盾（德国人的护盾几乎和炮塔一样宽）一起向前抽出的。不过值得注意的是，T–34的设计师下了很大功夫来确保坦克车组能够依靠自己的力量修理坦克。为了达到这个目的，就连炮塔侧面和后面用于轻武器射击的射击孔都做了相应调整：可以卸下射击孔的塞子，在孔中安装一部小型的组合式起重机来帮助拆卸发动机和变速器。

我们不应该认为设计师在设计这个大舱盖时，没有考虑乘员的需要。在战前的苏联，人们确实相信大舱盖有助于从坦克中抬出负伤的乘员。尽管如此，作战经验和乘员的抱怨，还是促使A.A.莫洛佐夫领导的设计小组，在T–34的一次计划改进中，改用两个炮塔舱盖。绰号"螺丝帽"的六角形炮塔也因为这两个圆形舱盖，而重获它的"米老鼠"耳朵。这种炮塔主要在1942年秋天以后，才被安装在乌拉尔省生产的T–34上，生产厂家是ChTZ（车里雅宾斯克拖拉机厂）、UZTM［位于斯维尔德洛夫斯克（今叶卡捷琳堡）的乌拉尔重型机械制造厂］或UVZ（位于下塔吉尔的乌拉尔汽车厂）。位于高尔基（今下诺夫哥罗德）的红色索尔莫沃厂则继续生产炮塔带有一个"馅饼"舱盖的坦克，直到1943年春为止。要从带"螺帽"炮塔的坦克上拆卸油箱，需要拆掉炮手和装填手舱盖之间的装甲板。

为了避免在坦克中弹时手忙脚乱弄不开锁闩，坦克手们都不喜欢锁上舱盖，而喜欢用裤带来系住它。"如果要参加进攻，我会盖上舱盖但不会闩上"，A.V.博德纳里回忆说，"我会把裤带的一头钩在舱盖闩上，另一头缠在炮塔里托炮弹的钩子上。这样一来，万一发生什么事，我用头一顶就能让裤带松脱，然后就能跳出去了。"在有车长指挥塔的坦克上，车长们也使用了类似的技巧："有一个双瓣锁闩，必须靠两个弹簧闩才能锁住"，布尔采夫回忆说，"即使身强力壮的人，也要费很大力气才能将它打开，而伤员根本做不到。我们曾经把弹簧卸掉，让锁闩一直开着。我们基本上都会想方设法地让舱盖保持开启——这样比较容易跳车。"

虽然T-34的日常维护是全体乘员参与的并不复杂但单调乏味的杂务，但一旦这种坦克开始行军或参加战斗，大部分责任都会落在其中两人的肩上。第一个人是车长，他除了在战场上指挥全车外，还要在早期型号的T-34上兼任炮手，正如布留霍夫所说："如果你是T-34-76的车长，那么你得自己开炮，自己用车内对讲机下命令，什么都得自己干。"第二个人是驾驶员，车长和部队长们非常看重优秀的驾驶员/机械师。"有了一个经验丰富的驾驶员，那就成功了一半"，N.E.格卢霍夫说。这条定律没有例外。"驾驶员/机械师格利高里·伊万诺维奇·克留科夫比我大十岁"，坦克车长格奥尔基·尼古拉耶维奇·克利沃夫回忆说，"他在战前当过汽车司机，已经在列宁格勒附近参加过战斗。曾经负过伤。他对坦克了解得很透。我想我们在头几次战斗中活下来都是他的功劳。"

T-34的驾驶员/机械师之所以有这样的特殊地位，是因为这种车辆的操作比较复杂，经验和体力缺一不可。这一点在战争前半段服役的T-34上表现得尤其突出，因为这些T-34还没有配备带永久啮合齿轮的改进变速器。用早期的四级变速器换挡非常复杂，需要耗费许多体力——马尔耶夫斯基回忆说："用一只手扳动换挡杆是不可能的，我不得不用膝盖借力。"在新的变速器中，改变齿轮传动比不是像过去那样移动齿轮，而是靠移动小型凸轮连杆来完成，这些凸轮连杆通过凹槽沿轴运动，并且与一对齿轮咬合。完善变速器的下一步是在变速箱中增加同步装置。这些装置在换挡时，可使凸轮连杆和齿轮的速度保持相等。德国三号和四号坦克的"迈巴赫"式变速箱堪称带同步装置的变速箱的典范。捷克造的坦克和英国"玛蒂尔达"式坦克上所谓的"行星"变速箱则更为出色。难怪国防人民委员S.K.铁木辛哥要在1940年11月6日给国防人民委员会的信中专门提到："各工厂必须为T-34和KV坦克设计并大规模生产'行星'变速器做好准备。这种变速器将有助于提高坦克的速度和驾控性能。"但是，这个任务直到战争爆发都没有完成。在战争的头几年，T-34一直被极其原始的变速器拖累。驾驶员要想驾驭这些装着四级变速器的早期T-34，必须经过非常完善的训练才行。"如果驾驶员训练得不够好，那么他想换一挡时可能会换到四挡，或者换二挡时可能会换到三挡，而这可能导致变速箱罢工"，博德纳里回忆说，"他必须把换挡技术练到随心所欲的地步，确保闭着眼睛也能换挡。"

除了换挡困难之外，四级变速器还有脆弱和不可靠的特点，经常会发生故障。工程师们在库宾卡的NIIBT试验场上对国产、缴获和租借装备进行测试后，在报告中把早期T-34的变速器贬得一文不值："国产坦克（尤其是T-34和KV）的变速器不能充分满足现代战斗车辆的需要，不如盟军坦克和敌军坦克，在坦克制造水平上至少落后了好几年。"GKO（国防委员会）根据这些测试结果和关于T-34缺陷的其他报告，在1942年6月5日下发了"关于改进坦克质量"的决议。因此到了1943年年初，183厂（从哈尔科夫搬迁到乌拉尔地区的一家工厂）的制造部门已经设计出一种配有永久啮合齿轮的五速变速器，它将得到在T-34上战斗的坦克手们的交口称赞。永久啮合齿轮和增加的一级挡位，大大简化了T-34的驾驶，使得驾驶员再也不需要靠机电员来帮忙换挡。

T-34的变速器中另一个严重考验驾驶员技术的元件是主摩擦离合器，它是连接变速器和发动机的部分。在负伤后训练过T-34驾驶员的博德纳里报告说："许多事情取决于主摩擦离合器在惰力运转和断离、接合方面调校得有多好，以及驾驶员在起步时对离合器的运用有多出色。踏板行程的最后三分之一必须慢慢松开，决不能猛松。如果猛松踏板，坦克就会打滑，摩擦离合器会被压弯。"T-34的干式主摩擦离合器的主要组成部分是8个主动盘和10个从动盘组成的套件（后来在改进的五档变速器上，变为11

个主动盘和11个从动盘）。它们是被弹簧压在一起的。如果对主摩擦离合器的断离、接合操作不当，这些摩擦盘会互相剧烈摩擦，引起过热和压弯，最终可能导致故障（这种现象被称为"摩擦片烧结"）。相比之下，在与T-34同时代的德国坦克中，主摩擦离合器的摩擦盘是漂浮在机油上的，这使得摩擦元件能够快速冷却，也使摩擦离合器的开关操作轻松了不少。

为主摩擦离合器的控制踏板配备的伺服机构是根据战争初期的作战经验而设计的，它使上述问题得到了一定的改善。虽然被冠以"伺服"之名（这听起来有点高深），但这套机构的设计其实相当简单。摩擦离合器踏板与一根弹簧相连，在踩下踏板的过程中，如果经过了弹簧的死点，弹簧就会改变应力方向。在刚开始踩下踏板时，弹簧会抵抗压力。然后，到了某一点，它反而会开始提供助力，起到将踏板向下拉的作用。在实现这个虽简单但必不可少的变速器改进之前，驾驶员承受的压力是非常可怕的。"驾驶员在长途行军中，体重会减少两到三公斤。他会筋疲力尽。当然了，驾驶坦克确实非常难"，基里琴科回忆说。

随着战争一天天持续，除了变速箱的改进外，T-34的设计还出现了另一些进步。前文提到的NIIBT报告中就提出了下列意见："由于反坦克武器威力的不断增强，机动性对坦克生存能力的贡献已经不亚于厚重的装甲。将良好的装甲防护与机动速度相结合，才是在反坦克炮火力面前保护现代战斗车辆的主要手段。"T-34最初拥有的装甲防护优势在战争的末期已经丧失，但在车辆性能上的改进又使其得到了补偿。这种坦克无论在公路上，还是在战场上，都跑得更快，也能够做出更好的机动。

在一直被乘员所信赖的两大优点（倾斜装甲和柴油发动机）之外，T-34又增添了第三个优点——速度。在战争末期，乘坐T-34-85坦克作战的A.K.罗德金这样总结道："在坦克兵中间曾流传着一句谚语：'装甲很垃圾，但我们的坦克更快'［化用自战前一句自吹自擂的流行歌词'装甲很坚固，而且我们的坦克更快'］。速度是我们的优势。德国人有汽油发动机，但他们的坦克速度却不是很快。"

T-34的76.2毫米主炮的主要用途是"摧毁敌人的坦克和其他机械化装备"。受访老兵们一致认为德国坦克是他们最主要也最可怕的对手。在战争早期，T-34的乘员会充满自信地迎击任何德国坦克，因为他们认为苏联坦克强大的火炮和装甲能够确保胜利，这种想法是完全正确的。但是随着德国五号"豹"式和六号"虎"式坦克的到来，双方的装备对比发生了逆转。这两种拥有长身管火炮的坦克在战斗中根本不用花心思隐蔽。"因为我们的76毫米炮在500米外打不穿他们的装甲，所以他们就大模大样地在开阔地里战斗"，排长尼古拉·雅科夫列维奇·热列兹诺夫回忆说。就连76毫米钨芯弹在这样的对决中也不能提供任何优势，因为它们只能在500米的距离上击穿90毫米的装甲，而"虎"式坦克的前装甲有102毫米。给T-34换装85毫米炮的措施立刻改变了这种情况，使得苏联坦克能在超过1公里的距离上与"豹"式和"虎"式战斗，对老式四号坦克的交战距离更是达到1200—1300米。战斗的例子就是1944年夏天的桑多梅日桥头堡。第一批装备85毫米炮的T-34在1944年1月驶下"红色索耳莫沃"112厂的生产线，而配备ZIS-S-53型主炮的T-34-85则是在1944年3月开始大规模生产的，当时这种新式坦克是由战时苏联首屈一指的坦克制造厂——位于下塔吉尔的183厂制造的。虽然85毫米炮的投产速度很快，但坦克兵们认为它非常可靠，没有提出什么批评意见。

T-34主炮的瞄准是手动进行的，但炮塔本身从一开始就配有电动机。尽管如此，坦克兵们还是喜欢在战斗中手动旋转炮塔。"如果你既要操作炮塔旋转曲柄，又要操作火炮瞄准曲柄，你的两只手就得交叉起来"，G.N.克利沃夫回忆说，"你可以使用电动机旋转炮塔，然而在战斗中往往会忘了这茬。反正用手动摇柄也能转。"这个问题很好解释。在克利沃夫所说的T-34-85上，炮塔旋转手柄也兼任电动机手柄。要从手动驱动切换到电动驱动，必须先设定炮塔旋转模式——垂直方向上来回扳动这个手柄，才能使炮塔向正确的方向旋转。但是人们在激烈的战斗过程中很容易忘记这一点，于是这个手柄基本上就被当作手动摇柄使用了。

换装85毫米炮带来的唯一不便是必须在崎岖的路面或战场上盯紧长长的炮管，防止它插进地里。"T-34-85的炮管有四米多长"，A.K.罗德金指出（确切地说，1944型的炮管长度是4.645米），"坦克哪怕碰到一个很小的沟，都可能把它插进地里。如果你在那之后开炮，炮管末端就会像花瓣一样散开。"

虽然T-34最危险的对手是敌人的坦克，但它在对付炮兵和步兵时也堪称利器。据本章中涉及的大多数坦克兵回忆，他们最多只击毁了几部装甲车辆，但他们用主炮和机枪击毙的敌军步兵却达到几十乃至几百人。T-34携带的弹药主要是高爆弹和杀伤弹。在1942—1944年，一辆带有"螺丝帽"炮塔的T-34的常规炮弹配额是100发，其中75发是杀伤/高爆弹，25发是穿甲弹（从1943年起，包括4发钨芯弹），它们被存放在炮塔内部的弹药架上和战斗室地板上的炮弹箱里。一辆T-34-85的常规炮弹配额是36发杀伤/高爆弹、14发普通穿甲弹和5发钨芯弹。穿甲弹和杀伤弹的配比在很大程度上反映了T-34的作战条件。在枪林弹雨的战场上，成员们大多数情况下没有多少时间瞄准，只能在运动中射击或者短停射击，指望靠大量的火力压制敌人，或者靠一连串炮弹击中对方。"以前参加过战斗的老家伙们对我们说：'千万别停下，要边跑边射。不管炮弹飞向哪里，天上也好，地下也好，你们一定要一边射击一边拼命冲'"，克利沃夫回忆说，"你知道我在第一次战斗中打了几炮吗？我射了又射，把一半的炮弹都打光了。"

现实经常能提供条例和手册永远无法预见的诀窍。根据布留霍夫的记录，使用炮尾关闭时发出的"叮当"声作为内部通信手段就是个典型的例子："如果车组配合得好，驾驶员就会根据炮闩的'叮当'声判断炮弹上膛了。"T-34的火炮配备了半自动的炮闩开闭机构。炮身在射击时会后坐，而复进机在获得能量后，会使其回到原来的位置。在后坐前，炮闩杆会撞到炮架上的一个凸轮，然后闩体将下降，退壳凸耳将空炮弹壳推出炮尾。接着，装填手会将另一发炮弹送入炮膛，这发炮弹又会撞开顶住退壳凸耳的炮闩闩体。沉重的炮闩将在强大的弹簧压力下回到原来的位置，从而发出尖锐的响声，这声音足以盖过发动机的轰鸣、履带的铿锵和战斗的杂音。听到炮闩闭合的响声后，驾驶员就会注意等待命令（"短停！"），一听到命令他就会立即找一片足够平坦的地面短停，让炮手瞄准射击。

进入被炮瞄镜准星的目标不一定值得用主炮打击。T-34-76的车长或者T-34-85的炮手会使用并列机枪对付暴露在外的步兵。安装在车体前部的机枪只有在短兵相接时，才能有效发挥作用，也就是失去机动能力的坦克被带着手榴弹和燃烧瓶的敌人步兵包围时。"这是一种近战武器"，布留霍夫说，"用在坦克被打坏停下来的时候。这时德国人会逼近，然后你就可以把他们一片片地撂倒。"事实上，在行进时是不可能用航向机枪射击的，因为它的瞄准镜观察视野非常差，很难瞄准。"实际上我根本没有瞄准镜"，基里琴科说，"我只能靠一个小洞观察，通过它什么都看不见。"航向机枪发挥最大效力的时候是被从球座上拆下来以后。把它搬出坦克，架在两脚架上使用，就能使乘员得到一件极其有效的单兵武器。

在T-34-85的炮塔中，电台被安装在了车长身边，按理这应该使机枪手或机电员成为最无用的乘员（事实上的看客），更何况T-34-85的机枪弹药配额与早期型号相比少了一半，只剩31个弹鼓，但事实是，在战争的结束阶段，由于德国步兵装备了"铁拳"火箭筒，坦克上的航向机枪手就显得更有必要了。"到了战争末期他变得必不可少，他的作用就是在'铁拳兵'的威胁下保护我们"，罗德金如此说明，他口中的"铁拳兵"就是装备了"铁拳"火箭筒的步兵，"视野不良没关系——他有时可以得到驾驶员的提醒。只要愿意找，他还是能发现敌人的。"

电台移到炮塔后，腾出来的空间被用于存放弹药。T-34-85上的DT机枪的大部分弹鼓（31个弹鼓中的21个）都被放在驾驶室里航向机枪手的身边，因为他已经成为机枪弹药的主要消耗者。

总的说来，"铁拳"的出现使T-34上轻武器的作用增强了。甚至通过打开的舱盖用手枪射击，也成了常见做法。给坦克手们正式配发的枪支是TT手枪、左轮手枪和一支"波波沙"冲锋枪。这支冲锋枪是供乘员们离开坦克以后使用的，此外在巷战中也可以使用，因为主炮和机枪的仰角有时不足以打击目标。

随着德国反坦克炮的不断改进，视野对于坦克的生存能力而言，显得越来越重要。最初的T-34装有供驾驶员和炮塔乘员使用的潜望镜。这些潜望镜包含一些以不同高度装在镜筒中且彼此形成一定角度的镜面，这些镜面的材料不是玻璃（玻璃在炮弹冲击波下可能碎裂），而是经过抛光的钢铁。这样的潜望镜提供的成像质量不难想象。装在炮塔四周的类似潜望镜是车长观察战场的主要手段之一。上文提到的S.K.铁木辛哥在1940年9月6日的报告要求"把驾驶员和机电员的观瞄设备换成更新的型号"，但在战争第一年，坦克上仍然只有钢铁潜望镜。后来镜面被换成了棱镜式观察设备，也就是说潜望镜里安装了一块玻璃棱镜。尽管如此，为了更好地了解战场情况，T-34的驾驶员们往往被迫开着舱盖作战。"驾驶员舱盖上的三具潜望镜让人忍无可忍"，S.L.阿利亚回忆说，"它们是用丑陋的黄色或绿色有机玻璃做的，提供的是完全扭曲且失真的画面。靠这样的潜望镜根本不可能分辨出任何东西，更何况我们还坐在像兔子一样蹦蹦跳跳的坦克里。这就是为什么我们在战斗时要把舱盖打开一掌宽。"A.V.马尔耶夫斯基也有同感，他还补充说，驾驶员的三具潜望镜很容易被溅上泥浆。

1942年秋天，NII-48的报告在分析T-34装甲所受损伤后得出下列结论："T-34坦克的致命伤大比例集中在侧面，而不是前方（接受考察的坦克车体共中弹432处，其中270处是在侧面），原因可能是乘员对坦克装甲防护的技术特点不够熟悉，或者坦克的观瞄能力低下，乘员无法发现炮位，并将炮塔转到被击穿概率最小的位置。必须让坦克乘员更加熟悉其装备的装甲防护的技术特点，并为其提供更好的观瞄能力。"

提高观瞄能力的任务是分几步完成的。抛光钢铁"镜面"从车长和装填手的观瞄设备中消失，而炮塔肩部的潜望镜被装有玻璃的观察缝取代，以提高对炮弹碎片的防护。这些改进发生在1942年秋过渡到"螺丝帽"炮塔的过程中。新的设备使成员得以组织全向观察："驾驶员从左到右观察，车长要尽量观察四周，而机电员和装填手主要观察右边"，布留霍夫回忆说。这种安排使车组能发现任何方向上的危险，从而组织相应地射击或机动。

为车长提供优良观察手段的过程费时最长。在T-34上增加车长指挥塔的任务在战争爆发近两年后仍未完成，直到1943年夏天，经过旷日持久的试验，才在"螺丝帽"炮塔里找到为车长们安装指挥塔的空间。此时车长仍然要充当炮手，但他可以抬起头来好好观察四周。提供全向观察的机会是指挥塔的主要优点。按照A.V.博德纳里的回忆："车长指挥塔可以旋转，而车长在不需要忙着开炮的时候可以观察一切、指示火力并与其他成员保持联络。"说得更准确一点，旋转的不是指挥塔本身，而是装有潜望镜的塔顶。

在此之前的1941—1942年，除炮塔肩部的一块"镜子"外，车长只有一具固定的潜望镜，其正式名称是
"周视瞄准镜"。这种瞄准镜只能通过调整倍率给他提供十分有限的战场视野。在装备ZIS-S-53的T-34-
85上，车长不再需要承担炮手的职责。除了带周视观察槽的车长指挥塔外，车长们还得到了供他们专用的
棱镜潜望镜。这具潜望镜可以在舱盖中旋转，使他甚至能观察后方。不过据热列兹诺夫回忆，他不使用车
长指挥塔："我总是开着我的舱盖，因为那些关着舱盖的人都被烧死了。他们来不及跳车。"

　　所有受访坦克兵都很佩服德国坦克的瞄准镜。V.P.布留霍夫的回忆很典型："我们总是注意到蔡斯
光学瞄准镜的高质量。他们直到战争结束都保持着这种高质量。我们没有那样的东西。这些瞄准镜本身
就比我们的方便。我们的准星是一个三角，左、右两边有一些刻度线。他们的还能校正风偏、距离等
等。"事实上，德国和苏联的望远瞄准镜在提供的信息方面并无重大差异。炮手可以看见准星和用于角
速度校正的"栅栏"刻度，而且苏联和德国的瞄准镜都有距离校正功能，只不过方式不一样。德国炮手
是在排成弧形的距离刻度上转动指针，每种炮弹都有自己的刻度范围。苏联坦克的制造者在20世纪30年
代也是这么干的——三炮塔的T-28坦克就采用了类似的设计——但是在T-34上是通过在垂直的距离刻度
表上移动一条炮瞄线来设定距离的。因此，苏联和德国的瞄准镜并没有功能差距——差距是在光学元件
的质量上。在1942年，由于伊久姆光学玻璃厂搬迁，苏联瞄准镜的光学元件质量曾严重下降。瞄准镜与
炮管的随动方式，可能也是T-34早期型号上望远瞄准镜的严重缺陷之一。由于瞄准镜的目镜是跟随火炮
运动的，坦克手在调整火炮垂直方向时，也不得不让自己的眼睛跟着上下移动。后来才引进了德国坦克
上典型的铰接式瞄准镜。

　　T-34观瞄设备的缺陷要求驾驶员让舱盖保持敞开，而这样一来，坐在操纵杆后面的他们又不得不忍
受发动机排气扇吸进来的刺骨寒风。如此艰苦的操作条件是苏制战斗车辆遭人诟病的典型原因。"可以
认为乘员条件不够舒适是一个缺陷"，S.L.阿利亚回忆说，"我曾经爬进美国和英国造的坦克。它们的
乘员是在比较舒适的条件下工作的：坦克内部被漆成浅色，座椅是半硬式的，还带有扶手。T-34上根本
没有那样的设计。"在T-34的炮塔里，乘员座椅是没有扶手的，只有驾驶员和机电员的座椅有扶手。不
过公平地说，座椅扶手只是美国装甲车辆的特色：英国坦克和德国坦克的炮塔座椅也没有扶手（"虎"
式坦克是个例外）。

　　不过也有一些设计缺陷是实实在在的。20世纪40年代的坦克设计师遇到的棘手问题之一就是火炮产生
的烟雾在战斗室里积聚。每次射击完后，为了弹出空弹壳，都要打开炮闩，炮管和废弹壳中的烟雾就会在
此时涌入战斗室。"我会喊：'装穿甲弹，装杀伤弹'"，布留霍夫回忆说，"然后回头一看，发现装填
手已经躺在炮弹箱上不省人事。他是被烟熏得昏过去了。在激烈的战斗中，很少有人能坚持到最后。"

　　为了排出发射药烟雾给战斗室通风，设计团队不得不在坦克上装了电动排气扇。T-34的早期型号沿
用了BT坦克装在炮塔前部的风扇。这种风扇很适合装45毫米炮的炮塔，因为它的位置刚好在炮闩上方。
但是在T-34炮塔中，它却不在冒烟的炮闩上方，而是在炮管上方。这样一来，它起的作用就很成问题。
而在1942年零部件短缺问题达到最高峰时，甚至连这个风扇都没有了，从工厂里开出来的T-34炮塔上，
只有空空荡荡的通风罩。在坦克改进过程中，随着"螺丝帽"炮塔的出现，这个风扇也被移到了炮塔后
部，更接近烟雾集中的区域。T-34-85型的炮塔后部则装上了两个风扇，因为它换上了更大的主炮，要
求对战斗室加强通风。不过这些通风装置在战斗激烈时并不能帮上多少忙。为了保护乘员，通过以压缩

空气从炮管排出发射药烟雾的方法（和"豹"式坦克上的做法一样）解决了部分问题，但这无法解决空弹壳的问题，它们在被弹进战斗室后也会散发出有毒的烟雾。因此有经验的坦克兵建议立刻通过装填手舱口把空弹壳丢掉。这个问题直到战后才得到根治，因为坦克上安装了炮膛抽烟装置，每次射击后不等炮闩打开，就能把烟雾排出炮管。

T–34坦克在很多方面采用了革命性的设计，同时和所有过渡型号一样，它在创新之余也沿用了一些过时的技术。在乘员中编入机枪手/机电员就是一个技术妥协的例子。这个乘员坐在航向机枪后面，主要任务就是操作坦克的无线电台。在早期型号的T–34上，电台安装在驾驶员的右侧，正好位于机电员旁边。安排一个乘员专门调节和维护电台，是车载通信系统在战争前半段存在重大缺陷导致的。这倒不是因为需要有人操作发报机，T–34上安装的苏制无线电没有发报模式，不能发送莫尔斯电码。安排机电员仅仅是因为车长在执行其他职责之余，根本没空对电台进行维护。"电台很不可靠"，布留霍夫说，"通信员是摆弄电台的专家，而指挥员就没那么在行了。另外，如果装甲被击中，电台性能会变差，灯泡也会破裂。"专门安排一个乘员操作收发两用电台的做法在参加第二次世界大战的其他各国军队中也很普遍。例如，法国的"索玛"S–35坦克的车长要兼顾指挥、装填和开炮等工作，但这种坦克里照样有一个连机枪都不必管的机电员。

在战争早期，T–34配备的是收发两用的71–TK–3电台，但并非所有T–34上都有这种设备。德国坦克也是如此，通常只有排长和更高级别指挥官的坦克上才配备电台。根据1941年2月的条例，一个德国轻型坦克连应该有3辆二号和5辆三号坦克安装Fu.5收发两用电台，同时有2辆二号和12辆三号坦克只配备Fu.2接收机。在中型坦克连中，有5辆四号和3辆二号坦克装有收发两用电台，另外2辆二号和9辆四号只有接收机。除了特制的指挥车外，一号坦克全都没有Fu.5收发两用电台。苏联红军也遵循基本类似的"电台"坦克和"线列"坦克搭配的理念。"线列"坦克的乘员必须注意观察其分队指挥员的机动，或者根据旗语命令来作战。在"线列"坦克里，给电台留出的空间被用于存放DT机枪的弹鼓——每辆"线列"坦克里有77个63发弹鼓，而"电台"坦克里只有46个。截至1941年6月1日，红军共有671辆"线列"T–34、221辆"电台"T–34。

但是T–34的通信系统在1941—1942年的主要问题不在电台数量上，而在质量上。71–TK–3的功能十分有限。"它在行军中的工作距离只有6公里左右"，这是基里琴科的说法，其他坦克兵也表达了类似的意见。"71–TK–3是一种复杂而且不稳定的收发两用电台"，博德纳里说，"它经常出故障，而且非常难修。"尽管如此，因为它能让乘员收听莫斯科的广播，所以其缺点也得到了一定的弥补。

电台的状况在1941年8月到1942年年中苏联无线电制造厂搬迁期间严重恶化，当时坦克用无线电台的生产基本上完全停顿。但是在搬迁的工厂恢复生产以后，给所有坦克配备电台成了标准做法。T–34得到了以RSI–4机载电台为基础设计的新型设备——9R电台和后来的升级版本9RS及9RM。9R因为采用石英频率发生器，可靠性大大提高。它的原产地是英国，苏联在很长一段时间里使用通过租借法案供应的元件生产它。T–34的电台位置则从驾驶室搬到了战斗室，被布置在T–34–85坦克炮塔的左侧，可供已经不再承担开炮之责的车长操作。尽管如此，"线列"坦克和"电台"坦克的概念却被保留了下来。

每辆坦克还配有车内通话系统，但在早期型号的T–34上，它的可靠性依然很低，车长与驾驶员的主要沟通手段是由前者用靴子踩后者的肩膀。"车内通话系统性能很差"，S.L.阿利亚证实，"这就是为什么我们用脚来传达信号，也就是车长用长筒靴踩我肩膀的原因。他会踩我的左肩或右肩，然后我就相应地左转或右转。"车长和装填手能够互相对话，但多数时候他们会使用手势来交流。"如果我把拳头伸到装填手的鼻子下面，他就知道应该装穿甲弹"，一位车长回忆到，"如果是张开五指的巴掌，那就表示装榴弹。"

后期T-34上安装的TPU-3比斯车内对讲器则要好许多。"T-34-76上的车内通话系统性能平平，我们只好用靴子和手势下命令，不过T-34-85上的就好用得很"，热列兹诺夫说。因此，车长们开始通过车内对讲器与驾驶员交流，更何况此时前者再也不能用脚踩后者的肩膀了，因为在车长和驾驶室之间还隔着一个炮手。

耐人寻味的是，和对变速器的评价不同，苏联乘员认为T-34的发动机还算可靠，尽管他们也从不避讳各种问题。布尔采夫认为它极其可靠，但也承认在开始长途行军前最好要对发动机进行彻底检查。在驾驶时，需要注意和主摩擦离合器安装在一起的大风扇，如果驾驶员犯错，风扇就有可能因受损而罢工。对于新接收的每辆坦克，乘员在使用初期都要根据其独特脾性进行适应。热列兹诺夫回忆说："每辆坦克、每门坦克炮、每部发动机都有自己独一无二的个性。要事先了解这些个性是不可能的，只有通过日常使用来发现。所以说，我们最后是开着自己不熟悉的坦克上前线的。车长不知道自己的炮准头如何，驾驶员不知道自己的柴油机能做什么、不能做什么。当然了，他们在工厂里已经调校过火炮，进行了50公里的试车，但那根本不够。很显然，我们必须在战斗前利用一切机会更多地了解我们的装备。"

在整套动力装置中，空气滤清器的问题最为严重，让许多坦克兵颇为不满。1941—1942年安装在T-34上的老式滤清器性能不是很好，会妨碍发动机的正常运转，导致V-2柴油机快速磨损。"老式的空气滤清器效率不高，在发动机舱里占用了很大空间，还有一个很大的涡轮"，博德纳里回忆说，"即使路面上尘土不多，也需要经常清洗滤清器"。"如果按照厂家的说明清洗空气滤清器，那么发动机会工作得很好"，罗德金说，"但是在作战期间，很难把所有工作都做到位。如果滤清器不能很好地过滤空气，机油没有按时更换，滤网没有清洗，尘土进到发动机里，那么发动机就会很快磨损。"这些早期的滤清器后来都被"旋风"所取代，博德纳里认为后者"非常好"。这些"旋风"使坦克在即使没有时间维护的情况下，也能经历整场战役，而不会出现发动机故障。

在发动机中，坦克兵们最满意的是双重点火系统。除传统的电起动器外，T-34上还有两个10升的压缩空气瓶。如果电起动器失灵（这是在战斗中被炮弹击中后常有的事），可以用这两瓶压缩空气来起动发动机。

履带是T-34上最容易损坏的部件，就连上战场时也需要带着备用履带。"即使没有被子弹或炮弹击中，履带也会散架。如果泥土堵在负重轮之间，那么履带就会受到很大的应力，尤其是在转弯的时候，履带销和履带本身都会支撑不住"，A.V.马尔耶夫斯基回忆说。履带也是严重的噪声源，据罗德金解释："T-34不仅发动机会发出轰鸣，它的履带也会'叮当'乱响。如果一辆T-34开近，你首先会听到履带的声音，然后才是发动机的声音。问题在于，履带上的凸齿本应精确地嵌入主动轮上滚轴之间的缝隙，然后被旋转的滚轴夹住。但是如果履带曾经承受过很大的拉力，而且已经磨损，那么履带齿的间距就会加大，导致履带齿撞在滚轴上形成特有的声音。"战时原料短缺导致负重轮缺少橡胶胎，这也增加了坦克的噪声。"很遗憾，我们从斯大林格勒拖拉机厂领到的T-34，其负重轮没有橡胶"，博德纳里说，"它们发出的'隆隆'声真可怕。"

斯大林格勒生产的坦克用内置减震器的负重轮代替了轮胎。这种负重轮有时被称作"蒸汽机"轮，第一批是斯大林格勒工厂生产的，时间远在橡胶供应发生严重停顿之前。原来1941年秋的霜冻期来得特别早，装有雅罗斯拉夫尔轮胎厂生产的负重轮的驳船因为河面封冻无法成行。因此，斯大林格勒工厂的工程师们设计了一种实心铸造的负重轮，负重轮内部靠近中心的位置设有一个小型的减震环。当橡胶供应开始停顿时，其他工厂也采纳了这种做法。1941—1942年冬季至1943年秋生产的大多数T-34的行走机构都采用了带内置减震器的负重轮。1943年秋天以后，橡胶短缺宣告结束，T-34重新换上了带橡胶胎的负重轮。所有T-34-85坦克都配备了带橡胶胎的负重轮。这减轻了坦克的噪声，也略微提高了乘员的舒适度。

随着战争的持续，T-34扮演的角色也在逐渐变化。战争刚开始时，T-34虽然有坚固的装甲，但因变速器有瑕疵，经不起长途行军，更多情况下，只能充当优秀的步兵支援坦克。随着时间推移，它在战争初期的装甲优势逐步消失，到1943年年底或1944年年初时，T-34已经成为比较容易被75毫米坦克炮和反坦克炮干掉的目标，而"虎"式的88毫米炮、大口径高射炮和PAK-43反坦克炮更是T-34一贯的克星。不过T-34设计中，那些在战前没有得到适当关注，或者没有时间改进到合格水平的性能，在战时被逐步改进，有些情况下甚至被完全替换。动力系统和变速箱的升级尤其明显，最终它们的性能近乎完美，而且保持了维护方便和操作简单的优点。所有的这些改进，使后期的T-34能够完成在战争初期无法想象的任务。"例如"，罗德金说，"在我们从叶尔加瓦出发穿越东普鲁士的那次，我们在3天行进了500多公里。T-34在这样的行军中非常出色地坚持了下来。"而在1941年，500公里的行军对于T-34坦克来说，简直是要命的考验：在1941年6月朝杜布诺进发的过程中，D.I.里亚贝舍夫领导的机械化第8军几乎丢失了一半的车辆。参加过1941—1942年战斗的A.V.博德纳里在比较了当时的T-34与德国坦克时，做出了这样的评价："从操作的角度看，德国的装甲车辆更完美，它们抛锚的时候比较少。对德军来说，开进200公里不算什么，但是如果使用T-34，总会有车辆故障，总会有车辆损失。他们的装备的技术部分做得比较好，战斗部分做得比较差。"

截至1943年秋，T-34已经成为担负纵深突破和侧翼包抄任务的独立坦克部队的理想车辆。它成了大规模进攻作战的拳头力量——苏联坦克集团军的主战车辆。开着驾驶员舱盖而且经常打开大灯的长途推进成了T-34的典型作战模式。它们往往跃进数百公里，切断被围德军的退路。

1944—1945年的作战，本质上是1941年闪电战的翻版。在1941年，德国国防军使用装甲防护和主炮威力逊于苏联T-34、KV，但却极其可靠的坦克打到了莫斯科和列宁格勒。在战争的结束阶段，T-34-85反过来执行了侧翼机动和包围任务，试图阻止它们的"虎"式和"豹"式坦克却常因故障而失灵，或者因为缺乏燃料被丢弃。此时的T-34拥有对付德国坦克优势装甲的手段——85毫米炮，同时还有可靠的收发两用电台让它们能结队对抗德国的"猫科动物"。

战争初期投入战斗的T-34与1945年4月冲进柏林街道的T-34相比，不仅在外观上差异显著，在内部构造上也有很大不同。不过无论是在战争末尾，还是在初期，苏联坦克兵都把T-34看作可以信赖的装备。他们最初的信心来自能够弹开敌人炮弹的倾斜装甲、不易燃烧的柴油发动机和无坚不摧的火炮。而随着战争逐渐迎来胜利的结局，他们的信心则来自于T-34的高速度、可靠性、稳定的通信和让他们能自保的强大火炮。

第十六章

评价 T-34

在作者看来，T-34是有史以来最具魅力的坦克之一，其匀称的比例给人以良好的印象，似乎没人能抗拒它的吸引力。即便如此，单纯从该车的历史成就出发，人们却很难对其作一个准确的评估，原因有二：

首先，长期以来的倾向性宣传使得不利于T-34的评价难以立足；

其次，缺乏足够的比较对象，使T-34的评估缺乏针对性。

事实上，从各方面考量都适合与T-34作公平比较的坦克只有M4"谢尔曼"，"谢尔曼"的开发只比T-34晚大约1年，历史演变也很相似。为了凸显T-34的出色设计而将其与四号坦克进行对比的做法，实在是有失公允。四号坦克唯一能与T-34做公平比较的地方，就是两者都是各自军队标准的主力。就实战运用来看，很难说T-34全面优于四号坦克，毕竟两者是不同环境下基于不同出发点的产物，反映了坦

◀ 一辆波兰在20世纪60年代使用的T-34抢修车。可以看到该车安装了一个六边形的小型上层建筑。

▶ 德国人用T-34底盘改装的抢修车。注意其后方的储物箱、倾斜装甲上额外安装的设备和敞开的舱盖。

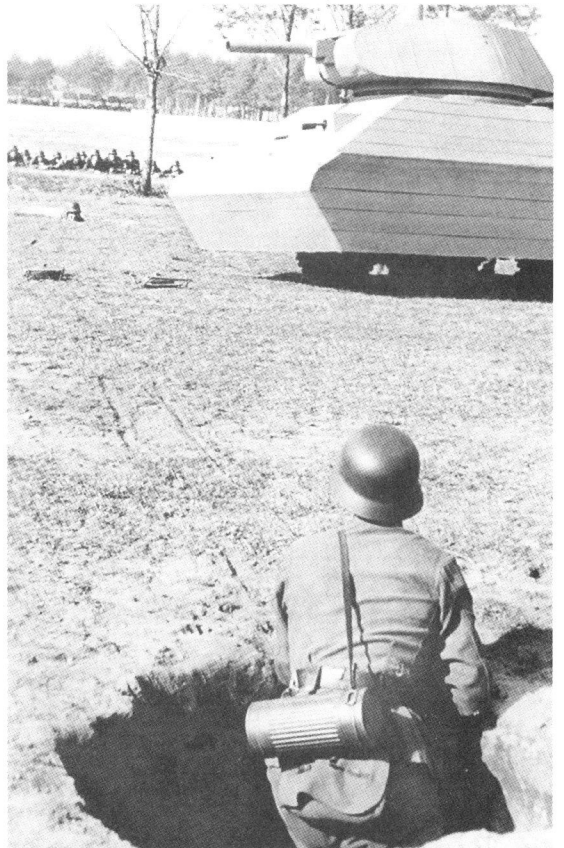

▲ 这一系列的照片展示的是 T-34 的"最特殊型号"——安装在轿车底盘上的木制模型，它们曾被德军用于反坦克训练。正如我们所见，除了地雷之外，德军还试图用烟幕弹致盲乘员。

克发展历程中不同阶段的特点。至于将T-34与三号坦克进行对比，看上去则更为荒谬。

实际上，将四号坦克与T-34进行比较，就如同拿T-34-76与"黑豹"坦克进行比较一样（"黑豹"坦克的性能要全面压倒T-34-76和T-34-85，而且其重量要比两者高约三分之一），毫无公平性可言，他们各自都反映了截然不同的设计理念，而且吨位差距较大。在此基础上进行技术比较是无法得出公正的结论的（除非比较同时期它们各自的可靠性），跨越吨位级别进行比较的一个结果就是让所谓"黑豹"坦克"坚不可摧"的神话流毒甚广。如此一来，四号坦克与T-34唯一的可比性就在于战术层面而非技术层面。显而易见，两者都是各自军队标准的主力坦克，在实际的战术表现上也有更大的比较空间。

在将T-34与其他坦克进行比较时，我们必须记住它是一种与西方坦克截然不同的车辆。另外，在这里，我们讨论的对象不只有细枝末节的研发问题，还有政治和社会层面的因素——因为坦克本身实际是开发者、高级军官和政治人物共同谋划的产物。不论他们各自的动机如何，其决心是一样的：这种坦克应当小巧紧凑，而且战场表现不必尽善尽美。简而言之，它与西方坦克的思路完全不同。

T-34的概念源于20世纪30年代，并在1940年前后完成设计。在其影响下，直到现在，大部分苏俄坦克都继承了它的特点，这就是不求尽善尽美、内部空间紧凑。自T-34诞生以来，苏联坦克一直都是低矮的、局促的，人机工程表现也很差，而且需要坦诚地是，它们在设计时就被当成了一种消耗品。在弹药、火炮和装甲的质量上，它们要比西方坦克更落后，但与此同时，更大口径的火炮和更紧凑的外形又在某种程度上弥补了这种缺陷。因此，虽说苏联坦克的火力和防护更为优良，还有着更优秀的驾驶性能，但它们也为此付出了代价。这种T-34上有过的特点，后来也都出现在T-72及其后继型上，由于上述种种因素，在硬指标上，苏联坦克总是要比西方车辆略为优秀，但在实际中，情况又不尽其然。有的时候，这些优势往往会被其他因素抵消：因为西方装甲车辆的设计思想更强调生存性和作战效率，其坦克有着宽敞的内部空间，提升了乘员的舒适性和生存能力，试图以此保证坦克兵能在作战时发挥出最高的效率。作为这些因素共同作用的结果，苏联组建了极为庞大的装甲部队，但单车效率则稍微逊色，而西方国家装甲部队的规模虽然更小，但作战效率要相对更高。按照冷战时期的作战模拟，"豹1"和苏联坦克的损失交换比能达到1：3，虽然今天苏军勉强地承认了这一事实，但即使如此，他们对于战争的思路仍然建立在数量上，至于质量和细致程度则是次要的——这一点早已成为不争的事实。我们也正是需要从这一点来理解T-34坦克：它是一种大规模生产的武器，专门用于执行相对简单的作战任务。

▲ 一辆瘫痪在长椅旁边的"1941型"T-34-76。这辆坦克安装了铸造炮塔，车头灯只有一部，连接梁用铆钉固定在了车体正面的装甲上。

为了理解T-34真实的作

战能力，我们必须把它与同时代其他国家的中型坦克进行比较。在详细审视了诸多同类之后，有一点是显而易见的：如果不是宣传的作用，今天的我们也许会认为它不过是一种平凡的武器——甚至可以说，如果在1941年T-34M得以投产，早期型的T-34更也许会被当成某种失败品。但最终，T-34成了苏军的骨干。而在苏联这样的国家，尽管它的缺陷是显而易见的，但它必须以完美的形象展现在公众面前。我们想指出的是，在这里，我们不打算讨论主观好恶的问题，而是将目光对准坦克的缺陷本身。更耐人寻味的是，对于这些缺陷，赞颂T-34的苏联人也心知肚明。

如果要对T-34做一个总体的评价，那么，毫无疑问的是，它是一种很好的坦克，同时，在二战战场上的运用也极为出色。但问题在于，T-34所属的这一类型坦克，在二战期间也就寥寥几种，因为可供比较的对象范围太小，这当中稍显出色的就可算是优秀的坦克了。也正是这种情况，我们可以断定T-34和四号坦克及"谢尔曼"一样都是优秀的作品，而且要优于同时期的英国中型坦克（如"玛蒂尔达""克伦威尔""彗星"等）。因为同类型坦克实在太少，且"黑豹"坦克吨位太大、需要排除在外，事实上，所有的比较都只能在这六种坦克之间展开。从这些欧美国家1941年至1954年间广泛使用的中型坦克来看，T-34所获的声誉最高，M4"谢尔曼"和四号坦克紧随其后（四号因其较为陈旧的设计常常被对手的光芒所掩盖）。至于这三种坦克谁能夺取最优的桂冠，还要读者自行斟酌。但不管比较的结果如何，T-34都算不上是100%的完美设计。

在对这三大中型坦克进行详细的比较之前，有一点不得不提，即这三种坦克的实战能力实际彼此接近。但另一方面，它们各自在不同时期的不同改型性能上互有优劣，某种车型在某个阶段会拥有一定的性能优势，但这种优势期通常只能维持几个月而已。某种车型在某些性能方面会优于对手，但在其他性能方面又可能劣于对手。虽然这三种坦克的研发基于各自不同的理论，但总体上它们都算是不错的设计，这一点在M4和T-34的比较上体现得尤为明显，虽然两者的设计出发点完全不同，但都在战场上证明了自己。

装备F-34型火炮的T-34-76要略优于四号坦克，但却比苏联人不怎么看得起的M4要稍差。[1]而且在苏联人自己看来，T-34其实算不上一种优秀坦克，这一点也可以从他们改进T-34和准备投产T-34M方面所做的努力略见一斑。另外，从T-34M上所采用的改进，我们也可以看出T-34

▲ 这辆瘫痪的早期型T-34-76在1941—1942年冬天被德军洗劫一空。在照片中我们可以清晰地看到早期型的驾驶员舱门、74片式的履带和牵引钩。另外，该车还拥有铆接的前装甲连接梁。这些特征都显示该车是183厂的产品。

---

① 在这里，我们比较的是1941年年初至1942年中期上述3种型号的坦克：即安装最佳质量F-34火炮的T-34、采用焊接车体的M4和四号坦克E/F型。

◀ ▼ 这两张照片展示了安装 L-11 型火炮的首批量产型 T-34。该车在 1941 年夏天被德军摧毁。注意车体后方的三处弹痕，它们可能是 37 毫米炮或反坦克步枪制造的，而且都击穿了装甲板。

本身的一些主要缺陷——正是这些不足，导致T-34在实战中往往输给纸面性能更差的四号坦克。

　　首先，T-34的通观条件恶劣。该车没有车长指挥塔，观察缝、观察窗和观察潜望镜等器材也不足以形成全向的对外观测视野，火炮瞄准镜等光学器材质量不佳。炮塔和战斗室内部空间狭窄，乘员之间缺乏有效的车内联络设备。这些问题在实战中大大限制了车组的整体工作效率，在狭窄、嘈杂、视野受限、联络不畅的坦克内，像装填手这样工作强度较大的乘员很容易疲劳。而品质不佳的光学设备和拥挤的炮塔空间，更是恶化了乘员的处境，在炮塔里想挪个位置都难。[①]而车内车外的通信条件，直到1944年T-34-85投入使用时才有实质性的改观，到此时，可能利用了美国技术进行改良的无线电台才大体配置到每辆坦克上。

这些技术性缺陷，源自于设计者对战术需求认识的不足和设计理念上的误区。苏联人最初把T-34当成了BT快速坦克的继承者，但这样的角色定位显然是不妥当的，不仅如此，相关理念还催生了一系列设计上的缺陷，集中体现在5对大直径负重轮的行走机构上。这套行走系统在技术上并不是最佳的选择，也并不适合T-34这样吨位的主力坦克。[②]

另一个更加切实的问题，是T-34的设计理念存在着误区，举个例子，苏联人最初在A-32上沿用了A-20的车体，从中后来又诞生出了T-34。这种设计导致车内空间存在严重的问题。其间，设计师们的思路可谓天马行空，其中一个例子就是坦克炮塔的样式，它完全是设计者一厢情愿的产物，并没有考虑到坦克手们的实际需求。诚然，设计者们很快意识到了最初的问题，但不幸的是，改正了这些问题的T-34M最终没能服役。雪上加霜的是，他们没过多久便忘记了其中的教训。结果，其后续推出的坦克内部依旧十分拥挤，比如下一代的"概念车怪物"——T-44及其继承者T-54——就沿用了这种思路。而且需要指出的是，T-34和T-44的骨干设计师实际是同一批，在设计后者时，这些人也像研制T-34时一样，完全忽视了预留车内空间的需求。

T-34坦克40—48度倾斜的侧装甲和后装甲，让乘员的操作环境异常拥挤，不仅如此，设计者们还要控制车重、努力降低车辆的单位压力，这导致车内的拥挤状况雪上加霜，在炮塔中尤其如此。最初，这种车体装甲的布局对于搭载45毫米炮的A-20或许足够，但如果要同时塞进1部能用的电台、1门76.2毫米炮和1个操纵坦克的乘组，其内部必然会变得异常逼仄。而且除了安装的火炮更大（其占用的空间也必然更大）之外，炮塔侧面的倾斜程度也变本加厉了。在A-20上，炮塔侧面的倾角只有25度，但在A-34上增加到了30度。这一点增加了装甲的抗弹性，还从根本上减少了炮塔正面的投影面积，进而减少了中弹的概率，但对装甲壳体之下操纵坦克的大兵们来说，这种设计却谈不上友好。

全面应用大倾角设计的车体，也影响了战斗室的宽度，使得炮塔座圈直径被限制在1420毫米（实际需要直径1650—1700毫米的座圈），这极大地限制了车辆的改进空间，特别是难以改进炮塔设计。在把T-34与其他坦克进行对比时，我们可以轻易地注意到，在设计T-34的车体结构时，它偏重的是防弹性能，但对其他方面的通盘考虑相对较为欠缺。具体对战斗室而言，车体倾斜装甲布局的影响主要体现在以下几个方面：

1.车体侧面应用倾斜装甲，并为此挤占了动力系统、驾驶员和机电员的空间。

2.车体正面应用倾角60度的装甲板。

3.车体后部应用倾斜装甲，为此挤占动力舱的空间。

---

① 这些问题实际非常严重，而且很难被外行人所理解。在六边形炮塔中（需要指出，其空间实际要大于早期的"扁平型"炮塔），乘员根本没有放置手肘的空间，更难转身（意味着他们根本无法使用炮塔上的侧向观察口）。至于火炮的炮闩则将炮塔空间分割成了2部分，将2名乘员彼此隔绝开来，让他们处在了一种类似囚笼的环境中。事实上，并非所有人都能成为T-34的装填手——因为装填手必须接受专门的装弹方法训练，而在冬天、当乘员都身着羊皮或是棉夹袄时，其内部的拥挤更是雪上加霜。

② 举个例子，如果用扭杆悬挂替代此悬挂，坦克可以减重300—400千克，并让乘员获得更充裕的操纵空间。

▲ 照片中展示的情况简直难以置信：在碾过一门PAK-38型反坦克炮之后，这辆1941年生产的T-34-76（其具体生产时间可能是秋天，这一点可以从不挂胶的诱导轮上得到证明）被卡在了残骸上面。随后，该车被炸毁，炮塔被掀飞后又砸在车身顶上。其负重轮上可以看到新型的550毫米"华夫饼"型履带板。

◀ 这辆坦克是最早一批下线的T-34-76，后来被乘员遗弃在了战场上，其炮塔舱盖为扁平式，并安装了全向观测潜望镜和加长的排气管。但最重要的是，该车观察口的样式并未在其他安装扁平型炮塔的T-34上出现过。由此可以推断，该炮塔是183厂铸造炮塔的最早期产品。

　　由于战斗室顶部空间没有进一步拓展的可能，为T-34-85设计直径更大的炮塔座圈时，设计师们可谓绞尽脑汁，以求充分挖掘车体上部和炮塔基座上的每一寸空间。作为结果，其炮塔座圈的防护要比之前的型号更薄，装甲的连接处也更为脆弱，车体与炮塔结合的部分更容易被跳弹和小口径弹丸损伤。作为权宜之计，设计师们在车体前部和侧面的顶端加焊了几块跳弹板，但这种弥补手段效果还是不尽人意。

　　早在1940—1941年间军方与设计部门间的冲突和T-34M、T-43[①]研发计划，都充分地证明了T-34装甲结构设计上的缺陷。那些关于T-34的倾斜装甲设计如何完美卓越的理论，在很大程度上属于二战宣传的产物。在车辆上应用倾斜装甲设计有利有弊，而T-34的设计在权衡利弊方面显然不算完美。除此以外，对T-34动力系统和武器系统的深入研究，更进一步揭示了该车的机动性能和火力性能也并非完美。

　　长期以来，T-34的拥护者们都对该车的官方评价推崇有加，普遍认为该车的三大性能指标都很突出，特别是其装甲防护和机动性能方面更是取得了独一无二的创新性突破。这种观点被无限制地发扬光大，几乎成了T-34无敌神话的基础。很多相关文献的作者，特别是苏俄作者，坚持认为苏联在坦克装甲车辆上率先应用了倾斜装甲和柴油机，并被后世的设计广泛采用，更有人甚至宣称，西方坦克装甲车辆应用柴油机是抄袭了苏联的理念，从实际情况来看，这种观点显然是有悖于客观事实的。

▲ 这辆T-34-76摄于1942年春季的战斗中。该车可能是斯大林格勒工厂生产的，但炮塔却是183工厂的产品。

---

　　① 此处需要强调的是，T-43安装了全新的炮塔。该炮塔的内部空间更为宽敞，乘员操作环境也更为舒适；不过，只安装了1门与T-34坦克配套的76.2毫米炮。虽然其设计非常优秀，但受一系列事件的影响，其内部最终塞进了1门85毫米炮，抹杀了一部分设计上的亮点——就像是1939年A-20/A-34样车炮塔演变过程再次上演。

▲ 1942 年夏天，这辆 T-34-76 在斯大林格勒的一条街道上被打瘫。该车很可能是斯大林格勒工厂制造的，但安装的却是 183 厂的炮塔。

在坦克装甲车辆上应用倾斜装甲的设计，早在20世纪30年代中期以前，就已在各主要国家初见端倪，但地面战斗车辆应用倾斜装甲的理论最早出现于何时已经很难考据。在早期的相关弹道研究中，法国人较早地揭示了倾斜装甲的防护机理，并在一定程度上影响了后世的坦克设计。

可以肯定的是，倾斜装甲在坦克上的全面应用始于法国，采用这种设计的FCM-36轻型坦克于1934年开始设计，并在1936年年底投产。该车的装甲厚度为40毫米，布局与后来的T-34类似。其车体和炮塔侧面都采用倾斜装甲，最大的区别就在于T-34的装甲倾斜角达到了40度，

FCM-36的倾斜角仅30度，局部为45—55度。有意思的是，该车与苏联设计师齐加诺夫和季克设计的BT-SV样车有几处相近。

1937年年底，当苏联设计师齐加诺夫和季克推出他们的倾斜装甲坦克时，美国人也研制出了T5E2样车，其正面装甲厚30毫米，倾角45—60度。虽然在1937—1941年间德国和英国的坦克上并没有应用这种设计，但德国陆军兵器局第6兵器测试处的劳（Rau）[1]指出：德国早先在装甲运兵车和装甲侦察车上应用了倾斜装甲，这表明他们了解倾斜装甲的防护机理和应用价值，只不过，同时期的德国坦克设计和样车都无一例外地采用了传统的垂直装甲箱型车体结构，直到受到姆岑斯克坦克危机的冲击，德国人才全面接受了倾斜装甲理念。

最重要的是，T-34坦克上的倾斜装甲全向防护设计并未被其他国家接受，甚至在苏联也找不出其他案例。如果说在车辆正面弧形范围内应用倾斜装甲，是甲弹对抗发展的必然产物，那么在车辆侧后范围也贯彻大倾角装甲设计，就是对倾斜装甲防护理念的过度曲解。把车辆侧后部位的防护水平提升到与正面范围接近的水平，会严重影响整车的防护–重量平衡关系，也不利于在一定重量限制下增强正面防护。而在侧后范围全面贯彻倾斜装甲的布局，会导致动力舱内空间不足，必须将部分燃油箱布置在战斗室内，这会对乘员安全带来非常不利的影响。

T-34的后继者T-44与T-54不再延续T-34的全向倾斜装甲结构，它们的侧后装甲应用了垂直设计，这种结构对车辆的制造和使用都更具合理性。[2]在T-34-85M上，设计人员果断放弃了全向防护理念，转而通过削弱侧后和顶部、底部装甲来为提升正面防护留出重量空间——一如西方坦克上常见的设计。

---

① 参见詹茨和多伊尔（Doyle）合著的《德国的"虎"式坦克》（Germany's Tiger Tanks），希弗出版社，1997年出版，第2卷第8页。

② 但有趣的是，IS-3坦克却走向了另一条道路——这种坦克的布局思路简直和1940年版的T-34-76如出一辙。它的装甲布置别出心裁，但这种创新的结果却是严重挤占了车内空间。另外，尽管它的车体长达7米，但备弹量却只有28发！另外，和IS-2一样，IS-3也无法在行进中射击。与IS-3车体设计形成对比的是，同样锐意革新的M48坦克思路就理性得多，后者不仅数据优秀，实际表现也相当优异。

◀ 这辆T-34-76被德军击毁于1942年的夏天或秋天，拥有早期型的车体（生产于1941年）和早期型的六边形炮塔。该炮塔在炮盾后方有一条直角形的焊缝，在侧面还有一条水平的焊缝（刚好从观察口中穿过）。

即便是应用了全面倾斜装甲设计的西方坦克，比如美国的M10坦克歼击车和德国的"黑豹"坦克，在具体设计细节上也与T-34有所不同。在侧后范围，这两种坦克采用了加宽上部车体突出部、减小装甲倾斜角等措施，以便在应用倾斜装甲的同时最大限度保证车内空间，比T-34的设计更具合理性。由此可见，从KB-24设计局的BT-SV样车上延续下来的全面大倾角装甲设计，在T-34上的应用实际上是个失败案例。

T-34装甲的材质是继倾斜装甲之后的又一个神话，一些相关文献的作者及爱好者们认为T-34的装甲质量非常高，甚至优于M4"谢尔曼"的装甲材质。但有意思的是，苏联人在战时钢材质量劣于美国产品的情况下，是怎样做到这一点的呢？

一些苏（俄）作者和卫国战争老兵曾经不无夸张地指出，德国飞机上的机关炮能击穿M4的装甲，而对T-34无能为力。[1]但M4的顶装甲厚13—25毫米，而T-34的顶装甲厚16—20毫米，考虑到飞机俯冲攻击的角度，情况会变得更为有趣，在进行俯冲攻击时[2]，飞机炮弹会以大约40度的斜角命中"谢尔曼"，而命中T-34的斜角会为15度，T-34侧后的倾斜装甲比M4的垂直装甲更容易被击穿。这种情况下，如果M4会被机炮击穿，那T-34也一样无法幸免。

早期焊接车体型M4的首上装甲厚度为51毫米，倾角56度[3]，与T-34首上防护力相当。车体侧面装甲厚度38毫米，垂直布置，防护力略不及T-34。不过侧面防护力不足是当时中型坦克比较常见的缺点，即

---

① 需要指出的是，根据德军在北非的经验，标准型MG 151/20型机炮（主要安装在Me-109 F/G型战斗机和Ju-87 D型俯冲轰炸机上）发射的穿甲弹可以击穿厚达20毫米的装甲。

② 假定俯冲角为35度。

③ 需要指出的是，早期"谢尔曼"的车体正面装甲更薄，但倾角更大（60度），防护水平与T-34相当。然而，美国人却意识到在炮塔前方的车体空间不足的事实，并重新设计了车体的前半部分。但另一方面，苏联人却并未据此重新设计T-34，只有在T-34M和T-43上，他们才将解决方案纳入了设计中。

便被英美军队认为很难从正面击穿的"黑豹"，侧装甲厚度也只有40毫米级别。

实战中，在90度侧面的距离上，考虑到常见反坦克武器的威力，几种主要中型坦克面对侧后攻击的生存力基本相当：面对KwK 40型长身管75毫米坦克炮的打击，只有在2500米左右的距离上，T-34才可以获得"谢尔曼"不具有的炮弹免疫力——但这个距离显然大大超出了当时500—1200米的常见交战距离，这使得T-34的侧装甲优势仅仅存在于理论上。[①]而在其他入射角度下，由于T-34大角度的侧面倾斜装甲，其无疑拥有一定的防护优势，但这种优势在1000米之内也并不明显。

相比苏联战前的老式坦克，T-34的中等厚度倾斜装甲设计确实是个巨大的进步。但受时代局限，最初研制T-34时设计者考虑的重点是对小口径穿甲弹和无弹道被帽的中口径穿甲弹的防护。但随着技术的进步，被帽穿甲弹（如苏联生产的BR-350系列）开始在战场上出现。同样，德国人也在20世纪30年代末期对其进行了研究（代表产品如PzGr 39），并在1941年后逐步将其列装部队。[②]它们受倾斜装甲的影响更小，在装甲倾角小于61度时尤其如此。

和传统观点不同的是，我们完全可以对战争期间美苏两国生产的装甲板质量进行比对。1940年，T-34的装甲板布氏硬度接近400，美国的装甲板布氏硬度约320，这一定程度上与两国的设计思想有关。

▲ 这辆 T-34-76 是斯大林格勒工厂的产品，在 1942 年夏天时，它的部分车身被掩藏起来，以便充当反坦克掩体。

---

　　① 从理论上说，我们可以认为，在100米距离上、45度偏角上，"谢尔曼"坦克前装甲的垂直等效厚度约为55毫米，T-34前装甲等效厚度约为73毫米，抛开装甲材质不论，两者的差距仅为18毫米，但另一方面，KwK 40型坦克炮和PAK 40型反坦克炮在此距离上的垂直穿甲深却能达到110毫米。

　　② 对于这种说法，各界仍存在分歧，有资料认为其弹药在1941年时仍然十分匮乏，但也有认为其使用已相当普遍。至于实际的情况可能是，对于某些种类的火炮（如KwK L/42型坦克炮）来说，这种弹药确实不多，但在另一些型号（如Flak 18型高射炮）上已经成了标配。

▲ 1943 年初冬，一辆在弹药殉爆后身首异处的 T-34-76，炮塔上的战术编号是"1890"。

随着苏美两国的先后参战，情况发生了变化。美国人在装甲板硬度指标基本稳定的前提下持续改善其他各项性能，并在1943年11月解决了装甲板热处理过程中内部结晶化导致装甲变脆的问题。同时期苏联的装甲板质量却在持续下降，1943年，苏制装甲板的布氏硬度下降到了250—280，屈服度等指标也一路走低，这种情况直到1945年也没有显著改观。实际上，苏联战时生产的这些装甲板，按应美德等国的质量标准判断，都是不合格的。[①]

T-34上使用了轧制和铸造两种均质装甲钢，其中轧制装甲板的防护力比相同厚度的铸造装甲钢高约15%。为保持防护水平一致，采用铸造结构的部分装甲厚度要相应加大。但苏联战时仓促生产的铸造装甲构件，受技术标准和钢水质量拖累，质量不佳，铸造过程中残留的气泡严重影响了铸件强度。当时大型装甲构件的铸造工艺较为复杂，废品率较高，即便是技术实力较强的美国，也无法保证同一批次铸件质量的高度稳定。

苏联战时生产的轧制和铸造装甲钢材，其成分变化很大，有一个时期甚至完全取消了装甲钢材中的合金成分，这全面降低了钢材的质量，致使其更容易被击穿。即便是战前和平时期生产的装甲钢材质量也并不理想，其成分和工艺比较特殊，装甲材质偏硬而缺乏延展性。20世纪30年代末期苏联人开始着手做一些工艺方面的改进，但1941年夏天突然爆发的战争彻底打乱了相关计划。战争初期的大溃败中，一些重要合金矿石的产地相继沦陷，冶金工业部门的不少钢铁厂也陷入混乱，战前的工艺标准很难被严格贯彻到位。到1941年年底，受形势所迫，苏联人不得不开发出代用装甲钢材，其钒、铬、镍、钼等合金

---

① 在西方，生产坦克的军工厂根本不会接收出现开裂的装甲板。但在东欧各地保存的T-34上，大大小小的装甲开裂却是普遍现象，在坦克生产的过程中，这样的裂口通常会被苏联人直接焊上。

含量大大降低，严重影响了装甲材质。[1]此外，战前使用的南乌克兰出产的高品位锰矿石也被乌拉尔地区出产的低品位锰矿石取代。战前，苏联只有尼科波尔（Nikopol）一地具备钢材精炼能力，但该地周边集聚的钢铁企业在开战后被迫向乌拉尔疏散。这些都极大影响了战时苏联武器和装甲钢材的品质。

1942年后，钢材质量的危机有增无已，其中的合金成分几乎完全消失，严重拖累了坦克的火力和防护性能，让它们无法与敌人的武器相互抗衡。德军反坦克武器能更轻易地击穿苏联坦克。当炮弹命中时，车体的结构强度无法承受住如此大的动能，进而导致装甲发生崩裂。更有甚者，因为使用非熟练工人仓促生产的装甲板切割和焊接精度太差，很多拼焊部位并未严格密合，缝隙只是用焊料堆积掩盖了事。这些拼合缝隙有时甚至宽达十几毫米。由此生产出的坦克自然变得脆弱不堪。

工艺质量如此低劣的坦克显然无法与敌军相抗衡，即便是采用了革命性的倾斜装甲设计，这些质量上的巨大缺陷也无法得到弥补。

现在再来看看T-34的柴油机。事实上，在坦克上应用柴油机并非苏联的首创，在1935年年底，这种动力装置便已经安装在了坦克上。这种坦克就是前文所述的法国FCM-36坦克，它在1936年年底开始批量生产。之后一段时间，苏联人才从莫斯科派出专家赶赴哈尔科夫厂着手解决困扰坦克发动机研制的问题。FCM-36安装的是83马力的贝利耶（Berliet）柴油机，凭借它的优势，FCM-36公路行程高达230公里，对当时的轻型坦克来说相当不错，堪与T-34约300公里的行程比肩。

1937年年底到1938年年初，新一代的柴油机坦克已开始接受初期测试，但基于统一后勤保障的考虑，柴油机坦克的理念在当时并未被广泛接受。这种状况与技术能力和设计人员的创新能力无关，只是为了照顾以汽油为主的燃料供应体系。随着战争规模的日益扩大，1942年年初，急于扩大坦克产能的美国人再度瞄上了柴油机，并把它们安装上了M4A2中型坦克。但该型坦克并未被美国陆军列为标准装备，而是被广泛援助给英联邦国家和苏联，至于唯一的例外是美国海军陆战队，由于其麾下拥有大量柴油动力的登陆舟艇，他们也采用了M4A2。相比V-2型发动机，M4A2安装的双联柴油机更为复杂和笨重，但寿命较长。

需要注意的是，早在20世纪30年代初期，德国人就已经开始尝试在海军舰艇以外的军事领域应用柴油机（同期苏联开始研制BD-2型坦克发动机）。到1939年，容克斯公司研制成功了Jumo 223型航空柴油机，该发动机重约1.4吨，功率达2200马力。但与美国人的想法如出一辙的是，基于统一陆军车辆油料保障的考量，德国人没有将该型发动机改造和应用于坦克上。虽然在这个时期德国国防军也装备了一些柴油动力的牵引车辆，但其运用范围非常有限。到20世纪30年代中后期，军用车辆的汽油发动机已趋于成熟、性能稳定、可靠耐用，寿命可达400小时（V-2柴油机的寿命仅100—150小时）。更重要的是，汽油机坦克可与卡车等轮式车辆共用燃料，必要时还能使用航空汽油，从而大大简化战场上的后勤供应。不过德国坦克不能使用低标号的苏联汽油，否则就会损伤发动机。当时，美国陆军常用80号汽油（航空汽油辛烷值为96—100），德国陆军常用74号汽油（航空汽油辛烷值为87—96），而苏联陆军使用50号汽油（航空汽油辛烷值为75）。军用汽油辛烷值偏低的情况反映了苏联石油炼化能力的不足，相比之下，

---

[1] 显然，斯大林格勒工厂使用的钢材要比其他工厂更为优良。如果这一点属实，那么，在1942年秋天，苏联坦克工业的质量水平才真正跌到了谷底——此时的德军已经攻占了大半个斯大林格勒。但需要指出的是，斯大林格勒工厂的车体焊缝质量又比不上183工厂。

使用粗炼的柴油对苏联来说显然更为经济。因此，苏联在坦克上推广应用柴油机并不是单纯出于技术理由，还有对国家工业水平和军队后勤能力的通盘考虑。此外，柴油机自身还有天然的优势[1]（即可以增加坦克的行驶里程[2]）——毕竟，每种坦克的设计都必须符合本国的国情（在一国的领导人下达坦克设计和技术性能的指标时，都会考虑到工业水平和原材料的问题），也必须照顾到军队的后勤供应体系。而这一点，也反过来解释了为何西方的坦克不需要拥有苏联坦克那样超长的行驶里程。从一开始，它们的战场便被定在了那些城市化程度更高、铁路和公路网更密集的区域。但相较之下，苏联国土广袤、道路条件恶劣，相比西方国家，他们对行驶里程较长的坦克有着更迫切的需要。

除被夸大的防护性能和机动性能外，T-34的忠实拥趸们坚信的其他一些优势其实也没有多少意义。比如T-34低矮的外形曾被广为推崇，但T-34-76实际比M4"谢尔曼"低34厘米[3]，在实战中、300—500米的交战距离上，这点高度几乎没什么差别。正面投影面积小是T-34另一个引以为傲的资本，但早期狭小的炮塔严重制约了乘员的操作效率，为了能赶上"谢尔曼"等同时期主力坦克的战斗效能，T-34在发展过程中不得不逐步增大炮塔。在T-34-85身上，这一优势实际荡然无存。

T-34的另一个光环是，很多人认为该车速度极快。但实际上，T-34-76的最大速度为47千米/小时[4]，二挡、三挡车速分别为15千米/小时和29千米/小时[5]。装备五挡变速箱的T-34，在越野行驶常用的二至四挡上最大速度为14—30千米/小时。相比之下，四号E/F型在二挡到五挡上最大速度为8—30千米/小时，M4"谢尔曼"在中间三挡上最大速度为10—28千米/小时，彼此相差无几。而在硬面公路上，四号坦克的最大速度为42千米/小时，"谢尔曼"可以达到39千米/小时[6]（柴油机型可达48千米/小时）。

由此可见，早期型的T-34在二挡上只有5—7千米/小时的微弱速度优势，最大速度也与另两个对手相差不大。由于变速箱操纵更简便、中间挡位较多，四号和"谢尔曼"在越野行驶时操纵更为方便灵活。1941年至1944年间生产的T-34操纵僵硬费力，战时仓促生产的低质量传动系统部件更容易故障。虽然T-34的驾驶要领并不复杂，但操纵起来比四号坦克更费力，要开好也并不容易。

虽然T-34在二挡上速度稍快，但因为中间挡位较少，其挡位间的速度差达到了12—15千米/小时，实战中它们往往不能开得太快，否则将难以转向。而四号和"谢尔曼"的变速箱挡位划分更细，挡位间的速度差为5—7千米/小时，令越野行驶更容易操纵。具体来说，"谢尔曼"能挂三挡以17千米/时的速

---

① 有些资料宣称，柴油机并不会像汽油机那样容易起火。但另一方面，如果发动机舱和燃料供应系统设计优良，两者起火概率的差异实际可以缩小到忽略不计的地步（可以参见三号坦克和T-34的对比）；至于M3"李"坦克之所以比T-34更容易起火，主要是因为该型坦克使用的是高辛烷值、易挥发的航空汽油，另外需要指出的是，柴油着火的扑灭难度要远比汽油大得多。

② T-34坦克的总载油量为460升，可以保证坦克在硬面公路上行驶超过300公里。作为对比，四号坦克在硬面公路上行驶100公里需要消耗210升汽油，而在油箱加满后（即搭载470升汽油时）可以在硬面公路上行驶220千米或是越野行驶150千米。另一方面，搭载汽油机的M4"谢尔曼"可以利用搭载的全部汽油（660升）在硬面公路上行驶200千米，而柴油机版本则可以用560升汽油行驶240千米。

③ 至于两者的宽度基本接近：M4为2.6米，T-34为3米，这种差异主要是履带宽度不同导致的。

④ 这一数据来自T-34的操作手册，同时也可以得到1940年该型坦克夏季测试时相关数据（最高48千米/时）的印证。虽然很多资料宣称其最高车速为53-56千米/小时，但该数据想必是在坦克的发动机转速达到极限（即1800转/分）时测得的，只有在车辆陷入困境，如需要以最大马力摆脱陷坑或沼泽、又别无其他选择时，发动机才会以这种极限状态运转。在实战中，由于地形环境、发动机状况等因素，极少有坦克手会让坦克全速前进。同样的情况对M4"谢尔曼"亦然：该车可以骤然让发动机满负荷运转，将最高车速提高约5千米。至于德国人则并不追求最高速度这一指标，比如三号坦克，他们的官方统计只是模糊地表明，无论何种型号、采用了何种发动机、车辆全重如何，它们都能达到40千米的最高时速。至于更大、更重的四号坦克，其各个型号虽然发动机相同，但传动系统却存在差异，按照官方记录，其最高时速也可以达到40千米。事实上，这些数据可能只代表了某种底线，甚至大修过的发动机都能令坦克拥有上述表现。而在苏联人的测试中，通过"压榨"其性能，他们更是让三号坦克跑出了超过65千米的最高时速。这一点也可以得到德国工厂测试的证实，在E/F型上，他们测得的最高时速达到了67千米，由于缺乏实战意义，在后来的型号中，他们便不再刻意追求这些指标。同样的情况也反映在了英国的"克伦威尔"坦克上：1944年时，这种坦克的最高车速被刻意降低了大约10千米（从近65千米/时降低到了50千米/时）。

⑤ 此数据来自1941年的操作手册。1944年版的操作手册显示，其2挡车速为15千米/时，3挡为25千米/时。

⑥ 这里指的是安装怀特R-975风冷汽油机的早期车型，但安装福特GAA汽油机的M4A3也能达到48千米/时。

▲ 这辆 T-34-76 也许是索尔莫沃工厂的产品，在 1943 年时被遗弃在了哈尔科夫的街头。

◀ 准备战斗的 T-34-76。炮塔上的扶手、周围的跳弹板和机枪护盾都符合 112 厂 1943 年产品的特征，另外在炮塔上还可以隐约看到其所属部队的标志——一个带数字的三角。

度越野行驶，从而较好地兼顾了速度、牵引力和操纵性。T-34挂二挡的速度是12—15千米/小时，当车辆加速挂上三挡时，车速能达到23千米/小时，但对实战条件下的越野行驶来说，这个速度偏快了一点，此时驾驶员如果减小油门以控制车速，那么发动机转速下降将导致扭矩和牵引力不足，严重时会令发动机熄火，这在很大程度上限制了T-34的实战表现。实际上，当与步兵协同冲击时，T-34往往只能挂二挡，不仅无从发挥速度优势，变速箱的负担也很大。

关于其他机动性能指标，T-34的爬坡度和离去角约为30度，越壕宽2.5米，越垂直墙高0.73米；四号的爬坡度和离去角约为30度，越壕宽2.3米，越垂直墙高0.6米；M4"谢尔曼"的爬坡角也为30度，越壕宽2.3米，越垂直墙高0.61米。至于"谢尔曼"的全向转弯直径为19米，T-34只是略高于15米[1]，四号坦克E型和F型只有12米。

在安装了550毫米的宽幅履带后，T-34坦克的接地压强被控制在了0.62千克/平方厘米[2]——一个非常出色的指标[3]。不过，尽管这一数据听起来令人印象深刻，但在战场上，它的意义其实不像报告文学中描述的那般重要。而且需要指出的是，德国和美国人从一开始就没有打算追求这种极限数据。即便在1941年后T-34的性能指标逐渐浮出水面的情况下，美国和德国的设计师仍在只是设法将坦克的单位接

---

① 现有资料大多显示为7-8米，但这可能只是普通的转弯直径，而非全向转弯直径。
② 1941年时，苏军的专家们曾表示，T-34M坦克接地压强为0.7千克/平方厘米指标很糟糕，并且需要进行改进。这也充当了一个展现T-34设计思路的绝好证据。
③ 只有用于侦察的轻型坦克往往才具备上述指标，由于自身任务使然，它们经常需要开入中型和重型坦克无法通过的、地面松软的区域。

◀ 这一景象在历史照片中可谓非常罕见。其间，撤退的苏军试图从桥梁渡河，但在第一辆T-34在河中瘫痪后，一辆T-70试图从该车顶上高速驶过，并撞掉了T-34的炮塔。随后，这辆T-70又被第2辆从桥上落下的T-34［炮塔侧面涂有该车的名字——"切尔尼戈夫斯基"（Chernigovskiy）］砸毁。注意河中坦克炮塔座圈上的7条凸筋。

▶ 一辆身首异处的T-34-76，该车安装的六边形炮塔是1942年秋季的产品。另外，除了战术编号"122"之外，我们还可以在炮塔上看到序列号"996"。

地压强控制在0.75—1.1千克/平方厘米。[①]甚至苏联人自己也不例外，T-34-85使用了较窄的500毫米宽履带，单位压力增大到0.85千克/平方厘米（其后的T-54与此相当），而其他坦克的单位压力则更大。由此可见，像T-34这样的主力中型坦克，一开始过度追求较小的单位压力的做法是不妥的，这会在很大程度上影响车辆的装甲防护和火力等性能指标。

　　T-34的两大竞争对手，四号E/F型坦克和M4"谢尔曼"坦克的单位压力指标都不及T-34。四号E/F

---

①　我们必须时刻牢记的一点是，坦克本身是一种作战车辆，任务是作为大部队的一员、在相对坚实的地面上执行作战任务，而不是在泥泞的地面上独立作战。和自战争出现在人类历史上的其他部队一样，装甲部队都会在状况最优良的道路上前进。不管苏联人自己的经验如何，坦克部队都是不应被部署于森林和沼泽地带的，同样，它们也不应该直接向配有障碍物的反坦克壕发起冲击——至于突破这些工事的任务应当被交给工兵。当然，苏军的情况有所不同，尽管上述任务工兵是工兵的天职，但由于后者很难跟上装甲矛头，坦克只能代为履行他们的一部分使命。

型战斗全重22吨，履带接地长3720毫米，单位压力0.88—0.91千克/平方厘米；M4"谢尔曼"的履带接地长3374毫米，单位压力为1.1千克/平方厘米。

但长期以来，有很多说法指出，当德国坦克陷在泥里不能动弹的时候，T-34却能健步如飞地穿过烂泥地。从实际战例来看，很多情况下德国坦克一样能在泥泞地形上行动，而有些困住德国坦克的烂泥地一样会令T-34止步不前。[1]这些情况都说明一个问题：T-34在通过能力上确实略好于德国坦克，但远没有达到能无视恶劣地形到处通行的地步。

需要特别留意的是，关于坦克淤陷的描述大多出自老兵们之口，但他们更多强调的是个人经历，其中没有过硬的具体数据。比如，美国大兵们抱怨"谢尔曼"坦克在许特根森林（Hürtgen forest）的烂泥里陷住，而德国坦克却不会，但M4的单位压力为0.97—1.0千克/平方厘米，而德国的四号J型坦克和四号70型坦克歼击车的单位压力为0.95千克/平方厘米，这么小的指标差距怎么可能会导致截然不同的通行情况？[2]况且"谢尔曼"的单位功率达到13马力/吨，远高于两种德国坦克的10.5马力/吨。当然，"黑豹"的表现要全面优于"谢尔曼"，不过这另当别论。

把视线转向东线战场，老兵们的回忆也呈现出类似的一边倒的状况。很多德国老兵宣称，1941年到1942年冬季，当他们的坦克陷住不能动弹时，苏军却能开着T-34截断他们的退路。于是，他们抱怨说四号等德国坦克在松软地面上的通行能力不如T-34。实际上，苏军也有整队整队的坦克因淤陷而损失，其坦克部队穿插包抄德军的行动也常因无法通过的烂泥路而归于失败。1943年年底到1944年年初发生在基辅、科尔孙（Korsun）、卡缅涅茨–波多利斯基（Kamenec–Podolski）和科韦利（Kovel）等地的一系列战役都是很好的例证。仔细分析不难发现，美、德两国常能见到士兵抱怨坦克淤陷的文字资料，而苏联方面此类资料却很有限，与其说这是坦克性能的差距，倒不如说是各国新闻审查严厉程度的差别。

正如本书强调的，1941年期间生产的早期型T-34的单位压力仅0.62千克/平方厘米，到T-34-85上就已经增大到0.85千克/平方厘米，这一变化本身就是对坦克通行能力问题的最好注解。即便如此，很多文献依然宣称T-34能轻易通过德国坦克陷入其中的松软地面，这显然有失公允。1944年上半年（即T-34-85诞生时），如使用冬季履带，德军的四号坦克和三号突击炮的单位压力为0.73—0.77千克/平方厘米，陷住的显然应该是T-34-85才对。此外，1944年年初，巨大的象式坦克歼击车能自行履带行军穿越泥泞的乌克兰平原，虽然发动机过热和淤陷等问题频发，但极少有车辆因此彻底损失。由此可见，就东线战场的道路条件而言，没有哪种坦克的通行能力特别好，或特别差。

客观来看，东线战场确实存在极不适合坦克通行的地形，在一年中大地泥泞的时节里，坦克贸然脱离道路行驶很容易引发淤陷事故，进而导致车辆损毁。实际上，坦克淤陷的罪魁在于通过泥地时操纵不当，而非单位压力。车辆在烂泥地上行驶，如果操作过猛、机动幅度过大，极易导致陷车或履带甩脱。

---

[1] 这种情况在1941年10月8—10日间姆岑斯克的战斗中便有体现，另外，坦克第4旅在莫斯科外围的战斗中也遭遇过类似的情形——其间，苏军都选择了极为泥泞的道路，令T-34几乎淹没在了泥潭里。

[2] 德国坦克的接地压强还没有绝对可靠的数据：其中四号坦克F型的全重为22.3吨，接地压强为0.88千克/平方厘米；G型全重为23.6吨、接地压强为0.93千克/平方厘米；H型和后来的J型重量为25吨，接地压强接近1千克，而在没有安装侧裙甲的情况下，它们的重量会下降到大约24吨，接地压强可能也会减小到0.95千克/平方厘米。根据同理可以推断，全重25吨、采用400毫米宽履带的四号70型坦克歼击车接地压强可能也在1千克/平方厘米左右，而非一般文献中提到的0.9千克/平方厘米（此数据可能是卸除侧裙板和发动机舱护板后的数据）。另外，在相关文献中，也经常宣称四号坦克H型/J型的接地压强为0.87—0.89千克/平方厘米，但这对应的可能是搭载一种新型宽幅履带——即宽度为430—450毫米的"2型东线履带"（Ostketten II）——时的情况。但这种履带大多用于东线战场，在1944年夏天之后的西线战事中极为罕见。

实战中，有些T-34能顺利通过泥地而有些就不行，有些坦克通过了一处泥地而不远处的队友却被陷住，这都很正常，毕竟战场不是台球桌。

T-34的主要武器性能也无法满足需求，这一点苏军早在1940年就已发现。性能低劣的L-11型短管火炮此处略过不表，即便是颇受赞誉的F-34型火炮，其绝对优势也只有短暂的一年半时间，在1943年之后，T-34克制对手的火力优势便已荡然无存。下表给出了苏制F-34型76.2毫米口径坦克炮、美制M3型75毫米口径坦克炮和德制KwK 40型75毫米口径坦克炮的性能比较，作为参照，也列出了KwK 37型短身管75毫米口径坦克炮的参数。

国籍	苏联	美国	德国	
型号	F-34	M3	KwK 40	KwK 37
口径	76.2毫米	75.0毫米	75.0毫米	75.0毫米
身管倍径	41.2	37.5	43.0	24.0
身管长度	3169毫米	2810毫米	3218毫米	1765毫米
炮口初速	680米/秒	618米/秒	740米/秒	450米/秒
俯仰角（度）	−5/+28	−10/+25	−10/+20	−8/+20
射程	11200米	10000米	7700米	约6500米
全重	1155千克	405千克	472千克	约350千克
穿甲能力（1000米/水平倾斜角60度）	50毫米	60毫米	82毫米	约23毫米[1]
最大有效射程[2]	800米	700米	800米	400米

在其中，由于冶金和弹药技术上的不足，苏联火炮的穿甲威力相对不佳。直到1942年年初，F-34型火炮仍主要配备单一型号的反坦克弹药，即UBR-354A型穿甲弹。其BR-350A弹丸带有金属风帽和弹底装药，属于当时较为常见的"穿甲榴弹"构型。这种弹丸的毁伤机理很简单，弹体穿透装甲板后，引信引爆弹底装药，在目标内部造成更大破坏。但苏联战时钢材质量的下滑，直接导致穿甲弹体的性能下降，当弹丸击中德国坦克的表面硬化装甲板（表层布氏硬度达480—560）后，弹体会提前破碎，弹底装药在未穿透的情况下被引爆，对敌坦克无法造成有效破坏。针对这种情况，苏联在1941年年底到1942年年初配备了BR-350B弹丸，头部材质硬度更大，从而改善了对表面硬化装甲板的侵彻力。

火炮身管也同样受钢材质量下滑所困，开战后的炮管质量不及1941年上半年的产品，导致身管寿命和射击精度恶化。

安装F-34型火炮的炮塔由电动机驱动，可在10—14秒内旋转360度[3]，但炮塔驱动电机总体质量不佳。相比之下，四号坦克的炮塔由液压驱动，可在26秒内旋转360度[4]，"谢尔曼"坦克的炮塔全向旋转的耗时为15秒。

F-34型火炮在1000米距离上对静止目标的首发命中率为50%，德制KwK 37型短管火炮在同等条件

---

① 使用Hl.Gr. 38B型破甲弹时为75毫米，使用Hl.Gr. 38C型破甲弹时为100毫米。
② 最大有效射程指的是能保证对一块2.5米高、3米宽的靶标有效命中的射程，其中KwK 40和M3坦克炮的最大有效射程是针对2×2.5米靶板的数据。
③ 目前尚不清楚这一数据对应的是哪一种电池或炮塔，或者只是对各种型号转动时长的一个大概估值。
④ 几乎可以确定的是，26秒指的是从静止状态下起步时，炮塔转动一周所需的时间。如果电机已经运转起来，四号炮塔只需14—16秒即可旋转一周。

◀ ▲ 这两张照片展示的都是在1943/1944年时被德军击中并瘫痪在路旁的 T-34。其中下图中的坦克由112厂生产，拥有扁平版炮塔，战术编号为"11"，并且安装了无线电台。至于上图中前景处的坦克同样非常有趣：其车体正面、火焰喷射器附近安装了附加装甲，长方形的附加油箱位于后方，而且这辆坦克还安装了带车长指挥塔的软边型炮塔。

下的命中率为73%。[①]虽然KwK 37性能平平，但仍比F-34更准确，T-34-76的主炮弹药基数为77发（后来增至100发），四号E/F型为80发，M4为97发。

　　经过1943年的一系列技术改造，T-34-85终于登场，其最大的特点在于更大更强的主炮。文献资料称，T-34-85的机动性能与此前的型号一致。但T-34-85的重量增加了4.5吨，从车辆行程数据上就能看

---

　　① 几乎可以肯定，这一数据指的是靶场实测的预估命中率。至于德国坦克炮的理论命中率可以达到98%，而苏联坦克炮的命中率数据可能偏高，因为其目标是一款3×2.5米的标准靶板，而德国使用的靶板尺寸为2.5×2米。

◀ ▲ 上图和左图拍摄于1944年夏季解放巴尔干的行动期间。其所属部队的战术识别标志是方块内的数字“7”。另一个标记则代表了该车在所属部队中的编号。上图中的T-34-76（112厂生产）安装了硬边型的六角形炮塔，并配有车长指挥塔和2具潜望镜。另外，在炮塔侧后方还可以隐约看到该车的战术编号——“53”。左图中的T-34-85是183工厂的产品，炮塔侧前方有战术编号“27”。至于后方的数字尚不清楚，只知道其末位是“7”。

出重量增大给机动性带来的影响。T-34-85载油量达570—580升[1]，比1941年型T-34-76多出约110升，行程却维持在相同的水平。公路最大行程300公里，土路最大行程250公里[2]，越野最大行程160—180公里[3]。单位压力从0.62千克/平方厘米上升至0.85千克/平方厘米。作为比较，M4（76）型坦克的单位压力为1.0千克/平方厘米，在换装HVSS水平螺旋弹簧悬挂系统和宽幅履带后，这一数据则下降到了0.77千克/平方厘米。

T-34-85被普遍认为是一种非常出色的坦克，实战表现良好、故障率很低。但实际上，只有战后生产或翻新过、拥有高质量动力-传动系统的车辆才对得起这样的评价，许多战时仓促生产的车辆根本没有如此优异的可靠性。

装甲防护的情况也一样，质量不佳的装甲使坦克被敌火力击中时更容易损伤。德制75—88毫米长身管坦克炮均能击穿T-34-85的前装甲，理论上48倍径75毫米坦克炮只能在500米以内击穿T-34-85正面，但实际上，由于装甲质量低劣，甚至出现了在1000米左右的正常交战距离上击穿T-34-85正面的情况。相比T-34-76，T-34-85的唯一重大改进是85毫米火炮，这提升了与四号坦克对抗的效能，但遭遇"黑豹"等新式德国坦克时，性能不及英制17磅炮和美制76毫米炮的它依然力不从心。本页表格给出了基本数据对比。

国籍	苏联		美国	英国	德国	
型号	S-53	D-5	M1	17磅炮	KwK 40	KwK 42
口径	85毫米	85毫米	76毫米	76.2毫米	75毫米	75毫米
身管倍径	54.6	51.6	52	55.1	48	70
身管长度	4645毫米	4366毫米	3962毫米	4202毫米	3218毫米	5250毫米
炮口初速	792米/秒	792米/秒	1036米/秒	1204米/秒	990米/秒	1125米/秒
俯仰角（度）	−5/+25	0/+22	−10/+25	−5/+20	−10/+20	−8/+18
最大射程	12.9千米	12.7千米	12.千米	约12.8千米	7.7千米	12.7千米
全重	1150千克	1500千克	586千克	920千克	496千克	1084千克
穿甲能力（1000米/水平倾斜角60度）	85毫米	85毫米	135毫米	192毫米	89毫米	149毫米
最大有效射程	1000米	1000米	1200米	1300米	1200米	1300米

由于重量增加，T-34-85电驱动炮塔旋转360度的时间增加到17秒——这一数据快于"黑豹"，但不及M4（76）的15秒。

理论上，85毫米炮对1500米目标的首发命中率为63%，"黑豹"的70倍径75毫米炮在相同距离上的理论命中率为100%，实战命中率为72%。当然，美英苏三国的坦克炮实战命中率也都低于理论命中率。

1941—1942年的T-34-76较对手存在优势，但相比之下，到1944年，有所改进的T-34-85却无法

---

① 有些资料称T-34-85的载油量为550升，但其实际载油量往往会因生产批次和制造厂的不同存在一定的差异。

② 本数据来自T-34-85的操作手册，但在硬面公路行程为300公里的情况下，由于T-34-85的自重增加，它在土路上的最大行程必定不会高于1940年型T-34-76的数据，即210—220千米。另外，在内部油箱满时，1943—1944年生产的车辆在硬面公路上的最大行程大约为350千米。

③ 数据来自1944年德国对该型坦克进行的测试。

从容对敌，其战斗价值实际不升反降。从性能上看，T-34-76大致与四号F2型相当，T-34-85则大致与四号H型相当。但问题在于，苏德战争初期四号坦克数量并不多，到1944年时四号坦克在德军装甲部队中已占到四分之一，同时还有大量的"豹"式、"虎"式和"虎王"坦克，呈现出一定的重装化趋势。正因为德国中型以上坦克在装甲部队中的占比不断提高，T-34坦克乘员在战场上的生存概率才开始不断降低。

综上所述，我们可以认为，苏联始终缺乏与"黑豹"相当的中型坦克（比如T-43和T-44）。但问题并不在于苏联人没有此类坦克，而是T-34本身的改进程度有限。在把T-34和"谢尔曼"放在一起对比时，这一问题尤其明显。在战争结束时，美国最新的"谢尔曼"坦克（尽管这些新版本早在1943年便完成了设计[1]）较1941年时的版本有了青出于蓝的改变。其效果要远远胜于苏联人对T-34的改进。战时的苏联无法在兼顾坦克产量和质量的情况下持续提升其坦克技术水平，但美国人却成功做到了这一点。高质量的"谢尔曼"坦克被源源不断生产出来，与此同时，其装甲、武器、动力和悬挂等主要子系统都得到了不断改进。苏联的文献作者们坚称，T-34是二战期间唯一自始至终保持连续生产并且没有过时的坦克，为此莫洛佐夫和乌拉尔坦克厂的员工们做出了卓越的贡献[2]。虽然这种理论有悖于客观实际，但在今天却流传甚广。

---

[1] 装备新型76毫米炮的"谢尔曼"早在1943年夏天时便具备了量产条件，同样，HVSS悬挂也在同年秋天准备就绪。然而，分别到1944年年初和同年春天，美国方面才做出了为"谢尔曼"坦克列装这些改进的决定，1944年下半年，改进的"谢尔曼"才开始小批量地在战场上出现。

[2] 参见李斯特罗沃伊和索罗博丁合著的《工程师莫罗佐夫》（政治读物出版社，1983年出版）第75页。

第十七章
T-34 在波兰

T-34在波兰军队中出场的时间可谓相对较晚，直到1943年夏天（即7月初），它们才被正式交付给波兰第1坦克团，该团后来接受了扩编，成了富有传奇色彩的第1"维斯特布拉德英雄"（Heroes of the Westerplatte）坦克旅。所有交付给波兰部队的车辆均由112工厂生产，安装有扁平式炮塔。其中一些车辆的车体正面带有附加装甲，而且也许全部车辆都在后方加装了附加油箱。这些坦克由坦克团的上级单位——波兰第1步兵师——接收，一共32辆，全部是同年3月中旬至6月初新下线的。其中，有下列坦克在列宁诺（Lenino）的战斗中幸存，它们的序列号分别是：3030588、3030736、3040914、3040925、3051026、3051086、3051242、3051268、3051302、3051327、3051330、3051338、3051346、3051350、3051361、3051366、3051377、3051378、3051379、3051385、3051391、3051394、3060003和3060005。[①]。以最后一辆车为例，其编号中的3代表了生产年份，06代表了生产月份，0005则是该车当月下线的序列号，这些编号都被完整地印在了前车体两块装甲的连接梁上。至于其他8辆坦克的序列号目前依然不得而知，但可以推断，它们肯定和前面列举的坦克属于同一批产品。

该坦克团首次参加战斗是在1943年10月。当时，它们负责在列宁诺周边的战斗中为波兰第1步兵师提供支援。由于缺乏经验和技战术水平不足，整个行动以失败告终。其间，该团损失了7辆坦克，这些坦克大都被遗弃在了德军的阵地上，进而被彻底除籍。尽管当时有大约15辆波兰坦克突破了德军防线，但由于缺乏无线电设备，再加上苏军装甲战术自身的问题，其他波兰部队不仅未能及时配合行动，更没能抓住坦克部队创造的有利机会。

在列宁诺附近接受过战火洗礼后，波兰坦克手们便再也没有被苏军高层派往前线。1943年秋天，新的装备不断抵达，波兰人利用它们组建了第2坦克团，进而为第1坦克旅的诞生奠定了基础。这些坦克同样是112工厂的新产品，只不过安装的都是六边形炮塔，其中一部分还配备了车长指挥塔。它们的序列号为：0308722、0308741、0309757、0309767、0309778、0309794、0309798、0309800、0309801、0309802、0309804、0309805、0309807、0309808、0309809、0309811、0309812、0309813、0309814、0309815、0309816、0309817、0309818、0309820、0309821、0309822、0309824、0309825、0309826、0309829、0309833。

从上述序列号中，我们可以看到大部分车辆都是在9月生产的，在下线与移交给波军（10月22日）

---

① 上述波兰军队战时接收车辆的序列号实际来自J.马格努斯基（J. Magnuski）所著的《波兰人民军的战斗车辆，1943—1983》（波兰国防部出版社，1985年出版）。

◀ 波兰人民军的装甲部队起源于 1943 年 7 月 15 日的谢尔采（Seltsy）。在第 1 步兵师的宣誓仪式期间，贝尔林上校和旺达·瓦西列夫斯卡（Wanda Wasilewska）视察了这支部队。在照片中，他们正站在 1 辆 112 厂 1943 年春 / 夏季生产的 T-34 坦克前。

之间更是只间隔了1个月。

　　按照苏军的计划，在1944年的夏季战役中，他们将攻入波兰国土。在积极为此展开准备的同时，第1坦克团也逐渐从1943年秋季作战的创伤中恢复，同时还得到了一定的补充：1944年3月，该团从112工厂接收了一批安装六边形炮塔的坦克。这些坦克一共有14辆，其中有些是最新的、于2月下线的产品，其他则是接受过大修的老车。其中一部分车辆的序列号是4010017、4020504、4020506、4020513、4020516、4020526、4020529和4020794，至于其他车辆的序列号略短——这表明它们也许是183工厂的产品，编号也在大修时得到了保留。这部分车辆的编号是：30381、35121、35170、37124、31190和31124。另外，在给车体打序列号钢印时，183厂通常会省略掉其中的"0"（在1944年是如此），这给识别工作带来了巨大的混乱，导致一些车辆的编号难以确定。对于这些坦克上较短的序列号，我们似乎应当如此解读：第1个数字代表生产年份，第2个（也有可能是第3个）代表生产月份，最后4位数字代表了当月该车的下线序号。由此推断，上述车辆的完整序列号也许是：3030081 (?)、3110090、3050121、3050170和3070124。

　　这些坦克后来都在1944年8月时投入了马格努谢夫（Magnuszew）桥头堡的战斗——也正是在当地，波兰第1坦克旅首次接受了战火洗礼。战斗结束后，它们撤出了前线，并被派往了一处相对平静的区域，坦克兵们也得到了休整机会，并修理了各种武器装备。1945年1月中旬，该旅又参加了苏军在该月发动的攻势，这轮行动让苏联人抵达了奥得河（Oder）河畔。其间，波兰军队也在波美拉尼亚地区（Pomerania）卷入了血战。由于增援的抵达，该旅得以齐装满员地投入战斗，此时，其麾下共拥有64辆T-34和1辆T-70指挥坦克，不仅如此，他们的坦克也较过去更新：为补充之前的损失，该旅共接收了15辆崭新的T-34-85。这些车辆的序列号是：4080220、4080224、4080304、4080305、4090323、4090326、4090327、4090330、4090337、4090340、4090365、4090372、4090390、4090391和4090399。

　　这些坦克的接收日期是10月1日。从编号规则中可以判断，它们是112工厂的产品。

◀ ▲ 这两张照片反映了1943年7月在谢尔采举行的一次检阅仪式，其中的T-34-76由索尔莫沃工厂生产，并拥有该厂产品的显著特征。在第2张照片中的坦克上还可以看到附加装甲。

　　攻势发起时，第1坦克旅在华沙附近作战，其战区具体位于这座城市的南郊［即乌洛和（Wlochy）和皮亚斯图夫（Piastow）一带］。在当地，德军的抵抗非常轻微，解放波兰首都的战斗因此波澜不惊。从1月13日到19日，该旅甚至没有和敌人发生接触，更没有蒙受损失，这让全旅的士气极为高涨，尤其是在途经被解放的村镇期间，当地民众成群走上街头，欢迎波兰军队的到来。在乌洛和，该旅的指挥员写道："令人惊讶和感兴趣的是，民众都纷纷来观看这些漆黑、危险的坦克隆隆驶过——这些T-34是波兰1939年时没有装备过的，感谢苏联盟军，波兰军队现在拥有了这种坦克。"

　　在随后的行军中，局面可谓一如既往：德军继续逃窜，波军和苏军则穷追不舍。不难想见的事情很快发生了，坦克旅的补给状况开始恶化，虽然弹药还很充足，但燃料却愈发紧缺，令部队的战斗力略有受损。尽管该旅在攻势开始时获得了2个基数的燃料，但到1月18日时，其存量已经下降到1个基数，而且补充也很困难。由于携带了3天的口粮，部队还可以继续作战，但装备的状况却很糟糕。1月17日中午，该旅麾下有59辆T-34坦克，但到第二天晚上便下降到了53辆，其中7辆需要中修，另有4辆急需接受维护——从中可以看出，由于24小时的连续作战，其中车况最差的T-34已经到了不堪重负的地步，有6辆车除籍——相当于该旅"母装备"（Matczast）[①]的10%。几天后，该旅在部队日志中写道："那些1943年生产的、行驶了1500公里的老车，其表现果然不出所料。在行进200公里后，共有15辆坦克需要

---

① 报告的起草人在这里玩了一个文字游戏。"母装备"（Matczast）这个词由波兰语中的"materialnaja"和"czast"组合而来，指的是包括火炮、坦克但又不含枪械（步枪和机枪）在内的武器，同时这个词语也很像一种咒骂或者调侃。

▲ 这组照片摄于1943年10月波兰第1坦克团渡过沃尔河（Wol）期间。它们也很可能是在这样的状态下投入发生在列宁诺的战斗。

接受中期或短期的维护/修理①。"

　　当1月月底全旅的胜利进军接近尾声时，情况几乎没有变化。坦克手们没有遭遇有组织的抵抗，只有在遭遇了少数负隅顽抗的德军时，战斗才会打响。另外，在傍晚和深夜，还有小股德军钻出森林袭击苏联和波兰部队，这给他们的燃料运输带来了很大的麻烦。抵达穆霍夫（Muchow）之后，该旅在1月21日稍作休整。由于3辆修复的T-34在1月20—21日夜间抵达，该旅的实力重新上升到了47辆可动的坦克。其编成如下：第1营，16辆；第2营，17辆；第3营，12辆；旅部，2辆T-34外加1辆T-70。

　　利用战斗的间歇，第1旅立刻派遣卡车返回华沙，以便接运燃料、弹药和食物。在完成补给之后，坦克旅再次向德军发动进攻，并最终在行进间夺取了比得哥煦（Bydgoszcz）——这也是该旅参加的第一场大战斗。其麾下的摩托化步兵营是第一支进入城市的部队，第1坦克营紧随其后。其间，摩托化步兵营以3死6伤的代价俘获了一支德军卡车纵队，按照波军的战果报告，他们在这次战斗中抓获了40名俘

---

① 在平均15公里的行军时速下，一辆T-34发动机寿命的极限大约为100小时。这也表明二挡速度对坦克的破坏极大，尤其是在它们没有安装全新发动机时。

▲ 这张照片拍摄于1943—1944年冬季，其中的T-34-76正在行军的间歇稍事休息。该车由索尔莫沃工厂生产，炮塔上有一个不同寻常的识别标志。尽管该车曾被认为来自波兰第1坦克团，但实际情况仍存在争论。注意车体侧面的弹药箱和后方的方形附加油箱。

房，并击毙了45-50名德军，至于坦克手们则摧毁了6辆军车和3门火炮，并打死了约20名敌人。但在1月24—25日夜间肃清城市的战斗中，坦克旅也蒙受了第一批损失：其中，319号车在被一颗反坦克手雷命中后烧毁报废，313号车则被"铁拳"反坦克火箭击中受损。

由于缺乏燃料，在夺取比得哥煦之后，第1坦克旅不得不停止前进。虽然在1月26日，一支运输纵队被送往伦贝托夫（Rembertow）运载汽油和柴油，但因为缺油，该旅的高射机枪连只能留在后方暂时停止行动。1月30日，出于相同的原因，旅部又抛下了唯一的T-70坦克。同一天，全旅抵达了大鲁陶（Grosslutau）[1]——截至此时，他们的行军里程已达到500公里，各部的装备保有情况如下：第1营，19辆坦克；第2营，16辆坦克，第3营，10辆坦克；旅部，2辆坦克。

随着战斗告一段落，在等待后续命令期间，旅部也对1月份的战斗进行了总结。其间，该旅一共摧毁了超过50辆军车、40辆马车和6门火炮，并击毙了超过150名敌人，同时，他们俘获了112名德军士兵，并解救了80名英国和法国战俘。坦克旅的作战损失为2辆坦克，另有11人受伤、4人阵亡。对于这一表现，旅长马卢京（Malutin）[2]上校感到非常自豪。他这样写道："在作战行动中，全旅上下士气高涨。所有士兵斗志昂扬，都渴望投入到为亲人复仇的战斗中。"

直到2月和3月，该旅进入波美拉尼亚和格丁尼亚（Gdynia）地区之后，真正的考验才开始降临。在

----

[1] 即今天波兰的波兰的卢托沃（Lutowo）。

[2] 亚历山大·马卢京（1907-？），他1929年参加苏军，早年曾在独立步兵第120旅服役，后来成为坦克第213旅参谋长，1944年调入波兰第1坦克旅，并在9月短暂担任过旅长一职，1944年10月16日，他成为正式的旅长，并指挥这支部队一直到战争结束。

当地的战斗中，该旅几乎损失了全部坦克，战斗的惨烈程度也可以从其消耗的弹药中略见一斑：在1945年冬春之交（即1月14日至3月18日）的作战行动中，该旅麾下的T-34-76和T-34-85各平均发射了120发76毫米和165发85毫米炮弹。

为了恢复坦克旅的实力，围攻三联市（Tri-City）——即格但斯克（Gdansk）、格丁尼亚和索波特（Sopot）——的苏军指挥部决定向马卢京上校调拨25辆从国内新抵达的T-34-85，一并转交的还有这些坦克的驾驶车组。其中部分车辆的序列号是：407605、411094、411517、412164、412202、412274、0315010①、0412174、4020527、4070945、4120292、4120309、4120368、4120370、4120387、4121151、4121266、4121536、4121714。

这些车辆在移交波军时都有文件作为佐证，因此上述编号都是确定无疑的。

直到1945年4月中旬，第1坦克旅都是波军中唯一一支身处前线的装甲部队，直到在此时该旅夺取了三联市之后，其他的装甲部队才陆续投入前线。扩编波兰装甲部队的想法直到1944年春天才启动，此时，各界已经清楚地意识到，苏联军队跨过国界已是大势所趋，这将为大规模扩充波兰军队创造条件。

按照波兰和苏联政府的协定，这支军队中应当包含一部分装甲部队。其中的大部分后来都被编入了波兰第1坦克军——在未来，该军将作为波兰第2集团军的一部分投入前线。波兰第1坦克军的编制完全参照了苏联人的做法，其核心是3个新成立的坦克旅，不过，对于这些部队，波兰方面却无法提供足够的骨干（该军麾下的其他技术单位情况也类似）。有鉴于此，苏波双方达成协议，苏联将提供装备和核心人员，至于波兰人将提供征募来的普通兵员。虽然按照计划，其中的苏联军官将逐渐被波兰人取代，但实际情况更为复杂，很多苏联人直到20世纪40年代末期仍被安插在指挥岗位上，令这些部队只在名义上隶属于波兰。

同样，这些旅在作战中也要完全听从苏军的指挥。每个单位的骨干军官都是苏联人，而且装备的是苏联坦克。几乎所有坦克手都在苏军的第29和第31训练坦克团接受过标准流程的训练，还有一部分人的操作经验是在波兰第3训练坦克团（该团基本和作战单位同时组建）获得的。在这些部队中，波兰人是普通士兵，而且正如其中一支部队在日志中详细记录的那样，他们都征召自"波兰本土、白俄罗斯西部和乌克兰西部"。而且和波兰军队中其他部队的情况一样，只有随军神父才完全由波兰人组成，他们和苏军的政治军官一样都负责鼓舞部队的士气、激发他们的斗志。

在这些部队中，最早成军的是第2坦克旅。早在1944年5月26日，苏军便下达了组建指令，但由于某种难以解释的原因，相关工作直到同年8月1日才在别尔季切夫（Berdichev）附近正式开始——当时，这座城市也是苏军麾下波兰部队的训练中心。8月23日，该旅的核心单位被调往海乌姆（Chelm）——即波兰军队司令部为各个部队设置的训练中心所在地。到8月19日，第2旅麾下的士兵已经达到了582人，但其中只有6人是士官。当时的一份报告还写道："组建期间最大的问题，是全旅没有食品和被服库存。另外，由于人员大多来自农民，他们对军事知识的掌握程度也极为有限。"在这年秋天②，第2旅和其他

---

① 这一序号明显记录有误。

② 根据J.马格努斯基的说法，该旅首次接收T-34教练车是在10月［按照此人所著的《波兰人民军的战斗车辆，1943—1983》第99页所述，其具体时间在当月11日至17日之间］；但第4坦克旅的相关文件却提到，其接收教练车是在9月（日期则和马格努斯基所述的日期相同）——其具体情况可见本书后续内容。

2个坦克旅一道收到了首批训练用的T-34-85，它们都是9月刚从112工厂下线的产品。其间，该军接收的坦克序列号是：4090341、4090387、4090392和4090394。

　　直到1945年1月底，第2旅的训练和整合工作才正式完成。1月28日时，这支部队已经齐装满员，并且进入了战备状态。当然，这种"战备状态"只是相对意义上的，它也可以通过1月25日该旅组建完成时的一组统计得到充分的体现：当时，第2坦克旅麾下共有211名军官（相当于额定编制数的80%）、1203名士官和普通士兵（相当于额定编制的85%），65辆坦克（全部是作战车辆，之前的训练车仍在部队中充当教具）、6辆M-17型自行高射机枪（以M3半履带装甲车为底盘）、71辆卡车、3辆"布伦"装甲运输车（MK-1型）、14辆摩托车、4门57毫米反坦克炮和6门迫击炮。

　　在该旅的坦克中，183厂产品的序列号如下：

　　41272、412375、412491、412633、412635、412664、412671、412675、412683、412688、412705、412716、412721、412728、412734、412735、412737、412744、412748、412756、412760、412762、412764、412767。

　　112厂产品的序列号如下：

　　4111696、4120311、4120317、4120321、4120324、4120328、4120329、4120356、4120363、4120377、4120381、4120382、4120389、4120396、4120398、4120399、4120400、4120405、4120417、4120462、4120500、4120512、4120524、4120529、4120548、4120553、4120554、4120559、4120561、4120572、4120574、4120575、4120576、4120577、4120578、4120581、4120582、4120583、4120564、4120587。

▲ 这两张照片中正在补充弹药的T-34-76来自波兰第1坦克旅。其中第1张照片中的车辆由112厂生产，而第2张照片中的坦克则使用了斯大林格勒工厂的炮塔和183厂的车体。值得注意的是第1张照片中鹰徽涂绘在炮塔左侧的方式：在原先的油漆上涂出一块暗色区块，然后再涂上鹰徽。

　　在1945年2月，和所有隶属于波兰第1坦克军的部队一样，第2旅也被调往今天的德波边界附近。尽管苏联空军已经掌握了制空权（至少是在理论上），但波兰部队却频频遭到德国空军的袭击。但对波兰

▲ 1944年夏天，第1坦克旅的T-34在波兰的土地上行军。

人来说幸运的是，由于德军战机数量有限，这些攻击都未能造成很大损失。其间，该旅的机动距离达到了1400千米，其中，有350公里是坦克在履带行军状态下完成的。

按照一些波兰方面的资料，在攻势的最后准备阶段，第2旅得到了第26、第27自行火炮团、2个苏军SU-122自行火炮连[①]以及各1个连的工兵和搭载步兵。在进攻中，该旅将和波兰第1摩托化步兵旅以及苏军的近卫机械化第7军[②]联合行动。该旅的旅长是维耶斯科维茨（Wierszkowicz）[③]上校，各营的营长分别是迭格拉乔夫少校（Diergaczow，第1营）、比拉耶夫少校（Bilajew，第2营）和齐兹尼亚克上尉（Chizniak，第3营）。

第3和第4坦克旅的历史与之相近。其中，第3旅在1945年2月3日接到了奔赴集结区的指令，在朝奥得—尼斯河的德军防线开去期间，该旅同样遭到了德国空军的"关注"。其中一部运输列车曾在厄尔斯（Ols）[④]火车站东南15公里处遭遇轰炸，导致18名士兵伤亡、4部车辆（其中包括一部M-17自行高射机枪）受损。4月14日，该旅和配属的单位（即波兰第25自行火炮团和第26高炮团的1个M-17防空装甲车连）进入了攻击发起区域——即距离哈默海瑟（Hammerheiser）1.5公里的一片区域。在当地，他们被编入了波兰第1坦克军的预备队，任务是穿过第4坦克旅打开的缺口，一举穿透敌军的战线。

---

① 由于大部分SU-122已在1945年时退役，这一描述无疑存在疑点。虽然作为该军的友邻部队，苏联近卫机械化第7军下属的自行火炮第1820团确实有5辆SU-122，但还不清楚这些车辆是否被配属给了波兰第2坦克旅，或者仅仅是资料的记录者搞错了车型。

② 另外需要指出的是，该军和波兰第1摩托化步兵旅及第2坦克旅一道，都属于乌克兰第1方面军最南翼的预备队。

③ 此人是苏联人，实际姓名是斯捷潘·维施科维奇（Stepan Vershkovich，1900-?），他是苏联坦克部队的早期成员，战前主要在远东服役。1941年战争爆发后，他先后在坦克第17师担任过团长和师参谋长，1942年底被任命为坦克第19军参谋长，负责该军的组建。1943年年末成为近卫坦克第9旅旅长，一年后被调任波兰第2坦克旅，指挥该旅直到战争结束，最终以上校军衔退役。

④ 即今天波兰的奥莱希尼察（Oleśnica）。

当时，第3坦克旅所辖车辆的序列号是——

183厂生产：

411565、412317、412368、412605、412606、412666、412685、412687、412706、412707、412713、412715、412725、412729、412731、412733、412747、412753、412757、412759、412761、412763、412765、412769、412770、412783、412788、412807、412820、412828。

112厂生产：

4120101、4120104、4120107、4120116、4120269、4120284、4120333、4120347、4120352、4120367、4120369、4120385、4120387、4120395、4120402、4120410、4120414、4120419、4120420、4120421、4120424、4120435、4120767、4121010、4121103、4121105、4121318、4121403、4121413、4121423、4121426、4121431、4121432、4121499、4121808。

至于第4坦克旅则于1944年8月2日组建于别尔季切夫附近的奥西科夫（Osikow）村，就在第二天，其指挥官扬·韦列什察金（Jan Wereszczagin）[1]中校便来到此地上任了。另外，早在8月8日，该旅已经收到了3辆"布伦"MK-1型装甲车和1辆轿车；8月22日，全旅的人数也达到了大约300人。在这些成员中，就包括了3位营长，他们是米哈伊科夫上尉（Michalkow，第1营）、莱伊科夫少校（Rykow，第2营）和谢罗夫少校（第3营），这些指挥官均在8月10日前到位。最初，他们几乎没有事情可做，于是，这个波兰坦克旅的骨干们便抽出时间学习了波兰语。

8月22日，该旅奉命开赴海乌姆附近的扎瓦杜夫卡（Zawad 6 wka），并在8月24日抵达。随后，该旅立刻安营扎寨，并开始接收用于训练的各种车辆和武器。由于其过程很具有代表性，因此，我们有必要稍作详述，不仅如此，我们也可以借此对苏军部队的组建经历有一个大致的了解。其大致情况如下：

9月7日，1辆ZIS-5卡车抵达；

9月11日，2辆T-34-85训练车抵达；

9月17日，1辆T-34-85训练车抵达；

9月18日，1辆T-34-85训练车抵达；

9月19日，1辆训练用的道奇3/4吨（Dodge 3/4）卡车抵达；

9月21日，1辆训练用的道奇3/4吨卡车抵达；

10月5日，1辆威利斯（Willis）吉普车抵达；

1月18日，10辆斯图贝克（Studebaker）卡车抵达；

1月28日，30辆T-38-85抵达；

1月29日，5辆T-34-85抵达；

1月30日，30辆T-38-85抵达；

2月1日，4辆ZIS-5卡车抵达；

2月2日，8辆ZIS-5卡车、2辆GAZ-AA卡车、1辆救护车和1辆道奇3/4吨卡车抵达；

---

① 此人同样是苏联人，实际姓名是伊万·韦列什察金，他在1944年10月25日从旅长岗位上卸任，又在1945年4月17日第4旅旅长斯图平（Stupin）负伤后重新接过了指挥官职务。

2月3日，8辆ZIS-5卡车抵达；

2月4日，8辆ZIS-5卡车抵达。

不幸的是，对于上述装备的分配，以及4辆T-34-85训练车的来历和下落，我们仍然缺乏详细的资料[①]。不过，它们没有改变一个事实，即这些训练车后来并没有被纳入任何一个坦克旅的编制，至少在1945年夏天之前是如此，另外，也没有任何装备清单或是任何作战部队的编制表中曾提到过这些车辆。由于这些坦克仅被用于训练，出现类似的情况其实也不难理解，另外需要指出的是，这些首批抵达的T-34-85实际是全新的，它们安装了新出厂的发动机，而且运转状况也相当良好。

10月25日，斯图平（Stupin）[②]中校接管了第4坦克旅。在他严厉的目光注视下，全旅马不停蹄地开始了训练，直到1月才告一段落。最初，各方认为其训练已经达标，但许多实车操作科目都未能开展，而在随后的2月4日，由于该旅接到命令开赴拉杜茨（Raducz），后续的补充训练更是无果而终。结果，在行军途中，很多成员都被证明缺乏必要的坦克驾驶知识（事实上，直到1月26日—28日期间，该旅才从一支苏联部队手中接收了65辆T-34-85坦克）。于是，在抵达当地后，该旅又额外耗费了3周的时间继续训练。2月22日，该部接到另一条命令，要求其开往第1坦克军的集结地（当时，该军正在准备柏林战役）。为此，该旅先是抵达了波兹南（Poznan）附近的内克尔（Nekl）[③]，随后从当地沿公路长途行军180公里前往格拉索（Glasow）[④]。但按照该旅日志的描述，由于2月时驾驶员在训练中收获有限，整个行军从一开始就被愁云惨雾笼罩。部队的行军速度（约20千米/小时）导致了许多问题：经常有坦克冲下公路，并在军官们幸灾乐祸的注视下撞向一棵大树。[⑤]在行军途中，该旅还遭遇了另一场意外：在佐尔丁（Zoldin）-皮特里茨（Pitric）地区，大约16时，有7架德军的Fw-190战机攻击了其行军队列。尽管德军战机没有遭遇任何抵抗（当时该旅没有任何空中支援，也没有得到麾下防空部队的保护），但幸运的是，它们还是没能命中运动中的坦克纵队。

稍后，在西里西亚的奥莱西尼察（Olesnica Slaska）扎营期间，该旅在4月1日和2日庆祝了复活节。虽然全旅的士兵依然虔诚地信奉着天主教，但在旅长给上级的报告中仍然提到："部队的政治教育水平令人满意。"[⑥]虽然大家都知道神父在节日中的角色，但不幸的是，此时政治军官们的工作依旧是一个谜。另外，坦克军的指挥官约瑟夫·季姆巴尔（Jozef Kimbar）[⑦]将军也于此期间访问了这支部队。将军后来回忆道："尽管第4坦克旅组建得最晚，但论组织、纪律、作战训练和执行基本任务的能力，它在全军中都是第一流的。"不清楚将军这么说是因为某种特殊的感情影响了他的判断，或者只是为了在战前鼓舞士气，有一点是毫无疑问的：这支连驾驶员都无法熟练操纵坦克的部队，居然荒唐地成了全军的典范——这为它后来的命运打上了一个悲剧性的标签。

---

① J.马格努斯基在著作的第99页宣称，这四辆训练车后来被均分给了两个坦克旅。
② 此人的实际姓名是帕维尔·斯图平（Pawel Stupin），后来在1945年4月的战斗中因空袭负重伤。
③ 即今天波兰的内克拉（Nekla），当地在波兹南以东。
④ 即今天波兰的格瓦祖夫（Glazów）。
⑤ 从文件的上下文看，这些缺乏经验的驾驶员根本无法有效操作坦克，其中还出现过这样一段话："T-34径直前进，甚至连操纵杆都不需要多作摆弄了。"
⑥ 参见该旅在3月2日的报告。
⑦ 约瑟夫·季姆巴尔（1905—1974），生于乌克兰地区，1921年加入红军，二战爆发时担任坦克第26师参谋长，1943年5月—1944年5月间担任萨拉托夫坦克兵学校校长，并在1943年12月晋升为少将军衔。1944年9月，他被任命为波兰第1坦克军司令，并率领该军参加了在德国东南部和捷克境内的作战行动，1946年回国，1961年以中将军衔退休，1974年在列宁格勒去世。

◀ ▲ 这组照片反映了1944
年8月第1坦克旅横渡维斯
图拉河、开入马格努谢夫头堡
时的景象。这张照片中的这辆
T-34是在1943年秋天交付
的，生产者是112厂。这辆
坦克（编号235）安装了带车
长指挥塔的六边形炮塔，后方
有样式较扁的附加油箱。

▲ 这些 T-34 较为老旧，安装了扁平型炮塔。

◀ 这里展示了 1944 年夏天时的第 1 坦克旅旅长座车，可能摄于斯图齐安济（Studzianki）附近的战斗期间。当然，这张照片和许多照片一样，也有在战斗后摆拍的可能性。

　　尽管官兵技战术水平低下，第4坦克旅仍被判定完全具备了作战能力。在3月3日，该旅麾下共拥有1317名官兵、65辆T-34-85坦克、9辆"装甲车"（包括装甲侦察车和装甲运兵车）[①]、71辆轿车和卡车，外加2辆摩托车。其中，作为该旅的"铁拳"、各坦克的序列号如下：

　　4122、47538、411348、412159、412199、412387、412392、412429、412452、412454、412519、412559、412586、412599、412601、412607、412618、412662、412674、4120680、412702、412718、412743、412745、412746、412749、412750、412751、412766、412774、412778、412782、412786、412787、412789、412790、412795、412796、412801、412802、412803、412804、412806、412808、412813、412817、412818、412825、412827、412831、412832、412833、412834、412835、412836、412837、412838、412839、412840、412841、412842、412843、412844、412874、412911[②]。

[①] 原文为"bronieviks"，即装甲车和装甲运兵车。按照推测，这九辆装甲车中应当包括3辆"布伦"机枪载车和6辆M-17半履带装甲防空车。
[②] J. 马格努斯基著作的第100页作4129611，但根据前面列举的编号，"6"似乎是个多打了的数字。

在同一时期、同一地点，该军的另一支尖子部队也在集结，它就是坦克第16旅。这是一支不折不扣的苏联单位，甚至从一开始，上级便从没有过将其划入波兰军队的打算。这也是为什么该旅的番号数字要比其他部队更高，同时还保留了荣誉称号——"德诺-武日采"（Dnow-Luzyc）红旗坦克旅。

早在1944年10月，上级便下达了将该旅编入波兰第1坦克军的决心，但具体的原因尚不明确。在当年年底、在后方完成重组之后（从前线撤下时，该旅只剩下了残部），该旅最终于1月底至2月初在华沙附近恢复到了可以投入作战的状态。其间，他们接收了新坦克和新成员，其中后者几乎是驾着T-34直接从工厂抵达的，至于车辆序列号则如下所示——

183厂生产：

412354、412531、412612、412741、412754、412772、412773、412805、412810（或840）、412846、412848、412850、412851、412852、412854、412855、412857、412858、412859、412860、412861、412864、412865、412866、412871、412875、412876、412877、412890、412891、412895、412897、412901、412905、412906、412910、412911、412912、412917、412932、412937。

112厂生产：

4120530、4120535、4120600、4120625、4120627、4120630、4120631、4120633、4120636、4120638、4120640、4120642、4120643、4120645、4120646、4120647、4120649、4120650、4120659（或654）。

在各坦克旅接收装备的同时，该军麾下的第2摩托车营也收到了10辆T-34（序列号为412285、412369、412615、412693、412758、412809、412815、412819、412821和412830，它们均由183厂生产）。另外，军直属的另一支部队——即第6通信营也获得了5辆坦克（序列号为4110131、4120418、4120501、4120516和4120537，它们都是112厂的产品）。因此，在柏林战役前夜，该军总共装备了275辆坦克[①]。所有坦克都是安装了ZIS-S-53坦克炮的最新型号，磨损程度也极为有限。

尽管战争已近尾声，但波兰第1坦克军仍在柏林战役中付出了沉重代价。其间，他们不仅要执行希望渺茫的任务，还遭遇了难以想象的补给问题和战场考验。负隅顽抗的德军给波兰人制造了很多麻烦，还让他们付出了惨重的损失。

其中一个例子发生在第4坦克旅身上。4月17日清晨和中午，该旅在乌斯曼斯多夫（Uhsmannsdorf）卷入了激战，导致很长时间都无法前进，并因此付出了高昂损失。在该旅的伤亡者中，就包括了旅长帕维尔·斯图平中校。有趣的是，和该军的其他旅一样，这支部队也遭到了敌人空军的猛烈袭击。在这些天，德军战机频频在突破奥得河防线的波兰部队头顶盘旋，打乱他们的攻势和队形。对此，苏联空军和波兰防空部队都无可奈何。第4旅在日志中留下了这样的记录："敌方空军……持续不断地扫射，严重打乱了我旅的作战队列。"另外，4月17日当天，第3坦克旅也遭遇了3次空袭，而在4月24日，他们"试图包抄敌军、执行既定任务的行动也以失败告终。由于敌方空军的存在，坦克的作用无法施展"。虽然在这些天，地面战斗和空袭造成的直接损失不大〔比如在第一天，该旅只有2辆T-34被毁，

---

① 其中将坦克第16旅的车辆也算入了编制，另外，第1坦克军麾下还有63辆各种型号的自行火炮。

另有7辆受损，原因主要是在尼斯基（Niesky）附近的战斗〕，但部队依然能深刻体会到空袭带来的不利影响。

与此同时，在第1坦克军所在的萨克森地区，苏联—波兰军队的危机也开始降临。在这段时间，当地德军发起全线反击，夺回了交通枢纽魏斯瓦瑟（Weisswaser），并解救了包岑（Bautzen）要塞。由于战线被拉得太长，许多苏联—波兰单位被包围，并遭受重创。其中就包括了苏联的步兵第254师、第294师，近卫机械化第7军，以及波军的第5和第9步兵师。其间，波兰第5步兵师和苏军步兵第254师的师长阵亡，波兰第9步兵师师长和近卫机械化第7军副军长受伤被俘。坦克第16旅也有2个营在陷入包围后几近覆灭。

除德军的装甲部队外，地雷和携带"铁拳"的士兵也给坦克手们制造了极大威胁。利用这些武器，德军在零星的作战中不断给波兰部队制造麻烦。比如，在这一后续的阶段中，第3坦克旅在4月25日损失了6辆T-34坦克（另有1辆受伤），而在次日，又有4辆坦克被德军击毁（同样还有1辆受伤）。

随着增援抵达，波兰部队终于得以守住阵线。在随后几天里，他们开始向德军发起反击。当第1坦克军逼近易北河（Elbe）时，激战再次爆发——当时，他们试图切断一支德国部队的退路，并阻止平民大规模逃往西方盟军控制区。当

▲ 这三张照片展示了第1坦克旅的3辆T-34（112厂生产）1945年1月20日横渡布楚拉河（Bzura River）时的景象。其白色战术编号为标准样式，另外就像第一张照片中的210号车一样，该编号可能也在其他车辆的前装甲上出现。另外注意早期型（"扁平型"）炮塔顶部的波兰小旗。

时的局面也在季姆巴尔将军签署的一份命令中有所反映："该旅（即第2坦克旅）应不惜一切代价，设法在当日结束前抵达易北河畔的巴特尚道（Bad-Schandau）。"1945年5月8日，第4坦克旅夺取诺伊施塔特（Neustadt）附近乌尔伯斯多夫（Ulberzdorf）的行动更是充当了这些战斗的缩影——他们在当晚被德军死死挡住，直到停战前都无法前进一步。同样，第2坦克旅也遭遇了类似的情况，"随着部队靠近易北河，敌人的抵抗也变得愈发激烈"。由于第2旅的行动，第3坦克旅在诺伊施塔特附近取得了有限的成功，围绕该镇本身的战斗持续了2个小时。其间，该旅慢慢地"瓦解了敌军的顽强抵抗"（这些敌军既包括了德军，也包括了弗拉索夫旗下的伪军单位）。

至于突破行动本身，则是以一种非常简单直接的方式实现的。在占领理想的出发阵地之后，第2坦

▲ 这辆 112 厂生产的 T-34（注意靠近车体中部的圆筒形油箱）安装了一门斯大林格勒工厂生产的主炮，车身上站着来自苏联和波兰军队的代表。

▲ 来自波兰第 1 坦克旅第 1 营的坦克，摄于该部队在波美拉尼亚防线（Pomeranian Wall）和波罗的海沿岸的战斗期间，它也是该部在 1943 年 1 月第一批收到的车辆。战术编号"123"表明它是第 1 营第 2 连的 3 号车。

◀ 尽管有人认为 T-34 可以穿过一切地形，但情况并非如此，在这张照片中，波兰第 1 坦克旅的122 号车正被拖曳着穿过一片烂泥地。

◀ 1945 年，在普拉加（Praga，当地是华沙的一个郊区）的阅兵式上，人们拍摄到了波兰第 1 坦克旅获得的最新装备。这辆坦克由 112 厂生产，特点是安装在 T-34-76 标准车体上的"大型版"炮塔。在 1944 年夏末，有部分批次的 T-34-76 车体被调往了 T-34-85 的生产线。

▲ 在同一次阅兵式出现的、另一辆第1坦克旅接收的新装备。炮塔表明该车由183厂生产，但档案中的序列号显示，他们收到的全部是112厂的产品。这些坦克下线于8月和9月，并在1944年10月1日交付波兰军队。

克旅第1营突然发动进攻，一举撕开了德军防线："坦克的精确火力，令在狭窄山路上行军的德军纵队惊慌失措，混乱和恐慌随之爆发，敌军步兵开始逃窜……"之后，第2坦克旅的一个分队进行了一次非常成功的袭击，夺取了德军据守的渡口。在行动中，他们表现得极为坚决，尽管德军多次反击，但他们仍然坚守着东部桥头堡，直到该旅的主力部队赶来。尽管战争已近结束、德军在渡口的退路已被切断，但和坦克军麾下的其他部队不同，第2坦克旅仍然在巴特尚道附近与敌军爆发了激战。在这场该旅在德国的最后一次战斗中，坦克手们宣称在城镇的街道上摧毁了3辆突击炮、5辆坦克和4部车载式高炮。5月9日至11日间，第1坦克军开往捷克；比如，第4坦克旅便在5月12日当天，以"长驱直入"的方式进入了捷克斯洛伐克。其间，并没有爆发战斗，坦克手们只是围捕了不计其数的德军纵队，并将其全部缴械。

1945年4—5月的苦战，也让波兰军队付出了巨大损失。其间，第2坦克旅损失了43辆T-34和370名官兵，其中有104人阵亡。第3旅有34辆T-34和2辆M-17防空装甲车全损，另有10辆T-34受伤，全旅的伤亡和失踪者共计312人。第4旅有36辆T-34和2辆装甲车（1辆M-17和1辆"布伦"MK-1）全损，另外还损失了397名官兵。为了胜利，作为坦克军核心的3个旅一共损失了113辆坦克和1079名士兵，至于整个坦克军一共有119辆坦克和24辆自行火炮全损，451名官兵（其中军官77名）阵亡、1080名官兵（其中军官182名）受伤。其中坦克第16旅的损失最为高昂。该部被德军包围，并遭遇了坚定的反击。其间，该旅发射了5320发高爆弹、2500发穿甲弹和325发次口径弹药——相当于120个火力基数，最终共有45辆T-34-85除籍。而且值得注意的是，这一数据并没有被列入坦克军的损失统计（参见前文中列举的数字），这也间接地表明了该旅的特殊地位。总之，在战斗中，该军的全损车辆占到了初始装甲实力的60%。[1]

不过，胜利却抵偿了损失。在对德国的最后进攻（4月16日—5月9日）中，波兰第1坦克军一共摧毁了178辆坦克和突击炮，外加123辆装甲运兵车和近450辆卡车，另外击毙了大约9000名敌军。同时，它麾下的各个部队还俘获了3800人、11辆坦克、30辆装甲运兵车、24辆牵引车和450辆卡车。具体到装备T-34的各旅上，其战果统计可见下列表格。

番号	第 2 坦克旅	第 3 坦克旅	第 4 坦克旅	总计
坦克	56	57[2]	15	128
突击炮[3]	34		9	43
超轻型坦克			2	2
装甲车	82	64	9	155
火炮	243	115	56	414
卡车	?	491[4]	103	约700
牵引车	152	24		176
毙敌数	?	3613[5]	2570	约8000
俘敌数	?	2278	100	约3000

当然，T-34不只服役于波兰军队的一线单位。1944年10月，根据波兰民族解放委员会的第3020010号决议[6]，波军于10月3日在卢布林地区的海乌姆成立了第1坦克学校。由于波兰军队的大部分单位都

◀ 在 1945 年春天位于三联市（即格但斯克、格丁尼亚和索波特）附近的战斗中，一个车组正在亲手为这辆 T-34-85 涂绘战术编号——"215"。

---

[1] 整个波兰第2集团军还损失了40辆重型坦克和自行火炮（其中第9步兵师的SU-76自行火炮连被全歼），另外还有143门反坦克炮和20门其他类型的身管火炮被击毁。

[2] 包含击毁和俘获的坦克和突击炮，这一点也适用于本列的其他统计数据，其数字均代表了击毁和缴获的装备数量。

[3] 原文为"斐迪南"（Ferdinand）。

[4] 包括击毁车辆。

[5] 此处实际是该旅的毙伤敌军数，另外，该旅还在原始文件中对普通步兵和"铁拳"射手做了单独统计。

[6] 另一份文件中，这份决议的编号为302010，还有一份档案直接将其称为"主要决议"。

◀ 这辆T-34-85的编号是"217"，拍摄地点是格丁尼亚的盛夏大街（Swietojanska Street），并且正在向公墓的方向前进。注意车上手绘的战术编号。

▼ 这张纪念照片是在战争结束时拍摄的。在炮塔侧面可以清楚地看到波兰第1坦克军下属部队的识别标志以及战术编号——"2123"。

▲ 这辆T-34-85可能来自1945年春天（即德累斯顿战役期间）某支与波兰第2集团军合作的苏军部队。这辆坦克由112厂生产，炮塔侧面有一个战术识别标志。注意该车前装甲的托架上并没有任何备用履带。

▶ 这张照片中的坦克来自波兰第1坦克旅，拍摄时间是1945年战争结束后或1946年。该车由112工厂生产，战术编号为"3537"，上方还有一个白鹰徽章。编号表明该车来自第3营第1连（即全旅的第5个连）第3排，同时是全连的第7号车。

是在海乌姆地区组建的，因此，这座城市也成了新波兰军队当之无愧的摇篮和起源地。不过，第1坦克学校的建校历程却异常悲惨。来到这里的官兵们不仅饥寒交迫，也缺乏能提供指导的教官，于是，当地的教学活动只好暂时停止，官兵们则纷纷前往周围"征集"粮食填饱肚子，生火的木材只能从附近的树林中获取。

直到1944年11月19日，坦克学校的第一批装备——近卫坦克第11旅转交的35辆卡车才最终抵达。而到1945年开春之前，一些车辆和教学人员也陆续赶来。但即使如此，这个单位依然没有一所正规学校的样子，而更像是一个只能为下级军官教授小规模坦克战知识的草台班子。到1945年4月9日时，这所已更名为"装甲兵军官学校"（Armor Forces Officer School）的机构奉命迁往莫德林（Modlin），并在当地停留了超过2年。1947年夏天，该学校再次奉命搬迁到波兹南，其中最后一批搬迁车辆在8月25日离开，之后，该机构便一直留在当地，直到20世纪90年代中期的波兰军队改组期间。最初，该学校的学员中包括了234名苏联人和78名波兰人，其中波兰人的比例仅为25%，但在战争结束时，其学员的构成已经发生了巨大变化，其中有12名苏联人和91名波兰人，后者的比例达到了91.5%。由于战争结束，该学校很快从苏军手中接到了一笔近100辆[①]坦克组成的"馈赠"，其中包括了35辆T-34坦克和40辆"其他型号"，甚至有3辆T-60。到1945年6月20日，即学校的第4届毕业生走出校门时（其第1届学员毕业于1945年2月15日），该机构已经向波兰装甲部队提供了1382名军官。同时，该校的训练坦克数量也下降到了25辆，其中16辆是T-34。在战争期间接收的各种坦克中，有10辆可以确定序列号，它们是8978、19456、31297、41127、103119、306607、420815、420896、4010025和212567。

另一支装备T-34的非战斗单位是第3训练坦克团，它组建于1944年春天。早在1944年5月5日时，贝尔林（Berling）[②]将军便签署了组建本部队的第05/OU号命令，几天后，该部队收到了头一批T-34，到7月中旬，其麾下的T-34已经上升到了25辆，其中还包括了一辆112工厂生产的、安装D-5型火炮的T-34-85——这种车型可谓极为罕见。文件显示，该车的序列号是52209，毫无疑问是转抄时出现了错误（真实序列号可能是42209）。至于其他T-34的序列号为：3497、6188、07901、33426、33613、34186、34468、35101、35638、37718、121138、306422、401003、420937、421035、3020401、38190、210052、240221、304022、4010228、4020286、4020328、4020350。所有坦克都曾经在服役期中接受过大修，其中部分车辆还不只一次，承修方是第264维修基地（264th Rembaza）。这些坦克交付训练团的具体情况为：7月14日，首批8辆T-34从红军自行火炮、坦克和机械化兵训练中心（UCSA BT and VM KA）抵达；7月25日，另有17辆坦克抵达自维修基地；10月16日，波兰第1坦克旅也移交了4辆坦克。11月15日，该团将3辆坦克转交给装甲兵军官学校，另外，在1945年秋季，该部又向坦克第16旅和第1坦克旅移交了一批T-34，以便补充战损车辆——其中，第16旅收到了10辆坦克，另外6辆坦克则被转交给了第1旅。

在1948年年末时，以上提到的坦克中有一部分成了装甲兵学校的装备，其序列号如下：T-34-

---

① 这一数字来自当时的一份文件，但无法得到更详细资料的佐证。
② 齐格蒙特·贝尔林（1896—1980），他一战时期服役于奥匈军队，在1939年被苏联逮捕，后来获释并同苏联合作，先后成为波兰第1步兵师师长和波兰第1集团军司令。在华沙起义期间，由于与苏联高层的分歧，他最终被解除了职务，后来一直远离波兰的权力核心。

76——306422、35638、38190、34186、4010025、420815、31297、35170、3490（实际序列号可能为3497）；T-34-85——44225、4110133、4120573、412519、412429、411348、45415、4020350。

▲ 这辆坦克由183工厂生产，可能是某位连长或营长的座车（可以通过编号的后两位——"00"证明）。远方的坦克战术编号是"2313"。

▲ 这辆波兰坦克的车组在行李箱中装满了缴获的财物，这些将让他们在战后过上滋润的生活。

第十八章

T-34 在战后波兰

在战争结束后的1945年8月,波兰军队T-34单位的分布可谓相当集中。只有第2集团军麾下拥有一个装备该坦克的旅——即第16坦克旅(此时该部队已经被正式移交至波兰军队麾下),该部队系依照苏军的第10/500号和10/506号编制条例组建,拥有官兵1414/828人(理论编制/实际人数)、48辆卡车和21辆T-34-85坦克。至于第2、第3、第4旅依旧是第1坦克军的组成部分,第1坦克旅则由华沙的总司令部直接指挥。总之,在波兰第1和第2集团军旗下,一共只有61辆坦克。至于各个装甲部队的坦克都严重短缺,仅在第7坦克维修营(依照第10/390号编制条例组建),就有66辆坦克(其中包括22辆中型和21辆重型坦克)正在修理。另外,在战争结束时,第1坦克旅还出现了装备比例失衡的情况,这一点也可以从下列表格中略见一斑:

单位	编制条例	编制人数 / 实际人数	轿车和卡车总数	T-34
旅部	010/500	62/51	28	
旅部连	010/504	177/200	19	2
第1营	010/501	157/149	17	2
第2营	010/501	157/188	18	21
第3营	010/501	157/151	28	3
摩托化步兵营	020/502	531/484	9	
高射机枪连	010/503	52/37	45	
回收连	010/504	128/110	2	
医务部队	010/506	14/13		
总计		1491/1444	156	28

▼ 这两张照片拍摄于1945年夏天,这些波军的T-34-85都有着不明意义的识别标记。左边照片中这辆波军的T-34-85的识别标志是一个被三角形框起来的"21",表明该车之前来自一支苏军部队——比如坦克第16旅,但现有的关于波兰第1坦克军的文件都表明,该部队并没有使用过这样的徽记。右图请注意放置在车体后面的"马克沁"机枪。

9月10日时，该部队麾下共拥有1441名官兵和166辆卡车。到10月10日，其麾下的坦克上升到了34辆，具体分配情况是：

	9月10日	**10月10日**
旅部	2	1
第1营	2	21
第2营	21	12
第3营	3	
总计	28	34

▲ 这辆T-34-85（右侧炮塔上有白色数字"243"）隶属于第1坦克军麾下的第2摩托车营。注意炮管上半部分的白色细条。另外，其炮盾上还可以看到一部分该营的徽记。

在这里，我们也列出了第1坦克军在9月9日和10月20日的坦克分配情况，以便进行对比：

	9月9日	**10月20日**
第2旅	26	32
第3旅	30	31
第4旅	29	31

▶ 1945年夏天，波兰第1坦克军麾下第2摩托车营的一个坦克纵队正从卢布林（Lublin）街头穿过。该营麾下拥有10辆坦克，其中为首的坦克由183厂生产，序列号为412693。其炮塔侧面除了该军的标志之外，还额外喷涂一个白鹰徽记，同样的白鹰也出现在了车体前装甲上。

◀ 这辆T-34-85正在进行发动机舱大修。这辆坦克隶属波兰第1坦克军，并拥有该军在德累斯顿战役期间使用的编号和标识（"300"及上方的白鹰）。

在战争结束后，第1坦克军依旧是波兰军队中最强大的单位。但另一方面，其麾下官兵士气却存在一定的问题。在和平刚刚降临的5月下旬，该军有6名军官和士官死亡和受伤，另有5名士官和1名士兵叛逃。1945年9月1日时，整个波军装甲部队共有17317名官兵（理论编制数应为20938人），其中9145人属于第1坦克军。至于该军的装备包括了97辆轿车、1028辆卡车、141部特种车辆、2部拖拉机、4部牵引车、210辆摩托车、28门反坦克炮（口径为57—76毫米）、95门迫击炮、大约60门远程身管火炮、8辆M-17型自行高射机枪、108辆装甲车和装甲运兵车，外加3辆采用坦克底盘的装甲抢修车。

在当时波兰陆军的254辆坦克中，有199辆是T-34，而在后者当中，又有大约一半（即94辆）属于第1坦克军，在这94辆坦克中，又有9辆属于第2摩托车营。另外，还有20辆T-34（来自9月底的统计数据）属于第3训练坦克团（该团下辖的坦克总数为26辆），装甲兵军官学校也有不少教练车（总数60辆）。因此，在战争结束时，整个波兰军队一共还拥有269辆坦克——这些坦克很多将继续服役近5年之久。

不难想见的是，在战争刚刚结束之后，波兰军队的一个重要任务就是巩固人民政府。在相关的行动中，扮演主角的是步兵，但在有的情况下，坦克手们也会积极参与行动。其中一个例子发生在第1坦克军身上：战争结束后，该军被调往谢尔德采（Siedlce），并在当地度过了一段惬意的时光（6月10日，该部队还为麾下的370名官兵进行了受勋），但这段田园牧歌般的日子很快结束了。6月18日22时，第

▲ 1946年正在一座基地内接受检查的T-34-85坦克。该车由112工厂生产，装备了1945年年初列装的冲压制造的负重轮。照片中的两辆坦克都涂有波兰第1坦克军的全部徽记四位数的编号和白鹰标志。

◀ 这张极为特殊的图片拍摄于战争刚结束时，展示了两辆112厂最早生产的T-34-85。两辆坦克都安装了带D-5型主炮和车长指挥塔的早期型炮塔，另外上面还有PT-4型潜望镜。注意前景处的坦克（战术编号为"27"）上没有炮塔吊环。根据现有资料，这些坦克可能来自装甲兵训练学校或第3训练坦克团。

▼ 在20世纪50年代演习中出现的波兰T-34-85。其中一辆（远方）或许曾在上图中出现。炮盾与火炮连接处的发亮部分也许表明该车安装了新式的ZIS-S-53火炮。这辆坦克的序列号为52209，曾在1946年时服役于第8坦克团。注意该车炮盾顶部的装甲板，这一特征和近景处坦克同一位置安装的铁板完全不同。

1 "塔德乌什·柯斯丘什科"（Tadeusz Kosciuszko）步兵师师长下达了一份口头指示，带领部队立刻启程前往鲁斯科夫（Ruskow）—基谢洛夫（Kisielow）—德拉兹涅夫（Drazniew）—门热宁（Meznenin）一带，歼灭活跃在当地的武装分子。当天，在其他地区，战斗也相继爆发，由于战斗激烈，某个坦克旅的第2营第1连也被派往当地——这似乎也是波兰T-34参与的唯一一次对抗波兰国内军（Armia Krajowa）的作战。

　　稍晚些时候，该旅再次投入了类似的战斗，在他们的对手中包括了波兰国内军的"奥斯托亚"（Ostoja）①分队。在对抗该分队的行动中，该旅截获了2名携带步枪的弗拉索夫分子、2名"奥斯托亚"分队的成员和3名可疑人物。此外，在行动中，"该旅还获得了大量关于波兰国内军的情报"。但即便如此，由于当地居民的敌意，第1坦克军军部仍然对行动的结果颇有微词，其报告中这样写道：

_____

① 这一名字可能来自其指挥官的化名。

"国内军在人口稠密的农村地区有着巨大的影响力，这影响了行动的展开，甚至是最小规模的调动都会打草惊蛇……"

武装分子活动最频繁的区域是波兰东南部，在当地，第8坦克团（该团组建于1946年，其前身正是波兰第1坦克军麾下的第4坦克旅）将遭遇各种反抗力量，比如波兰国内军、波兰民族军（NSZ）和乌克兰民族主义者。该团在国内战线的行动始于1946年4月18日——当时，上级要求该团派遣2个连清剿当地的"乌克兰叛匪"。其间，该团的第1连被配属给了位于萨诺克（Sanok）的第8步兵师，第2连则奉命随同第9步兵师在普热梅希尔（Przemysl）附近作战。6月26日，当地的战斗结束，坦克手们没有任何伤亡——虽然他们消耗了大量步枪弹药，但并没在这段时间用上坦克炮。

甚至第3训练坦克团也参与了类似的行动。1946年，他们不仅在车间为8辆T-34和14辆其他坦克分别进行了大修和中修，还在"保卫民众、维护秩序、确保安全"的行动中击毙了14名匪徒，并将抓获的98人转交给了波兰公安部（UBP）。其间，该团有500名官兵获得了各种勋章。

在当时，波兰坦克部队还在准备着一场与上述行动截然不同的战争。在对德作战刚刚结束、与武装分子的战斗还未全面打响时，波兰政府还曾计划与捷克斯洛伐克开战。由于两国一直没能达成划界协议，波兰政府决定将武装部队派往两国边境地区。按照计划，第1坦克军将在开战后接过从捷克人的枷锁下"解放"波兰同胞的使命。为此，在1945年5月下旬、从捷克斯洛伐克撤出之后，该军便立刻转移到了西里西亚地区——作为波兰军队最强大的打击力量，它的存在本身就充当着一种威慑。

1945年6月12日傍晚和夜间，季姆巴尔将军朝麾下部队拉响了警报，命令它们立刻投入战斗。尽

▲ 开展伪装训练的波兰坦克兵。这辆 T-34-76 安装的是六边形炮塔，可能隶属于某支训练部队。

管各单位对局势一无所知（很多人都倍感惊愕），但官兵们依然忠实地执行了命令。6月13日—15日期间，各个部队抵达雷布尼克（Rybnik）一带，其中一部分分散开来，在该市周边占据了指定的阵地，至于第2坦克旅、第3坦克旅和第27自行火炮团则集结待命。第27自行火炮团的日志中写道："对于当前和捷克斯洛伐克的边境纠纷，团内的大部分官兵都一头雾水（我军的大部分军官和许多士兵都不愿同捷克人爆发战争）[①]"。该军军长于6月15日签署的一份命令则对局势这样解释道："目前的政治大环境是：波兰军队正在设法采取行动，保护受捷克人迫害的20万波兰裔居民。"6月16日，季姆巴尔又签署了另一份命令，要求部队在波兰-捷克斯洛伐克边境附近占据阵地准备进攻。为此，Z6坦克旅和第27自行火炮团立刻开入了亚斯琴别-兹德鲁伊（Jastrzebi Zdroj）附近的位置，并在当地构建工事、侦察道路，以便准备未来的战斗。在等待进攻发起（即上级下达"出发"命令）期间，苏军的边境警备部队纷纷赶到，"通知"波兰人不要轻举妄动。战斗最终没有打响。正如波兰方面记录的那样："一场冲突就此平息，波兰没有同捷克斯洛伐克开战，因为苏联当局不允许这种情况发生。"[②]

随着波兰和捷克斯洛伐克的风波平息，参与行动的装甲部队最终被重新部署到了波兰国内各地。当然，所谓的"各地"实际上指的是波兰西部，因为此时，该国已不再面临来自东部的入侵。其中，第2坦克旅的目的地是格利维采（Gliwice），其最后一批部队在7月7日抵达当地。随后，该部在9月14日按照第5/15号编制表进行了改编，在脱离坦克军的建制后，该旅被交给了西里西亚军区。但在10月10日当天，他们又接到了开赴波兹南的命令，随后又从当地奉命调往弗热希尼亚（Wrzesnia）。最终，该旅于11月26日在弗热希尼亚集结完毕，并于1946年3月1日按照第5/25号编制表被改编为第2坦克团。

和其他部队一样，该团的装备状况也不是很好。1947年11月24日，这支部队的编制表上共有26辆T-34-85和6辆T-34-76坦克，其中有5辆（2辆是T-34-76）炮管受损，有些损伤还可以追溯到战争期间。在26部与T-34-85坦克配套的TSh-15瞄准镜等中，有4部存在损伤，而6部与T-34-76配套的TMFD瞄准镜中有1部受损。另外，在T-34-76坦克上的6部PTK全景式潜望镜中有3具损坏，19部普通潜望镜则全部存在损伤。然而，由于没有备件，这些损坏的零件都无法得到更换。也正是因为上述情况，全部5辆火炮受损的坦克都无法执行作战或训练任务。另外，全团还拥有1171发85毫米炮弹，但76毫米炮弹只剩下了区区140发。

在全团的32辆坦克中，有27辆具备机动能力，但只有17辆适合执行任务。所有车辆的发动机运转时间普遍超标。一些发动机状况依旧良好，按照技术人员的评估，其中20部还能运转20—50个摩托小时，另外5部寿命将近，需要接受大规模翻新，剩余的17辆坦克发动机可以运转大约17个摩托小时，亟待接受中等程度的检修。除了更换发动机之外，所有坦克还需要对装备进行保养、更换丢失的螺丝、修理履带，并且重新上漆。其中50%的车辆主离合器和侧离合器有待更换，80%的车辆需要更换部分负重轮，还有30%的车辆需要对电路进行检修。

上述事实并不意味着第2坦克团荒废了日常的保养，相反，类似的情况也在其他装甲单位出现。其

---

①　在原文件中，括号中的内容被划去了——很可能是日志的记录者故意如此。

②　在此值得一提的是，虽然在波兰南部、分开捷克和波兰军队的苏军都遵循了莫斯科的指示，但在当时，服役于波兰军队的苏联军官都忠实执行了波军司令部的命令。

▲ 在演习中回收一辆陷入淤泥的坦克。近处的坦克是 1943 年的产品，远方的坦克则安装了扁平型炮塔。另外，这两辆坦克的车体机枪都已不翼而飞。

中之一是第1坦克团，在10月15日，该团的32辆坦克中有一半发动机运转时间超标。而且和其他单位不同的是，评定中显示，该团"对车辆的保养工作极不到位"。

　　不难想见，自战争结束，这种状况便一直存在。各个部队不仅车辆短缺，而且现有装备缺乏战斗力。在接手这个烂摊子后，波兰装甲兵最高监察处（Main Inspectorate of Armor Forces）于1945年年底/1946年年初下令全面统计车辆的状况，至于具体工作则由一个特别调查组负责。很快，他们便向司令部汇报了各个单位在12月31日或1月1日时的装备状况，其结果令人震惊：各个装甲部队不仅缺乏坦克，甚至无法执行作战任务，大部分单位的车辆都需要接受检修，但由于缺乏备件，甚至连检修工作都很难展开。这种情况也可以通过下表得到直观地展现：

	车辆总数	需要修理	需要大修	车型
第4坦克旅	31	3	1	T-34-85
第16坦克旅	34		18	T-34-85
第52自行火炮团	20	12	6	SU-76
第52自行火炮团	15	12		ISU-122

　　但另一方面，利用战争结束时的局面，有些部队也利用了苏联人的资源。多亏这种精明的举动，他们编制内的可动坦克数量要高得多。第2坦克旅就是一个极好的例子，在进行这项统计时，该旅的32辆坦克依旧全部具备机动能力。这意味着，这些坦克都可以开动，但由于装备不完善（如缺乏光学设备、

◀ 在一个类似的场景中，一辆T-34-85正牵引着另一辆安装六边形炮塔的T-34-76前进。这两辆坦克的炮塔高度几乎相同，另外，注意这辆T-34-85上尺寸超大的白鹰徽记。

▼ 在20世纪50年代的一次地区阅兵式上，一辆T-34-76正从大群士兵中间缓缓穿过，该车的所有特征都显示它是在1943年下半年生产的。

火炮损伤和其他问题），它们未必都能参与作战。作为结果，虽然该旅的可动车辆很多，但实际意义却不大。另一个例子是第16坦克旅，在该旅可动的坦克中，有9辆的发动机寿命已不足50个摩托小时（其中5辆仅剩了5—10个摩托小时）——这事实上意味着，它们根本无法在战斗中使用。在总结所辖部队的状况时，雷洛夫（Rylov）少校（即第4军区装甲兵监察处参谋长的技术助理）写道："我需要报告的是，在第4军区的装甲部队中，没有一支部队的装备还具备战斗价值。"

而在第1坦克旅（后来被改编为第1坦克团）方面，这支部队的实力虽然上升到了39辆坦克（其中22辆是T-34-76），但其中有11辆坦克的发动机寿命已经耗尽，14辆坦克只剩下不足50个摩托小时，另有9辆还有50个摩托小时左右。更糟糕的是，这种局面在短时间内很难有所改观。对此，波兰军队的领导层可谓非常清楚，他们在一份文件中写道："由于1947年度分配给陆军维修机构（单位编号28598385）的

▲ 这两张照片展示的是编号为"332"的同一辆坦克，该车是183厂生产的。值得注意的是，作为战时产品，该车的炮塔纹理要比183厂的其他产品更为光滑。在左图中，这辆坦克炮塔上代表击杀记录的"XX"标记已经消失。

经费有限，装甲兵最高监察处决定在当年对下列装备进行检修：即6辆IS-2、20辆SU-76、5辆SU-85、6辆ISU自行火炮、50辆T-34、30辆T-70、30辆BA-64，外加25部坦克发动机。"

由于备件短缺，这种情况事实上困扰着装甲兵最高监察处管辖下的所有单位。为此，当局制定了一份重组装甲部队的方案，虽然这份方案可谓大刀阔斧，但对改变局面依旧无济于事。相关工作开始于1945年10月初，但部队的重建工作却持续了约10年之久。在1945年秋天，即第一波复员开始时[1]，波军开始使用首批本国制定的编制表。其中，坦克旅的编制表编号为5/25，规定每个旅应下辖676名官兵，但对装备却语焉不详，它将具体取决于战后各单位的库存，以及现有的组织形态。

如前所述，在当年秋天，波兰陆军高层决定解散第1坦克军，并将麾下的部队派往全国各地，编入新成立的各个军区。其中，第2坦克旅被转给了波兹南军区（即第3军区），第3坦克旅则去了西里西亚军区（第4军区），第4坦克旅去了克拉科夫（Krakow）军区（第5军区），第16坦克旅则来到了波美拉尼亚军区（又名滨海军区或第2军区）。至于第1坦克旅如前所述，成了华沙军区（即第1军区）的一分子。解散第1坦克军的决定很可能在9月便已做出了，但到复员开始时才得以落实。

在上述部队被调往新驻地的同时，和平时期的新编制也得到了采用。但此时，由于车辆状态奇差、部队实力不足，这些单位都无力展开军事行动。同时，各个旅也被改编为团。根据司令部的命令，这些部队的改编情况如下：

第1坦克旅，改为第1坦克团；

第2坦克旅，改为第2坦克团；

第3坦克旅，改为第6坦克团；

第4坦克旅，改为第8坦克团；

第16坦克旅，改为第9坦克团。

① 1945年10月，共有809名苏联籍和2217名波兰籍官兵离开了波军装甲部队。

▲ 这辆波兰军队的 T-34-85 在炮塔侧面和后方（位于防水油布背后）涂有"1681"的战术编号。另外，在油箱的侧面还标有"柴油"（Olej napedowy）字样。

▶ 这张典型的留念照拍摄于一辆战争期间 183 厂生产的 T-34-85 坦克前。

其中，每个团都应拥有32辆T-34、374名官兵和3名合同雇员。同时，第3训练坦克团也放弃了原有的第20/32号编制表，并转而采用第20/48号编制表，其麾下拥有330名官兵和13名雇员。至于第40装甲兵装备中心基地（40th Central Armored Equipment Depot）则从第20/32号编制表转而采用第20/48号编制表，人员共78人。经过上述调整，波兰军队中装备T-34的坦克部队包括了：第1"华沙"坦克团、第2"苏台德"（Sudecki）坦克团、第6"德累斯顿"（Dresden）坦克团、第8"波美拉尼亚"（Pomorski）坦克团、第9坦克团、第1"华沙"独立摩托化侦察营、第1训练坦克修理营、第3坦克-自行火炮训练团、第40装甲兵装备中心基地、装甲兵军官学校和陆军坦克修理站。

1946年11月，各部的编制出现了新变化。其中，波军对坦克修理营按照第5/23号编制表进行了重组，第3训练团也转而采用了第20/65号编制（麾下应包括377名官兵、855名学员和20名雇员）。与此同时，另一份命令也于11月11日生效，要求第3团不再负责自行火炮的训练。但一切还远没有结束。随着复员工作不断推进、装备危机日渐加剧，以及日常训练中种种问题的出现，波兰军队发现有必要再采用一套新的编制来提升部队的战斗力——这些编制须于1947年3月制定完成。出于同样的原因，所有的装甲团都开始按照第5/35号编制表进行重组。在当年4月，装甲兵军官学校和汽车训练学校按照第

20/73号编制进行了合并，按照1948年年底/1949年年初的统计数据，其每月的运转预算为900万兹罗提（zloty）。在1947年夏天，各装备T-34的单位状况如下所示：

	理论编制数	实际保有数
装甲兵军官学校	15	16
第1坦克团	32	32
第2坦克团	32	32
第6坦克团	32	30
第8坦克团	32	31
第9坦克团	32	31

▼ ▶ 这两张照片拍摄于20世纪50年代的一次阅兵式上，其中的T-34-85生产于二战期间。在这两张照片中，所有坦克的MK-4型潜望镜都安装了外罩——这一改进在战争结束后才出现。

在第1（华沙）军区，1947年的部队整合工作却较去年遭遇了更多困难。3月时，一场洪水冲垮了布格河（Bug）上的桥梁，令部队无法迁移装备，官兵的复员工作也很难展开，而在第3训练团则爆发了痢疾疫情。与此同时，无论士兵或军官，各个部队的人员素质也不尽人意。不仅如此，有部队还公然违抗装甲兵最高监察处的命令：当时，后者要求各个解散各个步兵师下属的SU-76自行火炮连（在1945年秋天时，曾有8个步兵师拥有这种自行火炮连），并将全部车辆转交给自行火炮团或装备仓库，但有3位师

▼ 这辆拍摄于20世纪50年代的T-34-76战术编号为"067"，前方安装有PT-3型扫雷滚轮，软边型炮塔的顶部有无线电天线，这些特征表明它是一辆指挥型——即T-34K。由手观察口下方没有手枪射击孔且炮塔上未安装车长指挥塔，可以判断其炮塔是1942/1943年生产的旧型型号。至于折角式的挡泥板和驾驶员舱门上的挡板（用于遮挡雨水和泥泞）都来自战后的改装。

▲ ▼ 这两张波兰陆军队 T-34-85 在训练时的照片都拍摄于 20 世纪 50 年代。注意其后装甲上的钢缆（也是 T-34-85 的标准特征）已经不翼而飞。另外，该车两侧变速齿轮的盖板为折角式、车头灯则被帆布覆盖。在第 2 张照片中，其战术编号 "128" 的下方有一条白线，但具体意义尚不清楚。

长拒绝执行，并要求总参谋部下达一份单独的指示。

在战争结束后，波兰境内出现了一种难以想象的混乱局面。在一场战争的开始和结束阶段，这种情况非常普遍，它也给民众的安全带来了重大威胁。在当时，一部分兵痞开始祸害周边的村镇，不仅如此，其境内还活跃着不少武装分子，并几乎让国家陷入了内战。其间，身处乱局中的军队实际上扮演着一种类似纠察队的角色，并暴露出不少问题——这也可以在装甲部队上略见一斑。

在当时官方的军纪处分报告中，有一组档案专门记录了装甲部队官兵的各种违法行为，至于其原因主要是醉酒和纪律松懈。作为国家机构的代表，部分官兵想当然地将自己凌驾于民众之上。当威胁不起作用时，他们便选择动用武力。例如，1946年10月6日，巴甫洛夫斯基（Pawlowski）中尉在擅自驾驶军用摩托车外出时不慎开入了泥潭，于是，中尉立刻要求附近一栋房屋中的居民帮他把摩托车推出来。看到这位军官咄咄逼人的样子，当地人都害怕地躲在屋内，但一位叫佩拉吉娅·韦尔科夫斯卡（Pelagia Wielkowska）的当地妇女试图赶走这个不速之客。恼羞成怒的中尉立刻掏出武器朝房门连开两枪，令这个可怜的女人重伤身亡。之后不久，其所属部队的指挥官向装甲兵最高监察处提交了一份报告，讲述了他们为预防类似情况而采取的手段："已采取措施——军官会议决定，下令禁止伏特加的饮用"。

在军队内部，正规化的工作进展缓慢。在1946年，装甲兵最高监察处开始强制要求野战部队遵守各

▲ ▼ 在 20 世纪 50 年波军演习中出现的 T-34-85 和伴随步兵。第一张照片中的坦克安装了一套在 1945 年年初投产的负重轮，至于第二张照片中的坦克则是 112 厂的战时产品，这一点可以从粗糙的炮塔表面体现出来。

种行政规章和流程。但这一点执行起来却很难。在部队中，几乎缺乏和平时期运转所需的一切。行政部门没有打字机、没有铅笔，甚至没有纸张；军官们的报告只能写在德军行政文件和地图的背面。在很多地方，供水系统无法运转，燃油和食品供应也非常紧张。至于纪律的贯彻则非常武断。然而，华沙的中央机构却在逐步改变这种局面。比如说在1948年时，他们已开始从T-34上偷窃时钟（在这一年2月，上级了解到大部分坦克上的时钟都已失窃）列为严重的违纪问题。

在1948年下半年，装甲兵最高监察处的代表进行了一系列视察，以便帮助指挥机构了解各个部队的内情。他们需要私下从官兵中了解情况，结束松弛的战时纪律和种种体罚行为，并引入和平时期各种必要的监督、行政和簿记机制。

帕茨（Pac）少校就是当时一名外派出去的检察官——他在当年11月中旬去了扎甘（Zagan）附近的第25自行火炮团，按照报告中的说法，他对这支部队的局面感到震惊，因为该团看上去更像是"一群乌合之众"。在会见该部队的参谋长时，后者居然用"向你问好啊（my regards）！"这种随便的措辞打招呼，让帕茨惊得无话可说。在报告中，他指出这位参谋长"完全是一个老百姓"。同时，他注意到在这支部队中，还有滋事、酗酒、违法、监管缺失等现象。由于问题繁多，帕茨少校对它的评价极低。最后，少校指出必须撤换该团的团长，并将其送交军法审判——因为他发现部队的仓库管理混乱，有政府财产被倒卖的嫌疑。

除了纪律糟糕之外，各个部队的武器状况也极为恶劣，它也是当时波兰装甲部队处境的一个缩影。按照1948年1月1日的评定，该兵种只具备13%的战斗力[1]，而这一数据又是通过计算可动车辆所占比例得出的。其中，"可动车辆"的定义是设备齐全、发动机残余寿命大于75小时。对于波兰军队的大部分坦克来说，这一要求明显偏高了，比如在第1坦克团中，有24辆坦克的摩托小时已经耗尽，第2坦克团也有17辆坦克状况与此相同。

在复员之后，由于苏军的技术骨干和大量资深士官纷纷离开，各坦克部队的训练水平同样下降到了令人担忧的地步。作为结果，在1948年，在坦克团麾下的大约30名驾驶员中，通常只有2—3人的驾龄能达到200—500小时，而其他人只是勉强超过了10个小时！以第6"德累斯顿"坦克团为例，其驾驶员的情况是：1人驾龄为420小时，2人分别为35和50小时，还有一部分为10—25小时，至于超过半数的其余驾驶员只有3—7个小时。

在装备方面，大家都把希望寄托在了从苏联送来的备件上——至少它们可以改善当前的情况。这些备件最终在1947年年底抵达波兰，但迟迟没有交付部队——因为在当时，接受维修的T-34名单将由陆军机械维修厂（Army Mechanical Facilities）在1948年度的工作计划中决定，但另一方面，该厂只具备为40—50辆次的坦克提供大修的能力。有鉴于此，对各部队的维修骨干进行大规模培训势在必行。最终，这些人员掌握了复杂的大修技术——但为开展培训，各单位也都用掉了1辆坦克充当教具。大修开始于1949年3月，在这段时间里，陆军机械维修厂特意设置了1个发动机修理部门。在当月，该部门完成了4部发动机的大修，同时还计划在未来每个月修理16—18部V-2柴油机（装甲兵最高监察处和陆军机械维

①　很多历史文献都显示，当年这些未来"华约国家"的军队处境都一样悲惨。虽然从军事层面说，苏军的情况要略好一些，但由于该国的核心地带已被战火彻底破坏，苏联领导层也对重组军队有心无力。不过，在西方不断扩散的反共产主义宣传却捏造出了一种截然相反的景象：苏联阵营正磨刀霍霍，准备对西方抢先发起攻击。

修厂之间的协议乐观地预期，在1948年，他们可以修理180台发动机）。然而，从一开始，对大修结果的投诉便纷至沓来。在各单位开展的大修，情况可能与之类似。

尽管问题不少，但所有工作仍然热火朝天地进行着：在1年（实际是10个月）中，第1坦克团大修了26辆T-34，第2团大修了18辆，至于第6团的成果尤其引人注目——75辆。其间，平均每台检修的车辆都为波军节省了30万兹罗提的经费。总之，得益于多管齐下的努力，1949年1月时，波兰装甲部队具备战斗力的车辆比率提升到了70%——这种进步确实称得上可圈可点。

由于各个部队已经具备了大修坦克的能力，因此，在1949年秋天，波军解散了陆军机械维修厂的第1分厂，并用拆分出来的单位组建了一批机动修理站。这一做法大幅提升了各个军区检修装备的效率。

到1949年初期，波兰的装甲部队都已搬进了固定的基地，它们很多将在当地驻扎15年以上，其情况如下表所示：

军区	司令部所在地	T-34	SU-85	IS-2	ISU-122	ISU-152	驻地
第1军区	华沙	第1坦克团	第13自行火炮团				莫德林
第2军区	比得哥煦	第9坦克团		第4重坦克团			什切青
第3军区	波兹南	第2坦克团	第28自行火炮团				弗热希尼亚
第4军区	弗罗茨瓦夫	第6坦克团			第24自行火炮团	第25自行火炮团	博莱斯瓦维茨（Boleslawiec）
第5军区	克拉科夫	第8坦克团					普热梅希尔地区的祖拉维察（Zurawica）
上述单位共拥有195辆T-34、27辆IS-2、52辆ISU-152和ISU-122，外加48辆SU-85。							

▲ 20世纪60年代接受发动机检查的波兰T-34-85。

▲ 这辆112厂生产的T-34-85安装了"蘑菇形"炮塔和分置式换气扇。

▲ 两辆战时生产的T-34-85正在进行演习。它们的战术编号（"022"和"024"）都不标准，表明照片是在20世纪40年代末拍摄的。

由于现有装备的数量和状况依旧不尽人意，波兰装甲兵最高监察处决定对战场和残骸堆放场上的车辆进行回收。经过一番大规模修理，这些车辆至少能用于训练新车组。于是，在1948年，一场遍及波兰全境的残骸大搜索就此展开。

1948年3月8日，波兰陆军的总参谋长莫索尔（Mossor）将军向国防部副部长雅罗谢维茨（Jaroszewicz）发去报告，希望能让工业和贸易部（Minister of Industry and Trade）暂停拆解残骸堆放场中的坦克。这些坦克是罗科索夫斯基（Rokossovski）[①]元帅所部出售给波兰政府的。莫索尔提到的这批坦克，当时正停在波兹南附近戈尔琴（Gorczyn）的一个受损车辆堆放点，而在早些时候，来自装甲兵最高监察处的梅日赞（Mierzycan）将军更是向莫索尔表示"此事事关重大，尤其是考虑到苏联已不再接受坦克和牵引车备件的后续订货"。为此，莫索尔请求在相关领域获得帮助，还希望工业和贸易部将某些准备拆解的特定部件交给军方。雅罗谢维茨对此表示同意，他在给工业和贸易部部长的信中写道："上述事项是极为重要和紧急的……"

为了让现场作业的民间工人不至于困惑，1948年12月27日，装甲兵最高监察处还专门发去了一封指示信，表示车体断裂的残骸可以继续拆毁，至于只有弹孔的车辆则应设法予以保全。

军方寻找坦克零件的消息很快便传开了，没过多久，各种消息便从全国各地传来。比如1949年3月中旬，"白尔登"（Baildon）钢铁厂曾发现了10吨履带板。很快，这一消息便通过卡托维兹（Katowice）的机构传到了装甲兵最高监察处手中。由于这些履带板即将被融毁，军方显然需要尽快进行检查，以便确定它们的利用价值。为此，一个由穆申斯基（Muszynski）中尉领导的调查组立刻从最高监察处出发，但在抵达之后，他们却发现这批履带意义有限：其中80%已经严重磨损，其余履带的价值也值得怀疑。

1948年10月，人们在赫布尼亚（Chybnia）附近的林区发现了5辆T-34，同时，克拉科夫地区的第9国营农庄也再次报告说，瓦帕诺夫（Łapanów）附近有坦克残骸的踪影。1949年1月，主管残骸堆放场的办公室还得知，其工作人员在拉多姆斯科（Radomsko）附近的德迈宁（Dmenin）、沃伊诺维采（Wojnowice）、穆雷内克（Mlynek）和涅兹纳梅尼采（Nieznamienice）附近发现了坦克残骸。

如果状况满足要求，残骸将接受堆放场技术人员的全面检查。在大多数情况下，它们会被搬到专门的修理站，比如陆军机械维修厂设在谢米亚诺维采（Siemianowice）的车间。1949年9月，当地已经回收了6辆T-34-85、4辆T-34-76和3辆坦克回收车，它们全部来自坦克残骸堆放点。厂方计划在11月对这些车辆进行大修，其工作将主要集中在序列号为0215、3810和3010258的3辆坦克回收车（另外，该厂也计划顺带对自身使用的另一辆坦克回收车进行翻新），以及序列号为412184、45132（两车均为T-34-85）和3080319（T-34-76）3辆坦克上。至于序列号为4487、410294、4674和400807的T-34-76（其中最后一辆车的炮塔已不翼而飞），以及序号为3070259、37408和36607的T-34-85则不予修理。另外，陆军机械维修厂还建议各部队接管后一批车辆，这一建议很可能最终被付诸实施，因为有些车辆确实出现在了一线部队的大修名单上（在后面的表格中，就出现了一辆编号为3070289的坦克，而在陆军机械维修厂

---

① 康斯坦丁·罗科索夫斯基（1896—1968），他曾任白俄罗斯第2方面军司令，1948年时担任北部军队集群总司令，后来被派往波兰担任国防部长。

的建议清单中，有一辆坦克的编号为3070259，两者可能是同一辆车）。另外，在谢米亚诺维采的工作车间还回收了6座85毫米炮塔、6门不完整的85毫米炮和5门76毫米炮。

由于部分故障超出了波兰军队和工业部门的维修能力，有些车辆虽然经过翻新，但已无法用于作战。从戈尔琴回收的6辆T-34-85（序列号为44382、45636、4110239、4400644、410635和410646），以及1辆从水坑中打捞的T-34-76（序列号为0406029）就是这种情况——它们虽然可以开动、但缺乏瞄准镜、潜望镜和火炮零件。

令人感兴趣的是，有些修复的残骸车还作为战斗车辆在部分单位服役了一段时间。在一份官方的统计中，曾列出了所有复原车辆的回收时间、序列号、发动机编号、修理方、可供再利用的程度及接收单位，其总数共36辆。后来，它们大都出现在了作战部队的车辆名册中。[①]

T-34-85						
回收日期	回收单位	回收地	序列号 / 发动机编号	翻新日期 / 地点	交付日期	交付对象
1948年10月	陆军机械维修厂 第1分厂	戈尔琴	4487/不详	不详	1949年10月18日	第4中央武器仓库
不详	不详	戈尔琴	410294/409921	不详	1949年10月22日	第4中央武器仓库
1948年10月	陆军机械维修厂 第1分厂	戈尔琴	4674/不详	不详	1949年10月22日	第4中央武器仓库
1948年10月	陆军机械维修厂 第1分厂	戈尔琴	412184/不详	1950年1月12日/ 陆军机械维修厂	1950年1月30日	第4中央武器仓库
不详	不详	戈尔琴	400807/1152795	不详	1949年10月22日	第9坦克团
不详	不详	戈尔琴	45132/4031018	1950年1月12日/ 陆军机械维修厂	1950年1月30日	第8坦克团
1948年10月	陆军机械维修厂 第1分厂	戈尔琴	410646/不详	1949年9月28日/ 陆军机械维修厂	1949年10月22日	第9坦克团
不详	不详	戈尔琴	410635/4052102	1949年9月28日/ 陆军机械维修厂	1949年10月21日	第2坦克团
不详	不详	戈尔琴	4400644/1004	1949年10月8日/ 陆军机械维修厂	1949年11月18日	第2坦克团
不详	不详	戈尔琴	410239/410074	1949年10月8日/ 陆军机械维修厂	1949年11月18日	第1坦克团
不详	不详	戈尔琴	45636/4091074	1949年9月28日/ 陆军机械维修厂	1949年10月31日	第2坦克团
1948年10月	陆军机械维修厂 第1分厂	戈尔琴	44382/不详	1949年9月28日/ 陆军机械维修厂	1949年10月31日	第2坦克团
不详	第2坦克团	不详	4120478/401882	不详/陆军机械维修厂	不详	第2坦克团
不详	第2坦克团	不详	T-46417/4111724	不详/陆军机械维修厂	不详	第6坦克团
不详	第2坦克团	不详	412127/412103	不详/陆军机械维修厂	不详	第6坦克团
不详	第2坦克团	不详	312588/KP41225	不详/陆军机械维修厂	不详	第2坦克团
不详	第2坦克团	不详	0412501/309995	不详/陆军机械维修厂	不详	第2坦克团
不详	装甲兵军官学校	不详	T-48145/411637	不详/装甲兵军官学校	不详	装甲兵军官学校
不详	装甲兵军官学校	不详	42265/405282	不详/装甲兵军官学校	不详	装甲兵军官学校
1949年 6月4日	第5824基地	布洛霍夫 （Brochow）	412140/不详	不详	不详	第10中央武器仓库

① 在个别情况下，维修人员可能错记或简化了车辆的序列号，以下是对其中一部分含义的解读：4487=1944年4月下线的第87辆车，生产方可能是183厂；400807=暂无法解读其正确含义；4400644=可能真实编号为4040644；3041070=该车可能是一辆T-34-76，但被错归入了T-34-85之中；7408和40357=暂时无法解读这两个编号的含义。

1949年 6月4日	第5824基地	布洛霍夫	412461/不详	不详	不详	第10中央武器仓库
1949年 6月4日	第5824基地	布洛霍夫	311264/不详	不详	不详	第10中央武器仓库
1949年 6月4日	第5824基地	布洛霍夫	411141/不详	不详	不详	第10中央武器仓库
1950年2月	第4坦克团	不详	3041070/不详	不详	1950年	第4中央武器仓库
1950年9月	第9坦克团	户外田野	4100757/409186	不详	不详	不详
T-34-76						
1948年	第1坦克团	水中	0406029/4050807	1949年10月24日/ 陆军机械维修厂	1949年11月5日	第8坦克团
不详	陆军机械维修厂	戈尔琴	3080319/401559	1950年1月18日/ 陆军机械维修厂	1950年1月30日	第8坦克团
不详	陆军机械维修厂	戈尔琴	307408/3119207	不详	1949年10月18日	第4中央武器仓库
1949年 8月23日	第2坦克团	德卢布瓦河 （Dlubwa R.）	40357/409016	不详/ 第2坦克团	不详	第2坦克团*
不详	第3坦克团	不详	3070289/310084	不详	1949年10月18日	第4中央武器仓库
1950年4月	装甲兵军官学校	不详	143180/不详	1950年6月21日/ 装甲兵军官学校	不详	不详**
T-34T						
不详	装甲兵军官学校	不详	BO-42124/305743	1949年7月20日/ 装甲兵军官学校	不详	装甲兵军官学校
不详	第4坦克团	不详	不详	不详/第4坦克团	不详	第4坦克团
不详	陆军机械维修厂	戈尔琴	3010258/301226	1950年2月10日/ 陆军机械维修厂	1950年3月10日	第10中央武器仓库
不详	陆军机械维修厂	戈尔琴	3070215/不详	1950年1月19日/ 陆军机械维修厂	1950年1月10日	第6坦克团
某年12月	第1坦克团	湖中	310336/4944	不详	某年1月4日	第4中央武器仓库
*修复为牵引车；**修复为训练车						

尽管付出了种种努力，随着时间流逝，各部队的车况仍在不断恶化。这些坦克缺乏几乎一切能想到的物品，如零备件、修理工具、补给、弹药和燃料等。事实上，在此时，波兰军队仍在靠着二战时苏联的"馈赠"维持着，每个波兰坦克手都在对来自国境另一侧的物资翘首以盼。根据1951年1月1日的和平时期编制表，波兰装甲部队应当拥有623辆T-34-85坦克。然而，在1950年7月1日时，该型坦克的实际保有量只有175辆，库存的85毫米坦克炮弹仅有40800发，其中28500发是穿甲弹、800发是次口径弹（后者仅相当于0.2个火力基数）。

至于波兰军队的整体处境也同样糟糕。意识到上述情况后，国家的领导层立刻采取了恢复军队战斗力的措施。早在1946年年底或1947年年初，他们便很可能开始与苏联谈判。由此诞生了一份文件——签署于1947年3月5日的《苏联政府向波兰人民共和国提供武器装备的相关协议》（Agreement by the government of the USSR to grant on credit militaiy arms and equipment to the government of the Polish People s Commonwealth）。该协议为波兰提供了1亿美元（当时，美元仍是国际贸易中通用的结算货币）的贷款，用于向苏联采购各种军事装备。尽管苏联方面无法满足波兰军队的全部需求（在苏联国内，新装备的生产才刚刚开始，其军队也和二战时一样面临着备件短缺的问题），但总体来说，双方的合作相当顺利，尤其是在20世纪50年代初，由于预感到新一轮世界大战可能爆发，两国的关系就变得更加密切。

为了同苏联政府就协议的落实进行磋商，波兰国防部派遣了一个代表团前往莫斯科。其具体工作是

◀ ▼ 这两张照片表现的是坦克纵队在行进过程中的传令环节。注意它们车体侧面都安装了长方形的浅色储物箱。在第1辆坦克上，该储物箱几乎与附加油箱紧挨在一起，而在其他坦克上，这些储物箱则更为靠前，位于炮塔下方。

确定装备的采购价格（其定价依据是"产品对应的国际市场价格"），同时评估其质量情况。在当时，波兰代表团最希望的是购买新生产出来的装备，同时，在筹备此事期间，他们还决定组建两个接收小组，一个前往苏联国内的工厂和仓库，另一个则在边境地区对货物进行复验。采购的装备从1947年下半年开始运抵，但由于前文所述的原因，它们从没有完全满足过波兰方面的需求。另外值得一提的是，在1947和1948年的相关采购中，涉及装甲部队的开支只有420万美元，而空军则达到了1900万美元——这也证明了空军才是当年波军建设的重点。

具体到各个年度，在1948年时，波兰只采购了零备件，而在1947年的货品清单中则包括了一些诸如T-34坦克在内的武器装备。可以确定的是，正如波兰人期望的那样（即"购买新生产出来的装备"），这些T-34都是战后产品。同时，波兰军队还接收了一批IS-3坦克，但后来交货的便只剩下了接受过战后改装的IS-2。至于T-34，一份波兰方面的文件上显示："这些T-34安装的机枪是联动的（在战时生产的T-34上，其同轴机枪与车体机枪都是单独运作的），并安装了S-53火炮"。这一说法也可以从序列号上得到证实，虽然它们仍然沿用了原有的编号系统，但序号都未曾在战时生产的车辆上出现。

不过，随这一批采购抵达的T-34-85数量却不多。其中有2辆被交给了第6坦克团。其编号的情况如下：

生产序列号	发动机编号	火炮编号
609D0957①	601K5173	1491
611D1174②	607J0200	2508

到1948年年底时，这两辆坦克的发动机都已运转了177—182个摩托小时。

与此同时，在9月中旬，一辆序列号为609D0970③的T-34坦克也来到了第8坦克团，后来转交给装甲和机动部队军官学校时，该坦克已经在第8团行驶了716千米，发动机则运转了81.27个摩托小时。9月，这辆坦克一直在第8团的序列下，但10月时便已经出现在了装甲和机动部队军官学校（OSBPiWS，即装甲兵军官学校和汽车训练学校合并后成立的新单位）的装备清单中。该车很可能一直在当地服役到1948年年底，此时，其发动机已运转了接近160个摩托小时。

当年9月底，还有一批坦克被运往了第9坦克团。它们的编号情况是：

生产序列号	注册编号④	发动机编号
610D1084	611D1079	608I0086
610D1047	610D1039	607I0087
610D1050	610D1026	607I0085
609D1020	610D0997	607I0156

1948年10月底，当装甲兵最高监察处询问新装备的质量时，第9坦克团的团长多曼斯基（Domanski）中校于1948年11月报告称：这些车辆平均运转时间为32—40小时，行驶里程为172—329公里。其中2辆出现过小问题。1948年12月1日时，该团一共有34辆T-34，其中31辆可动，4辆需要维修，1辆需要全面翻新（此外，该部队还装有BA-64装甲车和T-34救援车）。

前面提到的7辆T-34，也是当时波兰唯一外购的该型坦克。直到1950年秋天，T-34再也没有被运到波兰国内。⑤以下一组数据证明了这种坦克当时究竟有多么"紧缺"，1949年年初，波兰军队保有的装甲车辆情况如下：

	编制数	实际保有数
T-34-76	42	42
T-34-85	153	141
其他型号	148	170⑥

① 根据另一份文件，其生产序列号为608D0957，发动机编号为601K51-73。

② 根据另一份文件，其生产序列号为61ID1074，发动机编号为60700200，还有一份文件宣称该车的序列号是411D1174。

③ 该序列号代表此坦克是1946（6）9月（09）生产的第970辆车，至于字母D的含义不详，不过很可能代表着某型产品的工厂代号。按照当时的记录：A对应IS-3；B对应ISU-152；W很有可能是ISU-122；G和D是T-34。

④ 所谓注册编号很可能是军方在坦克交付时为其分配的，随后，该编号将随车被列入车辆名册、维护档案和历史记录。在一份波兰档案中，所有被列入在案的都是坦克的注册编号，而非生产序列号。

⑤ 在一份1947年8月16日的文件有一段关于"接收苏联装备"的评注。其中显示在第一阶段的采购中，波兰方面一共在1947年收到了如下数量的装备：2辆IS-2（实际为IS-3）、7辆T-34、15辆ISU-152和10辆ISU-122。

⑥ 其中包括45辆SU-76，该型自行火炮共超编40辆。

1949年2月1日时，各军区的坦克保有情况如下：

	第1军区	第2军区	第3军区	第4军区	第5军区	第7军区	合计
T-34	35	35	55	35	35		195
其他型号	24	24	37	48			138

从上表可以清楚地看出，即使是按照和平时期的编制，作战部队依旧缺少12辆T-34。不仅如此，这些车辆还经历了高强度的使用，有些服役经历可以追溯到二战期间，而另一些则只安装了76毫米炮。

在前两期采购中耗费了大约4300万美元之后，1948年夏天和秋天，波兰军队开始筹备第三期采购，其总金额将达到4900万美元，而且和之前一样，空军充当了重头（2700万美元），分配给装甲部队的采购额只有40万美元——而且这笔经费将全用于零备件的购置。虽然这批应装甲兵最高监察处需求订购的货物最终都得以交付，但在1949年时，波军的实际开支却达到了42.35万美元。这份订单于1948年10月

▲ T-34-85乘员的火灾逃生演练。

▲ 一辆横渡河流的T-34-85。注意该车特殊的标识：在炮塔侧后方、标准的"734"编号之后，还涂着一个更大的数字"1"。

▲ 20世纪60年代的一次演习中，一个装备波兰产T-34-85的坦克连正在展开进攻。

完成起草，并被转交给了波兰驻莫斯科的武官。其间，日梅尔斯基（Zymierski）①还随订单向布尔加宁（Bulganin）②发去了一封亲切的感谢信。

1949年10月28日，波兰方面接收了运载订货的第100/1601次列车，按照苏联方面的叙述，其中包括了一批"带备件的"（with the ZIP）③ZIS-S-53-44型85毫米炮（其中有5门火炮的全部套材，其总价为27590美元，每门价格为5518美元，另外还有5根备用炮管）——它们也是第三期订购的一部分。这些装备后来被运往第1中央武器仓库（1st Central Military Equipment Depot），并在12月15日正式接受了登记。这些火炮的序列号分别为：1741、1673、2251、8006和1620。现有的资料显示，这些火炮后来又被送往第4中央武器仓库（4th Central Arms Depot），而且可以确定的是，当地在7月时还储存着7门85毫米炮管，还有一批用不上的部件从第1坦克团运来。与此同时，第1中央武器仓库还接收了一批火炮瞄准镜④，它们包括了：

20具TSh-16型；

10具TSh-17型；

5具PT-4-17型。

另外，在第三期订货中，还包括了5套修复后的76毫米炮备件。

需要指出的是，这三批苏联运送的物资未能完全满足波兰方面的需求，另外，从旧战场回收而来的各种残骸，以及对现役车辆的频繁部署，更是产生了一种坦克部队实力蒸蒸日上的错觉。然而，1950年1月1日的状况统计表却展示了截然不同的情况：3178个军官岗位上，就位者只有2142人；另外，其士官和军官学员的额定编制分别为6415人和923人，但实际现役人数仅为3603人和878人。但另一方面，额定编制为11327人士兵实际在岗者却有17557人。根据其他的编制表，装甲兵下属的作战单位和学校中应拥有408台作战车辆，其中248辆是T-34，但实际上，当时的波军只有338台作战车辆，其中206辆是T-34。

根据最初的协议，苏联承诺的交货期是1947—1949年。然而，由于装备的调拨和运输出现了严重延误，到1949年中期，波兰人只使用了采购金额的48%多一点。5月25日，苏联对内贸易部（Ministry of Internal Trade）向波兰驻莫斯科武官提供了一份能在第三期订货中交付的装备清单。不难想见的是，在很多领域，波兰人的需要都无法实现。有鉴于此，6月8日，日梅尔斯基向波兰政府发出请求，希望苏联方面"延长交货期……至1950年到1951年"。由此催生了第四期的采购，它对波兰军队的意义也最为重大。在获得同意后，1949年6月25日，国防部长日梅尔斯基向下属的各个部门签署了第11号指示，要求他们立刻进行研讨，并列出在第四期需要采购的装备。这份名单中"应包含在1950和1951年度最紧缺的装备和武器，其中1950年度的需求应当成为重点"。同年8月1日，波兰方面的订单终于起草完毕，并在9月1日得到了日梅尔斯基的批准。在5100万美元的货款中，属于装甲部队的订货金额为600万美元，而空军依旧占据了其中的大部分——为2000万美元；至于海军的订货为770万美元、炮兵为940万美元。然

---

① 米哈尔·罗拉-日梅尔斯基（1890—1989），当时波兰的国防部长。
② 尼古拉·布尔加宁（1895—1975），时任苏联武装力量部部长。
③ 所谓"ZIP"或"ZiP"，系波兰语"备用设备和零件"（Zapasnoje Instrumenta i Prinadlieznosti）的缩写。
④ 值得一提的是，这些火炮瞄准镜实际是分2次交付的。其中1949年12月9日的第15152号交货单显示，这轮一共交付了8具PTK-5型（每具900美元）、3具TSh-16型（每具400美元）、10具TSh-17型（每具409美元）、5具ST-10型（每具226美元）。

而，在修改阶段，订单的总金额又上升到了6500万，其中1000万美元属于装甲部队。不过，这还远远不是最终版本。在10月12日，采购金额又水涨船高，达到了7150万美元——这也意味着，波兰方面将用掉全部未使用的货款。

根据装甲兵最高监察处总部起草的、一份未标明日期的通告，其最高负责人——装甲兵总监试图说服总司令在采购中拨出一笔987万美元的款项，用来购买184辆坦克和自行火炮。作为通告的起草人——格拉伊沃隆斯基（Grajworonski）上校在其中直言不讳地指出，分配给装甲部队的采购款项只有大约573万美元（这也表明该文件可能起草于6月）。不久之后，虽然采购的装甲车辆数量增加了，但这些新车又并非全归装甲部队所有。除了陆军的订单之外，波兰国内安全部（Ministry of Public Defence）还希望订购26辆SU-85自行火炮，以及9架佩-2和9架伊尔-2战机，其价值达到了640万美元——相当于订单总金额的十分之一！

波兰装甲部队同样希望采购自行火炮，不过，和国内安全部不同，他们更希望获得的是ISU重型自行火炮，至于其订单的重心则是T-34坦克。在8月中旬时，上级终于批准了他们的请求——为此，波兰方面预计采购141辆T-34，总金额为250万美元，其中80辆将在第四批的采购中得到落实——这些坦克应在1951年运抵，其余的61辆将后续抵达（有份文件甚至讨论了在1955年交付部分车辆的可能性）。另外，波军还将订购价值3300万兹罗提的零配件。总之，与最初的计划相比，波兰人订购的T-34实际翻了一番，至于14辆SU-85的采购则被取消——最后，这些内容都被囊括进了8月17日制定的第0818号需求文件。

1949年10月初，波兰方面终于完成了订单的起草，并在月底将其发送给了苏联当局。1950年8月，即第三批采购的最后一部分交付完毕之后，苏联方面开始处理这些新订单。其中大部分货物都在1950年8月16日至9月11日间交付，至于波兰方面则在1951年年初支付了货款。在交货中，苏方的运输列车会抵达位于边境的祖拉维察车站，并由波兰方面就地验收，随后，大部分货物会被转移到采用欧洲标准轨距的波兰列车上，还有一小部分则会搭上军方或是波兰铁道部门的卡车，进而运往各个仓库。在这段时期，共有61班列车在祖拉维察卸载，它们有的仅由1节车厢构成，有的则是有多达56节的大编组列车。一个来自国防部的、由陆军上校科斯特罗米京（Kostromitin）带领的特别小组将负责接收，至于装甲车辆的勘验工作将由马祖雷克（Mazurek）少校进行。

第一批抵达祖拉维察的装备是一批BM-13火箭炮，即富有传奇色彩的"喀秋莎"——它们搭乘着第300/13767次列车于8月16日抵达。在间隔5天之后，大队列车隆隆开进了祖拉维察车站，在最先运来的装备中就包括了12辆8月22日抵达的IS-2重型坦克，随后是T-34和各种其他物资，其具体情况如下：

8月20日，第300/13767次列车：20辆T-34（序列号为：406651、816325、816248、815898、815936、816361、815829、815945、816264、406572、816337、816720、815760、525655、525557、815828、816043[1]、406505、406478、816291）[2]；

8月26日，第300/6661次列车：85毫米炮弹和T-5型引信（共计17个车皮，总重量320吨）；

---

[1] 另一份文件中显示该批次中还有一辆序列号为816873的坦克，两者可能是同一辆车。
[2] 这一整批坦克后来在8月23日被发往第1745部队［即位于马尔堡（Malbork）的第9坦克团］。另一辆序号为502956的坦克后来也被运往了这个单位。

8月27日[1]，第300/13816次列车：20辆T-34（序列号为：816011[2]、816703[3]、816351、815981、815858、815975、816009、816367、816312、525600、815910、815689、816339、406645、406541、816118、815985、815896、816023、406490）[4]；

8月27日[5]，第300/13817[6]次列车：11辆T-34（序列号为：502954、502956、502960、502961、502963、502965、502966、502969、502974、525707、816288）。

10月26日，苏联方面为上述T-34开出了付款通知，11月21日，波兰装甲兵最高监察处总部了这些申请。其具体情况如下表所示：

付款单号	订单号	货物	总价
15895	1-20/28 VIII	20辆T-34	816011美元（8月27日运抵）
15894	1-11/28	11辆T-34	465976美元（8月27日运抵）
15892	1-20/23	20辆T-34	847230美元（8月20-23日间运抵）
15893	12/28	2批物资和备件	2130美元

11月初，波兰方面又接收了由6部列车运来的坦克。这些车辆是根据1950年3月11日签订的第0482号协议交付的。该协议规定了装备交付的条件和事宜，也充当着第四批采购的最后一部分内容。其中规定，所有物资都将随着同一批列车抵达——这批列车的代号是80/315408。

相关车辆的具体交付时间如下：

10月2日：25辆T-34（序列号为：44402、502834、525219、525272、525280、525346、525427、525490[7]、525504、525532、525548、525568、525603、525611、525627、525635、815849、815866、815930、815950、815964、815972、816008、816085、816093）；

10月3日：15辆T-34（序列号为：211547、211556、211568、26771、26772、26775、26787、26794、26795、525450、525484、525514、525536、525567、525575）；

10月3日：12辆T-34（序列号为：882982、883009、883063、883073、883087、883095、883117、883130、883169、883216、162885、525471）——分配至第27坦克团和第40摩托化步兵团；

10月4日：20辆T-34（序列号为：406582、406639、502910、706640、406676、406622、406619、406592、406644、456612、406588、502891、502911、502924、502908、502906、502849、502909、502902、502921）——分配至第29摩托化步兵团；

10月5日：18辆T-34（序列号为：502861、502864、502865、502866、502868、502869、502871[8]、502929、502980、511558、511559、511572、511574、511575、861596、861597、861598、861599）。

---

① 根据其他资料，这批车辆抵达于8月28日。之所以出现这种差异，也许一些资料记录的是列车从苏联抵达的时间，而另一些则是货物在祖拉维察车站转发往波兰内陆的时间。

② 根据另一份记录，该车的序列号为810011，但这条记录可能有误。

③ 根据另外两份其他文件，其序列号为861703。

④ 后来，整个列车以及第502966号坦克都在8月28日被派往了第1657部队。

⑤ 根据其他文件，这批车辆抵达于8月29日。

⑥ 其他文件显示的车次编号为13813。

⑦ 其他文件显示的车辆序列号为525480。

⑧ 其他文件显示的车辆序列号为502861。

1950年12月4日，苏联方面签发了上述货物的付款通知，12月30日，这份通知由装甲兵最高监察处的苏霍夫（Suchow）将军接收。各个交付批次的具体内容如下：

付款单号	订单号	货物	总价
15947	1–15/3.X	15辆T-34	635422美元
15948	1–18/30. IX	18辆T-34	762507美元
15949	1–13/3.X	12辆T-34	502911美元
15950①	1–21/20.IX	20辆T-34	849360或883073美元
15951②	1–26/2.X	25辆T-34	1061167.5美元
15960		备件	373868美元

每辆带全套配件的坦克名义价格为45500美元，这一价格相当于182200卢布或1820万兹罗提；但由于这些坦克都是二手车，苏联方面给出的实际售价要比上述数字低7%（即略超过42300美元）。对于这种折中方案，波兰方面选择了接受，但代价是被迫小心使用，另外，在交付前，这些车辆也很可能都未曾接受过中等程度以上的检修。

与坦克运输列车一道抵达波兰的，还有12门带全套备件的85毫米坦克炮，每门火炮的售价为5560美元，它们的到来完全满足了波军的需求，也正是因此，在1951年度，波兰方面只决定再续订2门这种火炮。同时，为尽可能保障这种火炮的战斗力，波兰还从苏联订购了53套普通备件和5套团级保养备件，其售价分别为每套253美元和1071美元。另外，苏方还交付了总价为26646美元的29500发85毫米炮弹，其中8月26日运抵的一批、总数4500发的炮弹被国内安全部接收。另外，还有2部运输列车在8月29日抵达，其中一列运载着坦克备件（共计2个车皮，全重53吨），另一列运载着与武器操作相关的技术文件（1节车皮，221件，全重7500千克）。

根据1951年进行的统计，在第四阶段的军购中，波兰军队实际花费了近3.5亿卢布，折合8700万美元，其中的重点是装甲部队和空军。而在付款方式上，苏方会向波兰驻莫斯科大使馆发送付款通知，随后，后者会将通知转交给波兰国家银行总部进行最终结算。

由于国际环境不断紧张，波兰的军费开支也水涨船高。有鉴于此，在1951年，根据前一年6月29日签署的一项协议，双方决定变更结清款项的方式。按照文件中的描述，其中一小部分（很可能是紧缺的，或是未在前几次订单中交付的装备）保持不变，而在采购的主体项目中，三分之二将继续通过贷款进行交易，另三分之一将通过抵偿双方相互积欠的债务。根据这一共识，波兰方面又于1950年8月9日与苏联方面签订合同，订购了下一批T-34，这些车辆将在1951年交付完毕。根据1950年8月29日波兰装甲部队装甲兵最高监察处所做的一份计划，他们准备在未来再采购291辆T-34–85，其总价将达到5302万卢布，至于整笔采购的总金额将达到7700万卢布。根据专家们的推算，在这批坦克到货后，波兰军队中的坦克保有量将达到591辆T-34–85和49辆T-34–76，较和平时期的标准编制还要多出11辆。除此以外，波兰方面还打算在后续几年加大对T-34的采购。虽然由于缺乏资料，其详细情况已不得而知，但从后几年

---

① 其他文件显示的单号为15250或15256。

② 其他文件显示的单号为15251或15257。

对T-34的交付情况中，我们仍然能对波兰人的计划略知一二：

	1951 年	1952 年	1953 年	1954 年	1955 年	合计
T-34	276	180	143	186	192	977

　　根据另一份同年4月由总参谋部编订的预案，在接下来几年，波兰方面准备从苏联购置的T-34数量如下：

	1951 年	1952 年	1953 年	1954 年	1955 年	1956 年	1957 年	总计
T-34	291	100	95	110	54	120	265	1035

◀ 一辆索尔莫沃工厂生产的 T-34-85 坦克，该车正在跨越一条堑壕，堑壕中的军官佩戴的是英国生产的 Mk III 型头盔。

▶ 这辆 T-34-85 很可能是 112 厂的战时产品，战术编号为"？873"。

◄ 这辆 112 厂生产的 T-34-85 安装了带分置式换气扇的"蘑菇形"炮塔，该炮塔于 1945 年年初开始投产。

在这些订单中，只有一小部分如今可以知晓详情：比如，在1951年年底，18辆新车从苏联方面抵达，后来被交付给第8坦克团，其序列号分别为：6876363、22263、4121801①、687793、149158、687724、406455、4120303②、861710、288025、467020、457368、411351、26831、603-G-420、288080、406462和502876。与此同时，第9坦克团也接收了16辆坦克，其序列号为：288084、687678、687226、457221、687467、861637、687538、457432、601B101、687580、450788、687553、687631、687632、687586和687624。

按照波兰方面的设想，这些预定抵达的车辆，将在新装甲师和摩托化步兵师（后改为机械化师）中扮演关键的角色，至于后者也将成为战后波兰军队中首批能执行战斗任务的单位。为了达到预期的战斗力标准，这些师均由独立的团级部队整合而来，并在随后编组为军。其编制顺应了最新的军事变革，其中不少调整都很有针对性。其中，从理论上说，一旦战争爆发，坦克军（数量共2个）都将按照如下标准进行组织（此编制表于1950年2月底确定）：

军部及直属单位，下辖：通讯营、航空兵分队、军部连、工兵营、情报分队、警卫排；

1个坦克师，下辖：2个坦克团、2个摩托化步兵团、轻型炮兵团、120毫米迫击炮团、高射炮兵团、侦察营、工兵营、通讯营、防空营、装甲车连、防化连、医疗卫生连、急救站、后勤仓库、被服缝纫车间、面包房、战地邮局、行政分队、情报分队、警卫排；

1个摩托化步兵师，下辖：3个摩托化步兵团、坦克团、轻型炮兵团、120毫米迫击炮团、反坦克团、侦察营、工兵营、通讯营、防空营、装甲车连、防化连、医疗卫生连、急救站、后勤仓库、被服缝纫车间、面包房、战地邮局、行政分队、情报分队、警卫排；

---

① 此车辆似乎系战时生产。
② 此车辆似乎系战时生产。

1个独立坦克旅，下辖：旅部、3个坦克营、反坦克营、摩托化步兵营、高射炮兵连、维修连、医疗卫生排、情报分队和警卫排。

但实际上，这些部队从未实现过满编，而且在组建过程中，其编制更是发生了变化，有几个月（1948年夏季至1950年冬季之间）尤其明显。同样的情况也体现在了武器装备领域。其中，所有坦克团都改成了坦克（T-34）和自行火炮（ISU或SU-85）的混编模式，以此提升了作战实力（从原来的每团40辆T-34上升到后来的55辆坦克和自行火炮）。在1950年1月1日时，2个新成立的坦克军各拥有70辆（第1坦克军，计划分配数为94辆）和107辆（第2坦克军，计划分配数为133辆）T-34坦克。

1950年2月1日，新成立的第1坦克军编制如下：

第16坦克师，下辖：第1坦克团、第4重坦克团、第6侦察营、第35摩托化步兵团、第55摩托化步兵团、第43通讯营①、第47工兵营、第41轻型炮兵团、第42装甲车连、第14防空营、第4坦克机动修理站、第5炮兵机动修理站、第6汽车机动修理站；

第8摩托化步兵师，下辖：第9坦克团、第32摩托化步兵团、第34摩托化步兵团、第39摩托化步兵团、第34轻型炮兵团、第91反坦克炮团、第15迫击炮团（1950年编入）、第5侦察营、第28通讯营、第19工兵营、第12防空营、第41装甲车连、第1坦克机动修理站、第2炮兵机动修理站、第3汽车机动修理站。

至于第2坦克军（含第52通讯营）的编制如下：

第10坦克师，下辖：第2坦克团、第6坦克团、第27摩托化步兵团、第39轻型炮兵团、第7侦察营、第41通讯营（最初为第31通讯营）、第91工兵营（最初为第21工兵营）、第14防空营、第43装甲车连、第7坦克机动修理站、第8炮兵机动修理站、第9汽车机动修理站；

第11摩托化步兵师，下辖：第8坦克团、第29摩托化步兵团、第40摩托化步兵团、第42摩托化步兵团、第33轻型炮兵团、第17迫击炮团、第92反坦克炮团、第9侦察营、第34通讯营、第16工兵营、第15防空营、第44装甲车连、第10坦克机动修理站、第11坦克机动修理站、第12汽车机动修理站；

1950年2月1日时，第10坦克师拥有5612名官兵；第16坦克师拥有5278名官兵；至于第8和第11摩托化步兵师则各拥有8844人。

1950年6月，命令要求上述单位采用另一种新编制，其中包括将各个摩托化步兵师改编为机械化师；另外，第5/41号-第5/60号编制表也被第5/64号-第5/76号编制表取代了。几乎与此同时，相应的调整也在部队中展开。比如说，部署在斯鲁普斯克（Slupsk）和马尔堡的第1、第2和第9坦克团在1950年下半年分别放弃了第5/43号（第9团）和第5/57号编制（第1团），并且转而采用了第5/66号编制。原先，这些部队将下辖1个坦克营、1个自行火炮营和1个训练营，官兵共计784人（其中包括133名军官）；更换编制后，其麾下将包括2个坦克营、1个自行火炮营和1个训练营，至于总人数则应上升到1146人（包括军官140人）。后来，这些计划又在细节上有所改变。另外，其他团也准备接受类似的调整。

总之，按照1950年年底确定的计划，与T-34相关的、各类一线部队的人员和装备数应如下表所示：

---

① 也有资料称是第73通讯营。

	总人数	T-34	装甲车	装甲运兵车	装甲抢修车	汽车
指挥部连	109	2	4			22
机械化团	2370	31	5		1	266
坦克团	1099	64		3		174
侦察营	436	10	5	15		31
坦克机动修理站	98				1	22
坦克旅	1635	95	1	3	4	305
训练营	1059	32	5	2	3	33

◀ 这辆 183 工厂生产的 T-34-85 拥有 4 位数的编号，它们被涂抹于炮塔侧面上方和后部下方。

▼ 20 世纪 50 年代，波兰坦克和苏联步兵的联合演习。注意炮塔侧后方和前装甲上的战术识别标志。

在最终版本的新编制中，每个营应当包括营部和3个连，每个连下辖3个排，这些排各自拥有3辆T-34和15名士兵。将连部所属的1辆坦克和9名官兵计算在内，一个坦克连的全部兵力应当包括10辆坦克和54名乘员（其中6人为军官、其余48人为士官）。另外，在营部还拥有3辆T-34和15名官兵（1名军官和14名士官），配属的通信排也额外拥有1辆T-34。除此以外，一个坦克营麾下还应当包括一个训练连，其中有22名官兵（3辆坦克，7名军官和15名士兵）。总之，按照20世纪50年代初期的标准，如果不将训练车辆包含在内，一个波兰坦克营应当拥有37辆T-34-85坦克。

　　在1952年，波兰军队还计划组建一个用于充当总预备队的坦克旅。其麾下应当包括3个编制如上所述的坦克营。为实现这一目标，军方需要从苏联购置新的装备。但实际上，早在1949年时，波兰方面已经察觉到，仅凭进口已经不能满足全部的需要。于是，在波兰国内生产T-34的决定便应运而生。

▲ 在演习期间，一辆战术编号为"0578"的 T-34-85 从一门 ZiS-3 型火炮旁驶过。在其炮塔侧后方可以看到菱形的战术识别标志。

第十九章
技术输出

尽管国内资源匮乏、工业基础薄弱，但波兰政府依旧为武器的国产化付出了不懈努力。有一段时间，他们甚至考虑过和捷克斯洛伐克联合生产坦克（当然，前提是得到苏联政府的准许）。根据当时装甲兵最高监察处掌握的情报，他们的南方邻国正在开发一种新式重型坦克的样车，该型坦克的基本数据如下：

全重：35吨；

武器：一门半自动装填的100毫米炮；

前装甲：65毫米；

最大速度：55千米/小时；

发动机：700—1000马力。

但波兰政府认为，这样的设计不能满足需要，因此，他们决定在国内生产T-34。在1948年11月，装甲兵最高监察处制定了一份计划：1949年开始在国内生产T-34的备件，至于坦克整车的生产将在1952年开始。

很可能早在1948年夏天，波兰国内便已开始讨论引进T-34的生产许可，而在当年9月14日的第00493号通告中，波兰政府更是发布命令，决定引进T-34-85坦克的生产技术，而在11月15日的第0324号通告

▲ 在波兰生产线上的 T-34-85 坦克。

中，他们还希望必要的技术文件能在次年3月1日前交付完毕。然而，由于种种问题，波兰还没有做好同苏联合作的准备工作。也正是因此，在1950年6月24日时，他们又将接收技术文件的最后期限推迟到了1953年——这一点也可以在1951年8月22日的第00683号通告和10月14日签发的另一份文件中得到体现。

就在苏联和波兰达成共识后不久，波兰方面还在第00020号文件中向苏方发出请求，允许其在国内生产V-2-34型发动机。至于生产许可证的交付截止日最初定在了1950年的第二季度，但实际上，直到1951年3月9日和12月10日[①]，它们才随着第00683和0090号文件被正式移交给了波兰方面。

四年后的1955年1月25日，苏联方面还在第00193号文件中向波方移交了V-34M-II发动机的生产技术。该发动机是V-2的改进型号，后来成了波兰产T-34在20世纪60年代和20世纪70年代的动力之源。有趣的是，波兰还获得了V-54发动机的生产许可，这种发动机与T-54坦克配套，将在T-34生产启动的同时（即1954年秋天）投产。在1951年，波兰还取得了TPM-A-O和TPM-B-O型维修车间的生产许可——它们能为T-34提供维修保障；同时转让技术的还有一种10—15吨吊车，该吊车可以安装在坦克底盘上，装卸坦克的炮塔和发动机等重型零部件。

1951年2月22日，85毫米炮的许可生产也随着第00020号文件的签署得到了落实，其中规定，相关技术文件将在此年度的第四季度转让完毕。但事实上，早在这年夏天，这些技术文件便已在8月22日的第00683号文件中一并移交给了波兰方面。在第00020号文件中，双方还就10-RT型无线电台（最新量产型）的技术转让达成了共识，而在早些时候（即2月6日），波兰方面还得到了TPU-bis "f"型车内通话系统的生产权。但在5月24日的另一份文件中，上述系统的转让却被TPU-47型系统取代。

正如前文所述，购买许可证、理论筹备和实际生产完全是不同的事情。虽然在1949年，波兰方面已获得了一些仿制苏联装备的经验，但它们总的来说依旧非常有限。在国土解放后，波兰的军工生产很快便重新启动了；当然，以此时的条件，其产品仅限于一些步兵武器，比如PPS-43冲锋枪、TT手枪，以及配套的弹药和各种手榴弹。1944年年底至1945年年初，苏联向波兰方面移交了这些武器的蓝图，不过，正如总参谋部麾下的一个部门所称："我国军工业并没有这些武器的生产许可证。"

在战争结束后，波兰政府只引进了少数武器的生产许可，直到1949年春天，其重点都仅仅为步兵提供装备，至于仿制的武器也只是枪械、火炮、弹药和望远镜等。在掌握它们的生产能力之后，波兰人开始谋求制造更为尖端的武器，比如Yak-15战斗机、Il-10强击机、T-34坦克和SU-85自行火炮等等。也正是在此时，波兰的高层领导人才开始正视建设坦克和航空工业的问题。虽然早在1947年2月，波兰工业与贸易部（MPiH）便已经表示，该国的工业系统已经做好了仿制尖端武器的准备，并宣称"全国的工业系统已经做好准备，可以生产国防部取得仿制许可的各种苏联武器"，至于唯一的问题，就是"应当采取必要措施，加快技术资料的引进"。但现实很快证明，这种观点太天真了。不仅如此，当时苏联还没有透露可以转让的技术清单——直到1948年1月19日，苏方才在莫斯科的一次会谈上将相关条件和盘托出。

在这次会议上，苏联代表团的领导人是A.I.安东诺夫（A.I. Antonov）[②]将军，波兰代表团则由工业

---

① 另外，在后一份文件中，还出现了一个日期——1953年5月9日，目前还不清楚这一日期的含义。
② 阿列克谢·安东诺夫（1896—1962），时任苏军的第一副总参谋长。

▲ 进行越障测试的波兰产 T-34-85。其炮塔侧面可以看到生产序列号"103"和战术编号"945"。

◀ ▲ 这三张照片展示了军官学员们观看波兰造 T-34-85 翻越障碍时的景象。这辆坦克的战术编号尺寸较大，并根据规定涂在了炮塔的侧面和后部。

▲ 在二十世纪五六十年代常见的例行演习中，T-34-85 从一座村庄呼啸着穿过。

与贸易部的罗赞斯基（Rozanski）和国防部的格拉宾斯基（Grabinski）领衔，这两人都出身于技术人员。在会议的一开始，安东诺夫将军请求波兰方面解释，什么是他们所说的"生产许可证"。对此，罗赞斯基表示，"生产许可证"实际是一种批准文书，它让波兰方面可以根据接到的技术资料在国内生产苏军的武器装备。后来，根据1947年12月19日波兰政府起草的备忘录，代表团又向苏方简单阐述了当前的情况。不过，虽然他们有让自主研发的意愿，但由于该国和苏联同属一个阵营，他们的武器也必须和苏军保持一致。由于波兰本国的工业尚不具备生产苏联武器的能力，因此，苏联方面还必须向波兰提供技术援助——对于这种"援助"，波兰代表团的定义是"将专家借调过来较长一段时间"。另外，这句话还包括了另一种言外之意：波兰派遣自己的工程师到苏联"取经"。对于波兰人的请求，佩列舍普金（Pieresypkin）[①]元帅认为它是可以理解的，因为在20世纪30年代，这种办法曾为苏联坦克工业的发展提供了很大帮助。另外，按照记录，"安东诺夫将军也表示，他个人赞成波兰政府仿制苏联武器，并理解他们获得技术援助的愿望，只要苏联政府同意，我们将立刻起草许可转让和技术援助协议。"随后，双方又讨论了技术转让的细节。

在讨论与装甲部队有关的内容时，工业与贸易部的副部长罗赞斯基指出，波兰工业在生产装甲板时可能会面临困难，因为该国的轧钢厂规模有限，在焊接较厚的装甲时也面临着技术障碍。苏联坦克专家表示，由于T-34已在本国停产，要为波兰提供援助是不可能的，同样的情况也发生在ISU-122自行火炮上，波兰代表团只好选择当时仍在生产的SU-85和SU-100。按照双方达成的共识，许可证的交付期限为合同签订后的3个月。

———————————————

① 伊万·佩列舍普金（1904—1978），时任苏军通信兵主任。

▲ 20 世纪 60 年代拍摄的一个波兰 T-34-85M 纵队。根据炮塔上一片颜色不同的色块可以判断，近处坦克的编号"409"实际是覆盖在了旧的编号上面。另外请注意截短的星形天线。

◀ 一辆满载 T-34-85 的列车正从训练场返回基地。在这些坦克的后部，BDSz 型发烟罐清晰可见。

▶ 一辆波兰生产的 T-34-85，该车车体正面没有连接梁，挡泥板已折叠，炮塔也有波兰产品的鲜明特点。注意涂在附加油箱正面的战术编号。

▼ 在照片中，这个 T-34-85 坦克排正在展开攻击演练。在最近处的坦克上，车组已经拆去了手枪射击孔上的塞子，以便改善车内的通风。

在协商的最后阶段，双方决定立刻开始协议的起草工作。其间，波兰代表团表示，他们将在1月20日之前将其提交给安东诺夫将军。另外，正如一份文件中所示："代表团也获悉，苏联总理和斯大林大元帅已经在原则上同意，应无偿准许波兰仿制各种武器和军事装备。"

在大约3个月后的1948年3月10日，布尔加宁给日梅尔斯基发去了一份编号为136978的信函，该信函在3月15日抵达了这位波兰元帅的官邸。它以"向您表示崇高敬意，先生！"起首，并商讨了双方合作的核心问题，其具体内容是：

1.许可证和技术文件的转让，是波兰生产相关装备的关键，整个工作将根据波兰工业的投产准备情况逐步推进——至于具体情况将由波兰政府随时通报给苏联方面。

2.保证波兰工厂仿制的苏联武器能完全满足其需求——在未来，他们将不应再进口与之相关的部件、材料或者技术资料等。

随后的内容是要求波兰方面对资料的内容保密，在第五点中，文件对合作的内容总结道：

许可证和技术文件都是免费移交给波兰人民政府的，但苏联各部委为移交而产生的费用都应由波方支付，同样，波兰方面还必须负责苏联技术专家的生活开销。整个交易将按照苏联国内的标准程序进行，并按照官方汇率将所有款项折合成美元后进行结算（1美元＝5卢布又30戈比）。

在协议的增补内容中包括了一份技术转让的清单，其内容有T-34坦克和SU-85自行火炮，不过，后来波兰人放弃了对后一种车辆的转让要求。

在发送给"布尔加宁先生"的签署于1948年9月14日的第00493号通告中，日梅尔斯基元帅同意了苏方开出的条件。其中这样写道："以波兰人民共和国的名义，我荣幸地通知您，波兰人民共和国已经接受了苏联政府开列的所有技术转让条件。同时，我请求您立刻向我们发送首批装备的生产许可证。"另外，苏联还同意在协定签署3个月后移交技术文件，在条款中这样写道：

-I-

……我方决定：无偿向波兰政府提供各种武器和军事装备（其清单可见第1号计划书及本章节的相关内容）的生产权，并转交一切必要的技术文件。

-II-

苏联当局将通过向波兰军工厂派驻专家、允许波方专家常驻苏联工厂等方式，向波兰政府提供军事援助，以保证后者能掌握各种武器和装备的生产技术……苏联专家在波兰工作期间的生活费用，以及波兰专家在苏联工厂的各种开销将全部由波兰政府承担。

在条款的第三段中，苏联政府还同意以"合理的价格"提供各种武器装备、零件样品和各种生产材

▲ 在20世纪60年代的演习中，几辆战后生产的T-34-85正在对假想敌发起攻击。它们的车体是典型的战后产品：车体前方没有连接梁、挡泥板已折叠、炮塔表面平滑（尽管炮塔样式和183厂的战时产品非常接近）。

▲ 我们附上了这张战后生产的T-34-85的照片作为对比，该车安装了183厂的炮塔，但炮塔表面依旧十分粗糙，显示其可能生产自战争期间或是战争刚刚结束时。

◀ ▲ 在登陆演习期间，两辆T-34-85（编号为"404"和"409"）从登陆艇上开出，并突破了滩头障碍物。注意409号坦克（系战时生产型）甚至在搭载的圆木（用于帮助车辆在陷入泥泞时脱困）顶端也涂抹了战术编号。

料。第四段则允许波兰政府在协议签署3个月后开始生产，第五段则禁止波兰向第3国提供相关的技术文件——只有在苏联方面知情并书面同意的情况下，波兰人才能向第三国出售协议中涉及的产品。

对波兰人来说，第二段的意义最为重要。但直到此时，他们的代表都没有意识到，在国内能够主持重武器生产的专家非常有限。值得一提的是，波兰军队中也存在专业人才不足的类似情况。也正因如此，苏联于1949年春天响应了波兰政府的请求，向波兰派遣了大量高级军官（共计23人），其中一些进入了总参谋部的机要岗位。有一个例子是防空部队，因为"波兰本国根本没有合适的人选"。

按照1948年秋天的估计，"许可证将在1949年3月1日移交"。但这一时间明显是不合适的——就在1949年2月10日（即截止日期到来前），日梅尔斯基又致信布尔加宁，表示许可的转让工作出现了拖延，还希望后者干预。同时，他还请求苏联方面转让新一批许可证，并在其中保留原先的转让条件。随这封信送出的还有一份详细的报告，其中介绍了波兰军工业的发展状况，同时，该报告还埋怨说，由于苏方答应提供的技术文件迟迟没有到位，各项工作如今都止步不前。另外，为了加快移交，波兰总统贝鲁特（Bierut）①还向斯大林写信。在信中，他向"无比尊敬的斯大林大元帅"表示，"波兰共和国政府已向苏联方面发出请求，希望获得11种武器的生产许可……同时，波兰方面也获悉，国内的工业企业已

---

① 博莱斯瓦夫·贝鲁特（1892—1956），他1927年后长期在苏联居住，1942年参与重新组建了波兰工人党，1947—1952年间担任波兰共和国总统，后改任部长会议主席，1956年在率领代表团参与苏共"20大"期间因心脏病猝逝。

▲ 这两张照片是在一次演习期间拍摄的，其中的T-34-85系波兰生产。该部队的战术标志被涂在了车体正面和炮塔侧后方。

经做好了生产这些武器的准备……"但斯大林也许知道，信中所说的并不是实情。而在另一份通信中，波兰总理西伦凯维兹（Cyrankiewicz）[①]更是遮遮掩掩地表示："原则上说，我国的军工厂已经做好了开工准备"，不过，"假如技术资料不能抵达，那么，他们就没有办法取得更多进展。"面对这些情况，

① 约瑟夫·西伦凯维兹（1911—1989），他这一次的总理任期为1947—1952年，后来，1954—1970年之间，他再次担任了总理一职。

▶ 这两张照片中坦克所属的部队将六格棋盘当成了战术识别标志，其中不同的单位对应棋盘中不同涂白的区域。

斯大林仍然给贝鲁特发去了一封积极的回信，对此，贝鲁特答复道："鉴于苏联政府已同意转让军事装备的生产许可，还同意向波兰武装部队派遣技术专家团，大元帅同志，我请求您接受来自我本人和波兰共和国政府的诚挚感谢。"

随后，苏联政府（确切地说，是斯大林本人）任命了一名全权督办此事的专家——马斯洛夫（Maslow）[1]将军。上任后，马斯洛夫立刻询问波兰方面，如果要启动相关装备的生产，他们还需要哪些专家。1949年9月15日，波兰政府给出了答复：目前最需要的是T-34备件方面的专家。至于他们何时

---

[1] 阿列克谢·马斯洛夫（1901—1967），他在卫国战争期间担任过机械化军参谋长、机械化军司令和集团军参谋长等职务，战争后期调往技术岗位，最终军衔为少将。

▼ 一张反映波兰战后生产的 T-34-85 的照片。

▲ 在一辆波兰生产的 T-34-85（编号"3567"）前方，其车组正在接受任务指示。

▲ 从射击场归来的车组正在清洁炮膛。注意该车巨大的战术编号和炮塔的奇怪外形（该炮塔由 112 厂生产）。有趣的是，该车的火炮护盾上的炮管套仍然是与 S-53 火炮配套的老式型号。

◀ ▲ 这两张图片都展示了T-34-85渡河时的景象。第一张照片中可以看到一个被固定在坦克挡泥板上的通气管。而在第二张照片中，坦克的通气管位于炮塔顶部，上方还有一根无线电天线，另外炮塔的缝隙也做了防水处理。

抵达？波兰人的要求是——立刻就来！

　　与此同时，在1949年夏天，波兰方面开始为接收技术资料进行准备。然而，意外情况却接连发生。8月1日，国家经济委员会（National Commission for Economic Planning）表示，相关的经济计划落实非常困难：之前，他们召集了一批专家前往莫斯科接收技术资料，但在随后的整整一个月，这些人都没有接到任何指令。随后，委员会指出，如果这些资料不能在1949年7月前到位，他们将根本无法在1950年开始生产。

　　此时，波兰人开始更直言不讳地承认，他们最大的问题在于缺乏技术骨干。情况有多么严峻？以下例子可以略见一斑。在规划M1938型122毫米榴弹炮的生产时，他们发现炮轮的制造存在问题——它在很长一段时间后才得到解决。第二个例子发生在1950年8月，当时，苏联驻波兰的陆军武官和波兰的科

▲由于桥梁未达到坦克的通行条件，照片中的坦克选择了涉水而行。这辆坦克安装了波兰制造的炮塔和新型的排气管外罩。

▲ 这辆坦克的车尾安装了 2 个 200 升的油桶，为了固定这些油桶和BDSz 型发烟罐，该车上还安装了特制的支架。

尔奇茨（Korczyc）①将军进行了一次谈话，这位武官发现波兰人根本不具备生产57毫米反坦克炮的条件。另外，如前所述，在1949年5月25日贝鲁特总统第一次给斯大林写信，请求转让武器生产许可证。同时，他还要求苏方向波兰总参谋部下属的军事科学院（Military–Sciences Institute）派遣7位技术专家和15位军工科研人员。然而，随着波兰人对技术资料的逐渐掌握，他们开始意识到，苏方派遣的援助专家人数还远远不够。于是，在10月11日的通信中，贝鲁特总统再次要求苏联派遣11名专业技术人员，涉及飞机、无线电测向装置、火炮（仅包括122毫米榴弹炮）等武器制造领域，甚至包括步枪制造。随着时间流逝，苏联派往波兰的专家数量持续增长。

大约与此同时（即1949年9月10日），第100/5070次列车也随着其他运输专列抵达了祖拉维察车站。这趟列车运载着T-34的被检样品，它们均为一式三份，将用于为波兰军工业提供参照，其中有2份将在未来用于"与生产相关的各项测试"，另一份则被转交给军事科学院。9月19日，第100/2212次列车离开了苏联，车上运载着全套的技术蓝图。根据波兰国防部的第0047号命令，其中一套（即第2套产品图纸副本）后来被装甲兵最高监察处接收。其中，对坦克生产最重要的资料移交于1950年1月11日，图纸共计10892张。为了将它们运完，苏方动用了整整2个车厢，仅运费就有2300美元。

在1950年2月制定的计划中，坦克备件的生产将开始于1952年。按照估计，波方将花10个月熟悉技术资料，花18个月进行生产准备，最后用4个月进行质量测试。至于T-34整车的制造将在1952—1954年之间开始。同时，波兰方面也再次确认，指定的工厂［此时已改名为布马尔–拉比迪（Bumar–Labedy）工厂］已经"基本完成了生产准备工作"。按照设想，整个生产过程将从配件起步。另外，波兰方面还决定在斯卡日斯科–卡缅纳（Skarzysk–Kamienna）和莱吉奥诺（Legionow）的皮翁基工厂（"Pionki"facility）生产85毫米坦克炮弹药。生产的最终决定下达于1951年5月，后来共有685辆坦克下线，其中包括了10辆用于测试的预生产型。而在1952—1954年间，共分别有5辆、310辆和370辆坦克离开了波兰国内的生产线。

① 瓦迪斯瓦夫·科尔奇茨（1893—1966），时任波兰国防部副部长。

第二十章

迷彩和标志

　　所有T-34的涂装样式都是相同的：即涂上一层暗橄榄绿色的4BO型油性底漆。虽然我们可以有把握地确信，所有T-34都曾被漆成过这种颜色，但这并不意味着，所有的坦克都是带着同一种涂装奔赴了前线。目前可以知道的是，这种油漆的生产厂家很多（其中包括了斯大林格勒，另外乌拉尔地区至少还有2处生产厂），产品呈现的颜色也略有差异。因此，虽然理论上，所有的T-34都采用了暗橄榄绿色底漆，但不同批次的颜色差异很大：从浅绿色到暗橄榄绿色应有尽有。

　　在战场上，为改善伪装效果，车辆有时还会额外涂上1-2种油漆，其中一种"保护漆"是深棕色的6K型；另一种是浅棕色的7K型——其视觉效果与暗沙色非常接近。这些油漆在各个战线上都得到了广泛使用，不过，在坦克上却相对罕见。比如，在1944年下半年，虽然波兰军队中拥有6K和7K型油漆的库存，但按照现存的照片，其坦克上却没有任何秋冬季迷彩。其原因很可能是燃料不足（苏军也面临着类似的情况）。因为在用画笔和毛刷上漆之前，人们必须要用油进行稀释——如果一支部队燃料短缺，增加伪装图案就会遭遇困难。

　　在涂装样式中，最常见的是在4BO底漆的基础上额外涂抹6K或7K油漆。这种情况下，在车辆可见的表面部分，底漆所占的区域大约为75％。而在采用三色迷彩时，4BO仍然是底漆，不过所占的区域下降

◀ 在这张照片中，两具发烟装置在坦克的车尾清晰可见。

▲ ▶ 这三张照片展示了一次夜间射击演习时的景象。

▲ 20世纪60年代，一辆波兰生产的T-34-85正在泥泞中艰难跋涉。

▲ 在桥梁旁，一辆波兰军队的T-34-85正在涉水渡河。该车炮塔上的战术识别标记（被分成三部分的圆形，其中每个部分当中都有若干字母或数字）和苏军的非常相似。另外，它也很好地展示了车首驾驶员舱门下方木制挡板的功用：避免水和泥泞溅入车内。

到了50%，至于迷彩图案没有具体的规定，可以由各单位自行选择。这一点也体现在了现有的、涂有条纹或斑点的迷彩案例上。

在冬季，有一种为坦克提供伪装的特殊油漆，其成分包括了50%的建筑石膏和50%的白土粉，其中还有少量胶水（5%）和石灰（2%）。这种混合涂料以粉末状态保存在袋子或罐子中。当需要时，它们将被倒入半桶温水中搅拌均匀，随后用画笔和毛刷涂到车上，当坦克车体干净、涂层较厚时，其伪装效果最佳。然而，这种涂料易遭污损，脱落也很快。同时，苏军还有一种在使用方式上类似6K或7K油漆的涂料和一种胶状油漆，但它们在现实中都非常罕见。

关于冬季迷彩的运用，各个部队的情况差异很大。在很多照片中，坦克的涂装完善且整洁，但另一些的涂装则极为混乱和随便。在1941年年底至1942年年初期间，各工厂曾为坦克敷设过一种特别设计的迷彩涂装：其中有一部分车体会涂抹宽幅白色条纹，上层还有一部分区域被4B0型油漆覆盖。

显然，波兰军队的T-34也采用了苏联生产的油漆，这种情况一直持续到1950年。在1943年秋天，波军从苏联接收了许多个车皮的物资和备件。其中就有包括了硝基漆和搪瓷漆在内的各种涂料。由于随第一批涂料抵达（时间为1943年9月）的还有一些波-2和UT-2飞机的备件，因此，这些涂料中也许有一部分是与飞机配套的。不过，考虑到抵达的货物中还包括了一些金属漆，我们也不能排除上述油漆中将有一部分将被交给陆军：这也进一步意味着，这些油漆很可能将被用在接受大修的坦克上面。

战争结束前，波军的坦克都保留着苏式涂装，直到1949年后，它们才开始正式使用国产油漆和本国设计的伪装。按照1949年7月21日命令中的规定，坦克可以采用下列颜色的涂料：即卡其色、白色、红色、黑色、蓝色、黄色和铁灰色。其中最主要的是卡其色，与20世纪70年代到20世纪80年代通用的颜色相比，当时这种涂料的色彩要更为明亮和偏绿——它们由位于拉多姆（Radom）的第2油漆和涂料厂专门为陆军生产：产品型号为FO/c/1821/m。

上述涂料的具体使用情况如下：

卡其色：坦克内部，以及输油管和火炮设备上；

白色：战斗室内部；

红色：发动机舱、所有的润滑点、传动舱和油箱；

黑色：传动轴和扭杆、传动系统、驾驶员仪表；

蓝色：所有进气、出气和冷却管路；

铁灰色：IS-2坦克上的传动舱和油箱。

在苏军单位中，通常使用战术标志进行战场识别，但具体形式存在很大差异。虽然标准的做法是采用2、3、4等数字，但也有更复杂的情况出现。在很多情况下，苏军会采用一种包括数字、字母和图形组成的识别系统（比如正方形、菱形和三角形，或是其他图形配以字母）。这种识别系统可以表明坦克所属的营、旅和军，在当时运用广泛，几乎成了苏军中的通例。

除了上述战术标志之外，部队徽章、单位名称、爱国标语和车辆昵称等也在苏军中广为存在。为便于友军飞机识别，苏军还会在炮塔上画出一些特殊的徽记——通常是圆形、三角形、长条、十字形的组

▲ 照片中这个安装有六边形炮塔的 T-34 坦克连是由阿塞拜疆人捐献的。1943 年春天，苏军利用他们筹集的经费购买了 10 辆坦克。

◀ 这辆名为"战斗女友"（Bojevaja Podruga）的坦克是由玛利亚·奥克佳布里斯卡娅（Maria Oktiabrskaja）捐赠的，在丈夫阵亡后，她作为 T-34 驾驶员参加了军队。

◀ ▲ 这两张 T-34-85 坦克的照片拍摄于 1945 年 3 月，波兰第 1 坦克旅在三联市附近作战期间。其中第 1 张照片中的坦克编号为"1000"，是旅长马卢京上校的座车，上面安装了 112 厂的变体版炮塔。该旅在 1944 年 9 月从索尔莫沃工厂接收了第一批八九月间下线的 T-34-85。从中也可以证明，这种炮塔不仅仅出现在了 1944 年春季出厂的车辆上，也曾在夏季的产品上出现。

合，颜色为白色（冬季为红色）。直到1943年下半年指挥塔安装到T-34坦克上之前，这种标记的涂绘几乎都在正常沿用。

至于波兰单位，它们似乎将原先的战时编号系统保留到了1947年。以下是1945年9月1日第1坦克旅的情况，也可以从中发现其编号有多么怪异。各个T-34-85的编号依次为：1、2、3、4、1000、1001、200、201—217，T-34-76的编号是218—229。的确，虽然该旅的兵力只有额定编制的一半，但其中却存在2套编号系统。为避免混乱，许多单位都渐渐对编号进行了调整。比如第1坦克旅，后来，其T-34-85的编号改为了：101、102、110—119、130—134，T-34-76的编号则改成了120—129和135—139。

与此同时，在第4军区，来自装甲兵监察处的莫洛卡诺夫（Molokanow）上校在1947年3月签署了下列命令：

鉴于所辖车辆的战术编号规范各异，兹决定，从1947年3月10日开始，采用如下所示的新安排：

第6坦克团：400-433；

第24自行火炮团：434-456；

第25自行火炮团；457-478。

数字的大小和位置均需在喷涂时按照规定。

另一个例子是1947年5月时的第2"苏台德"坦克团，其车辆的情况如下列表格所示：

序列号－战术编号 指挥车	序列号－战术编号 连队车	序列号－战术编号 连队车	序列号－战术编号 连队车
? -001			
412418-002			
	? -111	4120371-121	4120400-131
412285-100	4120324-112	4120308-122	4120270-132
	4120821-113	412369-123	4120375-133
	412760-211	4120416-221	412748-321
4120386-200	412758-212	4120359-222	4090611-322
	4120364-213	412744-223	310171-323
	412716-311	4120321-231	?-331
412635-300	412664-312	4110131-232	412785-332
	412764-313	4120356-233	412762-333

▲ 马卢京上校座车的另一张照片。上面的变体版炮塔被合模线分成了 8 个部分。

◀ 和战争期间数以千计的苏联装备一样，这辆坦克上也涂上了"为了祖国"的标语。

▼ 这辆坦克的六边形炮塔上涂着的标语是"为了齐娜·图斯诺罗波娃"（For Zina Tusnolobova）。另外，该车还可能喷绘了双色迷彩，这可以从炮盾的颜色上得到部分证实。

1947年夏天，波兰军队高层更是开始尝试对各个军区和单位的战术编号进行统一管理。为此，他们下发了第375号命令。1947年10月，波军装甲和机动部队军官学校的校长曾在调整战术编号的第226号指示中引用了它，在该指示的第7条，还列出了一个坦克连战术编号的分配实例：

序列号 / 车体编号①	发动机编号	战术编号
412758	4111724	200
4020350	210248	211
44225	30794	212
4110131	408523	213
4120573	3050702	214
0309801	408685	215
3020401	303177	216
52209	3407830	217
45415	306742	218
46125	404879	219
420815	40164	220
36607	714424	221
8978	4021201	222
420937	103618	223
4010025	3057	224
31297	406033	225

但也有一些不同的情况，比如在当时，第6坦克团曾收到了2辆新的T-34，它们获得的编号分别是400（序列号608D0957）和1（序列号611D1074②），至于第9坦克团收到的新车具体情况则如下列表格所示：

① 表中的车辆和其他战时留存下来的车辆一样，其序列号就是该车后来的注册编号。
② 有趣的是，在为这些新T-34-85坦克登记注册编号时，波兰方面沿用了该车原有的车体序列号。

车体序列号	战术编号
610D1084	0101
610D1047	0201
610D1050	0200
609D1020	0100

与上述部队形成对比是，第3训练坦克团的车辆编号繁多且杂乱。当时上级下发的、旨在规范战术编号的指示，显然没有对这支部队产生任何效果。当1947年7月时，该团所属T-34的序号实际是：001、27、58、65、67、71、72、73、111、114、126和331。

在20世纪60年代，波兰国防部工兵司令部（Command of the Engineer Troops of the Ministry of National Defence）开始进行迷彩涂装测试。根据目前掌握的文件，即1963年的《部队伪装规范：第2部分——伪装的材料和手段》（Instructions for Camouflaging Troops. Part II — Materials and Means for Camouflaging）第150/63号手册，当时的迷彩共有以下几类：

保护迷彩（单色涂装——卡其色/白色）；

拟态迷彩（使用多种颜色，主要用于静止物体）；

变形迷彩（双色/三色迷彩，有混淆视觉感官的效果，具体使用将根据季节而定）。

两年后，波兰方面又推出了《基础军事装备的伪装临时使用条例》（Temporary Instructions for Applying Camouflage to Basic Military Equipment），其中针对不同的对象、手段和材料（如钢铁、木材或帆布）等，对伪装的具体办法做了相应的规定。同时，其中还详细说明了伪装的图样和各种油漆的配比等。

1967年1月14日时，波兰国防部副部长兼军队训练总监耶日·博兹洛夫斯基（Jerzy Bordzilowski）将军批准并签署了《基础军事装备的伪装使用条例》（Instructions for the Camouflage Painting of Basic Military Equipment），即第218/67号手册。虽然其内容较之前的"临时使用条例"没有太大变化，但在迷彩的伪装样式方面，其规定却做了重大调整。

从春末到秋初，各个作战部队都会按照《基础军事装备的伪装临时使用条例》中的要求在T-34车身上喷涂迷彩。按照规定，迷彩的喷涂要遵照特定的顺序。首先，相关人员必须用机器或徒手清理车辆表面——比如先用喷砂/喷气清洗机或铁丝删除去原有的油漆。随后，完成清理的坦克将用喷枪或刷子涂上底漆（颜色为红棕色）。接下来就是在底漆上勾勒出迷彩图样的轮廓，并确定各个区域的颜色。下一步就是喷涂迷彩了：其样式是三色还是四色将由部队自行选择，但通常会在内部保持统一。三色迷彩采用的油漆种类和对应的颜色是：

黄色/卡其色：F-134油性漆（硝化漆版本编号为FN-134，工厂生产编号为FN-60）；

暗绿色：F-136油性漆（硝化漆版本编号为FN-136，工厂生产编号为FN-31）；

黑色：F-137油性漆（硝化漆版本编号为FN-137，工厂生产编号为FN-55）；

在喷涂四色迷彩时，还要另加一种型号为F-125（硝化漆版本编号为FN-125，工厂生产编号为FN-95）的浅绿色油性漆。

手册中建议，在喷涂硝化漆时最好使用喷枪，至于油性漆则使用刷子。涂抹一辆T-34平均要消耗10—11千克涂料，但不幸的是，我们还没有找到上述4种涂料对应的现代产品。

对于在初春到晚秋涂抹的三色迷彩，各种油漆所占面积的比例为：

F-134/FN-134：25%

◀▲ 这辆坦克是由 1941 年疏散到后方的爱沙尼亚共产党干部和工人捐赠的。其中红色的标语似乎只涂抹在了炮塔的左面。

F-136/FN-136：45%

F-137/FN-137：30%

而春夏季采用的四色迷彩上，各种油漆所占的比例为：

F-125 /FN-125：40%

F-134/FN-134：15%

F-136/FN-136：20%

F-137/FN-137：25%

在无雪的冬季，迷彩的涂抹方式基本与春夏季涂装相同，只是浅绿色的F-125型漆会被一种混合涂料取代，后者的成分中含有黄色/卡其色的F-134型和黑色的F-137型两种油漆，配比为3：1。如果要在已经涂过春夏迷彩的车辆上施用这种伪装，相关人员只需要把涂有F-125型油漆的部分用前述的混合漆盖上即可。由于春夏季使用三色迷彩车辆上没有绿漆，因此，条例中并没有给出相应的涂装变更规范。不过可以推测，由于效果满足要求，这类迷彩也会被沿用到无雪的冬天。

在冬天下雪的情况下，所有T-34坦克都会涂上一层白色胶状漆，用它掩盖原先涂抹的三色或四色迷彩。至于在雪化之后车辆的涂装没有特别规定，其中只是提到："对于之前涂有油性漆和硝化漆的装备，应当按照规范施以白色胶状漆，并按照环境的实际情况增减深色区域的范围。"因此可以推测，

▶ 涂有三色迷彩的 T-34-85 的照片，这种迷彩在波兰军队中极为罕见。至于该车的战术编号则用一连串圆点涂成。

▲ 维修车间中的 T-34-85 坦克。其中第 1 辆车似乎刚重新涂绘了三色迷彩。该车没有战术编号，附加油箱和配件也被拆除。

条例的要求是先将整个车辆涂成白色，以便在积雪环境中做到充分的伪装。随后，"如果天气变化，积雪融化，并有诸如山丘、山脊等其他深色物体暴露在外，相关人员应当将黑色或黑黄相间色块（黄色即卡其色，也就是涂有F-134/FN-134型油漆的部分）表层的白色胶状漆除去。如果积雪不多，只有部分地表被覆盖时，相关装备仍然要用白漆伪装，但应当留下一部分黑色或黑黄相间的色块。如果相关装备之前没有没有涂绘迷彩，且只有单色（即卡其色）涂装，相关人员应当按照如上所示涂抹伪装，并留下卡其色的色块。"

在总结冬季下雪后的伪装方针时，编写人还提到了一则注意事项：如果积雪开始融化，乘员也需要将车上的白漆一点点冲掉，并让原来涂有F-137型黑色漆或F-134型黄色/卡其色漆的部分

▼ 在二十世纪六七十年代，这辆T-34-85坦克正在乘坐渡船过河。注意三辆坦克上的迷彩，其中最浅的是浅绿色，最暗的是黑色，战术编号则被蓝色或红色的帆布遮盖。其中第一辆坦克（由112厂生产）安装了"蘑菇形"炮塔和分置式换气扇，第二辆坦克可能是183工厂的产品。

重新显露在外。

不幸的是，上述要求和后续规范中刊发的图例存在差异。在图例中，出现了一辆带四色迷彩的坦克，但按照图注中的说法，这其实是一个冬天下雪时的伪装范例。不仅如此，图中的迷彩范式既与春夏季的三色或四色迷彩不同，也和前述的其他冬季伪装存在差异。因此，我们还无法推断作者将其列入出版物中的原因。

冬季伪装的成败取决于稀释白色粉末时的水量；至于油漆的涂抹效率则与周围环境的温度存在关系：如果温度低，油漆的准备时间就长，另外，温度还决定了稀释油漆时的水量——环境越冷，就需要更多的水。在不同温度下，稀释1千克涂料的水量和时间情况可以参见下表：

温度范围（摄氏度）	18—12	11—6	5—1
稀释1千克涂料所需水量（升）	0.75	0.85	0.95
稀释时间（分钟）	20—25	25—30	30—40

在油漆完全稀释后，其混合物需要过滤，接着就会用刷子或喷枪涂抹到坦克上。其间，先要清洁准备涂抹白漆的部分（去除泥土等污物），之后才能重新上漆并等待风干。为涂抹1平方米的车体表面，通常需要120克（使用刷子时）或189克（使用喷枪时）的未稀释涂料。整个干燥过程会持续大约12小时。至于清洗白漆则需要刷子和抹布——这些手段并不会损伤底层的油性漆或硝基漆涂料，而在此之前，车组通常还会让车辆暴露在雨中，或者向持续喷水，其时间为1小时，以便让白色涂料能软化脱落。

1967年，波军又发布了新的军用装备迷彩涂装说明书（即第218/67号手册），在迷彩的颜色和配色的比例方面，其内容较之前的文件并没有太多不同。最主要的差异在于迷彩的外观，其中取消了椭圆形斑点，并代之以0.6—1.5米宽的条纹。它们被不对称地涂抹在坦克上，并且与车辆的水平轴保持着30—60度不等的夹角。

在晚春或初秋，坦克均按照1965年指南中的要求涂抹三色或四色迷彩。如果在无雪的冬季，车组需继续按照1965年的规范对涂绘四色迷彩的坦克重新上漆。其中出现了一种变化，即用一种混合涂料［用F-134型（黄色/卡其色）和F-137型（黑色）油漆以3∶1的比例相互调配而成］取代了原先暗绿色的

▲ 这辆 T-34-85 的整个车体都被涂上了白色涂料。

F–136型油漆。

在有雪的冬季，坦克将被通体涂白，随着积雪消融，车组应对白色部分进行清洗，使黄色/卡其色的F–134型和黑色的F–137型油漆的涂抹处先暴露在外。在无雪的冬季，三色迷彩中各种油漆所占面积的比例为（依据为1965年的指南，与初春/晚秋季节的迷彩情况相同）：

F–134（FN–134）：25%

F–134/137（FN–134/137）：45%

F–137（FN–137）：30%

在无雪的冬季，四色迷彩中各种油漆所占面积的比例为：

F–134（FN–134）：15%

F–134/137（FN–134/137）：40%

F–136（FN–136）：20%

F–137（FN–137）：25%

需要指出的是，波兰陆军的装甲部队并没有完全遵照既定的指示——这一点也可以从现存照片中得到证实。其中坦克涂绘条纹的方式堪称五花八门，和说明中的示例更是相去甚远。

第二十一章
我们看到的 T-34 究竟是什么

T-34是一种结构非常简单的坦克，其车体与初期的扁平型炮塔均由轧制钢板焊接而成，后来，在生产过程中又引入了铸造结构的"平顶型"炮塔、平顶六边形炮塔和搭载85毫米炮的炮塔，另外还有一种炮塔是冲压成型的。

在T-34车体前部左、右两侧分别是驾驶员和机电员战位，其后方为安装二人或三人炮塔的战斗室区域。由于动力-传动系统后置，T-34的炮塔位置较为靠前，处于整车重心位置之前。从1942年开始，战斗室地板上布置了弹药箱，弹药箱中间是OUS-VKU-27型旋转配电环，该装置可在炮塔旋转时防止炮塔电缆扭曲缠绕。车体后部的动力舱内安装了V-2型柴油机，其下方为润滑油和冷却液泵。发动机后方为主离合器，其后上方布置了电动启动机和空气滤清器（VTI-3型多级旋风式空气滤清器则被移到更后方的位置），后下方为变速箱和侧减速器等传动和操纵机构。

T-34坦克最初搭载了L-11型短身管76.2毫米口径火炮，从1942年开始普遍换装改进过的F-34型火炮，并最终升级为D-5型或ZiS-S-53型85毫米口径坦克炮。85毫米坦克炮重1150千克，身管长54.5倍

◀ 这辆 T-34-76 是1941 年 183 工厂第一批下线的产品。该坦克在 1943 年进行了改装，然后被交给了波兰第 1 坦克旅，现在是格但斯克市内的一座纪念碑。

径（4645毫米），炮管内有24条膛线，炮口初速792米/秒，最大直射距离5200米，最大射程13730米。T-34-76主炮弹药基数77—100发，T-34-85主炮弹药基数57发。以1943年中期后载弹100发的T-34-76为例，典型的弹药配备比例为：75发UOF-355P高爆榴弹，21发UBR-354B穿甲弹，4发UBR-354P高速穿甲弹。T-34-85则配备了BR-365型尖头和钝头穿甲弹、BR-365R高速穿甲弹和O-365高爆榴弹，弹药配比与T-34-76类似。

1940年，初期型T-34安装了TOD-6型火炮瞄准镜，以及PT-6和SPKO型全向潜望观察镜（即所谓"POP"观察镜）。1941年到1943年的中期生产车型上换装了TOD-7型火炮瞄准镜和PT-7型全向潜望观察镜，其后又采用了TMFD-7型火炮瞄准镜和PY-4-7型全向潜望观察镜。T-34-85则普及了MK-4型全向潜望观察镜，根据火炮型号的不同，主炮瞄准镜有TSh-15 (后改为TSz-15型) 或10T-15等型号。在依靠MB-20型电机带动时，炮塔旋转360度的耗时为12—18秒[1]。

发动机为燃油直喷高压压燃式V-2（V-2-34）型柴油机，战争中又采用了经过改进的V-2-34M型（或称V-2-34-II型）。在转速为1800转/分钟时，其能达到额定功率——500马力，最大转速则可达2050

▲ 一辆"拼接版"的T-34-76：其183厂制造的车体后来接受过改装（这一点在新式的驾驶员舱门上有所反映），带1943年款潜望镜的铸造版炮塔可能是在索尔莫沃工厂生产的、火炮则来自斯大林格勒工厂。其前装甲上的备用履带和木制挡板则是在战后加装的。

---

① 数据来自T-34-85坦克的操作手册。

▲ 通过战后改装（换装了折叠式的前挡泥板，并在炮塔上加装了无线电天线），这辆1943年下半年生产的T-34-76达到了战后军方的战斗力要求。另外，我们还可以在右侧看到一台V-2发动机。

转/分钟。发动机本体干重750千克，使用水或冷却液冷却，润滑油为DT型或其他同规格油品。操作手册称润滑系统内可混加E型粗柴油，实际使用中则会混用各种车用和航空汽油。冬季低温情况下，则推荐将DT润滑油与拖拉机使用的粗汽油混合使用，也可按不同比例混加粗汽油或柴油，甚至混合重油。

　　1940年间生产的车型拥有6个燃油箱，1942年后生产的车辆及T-34-85都拥有8个燃油箱，总容量545升。燃油箱分3组布置，分别位于车辆左前侧（3个油箱，其中2个位于炮塔下部的战斗室内）、右前侧和后部。左、右两侧前组燃油箱容积各为200升，后组油箱容积为145升。3组油箱可通过3个独立的加油口加注燃料。几乎在投产之初，T-34就拥有在车体外携带附加油箱的能力。最初的附加油箱组件包括车体侧面安装的4个长条形油箱，每个容积33升。1941年年底，出现了车体两侧各安装5个长条形附加油箱的组合方式，由于其尾部的4个油箱基座安装并不平整，可以推测它们极有可能是工厂改装的产品。1942年，T-34开始采用车尾安装的大型箱型附加油箱，每个容积达90升。同年年底，厂方开始在车体两侧后部安装2—3个圆筒形附加油箱，每个容积同样是90升。1943年年底到1944年年初，车体尾装甲板上开始安装2个大型附加油箱基座，能够搭载容积200升的大型油桶。但这种设备只是临时性措施，很快就被安装在专用支架上的圆筒形附加油箱所取代，这种油箱每个容积为50—60升，另外也经常用于燃油的运输。

▲ 这辆 T-34-85 是 183 厂 1944 年下半年生产的产品。

　　在未经铺设的路面上，以25公里/小时的理想速度行驶时，V-2型发动机耗油量为2升/公里，平均耗油50升/小时；在硬质公路上，以30公里/小时的速度行驶时，该发动机的平均耗油48升/小时。但实际上部队在战线后方行军时，坦克行驶速度很少会超过15公里/小时，这降低了发动机燃油经济性，导致油耗大大增加。

　　发动机借助ST-700型起动机启动。另外，一些战后生产或翻新的车辆（如T-34-85M）[1]还在乘员舱左侧壁上加装了启动加温器。

　　T-34的变速箱为四挡机械式，1945年后生产的车辆换装了五挡变速箱[2]。主离合器和侧离合器均为多片干式摩擦式结构。车辆带有GT-4563-A型发电机，其后换装为G-731型发电机，供电系统电压24伏。

　　坦克的悬挂系统包括10个负重轮，各自通过平衡肘与螺旋弹簧为主体的弹性元件相连，单个负重轮全重125千克，轮体直径650毫米。每条履带由72—74节履带板组成，重1070千克。初期型履带宽550毫米，后缩小到500毫米。与同时期常见的西方设计不同，T-34的主动轮后置，且没有履带驱动齿环，履

---

　　① 这里指的不是前文中提到的战时改进型号，而是T-34-85的战后生产版本。

　　② 根据一部分现有资料，换装五挡变速箱的工作早在1943年便已开始。然而，波军T-34-85的相关文件却显示，所有1944年年底/1945年年初移交（出厂日期在此前1个月左右）的坦克仍依旧安装着四挡变速箱。这种情况不仅在183厂的坦克上出现，在112厂的产品上也广泛存在。五挡变速箱与新型主离合器于同一时期开始研发，即1942年8月，与T-34S的研发基本同步。

带板上因此也没有驱动齿槽。主动轮通过两片轮盘间的横向钢棱拨动履带，由于钢棱与履带齿碰击时独特的金属摩擦声，T-34曾获得过一个"公鸭"（Drake）[1]的绰号。

在1943年年底到1944年年初之间，T-34在车尾装甲板上加装了一种特殊的附件——BDSh型发烟罐。为此设计者在车尾加装了相应的点火电缆，可从车内控制点燃发烟罐。但在现实中，使用发烟罐的情况不多，其支架更多时候被坦克手们拿来安装附加油箱。战后，T-34又加装了潜渡通气设备和主动红外夜视设备，这些装备都由苏联研发，并在波兰布马尔-拉比迪公司（Bumar-Labedy）生产的T-34上得到了运用。

T-34最初装备了71TK-3型无线电台，在车辆静止状态下、发动机维持最低转速时，其通信距离为18公里。后来，该设备又被9R和10-RT-26系列无线电取代，受不同季节和一天中不同时段大气电离状况影响，其通信距离约为7—20公里。车内通信系统最初为TPU-2型，其后换装为TPU-ZR和TPU-47系列。

	T-34（安装L-11型火炮）	T-34（安装F-34型火炮）	T-34-85
全长（毫米）	6000	6610	8100
车体长度（毫米）	5920[2]	6070	6100
宽度（毫米）	3000[3]	3000	3000[4]
高（毫米）	2400	2604	2700
全重（吨）	28	30	32
车轮间距（毫米）	2450	2450	2450
履带接地部分长度（毫米）	3840	3840	3840
净空（毫米）	400	400	400
最高速度（千米/时）	48	47	55
行驶里程（无铺面公路）	230	约260	约260
行驶里程（有铺面公路）	300	约350	约350
接地压强（千克/平方米）	0.65	0.80-0.85	0.80-0.85
最大爬坡/下坡角度	30度/-40度	30度/-40度	30度/-40度
最大稳定状态倾斜角度	25度	25度	25度
最大越壕宽度（米）	2.5	2.5	2.5
最大越墙高度（米）	0.73	0.73	0.73
最大装甲厚度：车体正面	45毫米/60度倾斜	45毫米/60度倾斜	45毫米/60度倾斜
最大装甲厚度：车体侧面	40毫米/40度倾斜	40毫米/40度倾斜	40毫米/40度倾斜
炮塔装甲厚度（毫米）	45	52	90
武器	1门76.2毫米炮 2挺DTM机枪	1门76.2毫米炮 2挺DTM机枪	1门85毫米炮 2挺DTM机枪

[1] 一般认为这一诨名源自某个特殊批次V-2发动机的声音。然而，由于T-34的柴油机与其他坦克发动机的工作原理和结构接近，其声响也必然大体相似，因此，这种噪音更有可能是前进时驱动轮带动履带发出的。

[2] 这一数据算入了挡泥板，如果只算车体本身，其长度为5735毫米。

[3] 系大致数据，一般车体宽度都不会超过此数值。坦克的实际宽度约为2950毫米。

[4] 不含炮塔时：1680毫米。

▲ 这辆 T-34 的生产者尚无法确定，由于后部装甲两侧缺少中间的螺钉，因此其车体可能来自 183 工厂，和炮塔一道都是 1942 或 1943 年年初的产品，至于负重轮则生产于 1943 或 1944 年。

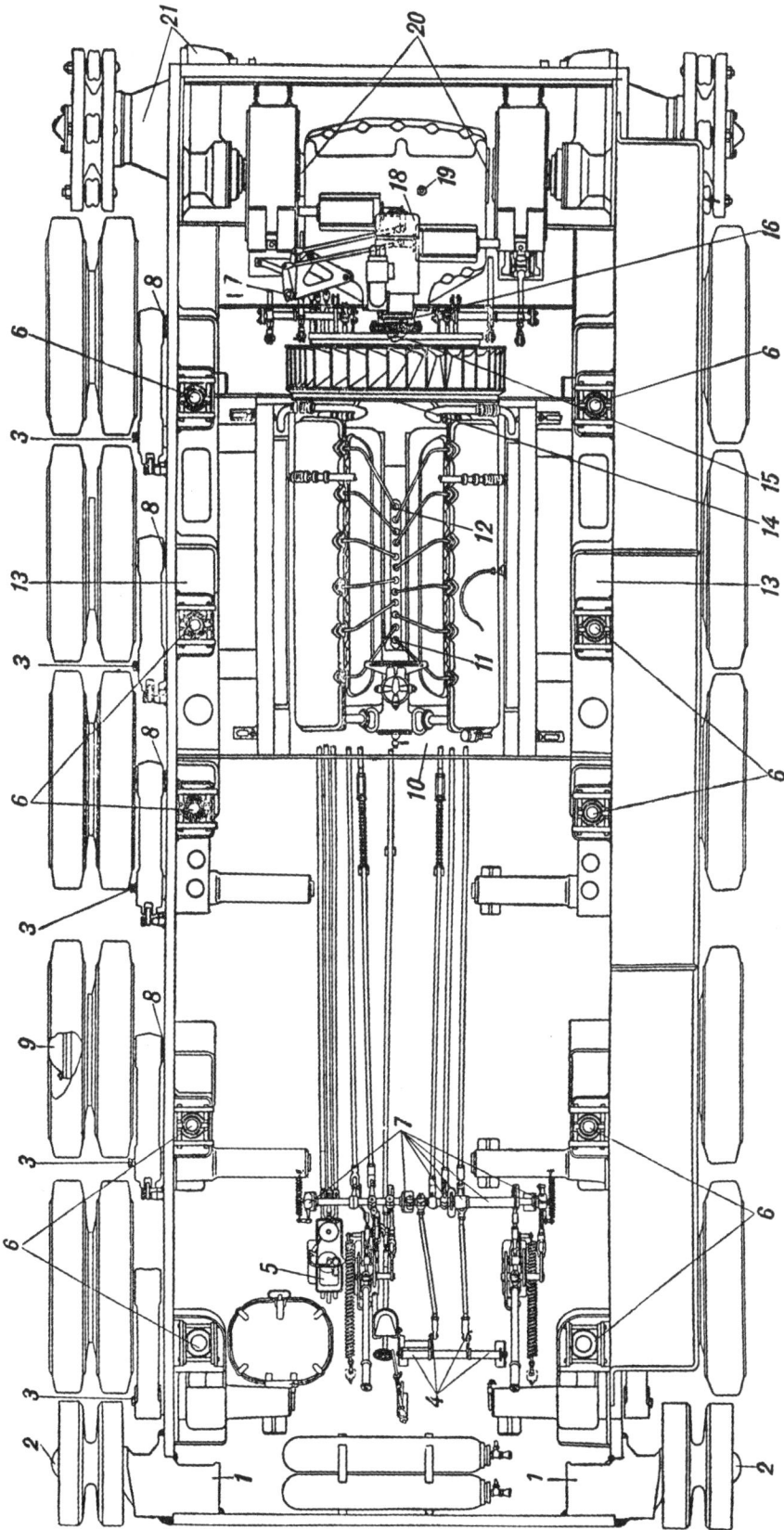

▲T-34车体的俯视结构图，其中前方是装有压缩空气的钢瓶。

1. 诱导轮曲轴
2. 轴承盖
3. 悬臂
4、5、7. 驾驶员操纵杆
6. 悬挂弹簧
8. 悬臂止动器
9. 负重轮轴承盖
10. 发动机舱

11. 燃油喷射泵
12. 输油管
13. 油箱
14. 风扇
15、16、17、18. 发动机起动机
19. 变速箱
20. 离合器
21. 差速齿轮

▲ 这辆 T-34-85 是 174 厂的产品，与 183 厂的车辆有许多相似之处。该型车与 183 和 112 厂产品的最大差异在于炮塔和后装甲上的铰链（174 厂的铰链尺寸较大）。

第二十二章

车体

▲ 拆除盖子后的油箱口。

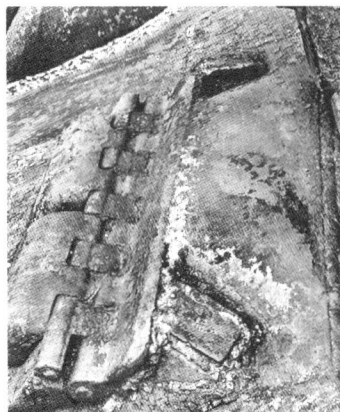

◀ 车首鼓出部的特写，注意原先型号舱门的残迹。

▲ 悬挂弹簧检查口的侧面（上图）和正面（下图）特写。

◀ 每侧油箱都有一个注油口，其位置在发动机盖顶部。

▶ 连接车顶和侧面的焊缝特写。

▲ 183 厂 T-34 的发动机舱后舱盖，其中上图拍摄自 1940 年生产的车型，下图来自 1942 年生产的车型。

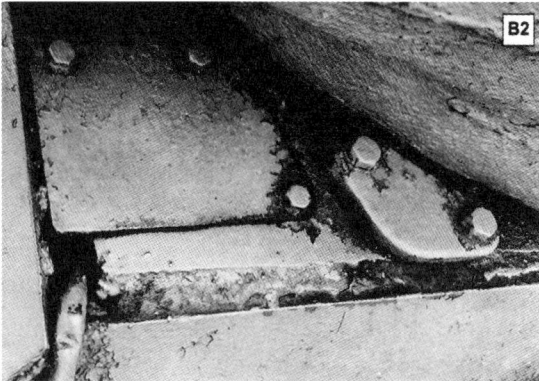

▲ ▶ 这五张照片反映了装甲板不同的接合工艺。其对应情况如下：图A为174厂产品；图B1、B2和图C1、C2为乌拉尔重型机械制造厂货车里雅宾斯克工厂的产品。这些照片也表明当时产品的误差很大。在图B1、B2的坦克上，炮塔只是勉强装进了车体，而且横向和纵向都是不对称的。

▶ 从1943年春天开始，T-34上新安装了车头灯和喇叭。

▼ 车体正面装甲的咬合处。

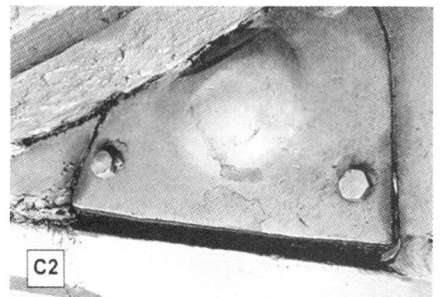

▶ 车体后方装甲的咬合处。

▲ 斯大林格勒工厂生产的车体特写，其特征与本书前文中列举的照片存在许多不同。

▲ 拆除所有附件后的 T-34-85 车体。

◀ 采用加厚材料的排气管护罩。

▶ 在最后一批 T-34-76 和全部 T-34-85 上，相关配件都是以这种布局安装在车首的。

▼ 在 174 厂的车体上、车底板与后装甲连接处的焊缝特写。

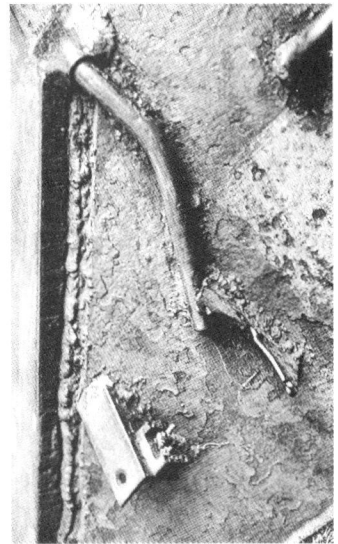

▲ 1944 年春夏 112 厂生产的坦克上、用于安装车头灯和喇叭的支架。

▲ 174 厂车体后方的特写，注意用于固定后油箱用的螺栓。

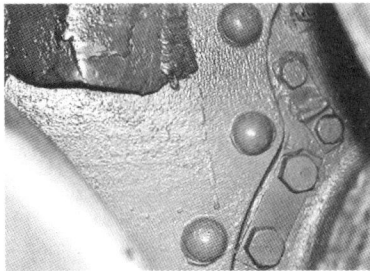

▲ ▶ T-34 的保险杠，其中右侧的是早期型，左侧的是晚期型，而且可能是 183 工厂的标准产品。

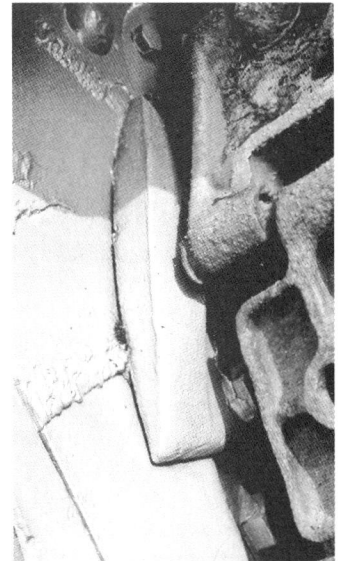

▲ 打开后的注油口（上图，摄于112厂的车辆上）和悬挂弹簧检查口（下图，摄于183厂的车辆上）。

▲ 112厂T-34-85车体的左右两侧特写。正如我们所见，由于炮塔的尺寸太大，悬挂弹簧的检查口已经部分盖住了焊缝。

▲ 112厂车体上前装甲、顶装甲和侧装甲连接处的特写。

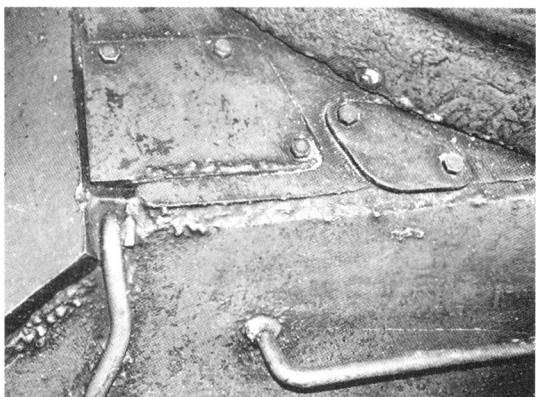

▲ 112厂1944年中期生产的装有"变体版"炮塔的车体局部（上图），及1944年年底生产的装有"大型版"炮塔的车体局部（下图）。

▲ T-34-85发动机盖铆接处的特写。在T-34-76上，这一部分是用4个螺栓连接的。

▲ ▶ 通过车体钢板的连接方式，我们甚至可以判断一辆坦克的生产厂和出厂年份：图1为车里雅宾斯克工厂或乌拉尔重型机械制造厂1942年的产品；图2和图3为183厂1944年后的产品。

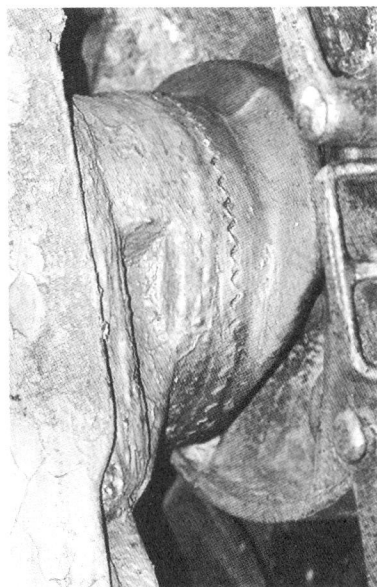

▲ 诱导轮的轴承盖特写。

▶ 112工厂1944年产品上车体正面接合处的细节特写。

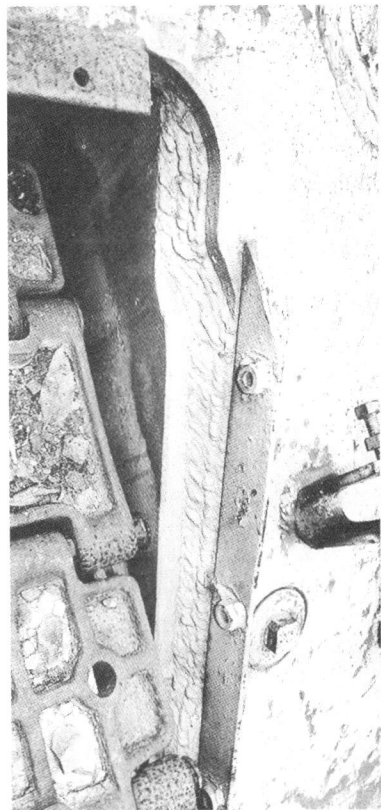

▲ ▶ 这五张照片展示的是不同样式的差速齿轮盖及其与车体接合处的特征。其中图1来自183厂的产品，图2和图4是车里雅宾克斯克／乌拉尔重型机械制造厂1942年的产品，图3和图5反映了183厂1941年产品的特征。

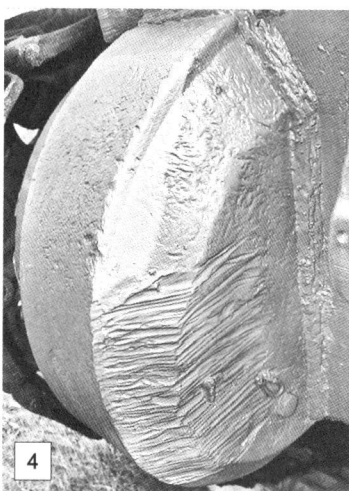

▶ 183厂产品首下装甲和底部装甲连接处的特写。

◀ 波兰战后版T-34-85车体前方装甲连接处的特写。

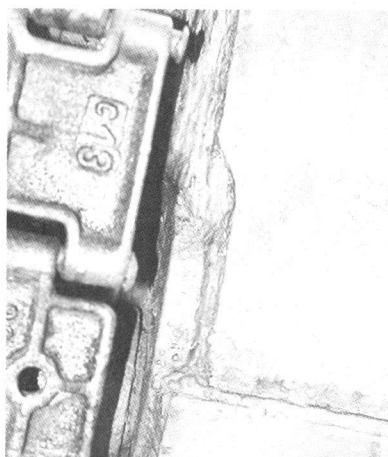

A1

A2

◀ ▼ 图 A1、A2 和图 A3 展示了后装甲连接处和差速齿轮盖的特征，它们摄于一辆 1941 年下线的 183 厂最早期车型上，其中三个额外的螺栓（见图 A3）是用于加固前方负重轮悬挂的。这种做法只在 183 厂和斯大林格勒厂刚开始生产时才采用，可能取消于 1941 年秋天。

A3

◀ ▲ ▶ 车体钢板连接处的内部细节。

▲ 一辆波兰生产的 T-34-85，其发动机舱已暴露在外。

◀ 内部油箱的特写。

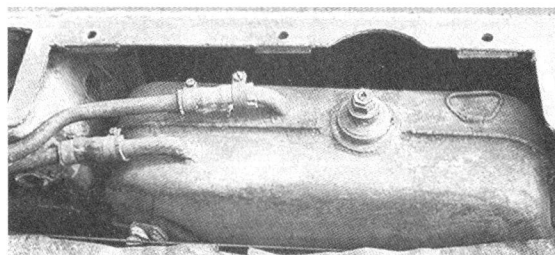

▲ 位于燃料箱和机油箱之间的悬挂弹簧安装区域。

◀ 悬挂弹簧的安装区域。

▲ 发动机舱盖的特写。其附加油箱的安装样式也有 183 厂产品的典型特征。

▲ 拆除舱盖后的发动机舱，其中发动机、油箱、带送风管的空气滤清器、传动装置和电动起动机等设备都清晰可见。

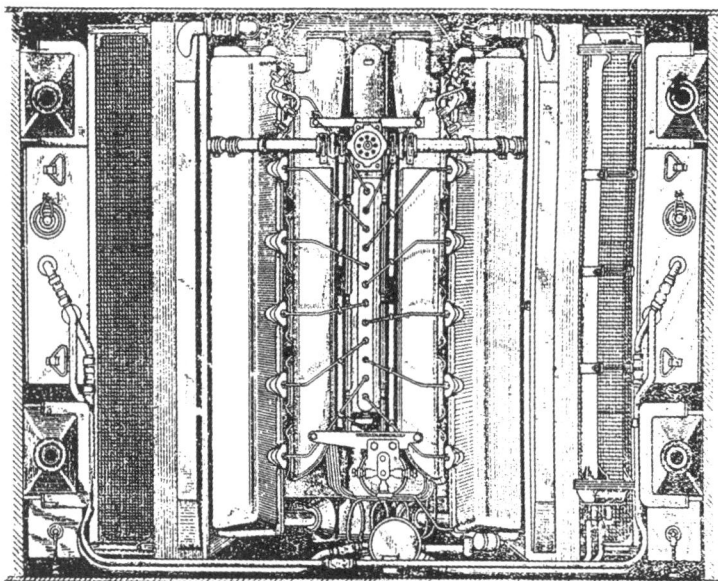

▲ 本页的图片展示了 T-34-85 发动机的特征。该发动机是战时产品，可以通过油箱上尖锐的棱角（见最下方照片）得到证实。发动机的侧面是散热器，更靠车体两边的则是油箱和负重轮的悬挂装置。

◀ ▲ 擎舱和发动机托架。在两根大梁之间可以看到底部的检修舱门。

▶ 发动机舱左侧的一瞥。照片左侧是油箱，右边是另一个油箱的安装区域。

▲ 发动机舱和战斗室之间的隔壁（尽头可见主炮的炮尾）。

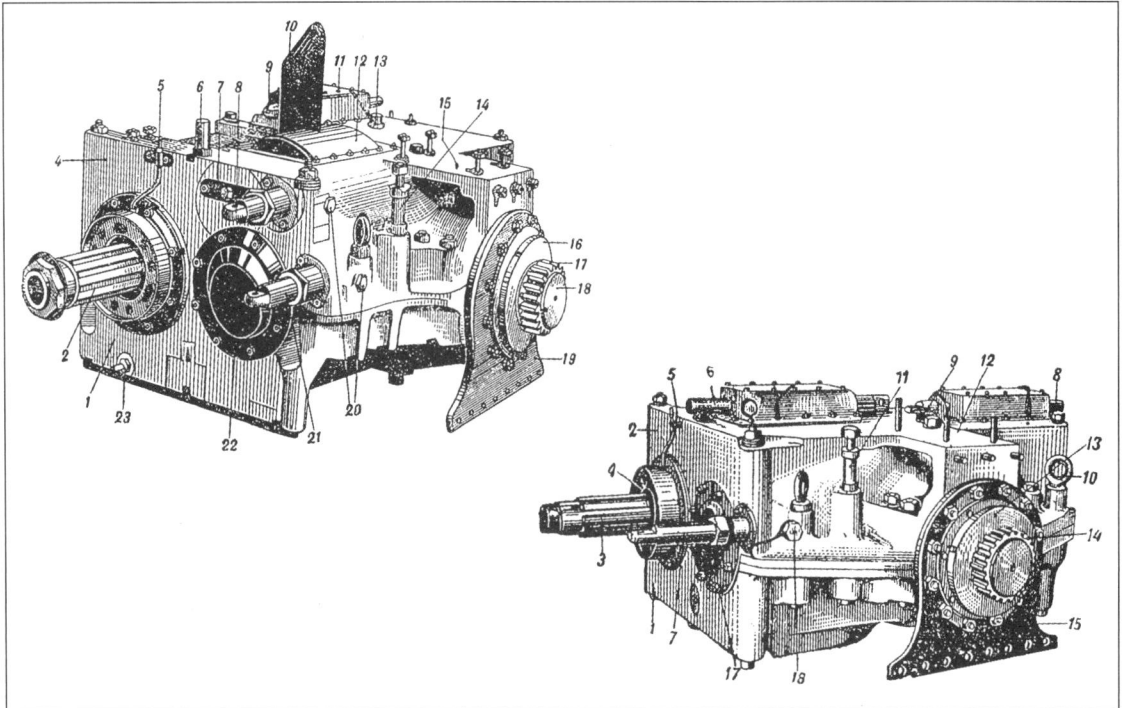

▲ 四挡变速箱（左图）和五挡变速箱（右图）。

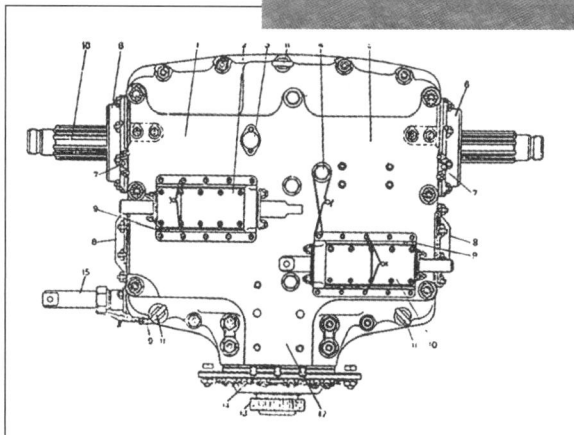

◀ ▲ 拆除电动起动机后的传动系统。

▲ 安上电动起动机后的传动系统。

▲ 传动系统的右侧一角。

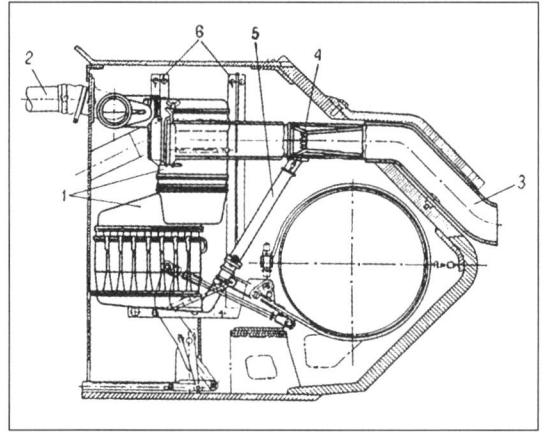

▲ 传动系统的侧面剖视图。

◀ 传动舱的后舱壁，
其中可见排气管。

▲ 波兰版 T-34-85 的传动舱。

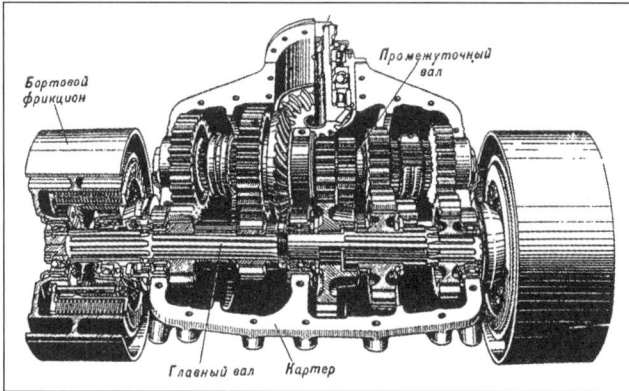

▲ 变速箱和离合器的内部结构示意图。

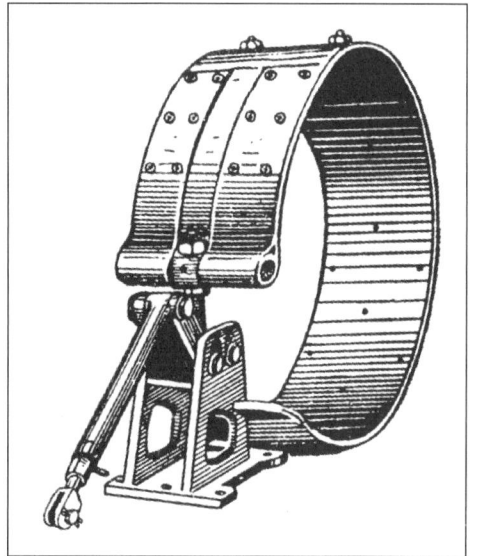

▲ 制动带。

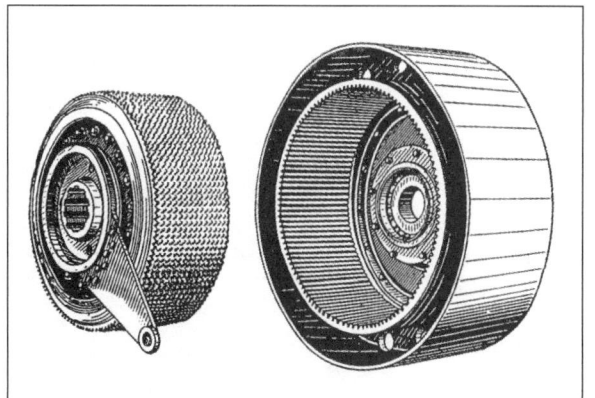

▲ 转向离合器。

◀ 后部油箱和 VT-3 型空气滤清器。

▲ 波兰产 T-34-85 上的传动舱，其中主离合器、风扇和电动起动机都已拆去。

▲ 主离合器和传动杠杆。　　　　　▲ 转向离合器。　　　　　▲ 刹车装置。

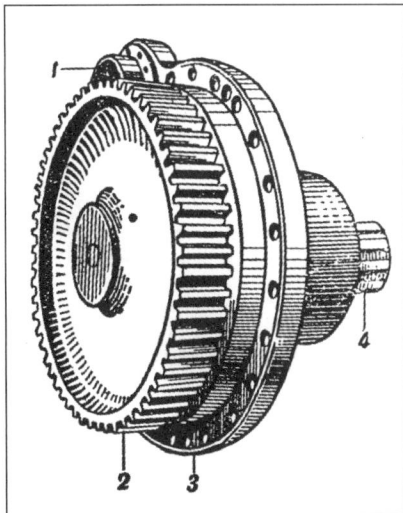

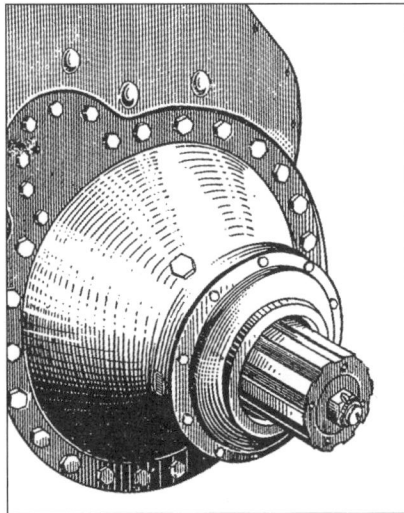

◀ ▲ 差速齿轮的内部细节特写。

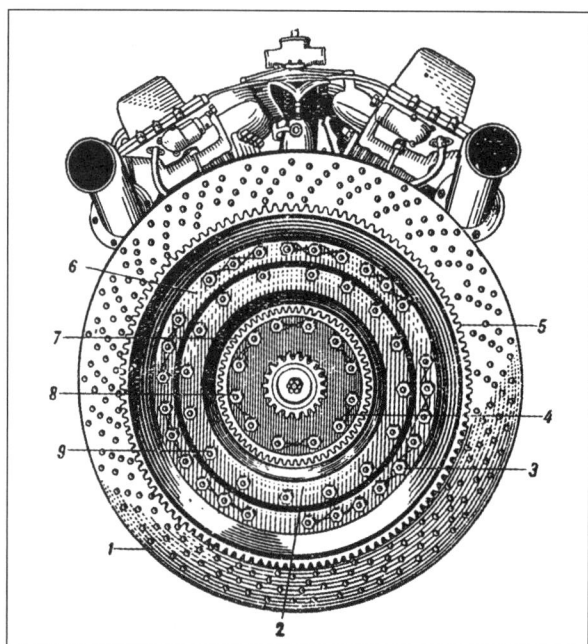

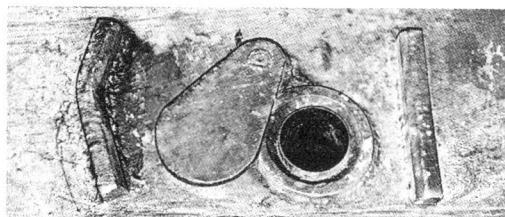

▲ 油箱的放油阀，位于 T-34-85 的车体底部。

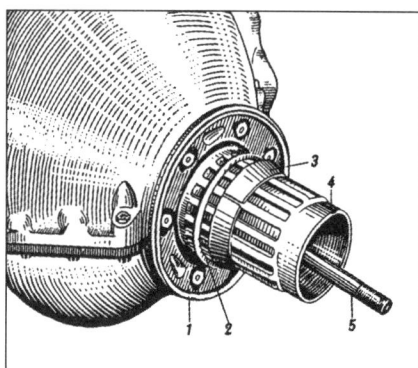

◀ ◀ ▶ 主离合器和
带启动设备的风扇。

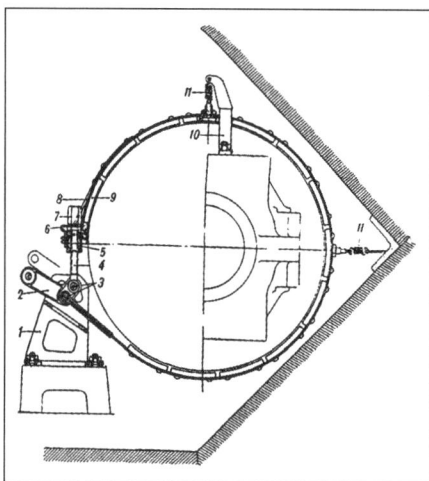

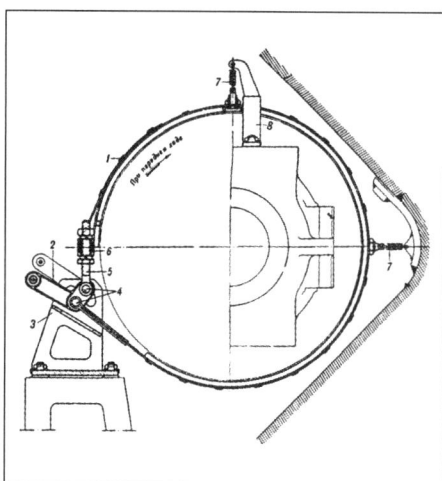

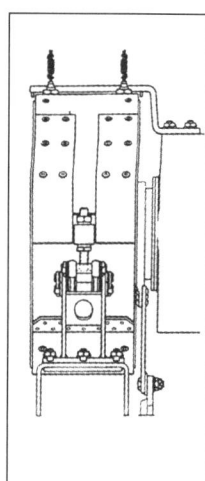

▲ 带制动带的转向离合器结构图。其中第一张照片为晚期型、第二张照片为早期型。

第二十三章

悬挂和负重轮

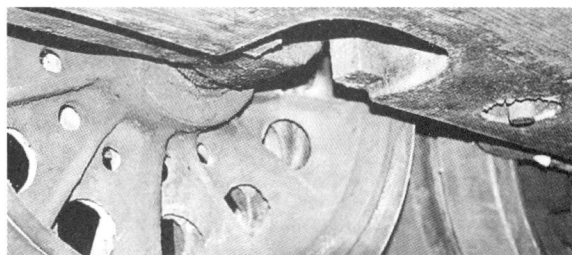

▲ ▶ T-34 负重轮车轴和其他轴承的细节特写。

▲ T-34 负重轮的悬挂弹簧。

▼ 前部负重轮的悬挂系统。由于履带在此弯曲，该负重轮要承担更大的载荷，因此必须造得更为坚固，因此该负重轮安装了两套弹簧。另外，也正是这一点，让183厂在 1942 年时为产品的前后负重轮添加了胶缘。

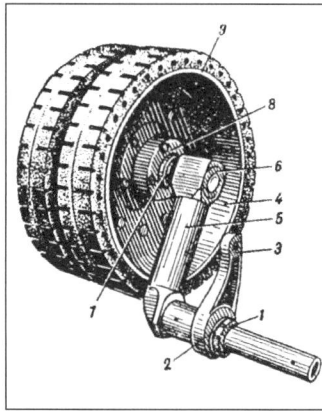

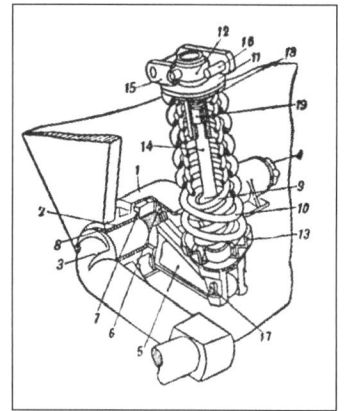

▲ T-34 早期型和后期型传动轮的细节。

◀▼ T-34 负重轮悬臂的轴承特写。

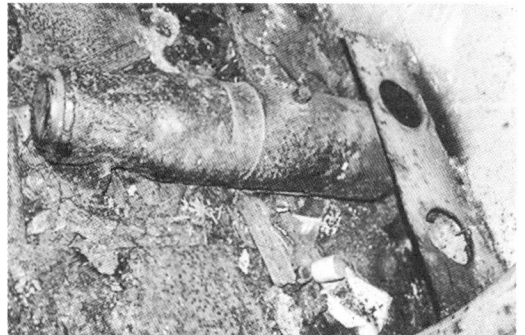

▲ 用冲压工艺制造的第一版负重轮。

▲ 第二种版本的"半蜘蛛"（half spider）负重轮，1942 年生产。

▲ 带内置橡胶缓冲件的铸造负重轮。与其他负重轮相比，该型号的负重轮要略窄一些。

▲ 战时（左图）和战争末期（右图）生产的冲压负重轮，两者胶圈样式不同。其中左图是 183 厂的产品，右图是 112 厂的产品。

▶ "蜘蛛"型负重轮的照片，其中可见细长的辐条。

▲ 早期型的"半蜘蛛"型负重轮，上面还没有较小的减重孔。

▲ 112 厂生产的极后期型"蜘蛛"型负重轮，该轮上有 12 个小型减重孔。

▲ 战后生产的负重轮，上面的减重孔共有 11 个。

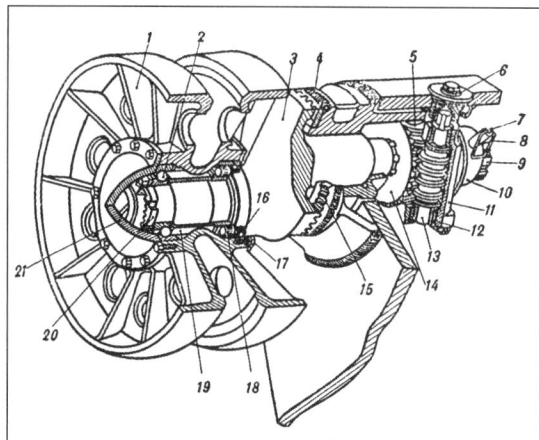

▲ ▶ 履带松紧调节装置的剖视图和照片。

▼ 传动轮和负重轮的剖视图。

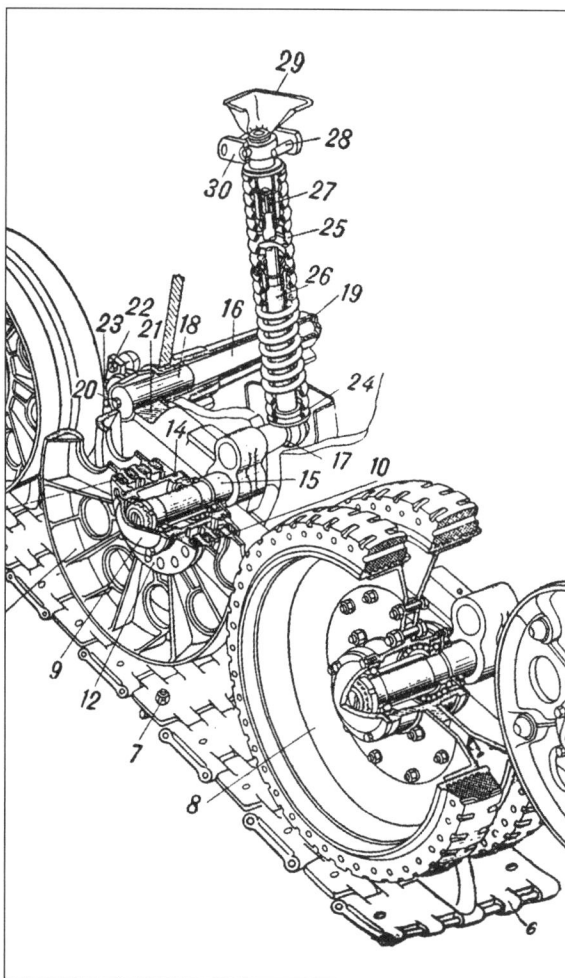

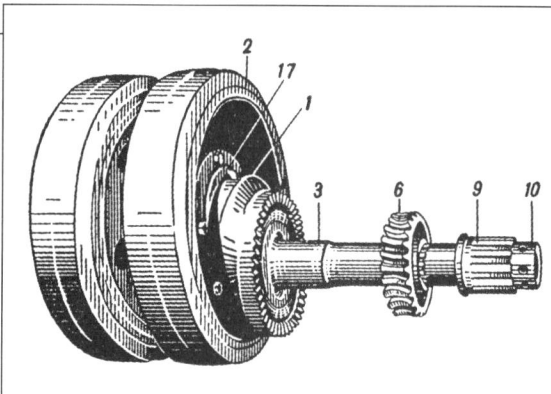

▲ T-34 坦克的诱导轮，右侧有调节履带松紧的曲轴。

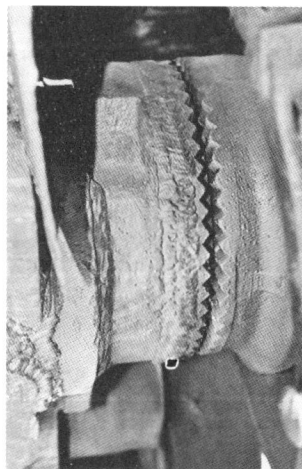

▲ 其他负重轮的悬挂系统一瞥。

第二十四章

武器

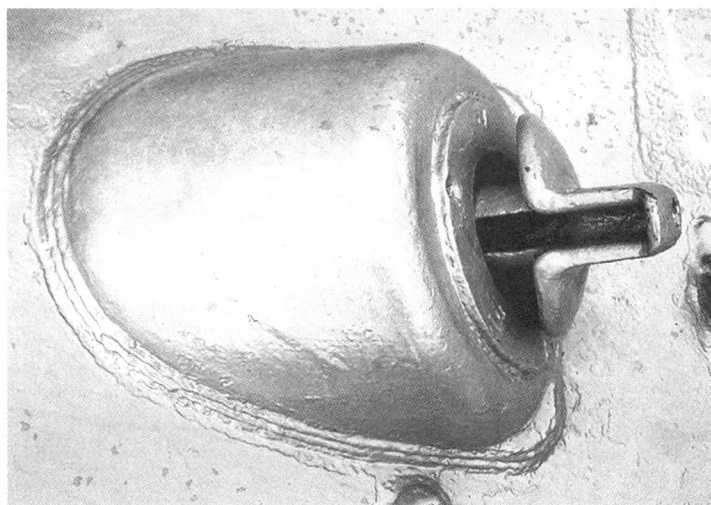

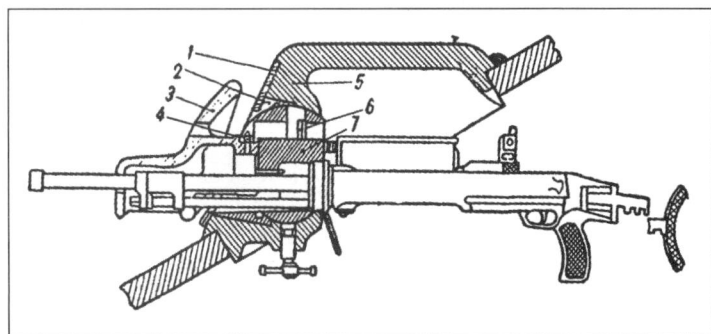

▲ 坦克的前向武器有7.62毫米DT机枪，该机枪安装在前装甲正面右侧球型机枪座上。在下方是一张112厂车辆上的机枪安装图纸。另外，在不同的工厂，产品的机枪护盾样式略有不同，这些护盾在1942年后采用。本页的照片展示了它们的外观和内部细节。

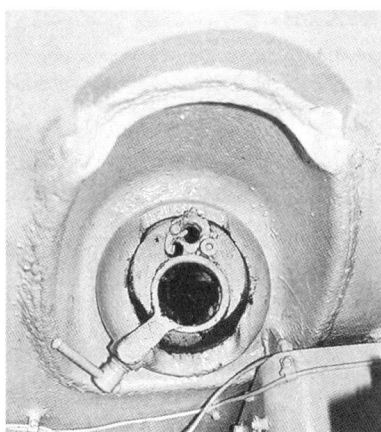

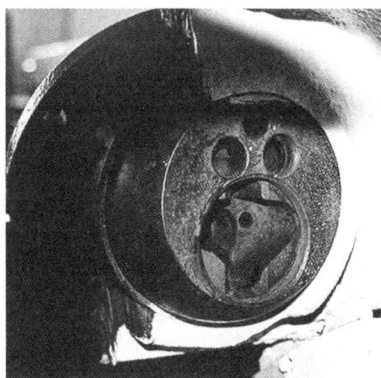

▼ 这组照片展示了 T-34-76 上的 F-34 型主炮。

A1：炮尾的俯视图。

A2：火炮炮尾的底部，这里添加了配重，右侧为炮口方向。

A3：火炮炮尾的右侧特写。

A4：炮塔上的机枪枪座和正面装甲。

▲ 这张照片的顶端是潜望镜，中部是火炮俯仰机，左侧是炮塔方向机，右侧是火炮瞄准镜。

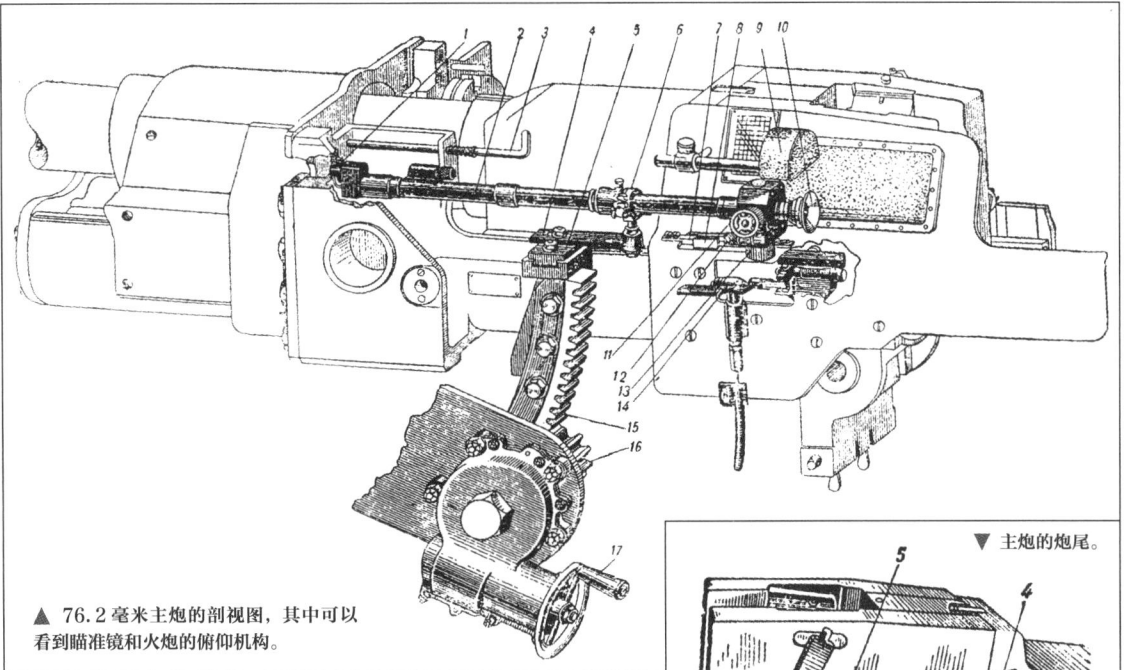

▲ 76.2毫米主炮的剖视图，其中可以看到瞄准镜和火炮的俯仰机构。

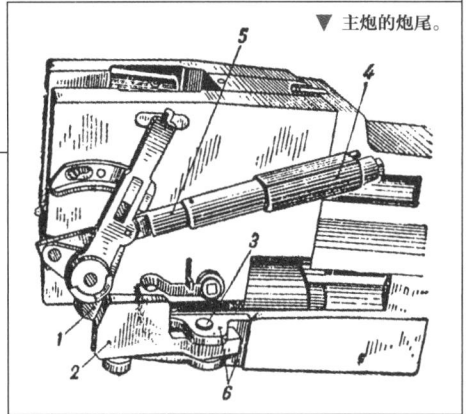

▼ 85毫米S-53型主炮的炮尾特写。

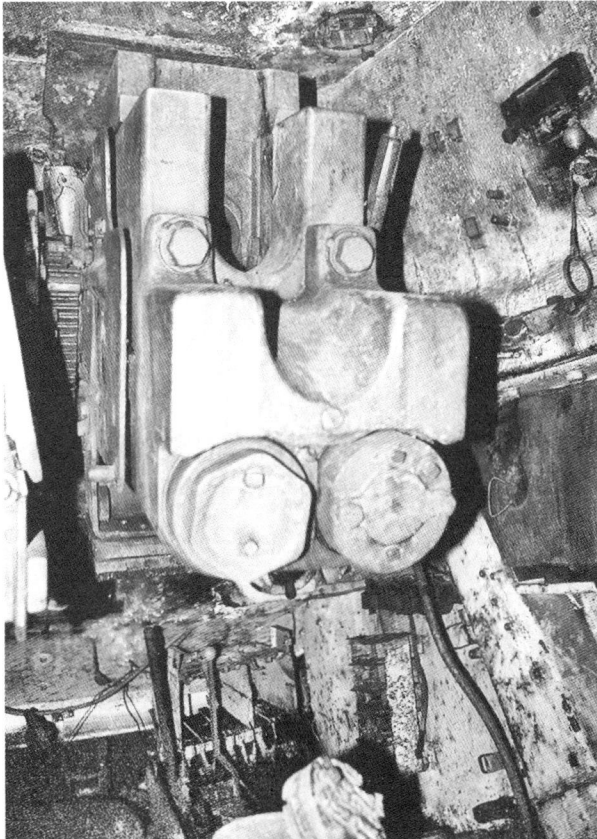

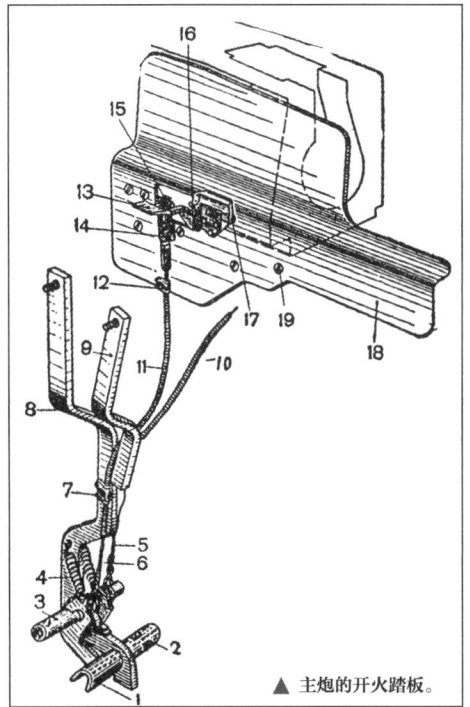

▼ 主炮的炮尾。

▲ 主炮的开火踏板。

◀▲ 85 毫米 S-53 型主炮的炮尾俯视图。

▼ 85 毫米炮炮盾的截面照片。

▲ S-53 型主炮炮尾的右侧特写。

▲ S-53 型主炮炮尾的后部特写。

▲ S-53 型主炮的护套，其样式比较特殊。

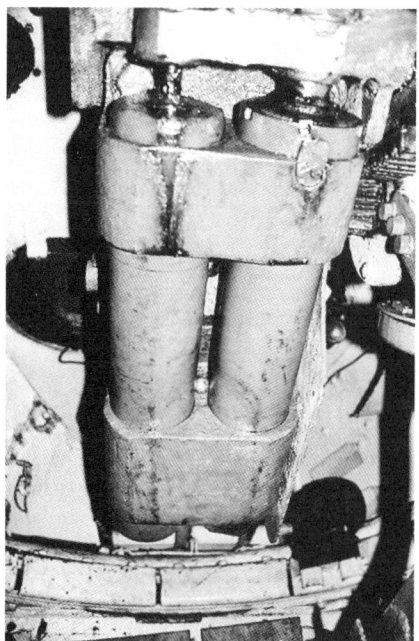

▲ S-53 型主炮炮尾的底部特写。

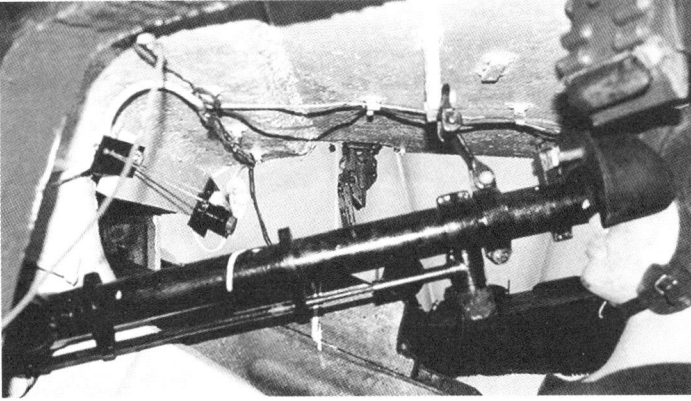

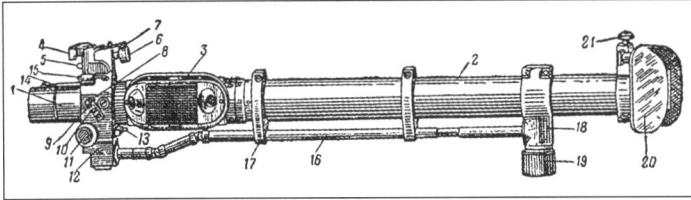

▲ ▶ TSz-15/16 型瞄准镜的样式图和特写。

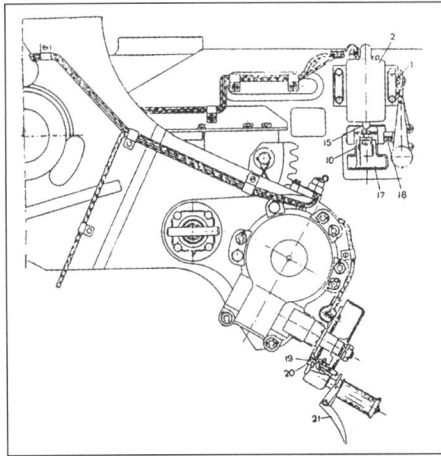

◀ ▼ ▶ 火炮瞄准镜和俯仰
机的结构图和细节特写。

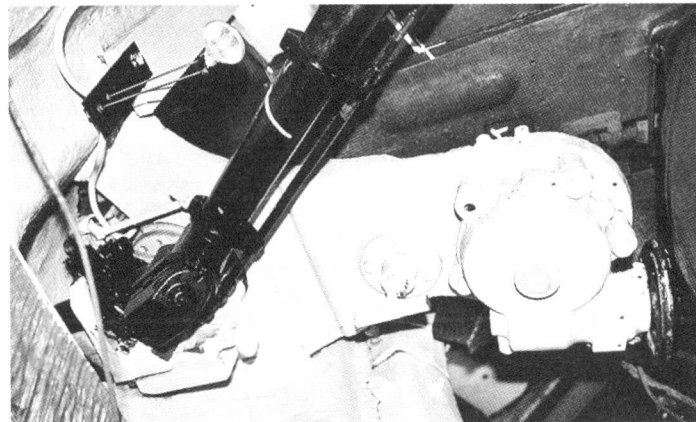

第二十五章

内部结构

▲ 本页及后续几页的照片均拍摄于一辆安装六边形炮塔的 1943 型 T-34-76 内部。这张照片是这辆坦克战斗室后部的景象。

◀ 战斗室的左后方一角。

◀ 开启的弹药箱，该弹药箱为黑色，底部是橡胶材料的缓冲垫。

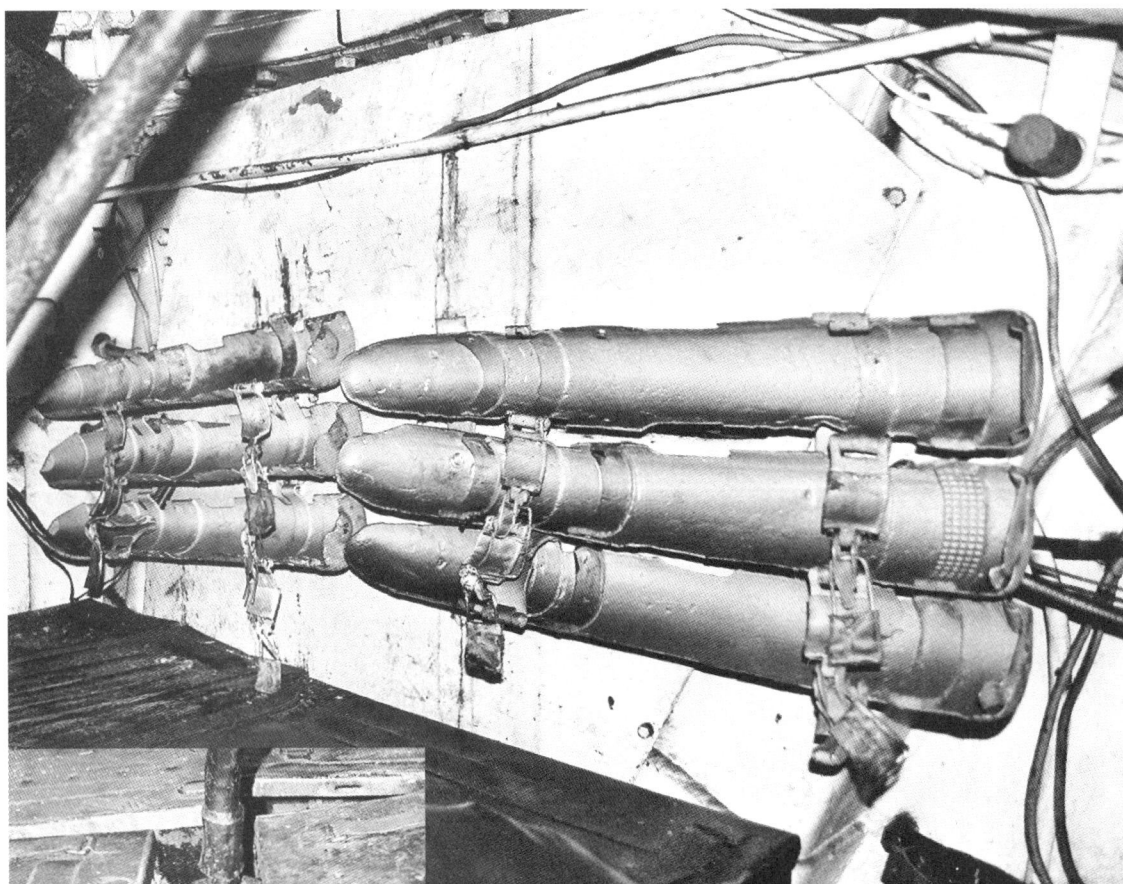

▲ 坦克的弹药架，这些弹药
均对称摆放于战斗室的两侧。

◀ 炮塔电动转向机构的电线
接线盒，其两侧是弹药箱。

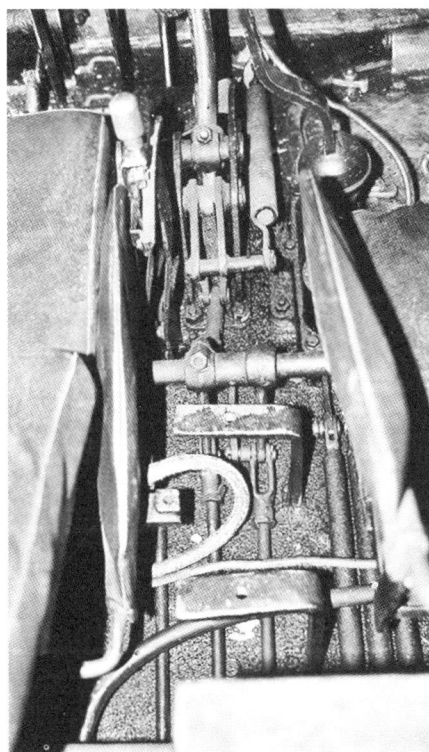

▶ 坦克的操纵杆和手刹。

◀ 另一张炮塔旋回电机的照片，上方可见一具潜望镜。

▲ 从下方看到的炮塔旋回电机。

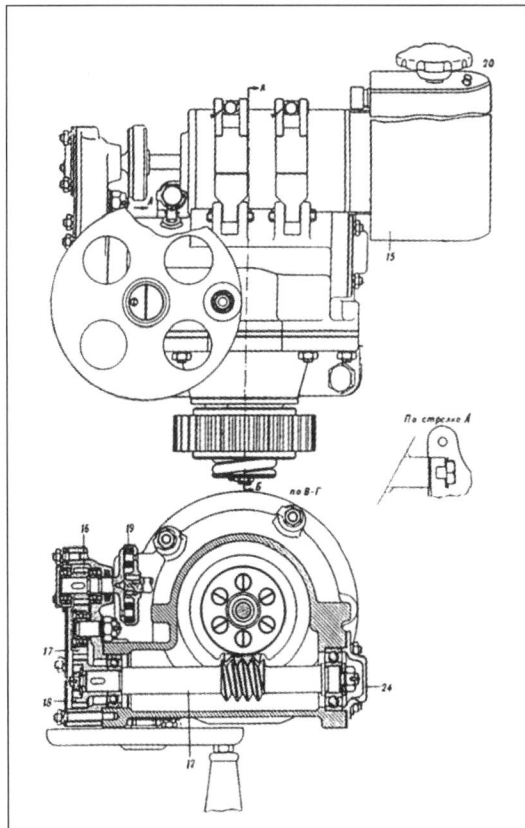

◀ 炮塔旋回电机的侧视图和俯视图。

▲ 炮塔旋回电机。

▲ 折叠后的车长座椅和部分炮塔座圈，注意座椅下方的弹药箱。

▶ 炮塔左侧内壁和上面的无线电设备存放架（摄于一辆T-34K型的炮塔内）。

▲ 主炮附近的机枪弹药架。

▲ ▶ 从软边型六边形炮塔内看到的一部分炮塔天花板。

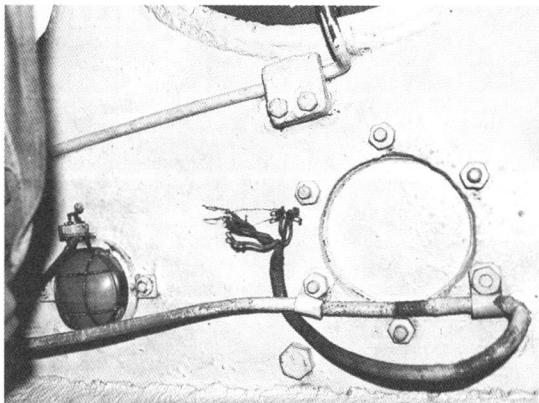

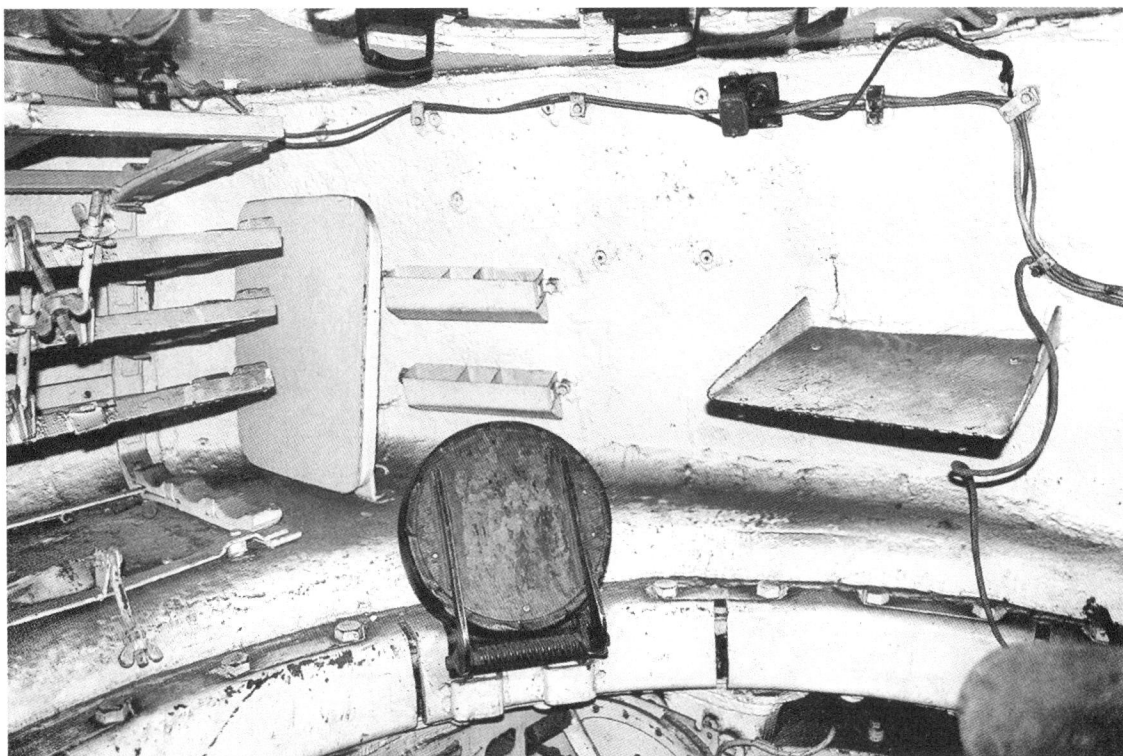

本页和后几页的图片均展示了 T-34-85 坦克的车内细节。这组照片拍摄于一辆 112 工厂生产的、安装"大型版"炮塔的坦克内，其主炮为一门 ZIS-S-53 型 85 毫米炮。

▲ 炮塔左侧和右侧的 85 毫米主炮弹药架。

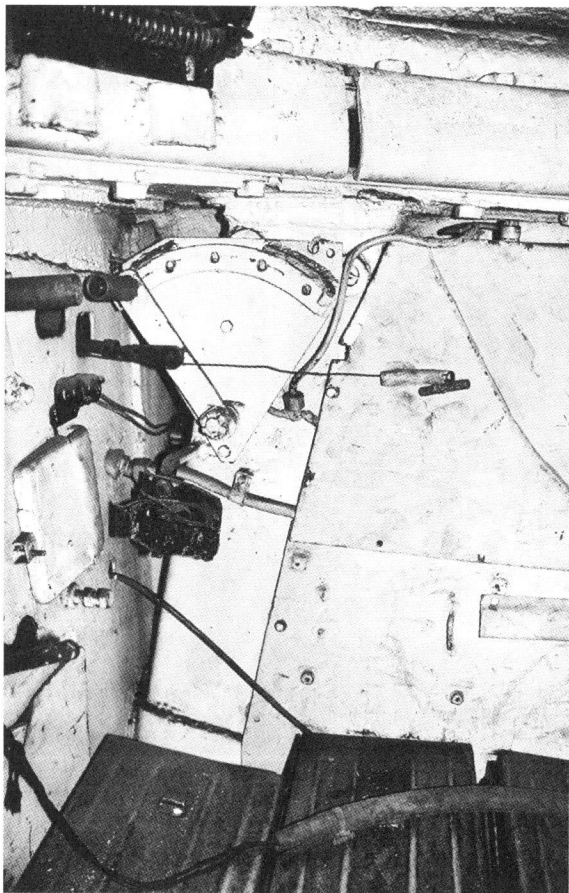

▲ 112 厂 T-34-85 战斗室的左后方一角。

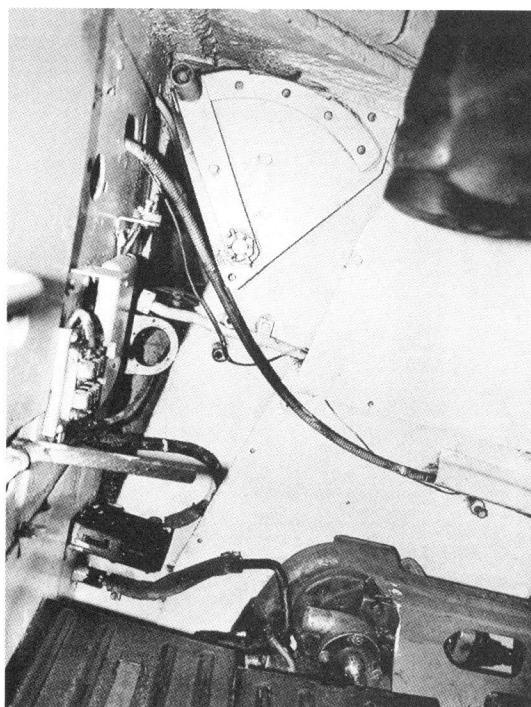

▲ 183 厂 T-34-85 战斗室的左后方一角，由于其中有一个起动机加温装置，因此可以判断该车是战后的产品。

▶ 内部油箱罩，摄于一辆索尔莫沃工厂生产的 T-34-85 中。

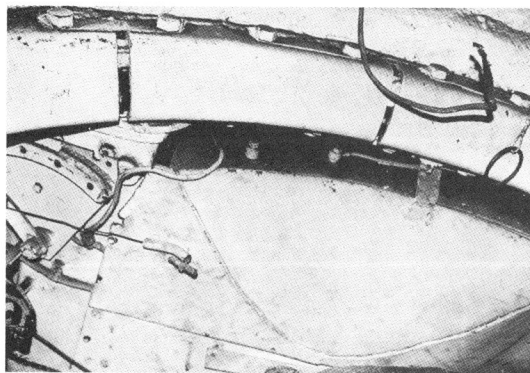

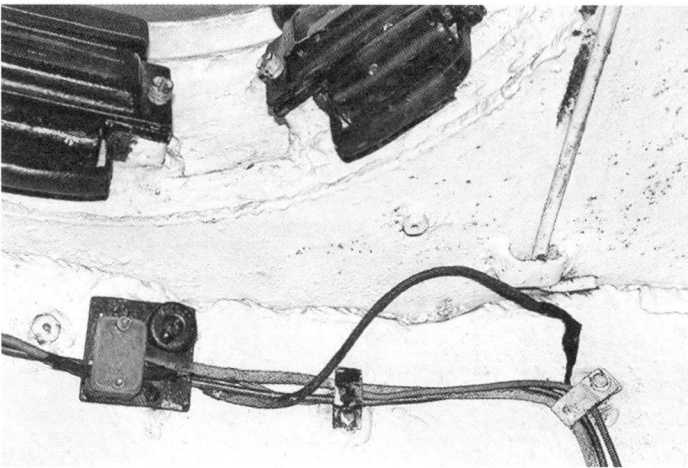

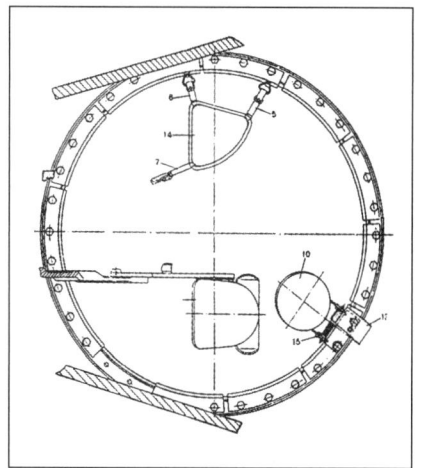

▲ 112厂炮塔的内部细节。

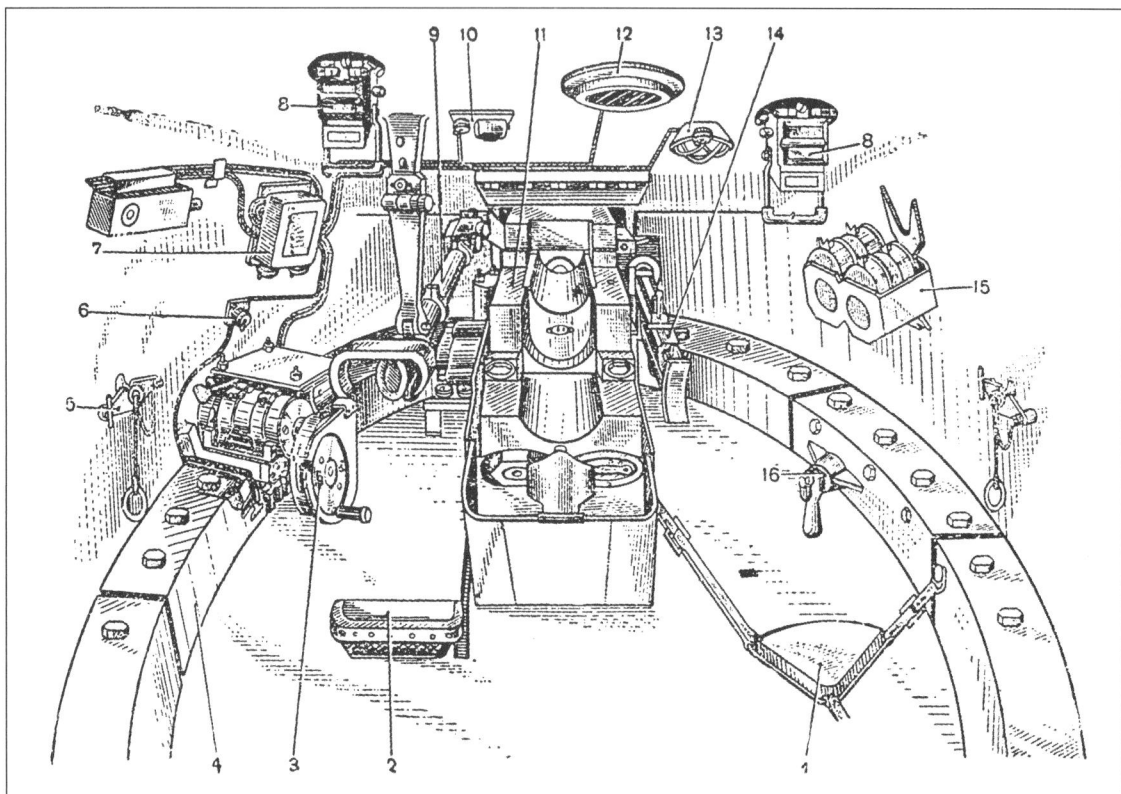

▲ 索尔莫沃工厂 T-34-85 炮塔的内部透视图。

▲ 183 厂坦克的驾驶员战位，其中可以看到一些战后的改装。

▲ 112 厂 T-34-85 坦克的驾驶员战位和仪表。

▲ 这两张照片展示了驾驶员舱门开合机构的差异。其中上图属于 T-34-76，下图属于 T-34-85。

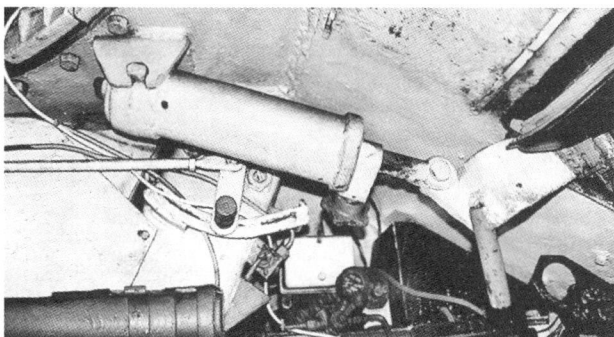

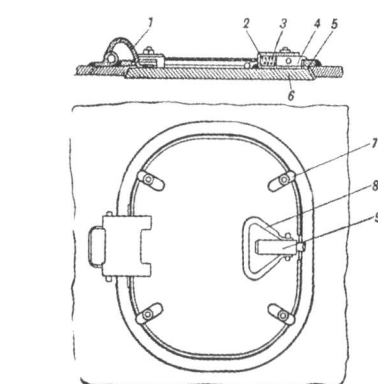

▲ 1943—1945 年量产坦克的车底逃生口。

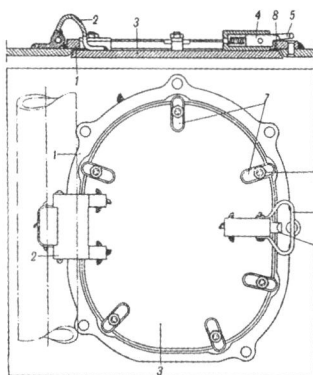

▲ 1940—1941 年量产坦克的车底逃生口。

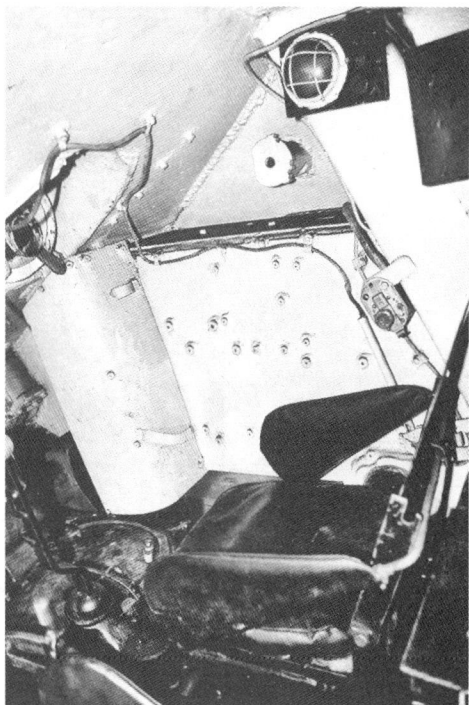

▲ 炮手座椅。

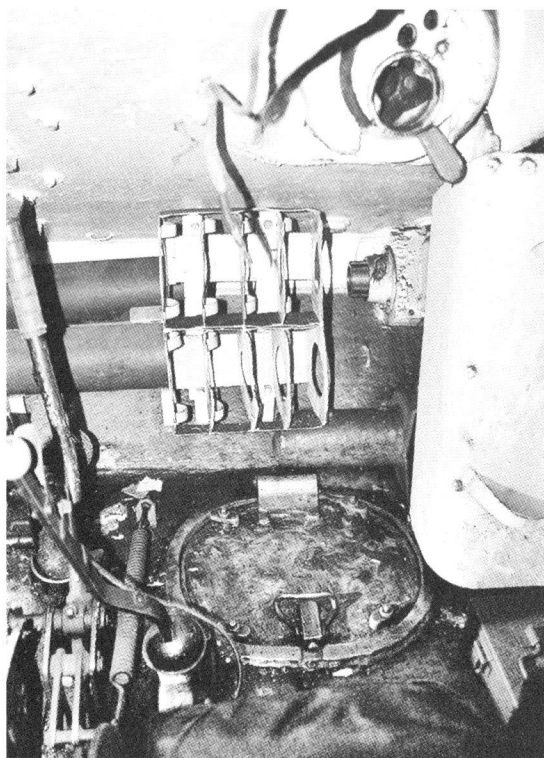

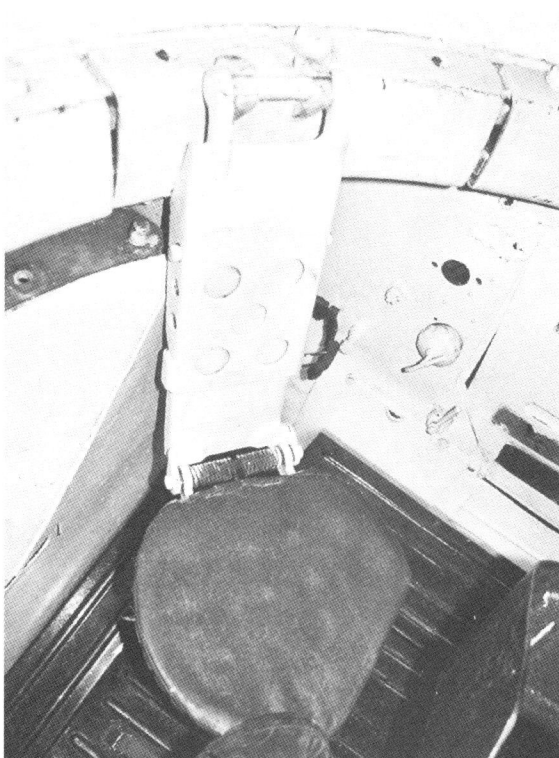

▲ 本页的图片展示了各工厂产品的内部特征。虽然它们在细节上可能存在差异，但总体设计和布局总是大体接近。在这两张照片中展示了装填手的座椅，它们貌似是战后产品，和 T-54/55 上的座椅相同。

▼ ▶ 波兰产 T-34-85 坦克上的各种仪表。

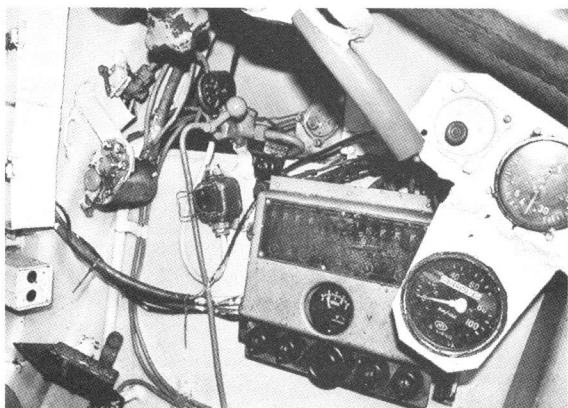

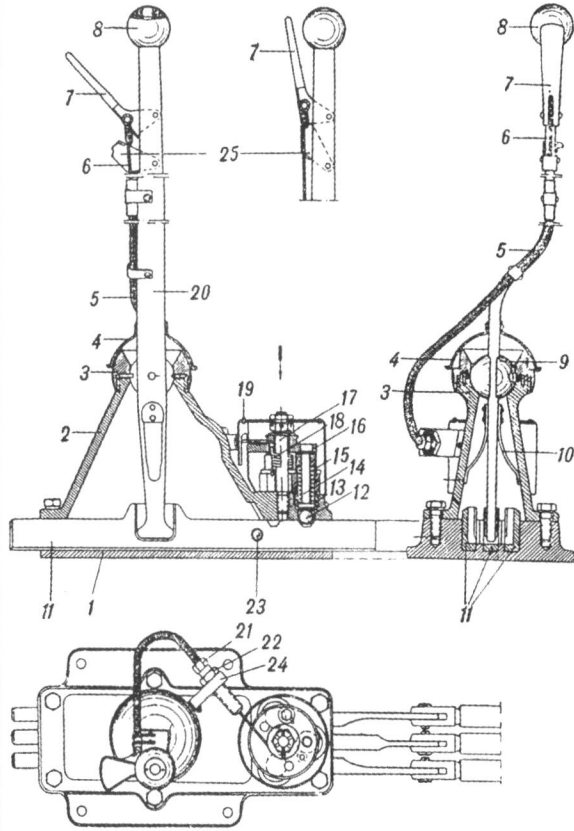

◄ ▼ 换挡设备的细节示意图

1. 底座	10. 板簧	19. 保护罩
2. 固定支架	11. 变速叉杆	20. 换挡杆
3. 固定螺帽	12. 闭锁球	21. 金属线调整
4. 外壳	13. 闭锁塞	螺母
5. 金属线	14. 闭锁扣	22. 防松螺帽
6. 金属丝	15. 闭锁弹簧	23. 钢球
7. 闭锁柄	16. 旋转块	24. 支架
8. 换挡杆旋钮	17. 旋转块主轴	25. 挂倒挡时的闭
9. 球形接头	18. 复位弹簧	锁柄插销

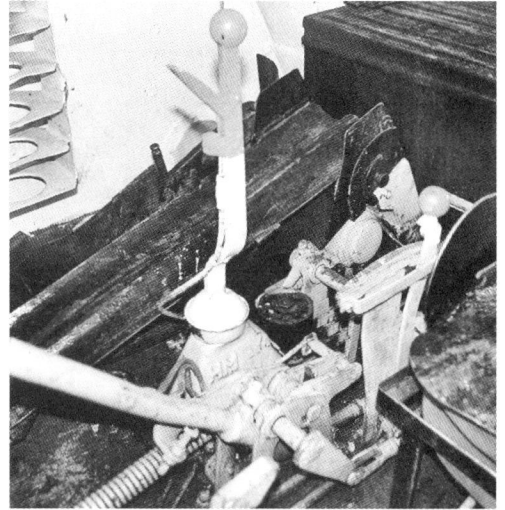

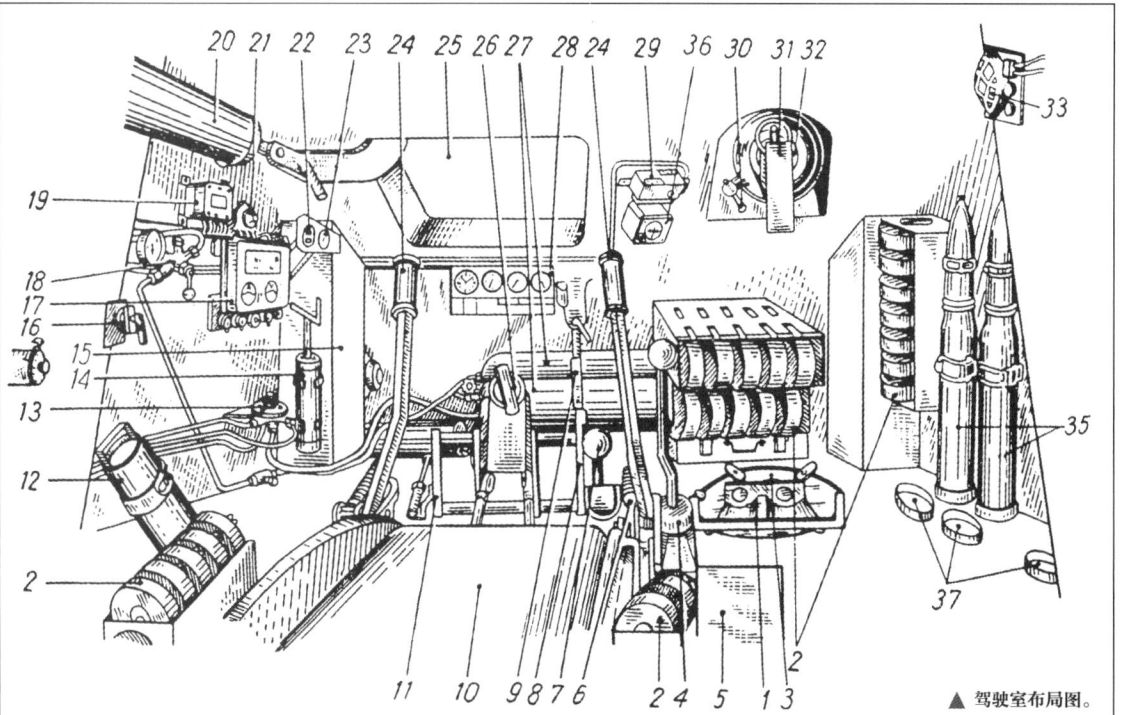

▲ 驾驶室布局图。

▲ 本页及下页的照片展示了波兰产T-34-85坦克的内部细节。在这张照片中可以看到该车的控制杆和驾驶员座椅。这些带扶手的座椅都是战后波兰产品的特征。

▲ 坦克的换挡装置。

◀ ▲ 这两张照片中展示了坦克的炮塔座圈，同时还能看到坦克右侧油箱的外罩。另外，在右侧照片中还可以看到炮塔固定器，这种装置会在坦克行进时使用。

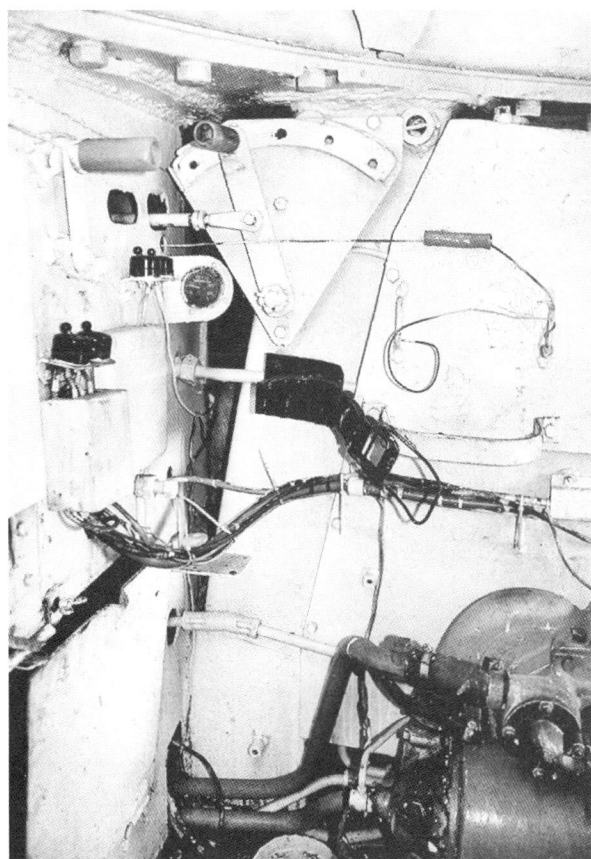

▲ 波兰产 T-34 的内部细节。

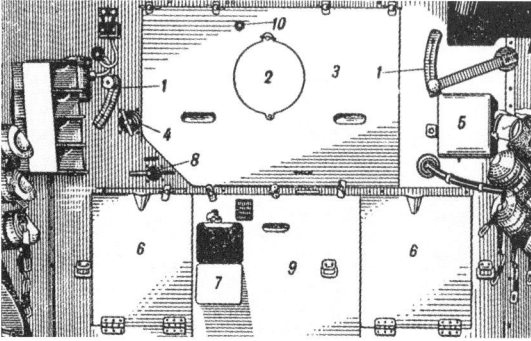

▲ 112厂 T-34-85 的发动机舱隔壁。

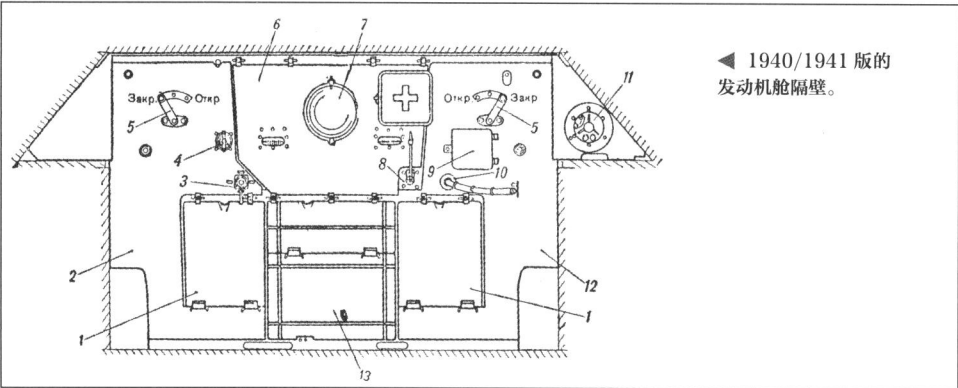

◀ 1940/1941 版的发动机舱隔壁。

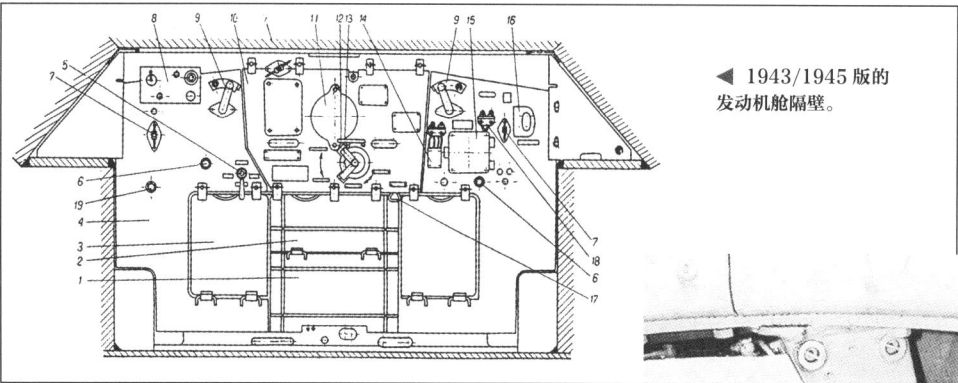

◀ 1943/1945 版的发动机舱隔壁。

▼ 战斗室的右后方一角。

▼ 驾驶员舱门的开合装置和机枪弹药架。

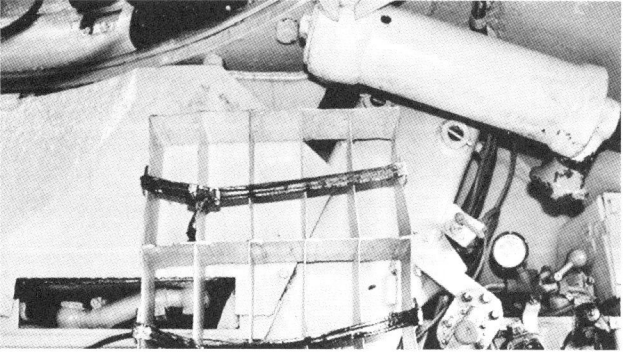

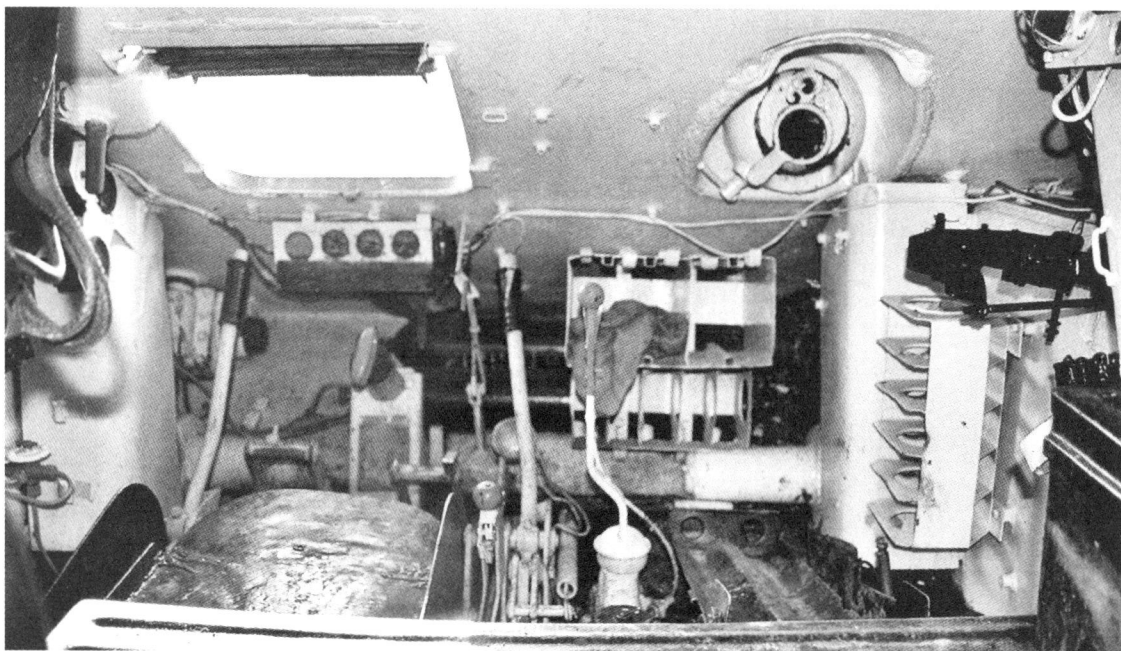

▲ ▼ ▶ 波兰产四人车组 T-34 的内部细节。

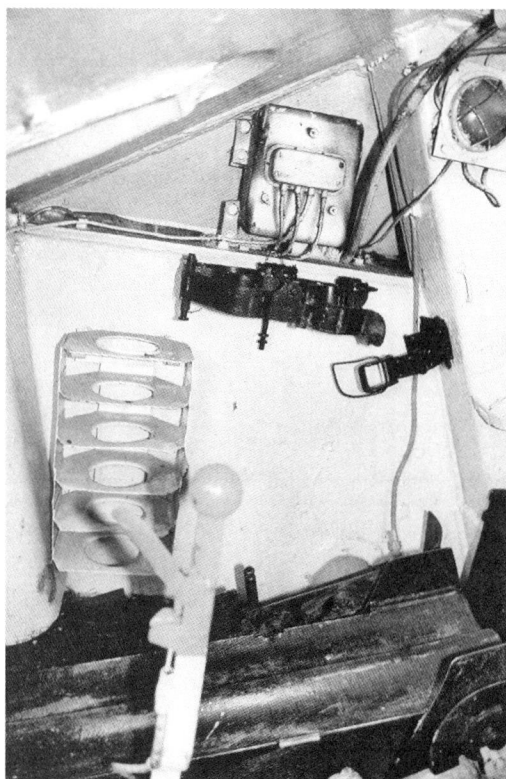

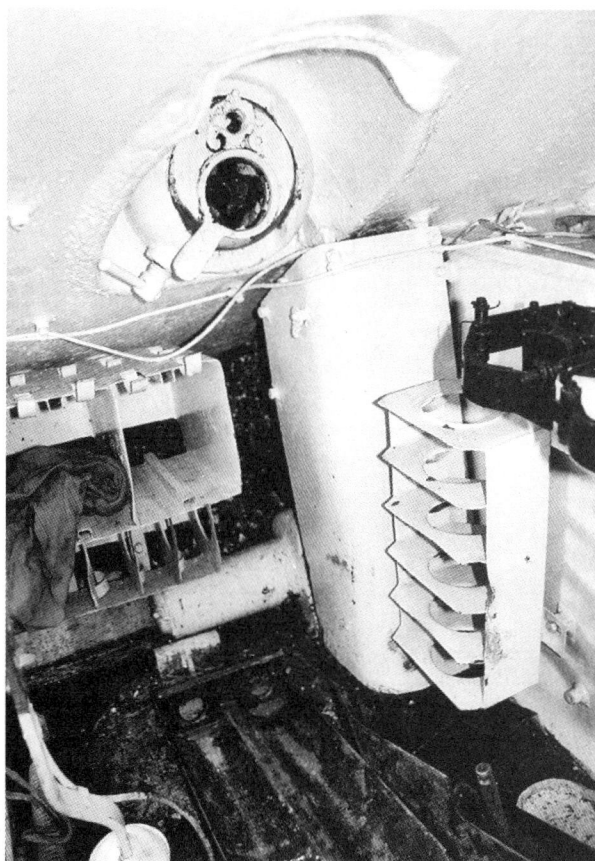

▲ 驾驶员仪表盘，其时钟已经不翼而飞。最初，该仪表盘并未涂成白色。

▲ 炮塔后半部分特写。

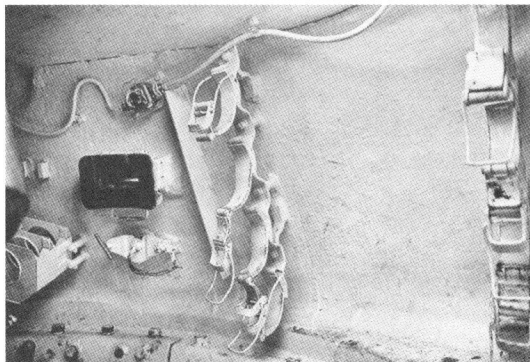

▲ 炮塔右侧舱壁上的弹药架。

▲ 20世纪70年代的无线电设备。

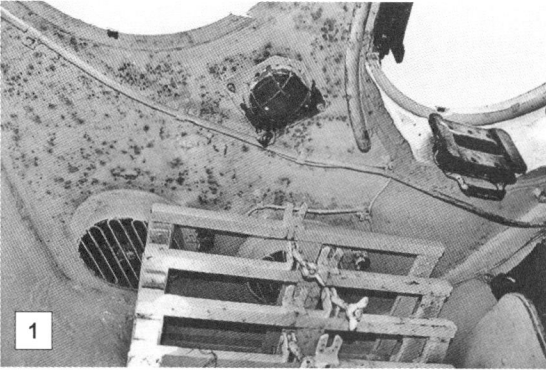

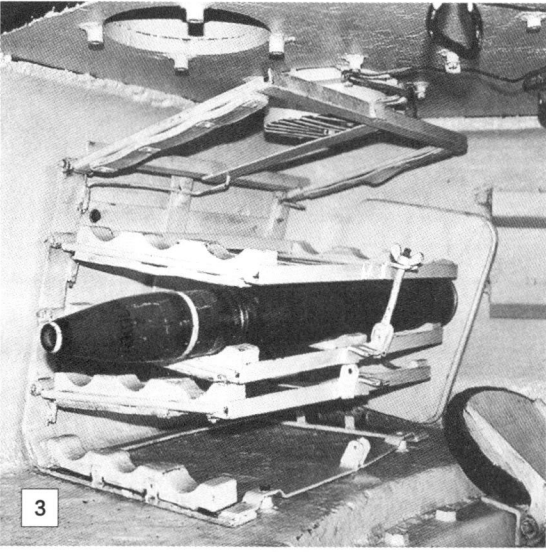

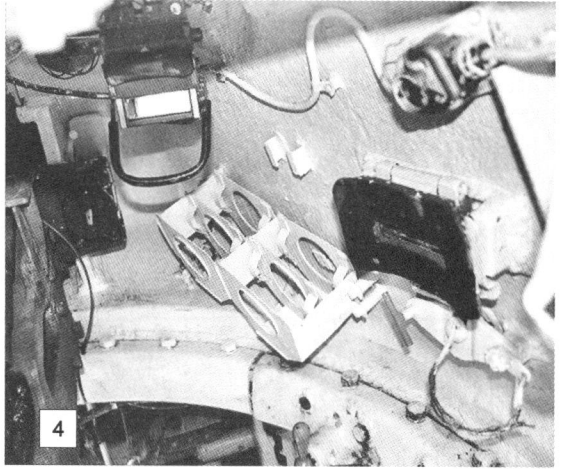

▲ ▶ T-34-85 炮塔后舱壁的弹药架细节。除图 3 是在 183 厂生产的坦克上完成的拍摄外，其他照片均来自波兰制造的车型。注意车内的换气扇已被拆除。

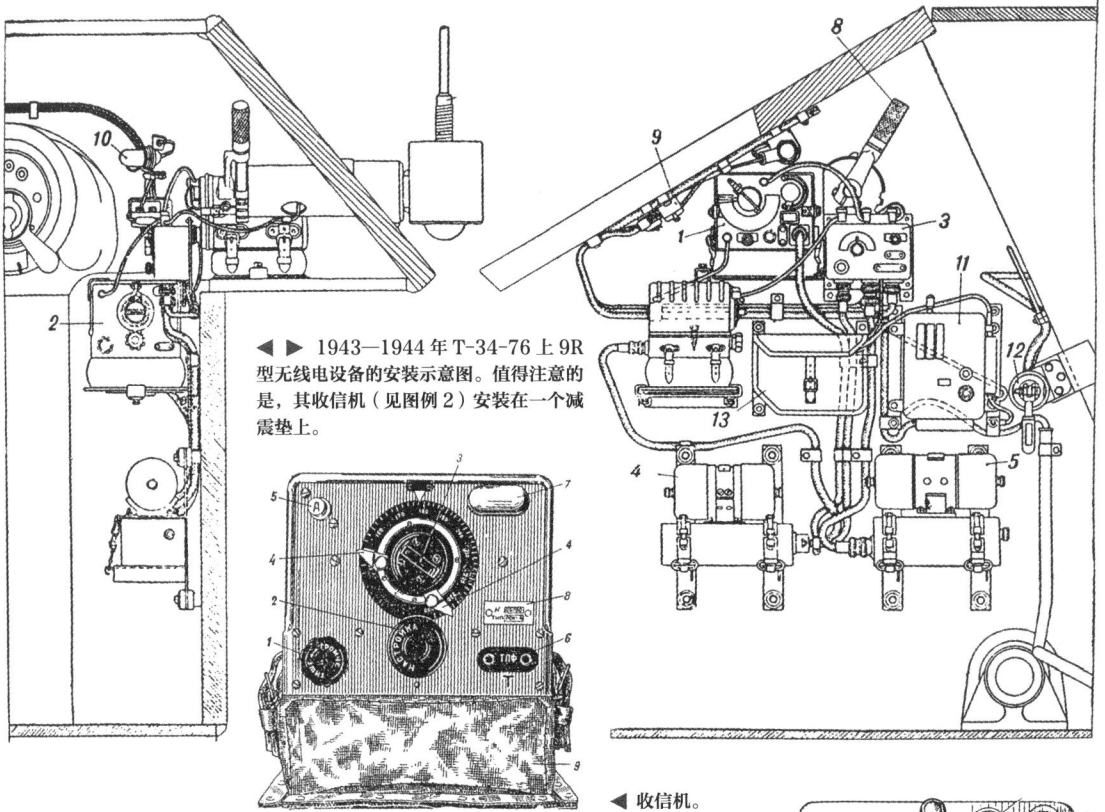

◀ ▶ 1943—1944 年 T-34-76 上 9R
型无线电设备的安装示意图。值得注意的
是，其收信机（见图例 2）安装在一个减
震垫上。

◀ 收信机。

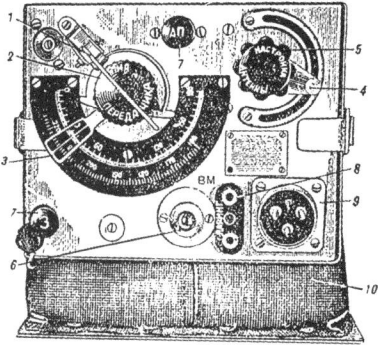

▲ 发信机。

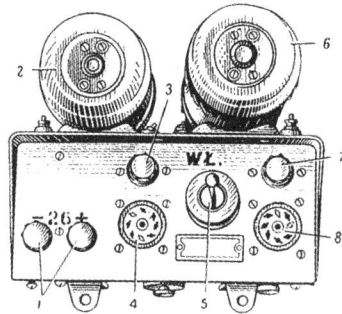

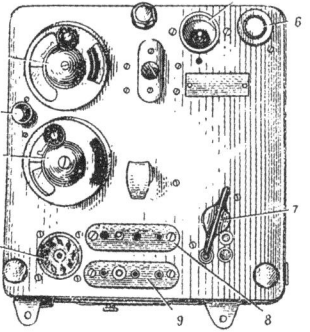

◀ ▲ ▼ 10RT-26 型无线电台，
从左至右依次为发信机、电源和收
信机。

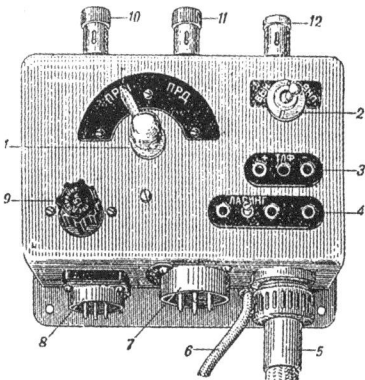

◀ 调频装置。

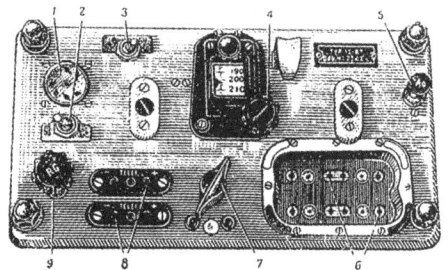

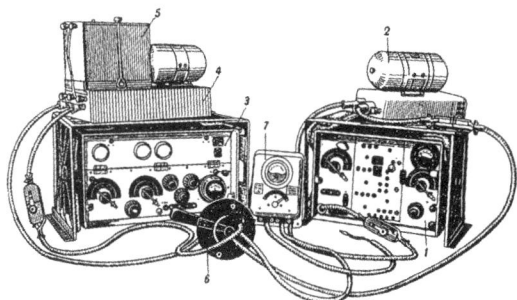

▲ 安装在 1940/1941 型 T-34 上的 71-TK-3 型无线电台。从左至右依次为：接收器、电压调节器和发射机。

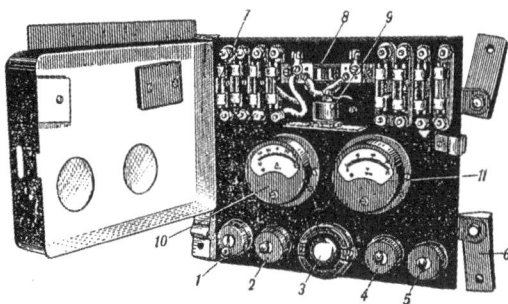

▲ 接线盒安装在驾驶员战位左侧，并由他操作。

▲ 波兰产 T-34-85 的车长指挥塔。

▲ ▶ 174 厂产品上的车长指挥塔特写。

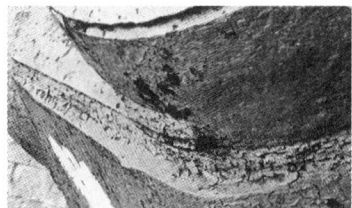

◀ ▼ 112 厂产品的车长指挥塔内部一瞥，内部的涂漆和车体表面一致。

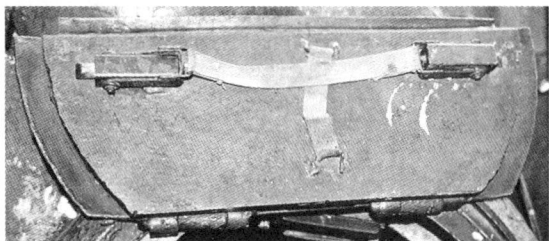

▲ 波兰造 T-34-85 的车长指挥塔，这些指挥塔上有样式不一的圆形基座，可以安装通气管用于潜渡。

▲ 驾驶员舱门的铰链。左图来自 112 厂的产品，右图来自 183 厂的产品。

▶ 打开后的驾驶员舱门铰链。

◀ ▼ 驾驶员和装填手舱门，内部的涂漆和车体表面一致。

▲ 车长指挥塔的剖视图。

▲ 早期型车长指挥塔，潜望镜上未安装保护罩。

▲ MK-4型潜望镜——T-34-85上的标准装备。

▼ ▶ 从1942年年初开始列装的初版潜望镜保护罩。

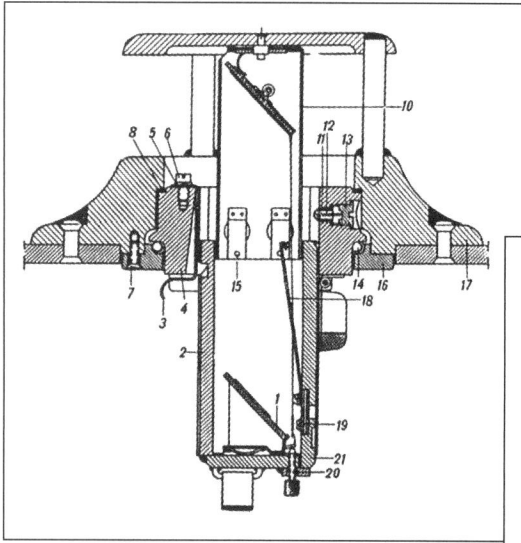

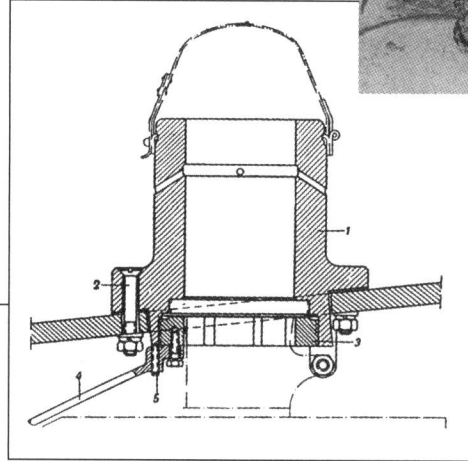

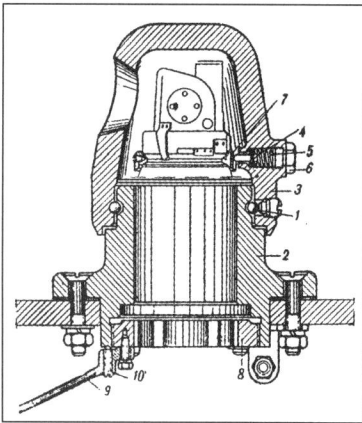

▲ SPKO 型潜望镜结构图。

◀ ▼ ▶ 标准型和后期型的 PT-7 型潜望镜，该潜望镜安装在了一种新型的外罩内，这种外罩是通过螺纹固定在基座上的。

第二十六章
炮塔

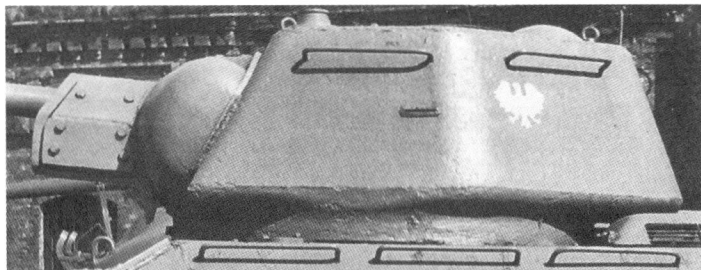

▲ 软边型和硬边型的炮塔，另外正如我们在本页的另一张图片中所见，在舱门之间有一小块钢板将两者分开。

▲ 炮塔上的生产序列号钢印。

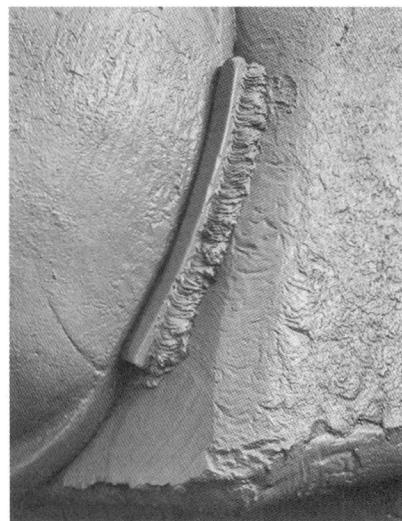

▲ 两舱盖之间小块钢板的特写，摄于 1942 年生产的炮塔上。

▶ 1942 年夏天后下线的六边形炮塔正面安装了小块护板。

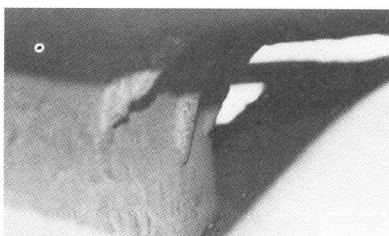

◀ ▲ 炮塔座圈上方的凸筋，尽管在一些照片中略显模糊，但这种特征确实存在。

▲ 带车长指挥塔、无线电天线安装基座和两具潜望镜的软边型炮塔（坦克为174工厂生产）。注意其极为粗糙的表面。

▲ ▶ 两张软边六边形炮塔的照片，上面安装有车长指挥塔、无线电天线基座和的一具潜望镜，同时表面也比上一张照片中的炮塔更为光滑。在这类炮塔的车长指挥塔上很少能看到MK-4型潜望镜。而且有趣的是，在T-34的指挥型——T-34K上实际只有一具潜望镜（如第二张照片中所示），该潜望镜安装在车长战位——而不是装填手战位——上方。

▲ ▼ ▶ 本页的照片展示了安装 76.2 毫米炮的冲压版六边形炮塔——它也是 T-34 炮塔中最罕见的版本。目前，这样的坦克只有一辆，正保存在捷克共和国的莱沙尼军事博物馆（Lesany Museum）。这些照片中的细节可以澄清不少出版物中常见的绘图错误。

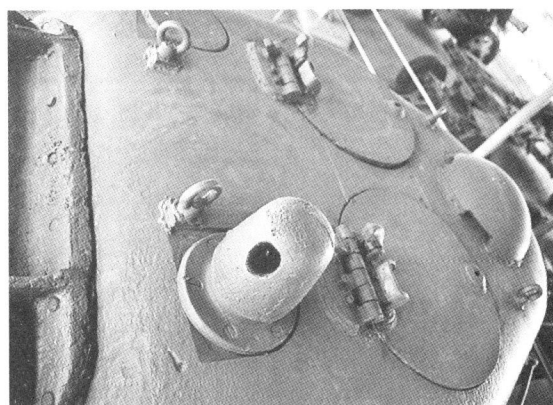

▲ 这两辆照片展示了"软边型"（183 厂生产）和"变体版"炮塔的区别。

◀ ▼ ▶ "变体版"炮塔的细节。注意炮管和外套管之间的巨大缝隙。

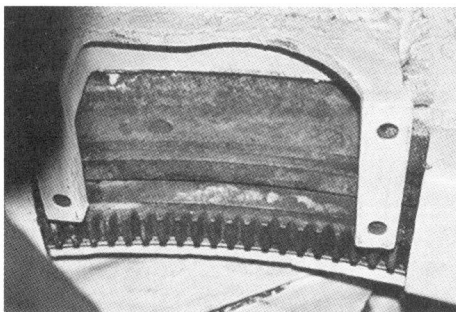

▼ ▶ 炮塔座圈特写，此处的装甲防护极为薄弱。

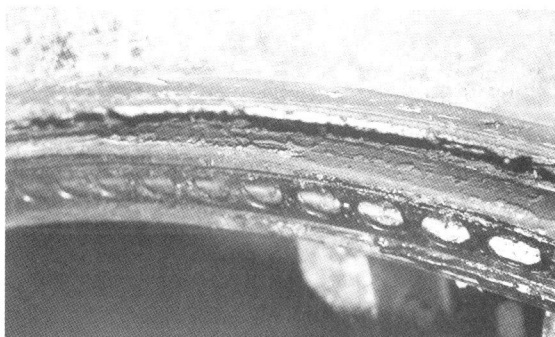

▲ ▶ 112工厂的第二版炮塔，其制造始于1944年春。该炮塔安装有与ZIS-S-53型火炮配套的护盾。

▼ 112厂"大型版"炮塔的细节图。其中上方的照片展示了炮塔的后底板究竟有多么贴近车体。下方的照片则展示了车体和炮塔的表面特征。

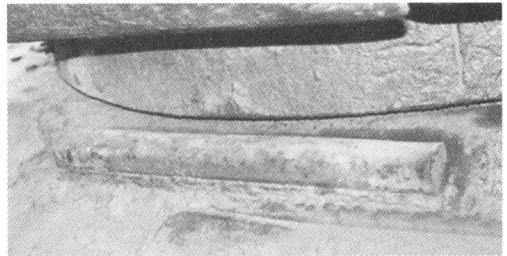

▲ ▶ 174厂炮塔的细节特写。

▼ 炮塔换气扇的剖面特写。

▼ 112厂炮塔的后下部分特写。

▲ 183厂炮塔的细节。

◀ 炮塔前方圆弧部分的特写。

▲ 不同炮塔舱盖上的铰链细节。

▼ 183厂炮塔顶部和侧壁焊缝的特写。其中左图来自1944年首批量产的车辆，右图则是1944年年底生产的车辆。

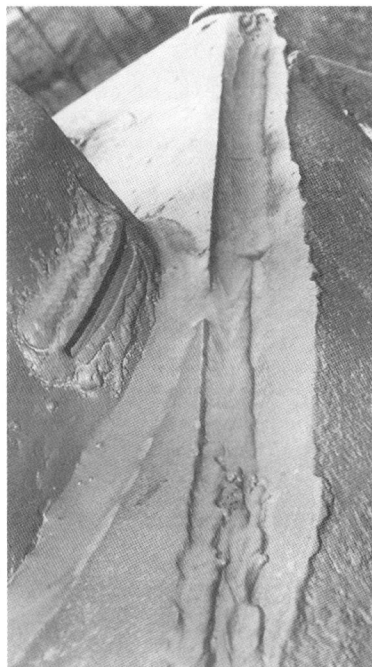

▲ ▼ 112厂第2版炮塔侧面和正面的特写。

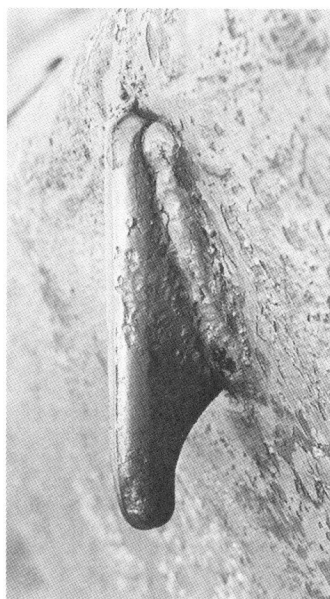

▲ 112厂和183厂的炮塔起吊钩。

◀ ▲ 183厂（左图）和112厂第2版炮塔（上图）的顶盖和侧壁连接处。从中也可以看出两厂炮塔生产工艺的不同。

第二十七章
发动机

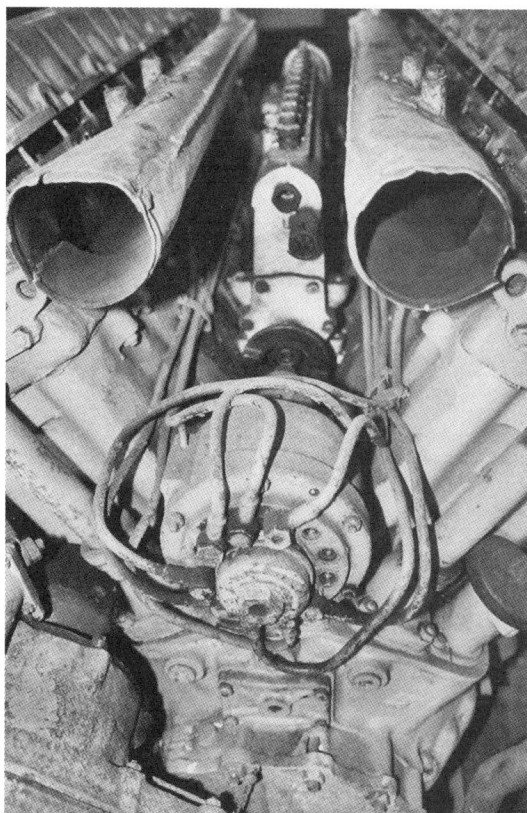

▲ 本页的照片展示了 V-2-34 型发动机及其细节。在右上图中的气缸之间，我们可以看到空气分配阀，其后方是燃油喷射泵和废气集气管。

▼ 发动机上的冷却水泵。

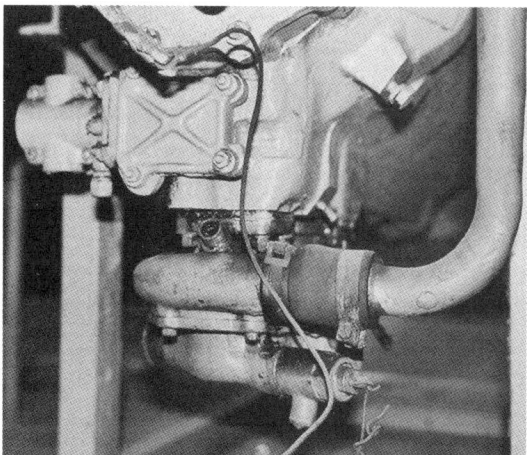

▲ 右侧气缸的特写。

▲ 交流发电机。

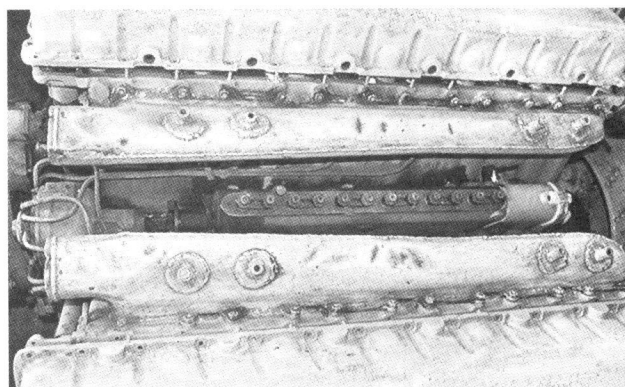

▲ 发动机的俯视图，中央是喷油泵。

▲ 这张照片底部是冷却水的水泵。

▶ 这张照片的底部可见交流发电机。

▲ 从后向前看去的发动机缸体。

▲ 连接燃油喷射泵和气缸的高压管线。

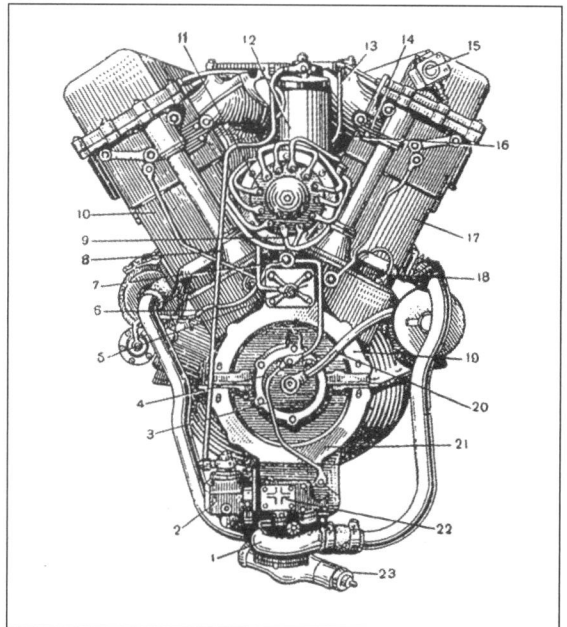

◀ ▲ 发动机的细节绘图。

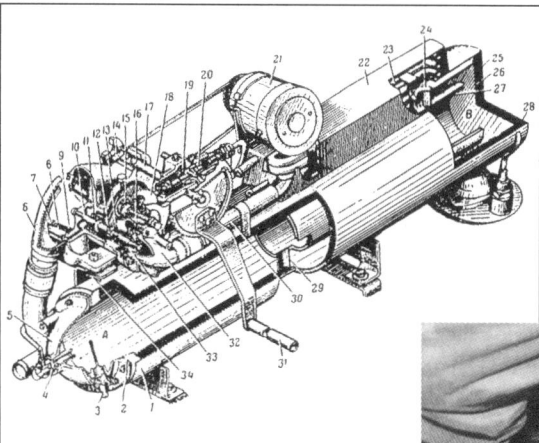

▶ 发动机起动机加温器——该设备系在 20 世纪 60 年代改装后添加。

▲ 在野战环境下更换 V-2-34 型发动机时的景象。

▲ ▼ 这两张照片中的 T-34 使用的是 112 厂的车体和 183 厂的铸造炮塔。

▶ T-34-85 的发动机舱，其中可见油箱和空气过滤器的安装支架，这些改进最初采用于 20 世纪 50 年代末。

▼ 这三张照片展示的是车体装甲板的接合处，其中从左至右依次为：车体的右后角、车体的右前角和炮塔附近。在第二张照片中，巨大的焊缝清晰可见。

◀ ▼ 车体机枪护盾和驾驶员舱门的铸件。其中可以清楚地看到铸件脱离铸模后在边缘留下的毛刺——这也是112厂产品的特点。

▲ 驾驶员舱口内景和特写，可见周围有一道装甲围挡，可以避免步兵武器的子弹和弹片打入车内。

▼ 炮塔前部和后部的特写，可以看到铸件和接缝的处理工艺十分粗劣。

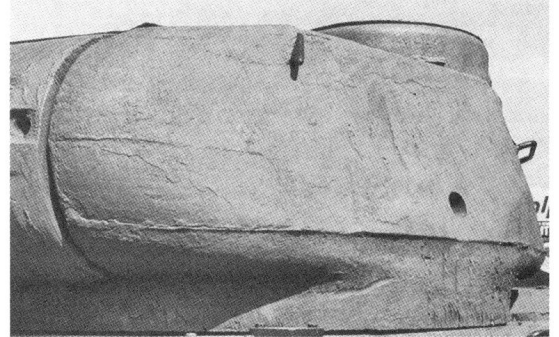

▲ ▼ ▶ 炮塔顶盖焊缝的特写。

▲ ▶ 本页的照片来自一辆112厂在战争结束时生产的T-34-85。在这三张照片上,可以看到铸造时钢水溢出的痕迹,它包裹住了炮塔正面装甲板的边缘——它在战争刚结束时出厂的T-34-85上相当常见。

◀ ▼ 一辆112厂在1945年年初生产的T-34-85,该车安装了"蘑菇形"炮塔,这种炮塔和该厂同一时期生产的"大型版"炮塔非常相近。

◀ ▲ 一辆112厂在1945年年初生产的T-34-85，该车安装了"蘑菇形"炮塔，这种炮塔和该厂同一时期生产的"大型版"炮塔非常相近。

▼ ▶ 炮塔上的通风设备，它们看起来就像是蘑菇的伞盖。

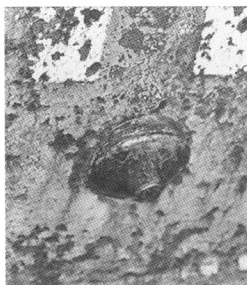

◀▲▶ "蘑菇形"炮塔的照片，其中展示了它的材质、外表和细节。

◀▼ 这两张照片展示了炮塔顶部和指挥塔附近的焊缝。

◀▼ 这两张细部照片展示了车体侧面牵引钢缆的布置方式——这种改装直到20世纪50年代初才出现在T-34-85坦克上。

▲ 为MK-4型潜望镜。

▼ 牵引钩。

◀▲ 上图为"蘑菇"炮塔，其外观对称，是"大型版"炮塔的一种变体。

▲ ▶ 总的来说，T-34 的炮塔有着相同的尺寸，但形状（尤其是侧面和正面）往往存在区别。在这里展示的是一座 112 厂生产的"蘑菇形"炮塔，该炮塔安装了 S-53 型火炮，可以把它的外观和前文照片中的炮塔稍作对比。

▲ ▶ 112 厂"蘑菇形"炮塔的顶盖。其右侧可见两片式的车长指挥塔。112 厂的炮塔顶盖要比 183 厂的产品更长，并一直延伸到了炮盾铸件附近。

▲ 在 20 世纪 50 年代，捷克也利用授权许可生产了一批 T-34-85。这些车辆可以通过炮塔下方的合模线辨认出来。

◀▼ 这些照片展示了捷克版 T-34-85 的细节。其中可以看到德国式的"诺泰克"车头灯（Notek，安装于第一批车辆上）、BSz 发烟装置的托架和安装在左侧的尾灯。

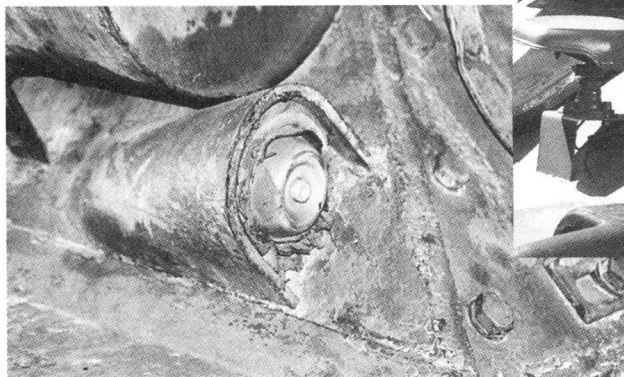

▲▼ 波兰于20世纪50年代末生产的T-34-85M2，这些车辆具备利用通气管在河水中潜渡的能力。

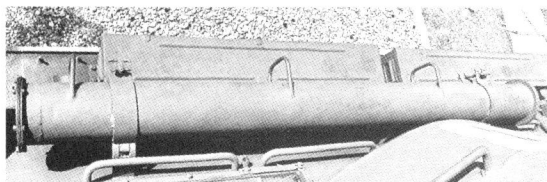

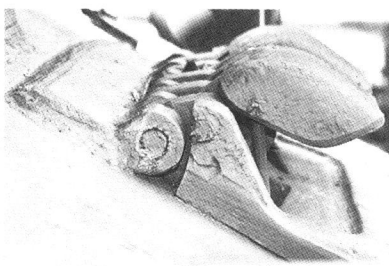

◀ ▲ ▼ 波兰产 T-34-85 的特征。其中下方是炮塔的特写——注意它们和捷克版本的区别。

▶ 这辆在波兰军队中服役的 T-34 安装了一座乌拉尔重型机械制造厂生产的炮塔。但不幸的是，目前还不清楚该车是在 1943 年时交付第 1 坦克旅的，还是战后回收的产品。

▶ 一辆 112 厂生产的 T-34-85，该车安装了 PT-3 型扫雷滚轮。

◀ 这张战后照片反映了一辆被 T-34T 抢修车牵引着的 T-34-85。

◀ 一辆被烧毁的 1941 年夏秋季生产的 T-34。可以清楚地看到车头灯、打开的发动机罩和发动机罩上的锁扣。

▶ 这张 1941 年夏天的照片展示了一场坦克大混战之后的场景：冲锋的 T-34 彼此相撞、仰面朝天。其中在左侧翻倒的坦克底部可以看到悬挂系统的检查口。由于在这段时间，苏联人在生产线上取消了许多细节，因此可以判断照片中的坦克都是春季生产的。在右侧的坦克上可以清楚地看到早期型的履带，每隔一片，这些履带上都会有一个额外的沟槽。另外值得注意的是，在当时，183厂仍然在产品的后装甲板上使用着尖头螺栓。

◀ 这辆被掀翻的、1941 年夏秋季生产的 T-34，可能是 10 月时在布良斯克附近被航空炸弹摧毁的。这一年下线车辆的代表性细节，如更宽大的工具箱、带铆钉的连接梁和车体上的导缆孔都清晰可见。不过，其最重要的特征依旧是 550 毫米宽的"华夫饼"式新型履带（履带上带有斜向的肋条）。这种履带最初极为稀少，而该照片则证明，它很可能早在 1941 年 9 月时便已经列装了。

▲ 这辆 T-34 在 1942 年年初被遗弃在了奥廖尔附近的某地。各种迹象显示该车生产于 1941 年春夏之交，但换装了在 1941 年 10 月前列装的新式履带。另外，炮塔上的 2 具潜望镜、带中央潜望镜的驾驶员舱门、车体正面的车头灯基座和带铆钉的连接梁等特征，则表明该车是183 工厂的早期产品。在 1941 年秋天的改装中，其车体两侧还加装了矩形油箱和备用履带。另外，状况良好的负重轮（表面有着全新的橡胶）还表明它们是随履带一起换装的。

▲ 1942 年夏天，这辆斯大林格勒工厂生产的 T-34 被德军击毁在了苏联南部。从中可以清楚地看到该厂产品的典型细节：如带潜望镜的铸造炮塔（无后部舱门）、后装甲板两侧的咬合齿、用 8 个螺栓固定的排气管罩，以及后装甲底部 6 个间距较大的螺钉。

第二十八章
交付波兰的 T-34 及其序列号

第1坦克旅

T–34–76，1941型——1943年秋季至1944年春季接收：

31190*、30381*、3030588、3030736、3040914、3040925、35121*、35170*、3051026、3051086、3051242、3051268、3051302、3051330、3051338、3051346、3051350、3051361、3051366、3051377、3051378、3051379、3051385、3051391、3051394、3060003、3060005、37124*

带星号的车辆安装了183厂的焊接炮塔，其他则安装了112厂的铸造炮塔。

T–34–76，六边形炮塔型——1944年春季接收：

0308722、0308741、0309757、0309767、0309778、0309794、0309796、0309798、0309800、0309801、0309802、0309804、0309805、0309807、0309808、0309809、0309811、0309812、0309813、0309814、0309815、0309816、0309817、0309818、0309818、0309820、0309821、0309822、0309824、0309825、0309826、0309829、0309833、311224*、4010017、4020504、4020506、4020513、4020516、4020526、4020529、4020794[1]

带星号的车辆由183厂生产，其余由112厂生产。

T–34–85，112厂生产——1944年秋季接收：

4080220、4080224、4080304、4080305、4090323、4090326、4090327、4090330、4090337、4090326、

▲ ▼ 这两张照片展示了波兰生产的 T-34-85。

---

[1] J.马格努斯基著作的第84页中作420794，但这一编号可能有误。

▲ 另一张波兰版 T-34-85 的照片，照片中央的坦克则来自苏联的 112 工厂，并安装了分置式的炮塔换气扇。

▲ 另一张冬季迷彩的照片，但其中的情况比较特殊。该车的炮塔上只有白点，只有整个炮管被全部涂成了白色。该车的编号是"3969"，是 183 厂的战时产品。

▲　一辆涂有冬季迷彩的T-34-85从镜头前穿过。该车只有炮塔和车体侧面涂白，其余部分则保持着绿色的原色——这种做法在当时非常普遍。注意每辆坦克车体后方安装的箱子——这种做法曾从1943年开始被苏联军队采用。

4090327、4090330、4090337、4090340、4090365、4090390、4090391、4090399

T-34-85，183厂生产——1945年春季接收：

407605、411094、411517、412164、412202、412202、412274、0315010、0412174、4020527、4070945、4120292、4120309、4120368、4120370、4120387、4121151、4121266、4121536、4121714

T-34-76和T-34-85训练车——1944年夏季接收：

8978、19456、31297、41127、103119、306607、420815、420896、4010025、212567；

52209、(4020209)、3497、6188、07901、33426、33613、34186、34468、35101、35638、37718、121138、306422、401003、420937、421035、3020401、38190、210052、240221、304022、4010228、4020286、4020328、4020350

第1坦克军

T-34-85，112厂生产——1944年9月/10月接收：

4090341、4090380、4090387、4090392、4090394

第2坦克旅

T-34-85，183厂和112厂生产——1945年1月接收：

41272、412375、412491、412633、412635、412664、412671、412675、412683、412688、412705、412716、412721、412728、412734、412735、412737、412748、412756、412760、412762、412764、412767；

4111696、4120311、4120317、4120321、4120324、4120328、4120329、4120356、4120363、4120377、4120381、4120382、4120389、4120396、4120399、4120400、4120405、4120417、4120462、4120500、4120512、4120524、4120529、4120548、4120553、4120554、4120559、4120561、4120572、4120574、4120575、4120576、4120577、4120578、4120581、4120582、4120583、4120584、4120587

第3坦克旅

T-34-85，183厂和112厂生产——1945年1月接收：

411565、412317、412368、412605、412606、412666、412685、412687、412706、412707、412713、412715、412725、412725、412729、412731、412733、412747、412753、412757、412759、412761、412763、412765、412769、412770、412783、412788、412807、412820、412828；

4120101、4120104、4120107、4120116、4120269、4120284、4120333、4120347、4120352、4120367、4120369、4120385、4120387、4120395、4120402、4120410、4120419、4120420、4120421、4120424、4120435、4120767、4121010、4121103、4121105、4121318、4121403、4121413、4121423、4121426、4121431、4121432、4121499、4121808

第3坦克旅

T-34-85，183厂生产：

4122、47538、411348、412159、412199、412387、412392、412429、412452、412454、412519、412559、412586、412599、412601、412607、412618、412662、412674、412680、412702、412718、412743、412745、412746、412749、412750、412751、412766、412774、412778、412782、412786、412787、412789、412790、412795、412796、412801、412802、412803、412804、412806、412808、412813、412817、412818、412825、412827、412831、412832、412833、412834、412835、412836、412837、412838、412839、412840、412841、412842、412843、412844、412874、412911

T-34-85，183厂和112厂生产——1945年1月/2月接收：

412285、412369、412615、412693、412758、412809、412815、412819、412821、412830；

4110131、4120418、4120501、4120516、4120537

第16坦克旅

T-34-85，183厂和112厂生产——1945年1月/2月接收：

412354、412531、412612、412741、412754、412772、412773、412805、412810（或840）、

412846、412848、412850、412851、412852、412854、412855、412857、412858、412859、412860、412861、412864、412865、412866、412871、412875、412876、412877、412890、412891、412895、412897、412901、412905、412906、412910、412912、412917、412932、412937;

4120530、4120535、4120600、4120625、4120627、4120630、4120631、4120633、4120636、4120638、4120642、4120643、4120645、4120647、4120649、4120650、4120659（或654）

需要各位读者注意的是，正如正文中所述，一部T-34的完整序列号实际透露着如下信息：如4050677，其代表了生产年份为1944年，月份为5月，677意为当月下线的第677辆车。但在1941年，为区分各个工厂的产品，这些坦克的编号系统也进行了一些调整。于是，183厂的编号会忽略掉0（此时，4050677会变成45677），174工厂则会在开头加一个0（此时，45677会变成045677）。另外，许多车辆的编号前面还有字母（如B、T和U，在波兰文件中还出现了O，不过这很可能是对数字0的误记）——但这些字母的含义目前尚不清楚。

车辆下线编号（即例子中的677）有时代表了它是该月出厂的第几辆车，有时也代表了它在某一批次产品中的次序——这也揭示了为何在有些一同交付的车辆中，其后几位的编号是连续的，但代表月份的编号却不同。

下表中的某些编号存在错误，而且一部分的实际情况已无法查明。对已经确定的错误，笔者进行了纠正，对无法确定的错误则予以了保留，在某些情况下，本人也列出了2种可能的情况，主要的症结在于对0的判断上，这一点可从以下案例中略见一斑——4120501和0412501，其中第一个编号来自战争期间的记录，第二个数字则来自波兰军队从残骸堆放场回收的车辆。另外，在1944年年底时，波兰军队还拥有112工厂生产的4120387号车和183工厂生产的412387号车——这些情况的存在，让后人更难确定某个编号的真实情况；不仅如此，在有些情况下，波方的记录计入了0，但有些时候没有——这种例子可能有4个，其中3个出现在第1坦克旅（坦克团）的记录中，在这里，我们假定这些不同的编号都属于一辆车。

对个别数字的误记，让上述问题变得更为复杂了。在现实中，记录者往往会直接抄下连接梁上的数字，而不是去参照原始文件（这些文件通常不在他们的手边），这就导致了很多错误。另外，由于有人会把数字1写得和7一样，这就进一步增加了表格中疑点车辆的数目。由于手头的资料还不足以对其进行纠正，因此，笔者只能暂时将各种记载一并列入，并希望未来某一天，这些错误能得到澄清。

序列一览表

本表第1列包含的是二战期间交付波兰军队的坦克序列号，随后几栏是它们在战后的保存情况〔如果有相关记录，就在对应的栏目中用星号表示，其中0/47代表了1947年时的装甲兵军官学校，8/49为1949年时的第8坦克团，Si/in是谢米亚诺采（Siemianowice）维修站……以此类推〕。如果没有标注，便表示该车可能已在战争中损毁，如果左面一栏有"–"，而序列号数字出现在右侧的栏目中，即表明这些车辆可能接收于战后。如果左面一栏中有问号，意味着该车可能在战时被波军使用，但又暂时没有文件资料印证。在序列号后的"（P）"标记意味着该车系从残骸堆放场回收而来，"T-"表明该车实际是抢修车（即T-34T）。

▲ 这些坦克和前一张照片中的坦克可能来自同一支部队。当时，它们正在阵地上展开防御。其中可以清晰地看到各车后方的箱子、炮塔上的伪装和战术编号。

▲ 有趣的是，这张照片中的 T-34-85 只有炮塔涂抹了冬季伪装。

▲ ▶ 一个参加冬季演习的T-34-85坦克排。这三辆坦克的战术编号分别为"3550""3563""3564"。在放大的小图中还可以看到该部队的战术识别徽记——圆圈内带下划线的"M"。

▼ 在这张照片中，一辆T-34正被一辆以SU-85底盘改装的工程车拖出陷坑。值得注意的是，在照片拍摄的20世纪50年代和20世纪60年代，坦克会被通体涂白，甚至连顶盖和发动机罩也不例外。

◀ 183厂炮塔的近距离特写，上面涂有波兰鹰徽和战术编号"0106"。这些数字的涂抹并不均匀，表明它们是被手绘上去的。

▲ 这张照片展示了一辆1941年秋天、在东线中部被击中瘫痪的T-34。

◀ 这辆被毁的T-34于1943年夏天被抛弃在了草原上，具体地点可能是在库尔斯克突出部附近。该车是一辆"拼合版"，车体是112厂1943年上半年的产品，炮塔由斯大林格勒工厂在1942年年初制造。另外，驻退机的独特样式和炮塔前下方的折角也清晰可见——这些特征又极少在斯大林格勒工厂生产的铸造版炮塔上出现。

▲ 1941年10月初，这辆T-34被苏军乘员抛弃在了姆岑斯克附近的一道堑壕中。从中可以见到车体和炮塔正面的附加装甲。驾驶员舱门附近的配件可以让我们断定，该车实际是斯大林格勒工厂的产品。由于苏军在姆岑斯克周围投入的坦克都是刚刚下线的，因此这张照片也充当了判别该厂9月下线车辆的证据。另外，在此时，该车的车体钢板还没有采用咬合式的连接工艺，但驾驶员舱门上已经安装了两个观察口。

	1/46	O/47	3/48	6/49	8/49	9/51
103119					资料中记作10319	
?					12387	
−					121138/670	
−			143180（P）			
19456					*	
210052					*	
?					23245	
240221						
212567					*	
3020401		*				
30381						
31190						
31297①		*				
−			32237			
33426	*					
?					33465	
?					33468	
3030588						
33613					*	
3030736						
304022					*	
?					304239	
?		3490				
34186			*			
−						3429906（P）
−		T-34280②				
34468						
−					T-34484③	
3040914						
3040925						
35101					*	
35121						
35170			*			
35638						
3051026						
3051086						
3051242						
3051268						
3051302						
3051327						
3051330						
3051338						
3051346					*	

① 按照笔者推测，该坦克可能生产于1月，但也有可能是12月。
② 此编号的车辆在1949年后一直在该国的麾下。
③ 此编号的车辆也出现在了该部队1950和1951年的编成中。

（接前表）

	1/46	O/47	3/48	6/49	8/49	9/51
3051350						
3051361						
3051366						
3051377						
3051378						
3051379					*	
3051385						
3051391	*					
3051394						
3060003						
3060005					*	
306422			*			
306607①		*				
37124						
–			T–3070215（P）			
37718					*	
–		T–3810②				
38190						
–						3080319（P）
0308722						
0308741						
0309757						
0309767						
0309778						
0309794						
0309796						
0309798						
0309800						
0309801					*	
0309802						
0309804						
0309805						
0309807						
0309808						
0309809						
0309811						
0309812						
0309813						
0309814						
0309815						
0309816						*
0309817						
0309818						*

① 亦记作36607。
② 此编号的车辆在1949年后一直在该团的麾下。

（接前表）

	1/46	O/47	3/48	6/49	8/49	9/51
0309820						
0309821						
0309822						*
0309824						
0309825						
0309826						
0309829						
0309833						
?						310155
?		310171				
－	T-310336（P）①					
311224						
－						T-311391（P）②
0315010						
401003						资料中记作4011003
4010017						
4010025				*		
4010228						
－				T-BO-42124(P)		
?	42175③					
42265						
4020286						
4020328						
4020350				*		
4020504						
4020506						
4020513						
4020516						
4020526						
4020527						
4020529						
420794						
420815				*		
420896						*
420937			资料中记作1366			
421035						*
－						
4070945						
407605						
411094						
411517						
412164						
4120164						

① 由第1坦克团回收，随后由第1坦克机动修理站使用。

② 在该团1950和1951年的编制中。

③ 1949—1951年间属于第8坦克团，序列号又记作421755。

（接前表）

	1/46	O/47	3/48	6/49	8/49	9/51
0412174						
412202						
412274						
4120292						
4120309						
4120368						
4120370						
4120387						
4121151						
4121266						
4121536						
4121714						
T-34-85						

	1/46	2/47	O/47	3/48	6/49	8/49	9/51
—		312588（P）					
—			4010025				
—			4020350				
—			420815				
—		43446					
—		43473					
—				44225			
—		44382（P）					
4400644							
—						45132（P）	
—						T-45254	
—			45415				
—		45636（P）					
—			46125				
—						T-46417(P)[1]	
—							406459[2]
47538							
—			T-48145（P）				
4080220							
4080224							
4080304							
4080305							
4090323							
4090326							
4090327							
4090330							
4090337							

[1] 1951年时在该部队的序列中。
[2] 几乎可以确定，该车和前文中出现的406451号车为同一辆。

（接前表）

	1/46	2/47	O/47	3/48	6/49	8/49	9/51
4090340							
4020341							
4090365							
4090372							
4090380							
4090387							
4090390							
4090391							
4090392				*			
4090394							
4090399							
—						4090609	
—		4090611					
—	410239(P)						
—		410635（P）					
—		410646（P）					
—							4100757（P）
—			4110131①				
411348			*				
411565				*			
4111696							
4122						*	
4120101							
4120104							
4120107							
4120116							
—					412127（P）②		
412159							
412199							
4120269							
—		4120270					
4120284							
412285		*					
—		4120308					
4120311							
4120317							
412317							
4120321		*					
4120324		*					
4120328							
4120329							
4120333							
4120347					*		
—						资料中记作412-348	

① 其实际编号或许是4110133——该编号的车辆曾出现在装甲兵军官学校1948年12月的编制中。
② 又作T412127。

（接前表）

	1/46	2/47	O/47	3/48	6/49	8/49	9/51
4120352							
412354							
4120356		*①					
—		4120359					
4120363							
—		4120364					
4120367							
412368					*		
4120369							
412369		*					
41272							
4120371		*					
412375		资料中记作4120375					
4120377							
4120381							
4120382							
4120385							
—		4120386					
4120387							
412387							
4120389							
412392							*
4120395					*		
4120396							
4120398							
4120399							
4120400		*					
4120402							
4120405							
4120410							
4120414							
4120416		*					
4120417							
4120418		资料中记作412418					
4120419							
4120420							
4120421							
4120424					*		
412429							
—						4120430	
4120435							
412452						*②	

---

① 又作412356。
② 曾以4122452的序列号出现在第9坦克团1949年12月的兵力编制中。

（接前表）

	1/46	2/47	O/47	3/48	6/49	8/49	9/51
412454						*	
4120462							
–		4120478（P）					
–		412490					
412491							
–					4120492		
–		412494					
4120500							
4120501						*	
–		0412501（P）					
4120512		*					
4120516		资料中记作 412516					
412519				*			
4120524							
–		412525					
4120529							
4120530							
412531							
4120535							
4120537		*					
4120548							
4120553							
4120554							
4120559		*					
412559							
4120561							
–		412563					
–					412565		
–		412567[1]					
4120572							
–					4120573		
4120574							
4120575							
4120576							
4120577							
4120578							
4120581							
4120582							
4120583							
4120584							
–					4120585		
412586							
4120587		*					

---

① 在原始文件中，其序列号曾被写作212567。

（接前表）

	1/46	2/47	O/47	3/48	6/49	8/49	9/51
–					4120589		
–					4120597		
412599						*	
4120600							
412601						*	
412605					*		
412606						*①	
412607					*		
–					4120607		
–					4120610		
412612					资料中记作 4120612		
–							
412615							
–						412616	
412618							
–					4120619		
4120625							
4120627							*
4120630							*
4120631							
4120633							
412633							
412635		*					
4120636							
4120638							
4120640							
4120642					*		
4120643							
4120645							
4120646							
4120647							
4120649							
4120650							
4120659（或654）							
412662							
412664							
412666							
412671							
412674							
412675							
412680							
412683							
412685							

① 在1949年，该车曾以4120606的序列号出现在第6坦克团的编制中。

（接前表）

	1/46	2/47	O/47	3/48	6/49	8/49	9/51
412688							
412687							
412693					*		
412702							
412705							
412706							
412707							
412713					*		
412715							
412716							
412718							
412721							
–					412724[①]		
412725							
412728							
412729					*		
412734							
412731							
412733							
412735							
–					412736		
412737							
412741							
412743							
412744		*					
412745							
412746						*	
412747							
412748		*					
412749							
412750						*	
412751						*	
412753							
412754							
412756							
412757							
412758							*
412759							
412760		*					
412761							
412762		*					
412763		*					
412764		*					
412765					*		

① 此处参照的是1950年的记录。

（接前表）

	1/46	2/47	O/47	3/48	6/49	8/49	9/51
412766							
4120767							
412767							
412769					*		
412770					*①		
412772							
412773							
412774						*	
412778							
412782							
412783					*		
–		412785					
412786							
412787						*	
412788							
412789							
412790							
412795							
412796						*	
412801							
412802							
412803							
412804						*	
412805							
412806						*	
412807					*		
412808							
412809							
412810（或 840）							
412813						*	
412815						*	
412817						*	
412818							
412819							
412820							
412821		*					
412825						*	
412827							
412828					*		
412830							
412831						*	
412832							
412833						*	
412834							

① 后改装为T-34T抢修车。

（接前表）

	1/46	2/47	O/47	3/48	6/49	8/49	9/51
412835							
412836						*	
412837							
412838							
412839							
–							
–							
412840							
412841							
412842							
412843							
412844						*	
412846							*
412848							*
4110131							
412850							
412851							
412852							*
412854							
412855							
412857							
412858							
412859							
412860							
412861							
412864							
412865							*
412866							*
412871							*
412874							
412875							*
412876							*
412877							
412890							*①
412891							*
412895							
412897							*
412901							*
412905							*
412906							*
412910							*
412911							*
412912							
412917							*

① 原记录为412880。

（接前表）

	1/46	2/47	O/47	3/48	6/49	8/49	9/51
412932							*
412937							*
−					4120942		
4121010							
4121103							
4121105							
4121318							
4121403							
4121413							
4121423							
4121426							
4121431							
4121432							
4121499							
−							
4121808							4120514

　　另外，波兰军队还使用过11辆从残骸翻新过来的坦克。然而，今天已经无法确定这些车辆的服役单位，只知道在1949—1951年间，这些坦克都曾在谢米亚诺维采维修站或是第4中央武器仓库等地接受过大修。以下是这些车辆的序列号：T-3010258（P）、3041070（P）、3070289（P）[1]、307408（P）、311264（P）、410294（P）、411141（P）、412140（P）、412184（P）和412461（P）。

▲ 一辆 T-34-85 正将另一辆同型车从满是积雪的陷坑中拖出。

---

　　① 序列号又作3070259。

▲ 在波兰军队的一次演习中，一队T-34-85正在"攻击"敌人。其中最近处的坦克安装了112工厂生产的"蘑菇形"炮塔。注意炮塔四周区分"敌军"和"我军"的识别带。

▲ 这张照片代表了一个时代的结束。随着T-54在20世纪50年代末期大量出现，这种坦克最终在20世纪60年代完全取代了作战部队中的T-34。照片中的混成坦克排当中有若干T-54和1辆T-34-85。照片中的T-34是战时生产的，但炮塔具备183厂战后产品的特征。其炮管上有4个"X"，表示该车击毁过4个目标。

未确认编号的车辆

除却上述车辆，第1训练坦克修理营还有一辆序列号为3810坦克抢修车。另外，在相关记录中，3020401号车的编号也被记作1363，这一数字可能指的是该车的车牌号。另外还有33426726号车（经常被记作33426/726号），这一数字表明，该车的生产序列号也许是33426，726是牌照号。在波军的文件中，类似的情况不止一例，37718/658号、121138/670号、33613/727号、35101/734号和421033/566号（在上表中被记作421035号）都是如此。

编号未完全确认的车辆	1/46	2/47	O/47	3/48	6/49	8/49	9/51
07901	资料中记作 07901/385						
121138		资料中记作 121138/670					
–			143180（P）				
3490			*①				
3497②				*			
–		337–18/658					
400143					*		
400807							
41127							
–						4242③	
4487							
46417					资料中记作 T464/17		
–							48974
–						5129	
–						5113	
52209④						*	
6188⑤						资料中记作 06188	
8978							

战后

　　和战时产品相比，波兰战后接收的坦克上出现了一种完全不同的编号系统。在战争刚结束时，新生产的T-34编号系统基本没有改变，只有编号方式有略微调整。然而，在该型坦克停产后不久，波兰接收的坦克序号已经较过去截然不同。其中后部是四位连续编号，前部还有意义不明的两个其他数字，其编号方式有下面2组数字作为例证：815981、815985、816009；882982、883009和883063。正如我们所见，在同一批车辆的编号中，其前两位总是相同的，但后四位则分别在5000—6000和2000—3000之间，并呈现出一种连续的趋势。

601B101	406505	502956	525707	816118
603–G–420	406541	502960		816023
	406572	502961	687226	816043
609D0957	406582	502963	687467	816085
609D0970	406588	502965	687538	816093
609D1020	406592	502966	687553	816248
610D1047	406619	502969	687580	816264

---

① 出现在装甲兵军官学校1948年12月的装备清单中，也有可能和3497号系同一辆车。

② 也被记作3497/659。

③ T–34–76。

④ 根据一份文件，此车系T–34–76。

⑤ T–34–76。

610D1050	406622	502974	687586	816288
610D1084	406639	502980	687624	816291
611D1174	406644		687631	816312
	406645	511558	687632	816325
149158	406651	511559	687636	816337
162885	406676	511572	687678	816339
	467020	511574	687724	816351
211547		511575	687793	816361
211556	411351			816367
211568	4120303	525219	706640	816703
22263	4121801	525272		
26771		525280	815689	861596
26772	502834	525346	815760	861597
26775	502849	525427	815828	861598
26787	502861	525471	815829	861599
26794	502864	525490	815849	861637
26795	502865	525504	815858	861710
26831	502866	525532	815866	861720
288025	502868	525548	815896	
288080	502869	525568	815898	882982
288084	502871	525603	815910	883009
	502876	525611	815930	883063
44402	502891	525627	815936	883073
	502902	525635	815945	883087
456612	502906	525450	815950	883095
450788	502908	525484	815964	883117
457221	502909	525514	815972	883130
457368	502910	525536	815975	883169
457432	502911	525557	815981	883216
406455	502921	525567	815985	
406462	502924	525575	816008	
406478	502929	525600	816009	
406490	502954	525655	816011	

第二十九章
技术图纸

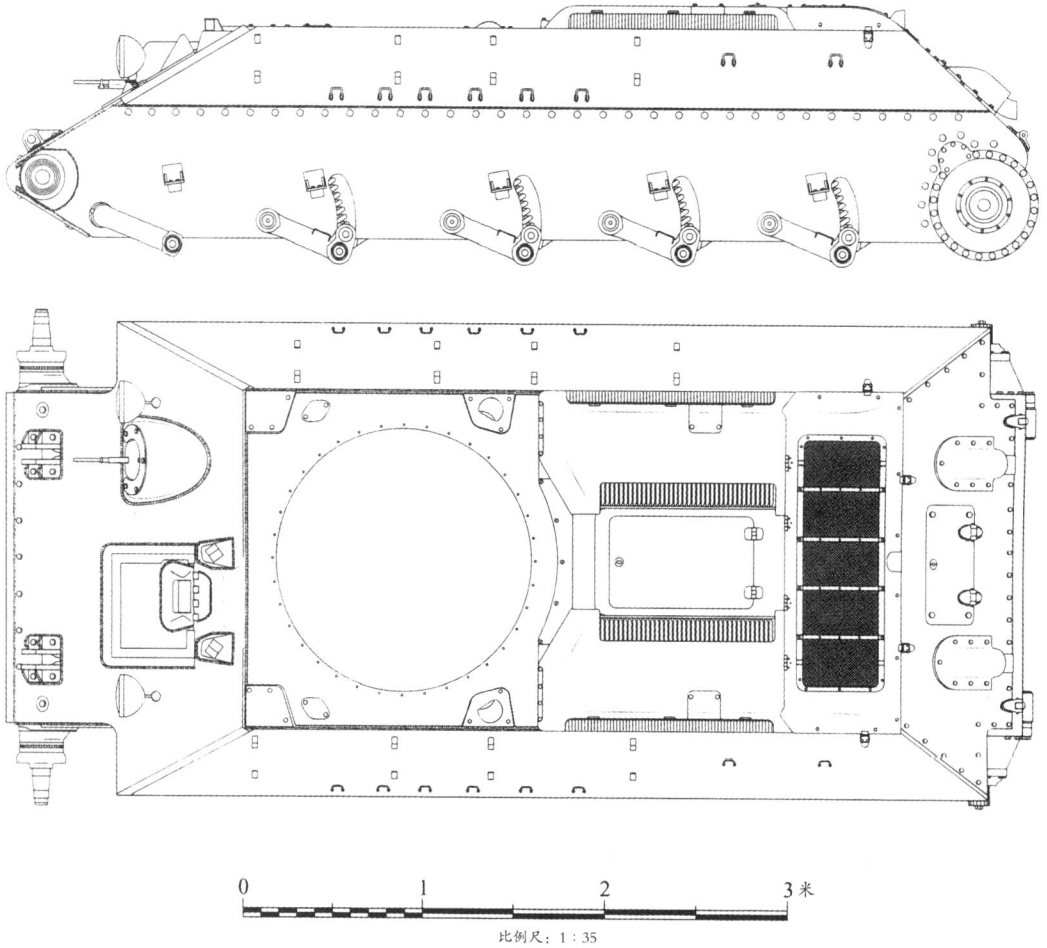

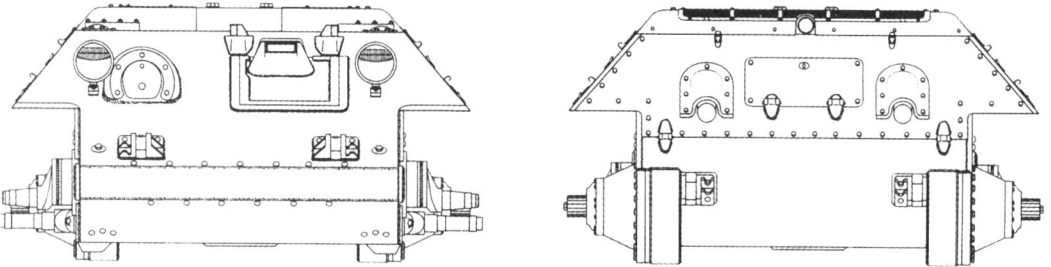

0　　　　　1　　　　　2　　　　　3米

比例尺：1∶35

▲（上两图）1940年秋天183厂生产的车体。在这一年年底，该厂取消了位于车体侧面、挡泥板附近的一排铆钉。（下两图）1940年183厂车体的正面和背面。在该厂生产的第一批车辆上，其后下方装甲板没有一颗螺钉，所有的螺钉都在挡泥板以上的区域——即后上方装甲上。

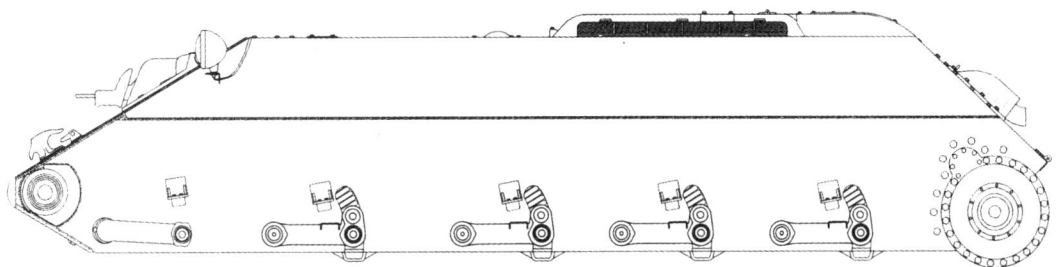

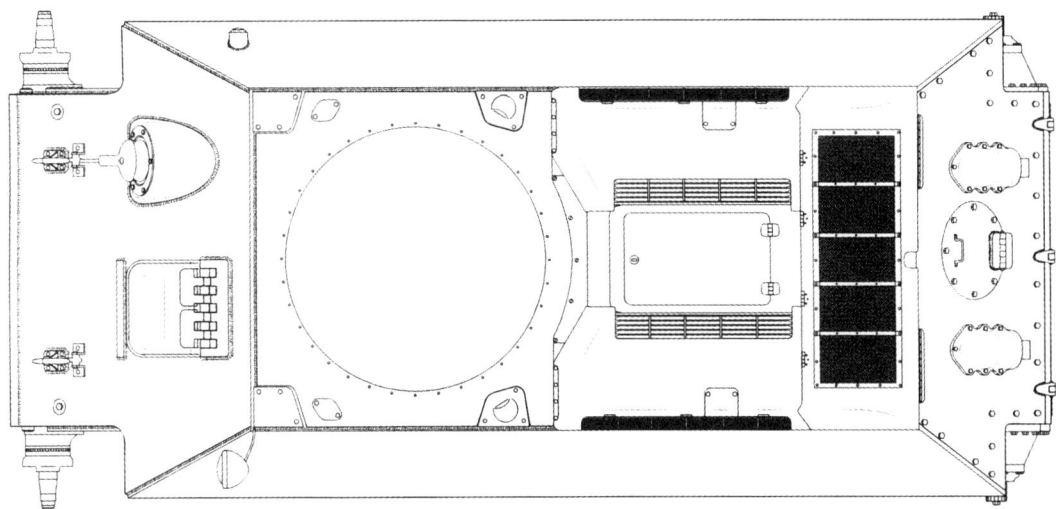

0   1   2   3米

比例尺：1∶35

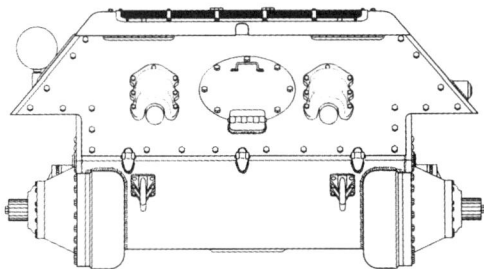

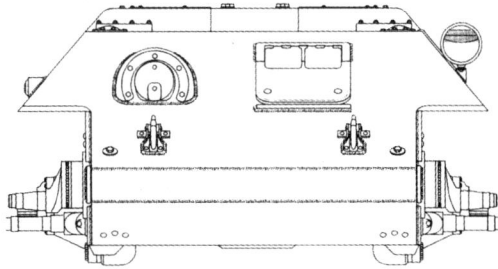

▲（上两图）183厂1942年生产的车体。在这一年秋天，该厂引入了装甲炮盾，并在驾驶员舱门下方增加了一块钢条。其夏季的量产车没有无线电天线——甚至连为天线预留的开口都不存在。（下两图）183厂1942年型车体的前视图和后视图。该车型的特点是在后方安装了45毫米厚的排气管外罩。注意后装甲两侧缺失的中部螺钉——这也是该厂产品的另一个典型特征。

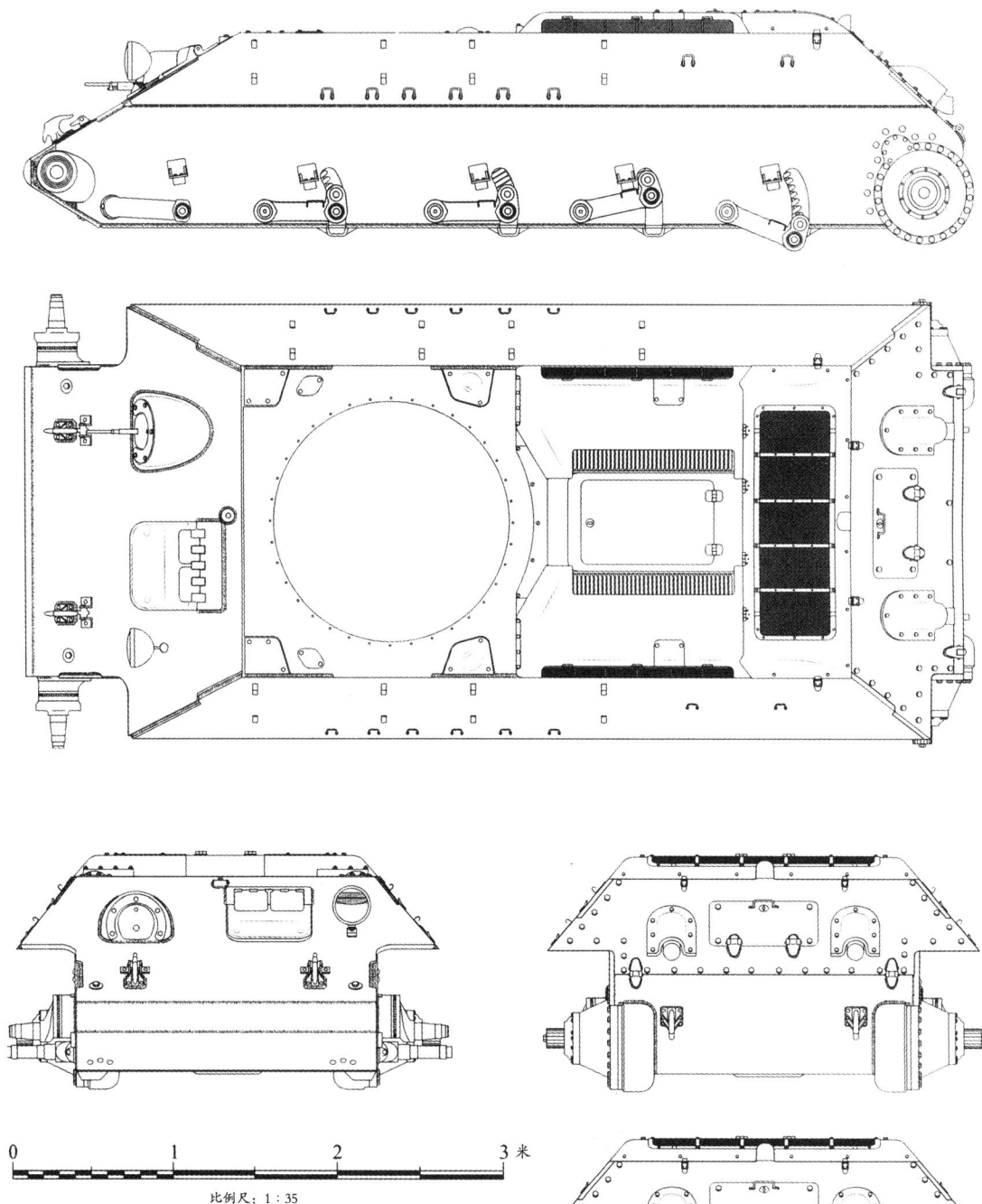

0   1   2   3 米

比例尺：1：35

▲（上两图）1942年，斯大林格勒工厂生产的T-34车体。各种证据显示，
这种在乘员舱侧面带外挂架的车体一直生产到1942年年初（或春天），
随后便从此消失。从1942年夏天开始，该厂的车体上便再也看不到任
何外挂油箱的托架和天线了。（中两图）1942年年初，斯大林格勒工
厂车体的前视图和后视图。（下图）斯大林格勒工厂1942年春夏季生
产的车体后视图。其中最早的、这类车体的照片出现于1942年5月。
事实上，这两种螺栓固定排气管外罩的方式都曾在夏天的照片中出现。

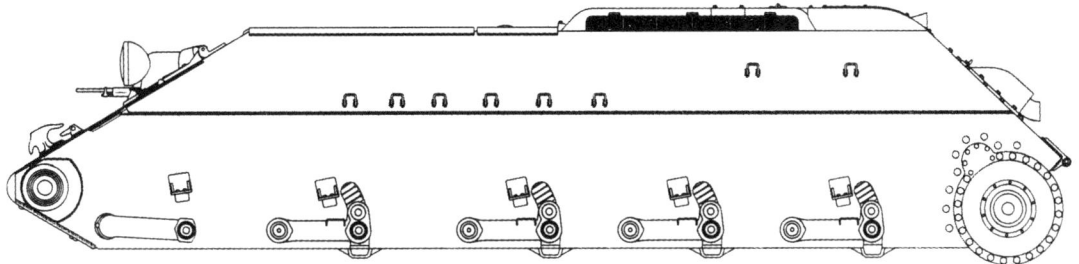

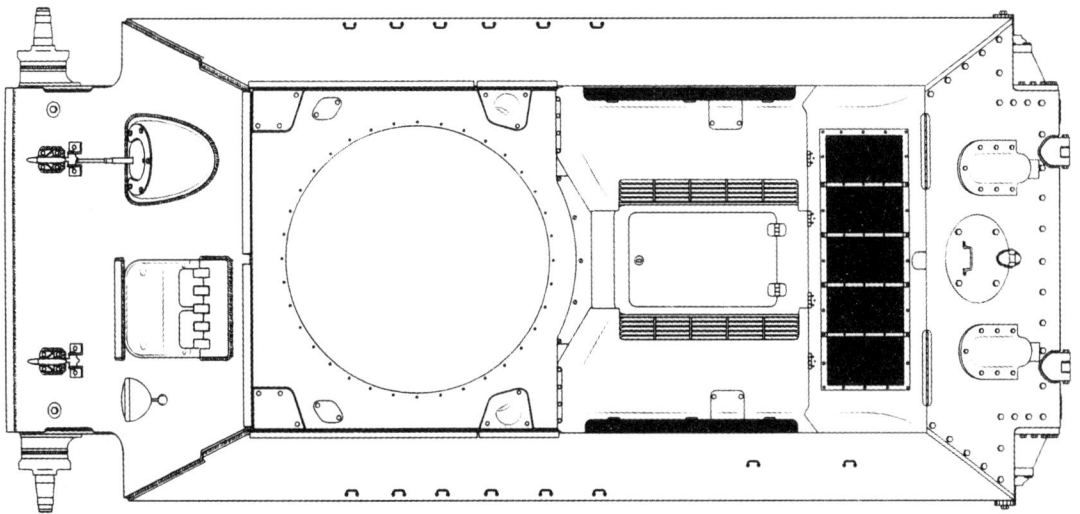

0　　　　　　1　　　　　　2　　　　　　3 米

比例尺：1：35

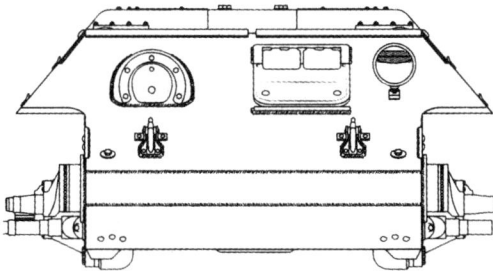

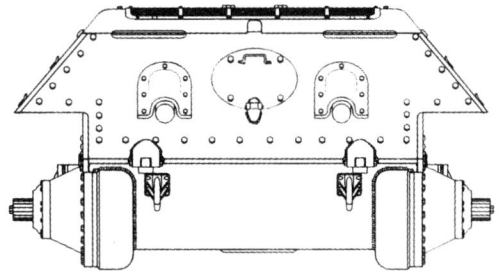

▲（上两图）112 厂在 1941—1942 年生产的车体。需要指出的是，在 1942 年夏季，把手取代了车上的挂钩，另外其中大部分车体都没有安装无线电天线的开口。在 1943 年，厂方又对车体进行了一些细微的调整，首先是修改了发动机启动器舱口的样式，同时还为机枪增加了装甲防盾，至于车头灯则被移到了车体左侧。（下两图）1941—1942 年，112 厂车体的前视图和后视图。

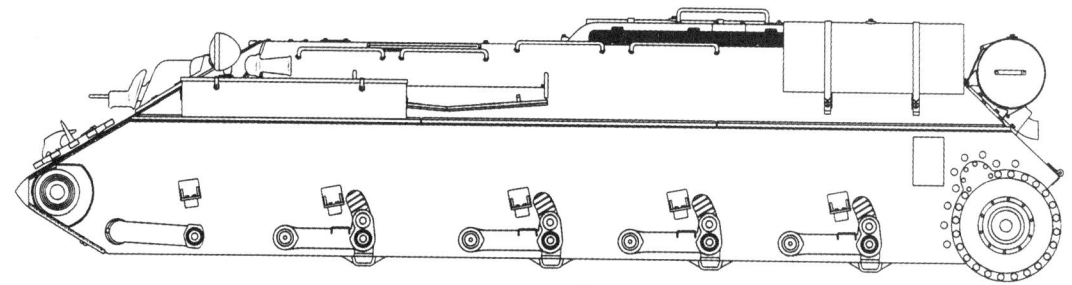

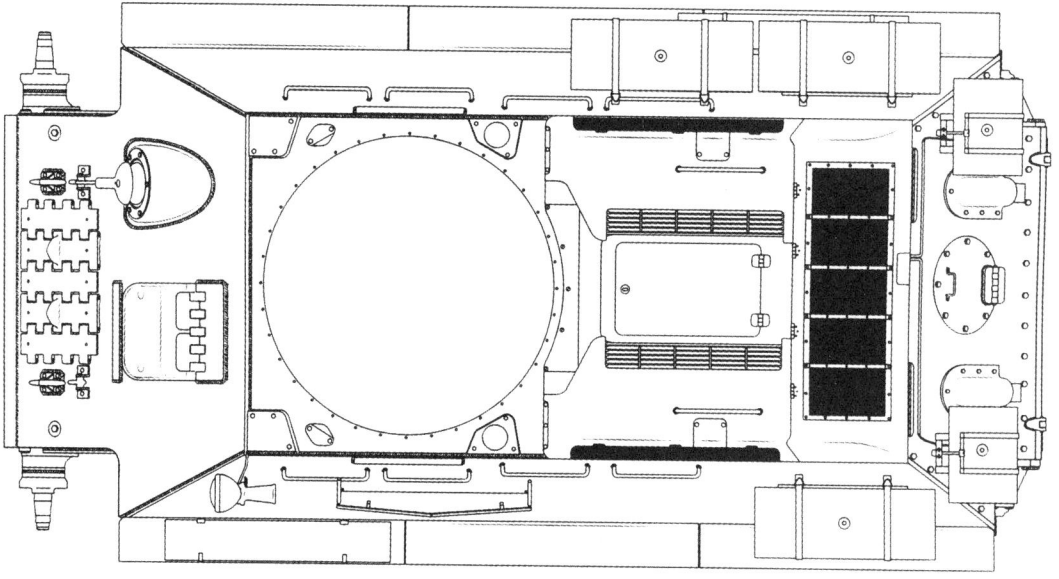

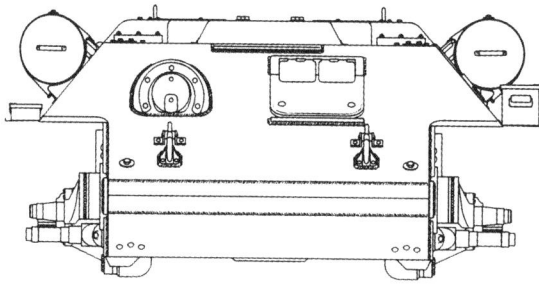

▲▼（上两图）183厂为85毫米炮塔配套生产的车体——在1944—1945年间，它也是该厂车体的标准版型号。（下两图）该车体的前视图和后视图，其中可以看到后期型的BSh型发烟装置。

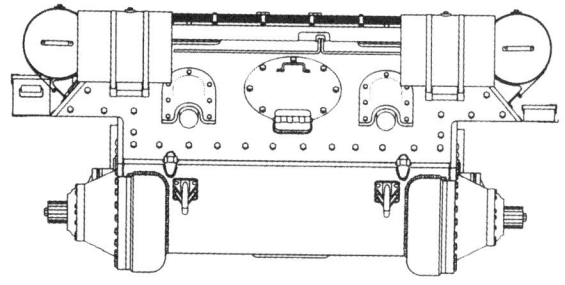

0　　　　　　1　　　　　　2 米

比例尺：1：35

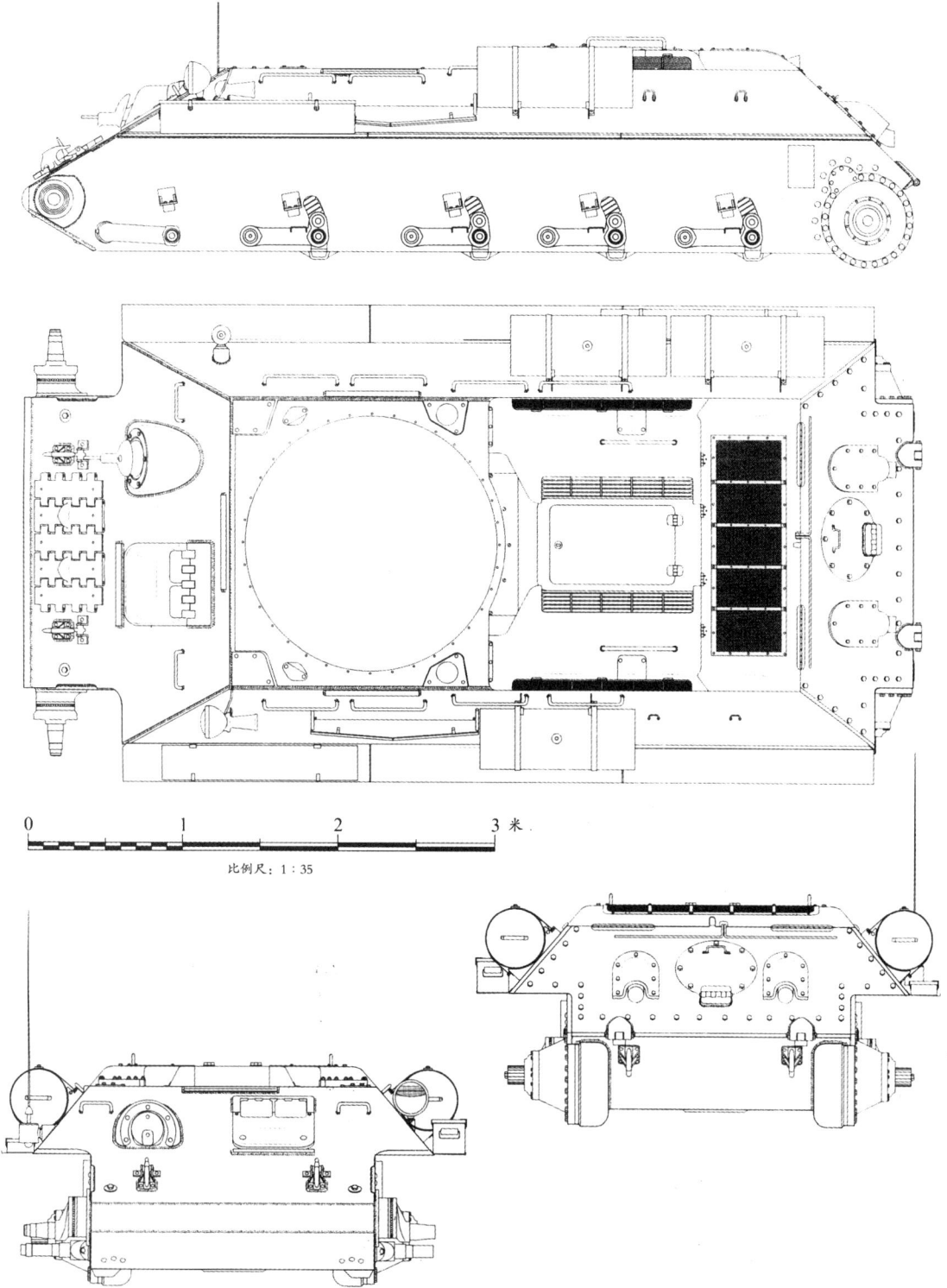

▲ 1944年年初112厂生产的车体。它也是最早一批安装85毫米炮塔的车体。

▼（上四图）1940生产的、最早期型T-34-76安装的L-11型主炮炮塔，该炮塔安装了无线电天线和极初期型的SPKO型潜望镜。(下四图)1941年年初生产的最后版本的安装有L-11型主炮的炮塔。

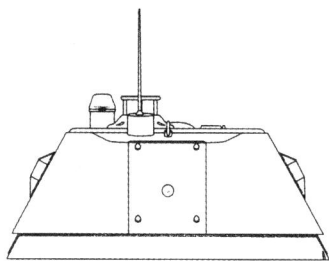

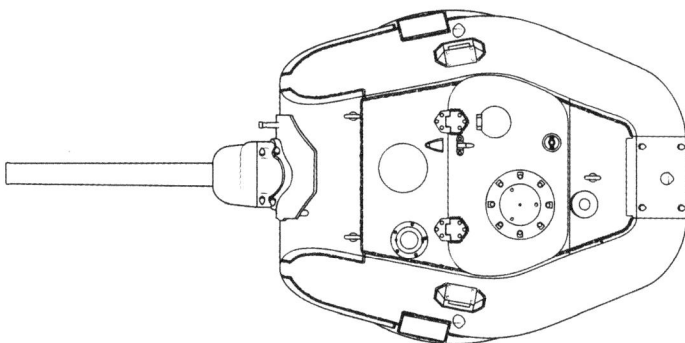

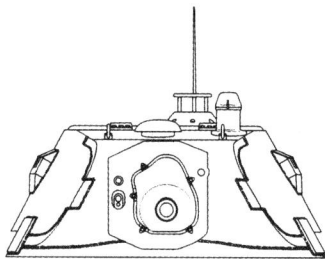

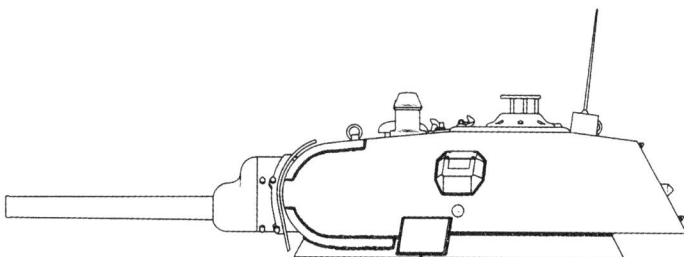

0   1   2   3 米

比例尺：1：35

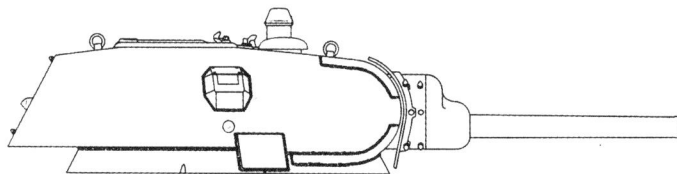

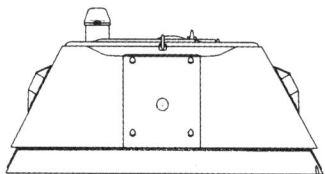

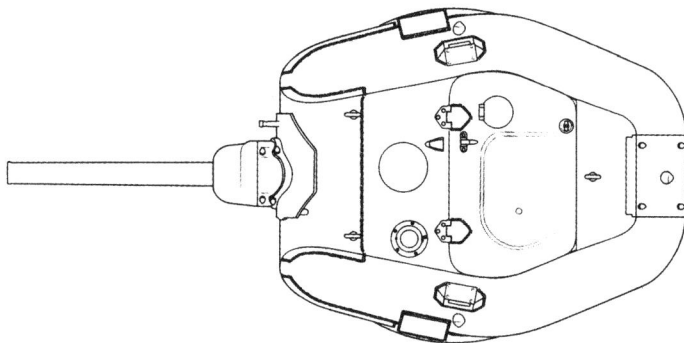

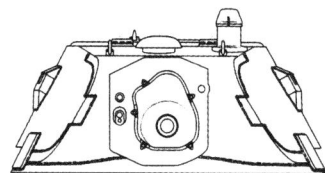

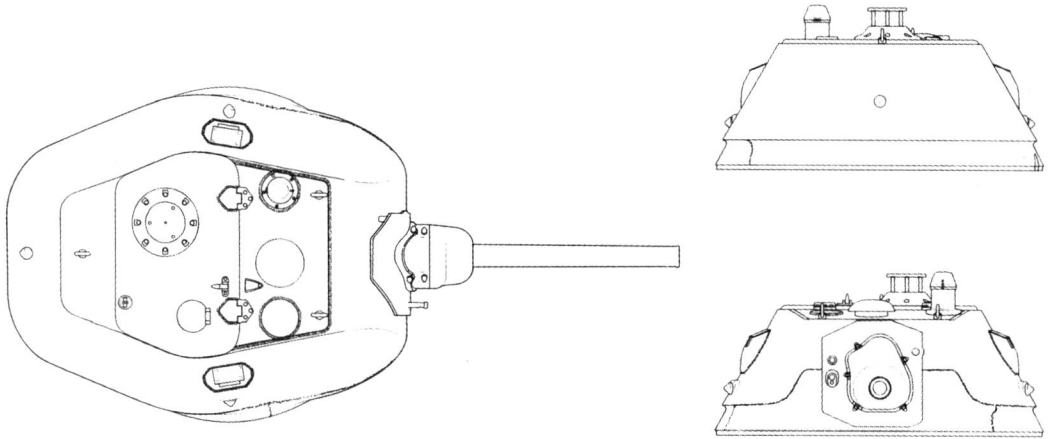

▶ （上四图）安装 L-11 型主炮和极初期型
SPKO 潜望镜的铸造炮塔，但炮塔上没有无
线电天线。该炮塔生产于 1940 年年末。（下
四图）1941 年秋至 1942 年春生产的铸造炮
塔，该炮塔安装有 F-34 型主炮，其中的第一
批产品配备了 2 具潜望镜和早期型的换气扇
外罩。

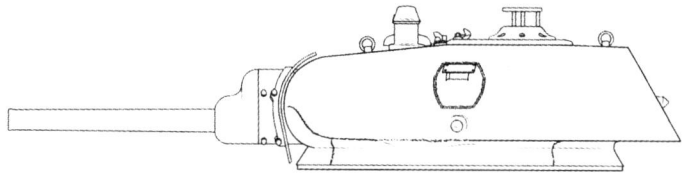

0　　　　　　1　　　　　　2　　　　　　3　米

比例尺：1：35

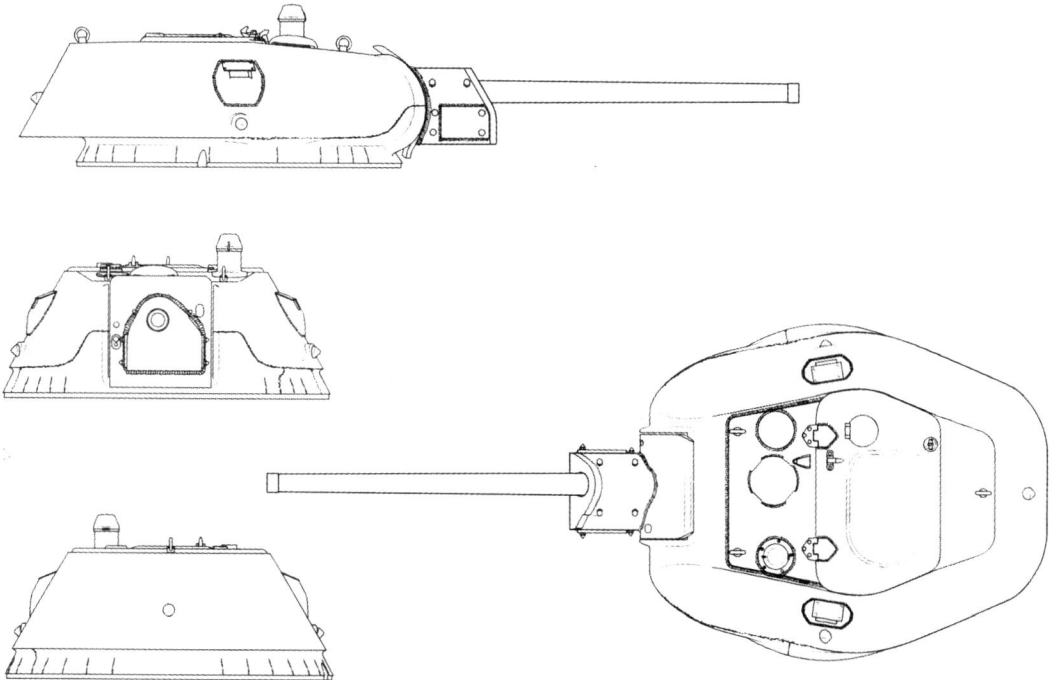

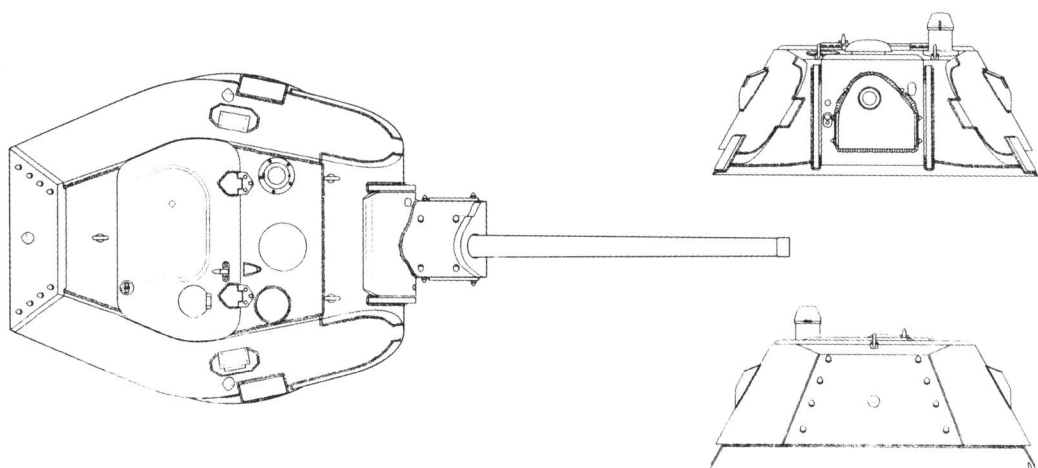

▶ （上四图）安装F-34
型主炮的T-34-76炮塔，
1941年9/10月间列装，
其后部装甲板的样式和之
前的炮塔不同。（下四图）
183厂的标准版焊接炮塔，
1941年春季/夏季生产。

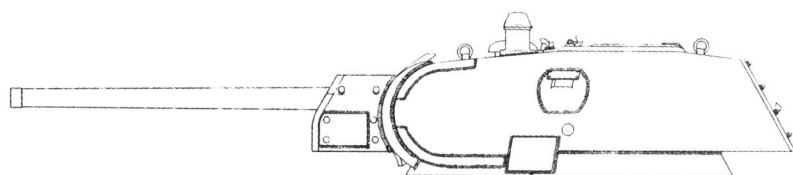

0　　　　　1　　　　　2　　　　　3 米

比例尺：1∶35

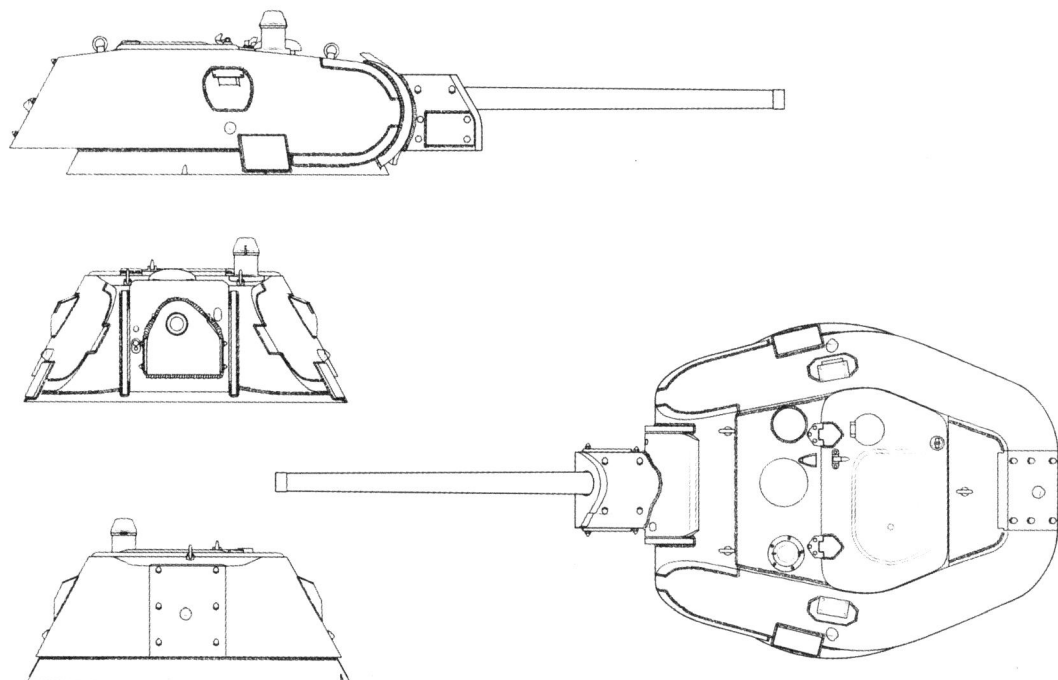

比例尺：1∶35

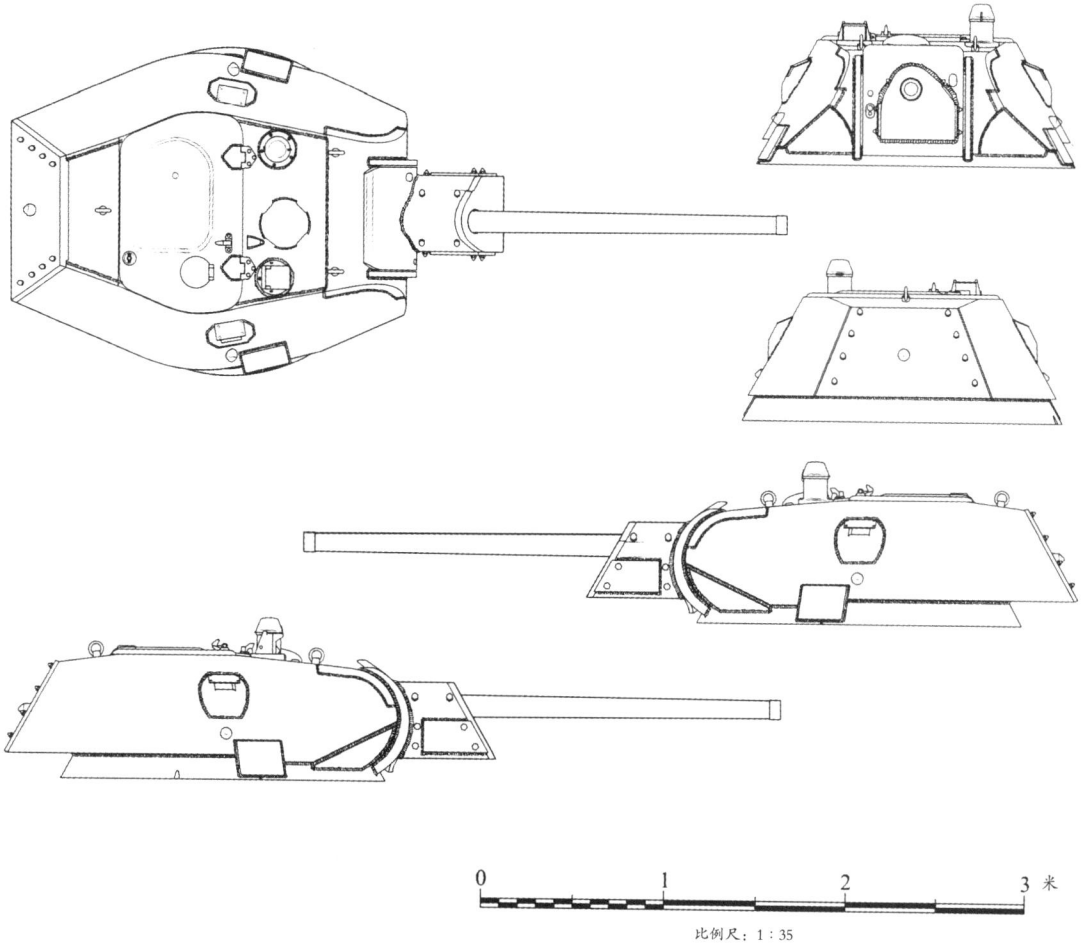

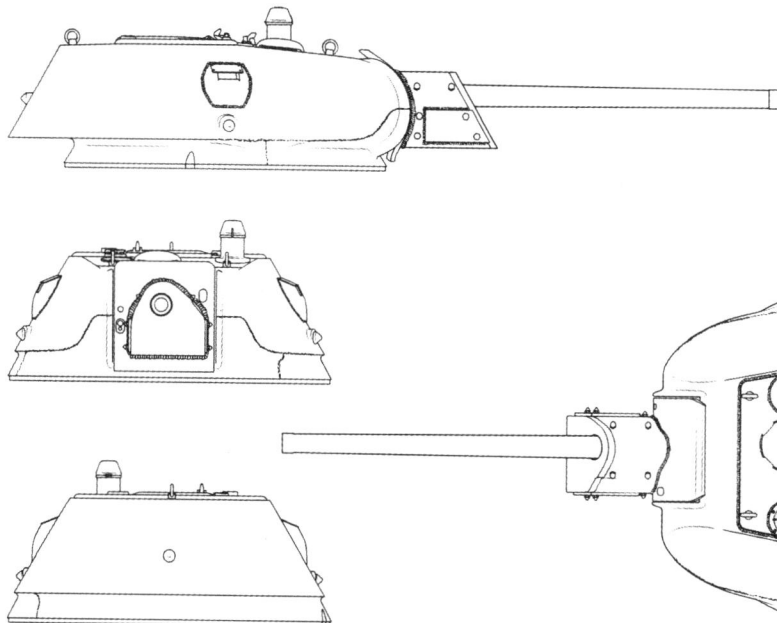

▶（上五图）斯大林格勒工厂安装 F-34 型主炮的焊接版炮塔。其生产可能开始于 1941 年年底。（下四图）部件在斯大林格勒以外生产，但最终在该市工厂完成组装的铸造炮塔。

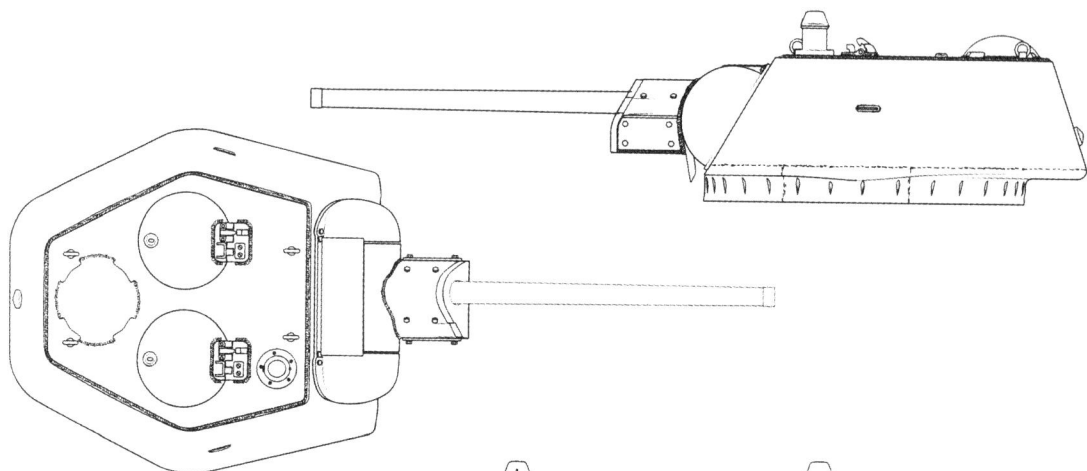

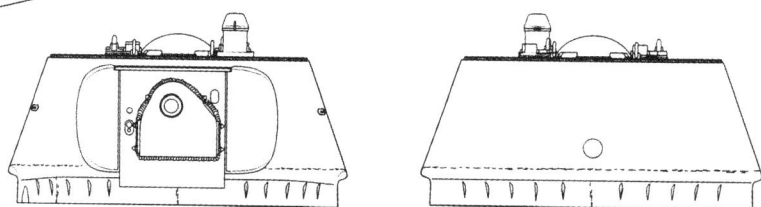

▶（上四图）1942 年 6/7
月间 183 厂生产的第一种极
初期型六边形炮塔。（下四图）
1942 年夏季 183 厂生产的
第二种极初期型六边形炮塔。

0　　　　　1　　　　　2　　　　　3 米

比例尺：1：35

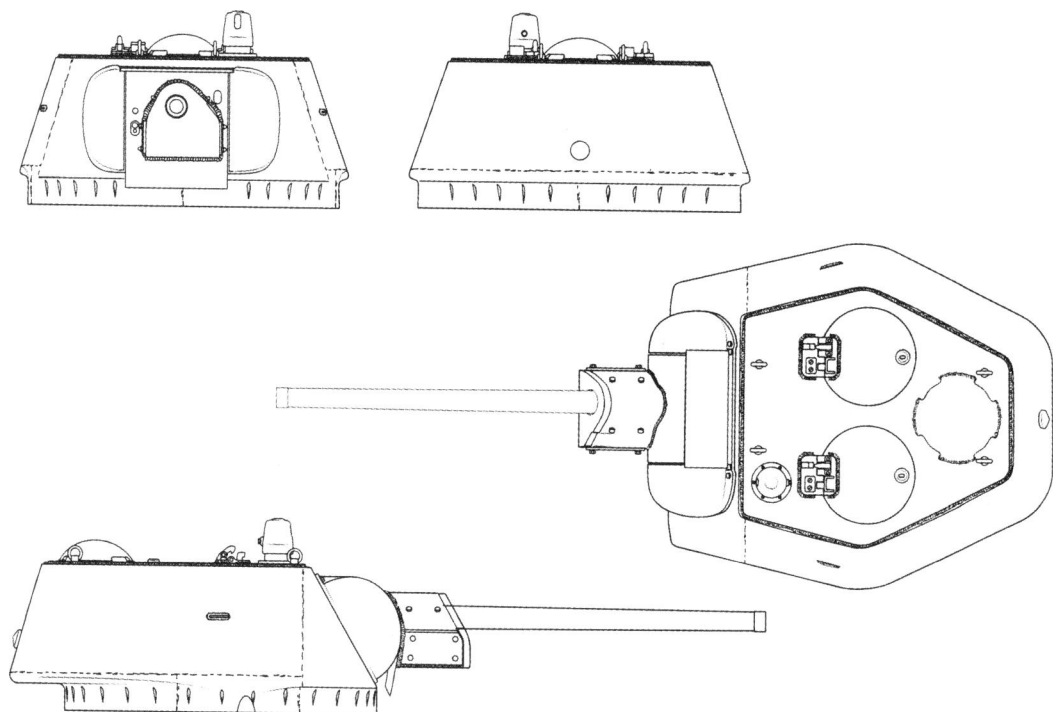

比例尺：1：35

0　　　　　1　　　　　2　　　　　3 米

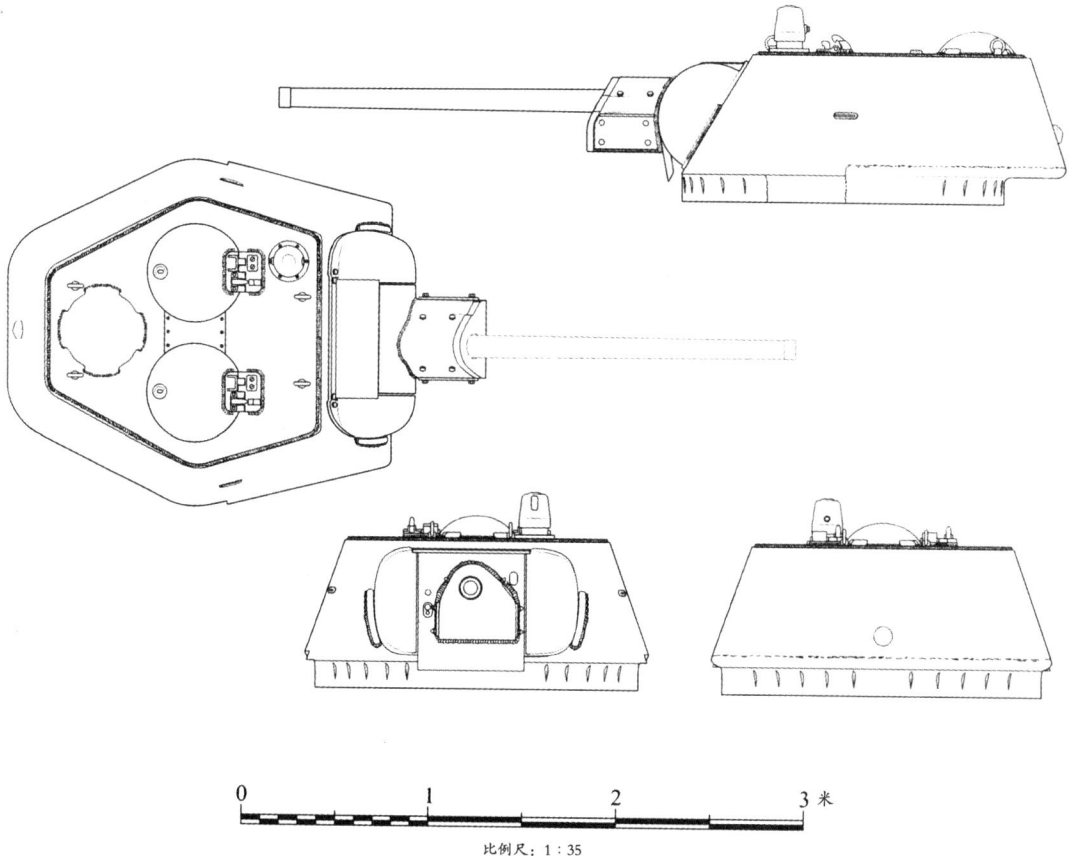

◀（上四图）1942 年秋季生产的"硬边型"六边形炮塔。该炮塔在舱盖之间有一块分隔的钢板，这一点也是乌拉尔重型机械制造厂首批该型炮塔的典型特征。（下四图）"软边型"六边形炮塔，在舱盖之间没有分隔的钢板。

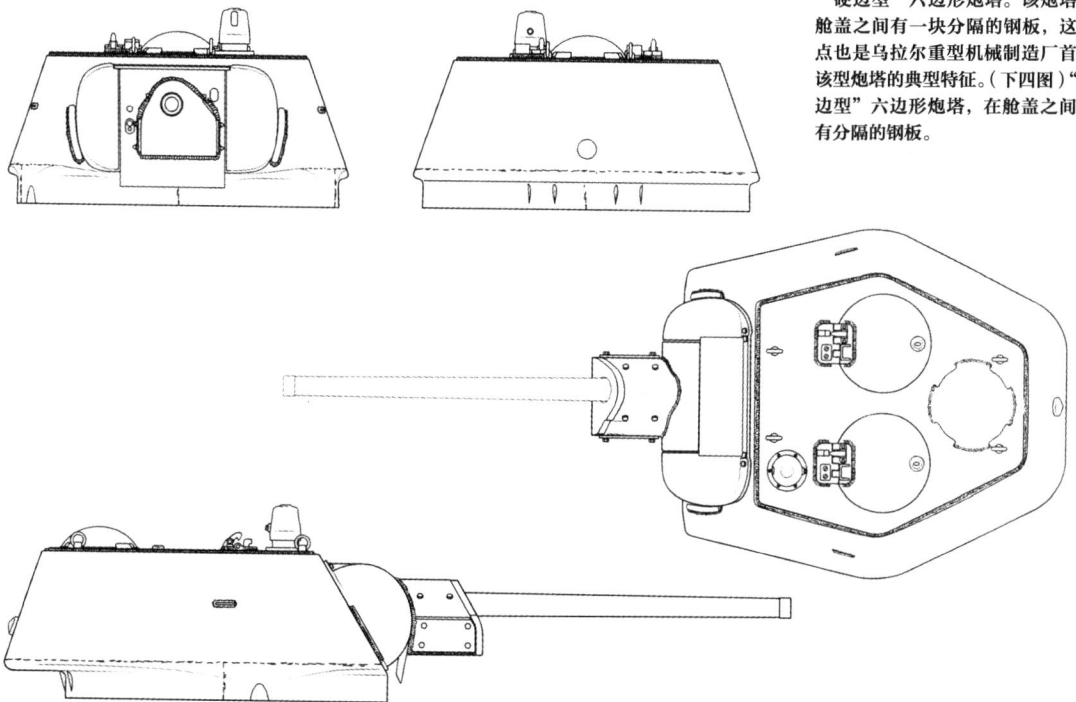

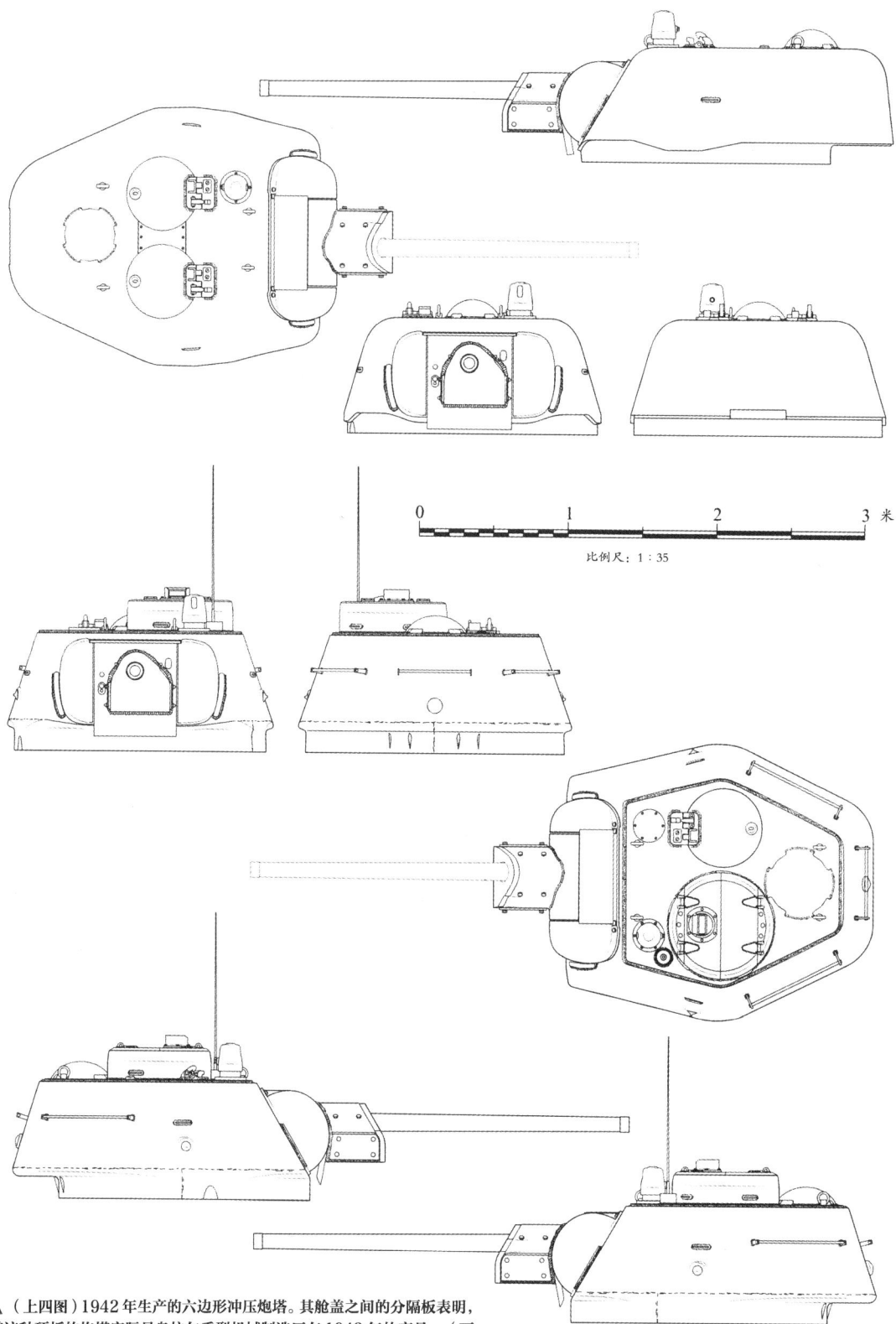

0　　　　　1　　　　　2　　　　　3 米

比例尺：1：35

▲（上四图）1942 年生产的六边形冲压炮塔。其舱盖之间的分隔板表明，带这种顶板的炮塔实际是乌拉尔重型机械制造厂在 1942 年的产品。（下五图）带车长指挥塔和无线电天线的"软边型"六边形炮塔。该炮塔安装了 MK-4 型潜望镜，是 1943 年年底 /1944 年年初投入批量生产的。

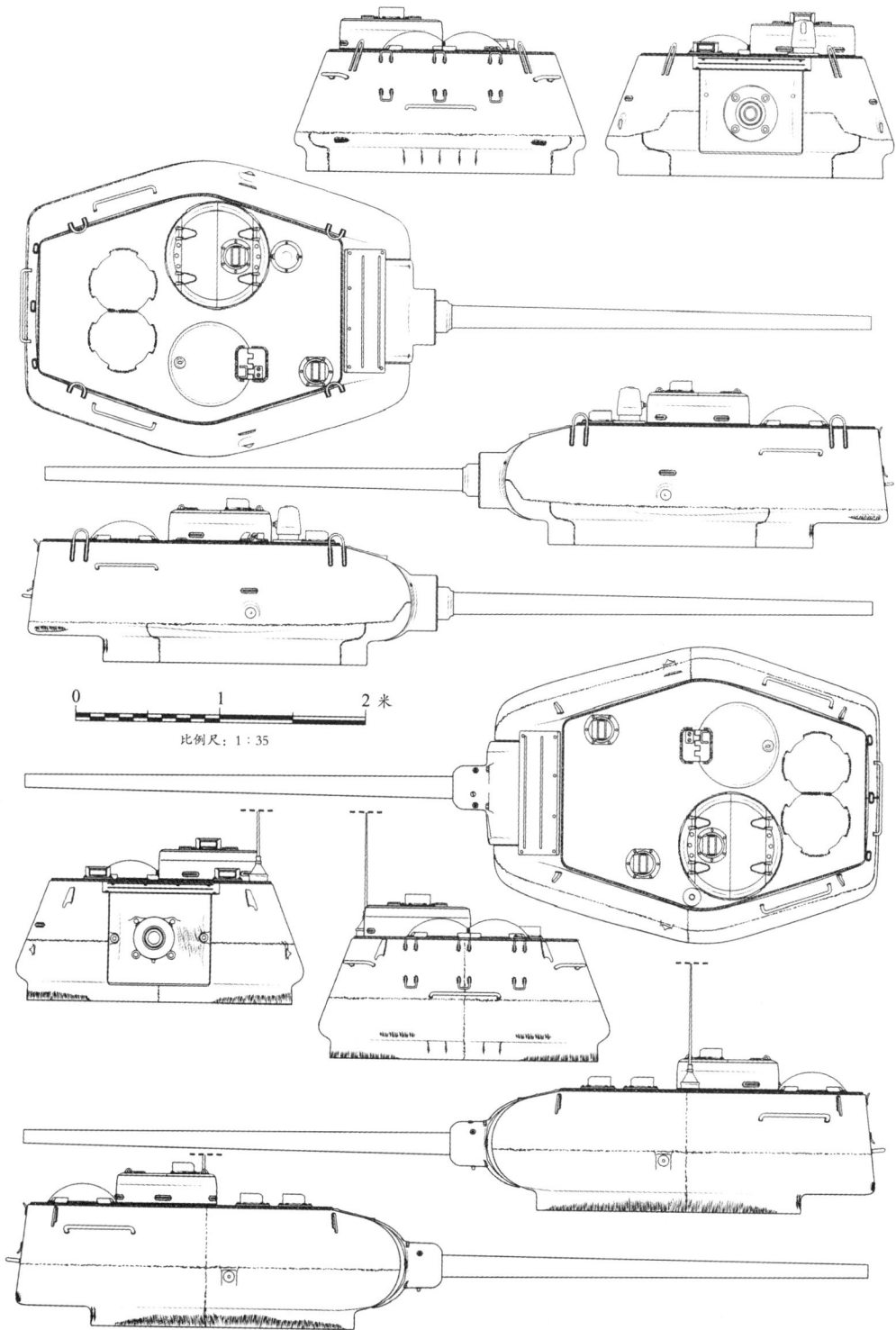

0   1   2 米

比例尺：1 : 35

▲ （上五图）最早问世的、安装 D-5 型主炮的 85 毫米炮塔，由 112 工厂生产。在生产了几十座这种炮塔后，该厂似乎改进了炮塔顶盖的设计（换气扇、车长指挥塔和装填手舱门后移），并以此为基础生产了一批带起吊孔的炮塔，在这批炮塔生产完毕后，他们便立刻开始了新型炮塔的制造工作。（下五图）112 厂（或相关分包厂）生产的"变体版"炮塔，其铸模由 8 部分构成，这种炮塔生产于 1944 年夏季，并可能也在同年春季和秋季制造过。

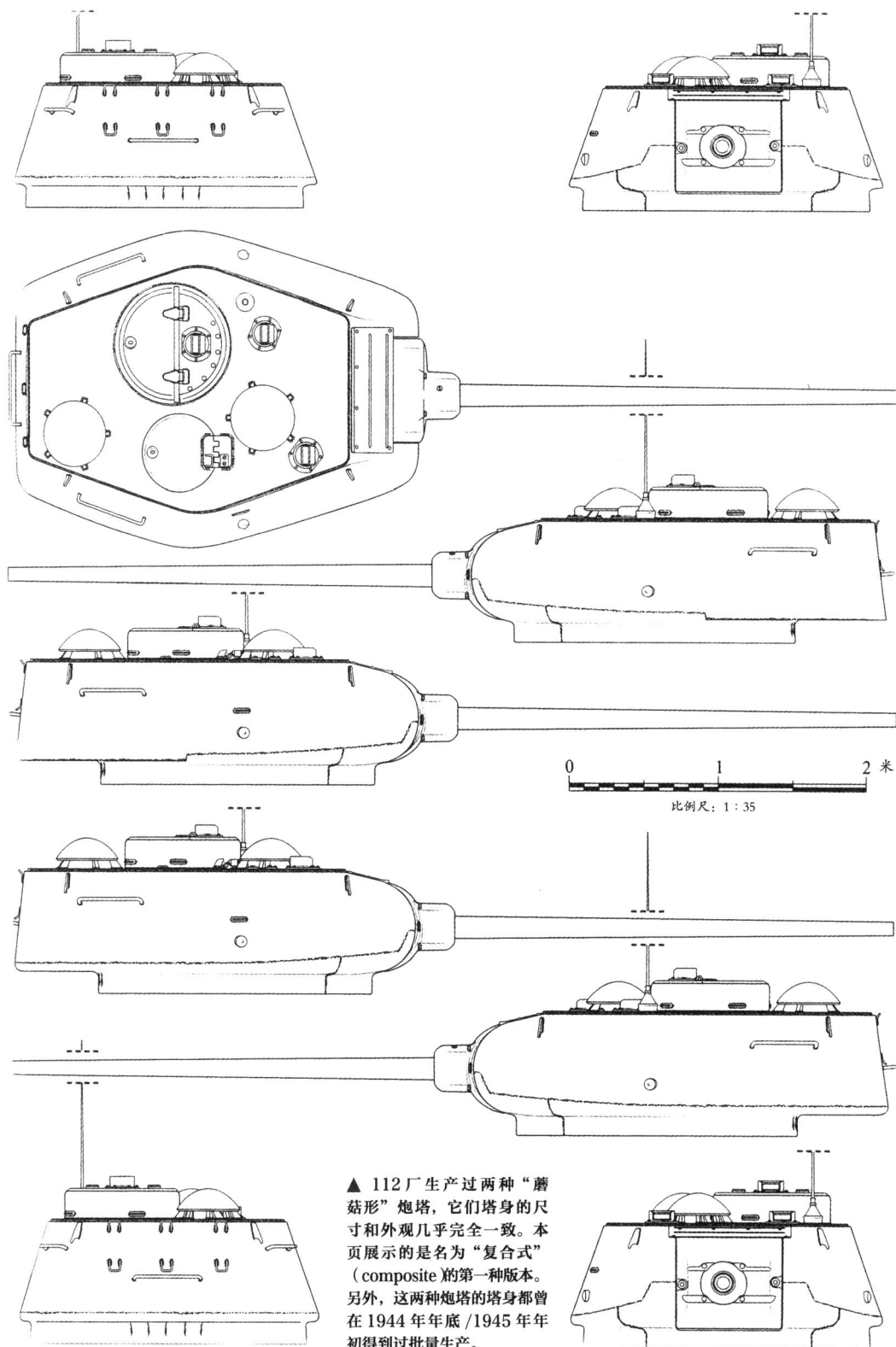

比例尺：1：35

▲ 112厂生产过两种"蘑菇形"炮塔，它们塔身的尺寸和外观几乎完全一致。本页展示的是名为"复合式"（composite）的第一种版本。另外，这两种炮塔的塔身都曾在1944年年底/1945年年初得到过批量生产。

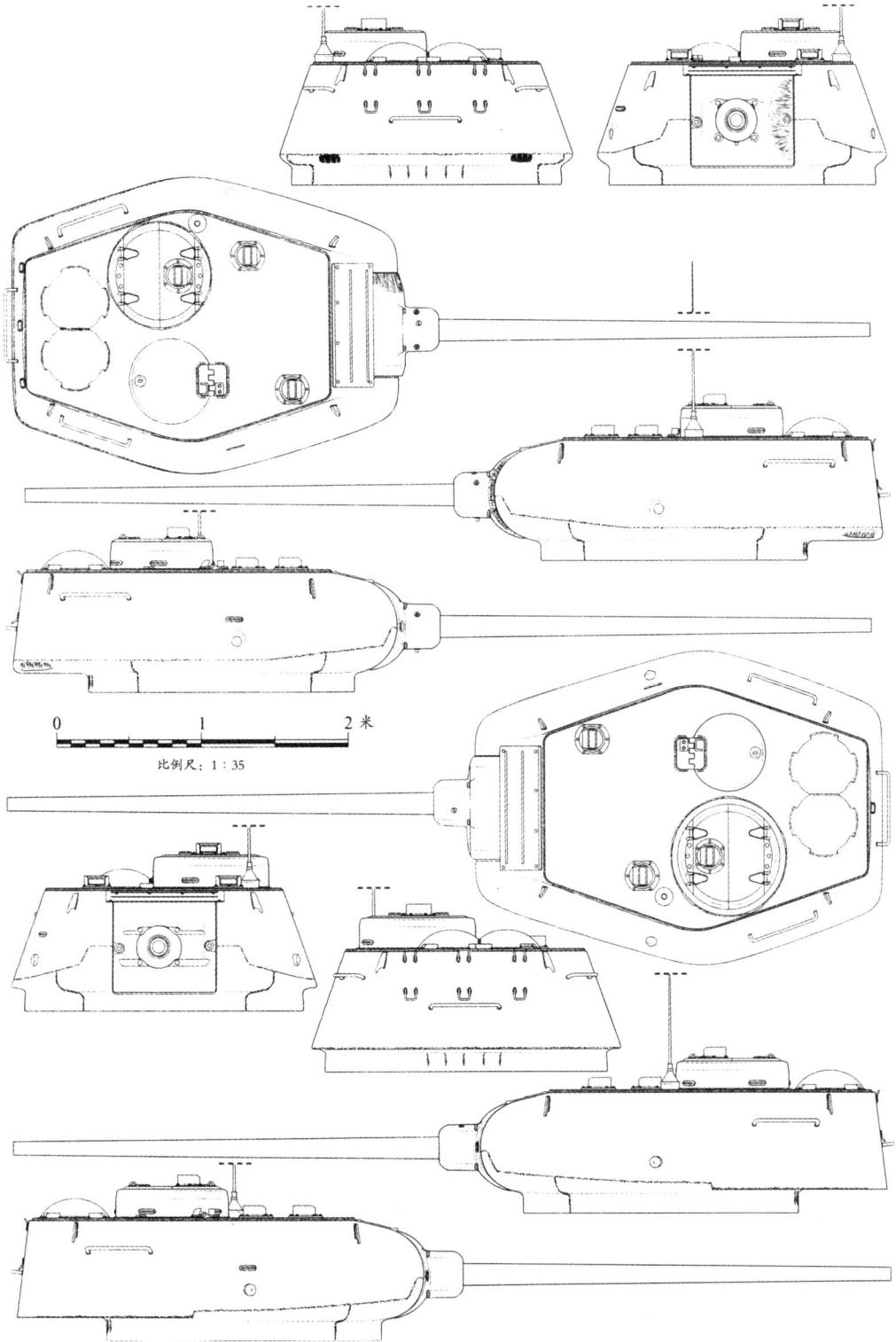

0　　　　　　1　　　　　　2 米

比例尺：1：35

▲ （上五图）112厂的第2版"蘑菇形"炮塔。它的尾部更低，也更大——这也是该厂所有大型炮塔都具备的特征。（下五图）112厂在1944年年底/1945年年初生产的T-34-85"大型版"炮塔。它的很多特征都和安装分置式换气扇的炮塔一致。

▼ （上五图）174厂安装S-53型旧式主
炮的T-34-85炮塔。其焊缝的样式几乎和
183厂的产品完全相同，但伸出的后半部分
与发动机舱盖之间却有更大的间距。（下五图）
1944年年初183厂某个批次的炮塔。其早
期版本侧面的小块凸起上有手枪射击孔。

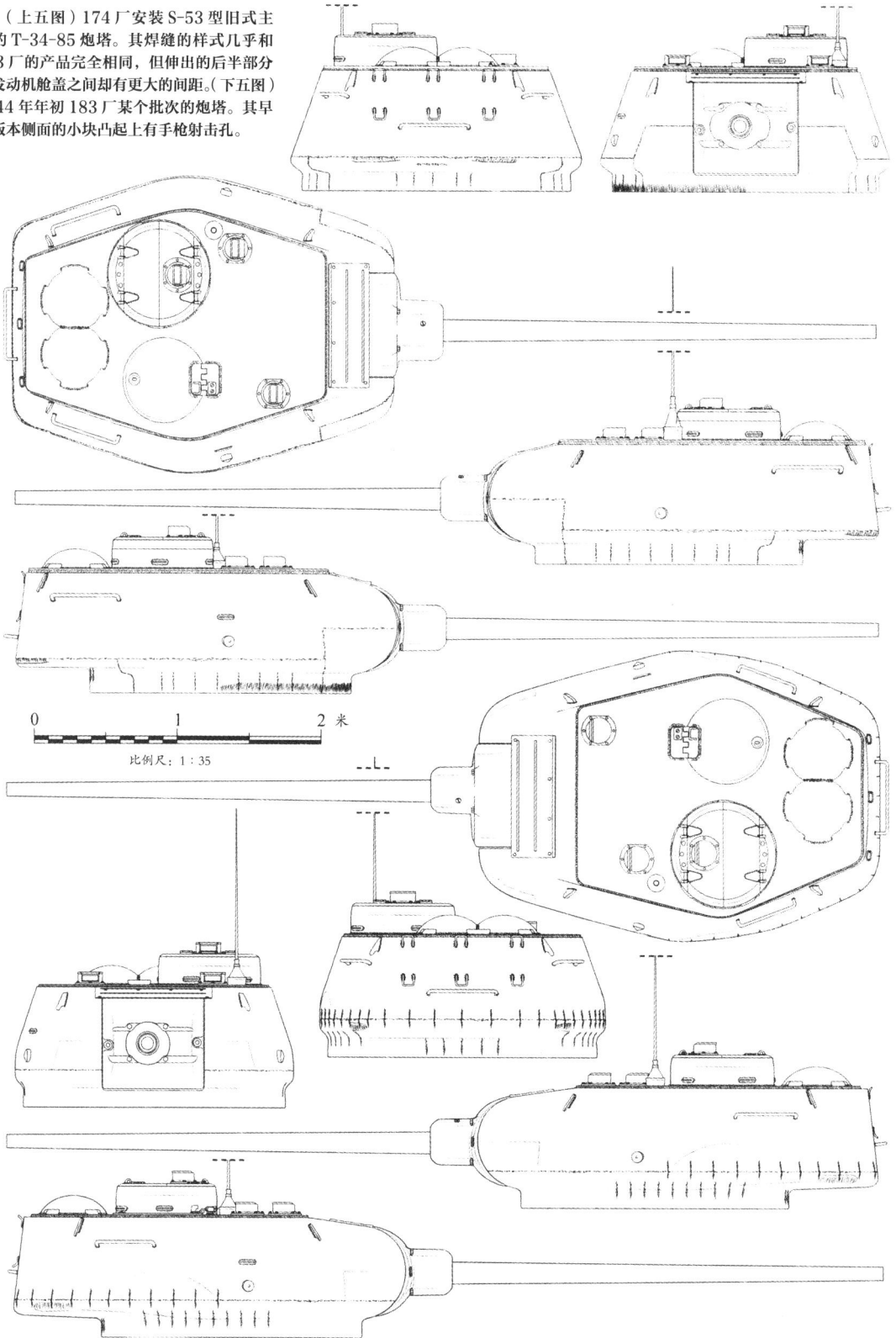

0   1   2 米

比例尺：1：35

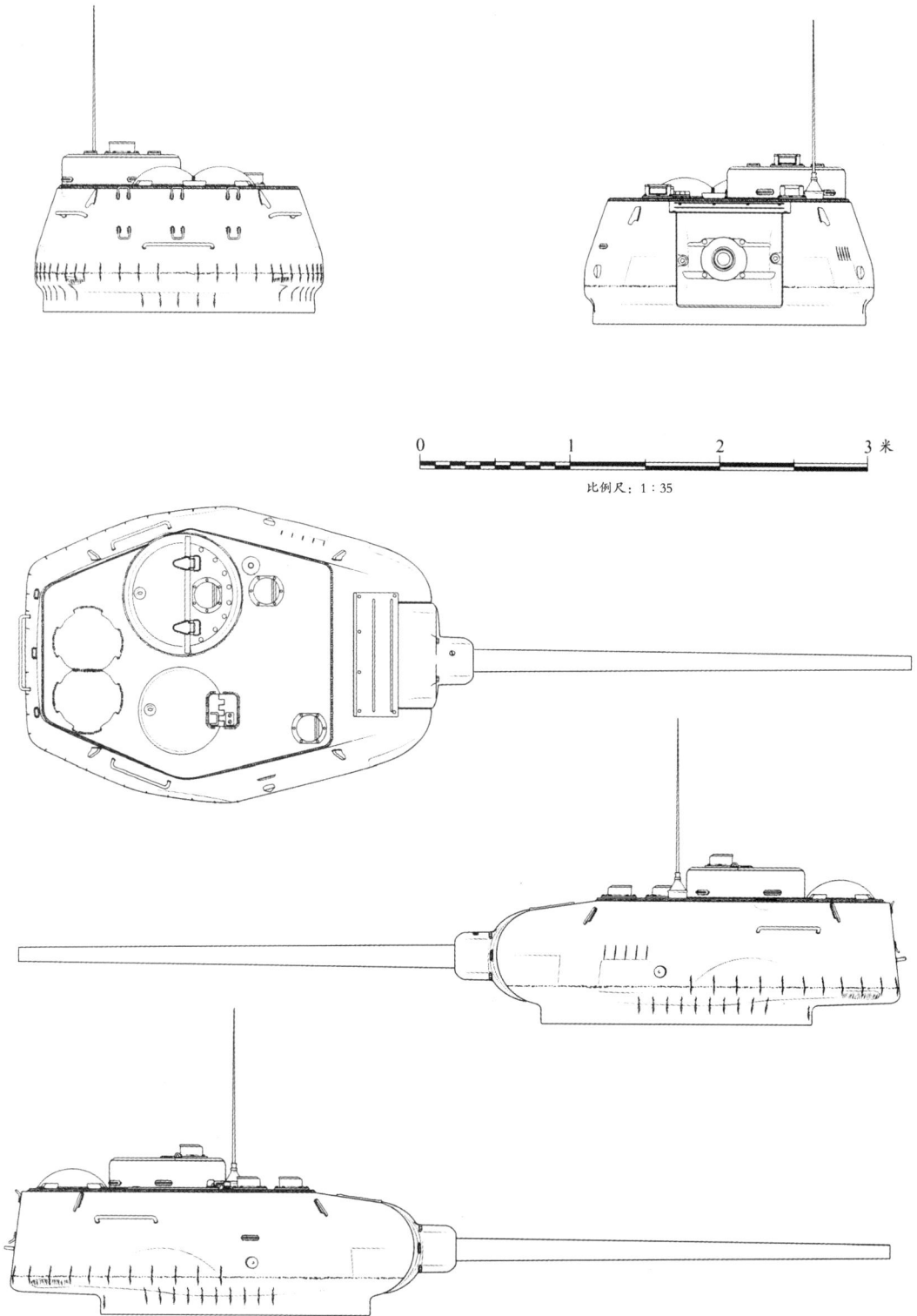

比例尺：1∶35

▲ 184 厂 1944 年年底制造的炮塔。其车长指挥塔更为宽大，而且舱盖上安装了单片式的铰链。

0　　　　　　　　1 米

比例尺：1：35

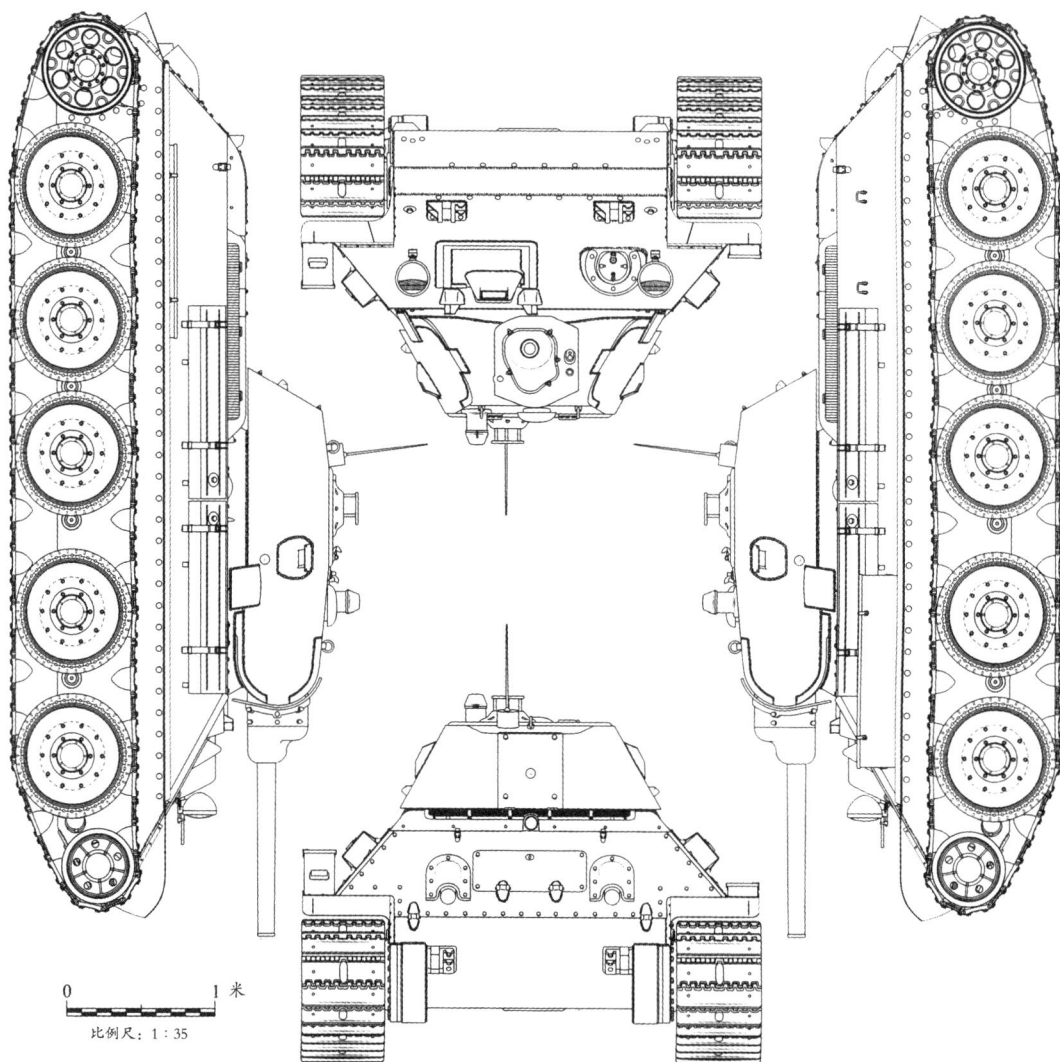

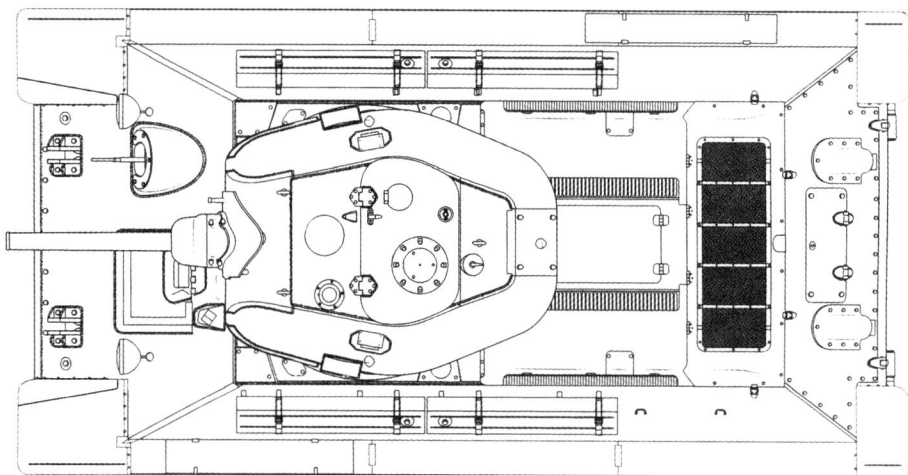

▲ 183 厂的 T-34，该车是 1940 年第一批下线的产品，装备了 L-11 型主炮。

比例尺：1 : 35

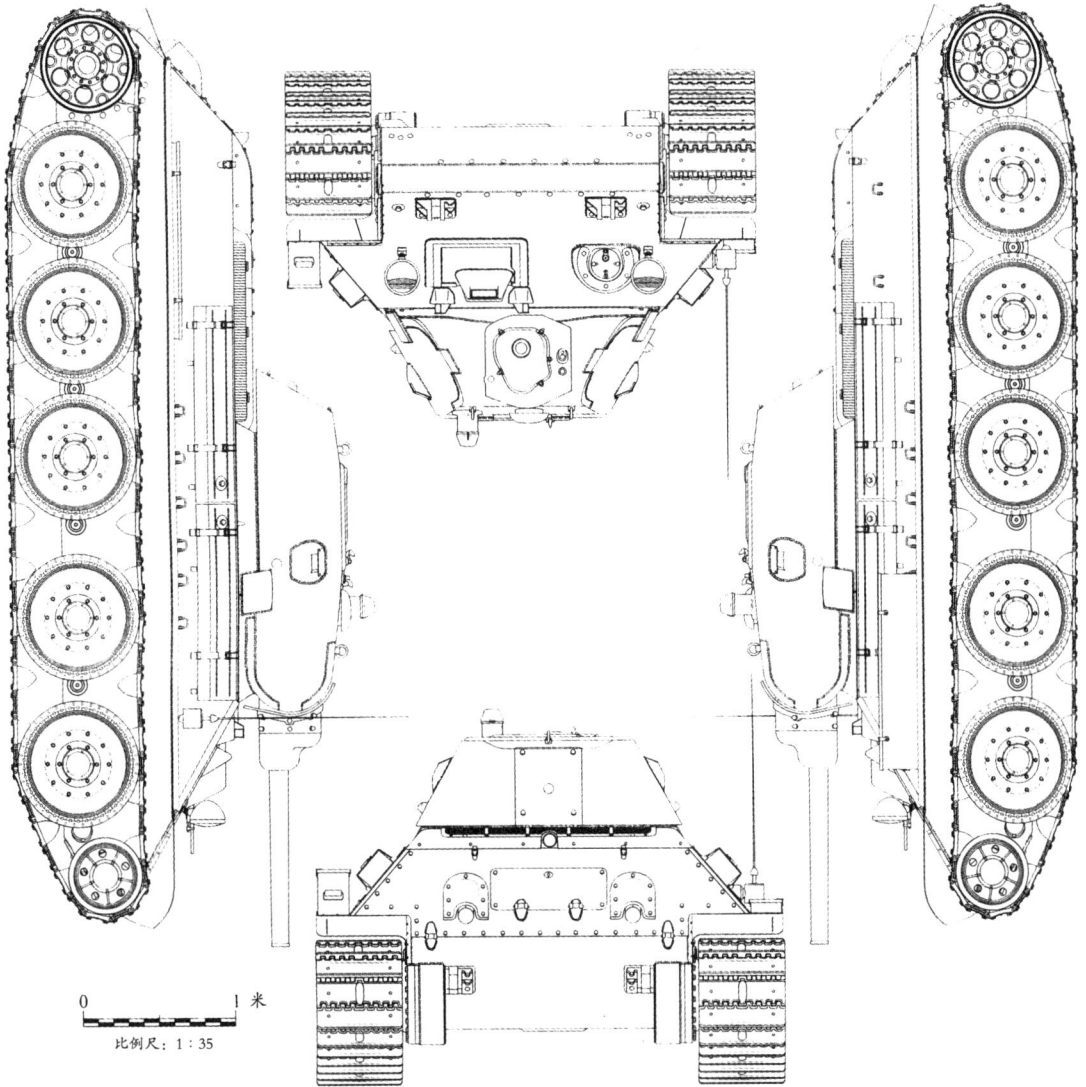

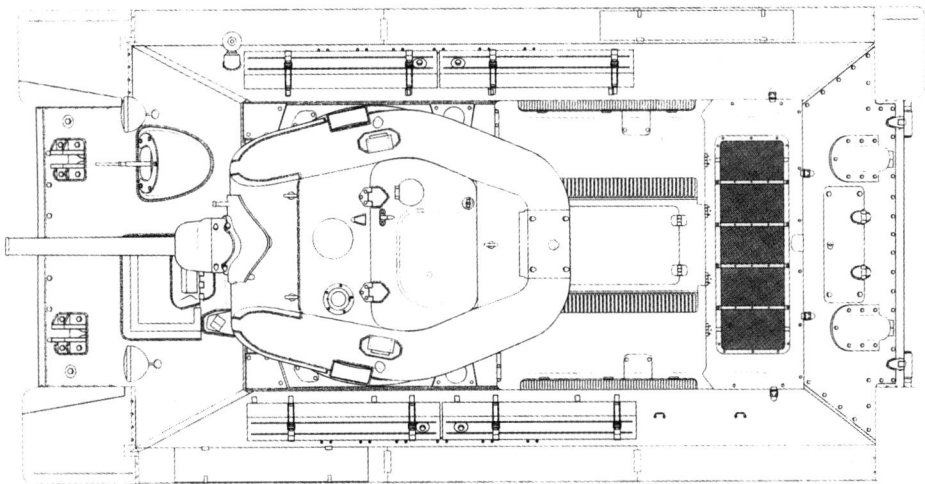

▲ 183 厂的 T-34，生产于 1940/1941 年。

0 _____ 1 米

比例尺：1：35

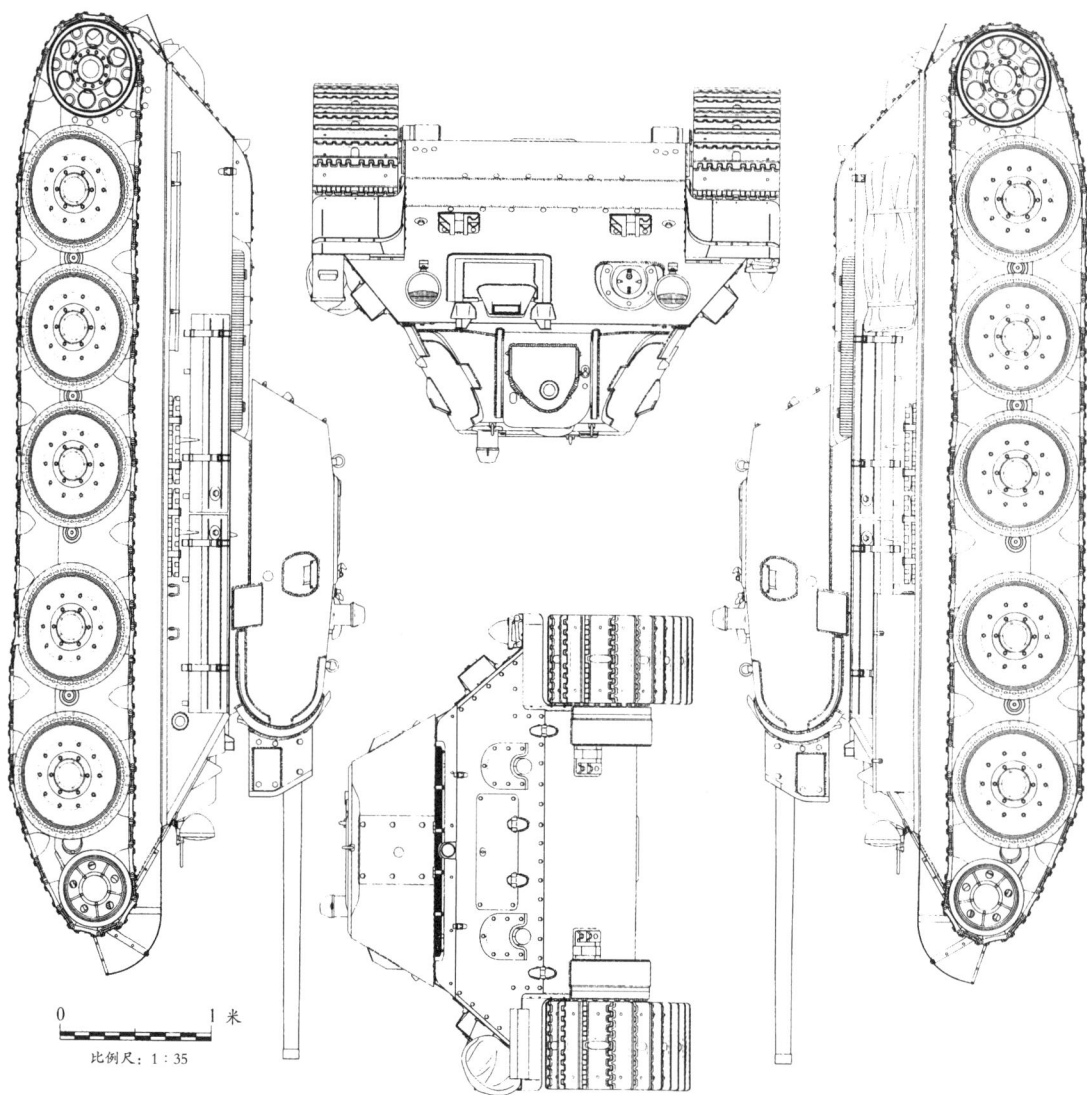

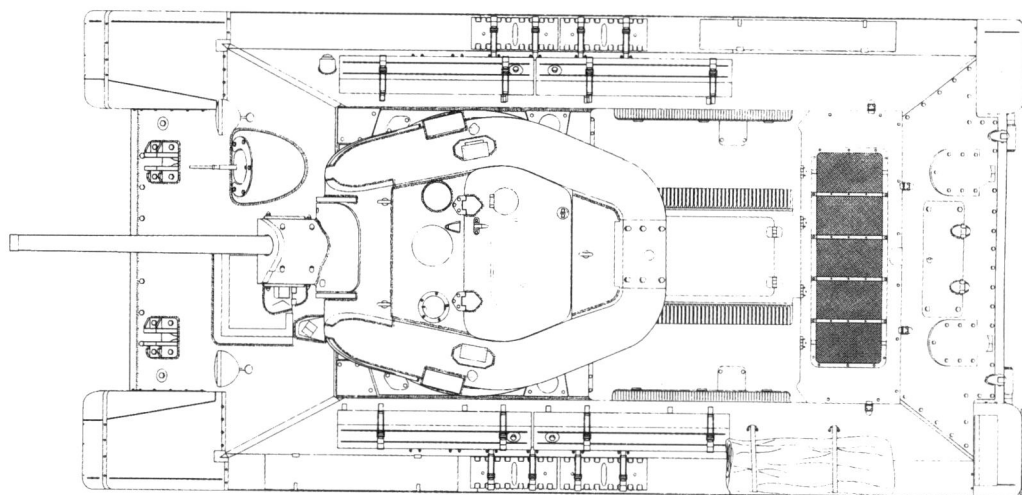

▲ 183厂1941年上半年生产的T-34，安装了F-34型主炮。至少从夏天开始，该厂便基本上不再为坦克安装无线电。

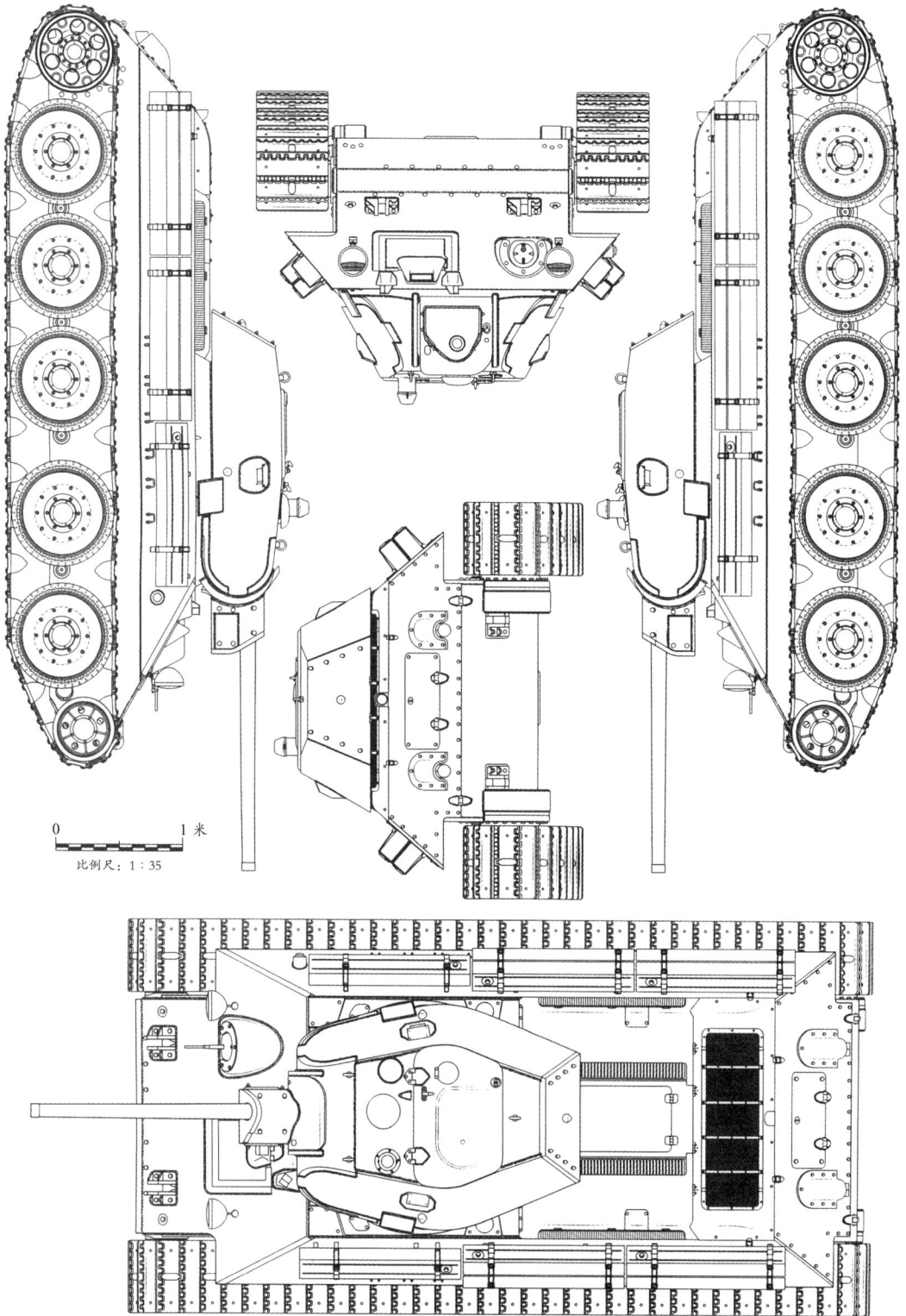

比例尺：1：35

▲ 183 厂的 T-34，生产于 1941 年秋季。正如线图中所示，该车可以加装 10 个附加油箱。

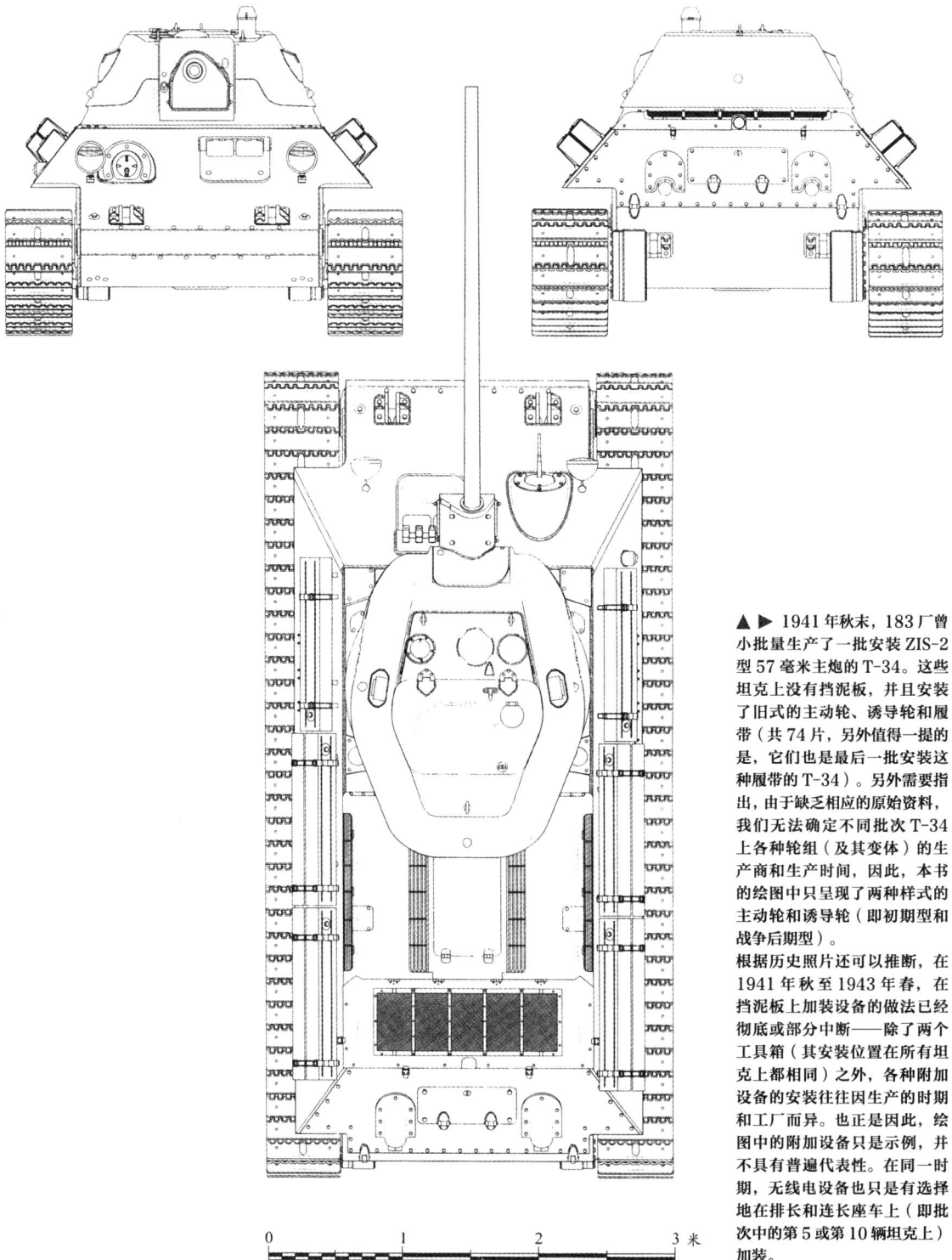

▲ ▶ 1941 年秋末，183 厂曾小批量生产了一批安装 ZIS-2 型 57 毫米主炮的 T-34。这些坦克上没有挡泥板，并且安装了旧式的主动轮、诱导轮和履带（共 74 片，另外值得一提的是，它们也是最后一批安装这种履带的 T-34）。另外需要指出，由于缺乏相应的原始资料，我们无法确定不同批次 T-34 上各种轮组（及其变体）的生产商和生产时间，因此，本书的绘图中只呈现了两种样式的主动轮和诱导轮（即初期型和战争后期型）。

根据历史照片还可以推断，在 1941 年秋至 1943 年春，在挡泥板上加装设备的做法已经彻底或部分中断——除了两个工具箱（其安装位置在所有坦克上都相同）之外，各种附加设备的安装往往因生产的时期和工厂而异。也正是因此，绘图中的附加设备只是示例，并不具有普遍代表性。在同一时期，无线电设备也只是有选择地在排长和连长座车上（即批次中的第 5 或第 10 辆坦克上）加装。

0   1   2   3 米

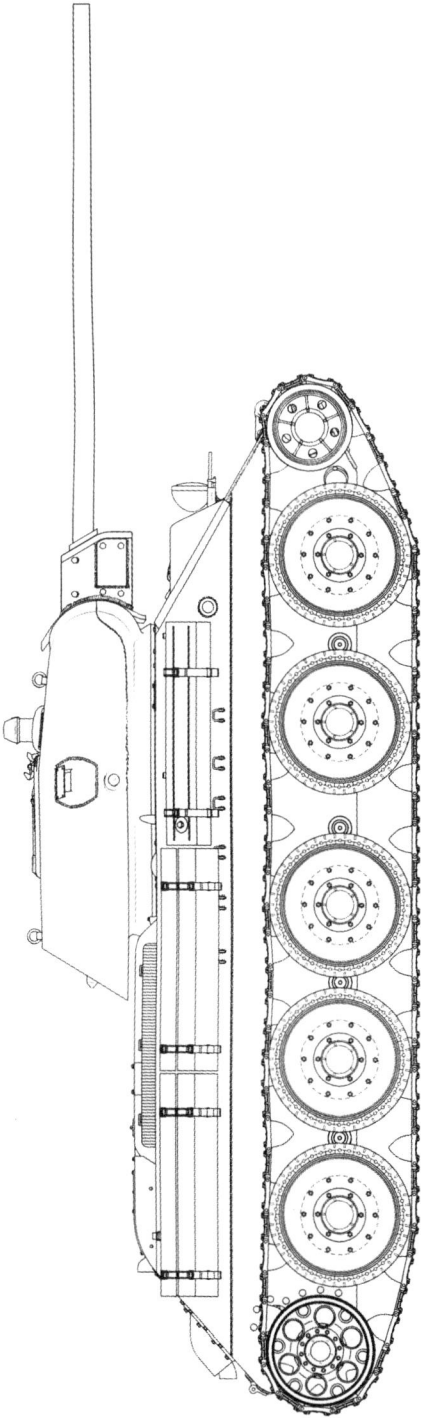

比例尺：1：35

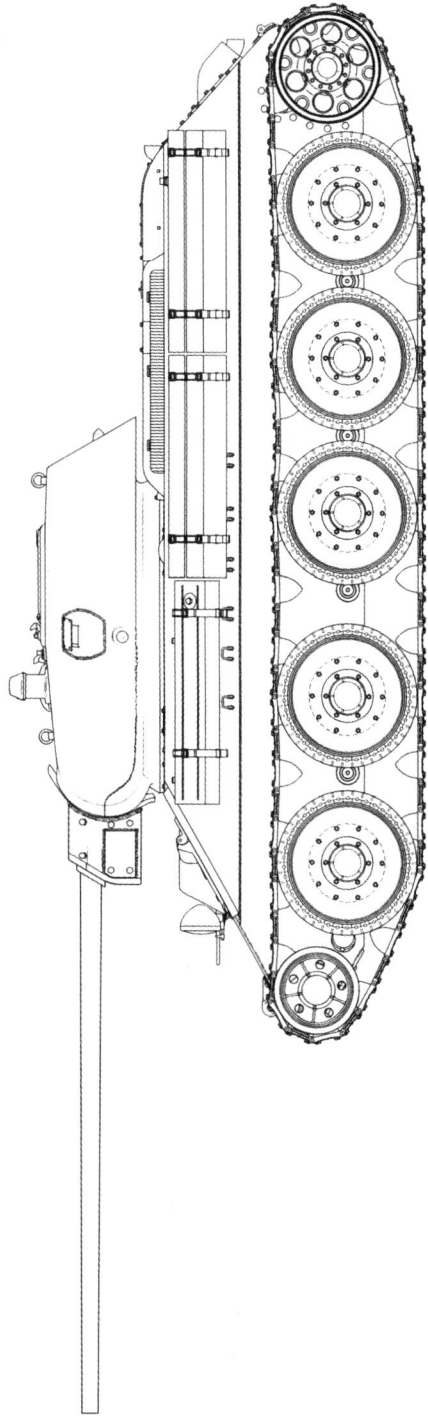

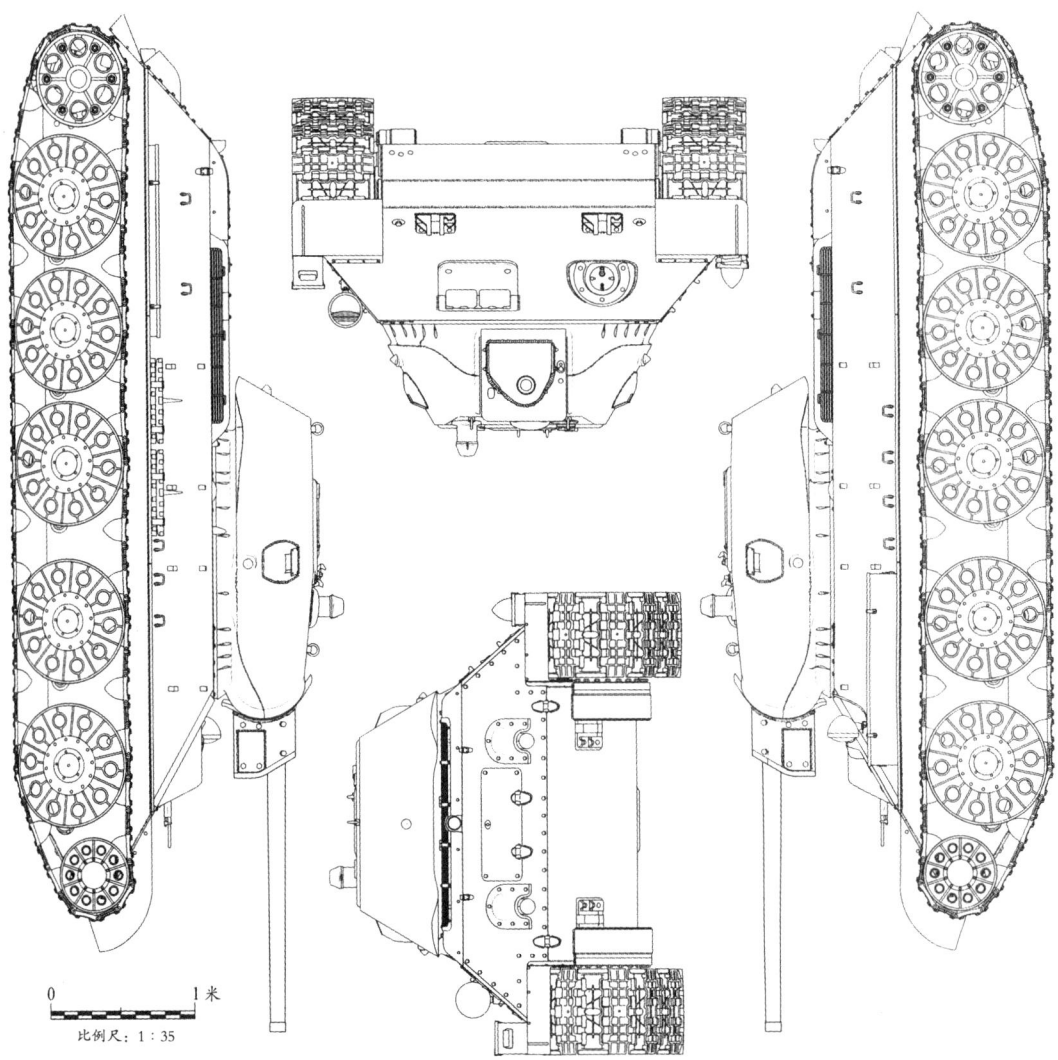

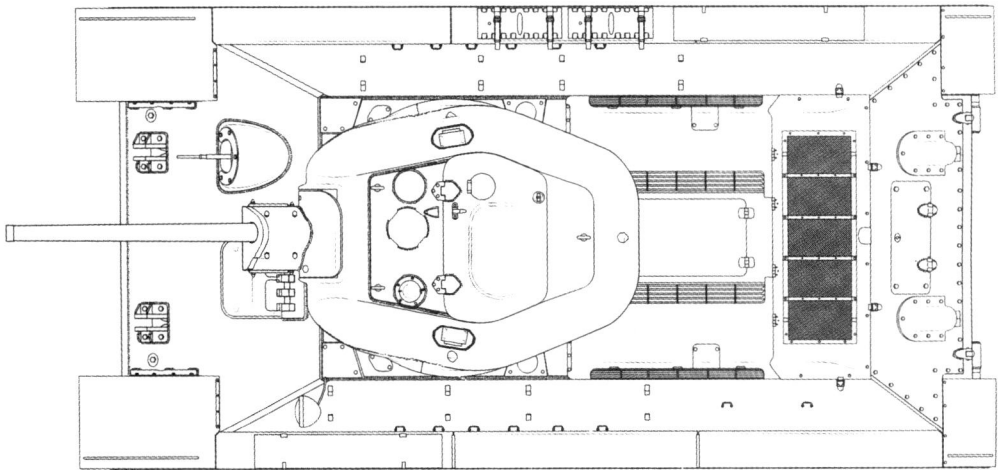

▲ 183厂在1941年年底/1942年年初制造的量产型T-34。该车安装了在1941年秋天面世的扁平型铸造炮塔、新式履带（72片，1941年10月之前列装），以及全套的新式负重轮（带内置橡胶缓冲件，列装于1941年年底）。

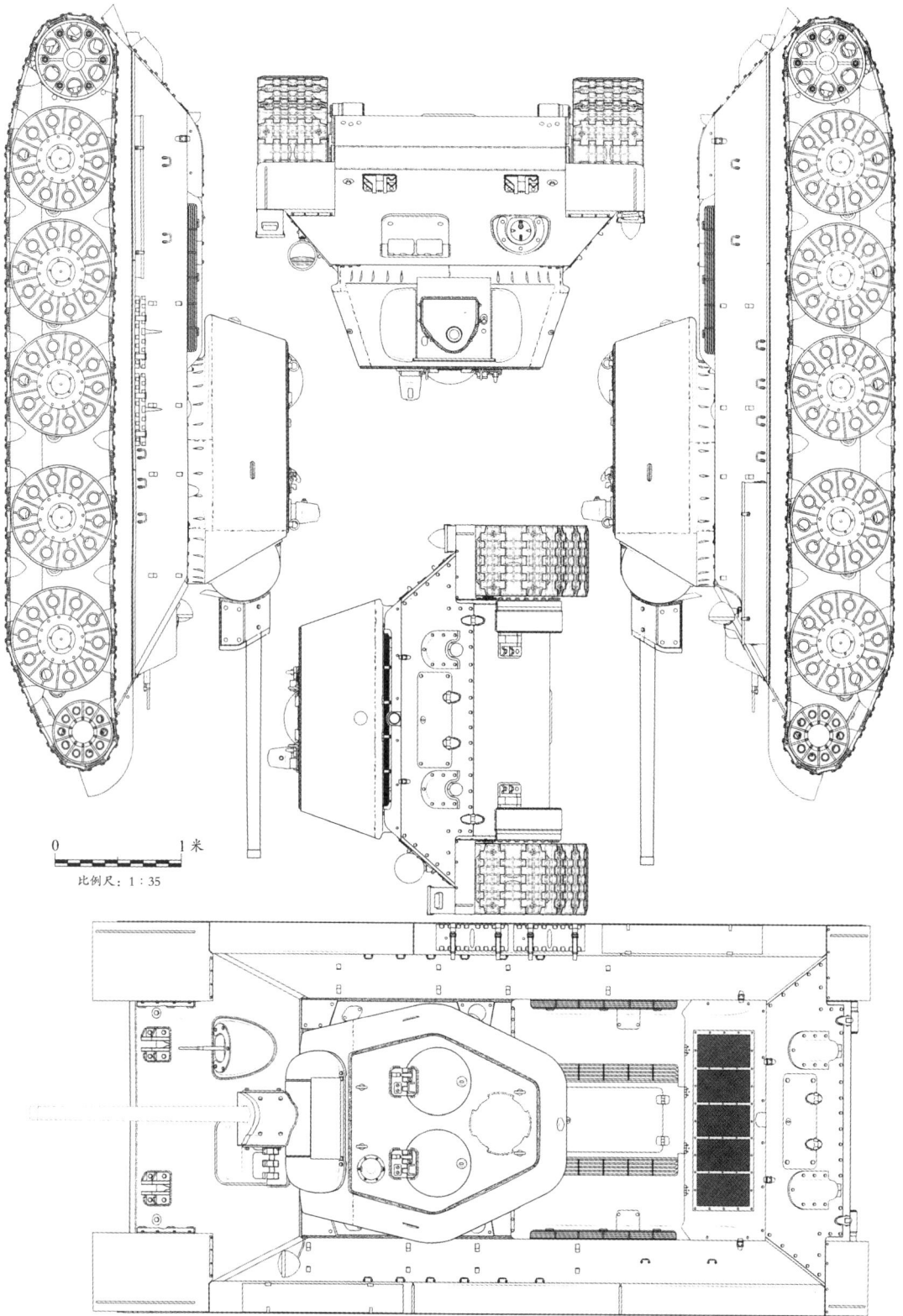

比例尺：1 : 35

▲ 183厂的T-34，生产于1942年春季和夏季，该车安装了第一种版本的六边形炮塔和新式的72片履带。

比例尺：1：35

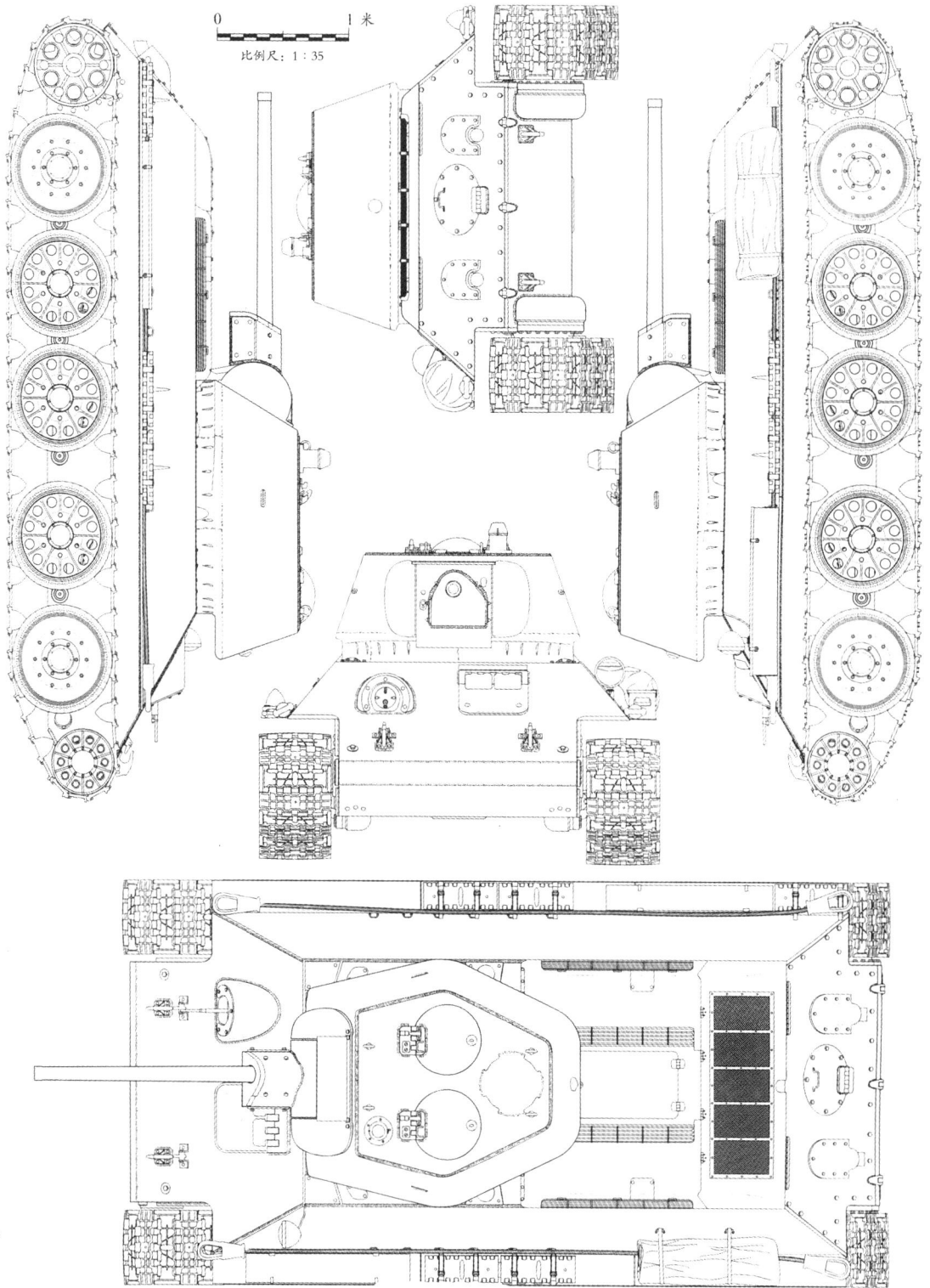

▲ 183工厂在1942年夏季量产的T-34，该车安装了极初期型的六边形炮塔，负重轮也拥有该厂产品的典型特征。

比例尺：1∶35

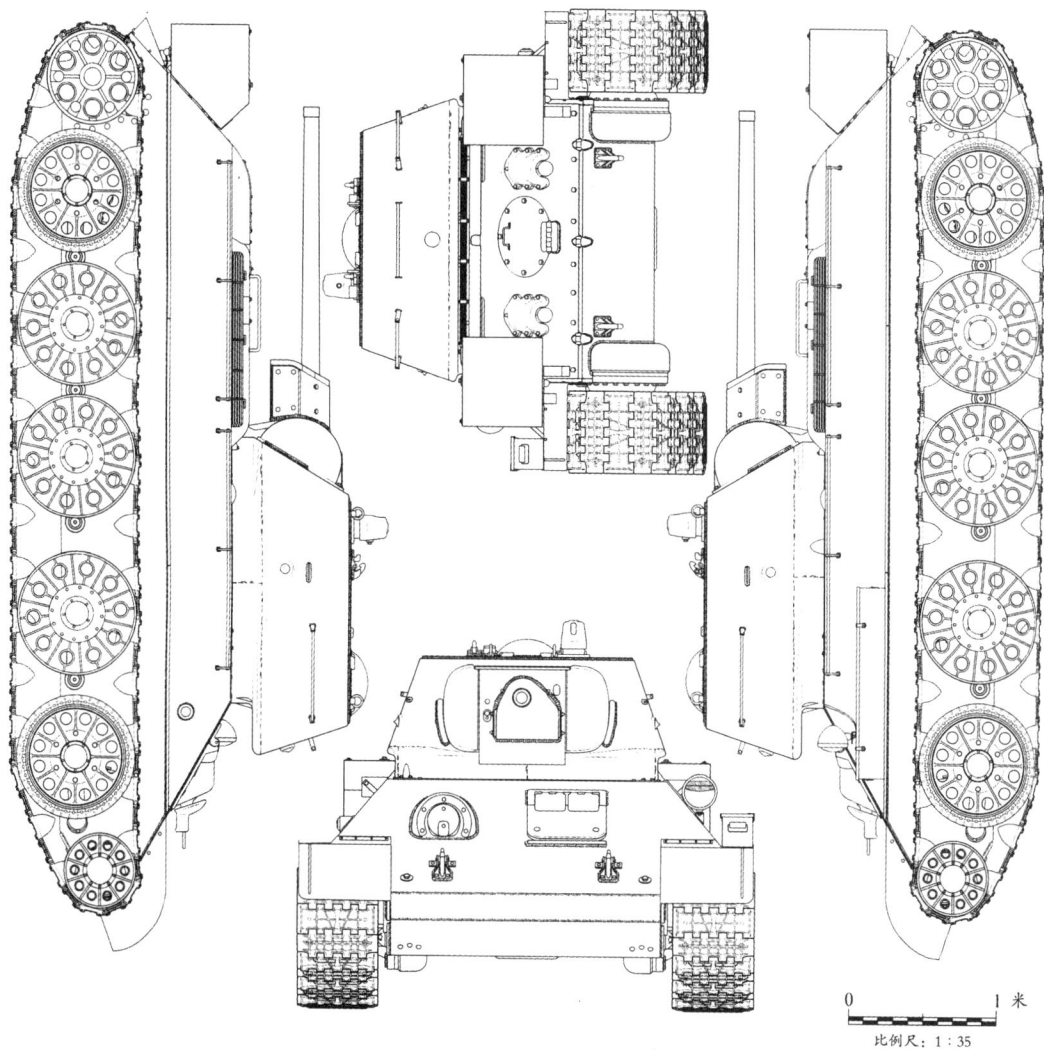

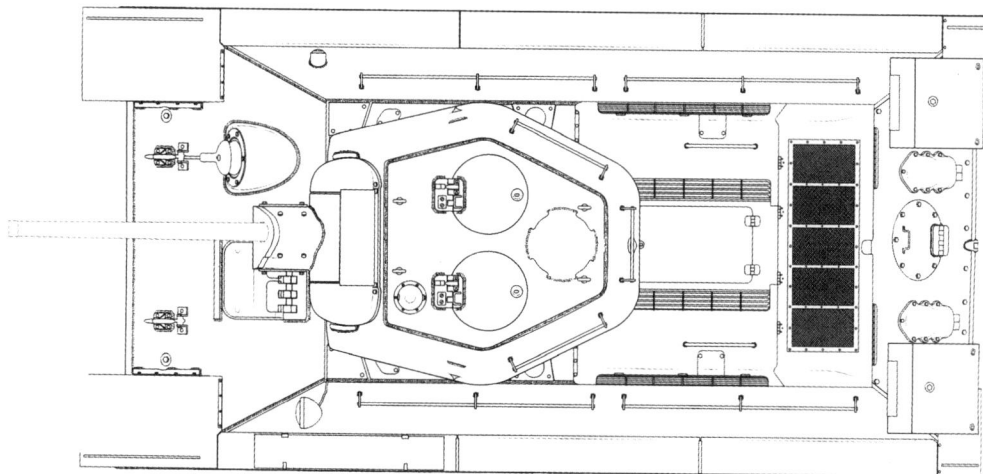

▲ 183 厂 1942 年秋季生产的 T-34，这些坦克在后部安装了样式不同的附加油箱，侧面也安装了扶手——这些都是当时产品的典型特征。另外，该车的负重轮也有该厂产品的特色，其中有三组（位于中部）安装了内置橡胶缓冲件。履带为 1941 年型，但在 1942 年时进行了改进。

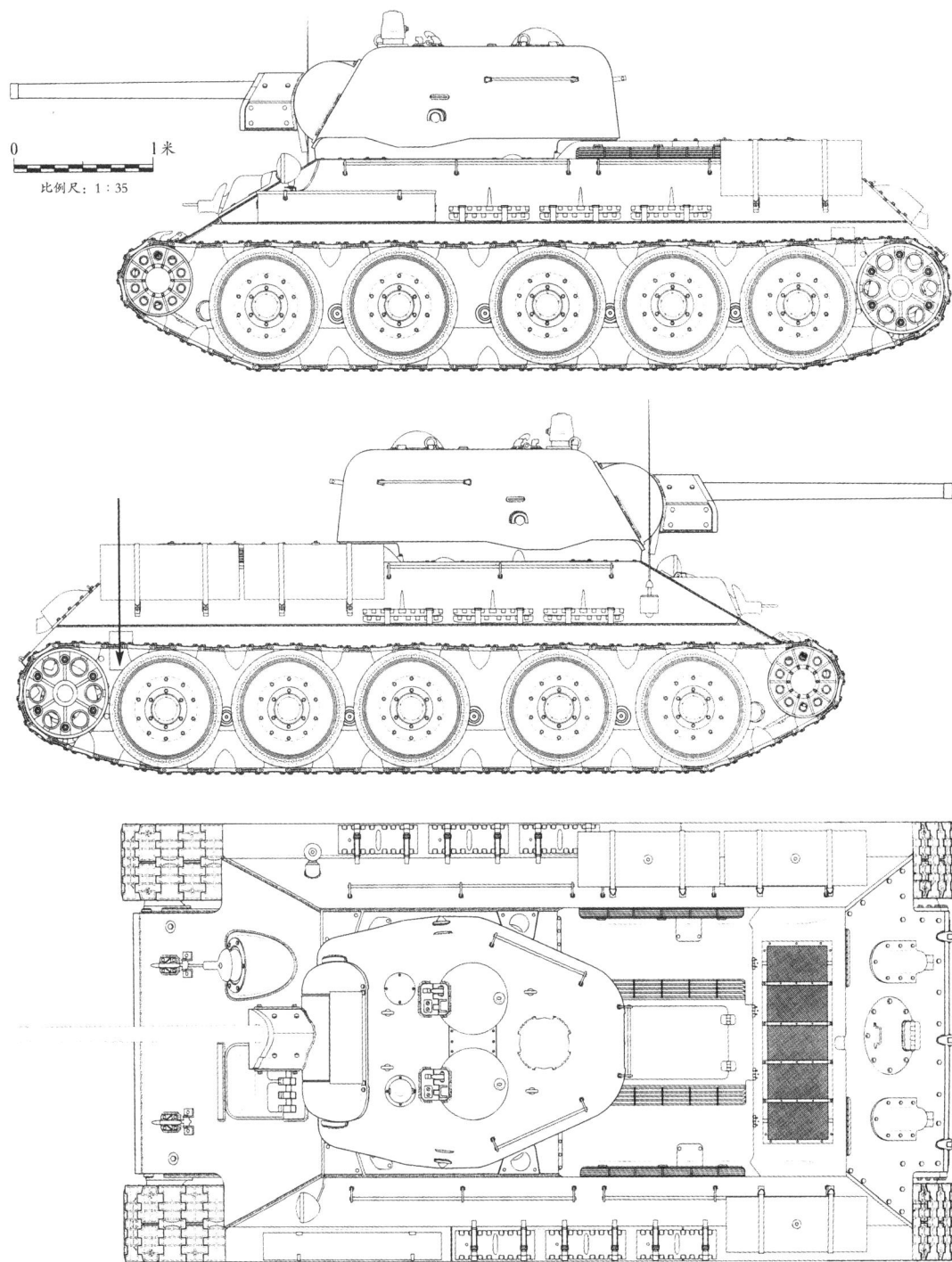

▲ 183厂1943年生产的T-34，该车安装了冲压炮塔。

本车炮塔的图样是根据现有出版资料绘制的，对应的可能是没有潜望镜开口的第一批产品。另外值得一提的是，当时的许多坦克已经安装了无线电，并配备了履带销复位锤（1942年下半年列装）[1]、机枪护盾和胶缘负重轮。至于后方的附加油箱则被移到了侧面。

———————

[1] 这一零件是车体侧面后方、诱导轮的附近的一个小鼓包。在坦克开动时，这些鼓包会撞击松脱的履带销，并将后者推回原位置。

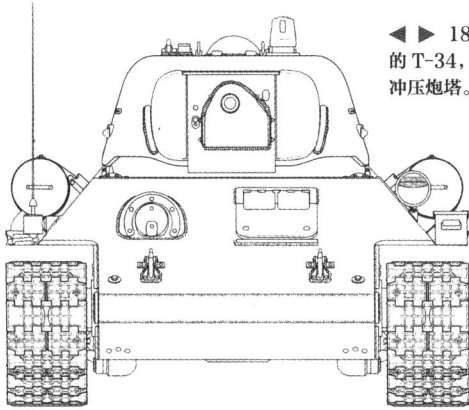

◄ ► 183厂1943年生产的T-34，该车同样安装了冲压炮塔。

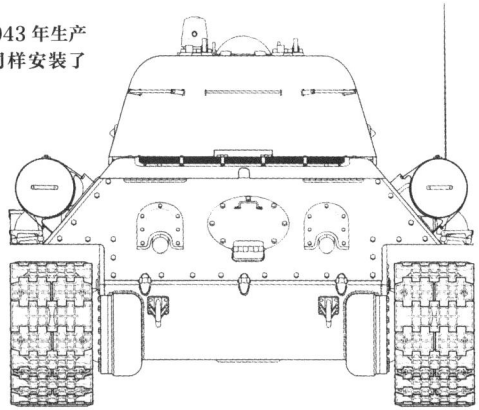

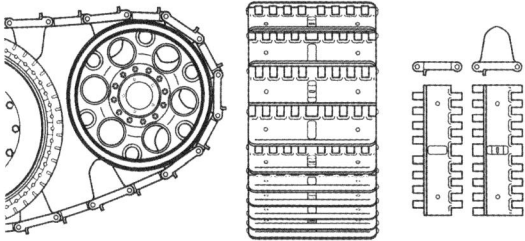

▲ 最初样式的履带（74片履带板，宽度550毫米）。

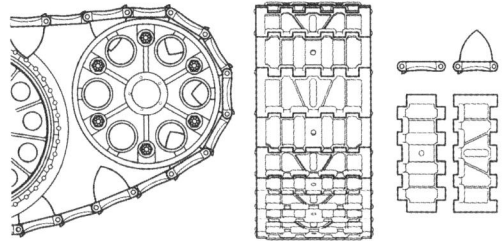

▲ "乌拉尔"形变体履带（72片履带板，宽度550毫米）。

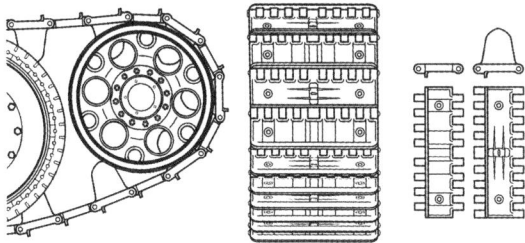

▲ 第2种样式的履带（74片履带板，宽度550毫米），1941年列装。

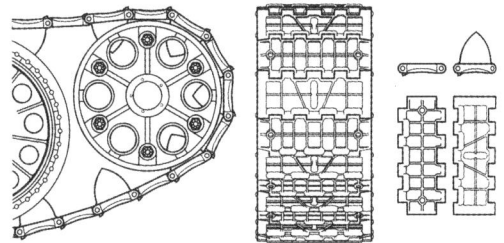

▲斯大林格勒工厂的履带（72片履带板，宽度550毫米），1941年秋天列装。

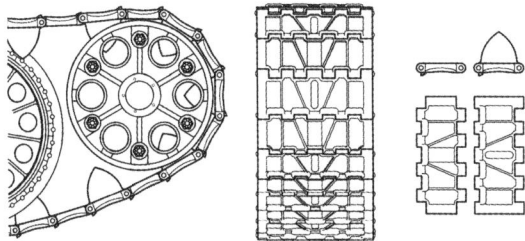

▲ "乌拉尔"型履带（72片履带板，宽度550毫米），1941年10月前列装。

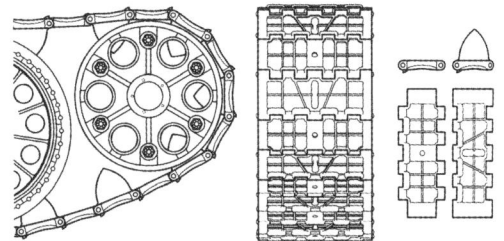

▲斯大林格勒工厂的变体履带（72片履带板，宽度550毫米），1941年秋天列装。

0   1   2   3 米

比例尺：1：35

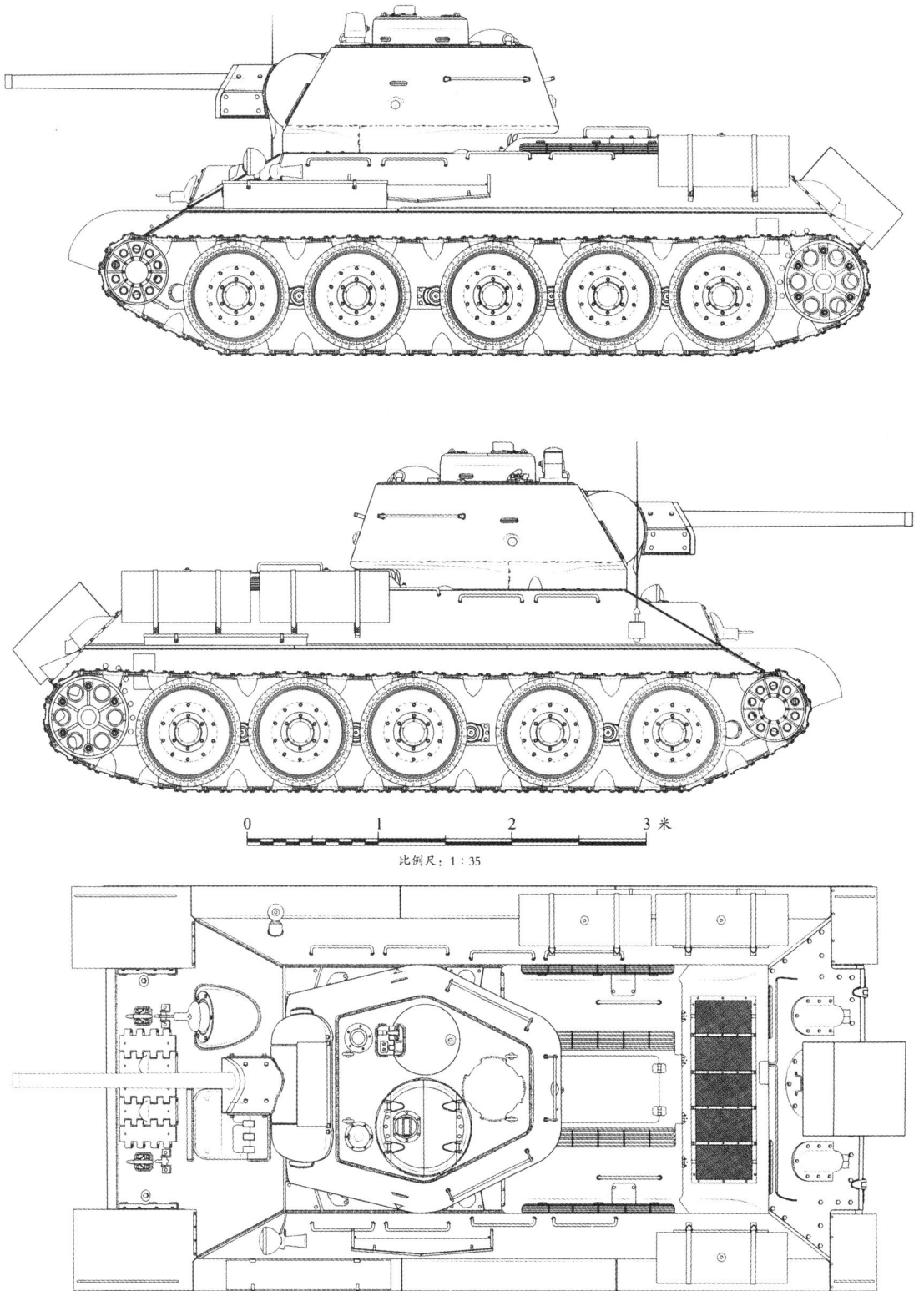

▲ 183厂在1944年春生产的最后一批安装F-34型主炮的T-34。作为该车的标准配备，其炮塔上安装了1943年秋季之后列装车长指挥塔，后方也增添了从1944年春末夏初开始出现的乘员储物箱。

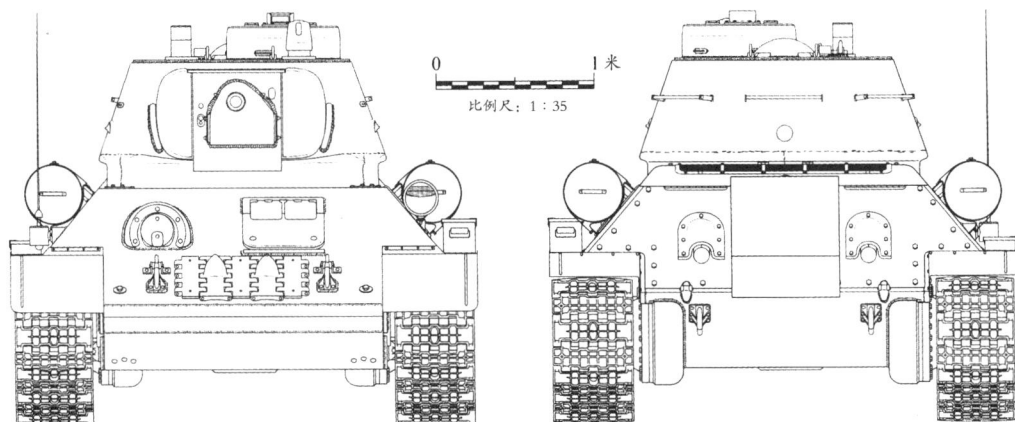

0　　　　　　　　1 米
比例尺：1 : 35

▲ 183 厂在 1944 年春生产的最后一批安装 F-34 型主炮的 T-34。作为该车的标准配备，其炮塔上安装了 1943 年秋季之后列装车长指挥塔，后方也增添了从 1944 年春末夏初开始出现的乘员储物箱。

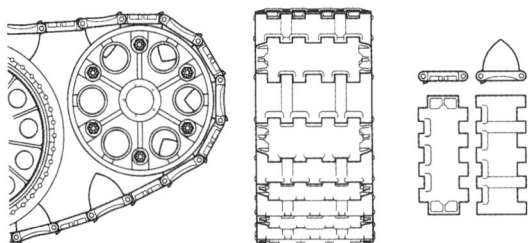

▲ 1941 年秋季 / 冬季列装的新式履带（72 片履带板，宽度 550 毫米，也被称为"过渡型"履带）和带内置内置橡胶缓冲件的负重轮。

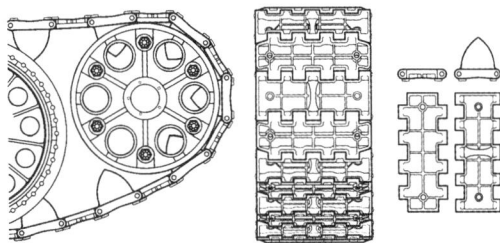

▲ 可能是 112 厂生产的履带（72 片履带板，宽度 500 毫米），列装于 1942 年年初。

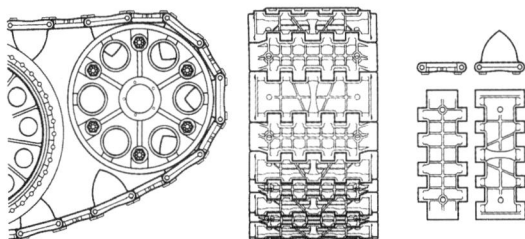

▲ "乌拉尔"型履带（72 片履带板，宽度 550 毫米），1942 年列装。

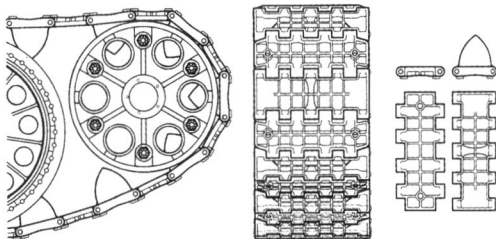

▲ T-34 上最常见的履带——"标准版"履带（72 片履带板，宽度 550 毫米），1942 年年初列装，这里展示的是"夏季型"。

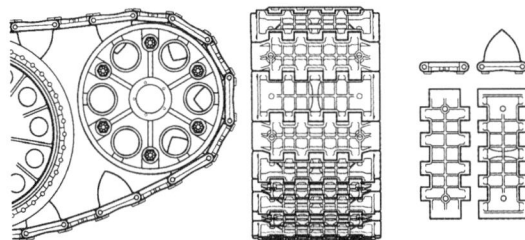

▲ T-34 上最常见的履带——"标准版"履带（72 片履带板，宽度 550 毫米），这里展示的是"冬季型"。

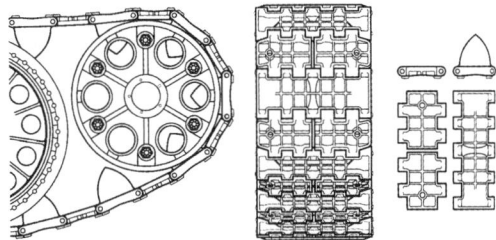

▲ 没有驱动齿槽的两片式履带（72 片履带板，宽度 500 毫米），1943 年列装。

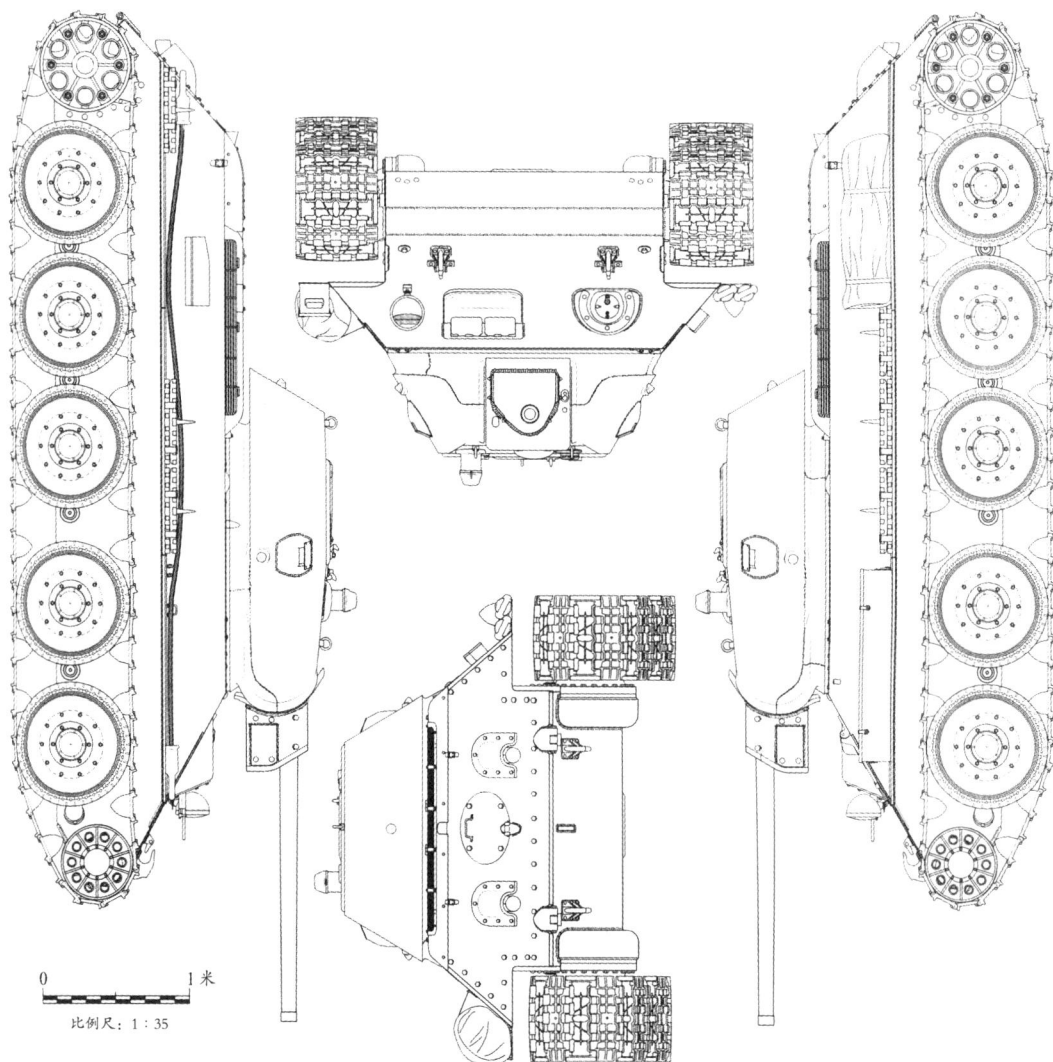

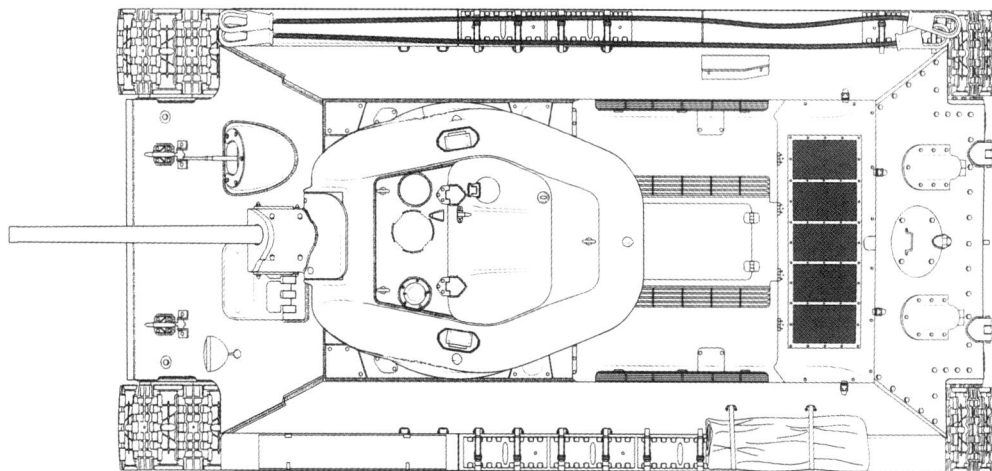

▲ 1942 年春夏之交，112 工厂生产的 T-34，该车的后部装甲接受了改进（该改进采用于 1942 年年初），同时采用了新式履带。按照现有资料，该厂车辆的特征还有中央带螺栓的负重轮。

比例尺：1：35

0   1 米

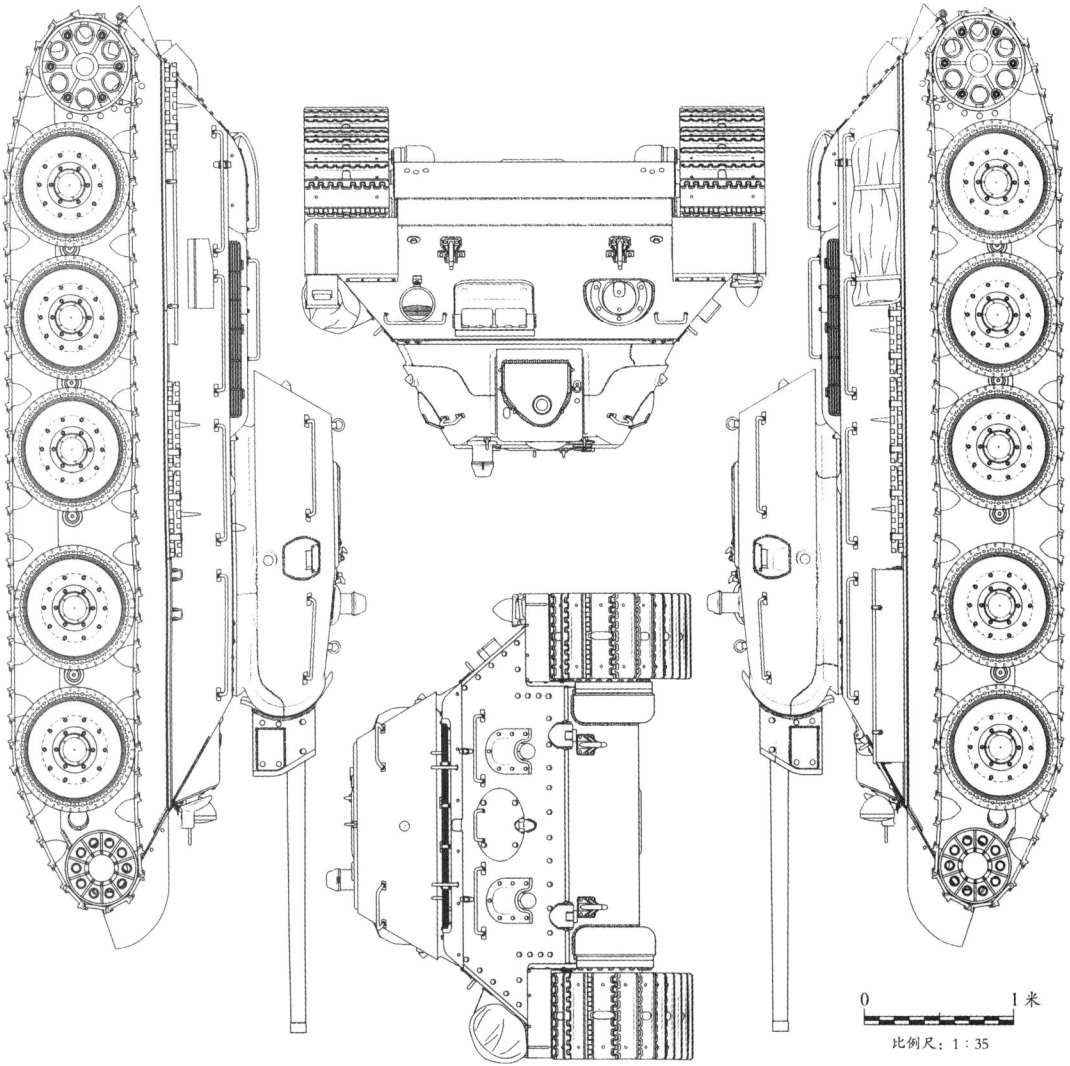

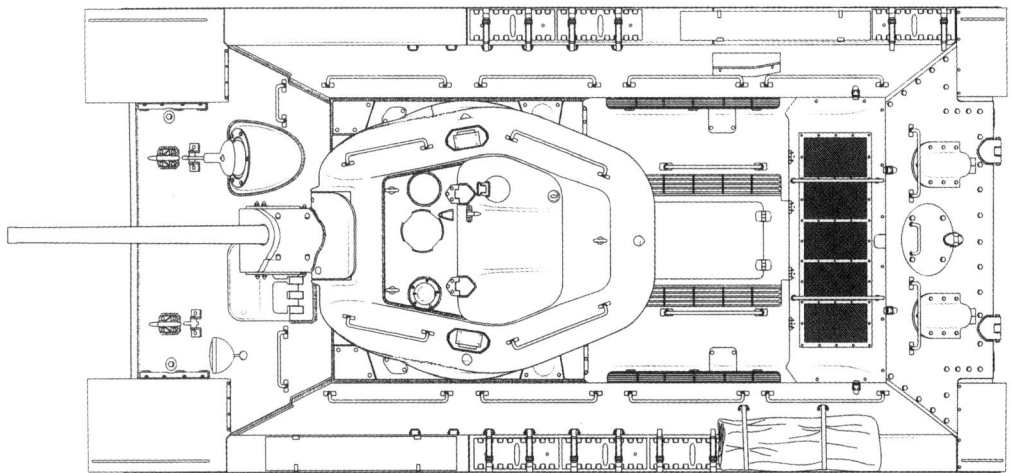

▲ 112厂在1942年夏季生产的T-34，该车安装了旧式履带和独具特色的扶手。

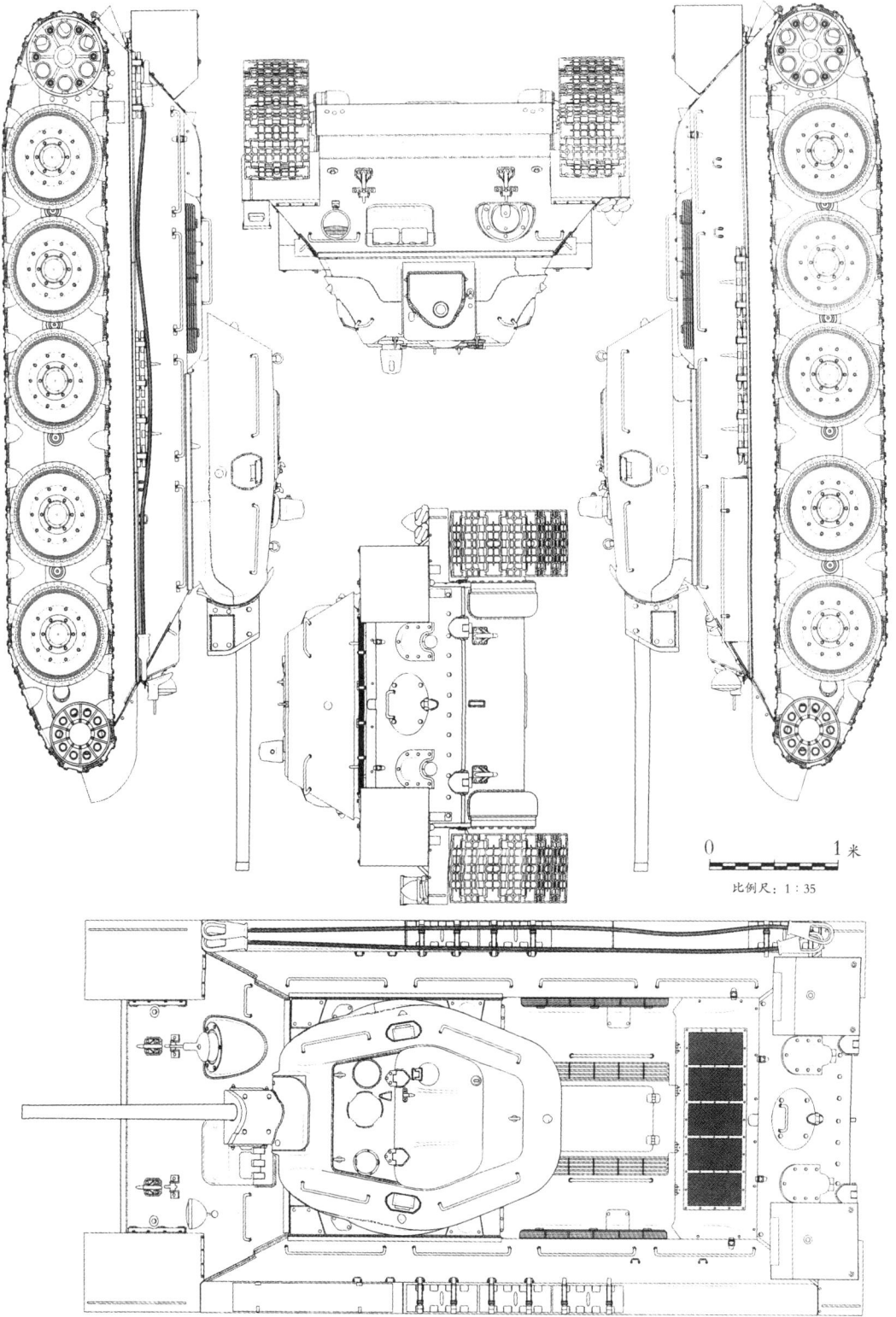

0　　　　　　　　　1米

比例尺：1∶35

▲ 112厂在1942年年底/1943年年初生产的T-34，该车在后部安装了附加油箱，图中展示的是它们的标准形态。

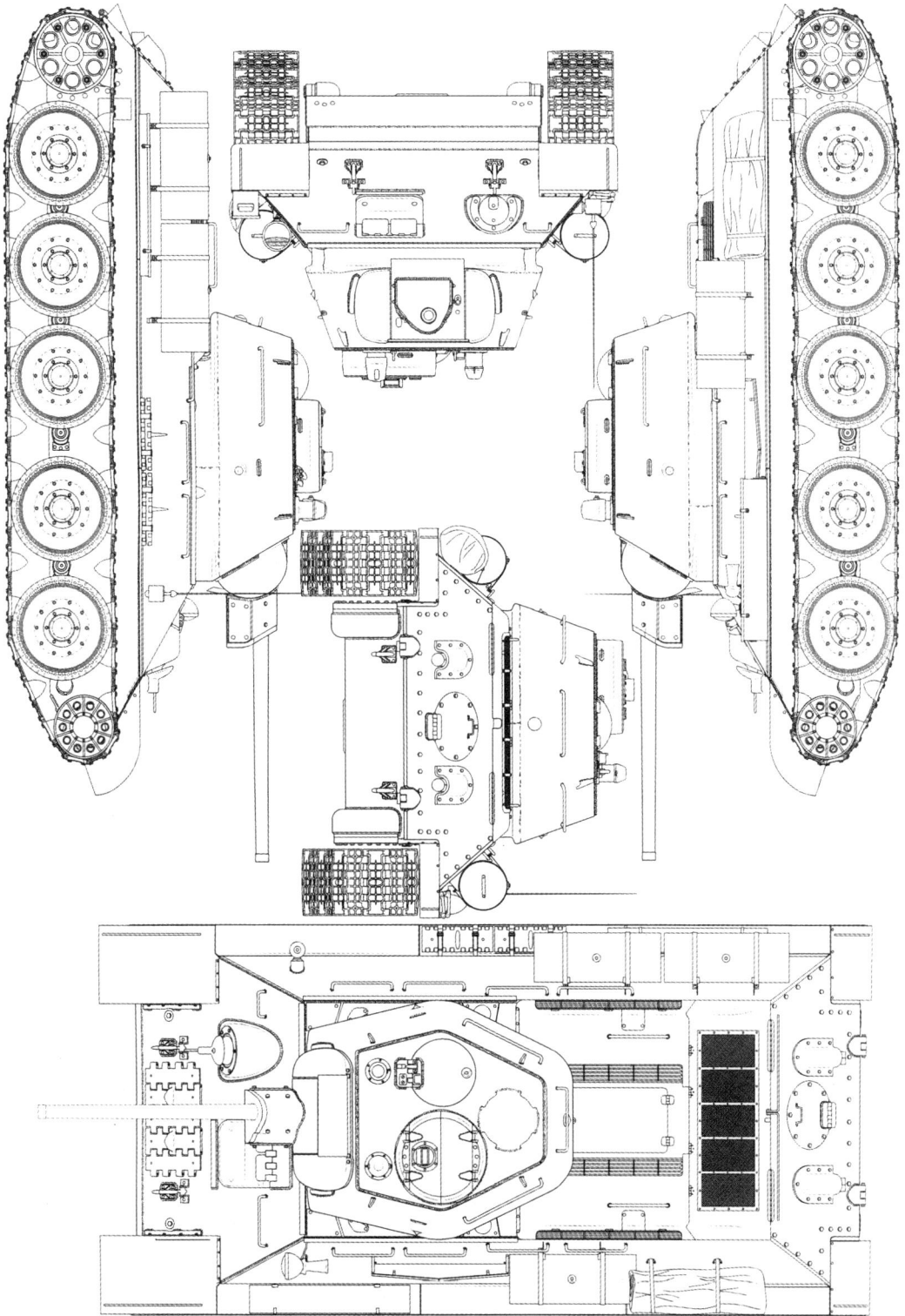

▲ 112厂在1944年生产的、最后一批安装76.2毫米炮的T-34。该车的后部装甲样式较1942年年底/1943年年初下线的车辆略有区别。该厂和183厂产品的区别主要在于附加油箱安装的方式，另外，在1944年春天，这些坦克都配备了2具潜望镜，在车体正面也加装了许多扶手。

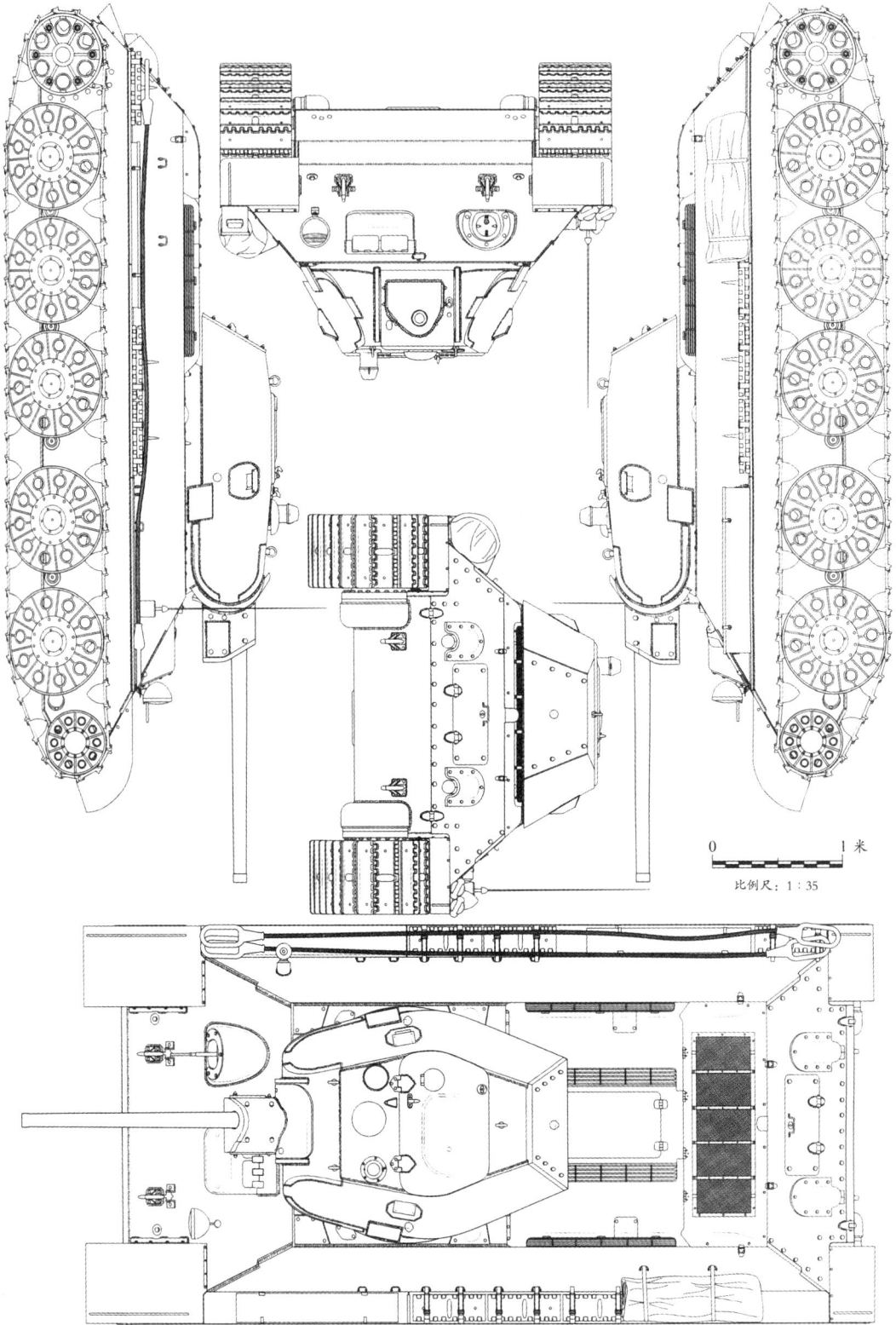

比例尺：1：35

▲ 1941 年 9 月初，斯大林格勒工厂的早期版 T-34。该车安装了早期型履带（74 片），但已经换装了新式的驾驶员舱门。

0　　　　　　　　　1 米

比例尺：1：35

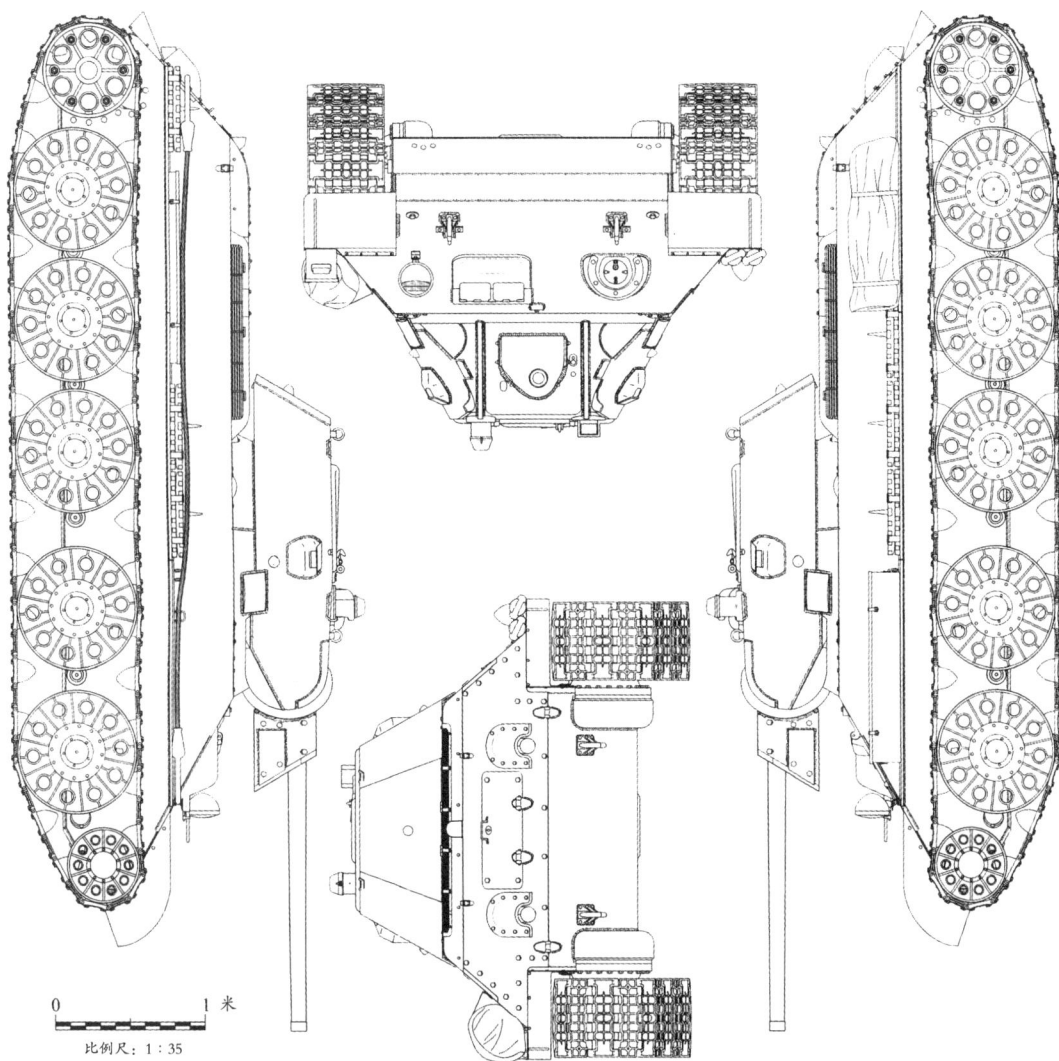

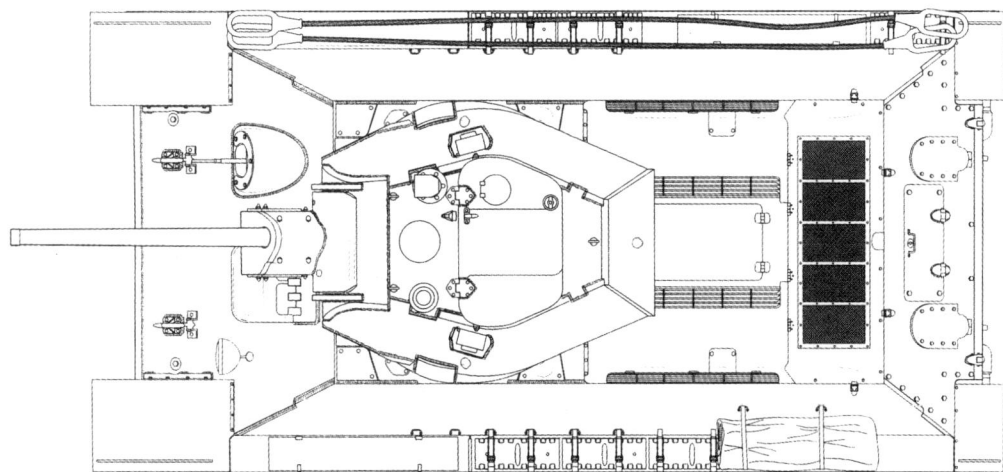

▲ 1942 年春季由斯大林格勒工厂制造的 T-34，该车装有该厂代表性的炮塔，以及自 1941 年秋季 / 冬季之后作为标准部件列装的、带内置橡胶缓冲件的负重轮。此外，该车上还安装了"标准型"的履带和修改了设计的车体后装甲——它们也是 1942 年产品的典型特征。

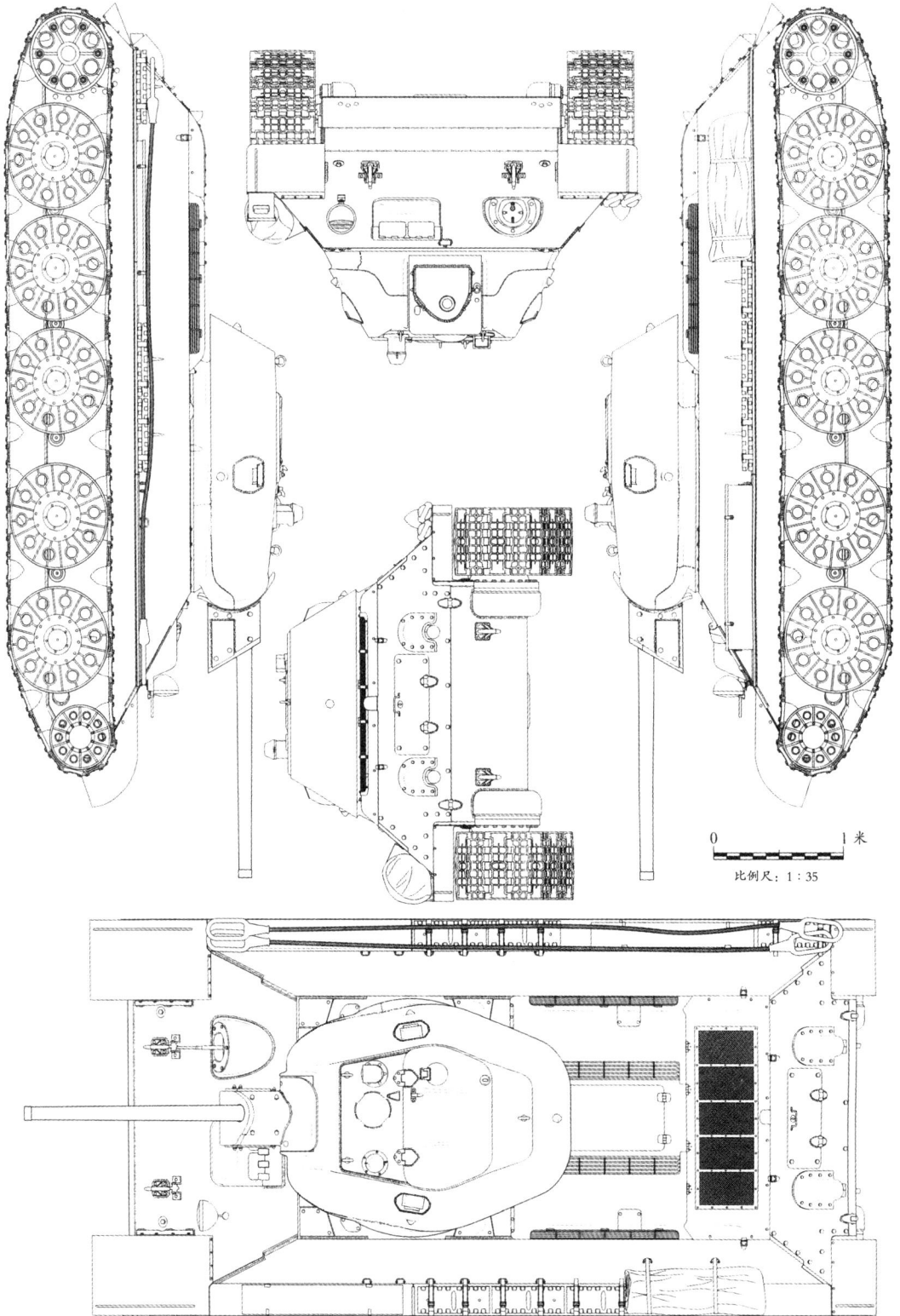

0 _____ 1 米

比例尺：1：35

▲ 1942年夏季斯大林格勒工厂生产的T-34，该车安装了其他工厂生产的铸造炮塔。

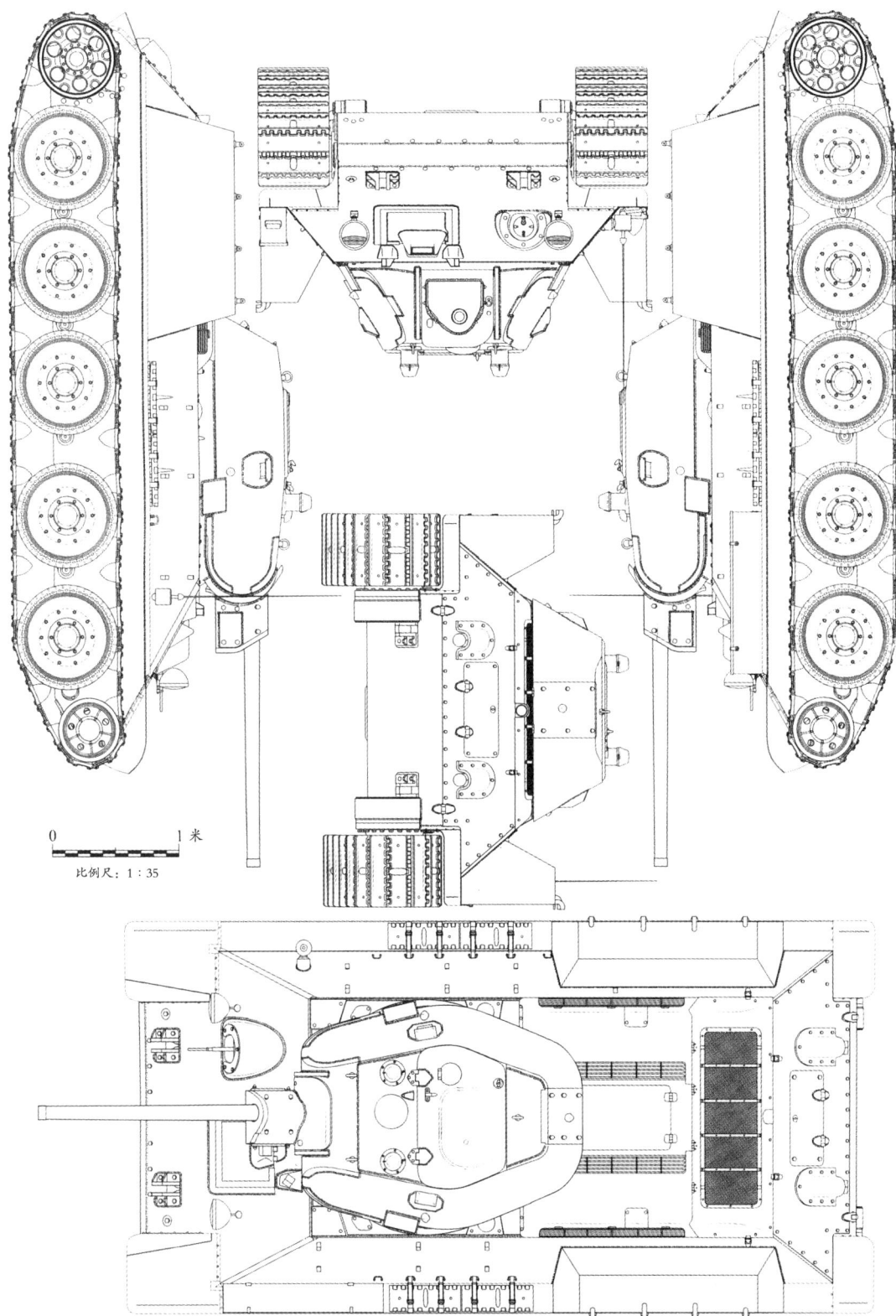

0　　　　　　　1 米

比例尺：1∶35

▲ 183 厂在 1941 年下半年生产的 OT-34 型喷火坦克。其后方两侧各有一具箱型火焰喷射器。

0   1   2 米

比例尺：1：35

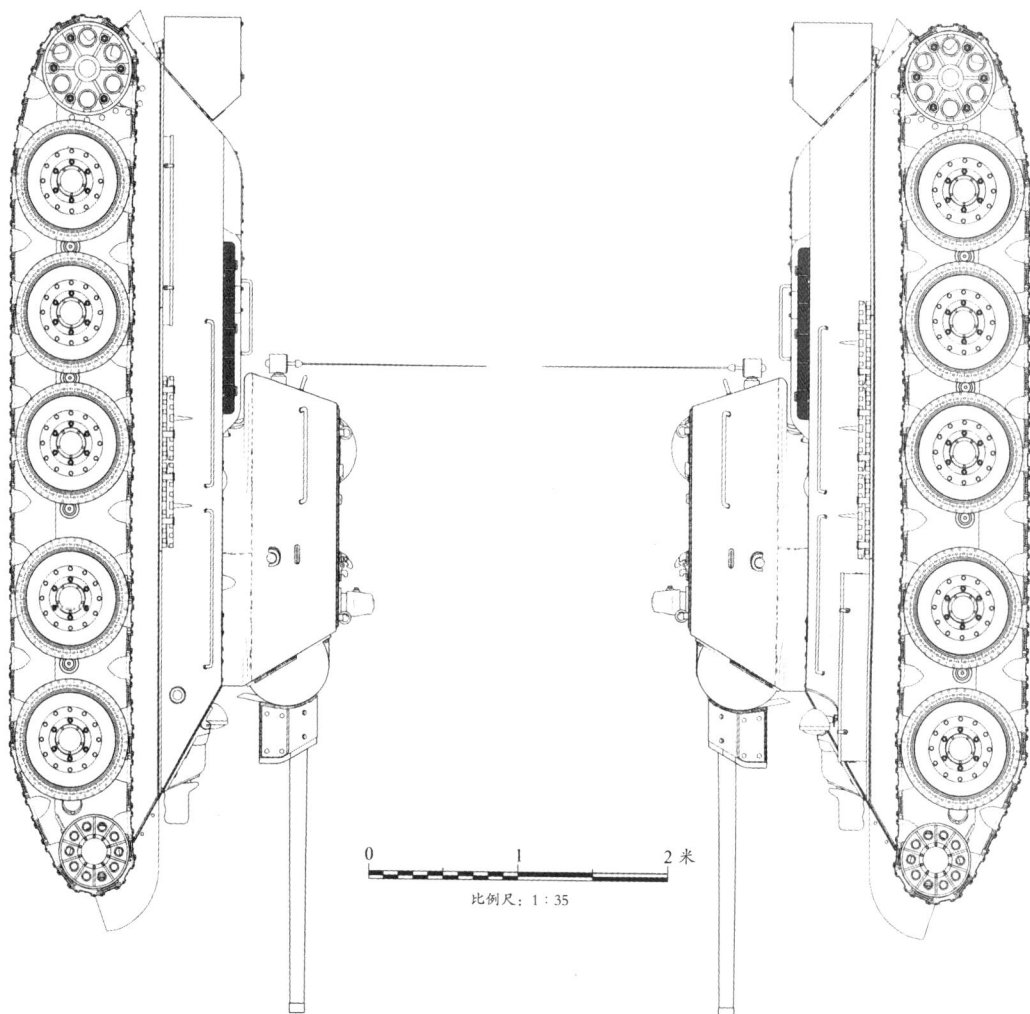

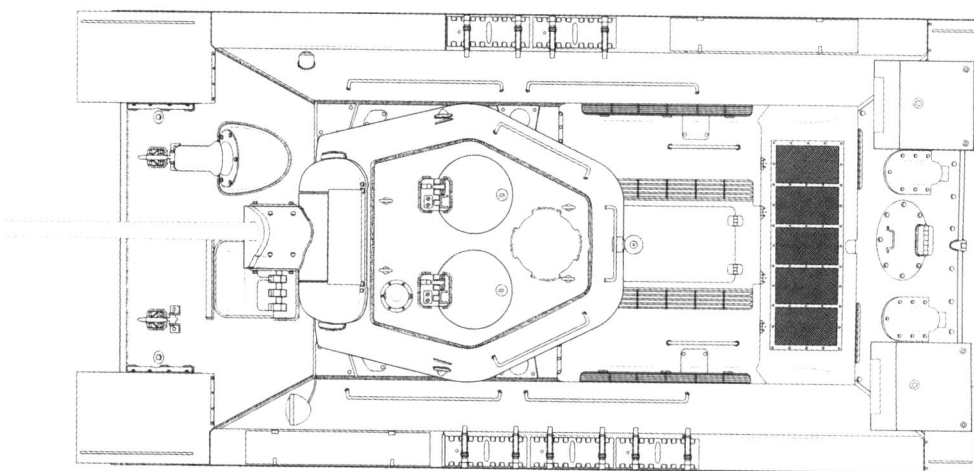

▲ 112厂在1943年下半年生产的OT-34喷火坦克。其火焰喷射器被安装在车体内，后方安装了附加油箱。这种设计的坦克曾在1943年和1944年投入前线。

比例尺：1：35

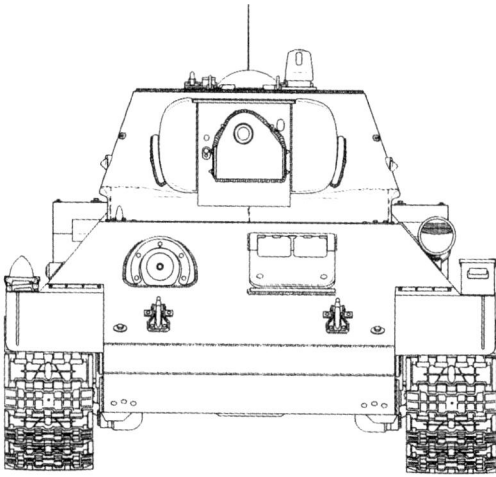

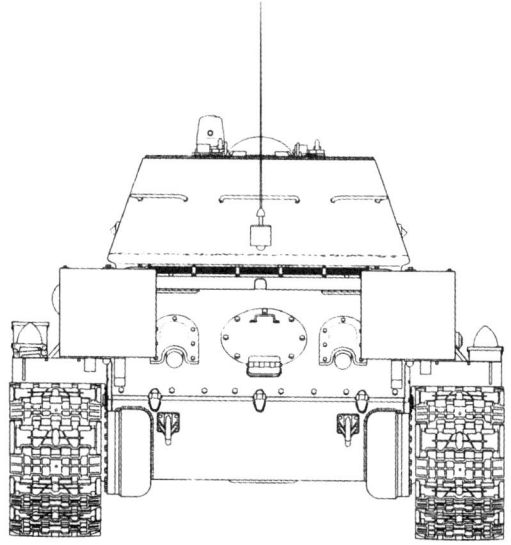

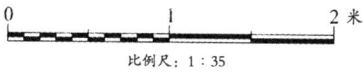

▲ ▼ （上两图）112厂在1943年下半年生产的OT-34 喷火坦克。其火焰喷射器被安装在车体内，后方安装了附 加油箱。这种设计的坦克曾在1943年和1944年投入前线。 （下三图）从1943年下半年开始列装的扫雷滚轮，主要 用于装备76.2毫米炮的T-34上。

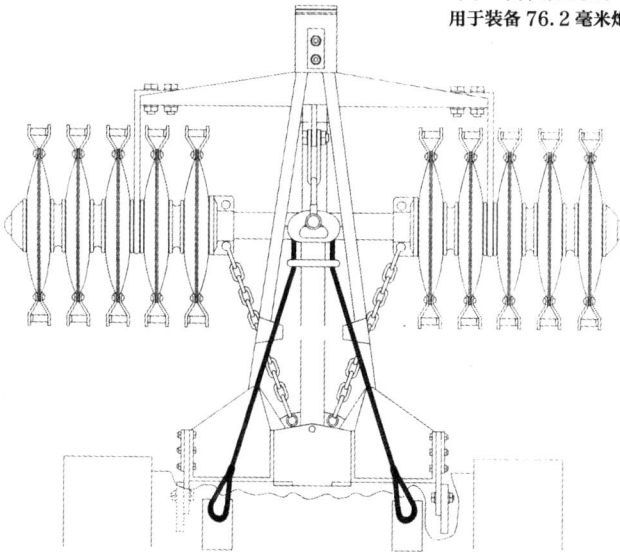

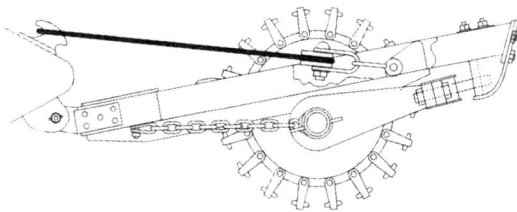

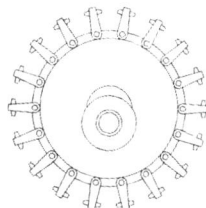

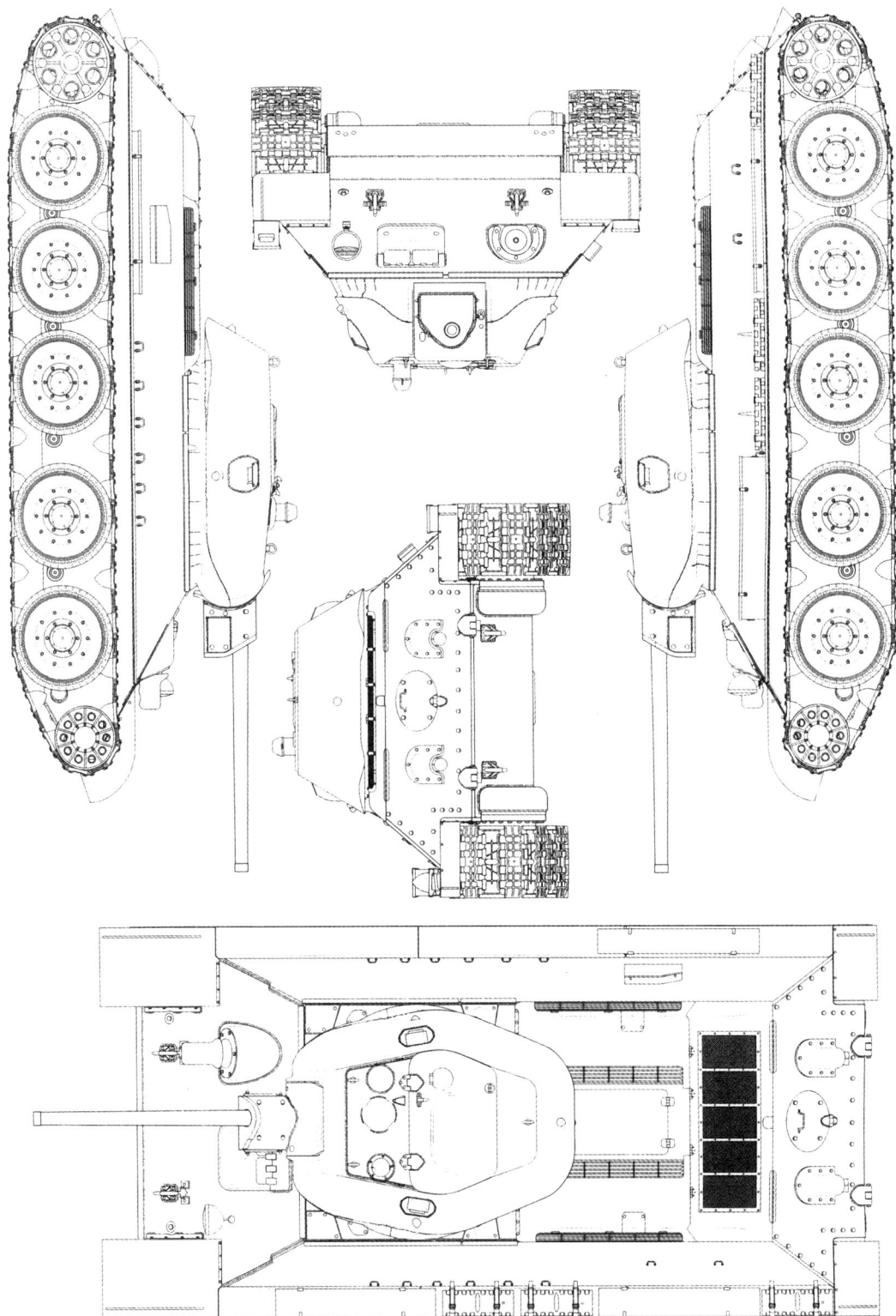

▲ 112厂在1942年生产的OT-34喷火坦克。这是一辆典型的"拼接版"——当时，该厂的喷火坦克很多都是利用大修坦克的部件组装而来的。在前文的照片中，我们可以看到一辆采用类似配置的坦克，该坦克采用的是斯大林格勒工厂生产的车体。

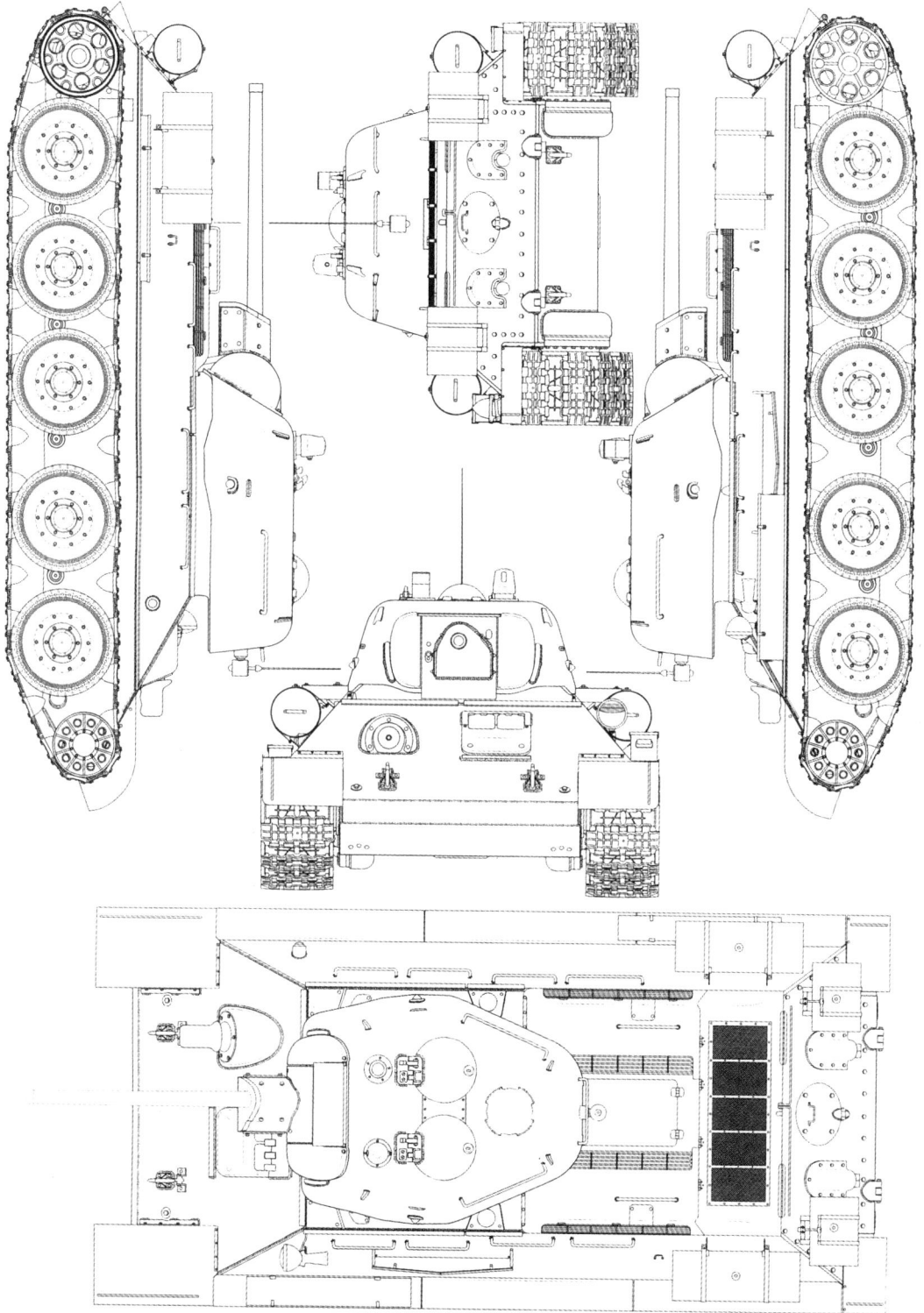

▲ 112 厂的 OT-34，该车为全新生产，是 1944 年的最后一批产品，安装了冲压炮塔和 BSh 型发烟装置。

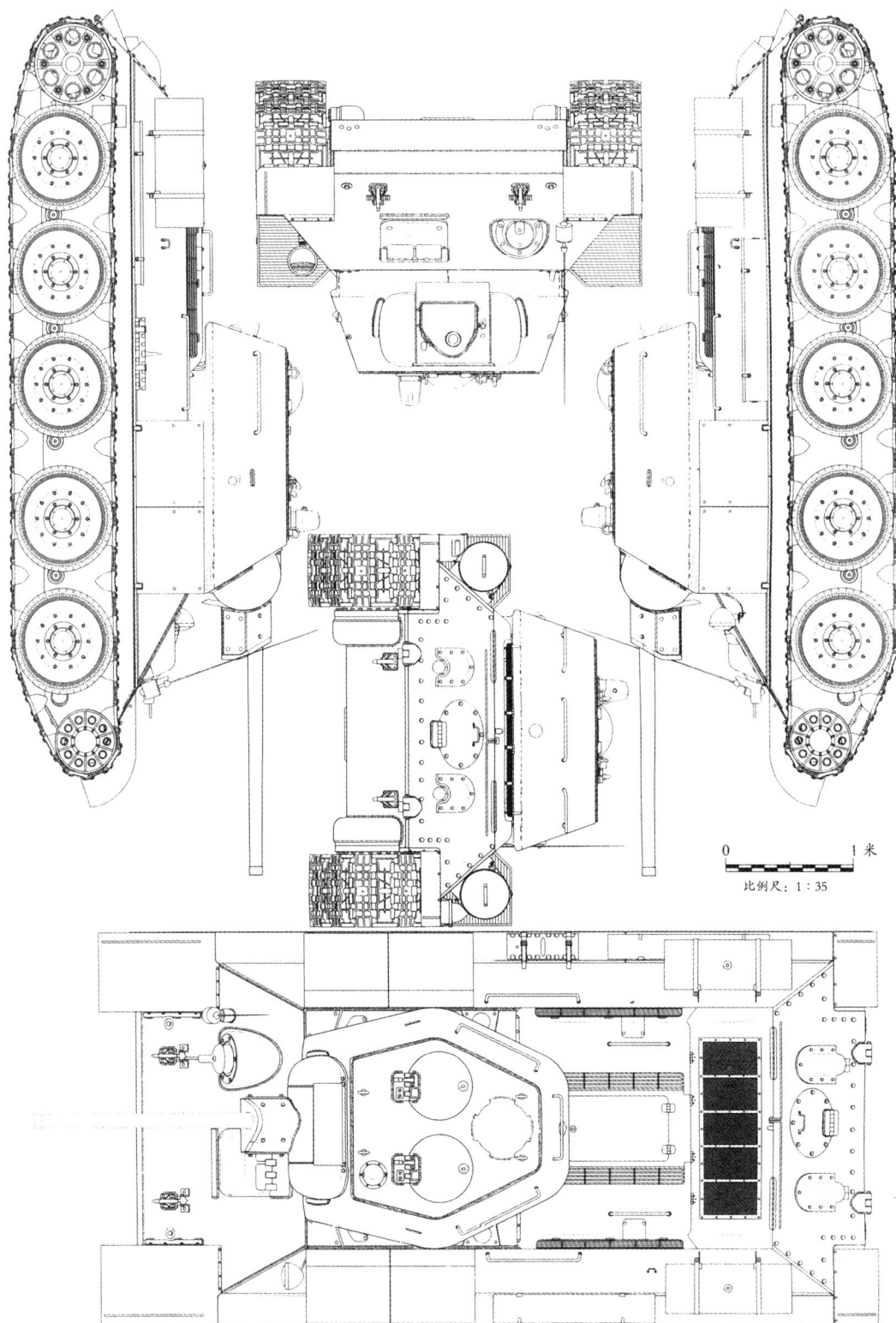

0   1 米

比例尺：1：35

▲ 1943—1944 年，专门用于心理战的特殊版 T-34，该车两侧安装了扩音器，是战地改装产品。

▼ 1944 年春天，183 厂最早一批生产的 T-34-85。从 1944 年下半年开始，这些坦克上终于拥有了齐全的装备，但安装方式却不尽相同，和本页的绘图也存在一定区别。

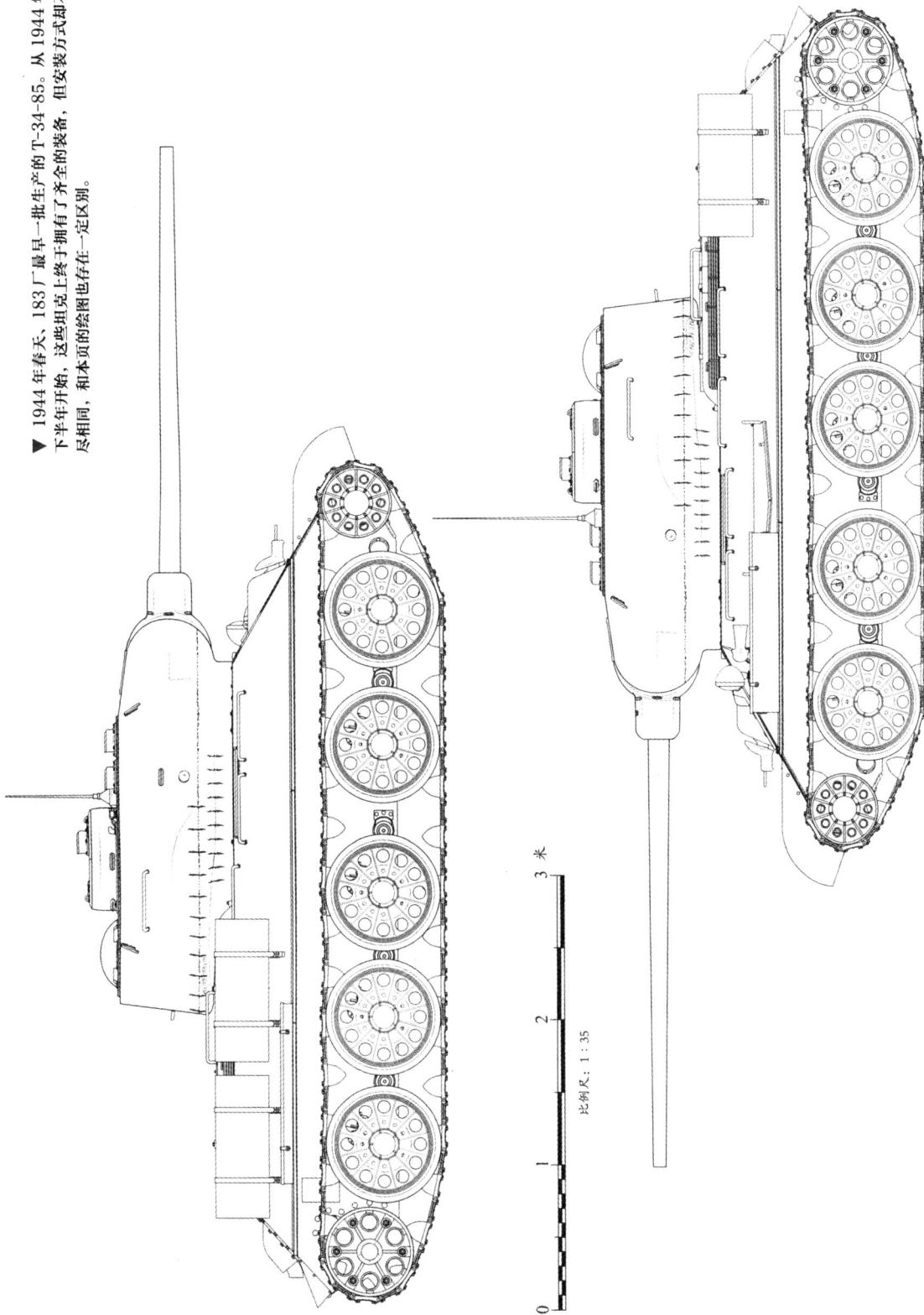

比例尺：1:35

3 米

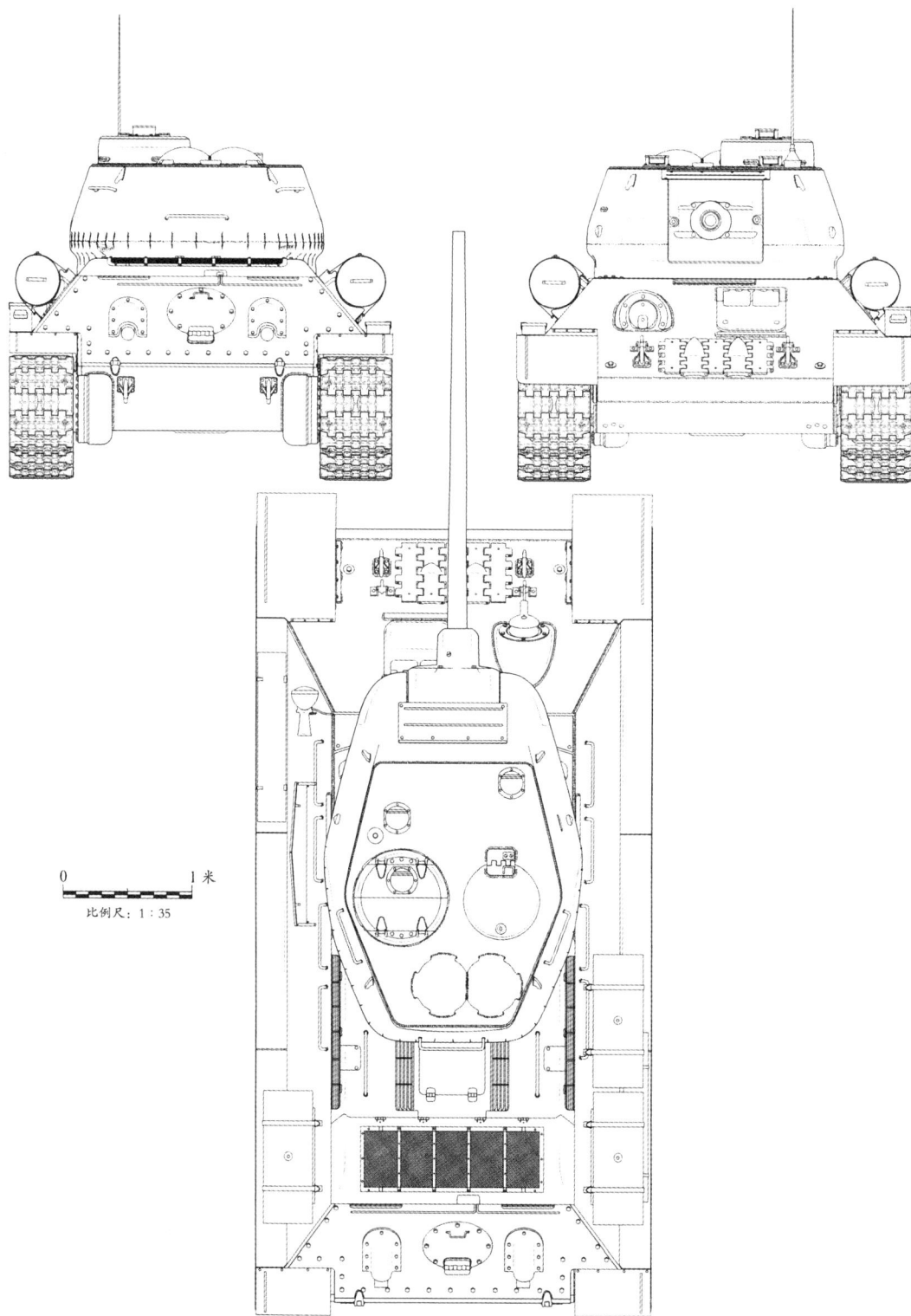

0   1 米

比例尺：1∶35

▲ 1944 年春天 183 厂最早一批生产的 T-34-85。从 1944 年下半年开始，这些坦克上终于拥有了齐全的装备，但安装方式却不尽相同，和本页的绘图也存在一定区别。

▼ 从 1944 年秋季起，183 厂生产的 T-34-85。该厂最迟在 1943 年年底便使用了带减重孔的负重轮，这种负重轮有一个绰号——"蜘蛛"。

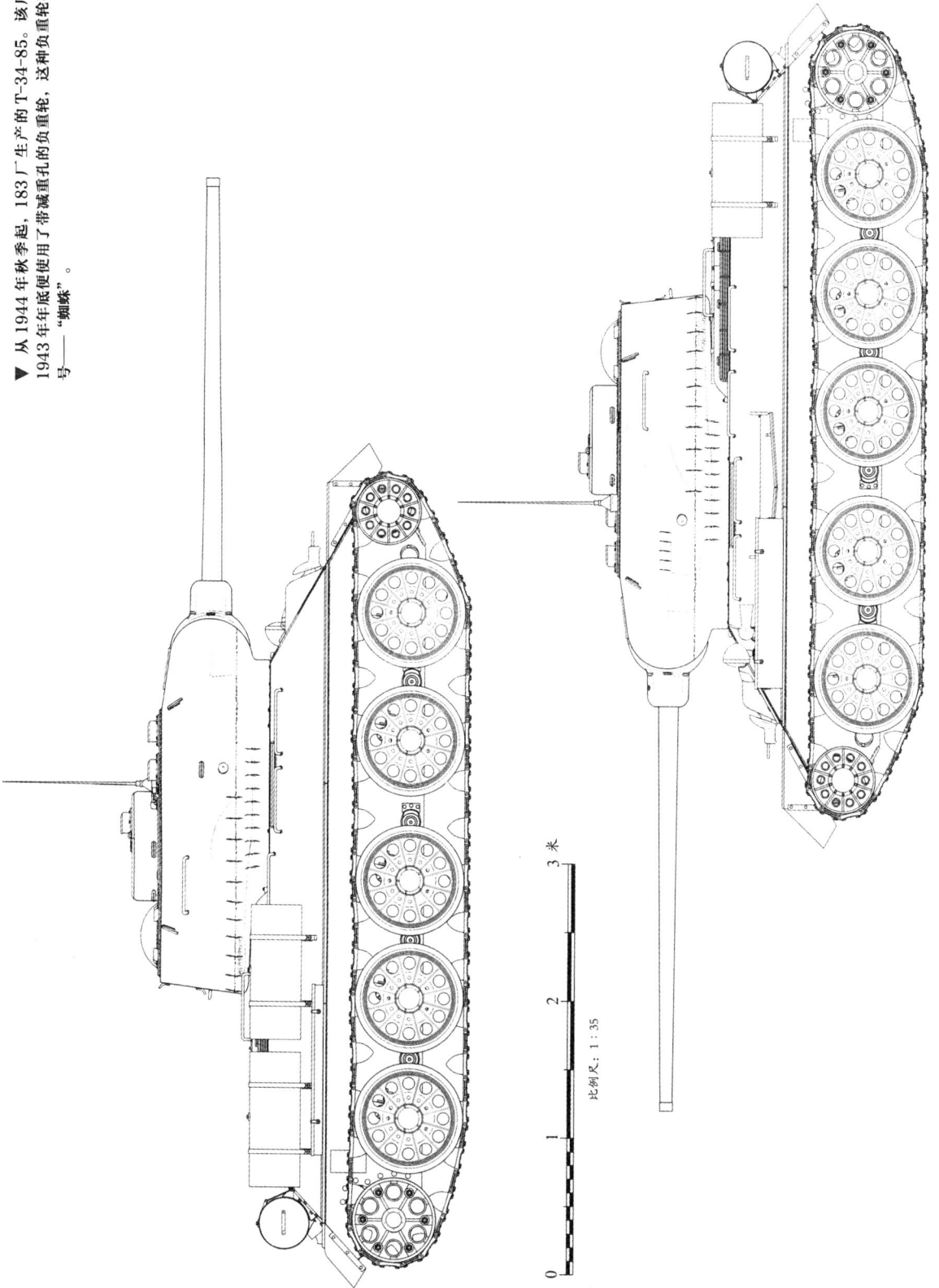

比例尺：1∶35

0　　1　　2　　3 米

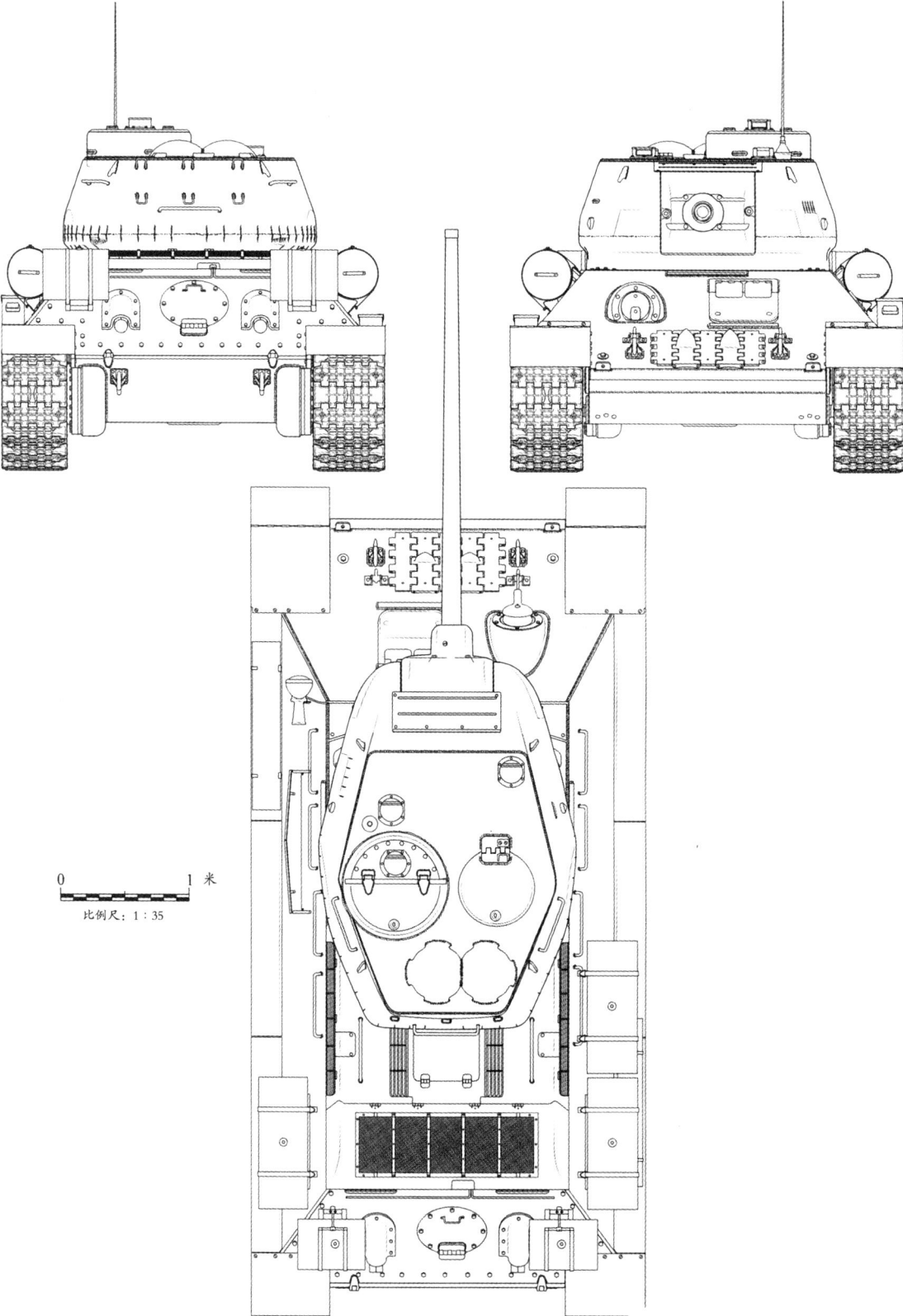

0　　　　　1 米

比例尺：1：35

▲ 从1944年秋季起，183厂生产的T-34-85。该厂最迟在1943年年底便使用了带减重孔的负重轮，这种负重轮有一个绰号——"蜘蛛"。

▼ 112厂在1944年下半年之后生产的T-34-85。最初，该厂坦克的负重轮上大都没有减重孔，另外，正如图片所示，其车体后部还在发动机舱门附近安装了用于摆放储物箱的托架。

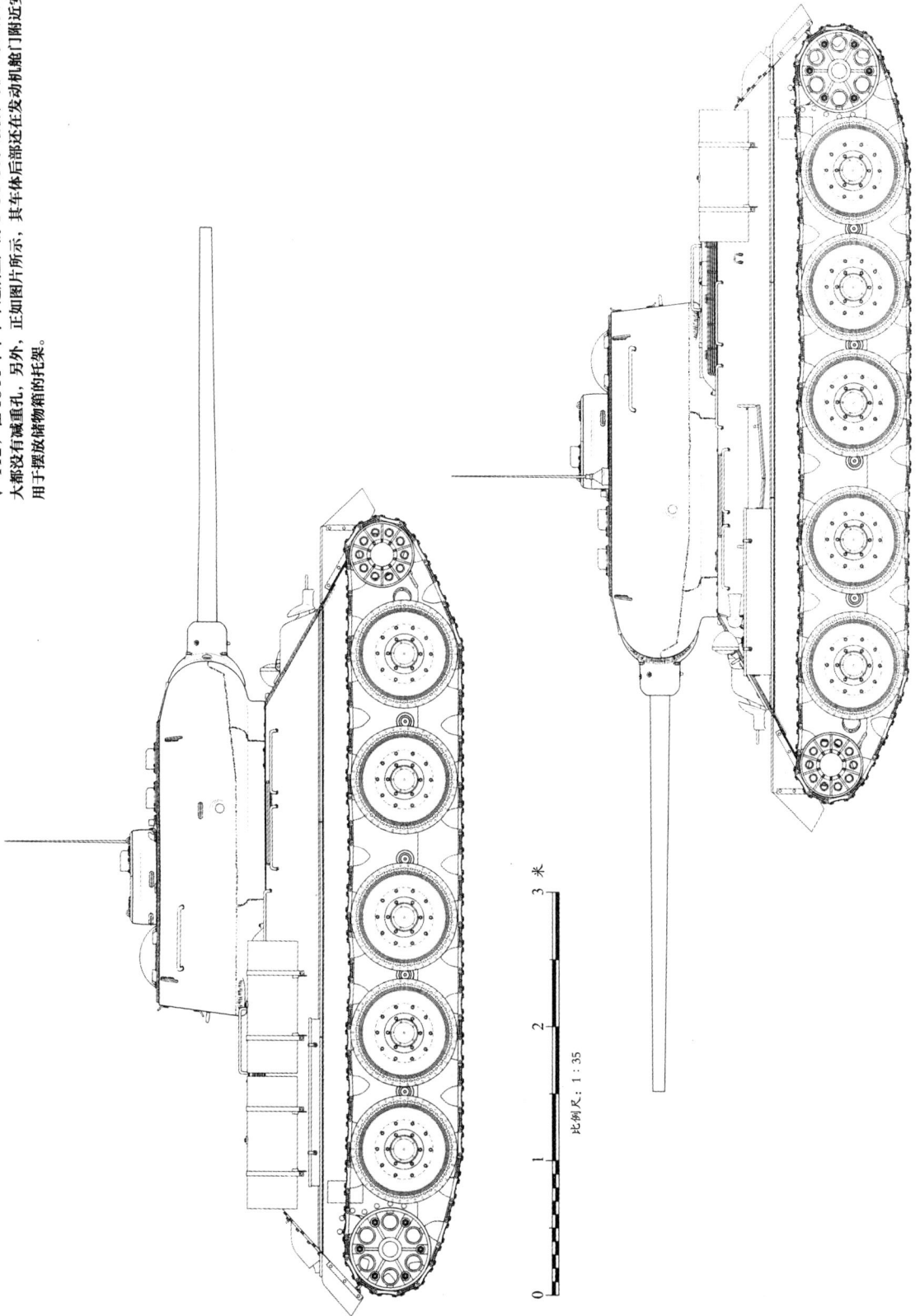

比例尺：1：35

米

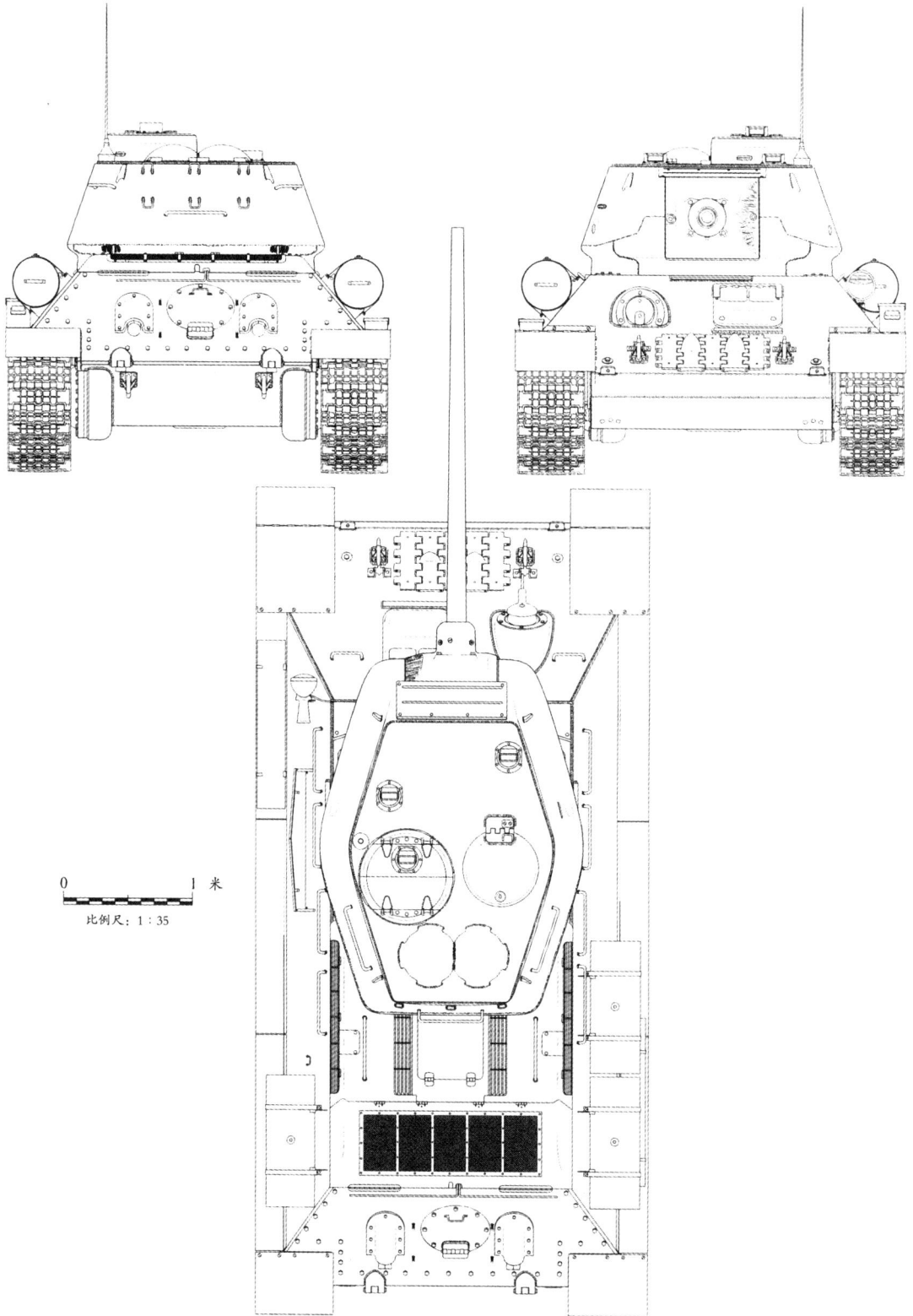

0   1 米

比例尺：1：35

▲ 112厂在1944年下半年之后生产的T-34-85。最初，该厂坦克的负重轮上大都没有减重孔，另外，正如图片所示，其车体后部还在发动机舱门附近安装了用于摆放储物箱的托架。

▼112厂生产于1944年年初的极初期型T-34-85，安装了产量极少的112厂第一版炮塔，炮塔内有一门D-5型85毫米主炮。此外，我们还可以通过车体侧面的旧式天线和附加油箱的位置（位于车体左侧）等典型特征来识别这一批次的车辆。

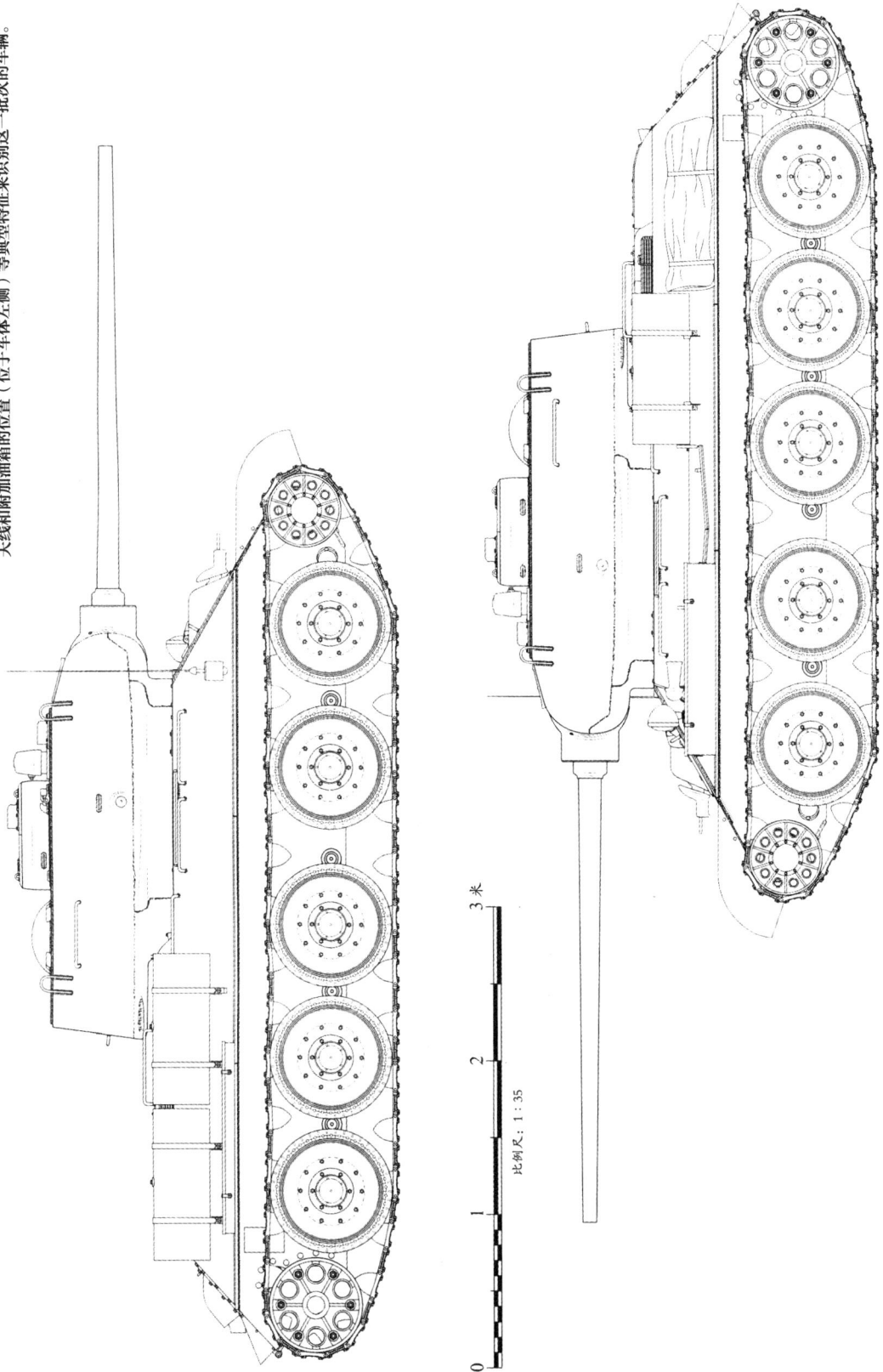

比例尺：1：35

3 米

2

1

0

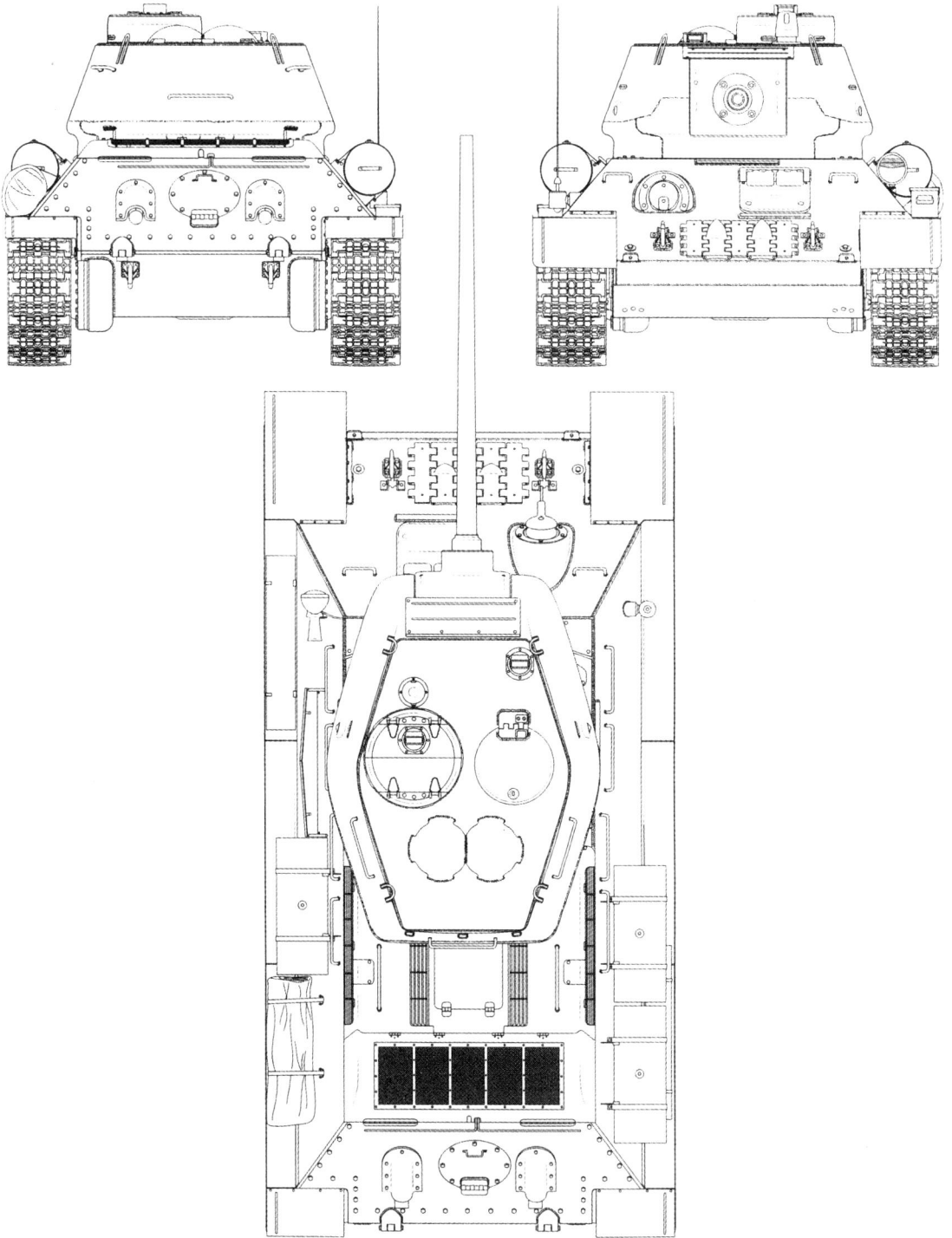

▲ 112厂生产于1944年年初的极初期型T-34-85，安装了产量极少的112厂第一版炮塔，炮塔内有一门D-5型85毫米主炮。此外，我们还可以通过车体侧面的旧式天线和附加油箱的位置（位于车体左侧）等典型特征来识别这一批次的车辆。

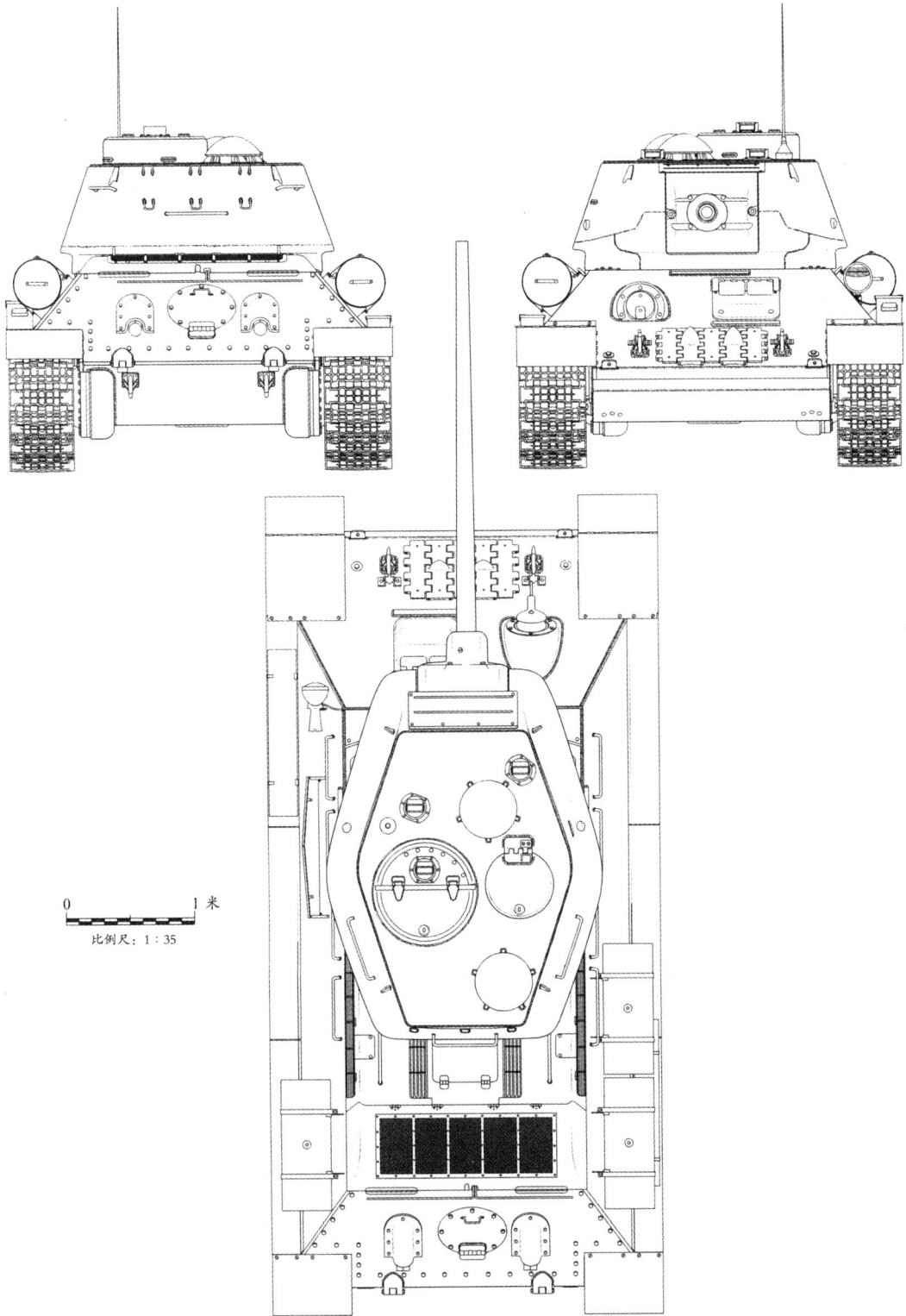

▲ 112厂的后期型T-34-85,生产于1944年年底/1945年年初,安装了所谓的"蘑菇形"炮塔。从1944年开始,该厂在炮塔后部安装了托架,用来安放卷好的防水帆布。

▼ 112厂的后期型T-34-85，生产于1944年年底/1945年年初，安装了所谓的"蘑菇形"炮塔。从1944年开始，该厂在炮塔后部安装了托架，用来安放卷好的防水帆布。

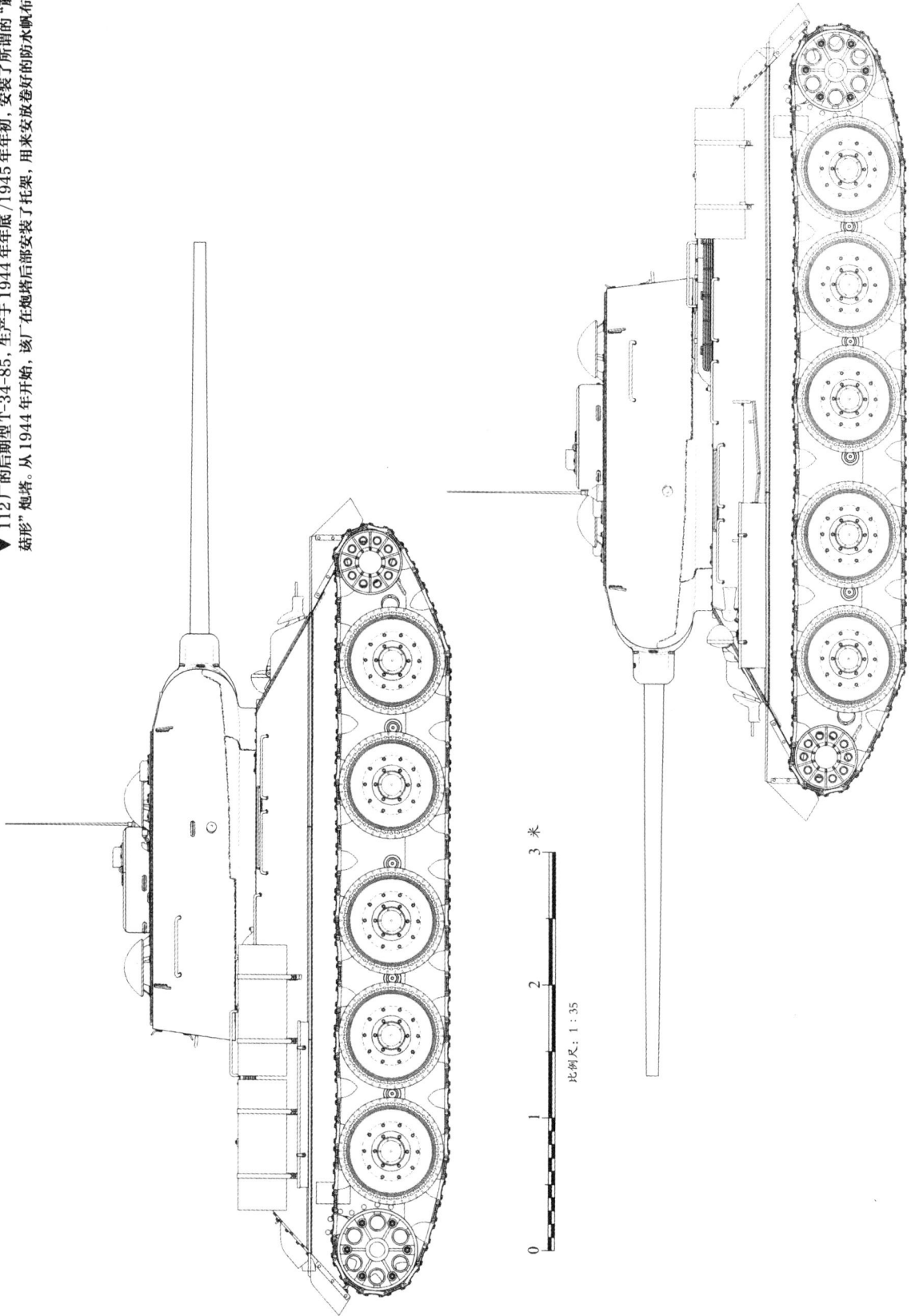

比例尺：1：35

▼ 174 厂在 1944 年制造的量产型 T-34-85。该厂的产品可以通过后装甲板上的铰链（也被运用于 T-34-76 上）识别出来。至于图中车辆的炮塔则可能也同样是由该厂制造的。

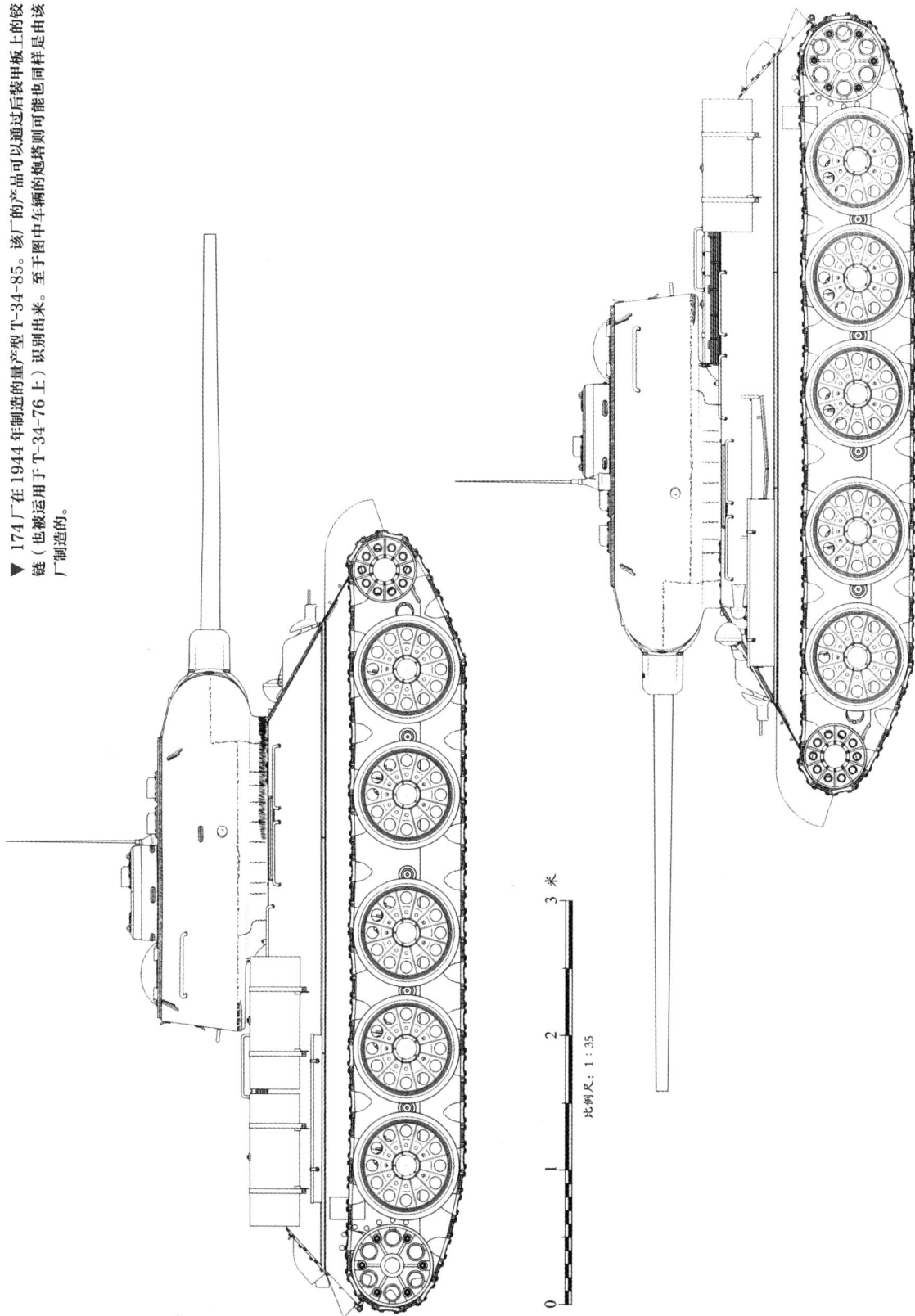

比例尺：1 : 35

0 1 2 3 米

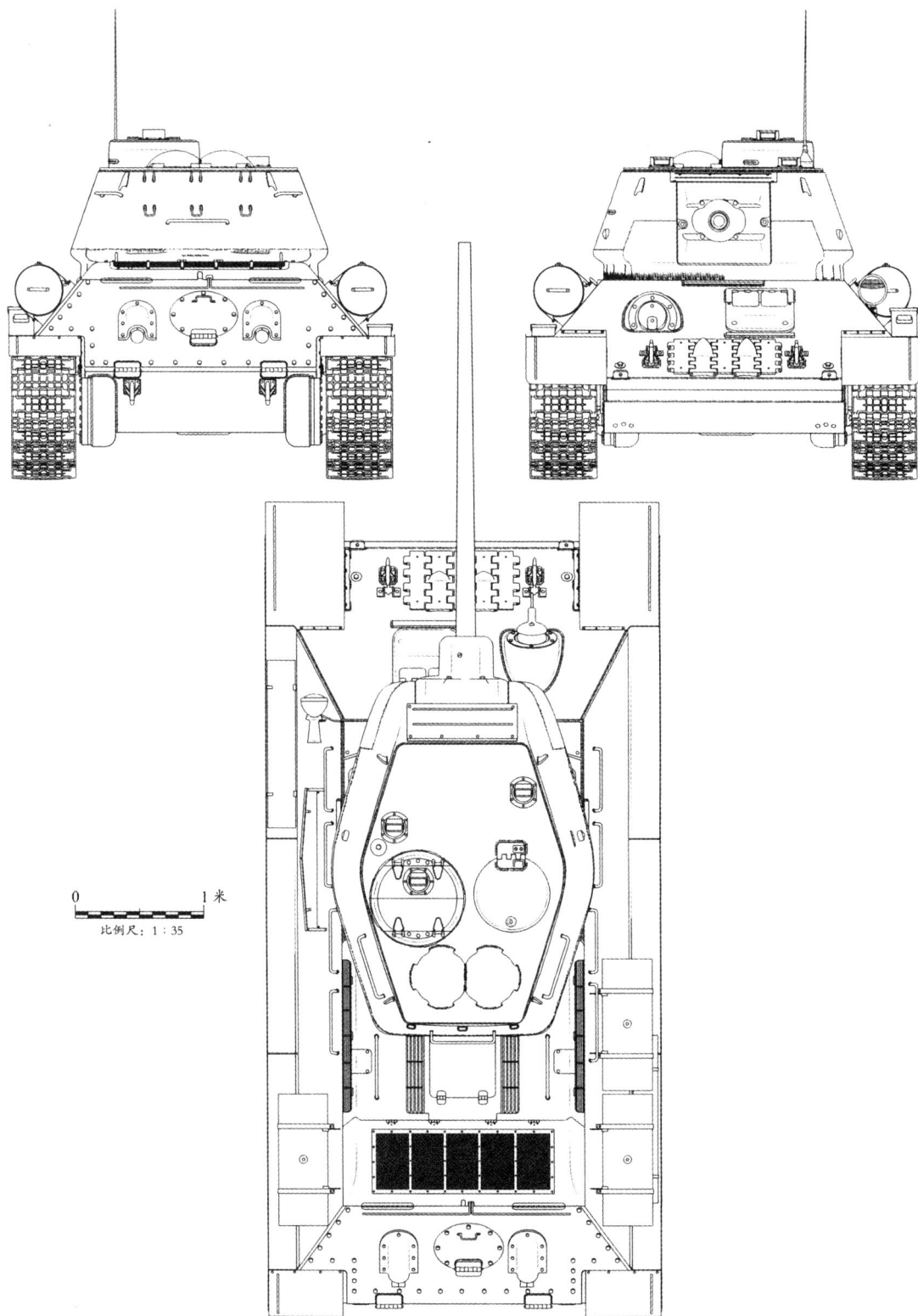

0   1 米

比例尺：1：35

▲ 174厂在1944年制造的量产型T-34-85。该厂的产品可以通过后装甲板上的铰链（也被运用于T-34-76上）识别出来。至于图中车辆的炮塔则可能也同样是由该厂制造的。

▼ ▶ 左侧两图为斯大林格勒工厂的附加装甲样式图。其中左侧图中的装甲安装于 1941 年生产的坦克上，并为安装铆钉的连接梁预先留出了缺口。

▼ 这种附加装甲很可能是 112 工厂生产的，有时上面还会额外安装一些扶手。

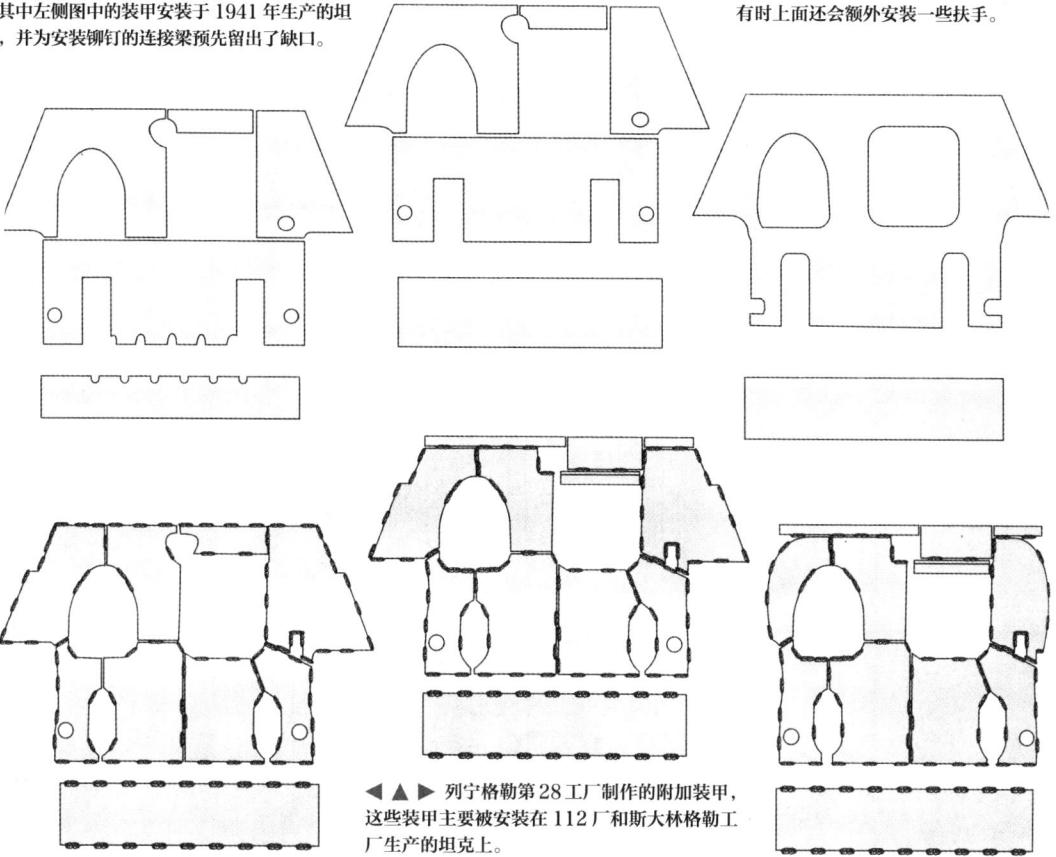

◀ ◀ ▶ 列宁格勒第 28 工厂制作的附加装甲，这些装甲主要被安装在 112 厂和斯大林格勒工厂生产的坦克上。

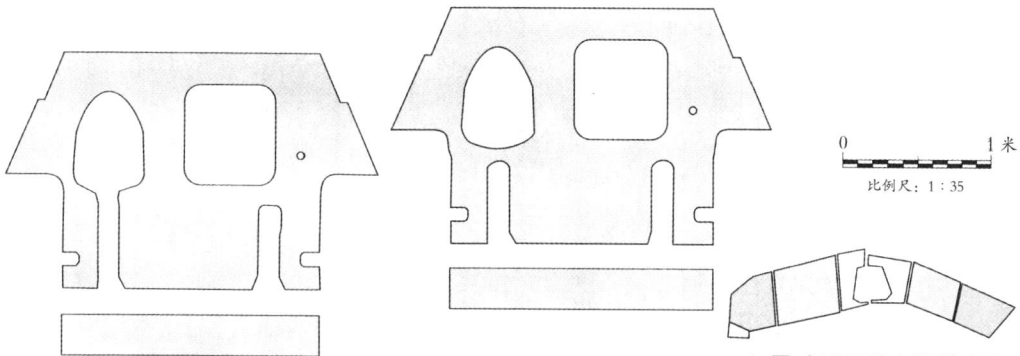

0 _____ 1 米

比例尺 1∶35

▲ 上方两图为这两种附加装甲可能由 112 厂或斯大林格勒工厂生产，其中的沟槽是为车身的牵引钩预留的。由于工厂技术能力有限，这些钢板的左上和右上部分经常出现瑕疵。

▲ ▼ 上图及下方全部图为扁平型炮塔制造的附加装甲板，这种改装诞生于 1941 年年底。

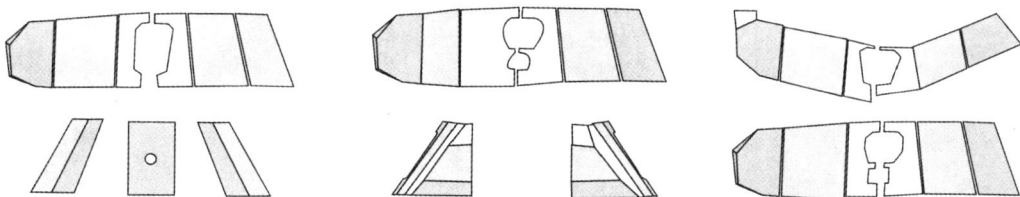

第三十章

彩页

T-34 的诱导轮
1: 1940—1941 年产品;
2: 1941 年秋季产品;
3—4: 带椭圆减重孔的标准版诱导轮;
5—6: 其他工厂生产的标准版诱导轮。

T-34 的传动轮
1—2: 1940—1941
年产品;
3: 1941 年秋季产品;
4—9: 不同样式的战时
标准版产品。

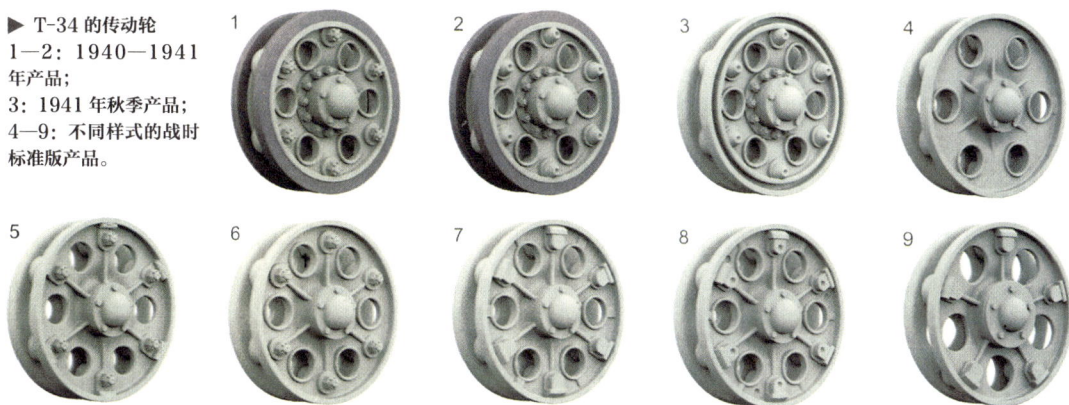

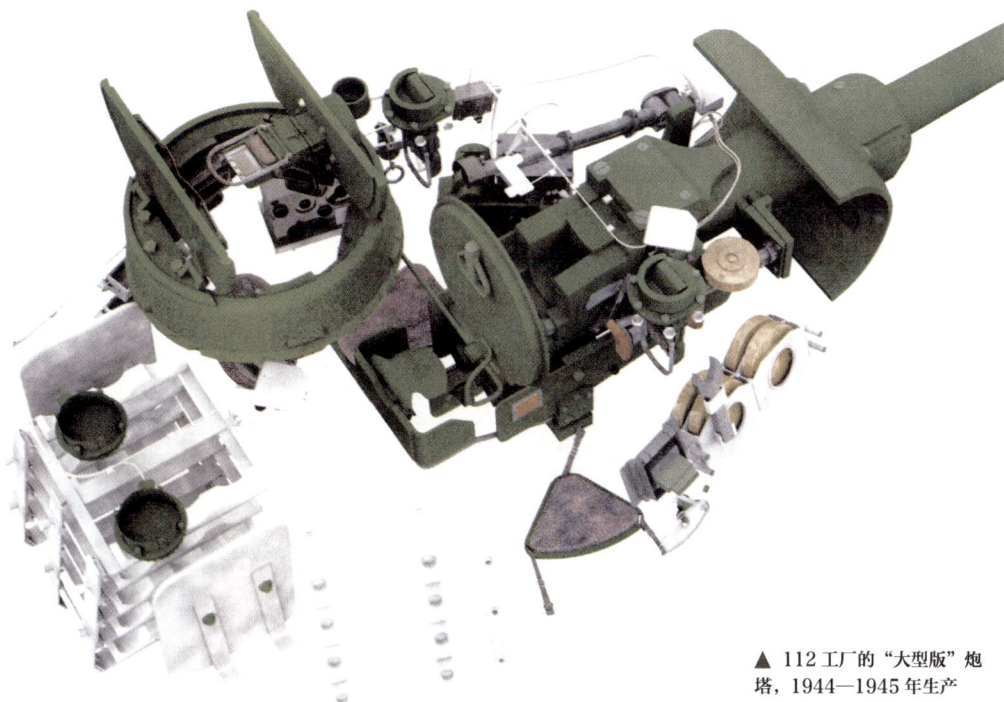

112 工厂的"大型版"炮
塔,1944—1945 年生产

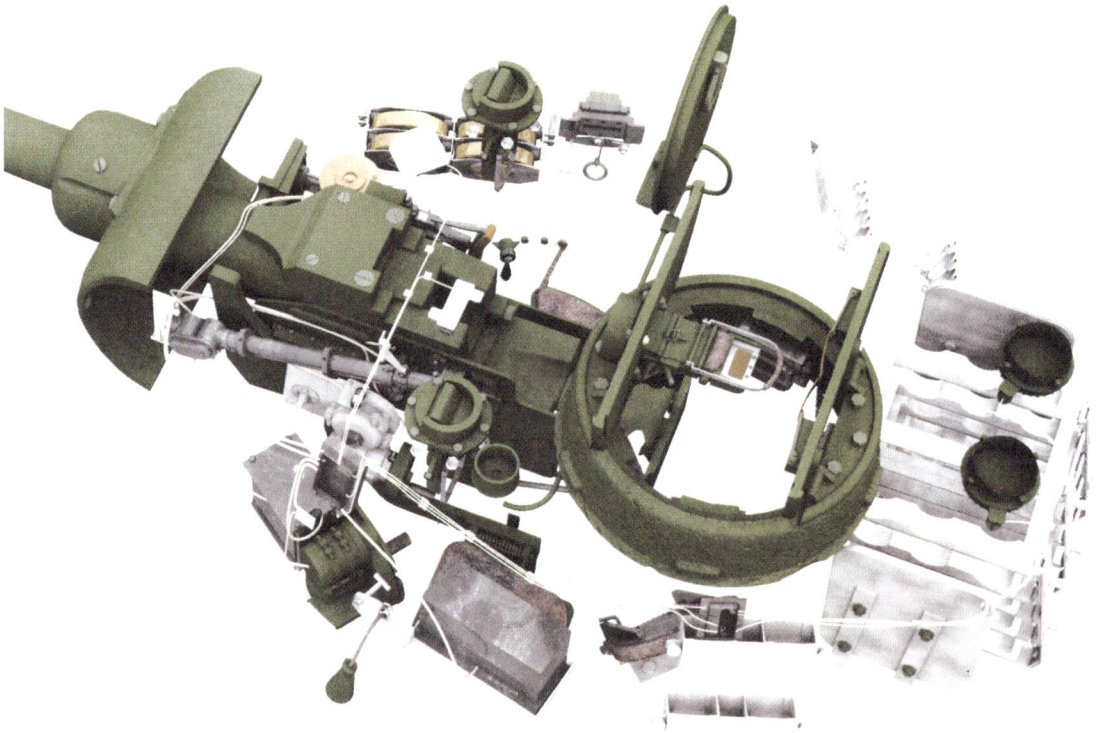

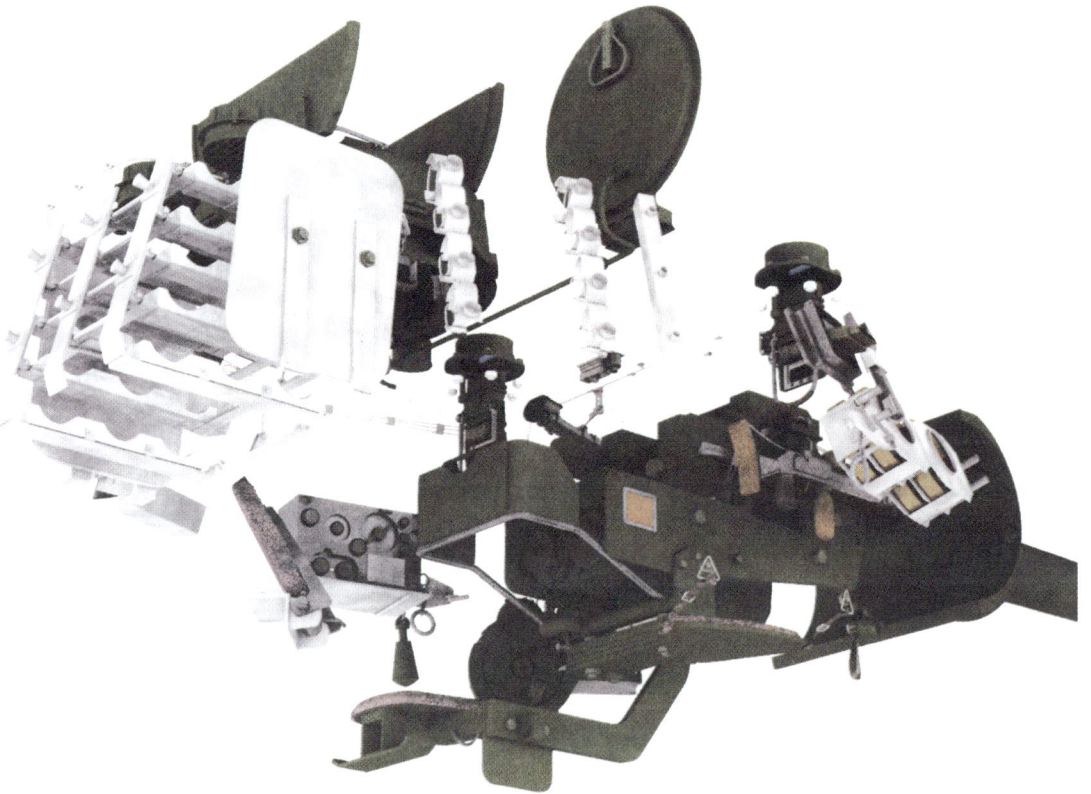

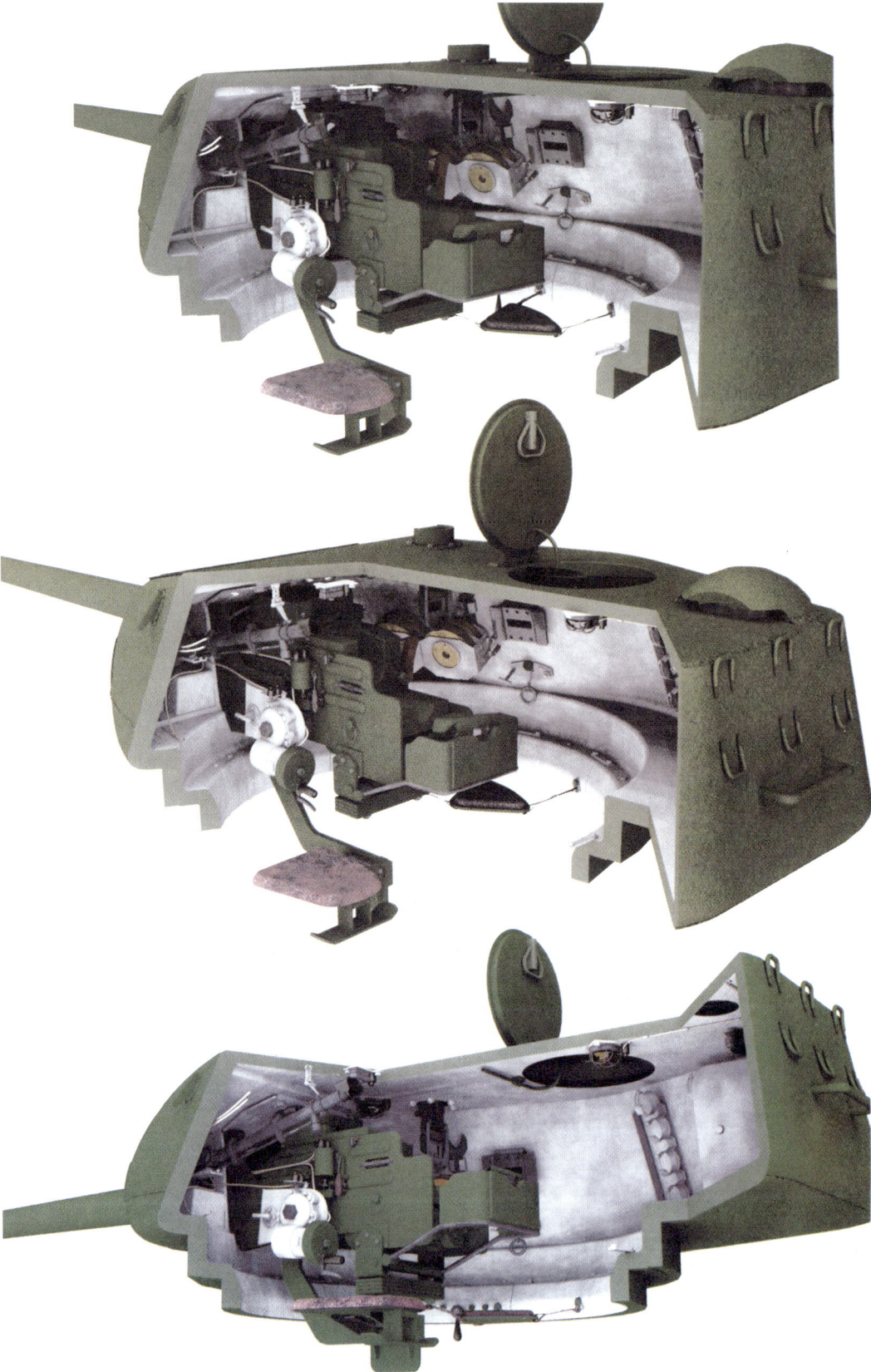

◀ ▼ 一辆私人收藏家手中的波兰版 T-34-85，该车的里程表计数已经超过了 5000 公里。

◀ 这辆 T-34-85 是 183 厂在 1945 年年初生产的，目前已经恢复到了运行状态。

▲ ▶ 这三张照片展示了出现在一次夏季军事爱好者聚会上的波兰版 T-34-85。该车由私人收藏家拥有。目前，世界上只有两辆可以运转的波兰版 T-34-85。

◀ ▲ 在 20 世纪 60 年代被涂上新式迷彩伪装的波兰版 T-34-85M2。

◀ 183 厂生产的 T-34-85，隶属于近卫坦克第 8 军，格但斯克地区，1945 年春。这辆坦克上拥有 3 位数的战术编号和部队徽章，但上方白色条纹的意义尚不得而知。

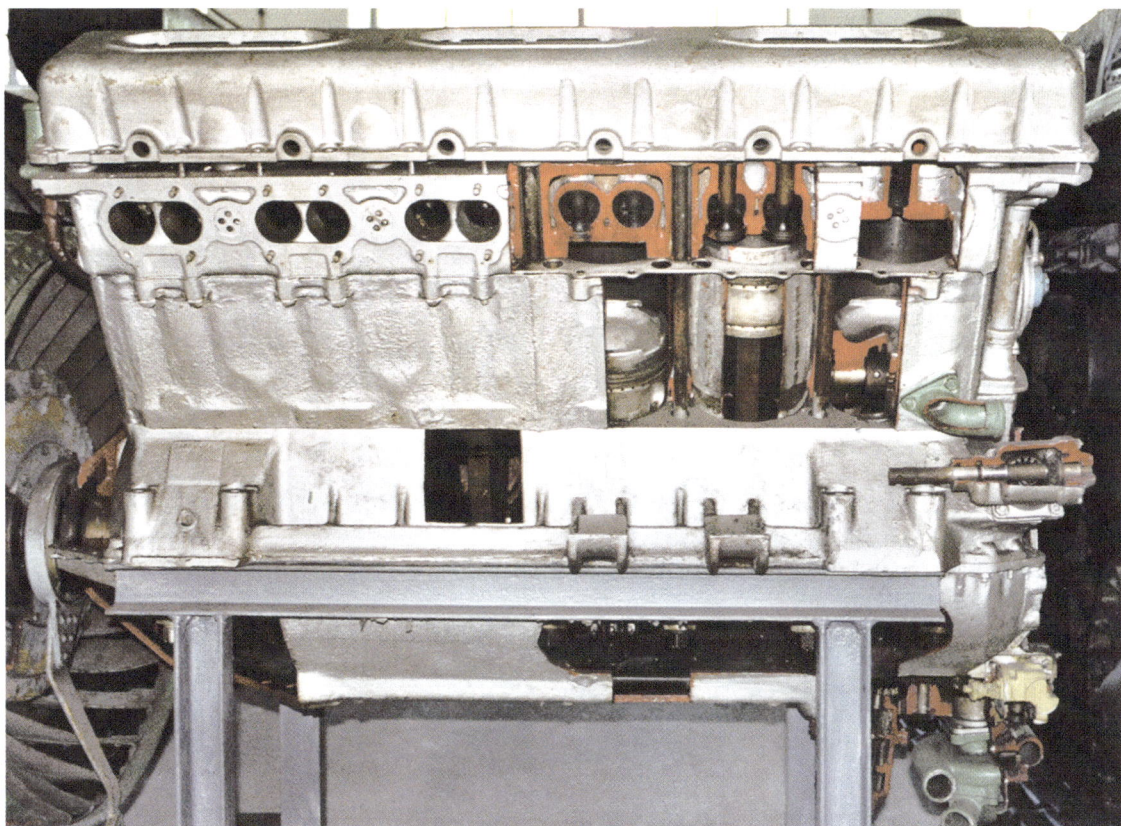

▲ V-2 发动机的细节特写。

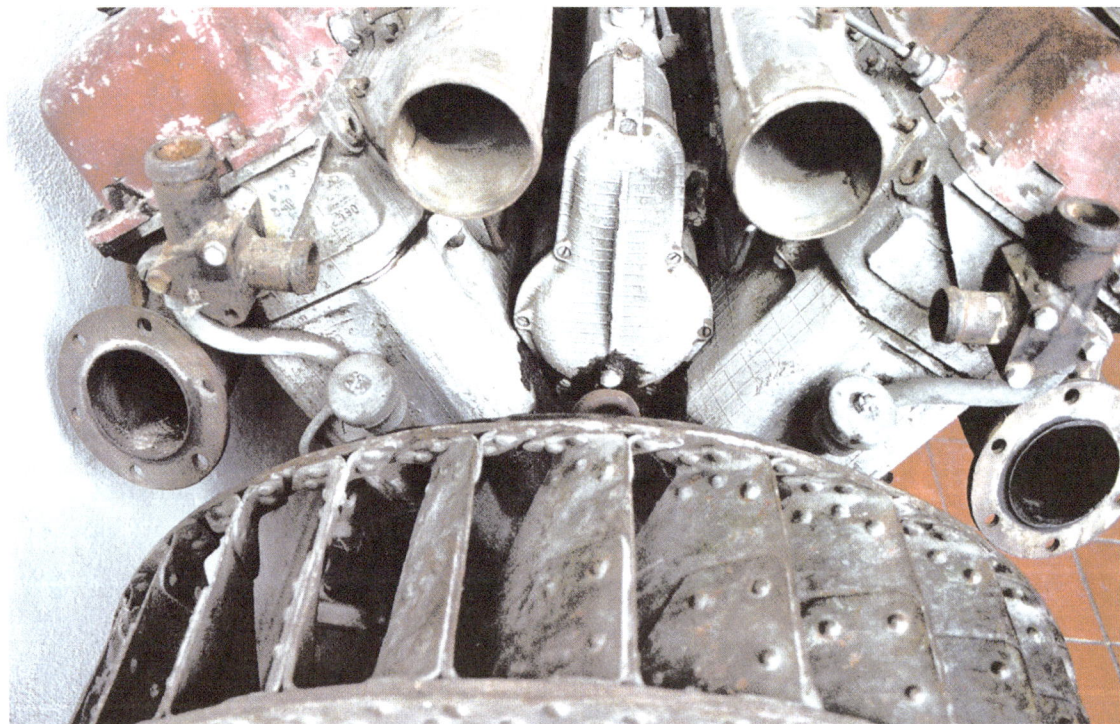

▲ V-2 发动机的细节特写。

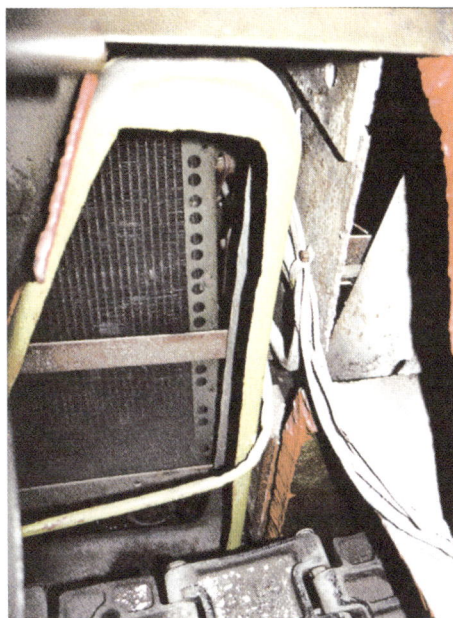

▲ 本页及下页照片拍摄自 T-34-85 坦克的内部。这张照片显示的是一辆战争末期生产的 T-34-85 上的油箱，箱体上仍然保持着原有的棕色。

▲ ▶ 车体的剖视图，其中切割的部分已经用红漆做了标明，油箱和输油管则被漆成了黄色。在右侧的照片中还可以清楚地看到减震弹簧。

◀ MK-4 型潜望镜。

▶ 炮塔方向机。

▲ 原装的工具箱，其中有一个包在灰色蜡纸中的灯泡。

▶ T-34-76 的内部照片。

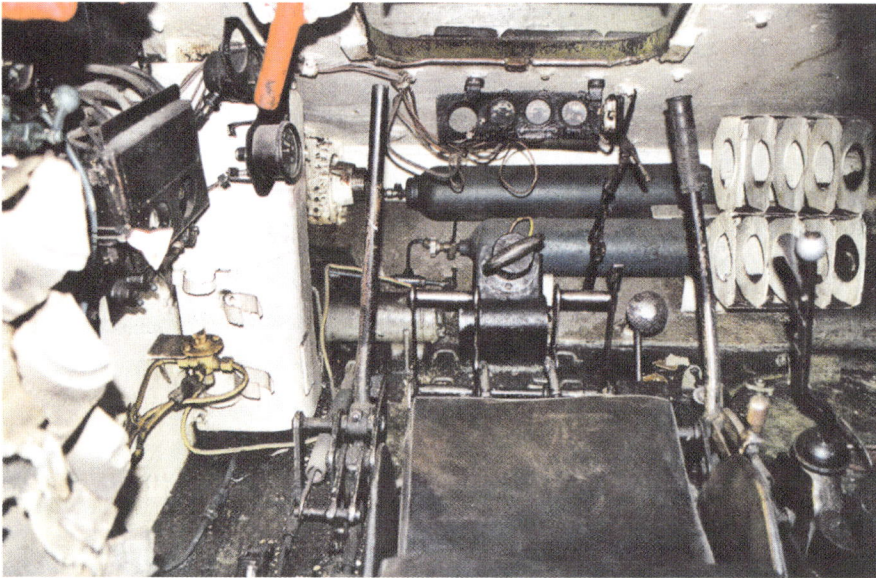

▼ T-34-76 的内部照片。

▲ ▼ MK-4 型潜望镜。

▲ ▶ 战时版 T-34 的内部特写。

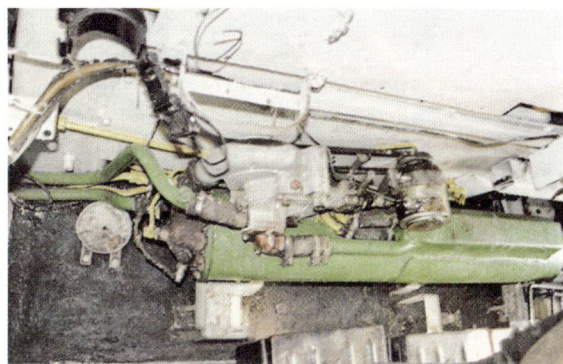

▼ 波兰产 T-34-85 的内部特写，其中可见起动机加温器。

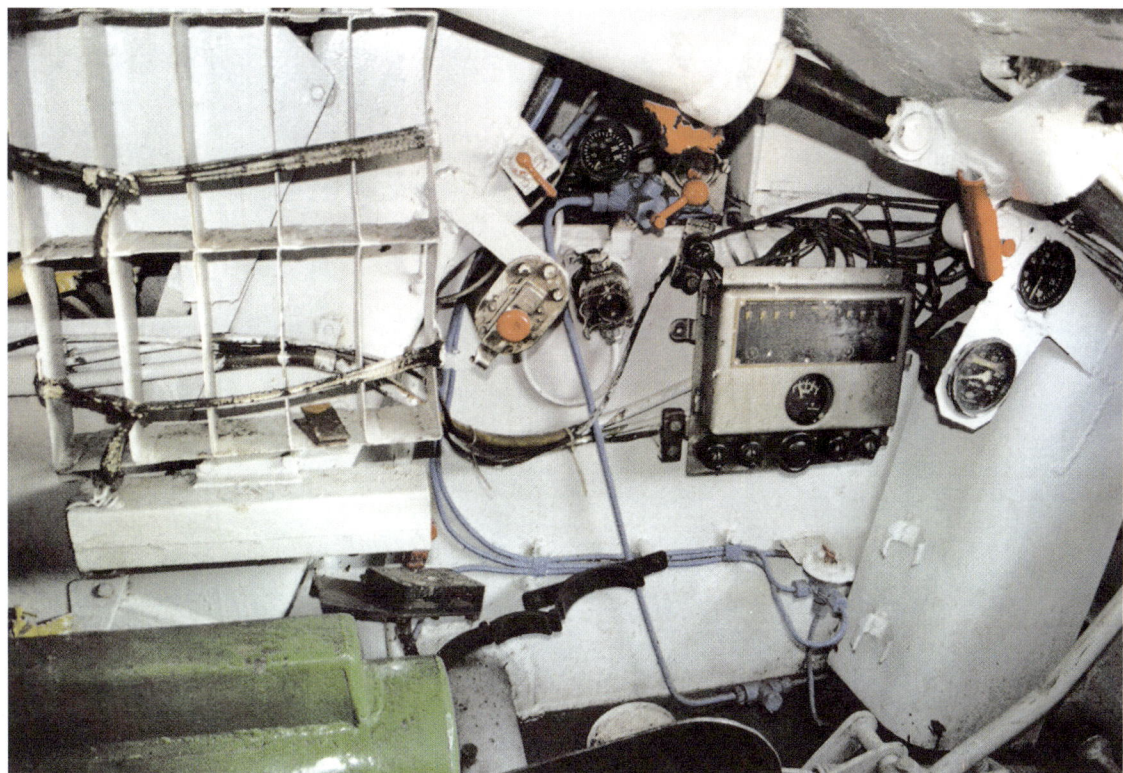

◀ 波兰产 T-34-85 的内部特写，这张图片展示了发动机舱隔火墙，背后是发电机。

▼ 驾驶员战位。

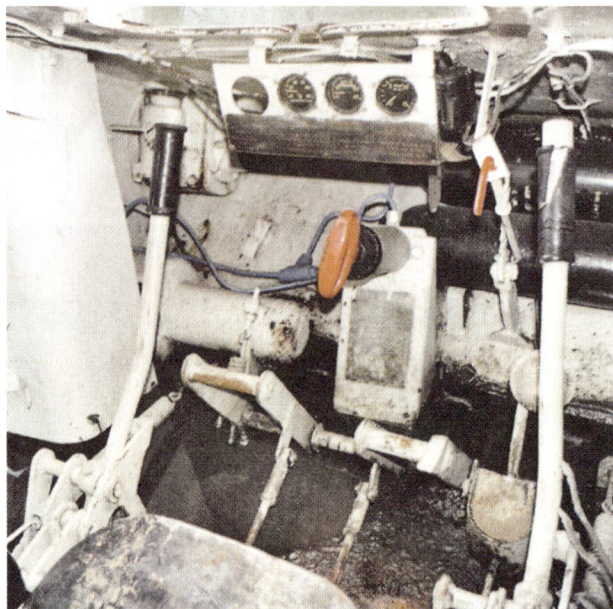

▼ 带开合式舱板的发动机舱隔火墙，让乘员可以从坦克内部直接对发动机进行维修。

◀ T-34-76 上的主炮瞄准镜。

▼ ▶ 112厂 T-34-85 炮塔内部的照片，其中可见 TSh-16 型瞄准镜。

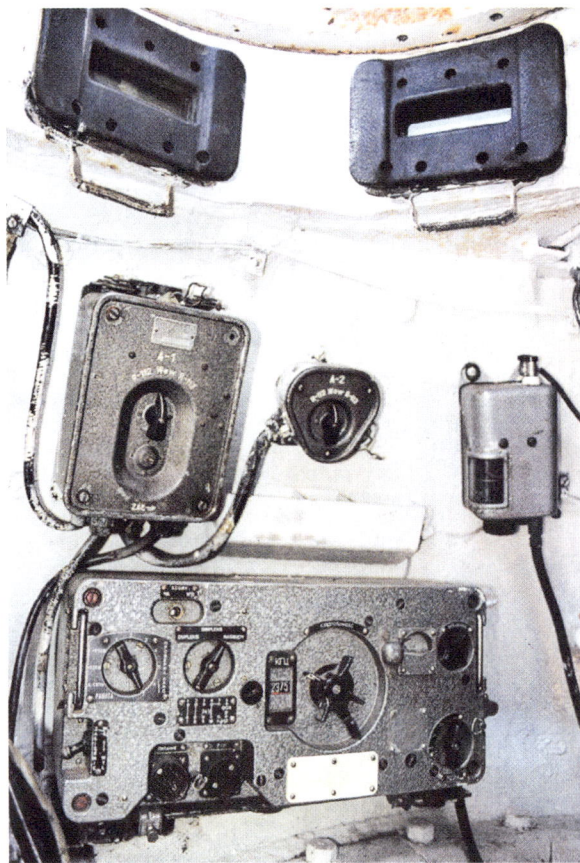

▲ ▶ 波兰版 T-34-85 炮塔内的无线电设备。

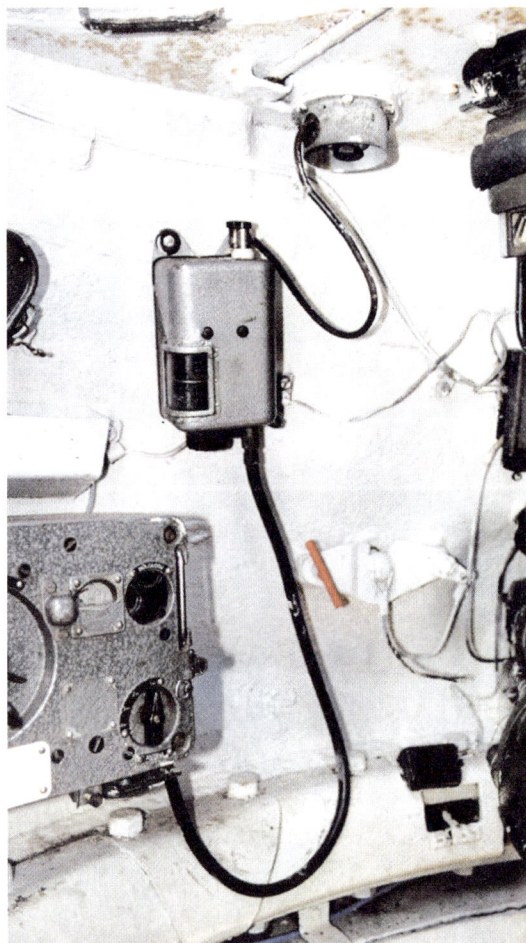

▼ 车内的灭火器和小型工具箱。

▲ 183工厂在1942年夏季生产的T-34，来自东线南部的某个不知名单位，1942年6—7月。该车的车名可能是"斯巴达克"（Spartak），炮塔背面的实心圆则是其所属部队的识别标志。

▲ 1943年夏季生产的T-34，属于在库尔斯克突出部作战的某个不知名部队，1943年7月/8月。其炮塔侧面有用白漆或黄漆涂成的车名——"西伯利亚人"，表明它可能是西伯利亚当地居民捐赠的。另外，该车上没有任何战术识别标记。

▲ 1944年夏季，维堡，一辆1943年制造的T-34，该车接受过后续的现代化改装，隶属于近卫坦克第30旅。该车最初安装了为大型后部附加油箱配备的托架，它们一直保留到了1944年，另外，本坦克还采用了标准的涂装，但也绘有友军识别标志。炮塔上白色的潜望镜表明，其炮塔顶部可能涂有一圈白边。

▲ 1945年春天，奥地利，一辆112厂的T-34，该车生产于1943—1944年冬季，是蒙古人民党的成员捐献的，车名为"乔巴山—蒙古"，并涂有标准的冬季伪装和标志。车体正面的扶手是该厂产品的典型特征，经常用来固定备用履带。

▲ 1942年春季斯大林格勒工厂生产的一辆T-34，炮塔上涂有"07"的战术编号和"为了斯大林！"的标语。这些标记也许是用白漆涂成的，也许和编号、标语之间的五角星一样都是用红漆涂成的。该车正面有附加装甲，车体侧面和正面的钢板之间采用了咬合式接合工艺。

▲ 这辆 1943 年中期由 112 工厂生产的 T-34 战术编号是"14"，来自坦克第 6 军麾下的坦克第 22 旅，该旅在 1943 年 8 月参加了沃罗涅日方向的战斗。

▲ 这辆 T-34 可能是 1943 年秋季的产品，隶属于机械化第 46 旅（旅长尼古拉·满祖林上校）麾下的坦克第 24 团团部。在绘画表现的时期——1944 年 7 月中旬——该车正在立陶宛—拉脱维亚—白俄罗斯三国交界处作战。对于车上的识别标志，很多人认为它们都是黄色或白色的，但实际是红色，其炮塔背面也涂抹了战术编号，大小与侧面的编号相当。另外，该车在车体侧面和后方都没有安装任何托架。

▲ 1944 年春，112 厂生产的 T-34，1944 年夏季，马格努谢夫桥头堡。该车来自苏联坦克第 16 军麾下的坦克第 164 旅，车体侧面和后方都拥有战术编号"T-31"。

▲ 这辆 T-34-85 由 183 厂生产，时间可能是 1944 年秋天。该车涂绘了在苏军中很少见的双色迷彩，底色为卡其色，表层是棕色漆。

▲ 1944 年 10 月 /11 月，东普鲁士，近卫坦克第 2 军麾下近卫坦克第 26 旅的一辆 T-34-85。该车的炮塔背后也涂抹了战术标记。

▲ 1944 年 10 月 /11 月，东普鲁士，近卫坦克第 2 军麾下近卫坦克第 25 旅的一辆 T-34-85。该车的炮塔背后也涂抹了战术标记。

《世界军服图解百科》丛书

史实军备的视觉盛宴
千年战争的图像史诗

欧美近百位历史学家、考古学家、军事专家、作家、
画家、编辑集数年之力编成。

超过600幅战场实地照片及彩色手绘插图

第二次世界大战
军服、徽标、武器图解百科
英国、美国、德国、苏联及其他盟国与轴心国

二战时期诸多参战国军队制服及相关装备的专业指南,战场上的
制服、装具、武器、徽标、战场地图、作战计划

扫一下,了解详情

英国皇家海军战舰设计发展史

（共5卷）

一部战舰设计演变的图像史诗

浓缩英国海军近两百年来战舰设计的经验与教训

864幅历史图片、48幅模型特写、527个数据图表和171幅设计图纸，
深刻解读英国皇家战舰设计史上的每一个阶段

指文 海洋文库 /M006

英国皇家海军战舰
设计发展史

指文 海洋文库 /M005

英国皇家海军战舰
设计发展史

卷4 1923—1945

从"纳尔逊"级到"前卫"级

[英]大卫·K.布朗 著
张宇翔 译

指文 海洋文库 /M003

英国皇家海军战舰
设计发展史

卷2 1860—1905

从"勇士"级到"无畏"级

[英]大卫·K.布朗 著
李昊 译

世界船舶学会主席、战舰设计大师代表作
专门写给海军爱好者的经典之作